Gasturbinenanlagen

Walter Bitterlich · Ulrich Lohmann

Gasturbinenanlagen

Komponenten - Betriebsverhalten - Auslegung - Berechnung

2., vollständig überarbeitete Auflage

Mit ausführlichen Berechnungsbeispielen

Walter Bitterlich
Simmerath-Rurberg, Deutschland

Ulrich Lohmann
Mülheim, Deutschland

ISBN 978-3-658-15066-2
ISBN 978-3-658-15067-9 (eBook)
https://doi.org/10.1007/978-3-658-15067-9

Die Deutsche Nationalbibliothek verzeichnet diese Publikation in der Deutschen Nationalbibliografie; detaillierte bibliografische Daten sind im Internet über http://dnb.d-nb.de abrufbar.

Springer Vieweg

Lektorat: Thomas Zipsner
Unter Mitarbeit von: Dipl.-Ing. Vojislav Jovicic

Gedruckt auf säurefreiem und chlorfrei gebleichtem Papier

Springer Vieweg ist ein Imprint der eingetragenen Gesellschaft Springer Fachmedien Wiesbaden GmbH und ist ein Teil von Springer Nature.
Die Anschrift der Gesellschaft ist: Abraham-Lincoln-Str. 46, 65189 Wiesbaden, Germany

Vorwort

Als Ältester der Autoren beschäftige ich mich mit Gasturbinen und Flugtriebwerken schon sehr lange. Vertieft wurden die Kenntnisse durch mehrere Forschungsvorhaben zu diesem Thema.

Aufbauend auf dem Buch Gasturbinen und Gasturbinenanlagen vom Teubner Verlag von 2002 werden in dem neuen Buch des Springer Verlages 2017 der ganze Leistungsbereich von den Großkraftwerks- bis zu den Nano-Gasturbinen behandelt, die Berechnungen verfeinert, vereinfacht und verallgemeinert und vor allem die meist mehrwelligen Fluggasturbinen von den TL- und ZTL-Triebwerken bis zu den Ram- und Scramjets mit aufgenommen.

Als neuen sehr tatkräftigen Mitarbeiter habe ich Herrn **Dipl.-Ing. Vojislav Jovicic**, Bereichsleiter „Strömungen mit chemischen Reaktionen" vom Lehrstuhl für Strömungsmechanik Prof. Dr.-Ing. Antonio Delgado, an der FAU in Erlangen gewonnen und hoffe sehr, ihm meinen „Staffelstab" in der Zukunft übergeben zu können.

Rurberg/Eifel
6. Dezember 2017

Walter Bitterlich

Über dieses Buch

Der eigentliche Sinn, man könnte fast sagen *Charme* des Buches liegt darin, dass gezeigt wird, wie die in Wirklichkeit sehr verwickelten Vorgänge und Zusammenhänge in einer Gasturbine mehr oder weniger vereinfacht dargestellt und berechnet werden können.

Neu aufgenommen sind die Flugtriebwerke, die den Gasturbinen sehr ähnlich sind. Und in jedem Fall auch in Zukunft wichtig bleiben werden, während die stationären Gasturbinen wegen der „Energiewende" vor erheblichen Schwierigkeiten stehen.

Mit Zahlen, die die Ingenieure „ante Bologna" immer parat hatten und zu ihrer Vorstellung und Sicht der technischen Wirklichkeit brauchten.

Und die die ***technischen*** „post Bologna" Masters of Science von heute eigentlich auch benötigen.

Wenn möglich werden im Text deutsche Bezeichnungen verwendet. Das erleichtert das Denken von uns deutschen Muttersprachlern.

Und Englisch muss in der globalen Welt eh' jeder können.

(Bisher bleibt uns noch das viel schwierigere Chinesisch erspart!)

Überhaupt soll das Buch weniger ***vergängliches Wissen*** vermitteln als vielmehr Anstöße zum Überdenken geben und zu eigenen, vereinfachten Berechnungen von schwierigen Zusammenhängen anregen!

Einige Bemerkungen zu den Normen:

Nach DIN- oder ISO-Norm sind viele Begriffe und sogar die Formelzeichen und natürlich deren Schreibweise, ja sogar die Aussprache, festgelegt.

Im Buch wird, wenn immer möglich, die Norm verwendet!

Da viele Gebiete, wie die Strömungs-Maschinen und -Mechanik, die Chemie mit der Verbrennungslehre, die Wirtschaftsbeziehungen und die grundlegende Thermodynamik, in einem Buch zusammen vorkommen, gibt es natürlich Überschneidungen, die z. T. durch zusätzliche Indices vermieden werden. (z. B. c_B Kohlenstoffanteil des Brennstoffs, c absolute Strömungsgeschwindigkeit, c_p, c_v, c_T spezifische Wärmekapazitäten, c_s Konstante der Skelettliniengleichung und c_0 Fluggeschwindigkeit)

Die Normung betrifft auch Stoffwerte. Wichtigstes Beispiel ist H_2O, für das nach 1997 die IAPWS-IF97 gilt.

Die Normen sind verbindlich für Firmen, Geschäfte und Behörden.

Wegen der „Freiheit von Forschung und Lehre“ sind die Universitäten und Hochschulen von der Norm-Pflicht entbunden.

Da die heute Studierenden später alle einen Beruf ergreifen werden, ist es sicher sinnvoll, sie schon im Studium auf die ***genormte Technik*** vorzubereiten.

Noch ein Wort zu der „grundlegenden Thermodynamik“:

Auch wenn es sehr bequem ist, nur mit der einfachsten Form, der idealen Gasgleichung mit konstanten Wärmekapazitäten, zu rechnen, stellt das eine sehr starke Vereinfachung dar. Zumindest sollte man wissen – und damit rechnen können –, dass es noch das ideale Gas mit veränderlichen Wärmekapazitäten und den allgemeinen Fall des realen Gases mit dem veränderlichen Realgasfaktor gibt. Bei Verbrennungen ist als Folge der Dissoziation die Zusammensetzung der Verbrennungsgase temperaturabhängig. Auch das sollte man wissen, obwohl hier die zahlenmäßige Berechnung an die Grenzen einer Master-Ausbildung stößt!

All dies ist nachzulesen – und bei Interesse nachzurechnen – in dem Vorlesungsmanuskript „Thermody.pdf“ der TUM München, das in einer „allgemeinen Wolke“ (cloud) zur Verfügung gestellt wird. Thermody enthält auch verkürzt die allgemeine Energielehre, die viel zum Verständnis der energetischen, thermodynamischen Zusammenhänge beitragen kann.

In der allgemeinen Wolke werden auch die hier zitierten Literaturstellen bereitgestellt, vor allem studentische Arbeiten und Vorträge, die sonst äußert schwer zugänglich wären.

Natürlich auch ein Berechnungsprogramm für die Werte von H_2O nach der IAPWS-IF97.

Und die Berechnung von Verbrennungsgasen, ideal, real und mit Dissoziation und Zustandsänderungen in offenen und geschlossenen Systemen.

Und schließlich die Transportgrößen von vielen Stoffen.

Formelzeichen

Zeichen	Bedeutung (Einheit)
a	Schallgeschwindigkeit ($\frac{\mathrm{m}}{\mathrm{s}}$)
a_a	Annuität ($\frac{1}{\mathrm{a}}$; $\frac{\%}{\mathrm{a}}$)
a_B	Massenanteil der Asche des Brennstoffs ($a_B =_{\mathrm{def}} \frac{m_{BA}}{m_B}$) (1; %)
a_{RK}	Konstante der Redlich-Kwong Gleichung ($\frac{\mathrm{J\,m^3}\sqrt{\mathrm{K}}}{\mathrm{kg}^2}$)
a_s	Konstante der Skelettliniengleichung (1)
A	Fläche (m^2)
A_F	Konstante bei der Filmkühlung (K)
A_R	Konstante der 4-Konstanten Gleichung (1)
A_{Str}	Konstante bei der Strahlungsrechnung (1)
b	Breite eines Strömungskanals (m)
b_B	spezifische Brennstoffkosten (€/kWh)
b_{RK}	Konstante der Redlich-Kwong Gleichung ($\frac{\mathrm{m}^3}{\mathrm{kg}}$)
b_s	Gitterbreite (auf die Skelettlinie bezogen) (m)
B_{Le}, B_{La}	Belastungszahl [$B_{Le,La} =_{\mathrm{def}} c_A \cdot (\frac{s}{t})$] (1)
$(B_F \cdot L)$	Konstante bei der Filmkühlung (1)
B_R	Konstante der 4-Konstanten Gleichung (K^{-1})
B_{Str}	Konstante bei der Strahlungsrechnung (1)
c	Absolutgeschwindigkeit ($\frac{\mathrm{m}}{\mathrm{s}}$)
c_A	Auftriebsbeiwert ($c_A =_{\mathrm{def}} \frac{F_A}{s \cdot l}$) (1)
c_B	Massenanteil des Kohlenstoffs des Brennst. ($c_B =_{\mathrm{def}} \frac{m_{BC}}{m_B}$) (1; %)
c_p	spez. Wärmekap. bei konst. Druck ($c_p =_{\mathrm{def}} \frac{\partial h}{\partial T}\|_{p=\mathrm{konst}}$) ($\frac{\mathrm{J}}{\mathrm{kg\,K}}$)
c_s	Konstante der Skelettliniengleichung (1)
c_v	spez. Wärmekap. bei konst. Volumen ($c_v =_{\mathrm{def}} \frac{\partial u}{\partial T}\|_{v=\mathrm{konst}}$) ($\frac{\mathrm{J}}{\mathrm{kg\,K}}$)
C_k	Konstante der 12-Konstanten Gleichung (K^{6-k})
C_R	Konstante der 4-Konstanten Gleichung (K^{-2})
c_T	spez. Wärmekap. bei konst. Temp. ($c_T =_{\mathrm{def}} \frac{\partial h}{\partial p}\|_{T=\mathrm{konst}}$) ($\frac{\mathrm{J}}{\mathrm{kg\,Pa}}$)
d, D	Durchmesser (m)
d_H	bezogener Hinterkantendurchmesser ($d_H =_{\mathrm{def}} \frac{D_H}{s}$) (1)
d_N	bezogener Nasendurchmesser ($d_N =_{\mathrm{def}} \frac{D_N}{s}$) (1)

d_s	Konstante der Skelettliniengleichung (1)
D_H	Hinterkantendurchmesser einer Schaufel (m)
D_{Le}, D_{La}	Diffusionszahl $[D_{Le} =_{\text{def}} 1 - \frac{c_3}{c_2} + \frac{1}{2}\frac{\lvert\Delta c_u\rvert}{c_2}(\frac{t}{s})]$ $[D_{La} =_{\text{def}} 1 - \frac{w_2}{w_1} + \frac{1}{2}\frac{\lvert\Delta w_u\rvert}{w_1}(\frac{t}{s})]$ (1)
D_N	Nasendurchmesser einer Schaufel (m)
D_R	Konstante der 4-Konstanten Gleichung (K^{-3})
E	Energie (J)
E, E_{12}	Exponent bei polytroper Zustandsänderung (1 nach 2) (1)
$\dot{E}$	Energiestrom ($\frac{\mathrm{J}}{\mathrm{s}}$)
f	Wölbung der Skelettlinie (1)
f	Hilfsfunktion bei der Strahlungsrechnung (1)
$f_{i_{\text{Komp}}}$	Proportionalitätsfaktor für die Kosten einer Komponente (1)
f_p	Druckkorrekturfaktor bei der Strahlungsrechnung (1)
f_{zus_j}	spezifische Zusatzkosten (€/kWh; $\frac{\mathrm{ME}}{\mathrm{kWh}}$)
f_{KL}	spez. Kühlluftbedarf ($f_{KL} =_{\text{def}} \frac{\dot{m}_{KL}}{\dot{m}_{V_E}}$) (1)
f^*	Geschwindigkeitsverteilungsfunktion (1)
g	Fallbeschleunigung ($\frac{\mathrm{m}}{\mathrm{s}^2}$)
g_{Str}	Hilfsfunktion bei der Strahlungsrechnung (1)
G^*	bezogene Größe $\frac{G}{G_{AP}}$ (1)
h	spezifische Enthalpie ($\frac{\mathrm{J}}{\mathrm{kg}}$)
h_B	Massenanteil des Wasserstoffs des Brennst. ($h_B =_{\text{def}} \frac{m_{B_H}}{m_B}$) (1; %)
h_{diss}	spezifische Dissoziationsenthalpie ($\frac{\mathrm{J}}{\mathrm{kg}}$)
H_u, H_{u_m}	(spezifischer, molarer) Heizwert ($\frac{\mathrm{MJ}}{\mathrm{kg}}$; $\frac{\mathrm{MJ}}{\mathrm{kmol}}$)
i_a	allgemeine Inflationsrate ($\frac{1}{\mathrm{a}}$; $\frac{\%}{\mathrm{a}}$)
I	Stromfläche (1)
IS	Stufe der Turbine (1)
j	spezifische Dissipationsarbeit ($\frac{\mathrm{J}}{\mathrm{kg}}$)
J	Stufe des Verdichters (1)
$k, (U)$	Wärmedurchgangskoeffizient ($\frac{\mathrm{W}}{\mathrm{m}^2\,\mathrm{K}}$)
k_i	spezifische Investitionskosten (€/kW; $\frac{\mathrm{ME}}{\mathrm{kW}}$)
K	Konstante (z. B. bei Verlustbeiwerten) (1)
K	Kosten (€)
K_i	gesamte Investitionskosten (€)
K_T	Konstante der Temperaturgleichung beim Wärmeübergang (m^{-1})
$(k \cdot A)$	Wärmedurchgangswert (Fläche) ($\frac{\mathrm{W}}{\mathrm{K}}$)
$(K_T \cdot L)$	Exponent der Temperaturgleichung beim Wärmeaustausch (1)
$(k \cdot U)$	Wärmedurchgangswert (Umfang) ($\frac{\mathrm{W}}{\mathrm{m\,K}}$)
l	Länge, Schaufellänge, Schaufelhöhe (m)
l	spezifischer Luftbedarf (1)
l_{min}	spezifischer Mindestluftbedarf (1)
$\dot{m}(= \mathrm{mP})$	Massenstrom (beim Rechenprogramm) ($\frac{\mathrm{kg}}{\mathrm{s}}$)

M	molare Masse ($\frac{\text{kg}}{\text{kmol}}$)
Ma	Machzahl ($Ma_c =_{\text{def}} \frac{c}{a}$ bzw. $Ma_w =_{\text{def}} \frac{w}{a}$) (1)
n	Stoffmenge (kmol)
n	Drehzahl (s^{-1})
n	Polytropenexponent (1)
n_{exp}	Exponent des Geschwindigkeitsprofils (1)
n_a	Abschreibungszeit, Lebensdauer einer Anlage (a)
n_B	Massenanteil des Stickstoffs des Brennst. ($n_B =_{\text{def}} \frac{m_{BN}}{m_B}$) (1; %)
n_{Str}	Exponent bei der Strahlungsrechnung (1)
$\dot{n}$	zeitliche Änderung der Drehzahl (s^{-2})
Nu	Nusseltzahl ($Nu =_{\text{def}} \frac{\alpha \cdot l}{\lambda}$) (1)
o_B	Massenanteil des Sauerstoffs des Brennst. ($o_B =_{\text{def}} \frac{m_{BO}}{m_B}$) (1; %)
o_{min}	spezifischer Mindestsauerstoffbedarf (1)
O	Oberfläche (m^2)
p	Druck (Pa)
p_a	kalkulatorischer Zinsfuß ($\frac{1}{\text{a}}$); ($\frac{\%}{\text{a}}$)
p_D	Dampfdruck von H_2O (Pa)
P	Leistung (W)
Pr	Prandtlzahl ($Pr =_{\text{def}} \frac{\mu \cdot c_p}{\lambda}$) (1)
q	spezifische Wärme ($\frac{\text{J}}{\text{kg}}$)
q_a	Zinsfaktor ($q_a = 1 + p_a$) ($\frac{1}{\text{a}}$)
$\dot{Q}$	Wärmestrom (W)
r	Radius (m)
r_D	spezifische Verdampfungsenthalpie ($\frac{\text{J}}{\text{kg}}$)
R	spezifische Gaskonstante ($\frac{\text{J}}{\text{kg K}}$)
Re	Reynoldszahl ($Re =_{\text{def}} \frac{c \cdot l}{\nu}$) (1)
R_m	molare Gaskonstante ($R_m = 8314{,}51 \frac{\text{J}}{\text{kg kmol}}$) ($\frac{\text{J}}{\text{kg kmol}}$)
s	spezifische Entropie ($\frac{\text{J}}{\text{kg K}}$)
s	Sehnenlänge (m)
s	Schichtdicke (m)
s_a	Steuersatz ($\frac{1}{\text{a}}$; $\frac{\%}{\text{a}}$)
s_B	Massenanteil des Schwefels des Brennstoffs ($s_B =_{\text{def}} \frac{m_{BS}}{m_B}$) (1; %)
$s_{i_{\text{Komp}}}$	spezifische Kosten einer Komponente (€/?; $\frac{\text{ME}}{?}$)
t	Teilung (m)
T	Temperatur (K; °C)
T_a	Jahresvolllastzeit ($\frac{\text{h}}{\text{a}}$)
$T_{\text{tau K}}$	auf 1000 K bezogene Temperatur ($T_{\text{tau K}} =_{\text{def}} \frac{T}{1000\,\text{K}}$) (1)
u	spezifische innere Energie ($\frac{\text{J}}{\text{kg}}$)
u	Umfangsgeschwindigkeit des Laufrades ($\frac{\text{m}}{\text{s}}$)
U	Umfang (m)
$(U), k$	Wärmedurchgangskoeffizient ($\frac{\text{W}}{\text{m}^2\,\text{K}}$)

v	spezifisches Volumen ($\frac{\text{m}^3}{\text{kg}}$)
v_a	Versicherungssatz ($\frac{1}{\text{a}}$; $\frac{\%}{\text{a}}$)
$\dot{V}$	Volumenstrom ($\frac{\text{m}^3}{\text{s}}$)
w	Relativgeschwindigkeit im Laufrad ($\frac{\text{m}}{\text{s}}$)
w_B	Massenanteil des Wassers des Brennstoffs ($w_B =_{\text{def}} \frac{m_{BW}}{m_B}$) (1; %)
w_t	spezifische Arbeit ($\frac{\text{J}}{\text{kg}}$)
$w_{t_{\text{St.}}}$	spezifische Arbeit einer Stufe ($\frac{\text{J}}{\text{kg}}$)
x	Strömungslänge, Lauflänge, Längskoordinate (m)
x	Dampfgehalt von Nassdampf ($x =_{\text{def}} \frac{m_{Dampf}}{m_{ges}}$) (1)
x_m	Querkoordinate (m)
x_s	auf die Sehnenlänge s bez. Sehnenkoord. bei Schaufeln (1)
x_{Str}	Hilfsgröße bei der Strahlungsrechnung (1)
y	spez. Strömungsarbeit ($y =_{\text{def}} \int v \cdot dp$) ($\frac{\text{J}}{\text{kg}}$)
y_s	auf die Sehnenl. s bez. Koord. senkr. auf x bei Schaufeln (1)
y_{Str}	Hilfsgröße bei der Strahlungsrechnung (Pa m)
y_t	spez. totale Strömungsarbeit ($y_t = y + c^2/2$) ($\frac{\text{J}}{\text{kg}}$)
z	Koordinate in axialer Richtung (m)
z_a	Zinsfuß ($\frac{1}{\text{a}}$)
z_{Sch}	Schaufelzahl eines Radkranzes (1)
z_T	Stufenzahl der Turbine (1)
z_V	Stufenzahl des Verdichters (1)
Z	Realgasfaktor ($Z =_{\text{def}} \frac{p \cdot v}{R \cdot T}$) (1)
α	Wärmeübergangskoeffizient ($\frac{\text{W}}{\text{m}^2\,\text{K}}$)
α	absoluter Strömungswinkel (°; rad)
$\overline{\alpha}$	abs. Strömungswi., gem. geg. die Achsricht. ($\overline{\alpha} = 90° - \alpha$) (°; rad)
β	Brennstoff/Luft-Verhältnis ($\beta =_{\text{def}} \frac{m_B}{m_L}$) (1)
β	relativer Strömungswinkel (°; rad)
$\overline{\beta}$	rel. Strömungswi., gem. geg. die Achsrichtung ($\overline{\beta} = \beta - 90°$) (°; rad)
γ	Meridianwinkel (°; rad)
γ	bezogene Stoffmenge des Abgases (Verbrennungsgases) (1; ?)
γ_s	Neigung der Skelettlinie zur Sehne (°; rad)
$\Delta T_{\log}$	logarithm. Temperaturdifferenz [$\Delta T_{\log} =_{\text{def}} \frac{\Delta T_A - \Delta T_E}{\ln(\Delta T_A / \Delta T_E)}$] (1)
δ_{y_M}	spezifischer Durchmesser ($\delta_{y_M} = 1{,}054\, D \cdot \frac{\sqrt{\lvert y_t \rvert^{0{,}25}}}{\dot{V}_E}$) (1)
ΔZ	Abweichung vom idealen Gas ($\Delta Z =_{\text{def}} 1 - Z$) (1)
ϵ	Strahlungskoeffizient (1)
ϵ_j	spezifische Stromgestehungskosten (im Jahr j) (€/kWh; $\frac{\text{ME}}{\text{kWh}}$)
ζ	Verlustbeiwert (1)
ζ_0	Profil-Grundverlustbeiwert (nach [15]) (1)
η	Wirkungsgrad (1;%)
η_c	Verbrennungswirkungsgrad (1;%)

$(\eta), \mu$	dynamische Zähigkeit ($(\eta), \mu = \rho \cdot \nu$) ($\frac{\mathrm{kg}}{\mathrm{m\,s}}$)
Θ	Massenträgheitsmoment ($\mathrm{kg\,m^2}$)
κ	Verhältnis der Wärmekapazitäten ($\kappa =_{\mathrm{def}} \frac{c_p}{c_v}$) (1)
λ	Luftverhältnis ($\lambda =_{\mathrm{def}} \frac{l}{l_{\min}} = \frac{\beta_{st}}{\beta}$) (1)
λ	Wärmeleitfähigkeit ($\frac{\mathrm{W}}{\mathrm{m\,K}}$)
$\mu, (\eta)$	dynamische Zähigkeit ($\mu, (\eta) = \rho \cdot \nu$) ($\frac{\mathrm{kg}}{\mathrm{m\,s}}$)
μ_{pol}	(inverses) Polytropenverhältnis ($\mu_{\mathrm{pol}} =_{\mathrm{def}} \frac{v \cdot dp}{dh} = \frac{1}{\nu_{\mathrm{pol}}}$) (1)
ν_{pol}	Polytropenverhältnis ($\nu_{\mathrm{pol}} =_{\mathrm{def}} \frac{dh}{v \cdot dp} = \frac{1}{\mu_{\mathrm{pol}}}$) (1)
ν	kinematische Zähigkeit ($\nu = \frac{\mu,(\eta)}{\rho}$) ($\frac{\mathrm{m^2}}{\mathrm{s}}$)
ν_N	Nabenverhältnis ($\nu_N =_{\mathrm{def}} \frac{r_N}{r_S}$) (1)
ξ_h	Rohrreibungsbeiwert (1)
ξ_i	Massenanteil ($\xi_i =_{\mathrm{def}} \frac{m_i}{m}$) (1; %)
ξ_{Le}, ξ_{La}	Verzögerungsverhältnis ($\xi_{Le} =_{\mathrm{def}} \frac{c_3}{c_2}, \xi_{La} =_{\mathrm{def}} \frac{w_2}{w_1}$) (1)
π	Ludolfsche Zahl ($\pi =_{\mathrm{def}} \frac{U_{\mathrm{Kreis}}}{d} = 3{,}141592\ldots$) (1)
π	Druckverhältnis ($\pi =_{\mathrm{def}} \frac{p_A}{p_E}$) (1)
π_t	Totaldruckverhältnis ($\pi_t =_{\mathrm{def}} \frac{p_{t_A}}{p_{t_E}}$) (1)
ρ	Dichte ($\frac{\mathrm{kg}}{\mathrm{m^3}}$)
ρ_h	Reaktionsgrad ($\rho_h =_{\mathrm{def}} \frac{\Delta h_{La}}{\Delta h}$) (1)
σ	Reibungsanteil der Normalspannung ($\frac{\mathrm{N}}{\mathrm{m^2}}$)
σ_{Str}	Stefan Boltzmann Konstante ($\sigma_S = 5{,}6696 \frac{\mathrm{W}}{\mathrm{m^2\,K^4}}$) ($\frac{\mathrm{N}}{\mathrm{m^2}}$)
σ_{y_M}	spezifische Drehzahl ($\sigma_{y_M} = 2{,}108\, n \cdot \frac{\sqrt{\dot{V}_E}}{\lvert y_t \rvert^{0{,}75}}$) (1)
τ	Spannung ($\frac{\mathrm{N}}{\mathrm{m^2}}$)
τ	Zeit (s)
φ	Winkel in Umfangsrichtung (°; rad)
φ	Durchflusskenngröße ($\varphi =_{\mathrm{def}} \frac{c_m}{u_2}$) (1)
φ_{Luft}	relative Feuchtigkeit der Luft ($\varphi_{\mathrm{Luft}} =_{\mathrm{def}} \frac{p_{LH_2O}}{p_D}$) (1; %)
ϕ_c	Zirkularität ($\phi_c =_{\mathrm{def}} \frac{U_c}{U}$) (1)
ϕ_i	Volumenanteil ($\phi_i =_{\mathrm{def}} \frac{V_i}{V}$) (1)
ψ	Schaufelarbeitskenngröße ($\psi =_{\mathrm{def}} \frac{w_t}{u_2^2/2}$) (1)
ψ_{Hohl}	Hohlraumanteil ($\psi_{\mathrm{Hohl}} =_{\mathrm{def}} 1 - \frac{A_{\mathrm{Hohlraum}}}{A_{\mathrm{gesamt}}}$) (1)
ψ_i	Stoffmengenanteil ($\psi_i =_{\mathrm{def}} \frac{n_i}{n}$) (1; %)
ω	Kreisfrequenz, Winkelgeschwindigkeit ($\mathrm{s^{-1}}$)
$\omega_{K/G}$	Verh. der Wärmekapazitätsströme ($\omega_{K/G} =_{\mathrm{def}} \frac{\dot{m}_K \cdot c_{pK}}{\dot{m}_G \cdot c_{pG}}$) (1)

Indizes und sonstige Zeichen

Zeichen	Bedeutung
a	axial
a	außen
a	auf das Jahr bezogen
abs	Absorption
ad	adiabat
äquiv.	äquivalent
A	Austritt
A	Außen
A_A	Anlagenaustritt
AHDE, (SG)	Abhitzedampferzeuger (Steam Generator)
AP	Auslegungspunkt
Auslass	Auslass
B	Brennstoff
B	Bezug (bei Stromflächen)
B	Bruststoß (bei Falschanströmung)
BK	Brennkammer
BKA	Beschleunigungsteil der Brennkammer
BKE	Verzögerungsteil der Brennkammer
BK_A	Brennkammeraustritt
BK_E	Brennkammereintritt
BP	Betriebspunkt
c	auf c bezogen
c	Verbrennung
c	Kreis, zirkular
ce	Keramik, Beschichtung
D	Dampf, Wasserdampf
D_A	Diffusoraustritt
DE	Dampferzeuger
Diff	Diffusor
E	Eintritt
eff	effektiv
el	elektrisch
em	Emission
en	energetisch bestimmt
Einlass	Einlass
Eu	Euler
EV, *Verda*	Verdampfer
F	Film, Filmkühlung
G	Gas

G_A	Gas-Austritt aus der Brennkammer
Gen	Generator
ges	gesamt
GT	Gasturbine
H	Hinterkante einer Schaufel
HD, HP	Hochdruck
HP, HD	Hochdruck
H_2O	Wasser
i	laufender Index (für die Komp. einer Mischung)
i	innen
I	innen
ISO	ISO-Wert
j	im Jahr j
L	Luft
L_E	Luft-Eintritt in die Brennkammer
k	Kupplung
KL	Kühlluft, Kühlfluid
KO	Kondensator
La	Laufrad
Le	Leitrad
LP, ND	Niederdruck
m	molar
m	meridian
m	mechanisch
max	maximum
min	minimum
M	Mitte (der Schaufel)
MD, MP	Mitteldruck
Mot	Motor
MP, MD	Mitteldruck
N	Nabe (innen)
N	Nackentstoß bei Falschanströmung
ND, LP	Niederdruck
p	konstanter Druck
pol	polytrop
P	Pumpe
r	radial
r	Reibung
rel	relativ, bezogen
rr	senkrecht auf r in Richt. von r (b. Normalspann.)
$r\varphi$	senkrecht auf r in Richt. von φ (bei Schubspann.)
rz	senkrecht auf r in Richt. von z (bei Schubspann.)

RK	Redlich-Kwong
s	auf die Sehne bzw. Skelettlinie bezogen
st	stöchiometrisch
S	Schaufelspitze (außen)
Sch	Schaufel
SG, (AHDE)	Abhitzedamperzeuger
SH, *Überh*	Überhitzer
SS	super Überhitzer
St.	Stufe
Str	Strahlung
t	total
T	Turbine
T	konstante Temperatur
tau K	auf 1000 K bezogen
T_A	Turbinenaustritt
T_E	Turbineneintritt
u	in Umfangsrichtung
U	Umgebung
Überh, SH	Überhitzer
v	konstantes spezifisches Volumen
V	Verdichter
V	Verlust
V_A	Verdichteraustritt
V_E	Verdichtereintritt
Verda, EV	Verdampfer
VLe	Vorleitrad
Vorw, WH	Vorwärmer
w	auf w bezogen
w	relativ, bezüglich Wand im Laufrad
W	(an der) Wand
WAT	Wärmeaustauscher
WH, *Vorw*	Vorwärmer
zr	senkrecht auf z in Richt. von r (bei Schubspann.)
$zusj$	Zusatz (jährlich)
zz	senkrecht auf z in Richt. von z (b. Normalspann.)
$z\varphi$	senkrecht auf z in Richt. von φ (bei Schubspann.)
ZWP	Zwickpunkt (im Abhitzedampferzeuger)
α	von der Falschanströmung im Leitrad abhängig
β	von der Falschanströmung im Laufrad abhängig
φ	in Umfangsrichtung
φr	senkrecht auf φ in Richt. von r (bei Schubspann.)
φz	senkrecht auf φ in Richt. von z (bei Schubspann.)

$\varphi\varphi$	senkr. auf φ in Richt. von φ (b. Normalspann.)
∞	unendlich
Δ	Differenz (A–E)
$\rightarrow$	Vektor
$\bar{}$	Mittelwert
'	Kühlluft und Gas vor der Vermischung
'	Siedezustand (von Wasser)
"	Sattdampfzustand (von Wasserdampf)
*	bezogene Größe
0	Zustand vor dem Leitrad einer Turbine
1	Zustand vor dem Laufrad
2	Zustand nach dem Laufrad
3	Zustand nach dem Leitrad eines Verdichters

Inhaltsverzeichnis

Abbildungsverzeichnis

Tabellenverzeichnis

1 Einleitung und Überblick

Gasturbinen haben ohne Zweifel in den vergangenen Jahrzehnten eine technisch und wirtschaftlich erfolgreiche Entwicklung durchgemacht, mit höheren Wirkungsgraden, geringeren Herstellungskosten und längeren Wartungsintervallen bzw. Lebensdauern.

Sie haben jedoch – nicht nur wegen der Energiewende – mit Schwierigkeiten zu kämpfen.

Aber ein „**Aus**“ wird es wohl doch so schnell nicht geben, so dass es sich lohnt, tiefer in die Gasturbinen-Materie einzusteigen!

In Abb. 1.1 wird zunächst der Arbeitszyklus Gasturbine und Verbrennungsmotor verglichen. (Die ersten arbeitstauglichen Gasturbinen flogen tatsächlich als TL-Triebwerke am 28. August 1939 in der He-178 bzw. am 15. Mai 1941 in der Gloster E28/39. [31])

Danach der kurze Vergleich der idealen und realen thermodynamischen Kreisprozesse der Gasturbine (Joule-Prozess), des Otto-Motors (Gleichraum-Prozess) mit dem Carnot-Prozess.

W. Bitterlich, U. Lohmann, *Gasturbinenanlagen*, https://doi.org/10.1007/978-3-658-15067-9_1

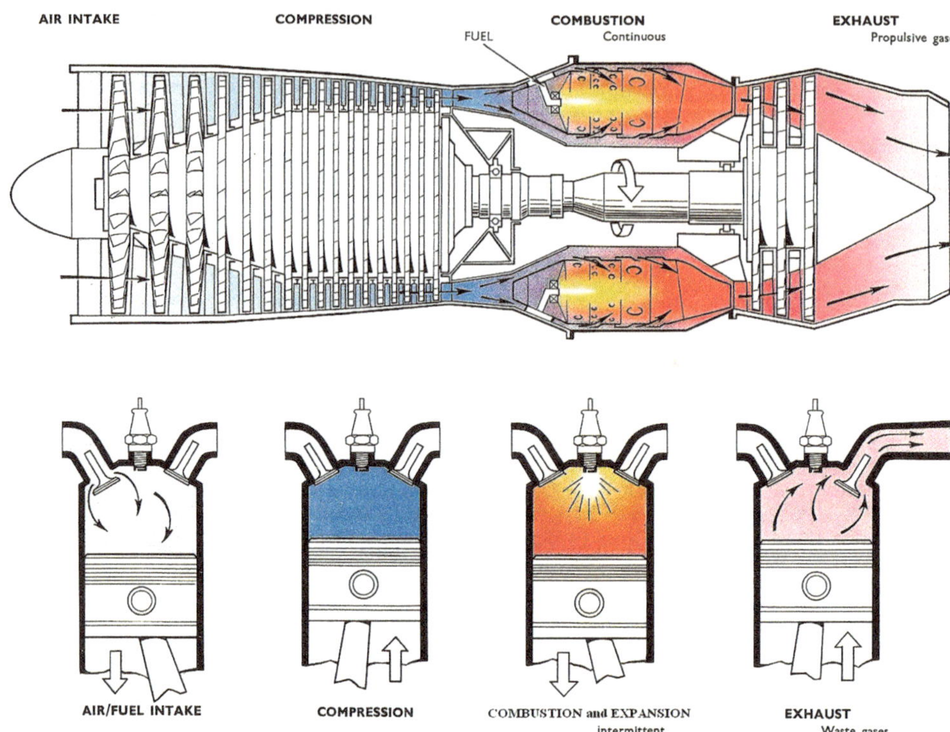

Abb. 1.1 Vergleich des Arbeitszyklus Gasturbine und Verbrennungsmotor [4]

Joule-Prozess

$$\Delta h_{12} = c_p \cdot (T_2 - T_1) \qquad \Delta h_{34} = c_p \cdot (T_4 - T_3) \qquad q_{23} = c_p \cdot (T_3 - T_2)$$

$$\eta_{th_J} = \frac{-\Delta h_{34} - \Delta h_{12}}{q_{23}}$$

$$\pi_V =_{\text{def}} \frac{p_2}{p_1} \qquad \text{(Druckverhältnis)}$$

$$\eta_{th_J} = 1 - \frac{T_1}{T_2} = 1 - \frac{1}{\pi_V^{\frac{(\kappa-1)}{\kappa}}}$$

$$\tau_P =_{\text{def}} \frac{T_{\max}}{T_{\min}} \qquad \text{(Prozess-Temperaturverhältnis)}$$

$$\eta_{th_{J_{\max}}} = 1 - \frac{1}{\pi_{V_{\max}}^{\frac{(\kappa-1)}{\kappa}}} = 1 - \frac{1}{\tau_P}; \qquad \eta_{th_{J_{\text{real.}}}} = 1 - \frac{1}{\pi_{V_{\text{real.}}}^{\frac{(\kappa-1)}{\kappa}}}$$

Der Joule-Prozess-Wirkungsgrad ist über das Druckverhältnis π_V (theoretisch) durch das maximale Prozess-Temperatur-Verhältnis τ_P begrenzt.

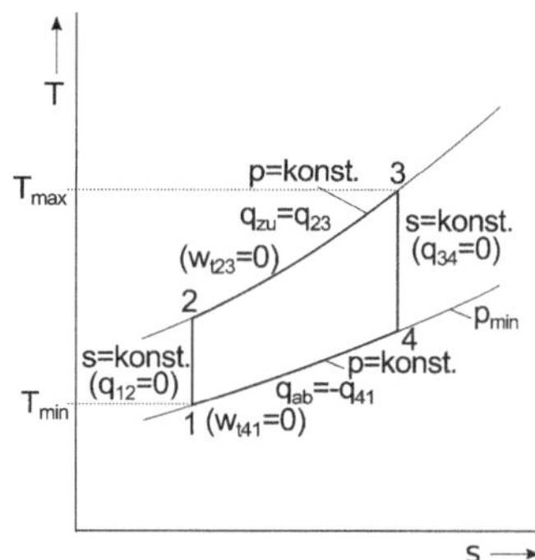

Abb. 1.2 Joule-Prozess

Beispiel zum Joule-Wirkungsgrad

$$T_{\min} = 288\,\mathrm{K} \qquad T_{\max} = 1728\,\mathrm{K} \qquad \tau_P = \frac{T_{\max}}{T_{\min}} = 6 \qquad \eta_{th_{J\max}} = 0{,}83 = 83\,\%$$

$$\text{aber } \pi_{V_{\text{real.}}} \approx 30 \qquad \text{denn } \pi_{V_{\max}} = \tau_P^{\frac{\kappa}{(\kappa-1)}} = 529! \qquad (\text{mit } \kappa = 1{,}4)$$

$$\eta_{th_{J\text{real.}}} = 0{,}65 = 65\,\%$$

Gleichraum-Prozess

$$\Delta u_{12} = c_v \cdot (T_2 - T_1) \qquad \Delta u_{34} = c_v \cdot (T_4 - T_3) \qquad q_{23} = c_v \cdot (T_3 - T_2)$$

$$\eta_{th_v} = \frac{-\Delta u_{34} - \Delta u_{12}}{q_{23}}$$

$$\epsilon =_{\text{def}} \frac{V_{\max}}{V_{\min}} = \frac{(V_h + V_c)}{V_c} \qquad \text{(Verdichtungsverhältnis)}$$

$$\eta_{th_v} = 1 - \frac{1}{\epsilon^{\kappa-1}} \qquad \left(= 1 - \frac{T_1}{T_2}\right) \tag{1.1}$$

$$\tau_P =_{\text{def}} \frac{T_{\max}}{T_{\min}}$$

$$\epsilon_{\max}^{\kappa-1} = \tau_P \qquad \left(\epsilon_{\max} = \tau_P^{\frac{1}{(\kappa-1)}}\right)$$

$$\eta_{th_{v\max}} = 1 - \frac{1}{\epsilon_{\max}^{(\kappa-1)}} = 1 - \frac{1}{\tau_P}; \qquad \eta_{th_{v\text{real.}}} = 1 - \frac{1}{\epsilon_{\text{real.}}^{(\kappa-1)}}$$

Der Gleichraum-Prozess-Wirkungsgrad ist ebenso über das Verdichtungsverhältnis ϵ (theoretisch) durch τ_P begrenzt.

Abb. 1.3 Gleichraum-Prozess

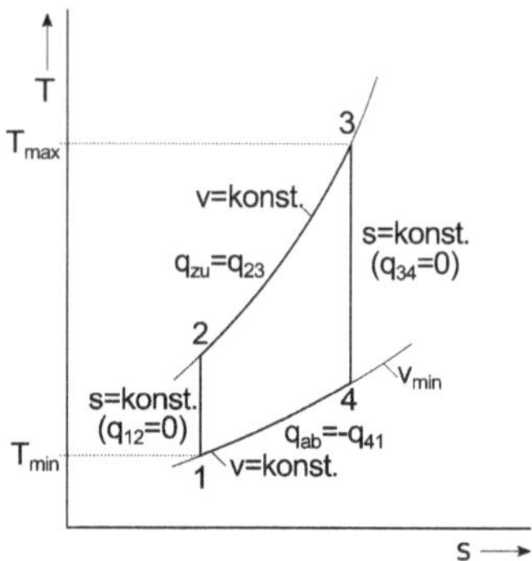

Beispiel zum Gleichraum-Wirkungsgrad

$$T_{\min} = 288\,\mathrm{K} \quad T_{\max} = 1728\,\mathrm{K} \quad \tau_P = \frac{T_{\max}}{T_{\min}} = 6 \qquad \eta_{th_{v_{\max}}} = 0{,}83 = 83\,\%$$

$$\text{aber } \epsilon_{\text{real.}} \approx 12 \qquad \text{denn } \epsilon_{\max} = \tau_P^{\frac{1}{(\kappa-1)}} = 88!$$

$$\eta_{th_{v_{\text{real.}}}} = 0{,}63 = 63\,\%$$

Carnot-Prozess

$$q_{\text{zu}} = q_{23} = T_{\max} \cdot (s_3 - s_2) \quad q_{ab} = -q_{41} = T_{\min} \cdot (s_4 - s_1) \quad w_{ab} = q_{\text{zu}} - q_{ab}$$

$$\eta_{th_C} = \frac{w_{ab}}{q_{\text{zu}}} = \frac{q_{\text{zu}} - q_{ab}}{q_{\text{zu}}} = 1 - \frac{q_{ab}}{q_{\text{zu}}} = 1 - \frac{T_{\min}}{T_{\max}}$$

$$\tau_P =_{\text{def}} \frac{T_{\max}}{T_{\min}}$$

$$\eta_{th_C} = 1 - \frac{1}{\tau_P}; \quad \eta_{th_{C_{\text{real.}}}} = 1 - \frac{1}{\tau_{P_{\text{real.}}}}$$

► Der Carnot-Wirkungsgrad gilt als Maß aller thermischen Wirkungsgrade!

Abb. 1.4 Carnot-Prozess

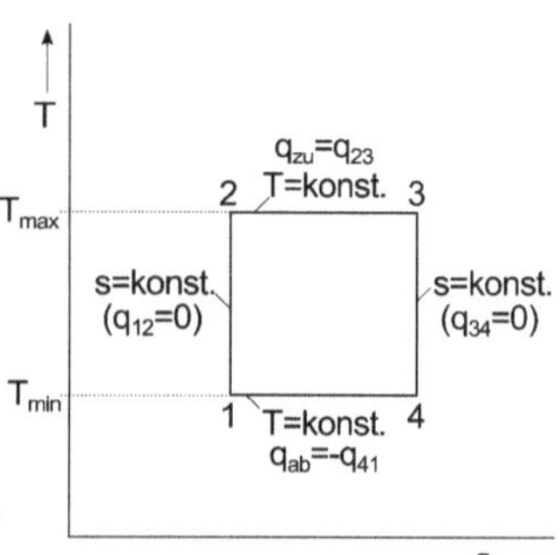

Beispiel zum Carnot-Wirkungsgrad

$$T_{\text{min}} = 288\,\text{K} \qquad T_{\text{max}} = 1728\,\text{K} \qquad \tau_P = \frac{T_{\text{max}}}{T_{\text{min}}} = 6$$

$$\eta_{th_C} = 0{,}83 = 83\,\%$$

Aber bei näherem Nachsehen:

$$\tau_P = \pi_V^{\frac{\kappa-1}{\kappa}} \Rightarrow \pi_V = \tau_P^{\frac{\kappa}{\kappa-1}} \quad \text{mit } \pi_V =_{\text{def}} \left(\frac{p_2}{p_1}\right)$$

$$\kappa = 1{,}4 \qquad \pi_V(\tau_P = 6) = 529 \quad \text{utopisch!}$$

realistisch: $\pi_{V_{\text{real.}}} \approx 40 \Rightarrow \tau_{P_{\text{real.}}} \approx 2{,}87 \Rightarrow \eta_{th_{C_{\text{real.}}}} \approx 0{,}65 = 65\,\%!$

Und dabei ist die weitere notwendige Druckerhöhung von 4 nach 1 noch nicht einmal berücksichtigt!

Reale Kreisprozesse

Reale, d. h. verlustbehaftete und technisch-wirtschaftlich begrenzte Kreisprozesse weisen z. T. erheblich niedrigere Wirkungsgrade auf.

Das gilt insbesondere auch für den verlustbehafteten Carnot-Prozess, der praktisch nicht verwirklicht wird!

Der reale Joule-Kreisprozess ist der offene Gasturbinen-Prozess mit einem ausgeprägten Maximum des Wirkungsgrades, viel niedriger als beim idealen Kreisprozess. Bei der wirtschaftlich-technischen Ausführung erreicht man noch kleinere Wirkungsgrade.

Der ideale Gleichraum-Kreisprozess ist der offene Seiliger-Prozess mit erstaunlich hohen Wirkungsgraden.

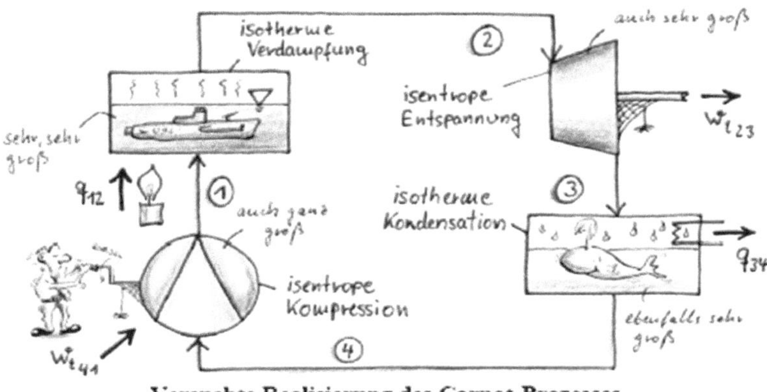

Abb. 1.5 „irrealer" Carnot-Prozess [Dirk Labuhn 2012, S. 167, [31]]

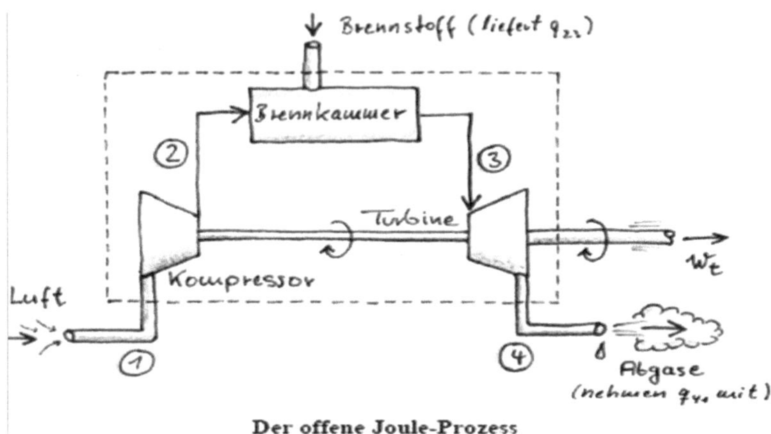

Abb. 1.6 „realer" Joule-Prozess [Dirk Labuhn 2012,S. 173, [31]]

In dem Kap. 11 befinden sich die „Zusammengefassten Grundlagen":

Ausgegangen wird von den technischen Grundlagen der Thermodynamik, der Strömungsmechanik, der Gasdynamik, der Verbrennungslehre und des Wärmeübergangs.

Aufbauend auf diesen Grundlagen soll in möglichst einheitlicher Form die Berechnung von Gasturbinenanlagen dargestellt werden.

Ausdrücklich verzichtet werden soll auf spezielle Kenntnisse bzw. Ansätze der verschiedenen Hersteller von Gasturbinenanlagen, auch wenn natürlich die derzeit verwirklichten Schaltungen und Auslegungswerte für beispielsweise Temperaturen und Drücke zu Grunde gelegt werden.

Von den Anlagenkomponenten (Abb. 1.7) werden insbesondere die thermischen Strömungsmaschinen Turbine und Verdichter behandelt, allerdings ausführlicher nur in der axial durchströmten Form. Betrachtet wird vor allem auch die gekühlte Turbine. Die Strömungs- und Wärmeübergangsvorgänge werden mit relativ einfachen Ansätzen erfasst.

Die Komponenten der Anlage können und werden von den Herstellerfirmen bei der genauen Auslegung viel exakter, unterstützt durch Messdaten, berechnet.

Doch hier soll gezeigt werden, dass mit einfach physikalisch begründeten Ansätzen eine näherungsweise richtige Ausrechnung möglich ist!

Bei der Brennkammer sind zu untersuchen die grundlegenden Verbrennungsvorgänge, die Schadstoffbildung, insbesondere die Stickoxide, deren Konzentration im Abgas neben Kohlenmonoxid und unverbrannten Kohlenwasserstoffen strengen Grenzwerten unterliegen, sowie die bei der Durchströmung auftretenden Totaldruckverluste.

Weitere, wenn auch nicht so komplizierte Komponenten sind der Einlass mit Luftfilter und Schalldämpfer, der Diffusor nach der Turbine und der Auslass der Anlage mit Schornstein und Schalldämpfer.

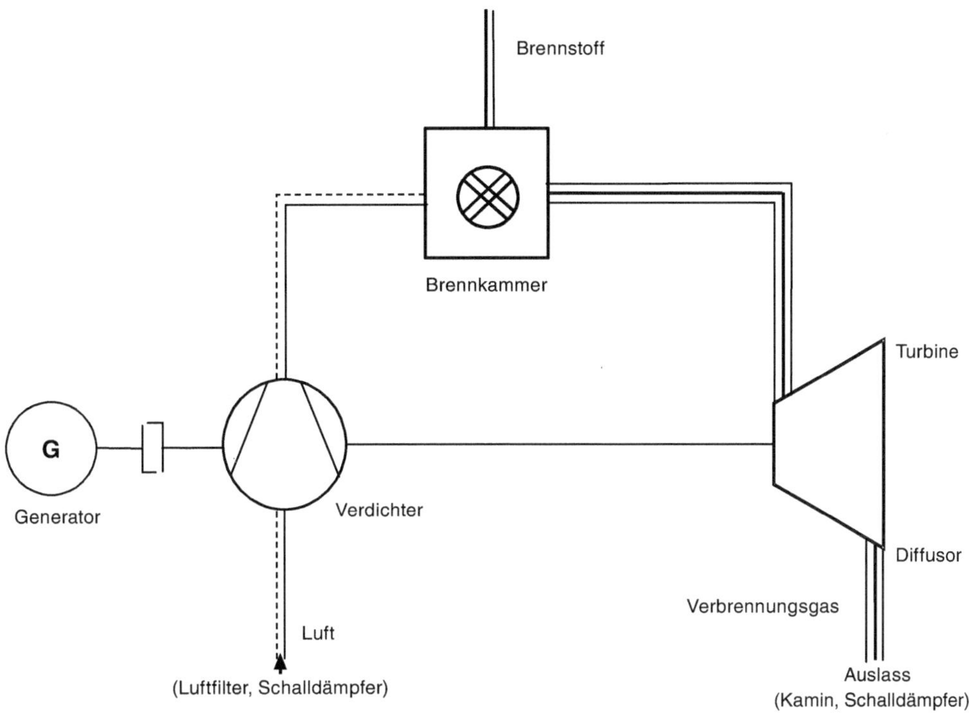

Abb. 1.7 Schaltplan einer Gasturbinenanlage

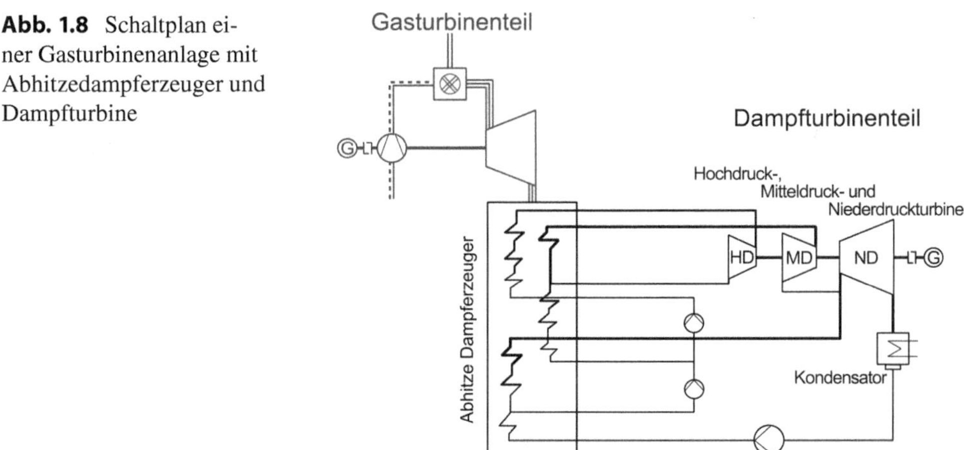

Abb. 1.8 Schaltplan einer Gasturbinenanlage mit Abhitzedampferzeuger und Dampfturbine

In sehr vielen Fällen werden heute keine einfachen Gasturbinenanlagen eingesetzt, sondern Kombianlagen mit nachgeschaltetem Abhitzedampferzeuger und Dampfturbinen (*GuD-Anlagen* Abb. 1.8). Selbstverständlich muss auch dieser Teil behandelt werden.

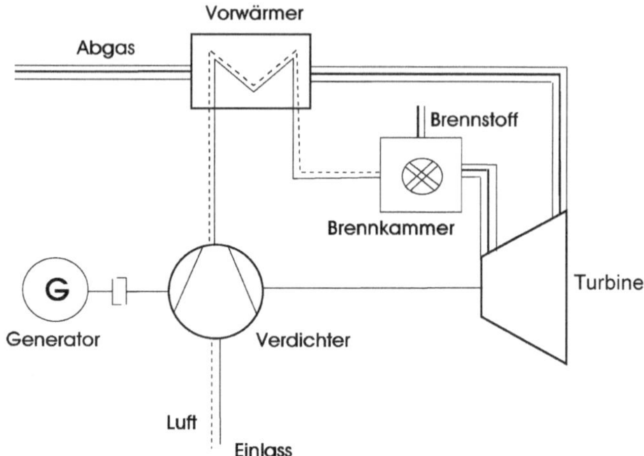

Abb. 1.9 Schaltplan einer Gasturbinenanlage mit Vorwärmung der Luft durch die Abgase

Ebenso in einem besonderen Kap. 7 die weiteren Gasturbinen, die sich von den bisher behandelten (großen) Kraftwerks-Gasturbinen nicht nur in der Leistung, sondern u. A. in der Schaltung und Verwendungszweck unterscheiden.

(Zu nennen sind hier die Mikro-Gasturbinen und sogar die Nano-Gasturbinen.)

Und weil sie im Aufbau so ähnlich sind, werden auch die Fluggasturbinen, die Flugtriebwerke, vorgestellt.

Dabei gibt es auch eine Kombination mit den Gasturbinen, die sogenannten Stationären Fluggasturbinen (Aeroderivative Gas Turbines) in Abschn. 7.3.

Weil der Bau und der Einsatz von Gasturbinen zur Stromerzeugung z. Zt. aus wirtschaftlichen Gründen umstritten ist, muss natürlich die Wirtschaftlichkeit untersucht werden.

Bei einem technischen Buch selbstverständlich sind Beispiele für die Gasturbinen-Berechnung und Ergebnisse von genaueren Berechnungen.

Schließlich die grundsätzlichen Schaltpläne einer Gasturbinen-Anlage.

Die Gesamtauslegung bedeutet zunächst die Abstimmung der einzelnen Komponenten zur Gesamtanlage, eventuell unter Berücksichtigung des Betriebsverhaltens und der Betriebsgrenzen der Gesamtanlage und der Komponenten.

Die Optimierung der Anlagen könnte energetisch nach dem maximal erzielbaren Wirkungsgrad durchgeführt werden, erfolgt aber praktisch immer nach wirtschaftlichen Gesichtspunkten. Eine relativ grobe Wirtschaftlichkeitsbetrachtung, allerdings fast ausschließlich unter dem Gesichtspunkt der ökonomischen Optimierung, muss deshalb auch behandelt werden.

Die angegebenen Beziehungen für die Berechnung sind in vielen, einfachen Fällen analytisch, d. h. die gesuchte Größe ist mit Hilfe einer mathematisch gegebenen Formel zu berechnen.

In manchen Fällen werden die Abhängigkeiten nur funktional angegeben, teils, weil aus Vereinfachungsgründen ein schon vorher gegebener analytischer Zusammenhang nicht wiederholt werden soll, teils aber auch, weil hinter der funktionalen Abhängigkeit ein mitunter umfangreicher, nur numerisch lösbarer Algorithmus steht.

Dies gilt vor allem auch für die Lösung der angegebenen Gleichungssysteme, die in den wenigsten Fällen analytisch und in den meisten Fällen nur numerisch erfolgen kann.

Bisher nicht behandelt sondern nur angesprochen werden – wegen des Aufwandes: die Regelung, die Festigkeit und die Schwingungsbeanspruchung der Welle und der Schaufeln, die Werkstoffe für Gasturbinen, die Emissionen, die Messungen an Gasturbinen und die numerische CFD-Simulation.

Ebenso die genaue, d. h. stufenweise Berechnung der Dampfturbine beim Dampfteil einer GuD-Anlage.

Hier wird auf die [39, GTBerErg.pdf] verwiesen, wo es entweder schon jetzt oder in Zukunft behandelt bzw. in der allgemeinen [allg. GT-Wolke] als eigenständiger Beitrag nachgesehen werden kann!

2 Analytische Berechnung und Optimierung einer Gasturbine

Lässt man die Feinheiten einer genaueren Berechnung zunächst beiseite, so kann eine Gasturbinen-Anlage recht einfach berechnet und optimiert werden.

Nach der Schaltung von Abb. 1.7 gilt für die einzelnen Komponenten Verdichter, Brennkammer und Turbine sowie die abgegebene Gesamtleistung:

Die an der Kupplung der Anlage abgegebene ***Kupplungsleistung*** P_k ist formal die Summe aus der ***Turbinenleistung*** P_T, der ***Verdichterleistung*** P_V und der ***mechanischen Reibungsleistung*** P_m der Welle.

$$P_k = P_T + P_V + P_m \tag{2.1}$$

Die Turbinenleistung ist negativ, da vom Gas abgegeben, die Verdichterleistung positiv, da der Luft zugeführt. Die Kupplungsleistung ist folglich auch negativ, da von der Anlage abgegeben.

Die Reibungsleistung wird wegen der gemeinsamen Welle nicht auf die Turbine und den Verdichter aufgeteilt. Aus gleichem Grund definiert man den ***mechanischen Wirkungsgrad*** η_m nur mit der (negativen) Turbinenleistung.

$$\eta_m =_{\text{def}} \frac{P_k}{P_T} = 1 + \frac{P_m}{P_T} \tag{2.2}$$

Die ***spezifische*** (Kupplungs)-***Arbeit*** w_t ***der Anlage*** ist die Kupplungsleistung, bezogen auf den Verdichtereintrittsmassenstrom $\dot{m}_{V_E}$.

$$w_t =_{\text{def}} \frac{P_k}{\dot{m}_{V_E}} \tag{2.3}$$

Der ***Kupplungswirkungsgrad*** η_k bezieht die Kupplungsleistung auf die eingesetzte chemische Energie $\dot{E}_B = \dot{m}_B \cdot H_{u_B}$ des Brennstoffs. Das negative Vorzeichen folgt aus

W. Bitterlich, U. Lohmann, *Gasturbinenanlagen*, https://doi.org/10.1007/978-3-658-15067-9_2

$P_k < 0$.

$$\eta_k =_{\text{def}} \frac{-P_k}{\dot{E}_B} = \frac{-P_k}{\dot{m}_B \cdot H_{u_B}} \tag{2.4}$$

Bei Gasturbinenanlagen zur Stromerzeugung sind selbstverständlich die Verluste im Generator zu berücksichtigen.

$$P_{el} = -P_k \cdot \eta_{el} \tag{2.5}$$

η_{el} soll alle mit der Stromerzeugung zusammenhängenden Verluste beinhalten, zur Vereinfachung auch den sogenannten „Eigenverbrauch" eines Gasturbinenkraftwerks. η_{ges} ist schließlich der ***Gesamtwirkungsgrad*** des Kraftwerks, bei Einschluss des Eigenverbrauchs entspricht er dem ***Nettowirkungsgrad*** η_{netto}.

$$\eta_{\text{ges}} =_{\text{def}} \frac{P_{el}}{\dot{E}_B} = \eta_k \cdot \eta_{el} = \eta_{\text{netto}} \tag{2.6}$$

2.1 Optimierung

Ist die gewünschte Leistung P_{el} festgelegt, so können noch frei gewählt werden die Turbineneintrittstemperatur $T_{t_{T_E}}$ und der Verdichteraustrittsdruck $p_{t_{V_A}}$ bzw. das ***Prozesstemperaturvehältnis*** τ_P und das ***Verdichterdruckverhältnis*** π_{t_V}.

$$\tau_P =_{\text{def}} \frac{T_{t_{T_E}}}{T_U} \approx \frac{T_{T_E}}{T_U} \tag{2.7}$$

$$\pi_{t_V} =_{\text{def}} \frac{p_{t_{V_A}}}{p_U} \approx \pi_V = \frac{p_{V_A}}{p_U} \tag{2.8}$$

Verändert werden damit vor allem der Wirkungsgrad und die spezifische Arbeit.

Abb. 2.1 zeigt die Abhängigkeit des Wirkungsgrades η_k und der spezifischen Arbeit $|w_t|$ (Absolutwert) von dem Druckverhältnis bei verschiedenen Turbineneintrittstemperaturen bzw. Prozesstemperaturverhältnissen τ_P.

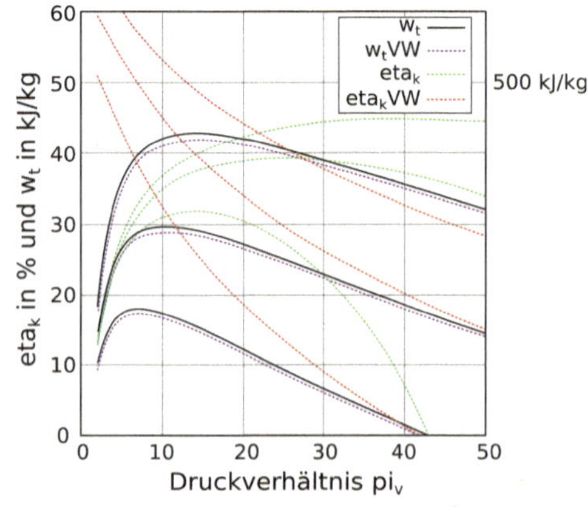

Abb. 2.1 Kupplungswirkungsgrad η_k und spez. Arbeit w_t einer Gasturbinenanlage in Abhängigkeit vom Druckverhältnis π_{t_V} bei verschiedenen Prozesstemperaturverhältnissen τ_P (= 4, 5 und 6) [η_V = 0,88, η_T = 0,88, η_c = 0,99, π_{BK} = 0,99, η_m = 0,98, ($\Delta_{T_{\text{rek}}}$ = 10 K, $\pi_{\text{rek}_L} = \pi_{\text{rek}_G}$ = 0,98)]

Abb. 2.1 mit einer großen Variationsbreite für das Druckverhältnis und die Turbineneintrittstemperatur kann allerdings nur für den vereinfachten Fall einer quasi adiabaten Turbine berechnet werden.

(Im Bild sind auch die spezifische Arbeit und der Kupplungswirkungsgrad für eine Anlage mit rekuperativer Luftvorwärmung aufgezeichnet. Dabei ist die spezifische Arbeit etwas kleiner und die Wirkungsgrade fallen mit zunehmendem Druckverhältnis von zunächst recht hohen Werten bis weit unter die des einfachen Prozesses.)

Für den verlustbehafteten ***Joule-Prozess*** gilt beispielsweise für den Wirkungsgrad η_k, die spezifische Arbeit w_t und die Leistungen:

$$\eta_k = \frac{-P_k}{\dot{E}_B} = \frac{\tau_P \cdot \left[1 - \frac{1}{(\pi_V \cdot \pi_{BK})^{\left(\frac{\kappa-1}{\kappa} \cdot \eta_T\right)}}\right] \cdot \eta_m - \left[\pi_V^{\left(\frac{\kappa-1}{\kappa \cdot \eta_V}\right)} - 1\right]}{\tau_P - \pi_V^{\left(\frac{\kappa-1}{\kappa \cdot \eta_V}\right)}} \cdot \eta_c$$

$$|w_t| = \frac{-P_k}{\dot{m}} = \left\{\tau_P \cdot \left[1 - \frac{1}{(\pi_V \cdot \pi_{BK})^{\left(\frac{\kappa-1}{\kappa} \cdot \eta_T\right)}}\right] \cdot \eta_m - \left[\pi_V^{\left(\frac{\kappa-1}{\kappa \cdot \eta_V}\right)} - 1\right]\right\} \cdot c_p \cdot T_U$$

$$P_V = \dot{m} \cdot c_p \cdot (T_{V_A} - T_U) = \dot{m} \cdot c_p \cdot T_U \cdot \left[\pi_V^{\left(\frac{\kappa-1}{\kappa \cdot \eta_V}\right)} - 1\right]$$

$$P_T = \dot{m} \cdot c_p \cdot (T_{T_A} - T_{T_E}) = \dot{m} \cdot c_p \cdot T_U \cdot \tau_P \cdot \left[\pi_T^{\left(\frac{\kappa-1}{\kappa} \cdot \eta_T\right)} - 1\right]$$

$$P_k = P_T \cdot \eta_m + P_V$$

$$\dot{E}_B = \frac{\dot{m} \cdot c_p \cdot (T_{T_E} - T_{V_A})}{\eta_c} = \frac{\dot{m} \cdot c_p \cdot T_U \cdot \left[\tau_P - \pi_V^{\left(\frac{\kappa-1}{\kappa \cdot \eta_V}\right)}\right]}{\eta_c} \tag{2.9}$$

mit dem Turbinen-Druck- und Temperaur-Verhältnis π_T und τ_T

$$\pi_T = \frac{1}{\pi_{BK} \cdot \pi_V} \quad \text{und } \tau_T = \pi_T^{\frac{\kappa-1}{\kappa} \cdot \eta_T}. \tag{2.10}$$

Die dabei getroffenen Vereinfachungen sind:

Geschwindigkeiten werden nicht berücksichtigt.

(Totalzustände $\approx$ statische Zustände)

Die Einlassverluste werden nicht separat berücksichtigt, sondern im Verdichterwirkungsgrad erfasst.

Auslassverluste werden ebenfalls nicht separat berücksichtigt, sondern im Turbinenwirkungsgrad erfasst.

Der Brennstoffmassenstrom wird gegenüber dem Luftmassenstrom vernachlässigt.

$(\dot{m}_B \ll \dot{m}_L{:}\ \dot{m}_T \approx \dot{m}_V = \dot{m})$

Es wird mit konstanten und für Luft und Gas gleichen Werten für die spezifische Wärmekapazität, die Gaskonstante und das Verhältnis der Wärmekapazitäten gerechnet.

$(c_{pL} \approx c_{pG} = c_p;\ R_L \approx R_G = R;\ \kappa_L \approx \kappa_G = \kappa)$

Die Zustandsänderungen im Verdichter und in der Turbine werden durch adiabate polytrope Zustandsänderungen mit jeweils konstanten *Polytropenexponenten* berechnet.

$$T_{V_A} = T_U \cdot \pi_V^{\frac{\kappa-1}{\kappa\cdot\eta_V}} = T_U \cdot \tau_V;$$
$$T_{T_A} = T_{T_E} \cdot \pi_T^{\frac{\kappa-1}{\kappa}\cdot\eta_T} = T_U \cdot \tau_P \cdot \tau_T \qquad \text{mit } \frac{\kappa}{\kappa-1} = \frac{c_p}{R}$$

Obwohl die Haupteinflussgrößen mit π_V und τ_P und die Hauptverlustursachen mit η_V, η_T, η_c, π_{BK} und η_m erfasst werden, ist das Ergebnis sehr ungenau.

2.2 Quasi-analytische Berechnung und Optimierung

Verbessert werden kann die Genauigkeit, wenn für Luft und Gas unterschiedliche Werte für c_p, R und κ eingesetzt werden und auch der Brennstoffmassenstrom $\dot{m}_B$ berücksichtigt wird.

Die spezifischen Enthalpien von Luft und Verbrennungsgas werden als Produkt der Temperaturen mit den jeweiligen konstanten Werten der spezifischen Wärmekapazitäten berechnet. ($-T_S$, weil der Heizwert H_{u_B} auf die Standardtemperatur bezogen ist.)

$$h_L = c_{pL} \cdot (T_L - T_S); \quad h_G = c_{pG} \cdot (T_G - T_S)$$
$$P_V = \dot{m}_V \cdot c_{p_L} \cdot (T_{V_A} - T_U) = \dot{m}_V \cdot c_{pL} \cdot T_U \cdot \left[\pi_V^{\frac{\kappa_L-1}{\kappa_L\cdot\eta_V}} - 1\right]$$
$$P_T = \dot{m}_T \cdot c_{p_G} \cdot (T_{T_A} - T_{T_E}) = \dot{m}_V \cdot (1+\beta) \cdot c_{p_G} \cdot T_U \cdot \tau_P \cdot \left[\pi_T^{\frac{\kappa_G-1}{\kappa_G}\cdot\eta_T} - 1\right]$$
$$\dot{m}_B \cdot H_{u_B} \cdot \eta_c + \dot{m}_V \cdot c_{p_L} \cdot (T_{V_A} - T_S) + \dot{m}_B \cdot c_{p_B} \cdot (T_B - T_S) = (\dot{m}_V + \dot{m}_B) \cdot c_{p_G} \cdot (T_{T_E} - T_S) \tag{2.11}$$
$$\beta =_{\text{def}} \frac{\dot{m}_B}{\dot{m}_V} = \frac{c_{p_G} \cdot (T_{T_E} - T_S) - c_{p_L} \cdot (T_{V_A} - T_S)}{\eta_c \cdot H_{u_B} - c_{p_G} \cdot (T_{T_E} - T_S) + c_{p_L} \cdot (T_{V_A} - T_S) + c_{p_B} \cdot (T_B - T_S)}$$
$$\dot{E}_B = \dot{m}_B \cdot H_{u_B} = \frac{\dot{m}_L}{\eta_c} \cdot \left[(1+\beta) \cdot c_{p_G} \cdot (T_{T_E} - T_S) - c_{pL} \cdot (T_{V_A} - T_S) - \beta \cdot (T_B - T_S)\right]$$
$$\eta_k = \frac{(1+\beta) \cdot c_{pG} \cdot \tau_P \cdot (1-\tau_T) \cdot \eta_m - c_{pL} \cdot (\tau_V - 1)}{(1+\beta) \cdot c_{pG} \cdot (\tau_P - \frac{T_S}{T_U}) - c_{pL} \cdot (\tau_V - \frac{T_S}{T_U}) - \beta \cdot c_{p_B} \cdot \frac{T_B - T_S}{T_U}} \cdot \eta_c \tag{2.12}$$

Die Beziehung für den Wirkungsgrad wird sinnvollerweise nicht in einem analytischen Rechenschritt, sondern in zwei Schritten mit dem Zwischenwert β erfolgen. Deshalb kann die Berechnung eigentlich nurmehr „quasi-analytisch" genannt werden.

β ist in diesem Beispiel veränderlich, mit π_V abnehmend und mit τ_P zunehmend. Auch κ_G nimmt mit τ_P zu.

Die spezifischen Arbeiten w_t sind im Vergleich zur einfachen analytischen Berechnung größer, weil $c_{p_G} > c_{p_L}$ ist.

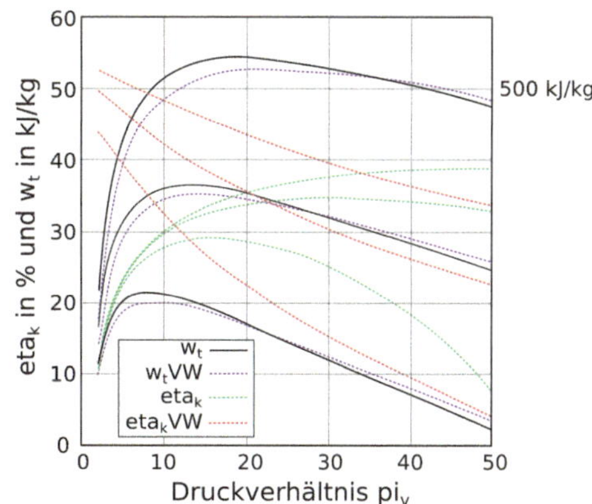

Abb. 2.2 Quasi-analytisch berechneter Kupplungswirkungsgrad η_k und spez. Arbeit w_t einer Gasturbinenanlage in Abhängigkeit vom Druckverhältnis π_{t_V} bei verschiedenen Prozesstemperaturverhältnissen τ_P (= 4, 5 und 6) [$\eta_V = 0{,}88$, $\eta_T = 0{,}88$, $\eta_c = 0{,}99$, $\pi_{BK} = 0{,}99$, $\eta_m = 0{,}98$, $Hu_B = 50\,\text{MJ/kg}$ (Methan)]

(Auch hier sind die spezifische Arbeit und der Kupplungswirkungsgrad für eine Anlage mit rekuperativer Luftvorwärmung eingezeichnet.)

Mit dem ausführbaren Programm VERBRGAS.exe, zu finden in „allgem. Wolke", können die notwendigen Werte bei der Verbrennung einer Vielzahl von Brennstoffen mit vorgegebenem β (oder λ) berechnet werden.

Obwohl die Genauigkeit der berechneten Ergebnisse zugenommen hat, lässt sich eine gekühlte Turbine damit nicht berechnen!

2.3 Ähnlichkeitsgrößen und Abschätzungen

Bei im Aufbau ähnlichen, aber in der Leistung durchaus sehr unterschiedlichen Gasturbinen haben einige Größen fast gleiche Zahlenwerte.

Das sind naturgemäß:

- die Wirkungsgrade, (Klingt logisch; mit kleineren Werten bei kleineren Anlagen.)
- die Kenngrößen und
- die Geschwindigkeiten! (Tatsächlich die realen Zahlenwerte, fast unabhängig von der Größe.)

Die Drehzahl kann entweder über den Massenstrom oder über die Leistung abgeschätzt werden (siehe Abschn. 3.3.2 bzw. die Herleitung Gl. 3.204).

$$\frac{n}{n_{\text{Bezug}}} \approx \sqrt{\frac{\dot{m}_{\text{Bezug}}}{\dot{m}}} \tag{2.13}$$

bzw.

$$\frac{n}{n_{\text{Bezug}}} \approx \sqrt{\frac{P_{\text{Bezug}}}{P}}. \tag{2.14}$$

Schließlich nach [21] das für die maximale spezifische Arbeit $w_{t_{\max}}$ gehörende Druckverhältnis $\pi_{V_{\text{opt}}}$.

$$\pi_{V_{\text{opt}}} \sim \sqrt{\tau_P^{\frac{\kappa_L}{(\kappa_L-1)}}} \tag{2.15}$$

bzw.

$$\frac{\pi_{V_{\text{opt}}}}{\pi_{V_{opt_{\text{Bezug}}}}} \approx \sqrt{\left(\frac{\tau_P}{\tau_{P_{\text{Bezug}}}}\right)^{\frac{\kappa_L}{(\kappa_L-1)}}} \tag{2.16}$$

Und nur logisch begründet, werden die Verhältnisse der spezifischen Investitions- und Komponentenkosten k_i und $s_{i_{\text{Komp}}}$ (Gl. 9.16) angegeben, die bei der Wirtschaftlichkeit (Abschn. 9.1) bestimmt bzw. benötigt werden.

$$\left(\frac{k_i}{k_{i_{\text{Bezug}}}}\right) \approx \frac{s_{i_{\text{Komp}}}}{s_{i_{\text{Komp}_{\text{Bezug}}}}} \approx \left(\frac{P_{el_{\text{Bezug}}}}{P_{el}}\right)^{0{,}143} \approx \left(\frac{P_{i_{\text{Bezug}}}}{P_i}\right)^{0{,}143} \tag{2.17}$$

Die innere Leistung P_i, damit die Beziehung auch bei Flugtriebwerken angewandt werden kann.

Thermische Strömungsmaschinen 3

Um den Gasturbinen-Gedankenfluss nicht zu stören bzw. zu sehr auszudehnen, sind die Grundlagen (Thermodynamik, Strömungsmechanik, Wärmeübergang und Wärmestrahlung), die notwendig sind für eine gemeinsame „Sprache", Verständnis und Herleitung, an das Ende vor den Anhang verschoben (Kap. 11).

Bei Bedarf aber auch dort nachzulesen, falls bei der Gasturbine selbst Beziehungen bzw. Ergebnisse unverständlich erscheinen.

Die zwei wichtigsten Komponenten der Gasturbinenanlage sind die Turbine, die die gewünschte mechanische Leistung erzeugt, und der Verdichter, der die angesaugte Luft auf den erforderlichen Druck vor der Turbine bringt (Abb. 3.1).

Sie müssen hier ausführlich behandelt werden, um die Grenzwerte bei der stufenweisen Auslegung und die Kühlung und die Beschichtung bei den Turbinen verstehen und berechnen zu können.

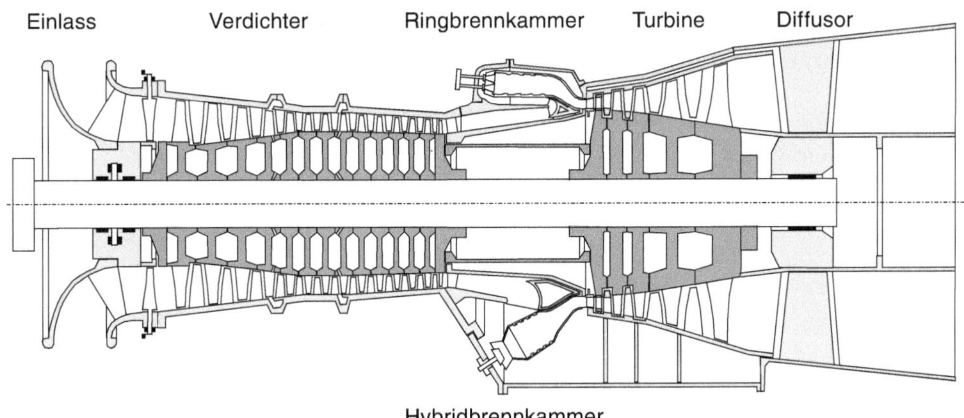

Abb. 3.1 Schnittbild einer Gasturbine

W. Bitterlich, U. Lohmann, *Gasturbinenanlagen*, https://doi.org/10.1007/978-3-658-15067-9_3

Beides sind sogenannte thermische Strömungsmaschinen, deren Rotoren in den meisten Fällen auf einer gemeinsamen Welle liegen (vergl. Abb. 1.7).

In diesem Kapitel werden ausschließlich axiale Strömungsmaschinen behandelt, die bei den „großen" Gasturbinen eingesetzt werden müssen. Die radialen Strömungsmaschinen bei den kleineren und kleinsten Gasturbinen werden nur, wenn notwendig, behandelt.

3.1 Stufe einer Strömungsmaschine

Strömungsmaschinen bestehen aus einer aufeinanderfolgenden Reihe von Schaufelreihen (***Leiträder***, Statoren) und rotierenden Schaufelreihen (***Laufräder***, Rotoren) (Abb. 3.2).

Eine ***Stufe*** setzt sich bei Turbinen aus einem Leitrad und nachfolgendem Laufrad und bei Verdichtern aus einem Laufrad mit folgendem Leitrad zusammen.

Die Strömung, z. B. durch ein Leitrad, lässt sich am besten durch ein ***Zylinderkoordinatensystem*** mit der radialen Koordinate r, der Umfangskoordinate Winkel φ und der Axialkoordinate z beschreiben (Abb. 3.3). Die entsprechenden Komponenten der Gesamtgeschwindigkeit $\vec{c}$ sind $\vec{c}_r$, $\vec{c}_\varphi$ und $\vec{c}_z$. Dabei ist die Umfangskomponente $\vec{c}_\varphi$ für die

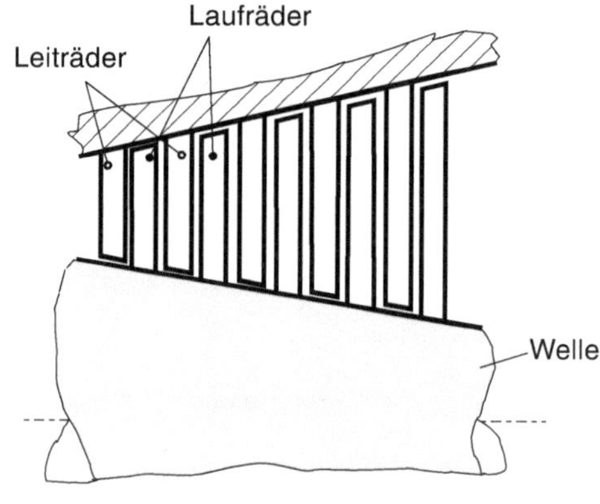

Abb. 3.2 Strömungsmaschine mit Leiträdern und Laufrädern

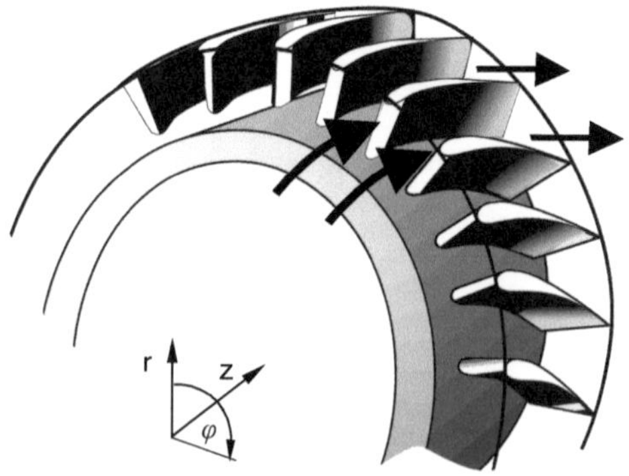

Abb. 3.3 Strömung durch einen Leitradkanal mit den Koordinaten z, r und φ des Zylinderkoordinatensystems

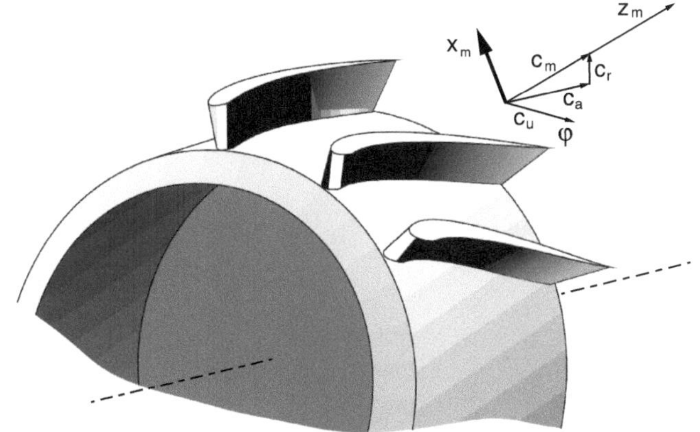

Abb. 3.4 Meridiansystem bei nichtaxialen Strömungsmaschinen

Wirkung der Stufe am wichtigsten, weil erst sie eine Abgabe bzw. Aufnahme von Arbeit ermöglicht.

Die beiden anderen Geschwindigkeitskomponenten $\vec{c}_r$ und $\vec{c}_z$ werden in der ***Meridian-*** oder Durchström*geschwindigkeit* $\vec{c}_m$ zusammengefasst. Sie steht senkrecht auf $\vec{c}_\varphi$ und ist gleichzeitig die Komponente der Geschwindigkeit $\vec{c}$ in der Meridianebene, d. h. der Ebene durch die Achse der Maschine. Die Richtung von $\vec{c}_m$ kann hauptsächlich axial sein bei den Axialmaschinen, vornehmlich radial bei den Radialmaschinen und schließlich diagonal bei den Diagonalmaschinen.

Ein von der Durchströmrichtung „unabhängiges" Koordinatensystem ist das Meridiansystem mit der Umfangskoordinate φ wie im Zylindersystem, der Durchströmkoordinate z_m in Richtung von $\vec{c}_m$ und der ***Querkoordinate*** x_m senkrecht auf φ und (in etwa) senkrecht auf z_m (Abb. 3.4).

Die Strömung durch eine Beschaufelung ist in Wirklichkeit praktisch immer abhängig von allen drei Koordinaten, d. h. man kann bzw. muss schreiben für eine Strömungsgröße G:

$$G = G(x_m, \varphi, z_m) \quad \text{z. B. } c = c(x_m, \varphi, z_m). \tag{3.1}$$

Stark vereinfacht kann man jedoch die Abhängigkeit von x_m und φ, d. h. senkrecht zu z_m, vernachlässigen und nur die Abhängigkeit in Durchströmrichtung berücksichtigen. Man spricht dann von ***eindimensionaler*** (1D) *Strömung* durch die Turbomaschine. Die Berechnung ist in diesem Fall besonders einfach.

$$\text{eindimensionale Strömung 1D:} \quad G = G(z_m) \neq G(x_m, \varphi) \tag{3.2}$$

Die mittlere Querkoordinate x_{mM}, an der sich die gesamte Strömung vereinfacht „befindet", ist das arithmetische Mittel zwischen dem Innen (Naben)-Wert x_{mi} und dem Außen (Gehäuse)-Wert x_{ma} (Abb. 3.5).

$$x_{mM} = \frac{x_{mi} + x_{ma}}{2} \tag{3.3}$$

Abb. 3.5 Mittlere Querkoordinaten bei axialen Strömungsmaschinen

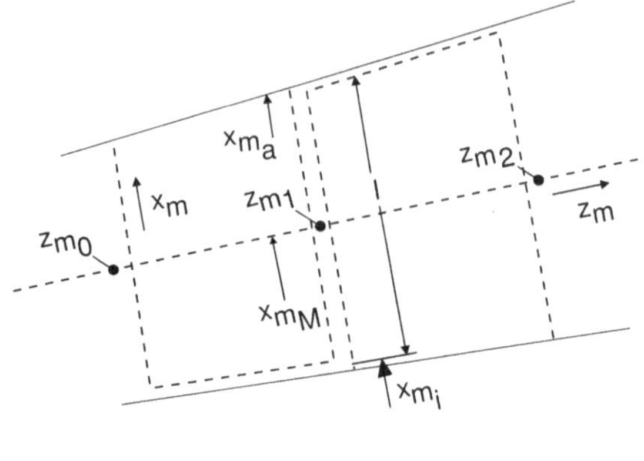

Dazu gehören der ***mittlere Radius*** $r_M(x_{mM})$ und die Schaufellänge

$$l = x_{m_S} - x_{m_N} \tag{3.4}$$

Die eindimensionale Betrachtung kann definitionsgemäß nicht die Unterschiede in Umfangs(φ)-Richtung erfassen, die vor allem zwischen den Schaufeln der Druckseite und der Saugseite auftreten, oder die radialen Unterschiede zwischen x_{m_N} und x_{m_S} bei Axial- und Diagonalströmung.

Die ***quasi eindimensionale*** (q1D) Betrachtung erfasst nur die Zustände zwischen den Schaufelreihen mit z_{m0}, z_{m1}, z_{m2} und z_{m3}, die dann jeweils nicht von x_m und φ abhängen.

$$\text{quasi-eindimensionale Strömung q1D:} \quad G_i = G(z_{mi}) \neq G(x_m, \varphi) \tag{3.5}$$

Bei genauerer Berechnung der Strömung ist eine ***zweidimensionale*** (2D) Betrachtung notwendig.

$$\text{zweidimensionale Strömung 2D:} \quad 2\mathrm{D}\varphi: \quad G = G(\varphi, z_m) \neq G(x_m) \tag{3.6}$$

oder

$$2\mathrm{Dx}: \quad G = G(x_m, z_m) \neq G(\varphi) \tag{3.7}$$

Bei der ***quasi-zweidimensionalen*** (q2D)-Betrachtung der ***Strömung*** werden wiederum nur die Zustände in den Flächen 0, 1, 2, 3 erfasst, an denen dann jeweils eine Abhängigkeit entweder von φ oder von x_m zugelassen wird.

$$\text{quasi-zweidimensionale Strömung q2D:} \quad \mathrm{q2D}\varphi: \quad G_i = G_i(\varphi_i, z_{mi}) \tag{3.8}$$

oder

$$\mathrm{q2Dx}: \quad G_i = G(x_{mi}, z_{mi}) \tag{3.9}$$

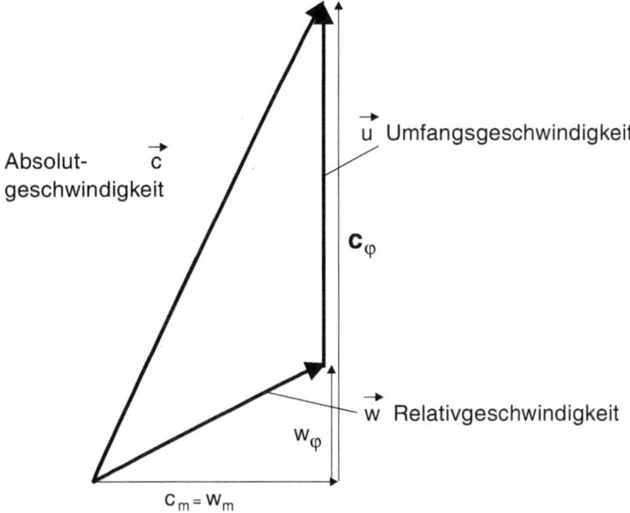

Abb. 3.6 Absolutsystem mit Absolutgeschwindigkeit $\vec{c}$ und Relativsystem mit Relativgeschwindigkeit $\vec{w}$

Die allgemeine Strömung ist ***dreidimensional*** (3D):

$$\text{dreidimensionale Strömung 3D:} \quad G = G(x_m, \varphi, z_m) \tag{3.10}$$

Durch die Wechselwirkung zwischen den ruhenden und bewegten Schaufelreihen wird die Strömung auch bei zeitlich unveränderter Zuströmung periodisch instationär, so dass mit der vierten Koordinate Zeit τ die Strömung vierdimensional (4D) zu behandeln ist.

$$\text{vierdimensionale Strömung 4D :} \quad G = G(x_m, \varphi, z_m, \tau) \tag{3.11}$$

Betrachtet man die Strömung von einem gegenüber dem Leitrad (dem ***Absolutsytem*** mit der ***Absolutgeschwindigkeit*** $\vec{c}$) mit der ***Winkelgeschwindigkeit*** ω rotierenden ***Relativsystem*** (Laufrad), so wirkt an einer bestimmten Stelle mit dem Radius r die vektoriell um die ***Umfangsgeschwindigkeit*** $\vec{u}$ verminderte ***Relativgeschwindigkeit*** $\vec{w}$ (Abb. 3.6).

$$\vec{w} = \vec{c} - \vec{u} \tag{3.12}$$

bzw. in Komponenten

$$\begin{aligned} w_\varphi &= c_\varphi - u \\ w_m &= c_m \end{aligned} \tag{3.13}$$

Die Geschwindigkeiten können in Geschwindigkeitsdreiecken gezeichnet werden, wobei vor dem Laufrad in der Fläche 1 der Übergang vom Absolutsystem in das Relativsystem erfolgt (Abb. 3.7)

$$\vec{w}_1 = \vec{c}_1 - \vec{u}_1 \tag{3.14}$$

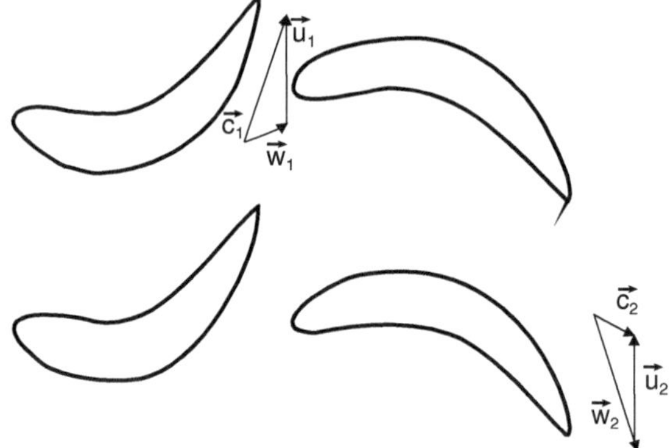

Abb. 3.7 Geschwindigkeiten in den Flächen 1 und 2 vor und nach dem Laufrad

und nach dem Laufrad in der Fläche 2 vom Relativ- zum Absolutsystem

$$\vec{w}_2 = \vec{c}_2 - \vec{u}_2. \tag{3.15}$$

Im Prinzip gelten im Relativsystem die gleichen Gesetzmäßigkeiten wie im Absolutsystem, allerdings müssen bei der Definition der ***relativen Totalenthalpien*** (Rothalpien) $h_{t_{\mathrm{rel}}}$ die Umfangsgeschwindigkeiten u berücksichtigt werden. (Bei einer Verschiebung in radialer Richtung um Δr wird die Energie $\Delta(u^2/2)$ „gebunden".)

$$\begin{aligned}
h_{t_{\mathrm{rel}}} &=_{\mathrm{def}} h + \frac{w^2}{2} - \frac{u^2}{2} \\
s_{t_{\mathrm{rel}}} &= s \\
T_{t_{\mathrm{rel}}} &= T(h_{t_{\mathrm{rel}}}, s_{t_{\mathrm{rel}}}) \\
p_{t_{\mathrm{rel}}} &= p(h_{t_{\mathrm{rel}}}, s_{t_{\mathrm{rel}}}) \\
v_{t_{\mathrm{rel}}} &= v(T_{t_{\mathrm{rel}}}, p_{t_{\mathrm{rel}}}) \\
\rho_{t_{\mathrm{rel}}} &= 1/v_{t_{\mathrm{rel}}}
\end{aligned} \tag{3.16}$$

Nicht verwechselt werden darf die Rothalpie $h_{t_{\mathrm{rel}}}$ mit der Totalenthalpie h_{t_w} im Laufrad bezüglich der mitbewegten Begrenzungswände.

$$\begin{aligned}
h_{t_w} &=_{\mathrm{def}} h + \frac{w^2}{2} \\
s_{t_w} &= s \\
T_{t_w} &= T(h_{t_w}, s_{t_w}) \\
p_{t_w} &= p(h_{t_w}, s_{t_w}) \\
v_{t_w} &= v(T_{t_w}, p_{t_w}) \\
\rho_{t_w} &= \frac{1}{v_{t_w}}
\end{aligned} \tag{3.17}$$

Für die folgenden Betrachtungen wird quasi-eindimensionale Strömung (q1D) vorausgesetzt. Um dies zu demonstrieren, werden an Stelle von c_φ der Mittelwert c_u und an Stelle von c_z der Mittelwert c_a geschrieben.

Bei der Vernachlässigung von Reibungskräften gilt für die spezifische technische Arbeit w_t, die dem Fluid im Laufrad „zugeführt“ wird (***Euler-Gleichung***):

$$w_t = u_2 \cdot c_{u2} - u_1 \cdot c_{u1} = u_2 \cdot w_{u2} - u_1 \cdot w_{u1} + u_2^2 - u_1^2 \tag{3.18}$$

Eine daraus abgeleitete Kenngröße ist die ***Schaufelarbeitskenngröße*** ψ.

$$\psi =_{\text{def}} \frac{w_t}{u_2^2/2} \tag{3.19}$$

Die spezifische Arbeit wird auf die kinetische Energie $u_2^2/2$ der Umfangsgeschwindigkeit nach dem Laufrad bezogen.

Man erhält für ψ:

$$\psi = 2 \cdot \left(\frac{c_{u2}}{u_2} - \frac{u_1}{u_2} \cdot \frac{c_{u1}}{u_2} \right). \tag{3.20}$$

Eine weitere Kenngröße ist die ***Durchflusskenngröße*** φ .

$$\varphi =_{\text{def}} \frac{c_m}{u_2} \tag{3.21}$$

Sie kann für die verschiedenen Bezugsflächen (z. B. φ_1, φ_2) bestimmt werden und ergibt im allgemeinen Fall leicht unterschiedliche Zahlenwerte für die verschiedenen Flächen.

Eine Kenngröße für die gesamte Stufe ist der ***Reaktionsgrad*** ρ_h.

$$\rho_h =_{\text{def}} \frac{\Delta h_{La}}{\Delta h} \tag{3.22}$$

Δh_{La} ist die Enthalpieänderung im Laufrad und Δh die gesamte Enthalpieänderung in der Stufe (Lauf- und Leitrad).

Energieerhaltungssatz für das Laufrad:

$$\begin{aligned} w_t + q_{La} &= h_{t2} - h_{t1} = h_2 + \frac{c_2^2}{2} - h_1 - \frac{c_1^2}{2} \\ \Delta h_{La} &= h_2 - h_1 = w_t + q_{La} + \frac{c_{m1}^2}{2} + \frac{c_{u1}^2}{2} - \frac{c_{m2}^2}{2} - \frac{c_{u2}^2}{2} \\ \frac{\Delta h_{La}}{u_2^2/2} &= \psi + \frac{q_{La}}{u_2^2/2} + \varphi_1^2 - \left(\frac{c_{u1}}{u_2}\right)^2 - \varphi_2^2 - \left(\frac{c_{u2}}{u_2}\right)^2 \end{aligned} \tag{3.23}$$

Energieerhaltungssatz für die Stufe:

$$\text{Verdichter} \quad w_t + q_{La} + q_{Le} = h_{t3} - h_{t1} = h_3 + \frac{c_3^2}{2} - h_1 - \frac{c_1^2}{2} \tag{3.24}$$

$$\frac{\Delta h}{u_2^2/2} = \psi + \frac{q_{La} + q_{Le}}{u_2^2/2} + \varphi_1^2 - \left(\frac{c_{u1}}{u_2}\right)^2 - \varphi_3^2 - \left(\frac{c_{u3}}{u_2}\right)^2$$

$$\left(\frac{c_{u2}}{u_2}\right)^2 = \frac{\psi^2}{4} + \frac{u_1}{u_2} \cdot \frac{c_{u1}}{u_2} \cdot \psi + \left(\frac{u_1}{u_2}\right)^2 \cdot \left(\frac{c_{u1}}{u_2}\right)^2$$

$$\left(\text{aus } \frac{\psi}{2} = \frac{w_t}{u_2^2} = \frac{c_{u_2}}{u_2} - \frac{u_1}{u_2} \cdot \frac{c_{u_1}}{u_2}\right)$$

$$\rho_h = \frac{1 - \frac{\psi}{4} - \frac{u_1}{u_2} \cdot \frac{c_{u1}}{u_2} + \left[\frac{q_{La}}{u_2^2/2} + \varphi_1^2 - \varphi_2^2 + \left(\frac{c_{u1}}{u_2}\right)^2 \cdot \left(1 - (\frac{u_1}{u_2})^2\right)\right] / \psi}{1 + \left[\frac{q_{La} + q_{Le}}{u_2^2/2} + \varphi_1^2 + \left(\frac{c_{u1}}{u_2}\right)^2 - \varphi_3^2 - \left(\frac{c_{u3}}{u_2}\right)^2\right] / \psi}$$

$$\rho_h \approx 1 - \frac{\psi}{4} \quad (\text{für } c_{u1} \approx c_{u3} \approx 0 \quad \text{und } \varphi_1 \approx \varphi_2 \approx \varphi_3) \tag{3.25}$$

$$\text{Turbine} \quad w_t + q_{Le} + q_{La} = h_{t2} - h_{t0} = h_2 + \frac{c_2^2}{2} - h_0 - \frac{c_0^2}{2} \tag{3.26}$$

$$\frac{\Delta h}{u_2^2/2} = \psi + \frac{q_{Le} + q_{La}}{u_2^2/2} + \varphi_0^2 - \left(\frac{c_{u0}}{u_2}\right)^2 - \varphi_2^2 - \left(\frac{c_{u2}}{u_2}\right)^2$$

$$\left(\frac{c_{u1}}{u_2}\right)^2 = \left(\frac{u_2}{u_1}\right)^2 \cdot \frac{\psi^2}{4} - \frac{u_2}{u_1} \cdot \frac{c_{u2}}{u_1} \cdot \psi + \left(\frac{u_2}{u_1}\right)^2 \cdot \left(\frac{c_{u2}}{u_2}\right)^2$$

$$\left(\text{aus } \frac{\psi}{2} = \frac{c_{u_2}}{u_2} - \frac{u_1}{u_2} \cdot \frac{c_{u_1}}{u_2}\right)$$

$$\rho_h = \frac{1 + \left(\frac{u_2}{u_1}\right)^2 \cdot \frac{\psi}{4} - \frac{u_2}{u_1} \cdot \frac{c_{u2}}{u_2} + \left[\frac{q_{La}}{u_2^2/2} + \varphi_1^2 - \varphi_2^2 - \left(\frac{c_{u2}}{u_2}\right)^2 \cdot \left(1 + (\frac{u_2}{u_1})^2\right)\right] / \psi}{1 + \left[\frac{q_{Le} + q_{La}}{u_2^2/2} + \varphi_0^2 + \left(\frac{c_{u0}}{u_2}\right)^2 - \varphi_2^2 - \left(\frac{c_{u2}}{u_2}\right)^2\right] / \psi}$$

$$\rho_h \approx 1 + \frac{\psi}{4} \quad (\text{für } c_{u0} \approx c_{u2} \approx 0, \quad \varphi_0 \approx \varphi_1 \approx \varphi_2 \quad \text{und } u_1 \approx u_2). \tag{3.27}$$

Wie im Abschn. 11.2 gezeigt wird, sind für einen Kanal mit feststehenden Wänden (Leitrad im Absolutsystem, Laufrad im Relativsystem) die äußeren Arbeiten der Reibungskräfte Null und daher wird keine Reibungsarbeit zugeführt.

Nun ist bei Schaufelrädern ohne Deckband entweder die Nabenwand bei Leiträdern oder die Gehäusewand bei Laufrädern relativ zum System mit u_N oder u_S bewegt.

Die zusätzlich zugeführte Reibungsleistung ist näherungsweise (Abb. 3.8):

$$P_{r_{Le}} \approx 2\pi \cdot \bar{r}_{N_{Le}} \cdot b_{N_{Le}} \cdot \bar{u}_{N_{Le}} \cdot \bar{\tau}_{u_{N_{Le}}} \quad \text{beim Leitrad} \tag{3.28}$$

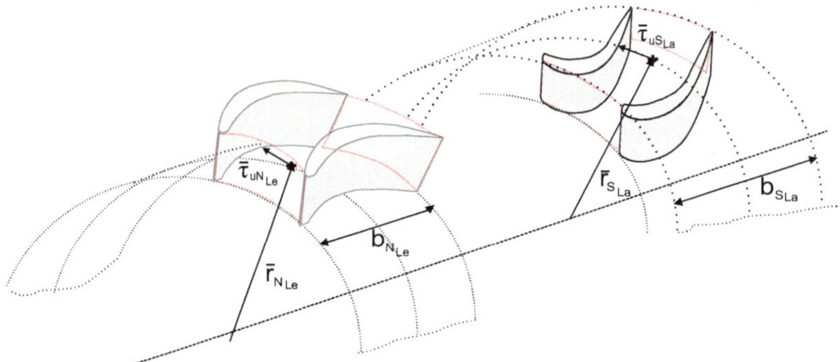

Abb. 3.8 Reibungsleistungen an der Nabe im Leitrad und an der Gehäusewand im Laufrad

oder

$$P_{r_{La}} \approx 2\pi \cdot \bar{r}_{S_{La}} \cdot b_{S_{La}} \cdot \bar{u}_{S_{La}} \cdot \bar{\tau}_{u_{S_{La}}} \quad \text{beim Laufrad.} \tag{3.29}$$

Die Radien $\bar{r}_N$ und $\bar{r}_S$, die Umfangsgeschwindigkeiten $\bar{u}_N$ und $\bar{u}_S$ und die Schubspannungen $\bar{\tau}_{u_N}$ und $\bar{\tau}_{u_S}$ an der Nabe und an der Gehäusewand sind Mittelwerte.

Die spezifischen Größen sind:

$$\begin{aligned} w_{r_{Le}} &= \frac{P_{r_{Le}}}{\dot{m}_{Le}} \\ w_{r_{La}} &= \frac{P_{r_{La}}}{\dot{m}_{La}}. \end{aligned} \tag{3.30}$$

Sie sind relativ klein, weil die reibungserzeugenden Grenzschichten wegen der Relativbewegung der Schaufelenden an den Seitenwänden nach jeder Schaufel stets wieder neu aufgebaut werden müssen. Die Reibungsleistungen müssen beim Leit- und Laufrad getrennt berücksichtigt werden.

$$\begin{aligned} w_{r_{Le}} + q_{Le} &= \Delta h_{t_{Le}} \\ w_{r_{La}} + q_{La} &= \Delta h_{t_{\text{rel}_{La}}} \\ w_{r_{La}} + q_{La} &= \Delta h_{La} + \frac{w_{u_2}^2}{2} + \frac{c_{m_2}^2}{2} - \frac{u_2^2}{2} - \frac{w_{u_1}^2}{2} - \frac{c_{m_1}^2}{2} + \frac{u_1^2}{2} \\ w_{u_2} &= c_{u_2} - u_2 \\ w_{u_1} &= c_{u_1} - u_1 \\ w_t &= u_2 \cdot c_{u_2} - u_1 \cdot c_{u_1} \\ w_t + w_{r_{La}} + q_{La} &= \Delta h_{t_{La}} \\ w_t + w_r + q &= \Delta h_t \\ w_r &= w_{r_{Le}} + w_{r_{La}} \\ q &= q_{Le} + q_{La} \end{aligned} \tag{3.31}$$

Für die Dissipationsleistung gilt das in Abschn. 2.2 Gesagte. Sie können entweder für einen Strömungskanal und damit für das Leit- und Laufrad durch Messungen der Strömungsgrößen über dem Eintritts- und Austrittsquerschnitt ermittelt oder aber durch Aufsummierung von Teilverlusten berechnet werden. Die Verteilung der spezifischen Verluste über dem Strömungsquerschnitt kann damit aber nicht bestimmt werden.

Näheres dazu in den Abschnitten Verdichter und Turbine.

Obwohl die beiden Strömungsmaschinen Verdichter und Turbine sehr ähnlich in ihrer Wirkungsweise sind, unterscheiden sie sich aufgrund ihrer Aufgaben Verdichten mit Arbeitszufuhr bzw. Entspannen mit Arbeitsabgabe so stark, dass sie in den folgenden beiden Unterkapiteln getrennt behandelt werden.

3.2 Schaufelprofile

Für die Profile der Schaufeln der Strömungsmaschinen existieren viele Berechnungsverfahren, die im Laufe der Zeit mehr und mehr verfeinert worden sind. Hier soll nicht der Versuch gemacht werden, diese Berechnungen zu verbessern, sondern mit relativ einfachen mathematischen Ansätzen möglichst allgemeingültig die ***Schaufelprofile*** der verschiedenen axialen Turbomaschinen darzustellen.

Ein ***Schaufelgitter*** besteht immer aus einer über dem Umfang verteilten Anzahl von Schaufeln im Abstand der ***Teilung*** t (Abb. 3.9).

Vereinfacht kann man sich durch das Profil einer Schaufel eine Mittellinie, die ***Skelettlinie***, denken mit einer in Strömungsrichtung veränderlichen ***Dickenverteilung*** (Abb. 3.10).

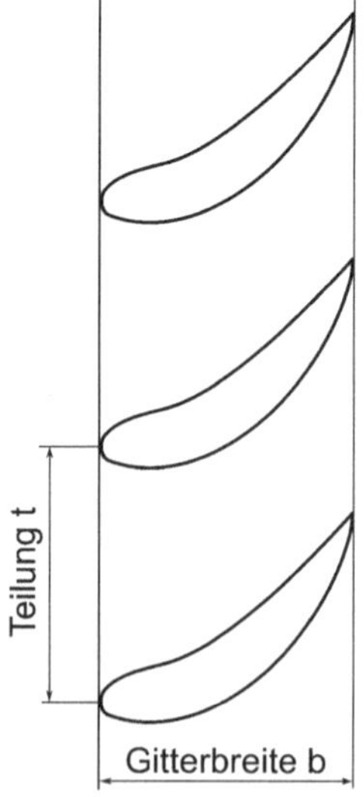

Abb. 3.9 Schaufelgitter einer axialen Turbomaschine

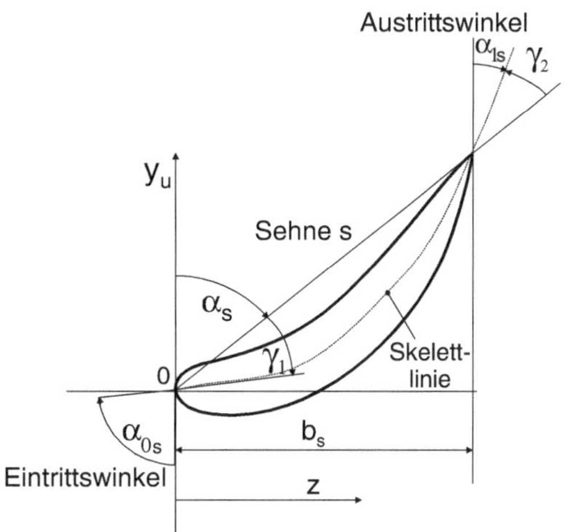

Abb. 3.10 Schaufelprofil mit Skelettlinie und Sehne für eine Leitradschaufel

Die Skelettlinie gibt in etwa die Richtung der Strömung an, wobei allerdings darauf hinzuweisen ist, dass beim Gittereintritt bei Abweichen von den Auslegungszuständen der Anströmung theoretisch jede Abweichung des wirklichen Strömungswinkels des Fluids von dem Eintrittwinkel der Skelettlinie möglich ist, und dass beim Gitteraustritt fast immer ein Unterschied zwischen der Skelettlinienrichtung und der Strömungsrichtung besteht.

α_s ist der ***Staffelungswinkel***.

α_{0_s} und α_{1_s} sind die Ein- und Austrittswinkel und γ_1 und γ_2 die Winkel zwischen der Skelettlinie und der Sehne.

Bei einer Laufradschaufel sind die entsprechenden Winkel β_s, β_{1_s} und β_{2_s}.

3.2.1 Skelettlinie

Im Folgenden soll die Skelettlinie untersucht werden, wobei als gegeben betrachtet werden die Gitterbreite b_s (auf die Skelettliniensehne s bezogen), die Skelettlinienwinkel beim Ein- und Austritt, α_{0_s} und α_{1_s} im Fall eines Leitrades und β_{1_s} und β_{2_s} im Fall des Laufrades.

Dabei sind die Beziehungen einfacher mit den Winkeln $\overline{\alpha}_{0_s}$ und $\overline{\alpha}_{1_s}$, bzw. $\overline{\beta}_{1_s}$ und $\overline{\beta}_{2_s}$ zwischen der Achsrichtung z und der Skelettlinienrichtung anzugeben (Abb. 3.11). Die Winkel $\overline{\alpha}$ und $\overline{\beta}$ sind absolut stets $\leq 90°$ und geben mit ihrem Vorzeichen an, ob die Richtung mit oder gegen $\vec{u}$ ist.

Sehr wichtig dabei zu beachten ist, dass die Winkel α und β ***Strömungswinkel*** sind, die sich vor allem am Gitteraustritt von den ***Schaufelwinkeln*** α_s, β_s unterscheiden, die meistens um $+/-\Delta\alpha_{W\ddot{U}s}$, $+/-\Delta\beta_{W\ddot{U}s}$ etwas „übertrieben“ werden, um die Strömung

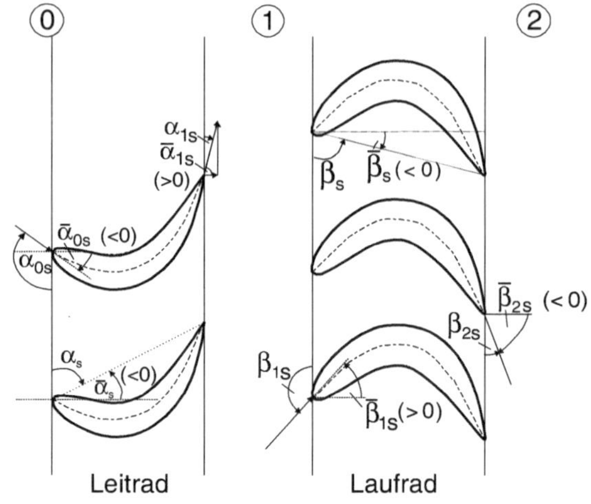

Abb. 3.11 Winkel am Leit- und Laufrad

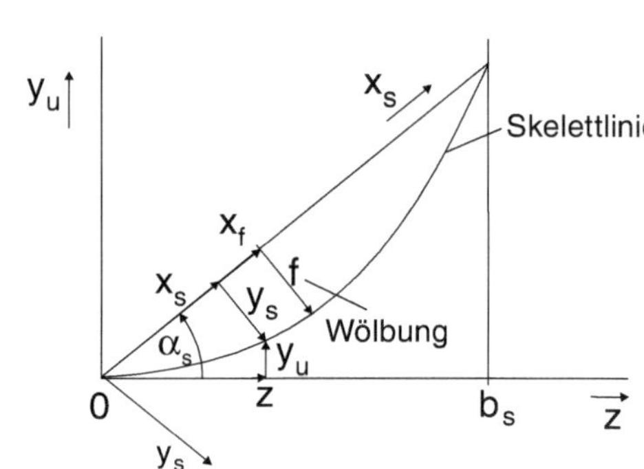

Abb. 3.12 Skelettlinie im Schaufel- und im Gitterkoordinatensystem

in die gewünschte Richtung umzulenken.

$$\begin{aligned}
\overline{\alpha}_{0_s} &= 90^\circ - \alpha_0(-\Delta\alpha_{W\ddot{U}s})\\
\overline{\alpha}_{1_s} &= 90^\circ - \alpha_1 + \Delta\alpha_{W\ddot{U}s}\\
\overline{\beta}_{1_s} &= \beta_1 - 90^\circ(-/+\Delta\beta_{W\ddot{U}s})\\
\overline{\beta}_{2_s} &= \beta_2 - 90^\circ + /-\Delta\beta_{W\ddot{U}s}\\
\overline{\alpha}_{2_s} &= 90^\circ - \alpha_2(+\Delta\alpha_{W\ddot{U}s})\\
\overline{\alpha}_{3_s} &= 90^\circ - \alpha_3 - \Delta\alpha_{W\ddot{U}s}
\end{aligned} \tag{3.32}$$

Im Fall des Laufrades sind $\overline{\beta}_{1_s}$ und $\overline{\beta}_{2_s}$ oft negativ.

Die Form der Skelettlinie im Schaufelkoordinatensystem (x_s, y_s) zeigt (Abb. 3.12).

Die dimensionslose Koordinate in Sehnenrichtung, auf die ***Sehnenlänge*** s bezogen, ist x_s, die Werte im Bereich von

$$x_s =_{\text{def}} \frac{x}{s} \qquad 0 \le x_s \le 1 \tag{3.33}$$

annehmen kann. y_s ist die auf s bezogene Koordinate senkrecht auf x.

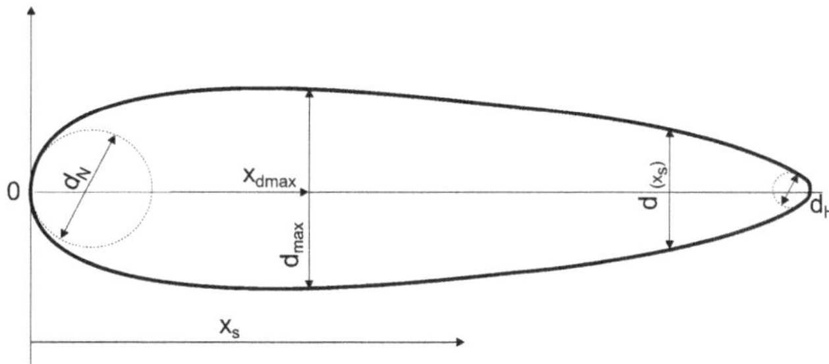

Abb. 3.13 Gerades Schaufelprofil mit Dickenverteilung

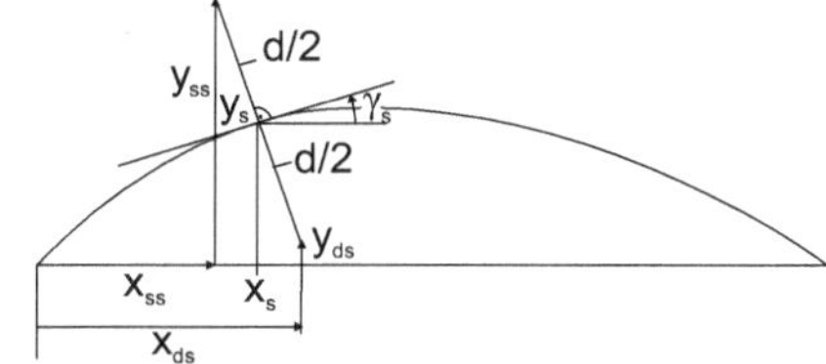

Abb. 3.14 Bestimmung der Profilpunkte auf der Saugseite (x_{ss}, y_{ss}) und auf der Druckseite (x_{ds}, y_{ds})

3.2.2 Dickenverteilung

Die Dickenverteilung des Profils lässt sich am einfachsten am geraden, nicht gekrümmten Schaufelprofil darstellen (Abb. 3.13).

Meistens haben die Profile einen Abrundungsdurchmesser d_N (***Nasendurchmesser***) am Eintritt und d_H (***Hinterkantendurchmesser***) am Austritt. Die maximale Dicke wird durch den entsprechenden Durchmesser $d_{\max}$ und die Lage durch die Dickenrücklage $x_{d\,\max}$ angegeben.

3.2.3 Bestimmung der gekrümmten Profilkontur

Die Dickenverteilung muss mit der gekrümmten Skelettlinie kombiniert werden (Abb. 3.14).

Der Winkel γ_s ist der Neigungswinkel der Skelettlinie zur Sehne

$$y_s' = a_s + 2c_s \cdot x_s + 3d_s \cdot x_s^2$$
$$\gamma_s = \arctan y_s' \tag{3.34}$$

Die Profilpunkte auf der Saugseite (Index ss) und der Druckseite (ds) erhält man durch „Auftragen" der Punkte im senkrechten Abstand $d/2$ zum Tangentenpunkt auf der Skelettlinie.

$$y_{ss} = y_s + \frac{d}{2} \cdot \cos\gamma_s$$
$$y_{ds} = y_s - \frac{d}{2} \cdot \cos\gamma_s$$

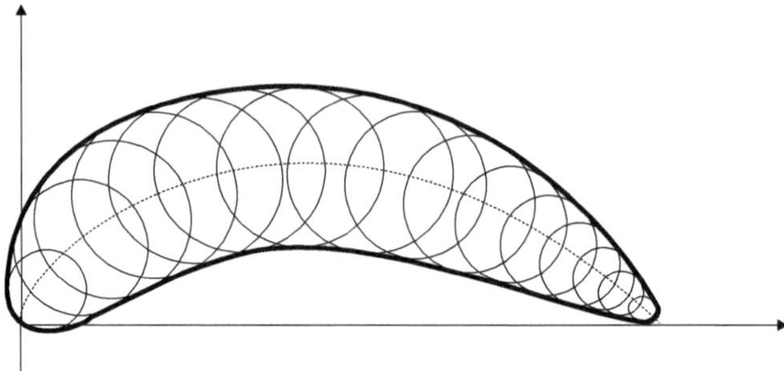

Abb. 3.15 Schaufelprofil bei sehr starker Krümmung der Skelettlinie

Abb. 3.16 Gesamtprofilgrößen

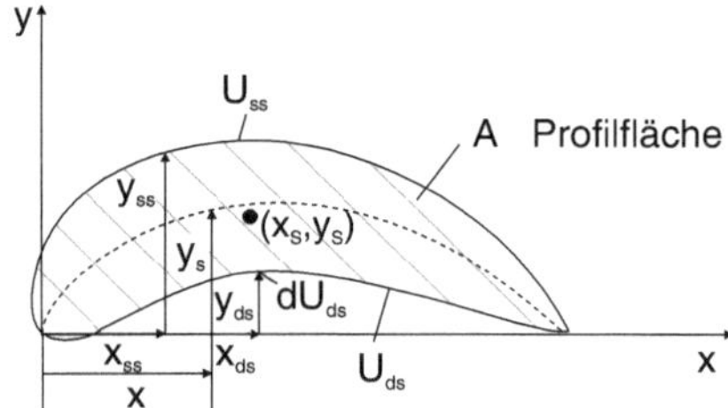

$$x_{ss} = x_s - \frac{d}{2} \cdot \sin \gamma_s$$
$$x_{ds} = x_s + \frac{d}{2} \cdot \sin \gamma_s \qquad (3.35)$$

Bei starker Krümmung der Skelettlinie kann die Kontur auf der Druckseite unstetig werden. Dann muss die Profilkontur als Umhüllende der Dickenkreise gebildet werden (Abb. 3.15).

Die Koordinaten der Profilkontur im Gitterkoordinatensystem sind:

$$z_{ss} = (x_{ss} \cdot \cos \overline{\alpha}_s + y_{ss} \cdot \sin \overline{\alpha}_s) \cdot s$$
$$z_{ds} = (x_{ds} \cdot \cos \overline{\alpha}_s + y_{ds} \cdot \sin \overline{\alpha}_s) \cdot s$$
$$y_{u_{ss}} = (x_{ss} \cdot \sin \overline{\alpha}_s - y_{ss} \cdot \cos \overline{\alpha}_s) \cdot s$$
$$y_{u_{ds}} = (x_{ds} \cdot \sin \overline{\alpha}_s - y_{ds} \cdot \cos \overline{\alpha}_s) \cdot s. \qquad (3.36)$$

3.2.4 Gesamtprofilgrößen

Liegt die Profilkontur mathematisch vor, so lassen sich eine Reihe von weiteren Profilgrößen bestimmen (Abb. 3.16).

Profilumfang U_{ss} Saugseite:

$$dU_{ss} = \sqrt{1 + \left(\frac{dy_{ss}}{dx_{ss}}\right)^2} \cdot s \cdot dx_{ss}$$

$$U_{ss} = \int_0^1 dU_{ss} \tag{3.37}$$

Profilumfang U_{ds} Druckseite:

$$dU_{ds} = \sqrt{1 + \left(\frac{dy_{ds}}{dx_{ds}}\right)^2} \cdot s \cdot dx_{ds}$$

$$U_{ds} = \int_0^1 dU_{ds} \tag{3.38}$$

Profilfläche:

$$A = s^2 \int_0^1 (y_{ss} - y_{ds}) \cdot dx = \left[\int_0^1 (y_{ss} \cdot dx_{ss} - \int_0^1 (y_{ds} \cdot dx_{ds}\right] \cdot s^2$$

$$(A = \left[\int_0^1 (x_{ds} \cdot dy_{ds} - \int_0^1 (x_{ss} \cdot dy_{ss}\right] \cdot s^2) \tag{3.39}$$

Schwerpunktkoordinaten:

$$x_S = \frac{\int_0^1 (y_{ss} \cdot x_{ss} \cdot dx_{ss} - \int_0^1 (y_{ds} \cdot x_{ds} \cdot dx_{ds}}{A/s^2}$$

$$y_S = \frac{\int_0^1 (x_{ds} \cdot y_{ds} \cdot dy_{ds} - \int_0^1 (x_{ss} \cdot y_{ss} \cdot dy_{ss}}{A/s^2}$$

$$z_S = (x_S \cdot \cos\overline{\alpha}_s + y_S \cdot \sin\overline{\alpha}_s) \cdot s$$

$$y_{u_S} = (x_S \cdot \sin\overline{\alpha}_s - y_S \cdot \cos\overline{\alpha}_s) \cdot s \tag{3.40}$$

Flächenträgheitsmomente:

$$I_x = \left[\int_0^1 (x_{ds} - x_S) \cdot (y_{ds} - y_S)^2 \cdot dy_{ds} - \int_0^1 (x_{ss} - x_S) \cdot (y_{ss} - y_S)^2 \cdot dy_{ss}\right] \cdot s^4$$

$$I_y = \left[\int_0^1 (y_{ss} - y_S) \cdot (x_{ss} - x_S)^2 \cdot dx_{ss} - \int_0^1 (y_{ds} - y_S) \cdot (x_{ds} - x_S)^2 \cdot dx_{ds}\right] \cdot s^4$$

$$I_{xy} = s^4 \cdot \int_0^1 \int_{y_{ds}}^{y_{ss}} (y - y_S) \cdot (x - x_S) \cdot dy \cdot dx$$

$$I_1 = \frac{I_x + I_y}{2} + \sqrt{\frac{(I_x + I_y)^2}{2} + I_{xy}^2}$$

$$I_2 = \frac{I_x + I_y}{2} - \sqrt{\frac{(I_x + I_y)^2}{2} + I_{xy}^2} \qquad (3.41)$$

3.3 Axialverdichter

Der totale Wirkungsgrad η_{tV} eines Verdichters ist definiert:

$$\eta_{tV} =_{\text{def}} \frac{y_t}{w_t} = 1 - \frac{j}{w_t} \qquad (3.42)$$

Der statische Wirkungsgrad unterscheidet sich vom totalen durch den Abzug der kinetischen Energien im Zähler und Nenner.

$$\eta_V =_{\text{def}} \frac{y_t - \Delta(c^2/2)}{w_t - \Delta(c^2/2)} = \frac{y}{\Delta h - q} \qquad (3.43)$$

Der statische Wirkungsgrad ist gleich dem totalen, wenn die kinetischen Energien am Ein- und Austritt des Verdichters gleich sind ($\Delta(c^2/2) = 0$).

Er kann allerdings auch da eingesetzt werden, wo keine technische Arbeit zugeführt wird, aber eine Änderung der kinetischen Energie beabsichtigt ist (z. B. im Leitrad).

Die spezifische Strömungsarbeit y berechnet sich als Differenz der spezifischen technischen Arbeit w_t und der Summe der spezifischen Dissipationsarbeiten j unter Abzug der Änderung der kinetischen Energieänderung.

$$y_t = w_t - j \qquad (3.44)$$

$$y = y_t - \Delta\left(\frac{c^2}{2}\right) \qquad (3.45)$$

3.3.1 Verdichterstufe

3.3.1.1 Quasi-eindimensionale Berechnung

Die Verdichterstufe soll zunächst quasi-eindimensional (q1D) betrachtet werden mit den Zuständen 1 und 2 am Laufrad und 2 und 3 am nachgeschaltenen Leitrad (Abb. 3.17).

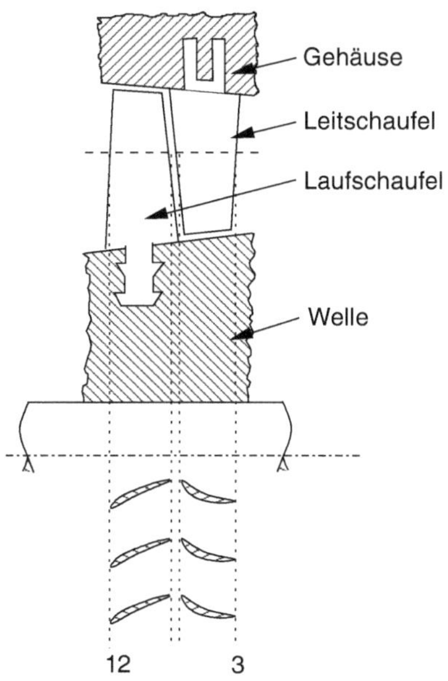

Abb. 3.17 Bezeichnungen und Aufbau einer Verdichterstufe

Meist werden vereinfacht die polytropen Wirkungsgrade und damit bei ungekühlten Verdichtern ($q = 0$) auch die Polytropenverhältnisse im Lauf- und Leitrad einer Stufe gleich gesetzt.

$$\eta_{La} \approx \eta_{Le} \approx \eta_V$$
$$\nu_{La} \approx \nu_{Le} \approx \nu_{\text{pol}} \tag{3.46}$$

Dies ist auch in etwa richtig bei ungefähr gleicher Arbeitsaufteilung zwischen den beiden „Rädern" ($\rho_h \approx 0{,}5$). Bei größeren Abweichungen ($\rho_h \neq 0{,}5$) von der Gleichheit würde dies aber dazu führen, dass das Rad mit der geringeren Enthalpiedifferenz auch kleinere Dissipationsarbeiten berechnet bekäme, was nicht unbedingt zutreffen muss.

Um bei einfachen Rechnungen, bei denen die Verluste nicht einzeln berechnet, sondern durch einen Stufenwirkungsgrad vorgegeben werden, die Dissipationsarbeiten einigermaßen „gerecht" aufzuteilen, wird folgender Ansatz gemacht:

$$j = w_t \cdot (1 - \eta_{tV}) \qquad \text{vorgegebene Dissipationsarbeit in der Stufe}$$

$$j_{La} = \zeta_{La} \cdot \frac{w_1^2/2 + w_2^2/2}{2} \qquad \text{Dissipationsarbeit des Laufrades} \tag{3.47}$$

$$j_{Le} = \zeta_{Le} \cdot \frac{c_2^2/2 + c_3^2/2}{2} \qquad \text{Dissipationsarbeit des Leitrades.} \tag{3.48}$$

Die Dissipationsarbeiten werden proportional zu den kinetischen Energien im Lauf- und Leitrad gesetzt.

ζ_{La} und ζ_{Le} sind Verlustbeiwerte, die zunächst nur definitionsgemäß die Gleichung erfüllen. Die Vereinfachung besteht darin, dass beide Verlustbeiwerte gleich gesetzt werden und damit aus der Gesamtbilanz für die Verluste berechnet werden können.

$$\begin{aligned} \zeta &\approx \zeta_{La} \approx \zeta_{Le} \\ j &= j_{La} + j_{Le} \\ j &= \zeta \cdot \frac{w_1^2 + w_2^2 + c_2^2 + c_3^2}{4} \\ \zeta &= \frac{4w_t \cdot (1 - \eta_{tV})}{w_1^2 + w_2^2 + c_2^2 + c_3^2} \end{aligned} \tag{3.49}$$

Damit sind natürlich die Verluste auf das Laufrad und das Leitrad fest aufgeteilt.

Mit den vereinfachenden Annahmen

$c_{u1} \approx c_{u3} \approx 0$ (drallfreie Zu- und Abströmung der Stufe)
$u_1 \approx u_2$ (axiale Durchströmung der Stufe)
$c_{m1} \approx c_{m2} \approx c_{m3}$ (konstante Meridiangeschwindigkeit in der Stufe)

erhält man mit der Euler-Gleichung:

$$\begin{aligned} w_{u1} &\approx -u_1 \\ w_{u2} &\approx c_{u2} - u_2 \\ c_{u2} &\approx w_t / u_2 \\ \zeta &\approx \frac{2\psi \cdot (1 - \eta_{tV})}{4\varphi^2 + 2 - \psi + \psi^2/2}. \end{aligned} \tag{3.50}$$

Damit gilt bei Kenntnis der spezifischen technischen Arbeit w_t, der Gesamtenthalpiedifferenz Δh, des Reaktionsgrades ρ_h und der kinetischen Energien:

$$\begin{aligned} &\text{Laufrad} && \text{Leitrad} \\ &j_{La} = \zeta \cdot \frac{w_1^2/2 + w_2^2/2}{2} && j_{Le} = \zeta \cdot \frac{c_2^2/2 + c_3^2/2}{2} \\ &\Delta h = w_t - \frac{c_3^2}{2} - \frac{c_1^2}{2} + q && \\ &\Delta h_{La} = \rho_h \cdot \Delta h && \Delta h_{Le} = \Delta h - \Delta h_{La} \\ &y_{La} = \Delta h_{La} - j_{La} - q_{La} && y_{Le} = \Delta h_{Le} - j_{Le} - q_{Le} \\ &\nu_{La} = \frac{\Delta h_{La}}{y_{La}} && \nu_{Le} = \frac{\Delta h_{Le}}{y_{Le}} \\ &\eta_{La} = \frac{1}{\nu_{La} \cdot (1 - q_{La}/\Delta h_{La})} && \eta_{Le} = \frac{1}{\nu_{Le} \cdot (1 - q_{Le}/\Delta h_{Le})}. \end{aligned} \tag{3.51}$$

3.3.1.2 Verlustberechnung für den Verdichter

Eine einigermaßen „exakte" Berechnung der Verluste (Dissipationsarbeiten) in einem Axialverdichter ist sehr aufwändig.

Mit relativ wenig Aufwand können allerdings die – etwas vereinfachten – Verlustberechnungen nach [15] verwendet werden.

Die Verluste in einem Schaufelgitter werden aufgeteilt in Profilverluste und Restverluste

$$j_{La} = j_{P_{La}} + j_{\mathrm{Rest}_{La}} \quad \text{bzw. } j_{Le} = j_{P_{Le}} + j_{\mathrm{Rest}_{Le}}, \tag{3.52}$$

mit Verlustbeiwerten ζ, die im Gegensatz zum vorhergehenden Unterkapitel nur auf die jeweiligen Gitter-Eintrittsgeschwindigkeiten bezogen sind.

$$j_{La} = \zeta_{La} \cdot \frac{w_1^2}{2} \quad \text{bzw. } j_{Le} = \zeta_{Le} \cdot \frac{c_2^2}{2} \tag{3.53}$$

Die Verlustbeiwerte ζ_D für das Laufrad wie das Leitrad werden dann wie folgt berechnet bzw. abgeschätzt:

$$\zeta_D = \zeta_{D_P} + \zeta_{D_{\mathrm{Rest}}} \tag{3.54}$$

$$\zeta_{D_P} = \chi_R \cdot \chi_M \cdot \zeta_0 + \zeta_{\mathrm{Stoß}} \tag{3.55}$$

$$\zeta_{D_{\mathrm{Rest}}} = \zeta_{D_{\mathrm{Wand}}} + \zeta_{D_{\mathrm{Spalt}}}. \tag{3.56}$$

Die weiteren Beziehungen werden im Anhang [39, GTBerErg.pdf] gegeben.

3.3.1.3 Radiales Gleichgewicht

Die entsprechende Aufteilung der Verluste bei konstantem totalem Wirkungsgrad kann auch gewählt werden, um das sogenannte ***radiale Gleichgewicht*** in den Axialspalten zwischen den Rädern bei Axialverdichtern bei quasi-zweidimensionaler Strömung (q2Dr) zu berechnen. Zunächst ist der radiale Druckgradient $\frac{\partial p}{\partial r}$ mit der Vereinfachung $\frac{\partial}{\partial \varphi} = 0$ (vergl. Abschn. 11.2 mit Abb. 11.7 und Gl. 11.109):

$$\frac{\partial p}{\partial r} = \rho \cdot \left(\frac{c_u^2}{r} - c_r \cdot \frac{\partial c_r}{\partial r} - c_z \cdot \frac{\partial c_r}{\partial z} \right) + \frac{\partial \tau_{rr}}{\partial r} + \frac{\partial \tau_{zr}}{\partial z}. \tag{3.57}$$

In den Axialspalten gilt näherungsweise $\frac{\partial}{\partial z} \approx 0$ und bei Vernachlässigung der Normalspannung $\frac{\partial \sigma_{rr}}{\partial r} \approx 0$.

$$\frac{\partial p}{\partial r} \approx \rho \cdot \left(\frac{c_u^2}{r} - c_r \cdot \frac{\partial c_r}{\partial r} \right) = \rho \cdot \left[\frac{c_u^2}{r} - \frac{\partial}{\partial r} \left(\frac{c_r^2}{2} \right) \right] \tag{3.58}$$

Über den ***Meridianwinkel*** γ_m zwischen der Achsrichtung (c_z) und einer Meridianstromlinie (c_m) gilt für die Radialgeschwindigkeit (Abb. 3.18):

$$c_r = c_m \cdot \sin \gamma_m. \tag{3.59}$$

Die Meridianstromflächen „schwingen" wegen der unterschiedlichen Druckverteilung vor dem Laufrad ($c_{u1} \approx 0$; $\frac{\partial p}{\partial r}|_1 \approx 0$; $\rho_1 \approx$ konst) und nach dem Laufrad ($c_{u2} > 0$;

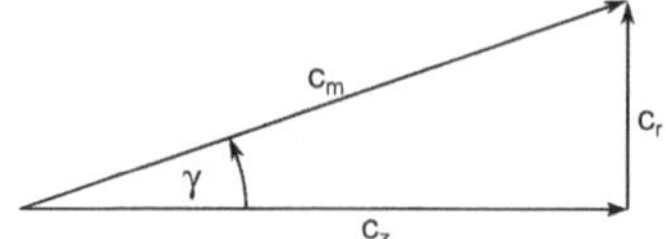

Abb. 3.18 Neigungswinkel der Meridianstromlinien gegen die Achse

$\frac{\partial p}{\partial r}|_2 > 0$; $\rho_2 \neq$ konst), so dass bei quasi-zweidimensionaler Strömung (q2Dr) die Meridianströmungswinkel in der Ebene 2 der Stufe i mit

$$\tan \gamma_{2_i} \approx \frac{r_{3_i} - r_{1_i}}{b_{Le_i} + b_{La_i}} \cdot 0{,}8 \tag{3.60}$$

und in den Ebenen 1 bzw. 3 mit

$$\tan \gamma_{1_i} \approx \frac{r_{2_i} - r_{2_{i-1}}}{b_{La_i} + b_{Le_{i-1}}} \cdot 0{,}8 \tag{3.61}$$

bzw.

$$\tan \gamma_{3_i} \approx \frac{r_{2_i+1} - r_{2_i}}{b_{La_i+1} + b_{Le_i}} \cdot 0{,}8 \tag{3.62}$$

angenähert werden können (Abb. 3.19). Der Faktor 0,8 soll den Freiraum zwischen den Schaufelreihen berücksichtigen.

Die vollständigen Beziehungen werden im Anhang [39, GTBerErg.pdf] gegeben.

Dort wird allerdings bei einem Beispiel mit Zahlen gezeigt, dass das Schwingen der Stromlinien/-Flächen relativ wenig Bedeutung hat, wohl allerdings die Verteilung der Strömungswinkel über dem Radius. Das wird im nächsten Unterabschnitt hergeleitet.

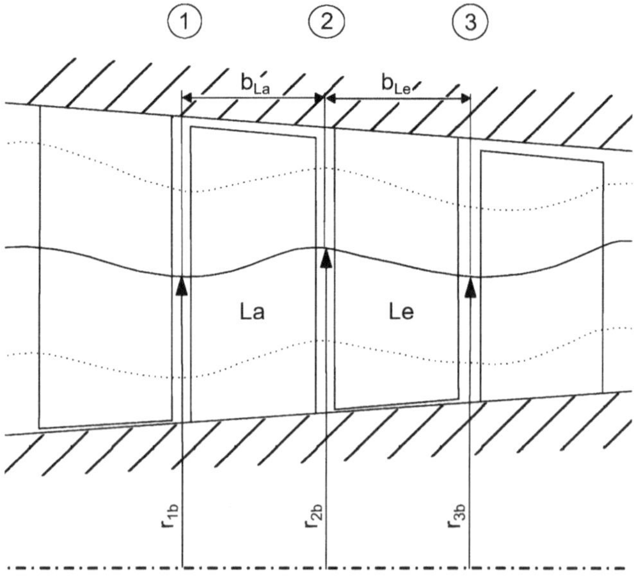

Abb. 3.19 Meridianstromflächen in einem Verdichter

3.3.1.4 Radiale Verteilung der Strömungswinkel

Für die Verteilung der Strömungswinkel über dem Radius in den Axialspalten müssen die Axialgeschwindigkeiten $c_a(r)$ und die Umfangskomponenten der Geschwindigkeit $c_u(r)$ bekannt sein.

Bei konstanter Dichte sind $c_a = \text{konst.}$ und $c_u(r) = K/r$ ideal und werden auch bei Verdichtern mit veränderlicher Dichte gewählt.

Damit ergibt sich:

$$c_u = \frac{K}{r}; \quad K =_{\text{def}} \frac{(u \cdot c_u)_{\text{konst.}}}{2\pi \cdot n} = \frac{(u \cdot c_u)_{\text{konst.}}}{\omega} \tag{3.63}$$

$$u = 2\pi \cdot r \cdot n = \omega \cdot r \tag{3.64}$$

Da die spezifische Arbeit w_t über dem Radius konstant gehalten wird, gilt für die Geschwindigkeiten vor und nach dem Laufrad:

$$w_t = \text{konst.} \neq w_t(r)$$

$$u_1 = r_1 \cdot \omega$$

$$u_2 = r_2 \cdot \omega$$

$$c_{u_2}(r_2) = \frac{w_t + u_1 \cdot c_{u_1}(r_1)}{u_2} \tag{3.65}$$

und damit:

$$\alpha_1 = \arctan \frac{c_{a_1}}{c_{u_1}}; \quad c_{u_1} = \frac{K_1}{r_1}; \quad K_1 = \frac{(u_1 \cdot c_{u_1})_{\text{konst.}}}{\omega} = (r_1 \cdot c_{u_1})_{\text{konst.}} \tag{3.66}$$

$$\beta_1 = \arctan \frac{c_{a_1}}{u_1 - c_{u_1}} \tag{3.67}$$

$$\beta_2 = \arctan \frac{c_{a_2}}{u_2 - c_{u_2}}; \quad c_{u_2} = \frac{K_2}{r_2}; \quad K_2 = \frac{(u_2 \cdot c_{u_2})_{\text{konst.}}}{2\pi \cdot n} = (r_2 \cdot c_{u_2})_{\text{konst.}} \tag{3.68}$$

$$\alpha_2 = \arctan \frac{c_{a_2}}{c_{u_2}} \tag{3.69}$$

$$\alpha_3 = \arctan \frac{c_{a_3}}{c_{u_3}}; \quad c_{u_3} = \frac{K_3}{r_3}; \quad K_3 = \frac{(u_3 \cdot c_{u_3})_{\text{konst.}}}{\omega} = (r_3 \cdot c_{u_3})_{\text{konst.}} \tag{3.70}$$

3.3.2 Grenzwerte bei der Auslegung

Um bei dem Gesamtverdichter nur wenige Stufen benötigen zu müssen, wird man bestrebt sein, die spezifische Arbeit w_t einer Stufe möglichst groß zu machen.

Die zunächst einfachste Möglichkeit ist, die Umfangsgeschwindigkeit u groß zu wählen, da nach der Euler Gleichung ($w_t = u_2 \cdot c_{u2} - u_1 \cdot c_{u1}$) w_t proportional mit u steigt.

Wegen der mechanischen Beanspruchung der Laufrad-Schaufeln darf u einen Maximalwert $u_{\max}$ nicht überschreiten.

$$u \leq u_{\max} \quad (u_{\max} \approx 450\,\mathrm{m/s}) \tag{3.71}$$

Diese Beschränkung tritt allerdings bei den Verdichtern einer Gasturbinenanlage selten auf, weil die Turbine mit gleicher *Drehzahl* die längeren Schaufeln und damit die größeren Umfangsgeschwindigkeiten hat.

Im Laufrad und im Leitrad (siehe Abb. 3.17) wird die Strömung verzögert. Da bei zu starker Verzögerung die Strömung mit Druckanstieg abreißt, müssen die ***Verzögerungsverhältnisse*** ξ_{La} im Laufrad und ξ_{Le} im Leitrad die folgenden Bedingungen erfüllen:

$$\xi_{La} =_{\text{def}} \frac{w_2}{w_1} \geq \xi_{\min} \quad \xi_{Le} =_{\text{def}} \frac{c_3}{c_2} \geq \xi_{\min}. \tag{3.72}$$

Bei stärkerer Verzögerung reißt (wie bei einem Diffusor) die Strömung ab.

$\xi_{\min}$ ist etwa 0,7.

Die ***Belastungszahl*** B_{La} bzw. B_{Le} ist das Maß für die Umlenkung in einem Gitter mit dem Auftriebsbeiwert c_A und dem Teilungsverhältnis (t/s)

$$B_{La} = \left(c_A \cdot \frac{s}{t}\right)_{La} = 2\frac{|\Delta w_u|}{w_\infty} \leq 1{,}5 - 2{,}5 \tag{3.73}$$

mit $\vec{w}_\infty = \frac{\vec{w}_1 + \vec{w}_2}{2}$ bzw. $w_\infty = \frac{1}{2}\sqrt{(c_{m1} + c_{m2})^2 + (w_{u1} + w_{u2})^2}$

$$B_{Le} = \left(c_A \cdot \frac{s}{t}\right)_{Le} = 2\frac{|\Delta c_u|}{c_\infty} \leq 1{,}5 - 2{,}5 \tag{3.74}$$

mit $\vec{c}_\infty = \frac{\vec{c}_2 + \vec{c}_3}{2}$ bzw. $c_\infty = \frac{1}{2}\sqrt{(c_{m2} + c_{m3})^2 + (c_{u2} + c_{u3})^2}$.

Dieser Größe liegt die Vorstellung eines Tragflügels mit großer Anstellung (Umlenkung) zugrunde, bei dem die Strömung ebenfalls abreißen kann.

Die größeren zulässigen Zahlenwerte beziehen sich auf die Belastung in Nabennähe.

Die ***Diffusionszahl*** D_{La} bzw. D_{Le} schließlich

$$D_{La} = 1 - \frac{w_2}{w_1} + \frac{1}{2}\frac{|\Delta w_u|}{w_1}\left(\frac{t}{s}\right) \leq 0{,}45 \tag{3.75}$$

$$D_{Le} = 1 - \frac{c_3}{c_2} + \frac{1}{2}\frac{|\Delta c_u|}{c_2}\left(\frac{t}{s}\right) \leq 0{,}45 \tag{3.76}$$

wurde aus der Grenzschichtströmung an den Schaufelprofilen hergeleitet.

Es sollten grundsätzlich jeweils alle drei Belastungskriterien, das Verzögerungsverhältnis $\xi_{Le/Le}$, die Belastungszahl $B_{Le/La}$ und die Diffusionszahl $D_{Le/La}$, an den beiden Schaufelrädern einer Stufe überprüft werden. Bei Nichterfüllen muss die Belastung, d. h.

die Stufenarbeit, verringert werden (und somit in letzter Konsequenz die Stufenzahl z_V des Gesamtverdichters erhöht werden).

Am Eintritt in die Schaufelräder ist darauf zu achten, dass die Machzahl nicht zu groß wird. Ab einer bestimmten Machzahl, der ***Sperrmachzahl*** $Ma_{\max}$, tritt an der Stelle der größten Geschwindigkeit an der Saugseite der Schaufeln Schallgeschwindigkeit auf. Die nachfolgende Strömung weist Verdichtungsstöße mit höheren Verlusten auf, außerdem sperrt sich die Strömung gegen einen höheren Durchfluss. Bei Unterschallverdichtern ist die Sperrmachzahl $Ma_{\max}$ in etwa 0,85, bei transsonischen Verdichtern erheblich höher ($Ma_{\max} \approx 1{,}15$), jedoch gilt dies für den Außenradius, so dass am repräsentativen mittleren Radius auch wieder nur die oben genannten Unterschallwerte von ca. 0,85 erreicht werden können.

$$\begin{aligned}
Ma_{w_1} &=_{\text{def}} \frac{w_1}{a_1} \leq Ma_{\max} \\
Ma_{c_2} &=_{\text{def}} \frac{c_2}{a_2} \leq Ma_{\max} \\
w_1 &= \sqrt{c_{m_1}^2 + w_{u1}^2} \\
w_{u_1} &= c_{u_1} - u_1 \\
c_2 &= \sqrt{c_{m_2}^2 + c_{u_2}^2} \\
c_{u_2} &= w_{u_2} + u_2 \\
a_1 &= \sqrt{\kappa \cdot R \cdot T_1} \quad \text{(bei idealen Gasen)} \\
a_2 &= \sqrt{\kappa \cdot R \cdot T_2}
\end{aligned} \tag{3.77}$$

Die Schallgeschwindigkeit ist in etwa proportional der Wurzel aus der statischen Temperatur. Die Temperaturen sind bei den ersten Verdichterstufen am niedrigsten, deshalb spielt dort die Sperrmachzahl die größte Rolle.

Die Geschwindigkeiten w_1 und c_2 hängen von der Meridiangeschwindigkeit c_m und der Umfangsgeschwindigkeit u ab.

Die Meridiangeschwindigkeit kann man allerdings nicht beliebig verkleinern, weil am Eintritt in den Verdichter die Dichte klein und daher der Volumenstrom groß ist. Der erforderliche Strömungsquerschnitt A ist:

$$A = \frac{\dot{V}}{c_m}. \tag{3.78}$$

Bei gegebenem mittleren Durchmesser d_M gilt für die Schaufelhöhe l:

$$l = \frac{A}{\pi \cdot d_M} \tag{3.79}$$

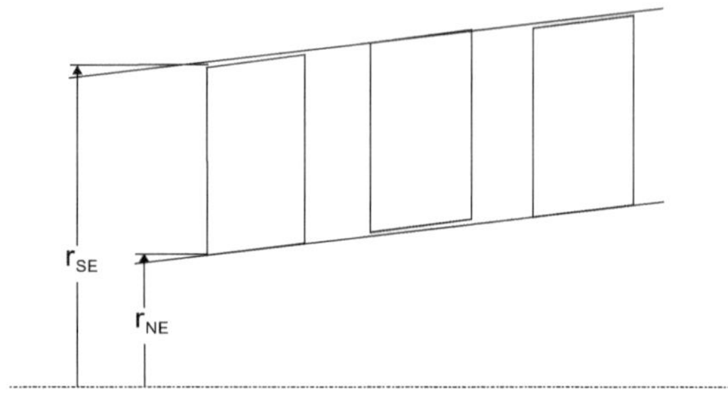

Abb. 3.20 Geometrische Verhältnisse am Eintritt des Verdichters

und für das ***Nabenverhältnis*** ν_N:

$$\nu_N =_{\text{def}} \frac{d_N}{d_S} = \frac{r_N}{r_S}$$

$$\nu_N = \frac{d_M - l/2}{d_M + l/2}. \tag{3.80}$$

Das Nabenverhältnis am Eintritt darf nicht zu klein werden ($\nu_{N_{\min}} \approx 0{,}4$) (Abb. 3.20).

Dem könnte man begegnen, indem man den mittleren Durchmesser erhöht. Dies aber vergrößert auch die Umfangsgeschwindigkeit und damit die Machzahl.

Eine Abhilfe, bei großen Umfangsgeschwindigkeiten kleine relative Machzahlen am Laufradeintritt zu erhalten, ist der sogenannte ***Mitdrall*** der Strömung. Durch ein *Vorleitrad* wird der Strömung vor dem ersten Laufrad ein Drall ($c_{u_1} > 0$) in Richtung der Umfangsgeschwindigkeit u erteilt, so dass die Relativgeschwindigkeit w_1 kleiner wird (Abb. 3.21).

Die Berechnung ist ähnlich der Leitradrechnung, nur dass hier eine beschleunigte Strömung vorliegt. Da die Geschwindigkeitsänderung relativ klein ist und ein Vorleitrad auch ohne Erhöhung Verluste verursacht, ist es sinnvoll, die Dissipationsarbeit j_{VLe} direkt aus der Strömung oder mit einem vorgegebenen Verlustbeiwert ζ_{VLe} zu berechnen

$$c_1(1.\,\text{St.}) = \sqrt{c_{m_1}^2(1.\,\text{St.}) + c_{u_1}^2(1.\,\text{St.})}$$

$$\Delta h_{VLe} = \frac{c_{V_E}^2}{2} - \frac{c_1^2(1.\,\text{St.})}{2}$$

$$h_{t_1}(1.\,\text{St.}) = h_{t_{VLe}}$$

$$h_1(1.\,\text{St.}) = h_{V_E} + \Delta h_{VLe}$$

$$j_{VLe} = \zeta_{VLe} \cdot \frac{c_{V_E}^2/2 + c_1 2^2(1.\,\text{St.})/2}{2}$$

$$y_{VLe} = \Delta h_{VLe} - j_{VLe}$$

$$\nu_{VLe} = \frac{\Delta h_{VLe}}{y_{VLe}} \tag{3.81}$$

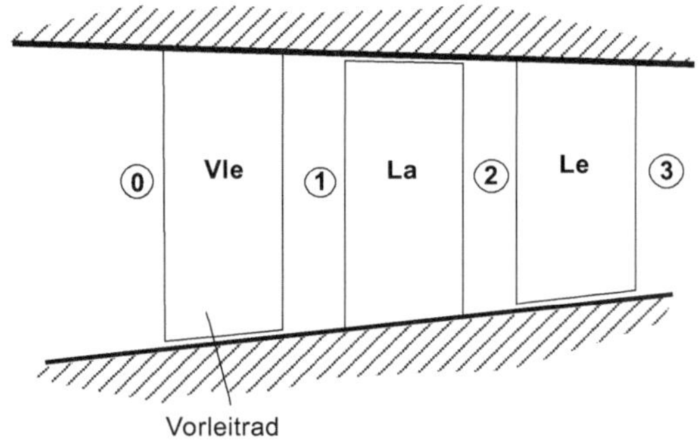

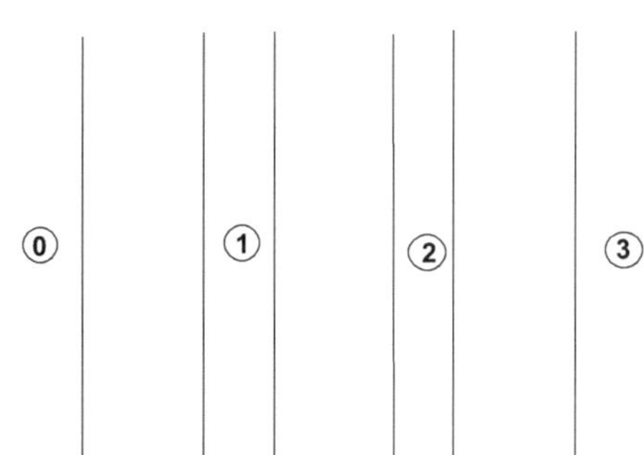

Abb. 3.21 Verdichtereintritt mit Vorleitrad

$$
\begin{aligned}
d_{VLe} &\approx d_1(1.\,\text{St.})\\
l_{V_E} &= \frac{\dot{m}_{V_E} \cdot v_{V_E}}{\pi \cdot d_{V_E} \cdot c_{V_E}}\\
d_{N_{V_E}} &= d_{V_E} - l_{V_E}\\
d_{S_{V_E}} &= d_{V_E} + l_{V_E}\\
\nu_{N_{V_E}} &= \frac{d_{N_{V_E}}}{d_{S_{V_E}}}
\end{aligned}
\tag{3.82}
$$

Dadurch kann in der ersten und den folgenden Stufen die Umfangsgeschwindigkeit möglichst groß gewählt werden und damit auch die Stufenarbeit, so dass die Stufendruckerhöhung groß und die Gesamtstufenzahl klein werden.

Ein Drall am Austritt aus dem Leitrad (und damit Eintritt in das Laufrad der folgenden Stufe) kann auch notwendig werden, um den Reaktionsgrad ρ_h der Stufe bei einem Optimalwert von etwa 0,5 zu halten.

Gegen Ende des Verdichters sind die Dichte groß und der Volumenstrom klein – auch wegen der Kühlluftentnahmen, die bis zu 25 % des Eintrittsmassenstroms betragen können –, so dass die Durchmesser eher kleiner werden müssen, damit die **Nabenverhältnisse am Austritt** nicht zu groß werden ($\nu_{N_{\max}} = 0{,}9 \div 0{,}95$) (Abb. 3.22).

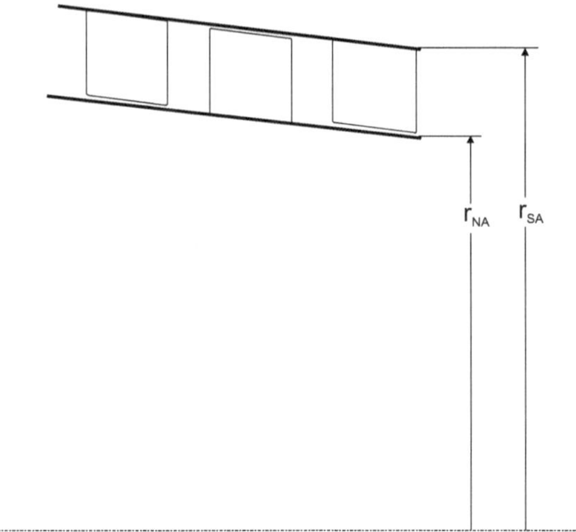

Abb. 3.22 Geometrische Verhältnisse am Austritt des Verdichters

Die Grenzen für das Nabenverhältnis $\nu_{N_{\min}}$ am Verdichtereintritt und $\nu_{N_{\max}}$ am Verdichteraustritt ergeben mit der Machzahlbegrenzung und den stets ähnlichen Umfangsgeschwindigkeiten bei ähnlichen Verdichtern eine einfache Abschätzung für die Drehzahl, wenn die Drehzahl n_{Bezug} und der Massenstrom $\dot{m}_{\text{Bezug}}$ einer Vergleichsmaschine bekannt sind.

$$n \approx n_{\text{Bezug}} \cdot \sqrt{\frac{\dot{m}_{\text{Bezug}}}{\dot{m}}} \tag{3.83}$$

(Genauer hergeleitet in Abschn. 3.4.2.1.)

3.3.3 Gesamtverdichter

Ein Gesamtverdichter besteht in den meisten Fällen aus vielen aufeinanderfolgenden Stufen (Abb. 3.23).

Die Anzahl der Stufen wird sicher so klein wie möglich gewählt werden, um den Aufwand klein zu halten. Dies bedeutet aber, dass die einzelnen Stufen viel Arbeit leisten müssen, sodass ihre Belastung groß ist.

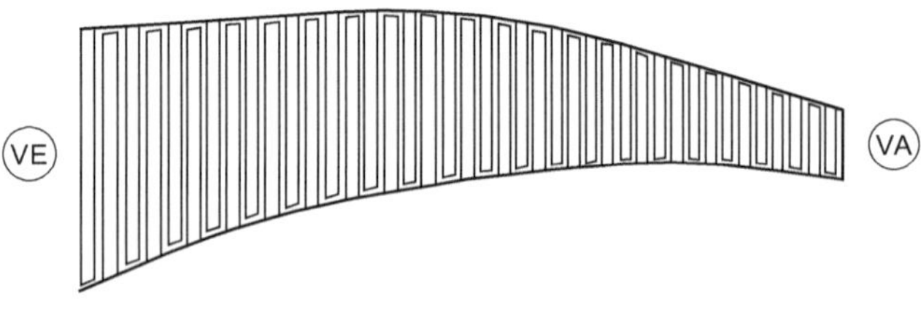

Abb. 3.23 Aufbau des Gesamtverdichters

Da die Drehzahl im Wesentlichen durch die Turbine bestimmt ist, muss der Verdichter den dadurch gegebenen Beschränkungen der für ihn zu kleinen Drehzahl Rechnung tragen.

Der Wunsch ist daher, durch möglichst große Durchmesser die Umfangsgeschwindigkeiten hoch zu halten.

Der mittlere Durchmesser kann entsprechend der Temperatur- und damit der Schallgeschwindigkeits-Zunahme wegen der Sperrmachzahl-Begrenzung in Durchströmrichtung zunehmen, bis die zu großen Nabenverhältnisse „zwingen", die Durchmesser wieder zu verkleinern. Das Ergebnis ist ein „Katzenbuckel"-Verdichter wie in Abb. 3.23.

Allerdings werden aus konstruktiven Gründen die Verdichter meistens konisch gebaut!

3.4 Axialturbine

Die Wirkungsgrade der Turbine sind wegen der umgekehrten Energiewandlungsrichtung praktisch als Kehrwerte der Verdichterwirkungsgrade definiert.

Totaler Wirkungsgrad:

$$\eta_{t_T} =_{\text{def}} \frac{w_t}{y_t} = \frac{1}{1 - j/w_t}. \tag{3.84}$$

Statischer Wirkungsgrad:

$$\eta_T =_{\text{def}} \frac{w_t - \Delta(c^2/2)}{y_t - \Delta(c^2/2)} = \frac{\Delta h - q}{y}. \tag{3.85}$$

Im Vergleich zum polytropen Wirkungsgrad bestehen die gleichen Gesetzmäßigkeiten wie beim Verdichter:

$$\begin{aligned} y_{\text{pol}} &= \int v \cdot dp|_{\nu_{\text{pol}}=\text{konst.}} \\ \eta_{\text{pol}} &=_{\text{def}} \frac{\Delta h - q}{y_{\text{pol}}} \\ \eta_{\text{pol}} &\approx \eta_T \quad \text{bei } y = w_t - j - \Delta\left(\frac{c^2}{2}\right) \approx y_{\text{pol}}. \end{aligned} \tag{3.86}$$

3.4.1 Turbinenstufe

Auch bei der Turbine soll zunächst eine Stufe quasi-eindimensional (q1D) betrachtet werden mit den Zuständen 0 und 1 am Leitrad und – wie bei allen Turbomaschinen – 1 und 2 am nachfolgenden Laufrad (Abb. 3.24). Weiterhin wird von vornherein axiale Durchströmung der Turbine vorausgesetzt.

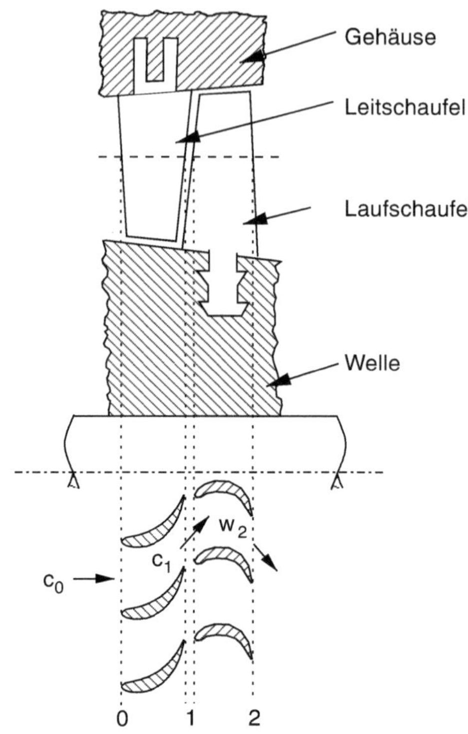

Abb. 3.24 Bezeichnungen und Aufbau einer Turbinenstufe

Im Allgemeinen werden die Zustandsänderungen polytrop betrachtet mit $\nu_{\text{pol}} \approx$ konst, allerdings können die Polytropenverhältnisse von Leit- und Laufrad sehr unterschiedlich sein.

Die Aufteilung der gesamten Dissipationsarbeiten einer Stufe

$$j = -w_t \cdot \left(\frac{1}{\eta_{tT}} - 1 \right) \tag{3.87}$$

auf Leit- und Laufrad erfolgt durch den Bezug der Dissipationsarbeit auf die kinetischen Energien im Leitrad $c_0^2/2$ und $c_1^2/2$ und im Laufrad $w_1^2/2$ und $w_2^2/2$.

$$\begin{aligned} j_{Le} &= \zeta_{Le} \cdot \frac{c_0^2/2 + c_1^2/2}{2} \\ j_{La} &= \zeta_{La} \cdot \frac{w_1^2/2 + w_2^2/2}{2} \end{aligned} \tag{3.88}$$

Mit der Annahme

$$\zeta_{Le} \approx \zeta_{La} \approx \zeta \tag{3.89}$$

erhält man:

$$\zeta \approx \frac{-4w_t \cdot (1/\eta_{tT} - 1)}{c_0^2 + c_1^2 + w_1^2 + w_2^2}. \tag{3.90}$$

Bei

$c_{u0} \approx c_{u2} = 0$ (drallfreie Zu- und Abströmung der Stufe),
$u_1 \approx u_2$ (axiale Durchströmung der Stufe) und
$c_{m0} \approx c_{m1} \approx c_{m2}$ (konstante Meridiangeschwindigkeit in der Stufe)

gilt:

$$\begin{aligned} w_{u2} &\approx -u_2 \\ w_2^2 &\approx u_2^2 + c_{m2}^2 \\ w_t &\approx -u_1 \cdot c_{u1} \\ c_1^2 &\approx \left(\frac{w_t}{u_1}\right)^2 + c_{m1}^2 \\ \zeta &\approx \frac{-2\psi \cdot (1/\eta_{tT} - 1)}{4\varphi^2 + 2 + \psi + \psi^2/2}. \end{aligned} \tag{3.91}$$

Damit liegen die Polytropenverhältnisse für das Leitrad und das Laufrad fest.

$$\begin{aligned} &\text{Leitrad} && \text{Laufrad} \\ &j_{Le} = \zeta \cdot \frac{c_0^2 + c_1^2}{4} && j_{La} = \zeta \cdot \frac{w_1^2 + w_2^2}{4} \\ &\Delta h = w_t - \frac{c_2^2}{2} + \frac{c_0^2}{2} + q && \\ &\Delta h_{Le} = (1 - \rho_h) \cdot \Delta h && \Delta h_{La} = \rho_h \cdot \Delta h \\ &y_{Le} = \Delta h_{Le} - j_{Le} - q_{Le} && y_{La} = \Delta h_{La} - j_{La} - q_{La} \\ &\nu_{Le} = \frac{\Delta h_{Le}}{y_{Le}} && \nu_{La} = \frac{\Delta h_{La}}{y_{La}} \\ &\eta_{Le} = \nu_{Le} \cdot \left(1 - \frac{q_{Le}}{\Delta h_{Le}}\right) && \eta_{La} = \nu_{La} \cdot \left(1 - \frac{q_{La}}{\Delta h_{La}}\right) \end{aligned} \tag{3.92}$$

Während das Polytropenverhältnis jeden Wert annehmen kann, u. a. $\nu_{La} = 0$ (Umlenkstufe) oder $\nu_{La} = -\infty$ (Gleichdruckstufe), sind die in diesen Fällen resultierenden negativen bzw. unendlichen Werte für den Wirkungsgrad nicht sinnvoll. D. h., für das Laufrad der Umlenk- oder der Gleichdruckstufe kann kein sinnvoller statischer Wirkungsgrad angegeben werden.

3.4.1.1 Verlustberechnung für die Turbine

Bisher wurden die Verluste in der Turbine durch den vorgegebenen Wirkungsgrad bestimmt. Der Wirkungsgrad muss dabei abgeschätzt werden, was zwar ungefähr möglich ist, jedoch spezielle Einflüsse nicht berücksichtigt. Meistens wird *ein* Wirkungsgrad für die ganze Turbine angenommen, der dann für alle Stufen gleich ist.

In diesem Unterkapitel wird ein vereinfachtes Verlustberechnungsverfahren vorgestellt (Weiterentwicklung der Ansätze nach [1]), das auf einfachen, logischen Zusammenhängen und Ursachen beruht, ohne sehr genaue Kenntnisse der Turbinenstufen zu erfordern.

Das Verfahren berechnet die Verluste getrennt im Leit- und Laufrad.

Die einzelnen Verlustanteile sind die ***Profilverluste***, die ***Sekundärverluste*** und die ***Spaltverluste***.

$$\begin{aligned} j_{Le} &= j_{P_{Le}} + j_{S_{Le}} + j_{Sp_{Le}} \\ j_{La} &= j_{P_{La}} + j_{S_{La}} + j_{Sp_{La}} \end{aligned} \tag{3.93}$$

Durch Bezug auf die mittlere kinetische Energie (vergl. Gl. 3.88) gilt in gleicher Weise für die Verlustbeiwerte:

$$\begin{aligned} \zeta_{Le} &= \zeta_{P_{Le}} + \zeta_{S_{Le}} + \zeta_{Sp_{Le}} \\ \zeta_{La} &= \zeta_{P_{La}} + \zeta_{S_{La}} + \zeta_{Sp_{La}}. \end{aligned} \tag{3.94}$$

Haupteinflussgrößen auf die Verlustbeiwerte sind die Schaufelwinkel α_0 und α_1 beim Leitrad und β_1 und β_2 beim Laufrad, die ***Teilungsverhältnisse*** $\left(\frac{t}{s}\right)_{Le}$ und $\left(\frac{t}{s}\right)_{La}$, die maximalen Dickenverhältnisse $\left(\frac{d_{\max}}{s}\right)_{Le}$ und $\left(\frac{d_{\max}}{s}\right)_{La}$, die bezogenen Hinterkantendurchmesser $\left(\frac{d_H}{s}\right)_{Le}$ und $\left(\frac{d_H}{s}\right)_{La}$, die Reynoldszahlen Re_1 und Re_2, gebildet mit den Sehnenlängen s_{Le} und s_{La}, die bezogenen Schaufellängen $\left(\frac{l}{s}\right)_{Le}$, und $\left(\frac{l}{s}\right)_{La}$, die Machzahlen Ma_{c_1} und Ma_{w_2}, die bezogenen Spaltweiten $\left(\frac{\delta_{\mathrm{Sp}}}{s}\right)_{Le}$ und $\left(\frac{\delta_{\mathrm{Sp}}}{s}\right)_{La}$, sowie die Verhältnisse der Meridiangeschwindigkeiten $\frac{c_{m_1}}{c_{m_0}}$ und $\frac{c_{m_2}}{c_{m_1}}$.

Vergleicht man die Verlustanteile, so stellt man fest, dass die Spaltverluste am größten sind. Und die sind proportional zu der bezogenen Spaltweite $\left(\frac{\delta_{\mathrm{Sp}}}{s}\right)$. Man müsste daher die Spaltweite relativ genau kennen, um aus der Verlustberechnung einigermaßen richtige Ergebnisse zu erhalten.

Der Spalt ist nötig, um ein Anstreifen der Schaufeln am Gehäuse bzw. an der Welle zu vermeiden. Neben den Fertigungstoleranzen oder der Durchbiegung der Welle spielt der Längenzuwachs der Schaufeln auf Grund der thermischen Dehnung und der elastischen Dehnung durch die Fliehkraft eine Rolle.

Vereinfacht kann man für die Dehnung von Laufrädern setzen [14, 15]:

$$\delta_{\mathrm{Sp}} \approx l \cdot \left[\beta_{\mathrm{therm}} \cdot (T_W - T_{\mathrm{Bez}_U}) \cdot F_{\mathrm{therm}} + \frac{\rho \cdot l}{E_{\mathrm{elast}}} \cdot \frac{u^2}{r} \cdot F_{\mathrm{elast}}\right] + 0{,}00025\,\mathrm{m}. \tag{3.95}$$

β_{therm} ist der thermische Ausdehnungskoeffizient des Schaufelmaterials, T_W eine mittlere Wandtemperatur der Schaufel, T_{Bez_U} die Bezugs-Umgebungstemperatur ($T_{\mathrm{Bez}_U} \approx 15\,°\mathrm{C}$), E_{elast} der Elastizitätsmodul des Schaufelmaterials und u die mittlere Umfanfgsgeschwindigkeit beim mittleren Radius r.

Bei Leiträdern entfällt selbstverständlich der Fliehkraftanteil.

Der Faktor F_{elast}

$$F_{\mathrm{elast}} \approx \frac{2 + \nu_N}{3 \cdot (1 + \nu_N)} \quad \text{(für eine prismatische Schaufel)} \tag{3.96}$$

ist kleiner als eins. Die Fliehkraft spielt vor allem bei den langen Schaufeln des letzten Laufrades eine Rolle, so dass man näherungsweise

$$F_{\text{elast}} \approx 0{,}8 \tag{3.97}$$

setzen kann.

Bei der Temperatur-Wärmedehnung sind die Verhältnisse so, dass die Temperaturen und damit der relative Einfluss bei den ersten „heißen" Schaufeln am größten ist. „Verstärkend" wirkt sich aus, dass auch die Welle einer thermischen Dehnung unterliegt, allerdings auch das Gehäuse. Ein Vergleich von ausgeführten Spaltweiten mit der vereinfachten Berechnung zeigt, dass für den Faktor F_{therm}

$$F_{\text{therm}} \approx 1{,}2 \tag{3.98}$$

zu setzen ist.

Damit erhält man für den Spalt:

$$\delta_{\text{Sp}} \approx l \cdot \left[\beta_{\text{therm}} \cdot (T_W - T_{\text{Bez}_U}) \cdot 1{,}2 + \frac{\rho \cdot l}{E_{\text{elast}}} \cdot \frac{u^2}{r} \cdot 0{,}8\right] + 0{,}00025\,\text{m}. \tag{3.99}$$

Sowohl β_{therm} als auch E_{elast} sind nicht unerheblich temperaturabhängig.

Da bei mehrstufigen Turbinen der Wärmedehnungsanteil am größten ist bei den ersten Schaufeln und der Fliehkraftanteil bei den letzten „kalten" Schaufeln, kann vereinfacht für alle Schaufelreihen $\beta_{\text{therm}}(T_{W_{\max}})$ bei den höchsten Schaufeltemperaturen der Turbine und $E_{elast.}(T_{W_{\min}})$ bei den niedrigsten eingesetzt werden.

Verglichen mit den gemessenen Verlusten von ausgeführten Turbinen sind die berechneten Gesamtverlustbeiwerte meist etwas zu hoch. Sie können mit einem für alle Schaufelgitter der Turbine gleichen Faktor F_{Verlust_T} „angepasst" werden:

$$\zeta = \zeta_{\text{Berechnung}} \cdot F_{\text{Verlust}_T} \tag{3.100}$$

mit

$$F_{\text{Verlust}_T} \approx 0{,}95. \tag{3.101}$$

3.4.1.2 Gekühlte Turbinenstufe

Konvektionskühlung

Die Kühlung der Turbinenschaufeln wird bisher praktisch ausschließlich mit Kühlluft bewirkt, die dem Verdichter in der notwendigen Menge entnommen wird.

Meistens wird die Kühlluft in der Schaufel in verschiedenen Kanälen mehrmals quer zur Strömungsrichtung des Gases von dem Schaufelfuß bis zur Schaufelspitze und zurück geführt (Abb. 3.26), bis sie, wie im Bild gezeigt, an der Schaufelhinterkante dem Gasstrom in gleicher Richtung „zugemischt" wird.

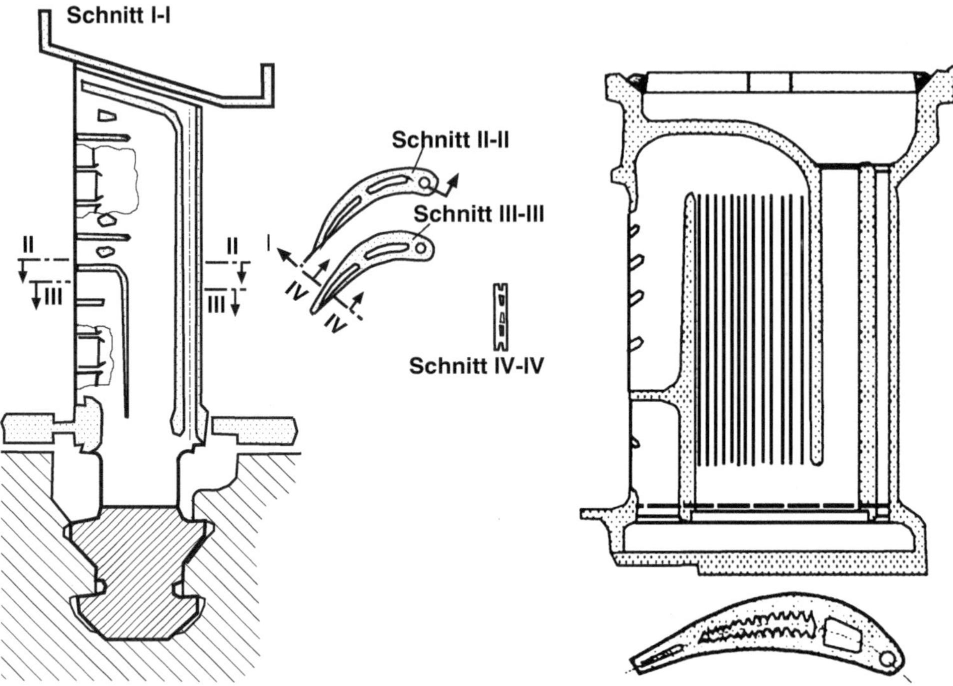

Abb. 3.25 Schnitte durch eine konvektionsgekühlte Turbinen Lauf- und Leitschaufel [34]

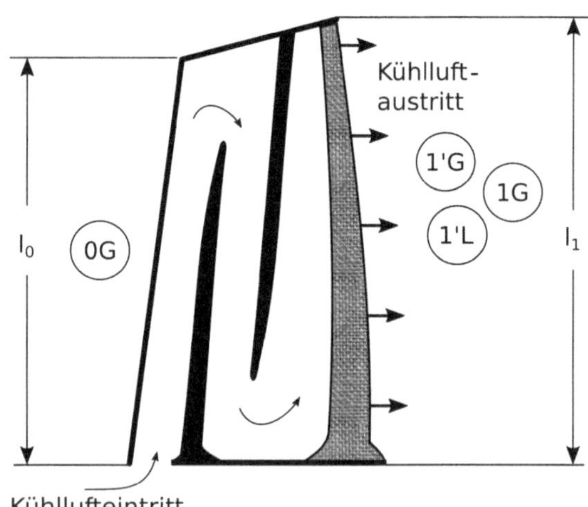

Abb. 3.26 Längsschnitt durch eine konvektionsgekühlte Turbinen-Leitschaufel

Da der Wärmeübergang sowohl gasseitig als auch kühlluftseitig ausschließlich durch Konvektion bewirkt wird, nennt man dieses Kühlverfahren Konvektionskühlung.

Die in Wirklichkeit komplizierten Strömungs- und Energieverhältnisse dieses „Querstromwärmeaustausches“ und vor allem das Ausströmen an der Hinterkante mit über

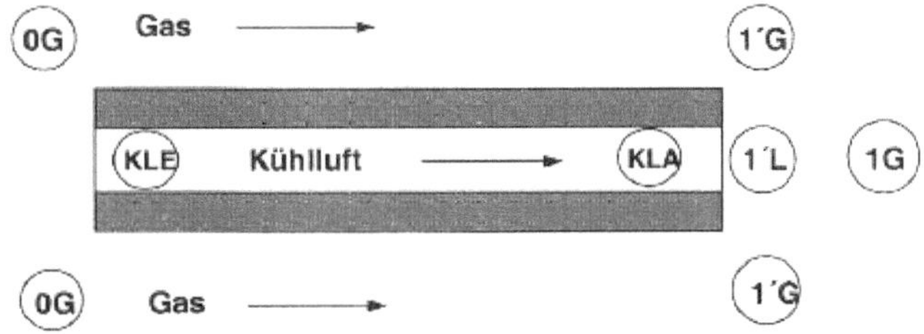

Abb. 3.27 Vereinfachtes Simulationsmodell für eine konvektionsgekühlte Leitschaufel

der Schaufelhöhe veränderlichem Massenstrom im Kühlkanal und daher veränderlichen Werten der Austrittsgeschwindigkeit und des Austrittsmassenstroms sollen durch ein vereinfachtes Simulationsmodell ersetzt werden (Abb. 3.27).

Es wird ein Gleichstromwärmeaustauscher für den Gas- und Kühlluftstrom zu Grunde gelegt mit dem Kühllufteintrittszustand (Index KL_E) und dem Gaseintritt (im Falle des Leitrades Index 0_G, im Fall des Laufrades 1_G), dem Kühlluftzustand (KL_A) am Ende des Wärmeaustauschkanals vor dem Ausströmen und schließlich ($1'_L$) beim Leitrad ($2'_L$ beim Laufrad) Luft nach dem Ausströmen und ($1'_G$) (bzw. $2'_G$) Gas am Ende der Schaufelreihe. Der Index 1_G beim Leitrad (2_G beim Laufrad) bezeichnet den Zustand nach der Vermischung von Gas und Kühlluft.

Es wird zunächst die Zustandsänderung der Luft im Kühlluftkanal untersucht. Großen Einfluss haben die Kühlluftgeschwindigkeiten, hier lediglich angegeben mit c_{KL_E} und c_{KL_A} am Eintritt und Austritt des Kühlluftkanals, da sie sowohl den Wärmeübergang als auch den Druckverlust im Kanal bestimmen.

Bei Vorgabe dieser Geschwindigkeiten liegen auch die Kanalquerschnitte fest.

$$A_{KL_{E_{\text{Sch}}}} = \frac{\dot{m}_{KL_{\text{Sch}}}}{\rho_{KL_E} \cdot c_{KL_E}} \quad \text{und} \quad A_{KL_{A_{\text{Sch}}}} = \frac{\dot{m}_{KL_{\text{Sch}}}}{\rho_{KL_A} \cdot c_{KL_A}} \tag{3.102}$$

$\dot{m}_{KL_{\text{Sch}}} = \dot{m}_{KL_E} / z_{\text{Sch}}$ ist der Kühlluftmassenstrom durch **eine** Schaufel.

Dissipationsverluste der Kühlluft, verursacht durch die Strömung vom Verdichter zur Turbine, müssen berücksichtigt werden, um den Eintrittszustand (KL_E) der Luft in den Schaufelkühlkanal richtig einzusetzen. Manchmal müssen die Kühlluft sogar gekühlt und die Druckverluste im Kühler durch einen zusätzlichen Verdichter ausgeglichen werden.

Über die angenommenen Zirkularitäten $\phi_{c_{KL_E}}$ und $\phi_{c_{KL_A}}$ erhält man die entsprechenden hydraulischen Durchmesser $d_{h_{KL_E}}$ und $d_{h_{KL_A}}$.

$$d_{h_{KL_E}} = 2\sqrt{\frac{A_{KL_{E_{\text{Sch}}}}}{\pi}} \cdot \phi_{c_{KL_E}} \quad \text{und} \quad d_{h_{KL_A}} = 2\sqrt{\frac{A_{KL_{A_{\text{Sch}}}}}{\pi}} \cdot \phi_{c_{KL_A}} \tag{3.103}$$

Die Wärmeübergangskoeffizienten α_{KL_E} und α_{KL_A} und die Kanalreibungsbeiwerte $\xi_{h_{KL_E}}$ und $\xi_{h_{KL_A}}$ werden entsprechend den Beziehungen Gl. 11.167, 11.169 und 11.173 des

Abschn. 11.4 berechnet.

$$\begin{aligned}
Re_{KL_E} &= \frac{c_{KL_E} \cdot d_{h_{KL_E}}}{\nu_{KL_E}} \\
\xi_{h_{KL_E}} &= \frac{1}{(1{,}82 \cdot \log Re_{KL_E} - 1{,}64)^2} \\
Pr_{KL_E} &= \frac{\eta_{KL_E} \cdot c_{p_{KL_E}}}{\lambda_{KL_E}} \\
Nu_{KL_E} &= \frac{\frac{\xi_{h_{KL_E}}}{8} \cdot (Re_{KL_E} - 1000) \cdot Pr_{KL_E}}{1 + 12{,}7 \cdot \sqrt{\frac{\xi_{h_{KL_E}}}{8}} \cdot \left(Pr_{KL_E}^{2/3} - 1\right)} \cdot \left[1 + \left(\frac{d_{h_{KL_E}}}{x_{KL_E}}\right)^{2/3}\right] \\
\alpha_{KL_E} &= Nu_{KL_E} \cdot \frac{\lambda_{KL_E}}{d_{h_{KL_E}}}
\end{aligned} \tag{3.104}$$

Für die Strömungslänge ist im Eintritt in etwa die halbe Schaufelhöhe $x_{KL_E} \approx l_0/2$ und im Austritt wegen der vorherigen Umlenkung ebenso $x_{KL_A} \approx l_1/2$ einzusetzen.

$$\begin{aligned}
Re_{KL_A} &= \frac{c_{KL_A} \cdot d_{h_{KL_A}}}{\nu_{KL_A}} \\
\xi_{h_{KL_A}} &= \frac{1}{(1{,}82 \cdot \log Re_{KL_A} - 1{,}64)^2} \\
Pr_{KL_A} &= \frac{\eta_{KL_A} \cdot c_{p_{KL_A}}}{\lambda_{KL_A}} \\
Nu_{KL_A} &= \frac{\frac{\xi_{h_{KL_A}}}{8} \cdot (Re_{KL_A} - 1000) \cdot Pr_{KL_A}}{1 + 12{,}7 \cdot \sqrt{\frac{\xi_{h_{KL_A}}}{8}} \cdot \left(Pr_{KL_A}^{2/3} - 1\right)} \cdot \left[1 + \left(\frac{d_{h_{KL_A}}}{x_{KL_A}}\right)^{2/3}\right] \\
\alpha_{KL_A} &= Nu_{KL_A} \cdot \frac{\lambda_{KL_A}}{d_{h_{KL_A}}}
\end{aligned} \tag{3.105}$$

Gasseitig ist es sinnvoll, am Schaufeleintritt den Wärmeübergang ähnlich einer quer angeströmten Zylinderreihe zu betrachten. Die charakteristische Länge $l = \pi \cdot D_N/2$ der Reynolds- und Nusseltzahl wäre in diesem Fall mit dem Schaufelprofil Nasendurchmesser D_N zu berechnen. Meist wird der Nasendurchmesser auf die Sehne s der Schaufel bezogen ($d_N =_{\text{def}} D_N/s$), so dass man für D_N erhält:

$$D_N = s \cdot d_N. \tag{3.106}$$

Für den Hohlraumanteil gilt näherungsweise mit dem Zuströmwinkel α_{0G} und der Teilung t der Schaufeln im Gitter, das heißt dem Abstand zweier Schaufeln in Umfangsrichtung:

$$\psi_{0_G} \approx 1 - \frac{\pi \cdot D_N}{4t \cdot \sin \alpha_{0_G}}. \tag{3.107}$$

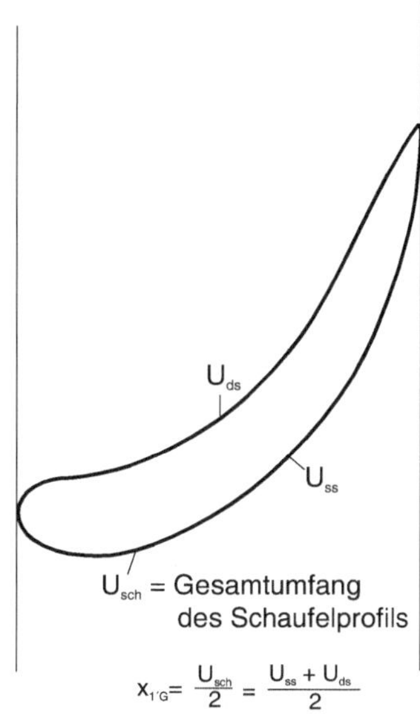

Abb. 3.28 Mittlerer Strömungsweg $x_{1'G}$ um ein Schaufelprofil

Den gasseitigen Wärmeübergangskoeffizienten α_{E_G} berechnet man mit den Beziehungen Gl. 2.168–2.171.

$$\begin{aligned} Re_{0_G} &= \frac{c_{0_G} \cdot \pi \cdot D_N/2}{\psi_{0_G} \cdot \nu_{0_G}} \\ Pr_{0_G} &= \frac{\eta_{0_G} \cdot c_{p0_G}}{\lambda_{0_G}} \\ Nu_{\text{lam}} &= 0{,}664 \cdot \sqrt{Re_{0_G}} \cdot \sqrt[3]{Pr_{0_G}} \\ Nu_{\text{turb}} &= \frac{0{,}037 \cdot Re_{0_G}^{0,8} \cdot Pr_{0_G}}{1 + 2{,}443/Re_{0_G}^{0,1} \cdot \left(Pr_{0_G}^{2/3} - 1\right)} \\ Nu_{0_G} &= 0{,}3 + \sqrt{Nu_{\text{lam}}^2 + Nu_{\text{turb}}^2} \\ \alpha_{E_G} &= \frac{Nu_{0_G} \cdot \lambda_{0_G}}{\pi \cdot D_N/2} \end{aligned} \tag{3.108}$$

Am Schaufelende entspricht die Strömung näherungsweise der einer längs angeströmten Platte. Die in Wirklichkeit unterschiedlichen Verhältnisse an der Schaufel-Saug- und Druckseite sollen durch einen Mittelwert ersetzt werden. Der Strömungsweg $x_{1'_G}$ ist im Mittel der halbe Gesamtumfang U_{Sch} des Schaufelprofils (Abb. 3.28) und wird mit dem Faktor $f_{U_{\text{Sch}}}$ auf die Schaufelsehne bezogen.

$$x_{1'_G} = \frac{U_{\text{Sch}}}{2} = f_{U_{\text{Sch}}} \cdot s \tag{3.109}$$

α_{A_G} erhält man ähnlich wie α_{E_G}.

$$
\begin{aligned}
Re_{1'_G} &= \frac{c_{1'_G} \cdot x_{1'_G}}{\nu_{1'_G}} \\
Pr_{1'_G} &= \frac{\eta_{1'_G} \cdot c_{p_{1'_G}}}{\lambda_{1'_G}} \\
Nu_{\text{lam}} &= 0{,}664 \cdot \sqrt{Re_{1'_G}} \cdot \sqrt[3]{Pr_{1'_G}} \\
Nu_{\text{turb}} &= \frac{0{,}037 \cdot Re_{1'_G}^{0{,}8} \cdot Pr_{1'_G}}{1 + 2{,}443/Re_{1'_G}^{0{,}1} \cdot \left(Pr_{1'_G}^{2/3} - 1\right)} \\
Nu_{1'_G} &= 0{,}3 + \sqrt{Nu_{\text{lam}}^2 + Nu_{\text{turb}}^2} \\
\alpha_{A_G} &= \frac{Nu_{1'_G} \cdot \lambda_{1'_G}}{x_{1'_G}}
\end{aligned}
\tag{3.110}
$$

Um die vom Gas an die Kühlluft übertragene Wärme $\dot{Q}_{KL-Le}$ und die resultierenden Schaufeltemperaturen T_{sch_E} und T_{sch_A} berechnen zu können, müssen zunächst die Wärmedurchgangswerte bestimmt werden.

Am Eintritt gilt entsprechend der Gl. 11.142 des Abschn. 11.4:

$$
(k \cdot A)_0 \approx \frac{1}{\frac{1}{\alpha_{0_G} \cdot O_{0_G}} + \frac{s_{ce}}{\lambda_{ce} \cdot O_{0_G}} + \frac{s_{\text{Sch}}}{\lambda_{\text{Sch}} \cdot A_{\text{Sch}}} + \frac{1}{\alpha_{KL_E} \cdot O_{KL_E}}}. \tag{3.111}
$$

Für O_{0_G} wird vereinfacht die „gesamte“ Schaufeloberfläche, berechnet mit der Eintrittsschaufelhöhe l_0, eingesetzt.

$$
O_{0_G} \approx U_{\text{Sch}} \cdot l_0 = 2 f_{U_{\text{Sch}}} \cdot s \cdot l_0 \tag{3.112}
$$

Für O_{KL_E} wird entsprechend die „gesamte“ Oberfläche der Kühlkanäle genommen, berechnet mit $d_{h_{KL_E}}$.

$$
O_{KL_E} \approx 3 l_0 \cdot \frac{\pi \cdot d_{h_{KL_E}}}{\phi_{c_{KL_E}}^2} = 3 l_0 \cdot \frac{2\sqrt{\pi \cdot A_{KL_E}}}{\phi_{c_{KL_E}}} \tag{3.113}
$$

$$
A_{\text{Sch}} \approx \frac{O_{0_G} + O_{KL_E}}{2} \tag{3.114}
$$

Entsprechend ermittelt man die Werte am Ende des Kühlkanals bzw. der Schaufel

$$
\begin{aligned}
(k \cdot A)_{KL_A} &\approx \frac{1}{\frac{1}{\alpha_{1'_G} \cdot O_{1'_G}} + \frac{s_{ce}}{\lambda_{ce} \cdot O_{1'_G}} + \frac{s_{\text{Sch}}}{\lambda_{\text{Sch}} \cdot A_{\text{Sch}}} + \frac{1}{\alpha_{KL_A} \cdot O_{KL_A}}} \\
O_{1'_G} &\approx 2 f_{U_{\text{Sch}}} \cdot s \cdot l_1 \\
O_{KL_A} &\approx 3 l_1 \cdot \frac{2\sqrt{\pi \cdot A_{KL_A}}}{\phi_{c_{KL_A}}} \\
A_{\text{Sch}} &\approx \frac{O_{1'_G} + O_{KL_A}}{2},
\end{aligned} \tag{3.115}
$$

so dass über den Mittelwert

$$
(k \cdot A) = \frac{(k \cdot A)_0 + (k \cdot A)_{KL_A}}{2} \tag{3.116}
$$

die Größen

$$
\begin{aligned}
(K \cdot L) &= \frac{(k \cdot A)}{\dot{m}_{KL} \cdot c_{p_{KL}}} \cdot (1 + \omega_{KL/G}) \\
\text{mit } \omega_{KL/G} &=_{\text{def}} \frac{\dot{m}_{KL} \cdot c_{p_{KL}}}{\dot{m}_{0_G} \cdot c_{p_G}} \\
\Delta T_{t_{KL_A}} &= \Delta T_{t_{KL_E}} \cdot e^{-(K \cdot L)}
\end{aligned} \tag{3.117}
$$

und schließlich der gesuchte Wärmestrom

$$
\dot{Q}_{KL-Le} = (k \cdot A) \cdot \Delta T_{t_{\log}} \tag{3.118}
$$

mit

$$
\Delta T_{t_{\log}} = \frac{\Delta T_{t_{KL_E}} - \Delta T_{t_{KL_A}}}{\ln\left(\frac{T_{t_{KL_E}}}{T_{t_{KL_A}}}\right)} \tag{3.119}
$$

und die Totaltemperaturen des Gases $T_{t_{1'_G}}$ und der Kühlluft $T_{t_{KL_A}}$ berechnet werden können.

$$
T_{t_{1'_G}} = T_{t_{0_G}} - \omega_{KL/G} \cdot \frac{\Delta T_{t_{KL_E}}}{1 + \omega_{KL/G}} \cdot \left[1 - e^{-(K_T \cdot L)}\right] \tag{3.120}
$$

$$
T_{t_{KL_A}} = T_{t_{KL_E}} + \frac{\Delta T_{t_{KL_E}}}{1 + \omega_{KL/G}} \cdot \left[1 - e^{-(K_T \cdot L)}\right] \tag{3.121}
$$

Während die Zustandsänderung des Gases vom Zustand (0_G) bis zum Ende der Schaufelreihe $(1'_G)$ beim Leitrad entsprechend den Beziehungen (Gl. 3.92) mit der auf den Gasmassenstrom $\dot{m}_{0_G}$ bezogenen spezifischen Wärme q_{G-Le}

$$
q_{G-Le} =_{\text{def}} -\frac{\dot{Q}_{KL-Le}}{\dot{m}_{0_G}} \tag{3.122}
$$

berechnet werden kann, muss beim Kühlluftkanal neben der Aufheizung durch die spezifische, auf den Luftmassenstrom bezogenen Wärme q_{KL}

$$q_{KL} =_{\text{def}} \frac{\dot{Q}_{KL-Le}}{\dot{m}_{0_L}} \tag{3.123}$$

auch die Druckänderung auf Grund der Dissipationsarbeit im Kanal berechnet werden, bevor die Kühlluftaustrittsgeschwindigkeit $c_{1'L}$ bestimmt werden kann.

Dafür wird zunächst vereinfacht die Dissipationsarbeit j_{EA} im Kühlluftkanal ermittelt.

$$\begin{aligned}
j_{EA} &\approx \frac{\xi_{KL_E} \cdot c_{KL_E}^2 + \xi_{KL_A} \cdot c_{KL_A}^2}{4} \cdot \frac{3l}{d_{h_{KL}}} \\
l &= \frac{l_0 + l_1}{2} \\
d_{h_{KL}} &= \frac{d_{h_{KL_E}} + d_{h_{KL_A}}}{2} \\
h_{t_{KL_A}} &= h_{t_{KL_E}} + q_{KL} \\
h_{KL_A} &= h_{t_{KL_A}} - \frac{c_{KL_A}^2}{2} \\
T_{KL_A} &= T_L(h_{KL_A}, p_{KL_A}) \\
\Delta h_{EA} &= h_{KL_A} - h_{KL_E} \\
y_{EA} &= \Delta h_{EA} - j_{EA} - q_{KL} \\
\nu_{EA} &= \Delta h_{EA} / y_{EA} \\
p_{KL_A} &= Polytrope(\nu_{EA}, T_{KL_E}, p_{KL_E}, T_{KL_A}) \quad \text{(Fluid Luft)} \\
\left(\frac{p_{KL_A}}{p_{KL_E}} \right. &= \left. \left(\frac{T_{TK_A}}{T_{KL_E}} \right)^{\frac{\kappa-1}{\nu_{EA} \cdot \kappa}} \right)
\end{aligned} \tag{3.124}$$

Mit einem Auströmwirkungsgrad η_{KL} kann das Expandieren der Kühluft an der Hinterkante auf den Druck $p_{1'}$ in der Ebene 1' berechnet werden.

$$\begin{aligned}
h_{t_{1'_L}} &= h_{t_{KL_A}} \\
\nu_{KL} &= \eta_{KL} \\
T_{1'_L} &= \text{Polytrope}(\nu_{KL}, p_{KL_A}, T_{KL_A}, p_{1'}) \quad \text{(Fluid Luft)} \\
\left(\frac{T_{1'_L}}{T_{KL_A}} \right. &= \left. \left(\frac{p_{1'}}{p_{KL_A}} \right)^{\frac{\kappa-1}{\nu_{KL} \cdot \kappa}} \right) \\
h_{1'_L} &= h_L(T_{1'_L}, p_{1'}) \\
c_{1'_L} &= \sqrt{c_{KL_A} + 2(h_{t_{1'_L}} - h_{1'_L})}
\end{aligned} \tag{3.125}$$

Schließlich müssen die Schaufeltemperaturen T_{sch_E} und T_{sch_A} überprüft werden:

$$T_{\text{Sch}_E} = T_{t0_G} - \frac{(k \cdot A)_{KL_E}}{(k_{\text{Sch}} \cdot A)_{KL_E}} \cdot (T_{t0_G} - T_{tKL_E})$$
$$T_{\text{Sch}_A} = T_{t_{1'_G}} - \frac{(k \cdot A)_{KL_A}}{(k_{\text{Sch}} \cdot A)_{KL_A}} \cdot (T_{t_{1'_G}} - T_{tKL_A}) \tag{3.126}$$

mit

$$(k_{\text{Sch}} \cdot A)_{KL_E} = \frac{O_{0_G}}{\frac{1}{\alpha_{0_G}} + \frac{s_{ce}}{\lambda_{ce}}}$$
$$(k_{\text{Sch}} \cdot A)_{KL_A} = \frac{O_{1'_G}}{\frac{1}{\alpha_{1'_G}} + \frac{s_{ce}}{\lambda_{ce}}}. \tag{3.127}$$

Sind sie zu hoch (T_{Sch_E} und oder $T_{\text{Sch}_A} > T_{\text{Sch}_{\text{zul}}}$), so müssen entweder die Kühlluftgeschwindigkeiten c_{KL_E} und/oder c_{KL_A} erhöht werden oder sogar der Kühlluftmassenstrom $\dot{m}_{0_L}$.

Sind die Temperaturen zu niedrig, so kann entsprechend der Kühlluftmassenstrom erniedrigt werden oder aber die Kühlluftgeschwindigkeiten.

Dies ist eine Frage der Optimierung der gesamten Stufe, da die Kühlluftgeschwindigkeiten über die durch sie verursachte Dissipationsarbeit Einfluss auf die Luftausströmgeschwindigkeit $c_{1'_L}$ und damit auf den Gesamtimpuls der Strömung vor dem Laufrad hat.

Am Ende des Leitrades beginnt die Vermischung der relativ kalten Kühlluft mit relativ kleiner Geschwindigkeit mit dem Gas mit entsprechend höheren Werten der Temperatur und der Geschwindigkeit. Die Vermischung benötigt eine gewisse Strömungslänge und ist beim Einströmen in das folgende Laufrad mit Sicherheit nicht abgeschlossen. Um aber weiterhin quasi ein- oder zweidimensional rechnen zu können, benötigt man Strömungsmittelwerte nach der „gedachten" vollständigen Vermischung in Umfangsrichtung.

Massenstrom:

$$\dot{m}_{1_G} = \dot{m}_{1'_G} + \dot{m}_{1'_L} \tag{3.128}$$
$$\dot{m}_{1'_G} = \dot{m}_{0_G}$$
$$\dot{m}_{1'_L} = \dot{m}_{KL_A} = \dot{m}_{KL_E}$$

Impuls:

$$\dot{m}_{1_G} \cdot c_{1_G} = \dot{m}_{1'_G} \cdot c_{1'_G} + \dot{m}_{1'_L} \cdot c_{1'_L}$$
$$c_{1_G} = \frac{\dot{m}_{1'_G}}{\dot{m}_{1_G}} \cdot c_{1'_G} + \frac{\dot{m}_{1'_L}}{\dot{m}_{1_G}} \cdot c_{1'_L} \tag{3.129}$$

in Komponenten:

$$c_{m_{1_G}} = \frac{\dot{m}_{1'_G}}{\dot{m}_{1_G}} \cdot c_{m_{1'_G}} + \frac{\dot{m}_{1'_L}}{\dot{m}_{1_G}} \cdot c_{m_{1'_L}}$$
$$c_{u_{1_G}} = \frac{\dot{m}_{1'_G}}{\dot{m}_{1_G}} \cdot c_{u_{1'_G}} + \frac{\dot{m}_{1'_L}}{\dot{m}_{1_G}} \cdot c_{u_{1'_L}} \tag{3.130}$$

Beim Impulsausgleich wird vereinfacht angenommen, dass der Druck sich nicht ändert. Dies bedeutet allerdings, dass wegen der veränderten Dichte der Strömungsquerschnitt, sprich die Schaufelhöhe, etwas verändert sein müsste.

Energie:

$$\begin{aligned} h_{t_{1_G}} &= \frac{\dot{m}_{1'_G}}{\dot{m}_{1_G}} \cdot h_{t_{1'_G}} + \frac{\dot{m}_{1'_L}}{\dot{m}_{1_G}} \cdot h_{t_{1'_L}} \\ h_{1_G} &= h_{t_{1_G}} - \frac{c_{1_G}^2}{2} \end{aligned} \tag{3.131}$$

Beim gekühlten Laufrad sind die Verhältnisse entsprechend denen des Leitrades. Allerdings wird die Kühlluft dem Verdichter nach einem Laufrad mit der Rothalpie $h_{t_{\text{rel}_{1_L}}}$ entnommen und hat beim Eintritt in die Laufschaufel die Rothalpie $h_{t_{\text{rel}_{KL_E}}}$ ($= h_{t_{\text{rel}_{1_L}}}$, falls keine Zwischenkühlung erfolgt). Wie schon im Abschn. 3.1 (Stufe einer Strömungsmaschine) betont, gilt für den Wärmeübergang die mit der Relativgeschwindigkeit w gebildete Totaltemperatur T_{t_w}. So erhält man die nachfolgenden Beziehungen für das Laufrad mit $h_{t_{\text{rel}}}$ beim Energiesatz und T_{t_w} (h_{t_w}) beim Wärmeübergang.

$$\begin{aligned} h_{t_{\text{rel}_{1_G}}} &= h_{1_G} + \frac{w_{1_G}^2}{2} - \frac{u_1^2}{2} \\ h_{w_{1_G}} &= h_{1_G} + \frac{w_{1_G}^2}{2} \\ T_{t_{w_{1_G}}} &= T_G\left(h_{t_{w_{1_G}}}, p_{t_{w_{1_G}}}\right) \\ h_{t_{\text{rel}_{KL_E}}} &= h_{KL_E} + \frac{w_{KL_E}^2}{2} - \frac{u_1^2}{2} \\ h_{t_{w_{KL_E}}} &= h_{t_{\text{rel}_{KL_E}}} + \frac{w_{KL_E}^2}{2} \\ T_{t_{w_{KL_E}}} &= T_L\left(h_{t_{w_{KL_E}}}, p_{t_{KL_E}}\right) \\ q_{G-La} &= -\frac{\dot{Q}_{KL-La}}{\dot{m}_{1_G}} \\ h_{t_{\text{rel}_{2'_G}}} &= h_{t_{\text{rel}_{1_G}}} + q_{G-La} \\ h_{t_{w_{2'_G}}} &= h_{t_{\text{rel}_{2'_G}}} + \frac{u_2^2}{2} \\ T_{t_{w_{2'_G}}} &= T_G\left(h_{t_{w_{2'_G}}}, p_{2'}\right) \\ q_{KL} &= \frac{\dot{Q}_{KL-La}}{\dot{m}_{1_L}} \end{aligned}$$

$$h_{t_{\text{rel}KL_A}} = h_{t_{\text{rel}KL_E}} + q_{KL}$$
$$h_{t_{wKL_A}} = h_{t_{\text{rel}KL_A}} + \frac{u_2^2}{2}$$
$$T_{t_{wKL_A}} = T_L\left(h_{t_{wKL_A}}, p_{t_{KL_A}}\right) \tag{3.132}$$

Massenstrom:

$$\dot{m}_{2_G} = \dot{m}_{2'_G} + \dot{m}_{2'_{KL}} \tag{3.133}$$
$$\dot{m}_{2'_G} = \dot{m}_{1_G}$$
$$\dot{m}_{2'_{KL}} = \dot{m}_{KL_A} = \dot{m}_{KL_E}$$

Impuls:

$$w_{2_G} = \frac{\dot{m}_{2'_G}}{\dot{m}_{2_G}} \cdot w_{2'_G} + \frac{\dot{m}_{2'_{KL}}}{\dot{m}_{2_G}} \cdot w_{2'_L}$$
$$c_{m_{2_G}} = \frac{\dot{m}_{2'_G}}{\dot{m}_{2_G}} \cdot c_{m_{2'_G}} + \frac{\dot{m}_{2'_L}}{\dot{m}_{2_G}} \cdot c_{m_{2'_L}}$$
$$w_{u_{2_G}} = \frac{\dot{m}_{2'_G}}{\dot{m}_{2_G}} \cdot w_{u_{2'_G}} + \frac{\dot{m}_{2'_L}}{\dot{m}_{2_G}} \cdot w_{u_{2'_L}} \tag{3.134}$$

Energie:

$$h_{t_{2_G}} = \frac{\dot{m}_{2'_G}}{\dot{m}_{2G}} \cdot h_{t_{2'_G}} + \frac{\dot{m}_{2'_L}}{\dot{m}_{2_G}} \cdot h_{t_{2'_L}}$$
$$h_{2_G} = h_{t_{2_G}} - \frac{c_{2_G}^2}{2} \tag{3.135}$$

Filmkühlung

Bei der Filmkühlung lässt man – neben der Kühlung der Schaufel von innen – einen Teil der Kühlluft an vielen Stellen der Schaufel nach außen in den Gasraum strömen. Diese ausströmende Luft legt sich als abströmender Kühlfilm auf die Schaufeloberfläche (Abb. 3.29).

Das Aufheizen und Beschleunigen des Kühlfilms und das Vermischen mit dem Gas ist ein recht komplizierter Vorgang und soll wieder mit einem stark vereinfachten Modell berechnet werden (Abb. 3.30 und Abb. 3.29).

An der Kühlfilmaustrittsstelle (Index FE) nach dem „Brausekopf" sind der Massenstrom $\dot{m}_{F_E}$ und der Zustand ($T_{t_{F_E}}$, T_{F_E}, $p_{F_E} = p_G$ und c_{F_E}) des Kühlfilms bekannt. Die Geschwindigkeit c_{F_E} wird aus der Ausströmbedingung ähnlich wie beim Ausströmen an der Hinterkante der Schaufel bestimmt.

$$h_{t_{F_E}} \approx h_{t_{KL_E}}$$
$$\nu_{F_E} = \eta_{F_E}$$

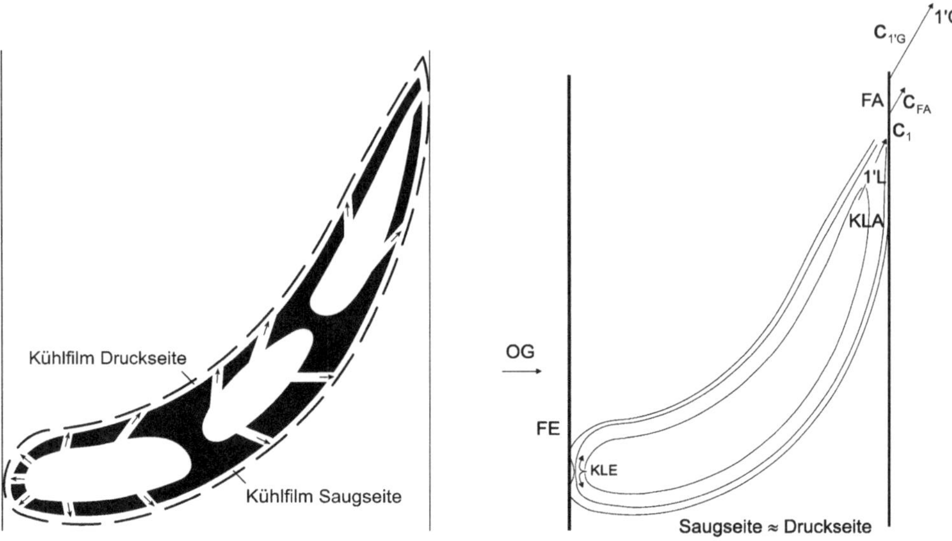

Abb. 3.29 Schaufel mit Filmkühlung und Bezeichnungen an der Schaufel

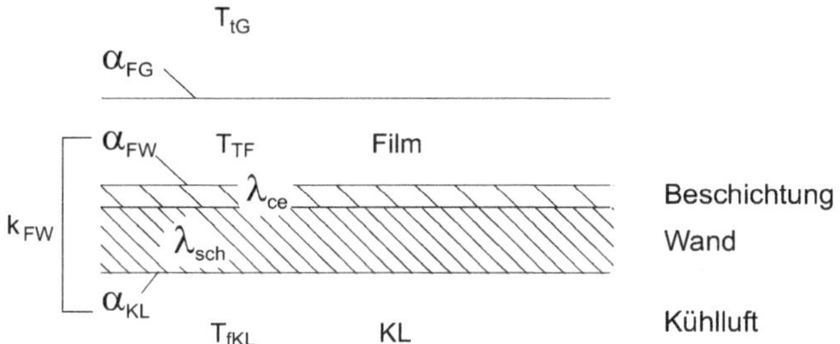

Abb. 3.30 Vereinfachtes Modell zur Berechnung der Filmkühlung

$$
\begin{aligned}
T_{F_E} &= \text{Polytrope}(\nu_{F_E}, p_{KL_E}, T_{KL_E}, p_{F_E}) \quad \text{(Fluid Luft)} \\
\left(\frac{T_{F_E}}{T_{KL_E}} \right. &= \left. \left(\frac{p_{F_E}}{p_{KL_E}}\right)^{\frac{\kappa-1}{\nu_{F_E}\cdot\kappa}}\right) \\
h_{F_E} &= h_L(T_{F_E}, p_{F_E}) \\
c_{F_E} &= \sqrt{2(h_{t_{F_E}} - h_{F_E})}
\end{aligned} \tag{3.136}
$$

Damit ist auch die Schichtdicke des Films bekannt.

$$
y_{F_E} = \frac{\dot{m}_{F_E} \cdot v_{F_E}}{2c_{F_E} \cdot l_{F_E} \cdot z_{\text{Sch}}} \tag{3.137}
$$

Für die weitere Änderung des Zustandes des Kühlfilms wird vereinfacht keine Vermischung angenommen und die Energiebilanz des Kühlfilms mit Wärmezufuhr vom Gas und Wärmeaustausch mit der Schaufeloberfläche aufgestellt.

$$\begin{aligned}
\dot{m}_F \cdot \frac{dh_{t_F}}{dx} &= \alpha_{F_G} \cdot U \cdot (T_{t_G} - T_{t_F}) - \alpha_{F_W} \cdot U \cdot (T_{t_F} - T_W) \\
\dot{m}_F \cdot \frac{dh_{t_F}}{dx} &\approx \dot{m}_F \cdot c_{p_F} \cdot \frac{dT_{t_F}}{dx} \\
&\approx (\alpha_{F_G} \cdot T_{t_G} + \alpha_{F_W} \cdot T_W) \cdot U - (\alpha_{F_G} + \alpha_{F_W}) \cdot U \cdot T_{t_F} \\
\frac{dT_{t_F}}{dx} &\approx \left[\frac{(\alpha_{F_G} \cdot T_{t_G} + \alpha_{FW} \cdot T_W) \cdot U}{\dot{m}_F \cdot c_{p_F}}\right] - \left[\frac{(\alpha_{F_G} + \alpha_{F_W}) \cdot U}{\dot{m}_F \cdot c_{p_F}}\right] \cdot T_{t_F}
\end{aligned} \tag{3.138}$$

U ist $\approx 2l \cdot z_{\text{Sch}}$, wenn vereinfacht Saug- und Druckseite zugleich berechnet werden.

Die Wandtemperatur T_{W_E} an der Eintrittstelle des Kühlfilms wird wesentlich von der Strömung stromaufwärts bestimmt.

Vereinfacht kann die Wandtemperatur T_{W_E} durch die Energiebilanz für die konvektiv gekühlte Schaufel in der Nähe des Staupunktes an der Profilvorderkante (mit kleineren Strömungsgeschwindigkeiten) berechnet werden.

Weiter stromab wird sich ein „Gleichgewichtszustand“ zwischen dem Kühlfilm und dem Kühlluftstrom in der Schaufel einstellen (Abb. 3.31), so dass dann die Energiebilanz lautet:

$$\begin{aligned}
\dot{m}_F \cdot \frac{dh_{t_F}}{dx} &= (\alpha_{F_G} \cdot U) \cdot (T_{t_G} - T_{t_F}) - (k_{F_W} \cdot U) \cdot (T_{t_F} - T_{t_{KL}}) \\
\dot{m}_F \cdot c_{pF} \cdot \frac{dT_{t_F}}{dx} &\approx [(\alpha_{F_G} \cdot U) \cdot T_{t_G} + (k_{F_W} \cdot U) \cdot T_{t_{KL}}] \\
&\quad - [(\alpha_F \cdot U) + [k_W \cdot U)] \cdot T_{t_F} \\
\frac{dT_{t_F}}{dx} &\approx \left[\frac{(\alpha_{F_G} \cdot U) \cdot T_{t_G} + (k_{F_W} \cdot U) \cdot T_{t_{KL}}}{\dot{m}_F \cdot c_{p_F}}\right] \\
&\quad - \left[\frac{(\alpha_{F_G} \cdot U) + (k_{F_W} \cdot U)}{\dot{m}_F \cdot c_{p_F}}\right] \cdot T_{t_F}.
\end{aligned} \tag{3.139}$$

Mit Mittelwerten für die Konstanten A_F und B_F der Temperaturgleichung

$$\begin{aligned}
A_F &= \frac{1}{2}\left[\frac{\alpha_{F_{G_E}} \cdot T_{t_{G_E}} + \alpha_{F_{W_E}} \cdot T_{W_E}}{\alpha_{F_{G_E}} + \alpha_{F_{W_E}}}\right. \\
&\quad \left. + \frac{(\alpha_{F_{G_A}} \cdot O_{G_A}) \cdot T_{t_{G_A}} + (k_{F_W} \cdot A)_A \cdot T_{t_{KL_A}}}{(\alpha_{F_{G_A}} \cdot O_{G_A}) + (k_{F_W} \cdot A)_A}\right] \\
(B_F \cdot L) &= \frac{1}{2}\left[\frac{(\alpha_{F_{G_E}} + \alpha_{F_{W_E}}) \cdot O_{G_E}}{\dot{m}_F \cdot c_{p_F}}\right. \\
&\quad \left. + \frac{(\alpha_{F_{G_A}} \cdot O_{G_A}) + (k_{F_W} \cdot A)_A}{\dot{m}_F \cdot c_{p_F}}\right]
\end{aligned} \tag{3.140}$$

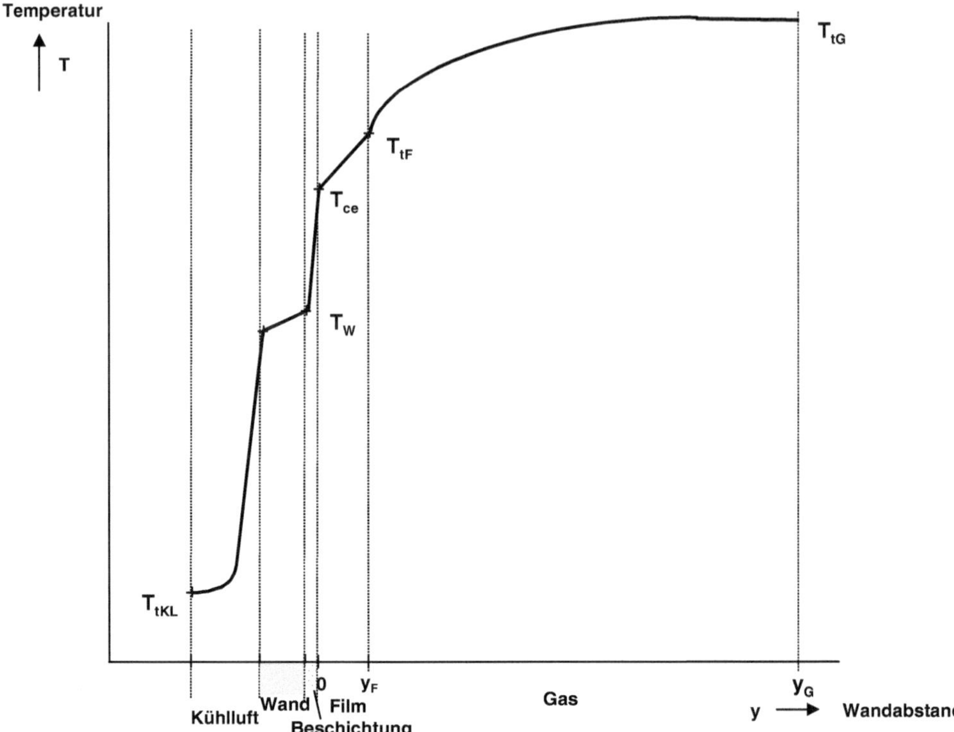

Abb. 3.31 Gleichgewichts-Temperaturverteilung an einer filmgekühlten Turbinenschaufel

erhält man für die Kühlfilmtemperatur $T_{t_{F_A}}$ am Ende der Schaufel:

$$T_{t_{F_A}} \approx A_F - (A_F - T_{t_{F_E}}) \cdot e^{-(B_F \cdot L)}. \tag{3.141}$$

So einfach die Beziehungen formal aussehen, so schwierig ist die näherungsweise Abschätzung der Wärmeübergangskoeffizienten α_{F_G} und α_{F_W}.

Hierfür wird eine Gasströmung ohne Filmschicht untersucht und ein formaler Wärmeübergangskoeffizient an einer Stelle im Abstand y_F von der Wand im Vergleich zur Gesamtdicke y_G der Grenzschicht definiert. Der Wärmestrom vom Gas zur Wand kann (an einer Stelle x in Strömungsrichtung) ausgedrückt werden durch den Gesamtwärmeübergangskoeffizienten α_G mit der Gastemperatur T_{t_G} und der Wandtemperatur T_W

$$\frac{d\dot{Q}}{dx} = \alpha_G \cdot U \cdot (T_{t_G} - T_W) \tag{3.142}$$

aber auch durch den Wärmeübergangskoeffizienten α_{F_G} „zwischen" den Temperaturen T_{t_G} und T_{t_F} an der Stelle y_F

$$\frac{d\dot{Q}}{dx} = \alpha_{F_G} \cdot U \cdot (T_{t_G} - T_{t_F}) \tag{3.143}$$

bzw. auch zwischen T_{t_F} und T_W.

$$\frac{d\dot{Q}}{dx} = \alpha_{F_W} \cdot U \cdot (T_{t_F} - T_W) \tag{3.144}$$

Für die drei Wärmeübergangswiderstände $\frac{1}{\alpha_G}$, $\frac{1}{\alpha_{F_G}}$ und $\frac{1}{\alpha_{F_W}}$ gilt:

$$\frac{1}{\alpha_G} = \frac{1}{\alpha_{F_G}} + \frac{1}{\alpha_{F_W}}. \tag{3.145}$$

Umgeformt nach α_{F_G} erhält man:

$$\alpha_{F_G} = \alpha_G \cdot \frac{T_{t_G} - T_W}{T_{t_G} - T_{t_F}}. \tag{3.146}$$

D. h., man braucht lediglich aus dem Profil der Temperaturgrenzschicht (Abb. 3.32) beim Abstand y_F die Temperatur T_{t_F} abzulesen oder zu berechnen, um den formalen Wert für α_{F_G} und damit auch für α_{F_W} zu erhalten.

Da α_{F_G} und damit auch α_{F_W} sehr empfindlich auf kleine Änderungen der angenommenen Temperatur T_{t_F} reagieren, wird vereinfacht angenommen:

$$\begin{aligned} \alpha_{F_G} &\approx 1{,}5 \div 2{,}5\alpha_G \\ \alpha_{F_W} &= \frac{1}{\frac{1}{\alpha_G} - \frac{1}{\alpha_{F_G}}}. \end{aligned} \tag{3.147}$$

Für den Wärmedurchgangswert $(k_{F_W} \cdot A)$ gilt:

$$(k_{F_W} \cdot A) \approx \frac{1}{\frac{1}{\alpha_{F_W} \cdot O_G} + \frac{s_{ce}}{\lambda_{ce} \cdot O_G} + \frac{s_{\text{Sch}}}{\lambda_{\text{Sch}} \cdot A_{\text{Sch}}} + \frac{1}{\alpha_{KL} \cdot O_{KL}}}. \tag{3.148}$$

Die eigentliche Vereinfachung liegt darin, dass man die gleichen Werte oder Verhältnisse auf die Strömung mit Wärmeübergang mit einem Kühlfilm überträgt.

Der Gesamtkühlwärmestrom $\dot{Q}_{K_{\text{ges}}}$ ist die Summe der vom Kühlfilm und von der verbleibenden Restkonvektionsluft aufgenommenen Wärmen.

$$\begin{aligned} \dot{Q}_F &= \dot{m}_F \cdot \left(h_{t_{F_A}} - h_{t_{F_E}}\right) \\ \dot{Q}_{KL} &= \dot{m}_{KL} \cdot \left(h_{t_{KL_A}} - h_{t_{KL_E}}\right) \\ \dot{Q}_{K_{\text{ges}}} &= \dot{Q}_F + \dot{Q}_{KL} \end{aligned} \tag{3.149}$$

Abb. 3.32 Temperaturprofil an einer gekühlten Schaufel

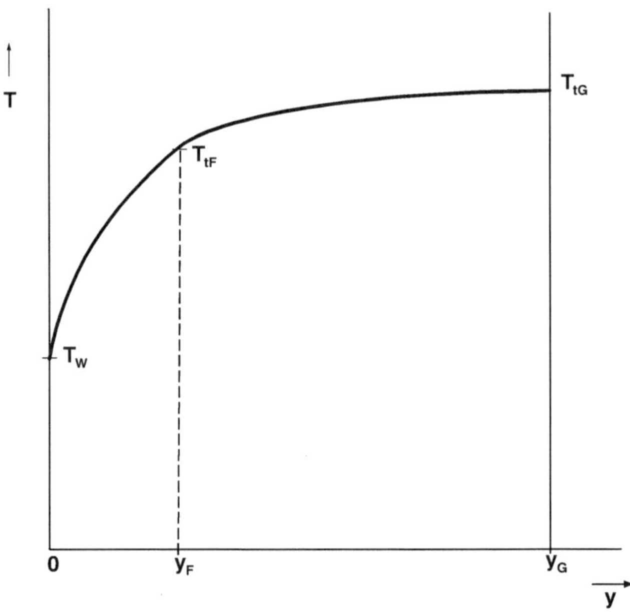

Die Wandtemperatur am Ende des Schaufelprofils kann entsprechend dem Abschnitt Konvektionskühlung berechnet werden, allerdings mit der Endtemperatur $T_{t_{F_A}}$ des Kühlfilms.

Bleibt noch das Problem der Beschleunigung der Filmschicht auf Grund der Entspannung (Druckabnahme entsprechend der Gasströmung) und der Wärmezufuhr.

Um die Geschwindigkeit des Kühlfilms am Ende des Schaufelprofils zu berechnen, ist am sinnvollsten, diesen als Teil der Gesamtgrenzschicht zu betrachten (Abb. 3.33).

Dafür wird ein einfaches Geschwindigkeitsprofil zu Grunde gelegt, z. B.

$$f^*(y^*) =_{\text{def}} \frac{c(y^*)}{c_{1'_G}} \approx 1 - (1 - y^*)^{n_{\text{exp}}} \quad \text{mit } y^* =_{\text{def}} \frac{y}{y_{1'_G}} \tag{3.150}$$

mit der Geschwindigkeit $c_{1'_G}$ der ungestörten Gasströmung, dem senkrechten Abstand y zur Wand, entsprechend $y_{1'_G}$ bis zur Kanalmitte und dem Exponenten n_{exp} der Geschwindigkeitsverteilungsfunktion f^*.

Der Gesamtvolumenstrom bis zur Kanalmitte ist

$$\dot{V}_{\text{ges}} = c_{1'_G} \cdot y_{1'_G} \cdot l_{1'_G} \cdot \int_0^1 f^*(y^*) \cdot dy^* \tag{3.151}$$

Der Volumenstrom $\dot{V}_{F_A}$ des Kühlfilms „reicht" bis zum Abstand y_F^* von der Wand

$$\dot{V}_{F_A} = c_{1'_G} \cdot y_{1'_G} \cdot l_{1'_G} \cdot \int_0^{y_F^*} f^* \cdot dy^* \tag{3.152}$$

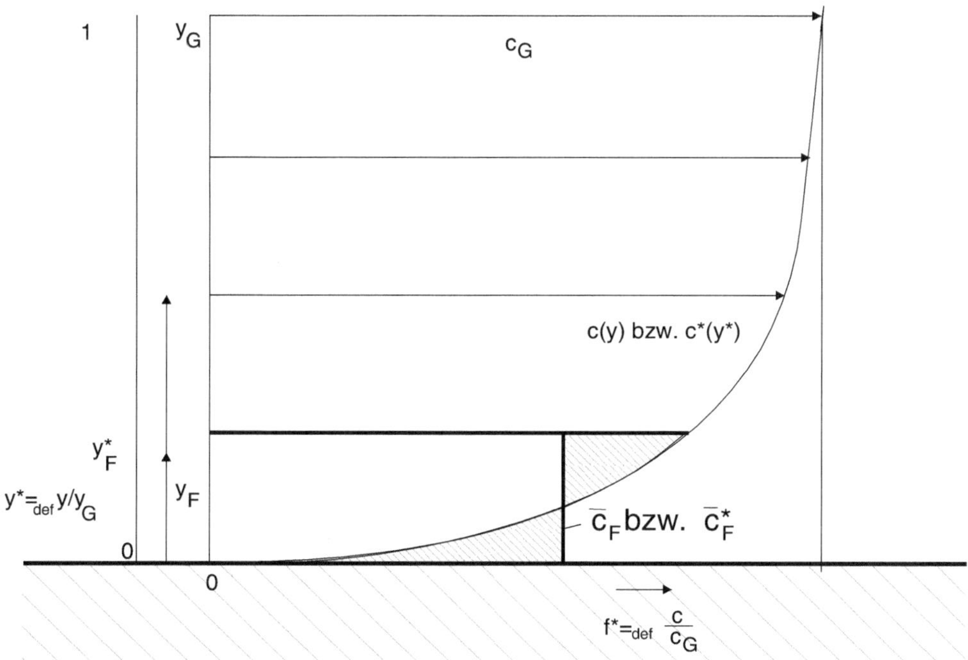

Abb. 3.33 Geschwindigkeiten und Schichtdicken bei der Filmkühlung

und der Gasvolumenstrom ist

$$\dot{V}_{1'_G} = c_{1'_G} \cdot y_{1'_G} \cdot l_{1'_G} \cdot \int_{y^*_F}^{1} f^* \cdot dy^*. \tag{3.153}$$

Da die oben gewählte Geschwindigkeitsverteilungsfunktion analytisch integriert werden kann, lässt sich mit dem auf den Gasvolumenstrom bezogenen Kühlluftvolumenstrom

$$\dot{V}^*_F =_{\text{def}} \frac{\dot{V}_{F_A}}{\dot{V}_{1'_G}} = \frac{\dot{m}_F \cdot v_{F_A}}{\dot{m}_G \cdot v_{1'_G}} \tag{3.154}$$

die Kühlluftfilmdicke bestimmen.

$$\begin{aligned} y^*_F &\approx \dot{V}^*_F \cdot \left[\frac{n_{\exp}}{n_{\exp}+1} - y^*_F + \frac{1-(1-y^*_F)^{n_{\exp}+1}}{n_{\exp}+1} \right] + \frac{1-(1-y^*_F)^{n_{\exp}+1}}{n_{\exp}+1} \\ y_F &= y^*_F \cdot y_G \end{aligned} \tag{3.155}$$

Ebenso die mittlere Geschwindigkeit $\bar{c}_F$ des Kühlfilms.

$$\bar{c}_F^* \approx \frac{\dot{V}_F^*}{y_F^*} \cdot \left[\frac{n_{\text{exp}}}{n_{\text{exp}} + 1} - y_F^* + \frac{1 - (1 - y_F^*)^{n_{\text{exp}}+1}}{n_{\text{exp}} + 1} \right]$$
$$\bar{c}_F = \bar{c}_F^* \cdot c_{1'_G} \tag{3.156}$$

Hinter der Schaufelhinterkante kommt es auch bei der Filmkühlung zu einer Vermischung des Gases und der Luft. Nur müssen hier die Fluidströme des Filmes, des Gases und der Konvektionskühlung berücksichtigt werden. Der Rechnungsverlauf ist der gleiche wie in der Konvektionskühlung, so dass man (für ein Leitrad) folgende Gleichungen für die Vermischungen erhält:

$$\dot{m}_{1_G} = \dot{m}_{1'_G} + \dot{m}_{1'_{KL}} + \dot{m}_F \tag{3.157}$$
$$c_{1_G} = \frac{\dot{m}_{1'_G}}{\dot{m}_{1_G}} \cdot c_{1'_G} + \frac{\dot{m}_{1'_{KL}}}{\dot{m}_{1_G}} \cdot c_{1'_{KL}} + \frac{\dot{m}_F}{\dot{m}_{1_G}} \cdot c_{F_A} \tag{3.158}$$
$$h_{t_{1_G}} = \frac{\dot{m}_{1'_G}}{\dot{m}_{1_G}} \cdot h_{t_{1'_G}} + \frac{\dot{m}_{1'_{KL}}}{\dot{m}_{1_G}} \cdot h_{t_{1'_{KL}}} + \frac{\dot{m}_F}{\dot{m}_{1_G}} \cdot h_{t_{F_A}} \tag{3.159}$$
$$h_{1_G} = h_{t_{1_G}} - \frac{c_{1_G}^2}{2}. \tag{3.160}$$

Bei der Transpirationskühlung wird das Kühlmittel durch poröse Materialien aus dem Inneren der Schaufel auf die gesamte Profiloberfläche geleitet, wie auch schon bei der Filmkühlung. Die Transpirationskühlung hat zwar das höchste Kühlpotenzial, aber es ist noch kein Werkstoff mit der benötigten Porösität und Festigkeit verfügbar.

Strahlungswärme

Bei Berücksichtigung der Wärmeübertragung $\dot{Q}_{\text{Str}}$ durch Strahlung (siehe Abschn. 11.5) muss bei der Bestimmung der Schaufeltemperatur $T_{W_{\text{Sch}}}$ dieser zusätzliche Wärmestrom erfasst werden. Aus der Bilanz der Nettowärmeströme auf der gasseitigen Schaufeloberfläche ergibt sich die Schaufeltemperatur.

$$\dot{Q}_{\text{Str}} + \dot{Q}_{KL} + \dot{Q}_F = 0 \tag{3.161}$$

Für die einzelnen Wärmeströme gilt:

$$\dot{Q}_{\text{Str}} = \alpha_{\text{Str}} \cdot A_G \cdot (T_G - T_W)$$
$$\dot{Q}_F = \alpha_F \cdot A_G \cdot (T_{t_F} - T_W)$$
$$\dot{Q}_{KL} = k_F \cdot A_m \cdot (T_{t_{KL}} - T_W). \tag{3.162}$$

Aufgelöst nach der Schaufeltemperatur:

$$T_{W_{\text{Sch}}} = \frac{\alpha_{\text{Str}} \cdot A_G \cdot T_G + \alpha_F \cdot A_G \cdot T_{tF} + k_F \cdot A_m \cdot T_{t_{KL}}}{\alpha_{\text{Str}} \cdot A_G + \alpha_F \cdot A_G + k_F \cdot A_m}. \tag{3.163}$$

Der verwendete Wärmedurchgangskoeffizient wird von der Schaufeloberfläche aus bis zum Kühlfluid bestimmt.

$$(k_F \cdot A_m) = \frac{1}{\frac{s_{ce}}{\lambda_{ce} \cdot A_G} + \frac{s_{\text{Sch}}}{\lambda_{\text{Sch}} \cdot U_{\text{Sch}}} + \frac{1}{\alpha_{KL} \cdot A_{KL}}} \tag{3.164}$$

Die Wandtemperaturen an der Schaufelvorder- und -hinterkante ergeben sich damit zu:

$$\begin{aligned} T_{W_E} &= \frac{\alpha_{\text{Str}_E} \cdot A_G \cdot T_{0_G} + \alpha_{F_E} \cdot A_G \cdot T_{t_{F_E}} + k_F \cdot A_m \cdot T_{t_{KL_E}}}{\alpha_{\text{Str}_E} \cdot A_G + \alpha_{F_E} \cdot A_G + (k_F \cdot A_m)_E} \\ T_{W_A} &= \frac{\alpha_{\text{Str}_A} \cdot A_G \cdot T_{1'G} + \alpha_F \cdot A_G \cdot T_{t_{F_A}} + (k_F \cdot A_m)_A \cdot T_{KL_A}}{\alpha_{\text{Str}_A} \cdot A_G + \alpha_{FA} \cdot A_G + (k_F \cdot A_m)_A}. \end{aligned} \tag{3.165}$$

Berücksichtigung der Wärmeleitung in der Schaufel in Strömungsrichtung

Vor allem wegen der unterschiedlichen Temperaturen des Kühlfluids (Luft) sind auch die Schaufeltemperaturen unterschiedlich. Ein Ausgleich findet durch Wärmeleitung in der Schaufel statt.

Wird ganz vereinfacht das Schaufelmodell für die Berechnung der Schaufeltemperaturen am Strömungseintritt und am Strömungsaustritt benutzt (Abb. 3.34), so erhält man unterschiedliche Schaufeltemperaturen $T_{W_{G_E}}$ bzw. $T_{W_{KL_E}}$ am Eintritt und $T_{W_{G_A}}$ bzw. $T_{W_{KL_E}}$ am Austritt. Wegen der relativ geringen Wandstärke sind die Unterschiede zwischen den gasseitigen Temperaturen $T_{W_{G_E}}$ bzw. $T_{W_{G_A}}$ und den kühlluftseitigen Temperaturen $T_{W_{KL_E}}$ bzw. $T_{W_{KL_A}}$ sehr klein, so dass im Weiteren nur noch von den Temperaturen $T_{W_{G_E}}$ und $T_{W_{G_A}}$ gesprochen wird. Der Unterschied zwischen $T_{W_{G_E}}$ und $T_{W_{G_A}}$ kann dagegen beträchtlich sein, so dass ein Wärmestrom durch die Schaufel stattfindet.

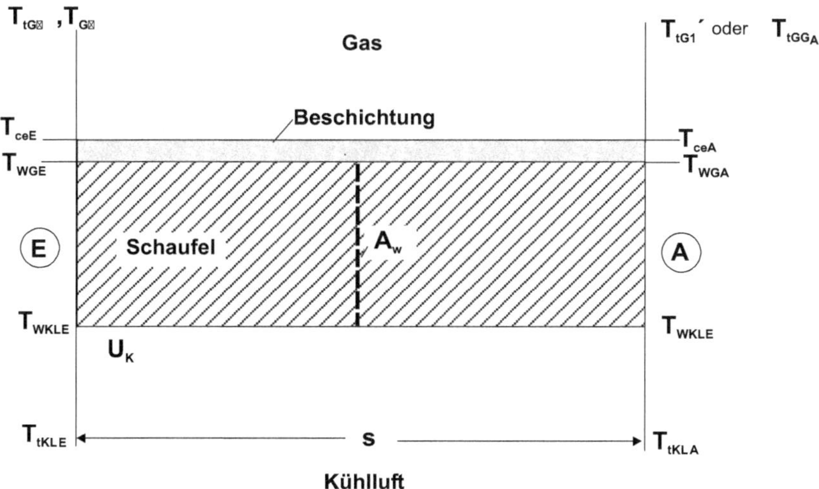

Abb. 3.34 Temperatur-Bezeichnungen am Eintritt und Austritt der Schaufelströmung

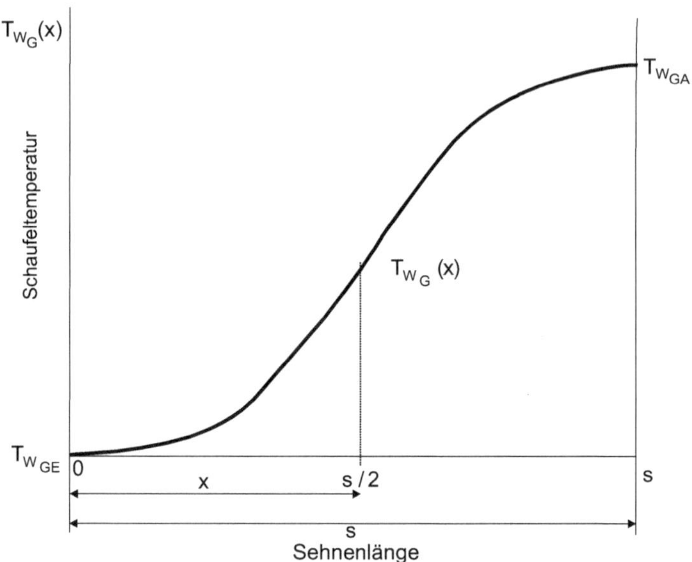

Abb. 3.35 Cosinusförmiger Temperaturverlauf der Schaufeltemperatur

(A_W ist der mittlere Schaufelquerschnitt in Strömungsrichtung.)

In Wirklichkeit sind die Verhältnisse viel komplizierter, weil auch und gerade in radialer Richtung ein Temperaturausgleich durch Wärmeströme auftritt.

Durch den Ausgleich wird die niedrigere Temperatur (meist $T_{W_{G_E}}$) angehoben und die höhere ($T_{W_{G_A}}$) abgesenkt.

Wird vereinfacht ein cosinusförmiges Temperaturprofil $T_{W_G}(x)$ zwischen E und A angenommen (Abb. 3.35), so kann der Wärmestrom $\dot{Q}_W$ durch die „Mitte" der Schaufel bei $x = \frac{s}{2}$ bestimmt werden.

$$\begin{aligned} T_{W_G}(x) &\approx \frac{T_{W_{G_A}} + T_{W_{G_E}}}{2} - \frac{T_{W_{G_A}} - T_{W_{G_E}}}{2} \cdot \cos\left(\pi \cdot \frac{x}{s}\right) \\ \frac{dT_{W_G}}{dx}\left(x = \frac{s}{2}\right) &\approx \frac{T_{W_{G_A}} - T_{W_{G_E}}}{2s} \cdot \pi \\ \dot{Q}_W\left(x = \frac{s}{2}\right) &= -A_W \cdot \lambda_W \cdot \frac{dT_{W_G}}{dx}\left(x = \frac{s}{2}\right) = -A_W \cdot \lambda_W \cdot \frac{T_{W_{G_A}} - T_{W_{G_E}}}{2s} \cdot \pi \end{aligned} \tag{3.166}$$

A_W ist der Schaufelquerschnitt aller Schaufeln eines Schaufelkranzes in Strömungsrichtung und kann durch die mittlere Schaufellänge $\bar{l}$, eine auf die Sehnenlänge bezogene Gesamtwandstärke d_W einer Schaufel und die Anzahl z_{Sch} der Schaufeln ausgedrückt werden.

$$A_W = \bar{l} \cdot \bar{d}_W \cdot s \cdot z_{\text{Sch}} \tag{3.167}$$

Vereinfacht wird bei der Bestimmung der Wandtemperaturen dieser zusätzliche Wärmestrom mit berücksichtigt.

So gilt z. B. für den Strömungseintritt (vergl. Abb. 3.34):

$$\begin{aligned}
\dot{Q}_{\text{Kon}_E} + \dot{Q}_{\text{Stra}_E} &= \dot{Q}_{KL_E} + \dot{Q}_W \\
\dot{Q}_{\text{Kon}_E} &= (k \cdot A)_{\text{Kon}_E} \cdot (T_{t0G} - T_{WG_E}) \\
\dot{Q}_{\text{Stra}_E} &= (k \cdot A)_{\text{Stra}_E} \cdot (T_{0G} - T_{WG_E}) \\
\dot{Q}_{KL_E} &= (k \cdot A)_{KL_E} \cdot (T_{WG_E} - T_{tKL_E})
\end{aligned} \tag{3.168}$$

$$\begin{aligned}
(k \cdot A)_{\text{Kon}_E} &= \frac{O_{G_E}}{\dfrac{1}{\alpha_{GW_E}} + \dfrac{s_{ce}}{\lambda_{ce}}} \\
(k \cdot A)_{\text{Stra}_E} &= \frac{O_{G_E}}{\dfrac{1}{\alpha_{\text{Stra}_E} + \frac{s_{ce}}{\lambda_{ce}}}} \\
(k \cdot A)_{KL_E} &= \frac{1}{\dfrac{1}{\alpha_{KL_E} \cdot O_{KL_E}} + \dfrac{s_W}{\lambda_W \cdot A_{\text{Sch}}}}.
\end{aligned} \tag{3.169}$$

Die gesuchte Schaufeltemperatur ist:

$$T_{WG_E} = \frac{(k \cdot A)_{\text{Kon}_E} T_{t0G} + (k \cdot A)_{\text{Stra}_E} T_{0G} + (k \cdot A)_{KL_E} T_{tKL_E} + A_W \lambda_W \frac{\pi}{2s} T_{WG_A}}{(kA)_{\text{Kon}_E} + (kA)_{\text{Stra}_E} + (kA)_{KL_E} + A_W \lambda_W \frac{\pi}{2s}}. \tag{3.170}$$

(Aus Platzgründen fehlen die sonst ausgeschriebenen Multiplikationspunkte!)

Am Strömungsaustritt sind die Verhältnisse analog, lediglich die (mögliche) Filmkühlung verursacht formal leicht veränderte Beziehungen.

$$T_{WG_A} = \frac{(k \cdot A)_{\text{Kon}_A} T_{tF_A} + (k \cdot A)_{\text{Stra}_A} T_{G_A} + (k \cdot A)_{KL_A} T_{tKL_A} + A_W \lambda_W \frac{\pi}{2s} T_{WG_E}}{(kA)_{\text{Kon}_A} + (kA)_{\text{Stra}_A} + (kA)_{KL_A} + A_W \lambda_W \frac{\pi}{2s}}$$

mit

$$(k \cdot A)_{\text{Kon}_A} \approx \frac{O_{G_A}}{\dfrac{1}{\alpha_{F_W}} + \dfrac{s_c}{\lambda_c}} \tag{3.171}$$

T_{tF_A} ist die Totaltemperatur der Filmschicht und α_{F_W} der „wandseitige" Wärmeübergangskoeffizient (siehe Abschnitt Filmkühlung).

3.4.1.3 Stufenkenngrößen bei gekühlten Turbinenstufen

Die für Strömungsmaschinenstufen definierten Stufenkenngrößen (Abschn. 3.1) Schaufelarbeitskenngröße ψ und Reaktionsgrad ρ_h ermöglichen den Vergleich der spezifischen Arbeiten und der Enthalpieänderungen im Leit- und Laufrad von verschiedenen Stufen.

Bei gekühlten Turbinenstufen sind jedoch die Strömungszustände des Gases vor und nach der Mischung mit der in jedem Fall kälteren Kühlluft und damit auch die Änderungen der spezifischen Enthalpien nicht zu vernachlässigen. Die spezifische Stufenarbeit $w_{t_{\text{St.}}}$ ist darüberhinaus ein Definitionswert, der die Stufenleistung $P_{T_{\text{St.}}}$ auf den Stufenaustrittsmassenstrom $\dot{m}_{2_G}$ bezieht.

$$w_{t_{\text{St.}}} =_{\text{def}} \frac{P_{T_{\text{St.}}}}{\dot{m}_{2_G}} \tag{3.172}$$

Für Vergleichszwecke werden daher ***„Euler"-Kenngrößen*** vorgeschlagen, die nur die Gasströmung mit ihren Zuständen vor der Vermischung berücksichtigen.

$$\begin{aligned} w_{t_{\text{Eu}}} &=_{\text{def}} u_2 \cdot c_{u_{2'_G}} - u_1 \cdot c_{u_{1_G}} \\ \psi_{\text{Eu}} &=_{\text{def}} \frac{w_{t_{\text{Eu}}}}{u_2^2/2} = \frac{u_2 \cdot c_{u_{2'_G}} - u_1 \cdot c_{u1G}}{u_2^2/2} \\ \rho_{h_{\text{Eu}}} &=_{\text{def}} \frac{\Delta h_{La_{\text{Eu}}}}{\Delta h_{La_{\text{Eu}}} + \Delta h_{Le_{\text{Eu}}}} = \frac{(h_{2'_G} - h_{1_G})}{(h_{2'_G} - h_{1_G}) + (h_{1'_G} - h_{0_G})} \end{aligned} \tag{3.173}$$

Sie können bei starker Kühlung deutlich von den einfach definierten Kenngrößen abweichen, jedoch beschreiben sie die „Belastung" der Stufe besser.

Bei gekühlten Stufen ist z. B. stets $\rho_{h_{\text{Eu}}} < \rho_h$ und $\psi_{\text{Eu}} > \psi$.

$$\begin{aligned} \psi &=_{\text{def}} \frac{w_{t_{\text{St.}}}}{u_2^2/2} \\ \rho_h &=_{\text{def}} \frac{(h_{2_G} - h_{1_G})}{(h_{2_G} - h_{1_G}) + (h_{1_G} - h_{0_G})} \end{aligned} \tag{3.174}$$

Auch der für das Leit- und Laufrad gleich definierte Verlustbeiwert ζ einer Stufe sollte bei gekühlten Turbinen besser mit den Gasgeschwindigkeiten $c_{1'_G}$ und $w_{2'_G}$ vor der Mischung berechnet werden, weil diese im Vergleich zu den Mischungswerten c_{1_G} und w_{2_G} größeren Geschwindigkeiten die in den Schaufelgittern auftretenden Dissipationsarbeiten besser repräsentieren.

$$\zeta = \frac{-4 w_{t_{\text{Eu}}} \cdot (1/\eta_t - 1)}{c_{0_G}^2 + c_{1'_G}^2 + w_{1_G}^2 + w_{2'_G}^2} \tag{3.175}$$

Der ***Stufenwirkungsgrad*** sollte alle in einer Stufe auftretenden Dissipationsarbeiten und Enthalpieänderungen erfassen.

$$\eta_{T_{\text{St.}}} = \frac{\Delta \dot{H} - \dot{Q}_{\text{St.}}}{\dot{Y}_{\text{St.}}} = \frac{\Delta \dot{H}_{Le} - \dot{Q}_{Le} + \Delta \dot{H}_{La} - \dot{Q}_{La}}{\dot{Y}_{Le} + \dot{Y}_{La}} \tag{3.176}$$

Wird die Systemgrenze um die gesamte Stufe einschließlich der Kühlluft gelegt, so ist die Stufe adiabat.

$$\begin{aligned} \dot{Q}_{\text{St.}} &= \dot{Q}_{Le} + \dot{Q}_{La} = 0 \\ \dot{Q}_{Le} &= 0 \\ \dot{Q}_{La} &= 0 \end{aligned} \tag{3.177}$$

Die Enthalpieänderungen müssen die Kühlluft der Konvektionskühlung und der Filmkühlung erfassen.

$$\begin{aligned}\Delta\dot{H}_{Le} &= \dot{m}_{0_G}\cdot(h_{1'_G}-h_{0_G})+\dot{m}_{0_K}\cdot(h_{1'_L}-h_{0_L})+\dot{m}_{0_F}\cdot(h_{Le_{F_A}}-h_{0_L})\\ \Delta\dot{H}_{La} &= \dot{m}_{1_G}\cdot(h_{2'_G}-h_{1_G})+\dot{m}_{1_K}\cdot(h_{2'_L}-h_{1_L})+\dot{m}_{1_F}\cdot(h_{La_{F_A}}-h_{1_L})\end{aligned}\tag{3.178}$$

Für die Strömungsarbeiten gilt:

$$\begin{aligned}\dot{Y}_{Le} &= \dot{m}_{0G}\cdot j_{Le}+\dot{m}_{0_{KL}}\cdot\Bigg[j_{Le_{KL_E}}+j_{Le_{KL_{E-A}}}+\left(h_{1'L}-h_{Le_{KL_A}}\right)\\ &\quad\cdot\left(1-\frac{1}{\nu_{KL_{A-1'_L}}}\right)\Bigg]+\dot{m}_{0_F}\cdot\Bigg[j_{Le_{KL_E}}+\left(h_{Le_{F_E}}-h_{Le_{KL_E}}\right)\\ &\quad\cdot\left(1-\frac{1}{\nu_{Le_{KL_{E-FE}}}}\right)-\frac{h_{Le_{F_A}}-h_{Le_{F_E}}}{\nu_{Le_{F_{E-F_A}}}}-\frac{c^2_{F_A}-c^2_{F_E}}{2}\Bigg)\Bigg]\\ \dot{Y}_{La} &= \dot{m}_{1G}\cdot j_{La}+\dot{m}_{1_{KL}}\cdot\Bigg[j_{La_{KL_E}}+j_{La_{KL_{E-A}}}+\left(h_{2'L}-h_{La_{KL_A}}\right)\\ &\quad\cdot\left(1-\frac{1}{\nu_{KL_{A-2'_L}}}\right)\Bigg]+\dot{m}_{1_F}\cdot\Bigg[j_{La_{KL_E}}+\left(h_{La_{F_E}}-h_{La_{KL_E}}\right)\\ &\quad\cdot\left(1-\frac{1}{\nu_{La_{KL_{E-FE}}}}\right)-\frac{h_{La_{F_A}}-h_{La_{F_E}}}{\nu_{La_{F_{E-F_A}}}}-\frac{w^2_{F_A}-w^2_{F_E}}{2}\Bigg)\Bigg]\end{aligned}\tag{3.179}$$

3.4.1.4 Radiales Gleichgewicht

Für das ***radiale Gleichgewicht*** gilt, entsprechend den im Kapitel über Verdichter dargestellten Verhältnissen, das folgende, numerisch zu lösende Gleichungssystem, allerdings mit der Erschwernis, dass bei Konvektionskühlung am Ende des Schaufelgitters Kühlluft austritt und mit dem Gas vermischt wird und bei Filmkühlung sogar schon im Schaufelkanal an den Schaufeln ein Kühlluftfilm vorhanden ist.

Die Beziehungen für das radiale Gleichgewicht werden für das Gas in den Ebenen 0G, 1G und 2G aufgestellt (Abb. 3.36).

Ebene 0, Eintritt in das Leitrad:

$$\frac{\partial p_0}{\partial r_0}=\rho_{0_G}\cdot\left[\frac{c^2_{u0_G}}{r_0}-\frac{\partial}{\partial r_0}\left(\frac{c^2_{r0_G}}{2}\right)\right]\quad\left(\text{oft } c_{u0G}=0:\ \frac{\partial p_0}{\partial r_0}\approx 0\right)$$

$$\rho_{0_G}=\rho_{0_G}(T_{0_G},p_0)\quad(T_{0_G}\approx\text{konst}; \rho_{0_G}\approx\text{konst.})$$

$$\tan\gamma_0\approx\frac{r_1-r_{1_{i-1}}}{b_{Le}+b_{Lai-1}}\cdot 0{,}8\quad(\text{beim Eintritt in die erste Stufe: }\gamma_0\approx 0)$$

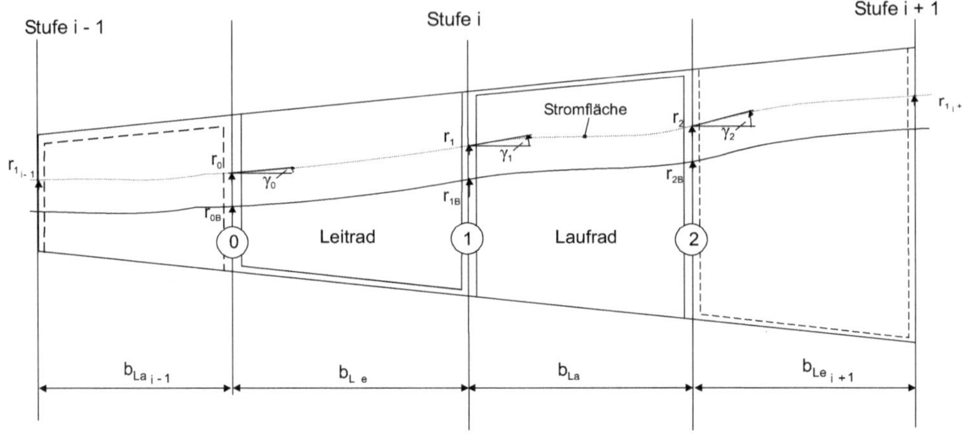

Abb. 3.36 Kontrollebenen bei einer Turbinenstufe

Ebene 1G, Austritt Leitrad:

$$\frac{\partial p_1}{\partial r_1} = \rho_{1_G} \cdot \left[\frac{c_{u_{1_G}}^2}{r_1} - \frac{\partial}{\partial r_1}\left(\frac{c_{r_{1_G}}^2}{2}\right)\right]$$

$$\rho_{1_G} = \rho_{1_G}(T_{1G}, p_1)$$

$$\tan\gamma_1 \approx \frac{r_2 - r_0}{b_{Le} + b_{La}} \cdot 0{,}8$$

Ebene 2, Austritt Laufrad:

$$\frac{\partial p_2}{\partial r_2} = \rho_{2_G} \cdot \left[\frac{c_{u_2}^2}{r_2} - \frac{\partial}{\partial r_2}\left(\frac{c_{r2}^2}{2}\right)\right] \quad \left(\text{oft } c_{u_2} = 0 : \frac{\partial p_2}{\partial r_2} \approx 0\right)$$

$$\rho_{2_G} = \rho_{2_G}(T_{2_G}, p_2)$$

$$\tan\gamma_2 \approx \frac{r_{1_{i+1}} - r_1}{b_{Le_{i+1}} + b_{La}} \cdot 0{,}8$$

Mischungsrechnung nach dem Laufrad:

$$\begin{aligned} w_{2_G} &= \text{Mischung}\left(w_{2'_G}, w_{2'_L}, w_{F_A}\right) \\ h_{t_{2_G}} &= \text{Mischung}\left(h_{t_{2'_G}}, h_{t_{2'_L}}, h_{t_{F_A}}\right) \\ h_{2_G} &= h_{t_{2_G}} - \frac{w_{2_G}^2}{2} \\ T_{2_G} &= T_G(h_{2_G}, p_2) \\ c_{m_{2_G}} &= \sqrt{w_{2_G}^2 - w_{u_{2_G}}^2}. \end{aligned} \tag{3.180}$$

Variation von r_2 ergibt:

$$r_2(r_1) = r_2 \left[\dot{m}_2(r_2) = \int\limits_{r_{2_B}}^{r_2} \rho_2 \cdot c_{a_2} \cdot 2\pi \cdot r_2 \cdot dr \right]. \tag{3.181}$$

Die vollständigen Beziehungen werden im Anhang [39, GTBerErg.pdf] gegeben.

Bei Vorgabe von $w_t(r_0)$ (z. B. w_t = konst.) erhält man die Verteilung der Größen $T_2(r_2)$, $\rho_2(r_2)$ und vor allem auch $c_{a_2}(r_2)$. Diese kann beeinflusst werden durch eine gezielt gewählte $w_t(r_0)$-Verteilung über dem Radius.

Vor allem auch die Verteilung des Reaktionsgrades ρ_h über dem Radius ist wichtig.

$$\rho_h(r_0) = \frac{\Delta h_{La}}{\Delta h_{Le} + \Delta h_{La}} \tag{3.182}$$

3.4.2 Gesamtturbine

Die Gasturbine besteht in den meisten Fällen aus mehreren aufeinanderfolgenden Stufen. Die Anzahl z_T der Stufen wird aus Aufwandsgründen für den Bau und für die Menge der Kühlluft möglichst klein gehalten.

Wichtigste Einflussgröße auf die Stufenzahl ist die spezifische Arbeit $w_{t_{\text{St.}}}$ der einzelnen Stufen.

Die Stufenarbeit ist in etwa gleich der Euler-Arbeit $w_{t\text{Eu}}$.

$$w_{t_{\text{St.}}} \approx w_{t_{\text{Eu}}} = u_2 \cdot c_{u_2} - u_1 \cdot c_{u_1} \tag{3.183}$$

Es wird zunächst nur die erste Stufe der Turbine betrachtet.

Die Umfangskomponente c_{u_1} der Geschwindigkeit nach dem Leitrad ist über den Winkel α_1 bzw. $\overline{\alpha}_1$ von der Meridiangeschwindigkeit c_{m_1} abhängig (Abb. 3.37).

$$c_{u_1} = c_{m_1} \cdot \tan \overline{\alpha}_1 \tag{3.184}$$

Die Umfangsgeschwindigkeit u_1 erhält man aus dem Radius r_1 und der Winkelgeschwindigkeit ω.

$$\begin{aligned} \omega &= 2\pi \cdot n \\ u_1 &= \omega \cdot r_1 \end{aligned} \tag{3.185}$$

Damit ist

$$u_1 \cdot c_{u_1} = c_{m_1} \cdot r_1 \cdot \omega \cdot \tan \overline{\alpha}_1. \tag{3.186}$$

$u_1 \cdot c_{u_1} = (u \cdot c_u)_1$ ist über dem Radius nahezu konstant, daher der Hyperbelverlauf für c_{u_1}, ebenso c_{m_1} (Abb. 3.38).

$$\begin{aligned} (u \cdot c_u)_1 &\approx \text{konst.} \neq (u \cdot c_u)_1(r_1) \\ c_{m_1} &\approx \text{konst.} \neq c_{m_1}(r_1) \end{aligned} \tag{3.187}$$

An der Nabe bei r_{1_N} müsste $\tan \overline{\alpha}_{1_N}$ am größten sein, entsprechend α_{1_N} am kleinsten.

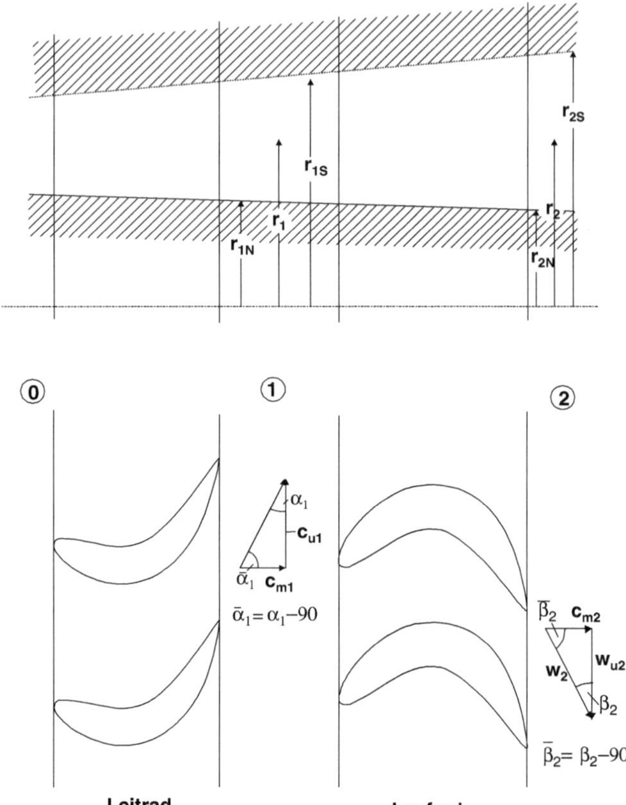

Abb. 3.37 Meridianschnitt und abgewickelter Zylinderschnitt von einer Turbinenstufe

Ein gewisser Strömungswinkel α_{1_N} kann nicht unterschritten werden, daher gilt die Begrenzung:

$$\alpha_{1_N} \geq \alpha_{1_{N\min}}$$
$$\text{bzw.} \quad \overline{\alpha}_{1_N} = 90^\circ - \alpha_{1_N} \leq \overline{\alpha}_{1_{N\max}}. \tag{3.188}$$

Bei Bezug auf den Außenradius r_{1_S} mit dem Nabenverhältnis $\nu_{N_1} = \frac{r_{1_N}}{r_{1_S}}$ erhält man für den Maximalwert $(u \cdot c_u)_{1_{\max}}$:

$$(u \cdot c_u)_{1_{\max}} = \omega \cdot \tan \overline{\alpha}_{1_{N\max}} \cdot \nu_{N_1} \cdot r_{1_S} \cdot c_{m_1}. \tag{3.189}$$

Werden vereinfacht die Axialkomponente c_{a_1} der Geschwindigkeit gleich der Meridiangeschwindigkeit und das spezifische Volumen v_1 konstant gesetzt

$$c_{a1} \approx c_{m1}$$
$$v_1 \approx \text{konst.} \neq v_1(r_1) \tag{3.190}$$

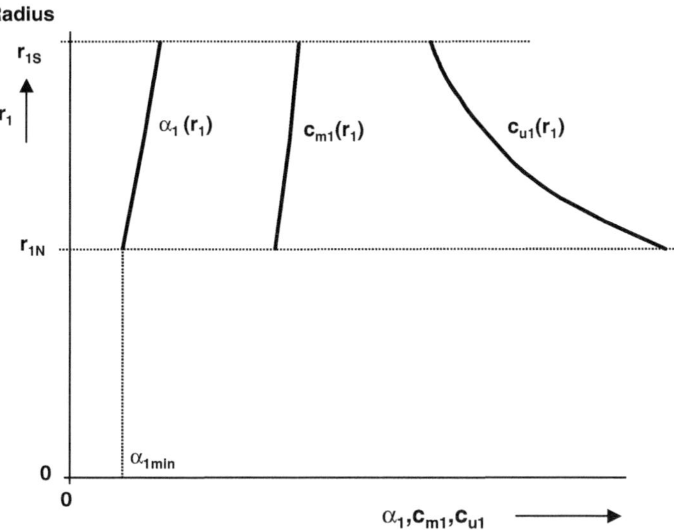

Abb. 3.38 Geschwindigkeiten und Winkel nach einem Turbinenleitrad in Abhängigkeit vom Radius

so kann die Meridiangeschwindigkeit aus dem Massenstrom $\dot{m}_1$ berechnet werden.

$$c_{m_1} \approx \frac{\dot{m}_1 \cdot v_1}{\pi \cdot \left(r_{1_S}^2 - r_{1_N}^2\right)} = \frac{\dot{m}_1 \cdot v_1}{\pi \cdot r_{1_S}^2 \cdot \left(1 - \nu_{n_1}^2\right)} \tag{3.191}$$

Damit ist

$$(u \cdot c_u)_{1_{\max}} \approx \frac{\dot{m}_1 \cdot v_1 \cdot \omega \cdot \tan \overline{\alpha}_{1_{N\max}}}{\pi} \cdot \frac{\nu_{N_1}}{1 - \nu_{N_1}} \cdot \frac{1}{r_{1_S}}. \tag{3.192}$$

Ähnliche Verhältnisse liegen vor in der Ebene 2 nach dem Laufrad, allerdings ist hier der relative Strömungswinkel $\beta_{2_{S_{\min}}}$ bzw. $\overline{\beta}_{2_{S_{\max}}}$ am Außenradius r_{2_S} die Begrenzung.

$$\begin{aligned}
\beta_{2_S} &\geq \beta_{2_{S_{\min}}} \\
\text{bzw. } \overline{\beta}_{2_S} &= \beta_{2_S} - 90^\circ \;\geq\; \overline{\beta}_{2_{S_{\min}}} \\
w_{u_{2_{S_{\min}}}} &= c_{m_2} \cdot \tan \overline{\beta}_{2_{S_{\min}}} \\
c_{u_{2_{S_{\min}}}} &= u_{2_S} + w_{u_{2_{S_{\min}}}} \\
u_{2_S} &= \omega \cdot r_{2_S} \\
(u \cdot c_u)_{2_{\min}} &= \omega \cdot r_{2_S} \cdot \left(\omega \cdot r_{2_S} + c_{m_2} \cdot \tan \overline{\beta}_{2_{S_{\min}}}\right)
\end{aligned}$$

$$c_{m_2} \approx \frac{\dot{m}_2 \cdot v_2}{\pi \cdot r_{2_S}^2 \cdot \left(1 - \nu_{N_2}^2\right)}$$

$$(u \cdot c_u)_{2_{\min}} = \omega \cdot r_{2_S} \cdot \left[\omega \cdot r_{2_S} - \frac{\dot{m}_2 \cdot v_2 \cdot \tan \overline{\beta}_{2_{S_{\max}}}}{\pi \cdot r_{2_S}^2 \cdot \left(1 - \nu_{N_2}^2\right)}\right] \tag{3.193}$$

Der relative Austrittswinkel $\overline{\beta}_{2_S}$ und damit auch die Geschwindigkeit $w_{u_{2_{S_{\min}}}}$ sind negativ. Meist sind auch die Absolutkomponente $c_{u_{2_{S_{\min}}}}$ und der Drall $(u \cdot c_u)_{2_{\min}}$ negativ.

Einen negativen Drall am Austritt einer Turbinenstufe bezeichnet man als ***Gegendrall***.

Die „maximale" Arbeit $w_{t_{1.St.\max}}$ der ersten Stufe ist damit:

$$\begin{aligned} w_{t_{1.St.\max}} &\approx \omega \cdot r_{2_S} \cdot \left[\omega \cdot r_{2_S} + \frac{\dot{m}_2 \cdot v_2 \cdot \tan \overline{\beta}_{2_{S_{\min}}}}{\pi \cdot r_{2_S}^2 \cdot \left(1 - \nu_{N_2}^2\right)}\right] \\ &\quad - \frac{\dot{m}_1 \cdot v_1 \cdot \omega \cdot \tan \overline{\alpha}_{1_{N\max}}}{\pi} \cdot \frac{\nu_{N_1}}{1 - \nu_{N_1}} \cdot \frac{1}{r_{1_S}}. \end{aligned} \tag{3.194}$$

(w_t ist negativ, daher müsste es eigentlich die „minimale" Arbeit heißen.)

$w_{t_{1.St.\max}}$ ist eine Funktion der Außenradien und der Nabenverhältnisse.

$$w_{t_{1.St.\max}} = w_{t_{1.St.}}(r_{1_S}, \nu_{N_1}, r_{2_S}, \nu_{N_2}) \tag{3.195}$$

Bei der ersten Stufe mit relativ kleinen Radienänderungen kann vereinfacht gesetzt werden:

$$\nu_{N_1} \approx \nu_{N_2} \quad \text{und } r_{1_S} \approx r_{2_S}. \tag{3.196}$$

Damit hängt die Schaufelarbeit nur noch von zwei Größen ab.

$$w_{t_{1.St.\max}} = w_{t_{1.St.}}(r_{2_S}, \nu_{N_2}) \tag{3.197}$$

Das Nabenverhältnis wird man nach oben hin begrenzen, damit die Schaufelhöhen im Vergleich zum Radius nicht zu klein werden.

$$\nu_{N_2} \leq \nu_{N_{2\max}} \tag{3.198}$$

Der Radius ist nach unten hin begrenzt durch die maximalen Machzahlen $Ma_{w_{2_S}}$ bzw. $Ma_{c_{1_N}}$, um die Strömungsverluste klein zu halten.

$$r_{2_S} \geq r_{2_{S_{\min}}} \tag{3.199}$$

Die folgenden Stufen könnten grundsätzlich ebenso optimiert werden, jedoch richten sie sich auch nach einem „kontinuierlichen" Übergang zu der letzten Stufe, für die etwas andere Überlegungen gelten.

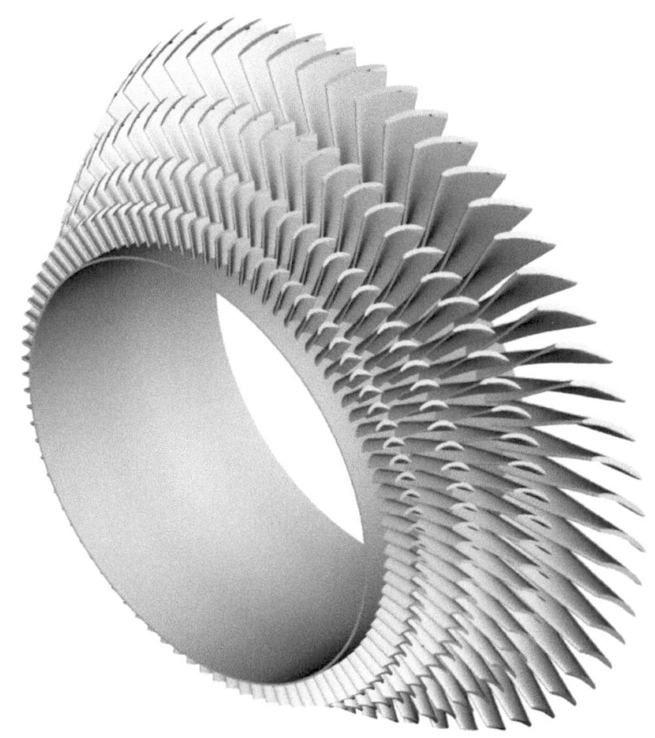

Abb. 3.39 Beschaufelung des Rotors einer vierstufigen Turbine

Mit Hilfe des Gegendralls ist es möglich, absolut hohe Werte der spezifischen Stufenarbeiten $w_{t_{St.}}$ bzw. der Schaufelarbeitskenngrößen $\psi_{St.}$ zu verwirklichen, bei Reaktionsgraden ρ_h größer als 0,5.

Außerdem kann bei den ersten Stufen der Turbine der Gegendrall so gewählt werden, dass die Austrittsgeschwindigkeiten $c_{1'_G}$ und $w_{2'_G}$ aus den Schaufelgittern einer Stufe in etwa gleich groß sind und damit die Gesamtdissipationsarbeit möglichst klein wird.

Ein schönes Bild einer berechneten Turbinenbeschaufelung zeigt Abb. 3.39.

Während bei den übrigen Stufen die Größe der absoluten Abströmgeschwindigkeit c_2 fast keine Rolle gespielt hat, bedeutet die abströmende kinetische Energie $\frac{c_2^2}{2}$ einen Verlust an technischer Arbeit (Abb. 3.40), der durch den Diffusor zum Teil wieder nutzbar gemacht wird.

Beim Diffusor kann man noch unterscheiden zwischen der Rückgewinnung der axialen kinetischen Energie $\frac{c_{m2}^2}{2}$ mit dem Umwandlungswirkungsgrad η_{c_m} und der Rückgewinnung der Energie $\frac{c_{u2}^2}{2}$ der Umfangskomponente der Absolutgeschwindigkeit mit einem im Allgemeinen sehr kleinen Wirkungsgrad η_{c_u}.

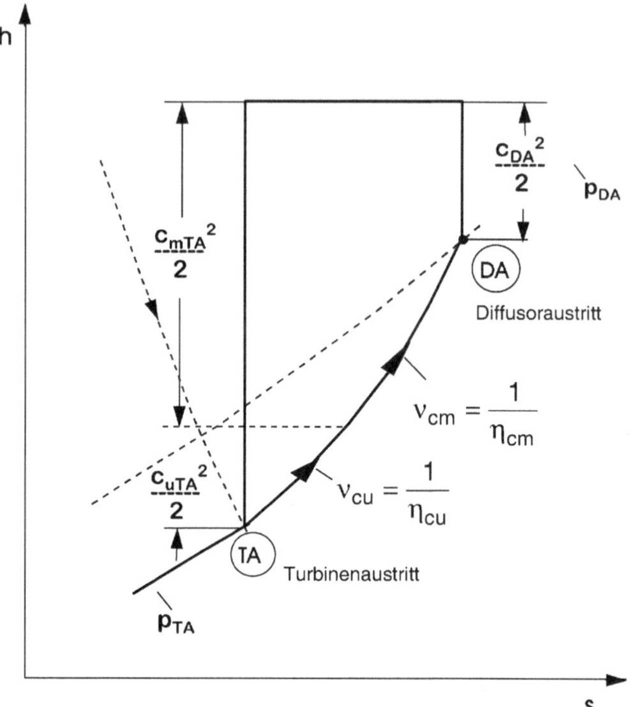

Abb. 3.40 h,s-Diagramm für die Zustandsänderung am Turbinenaustritt

Der Einfachheit halber wird nur die kinetische Energie am mittleren Austrittsradius $r_{2_M} = \frac{1+\nu_{N_2}}{2} \cdot r_{2_S}$ berücksichtigt.

$$\eta_{c_m} = \frac{y_{c_m}}{y_{c_m} + j_{c_m}} = \frac{\Delta h_{c_m} - j_{c_m}}{\Delta h_{c_m}} = \frac{\frac{c_{mT_A}^2}{2} - \frac{c_{D_A}^2}{2} - \zeta_{c_m} \cdot \left(\frac{c_{mT_A}^2}{2} - \frac{c_{D_A}^2}{2}\right)}{\frac{c_{mT_A}^2}{2} - \frac{c_{D_A}^2}{2}}$$

$$\eta_{c_m} = 1 - \zeta_{c_m}$$

$$0 < \eta_{c_m} < 1 \quad \text{bzw.} \quad 1 > \zeta_{c_m} > 0$$

$$\eta_{c_u} = \frac{y_{c_u}}{y_{c_u} + j_{c_u}} = \frac{\frac{c_{uT_A}^2}{2} - \zeta_{cu} \cdot \frac{c_{uT_A}^2}{2}}{\frac{c_{uT_A}^2}{2}} = 1 - \zeta_{c_u}$$

$$0 \leq \eta_{c_u} < 1 \quad \text{bzw.} \quad 1 \geq \zeta_{c_u} > 0 \tag{3.200}$$

Bei der letzten Stufe kann der Radius r_{2_S} nicht mehr frei gewählt werden, sondern ist aus Festigkeitsgründen auf einen Maximalwert, entsprechend der maximalen Umfangsgeschwindigkeit $u_{2_{S\max}}$ ($\approx 500\,\mathrm{m/s}$) begrenzt.

$$r_{2_S} \leq r_{2_{S\max}} = \frac{u_{2_{S\max}}}{\omega} \tag{3.201}$$

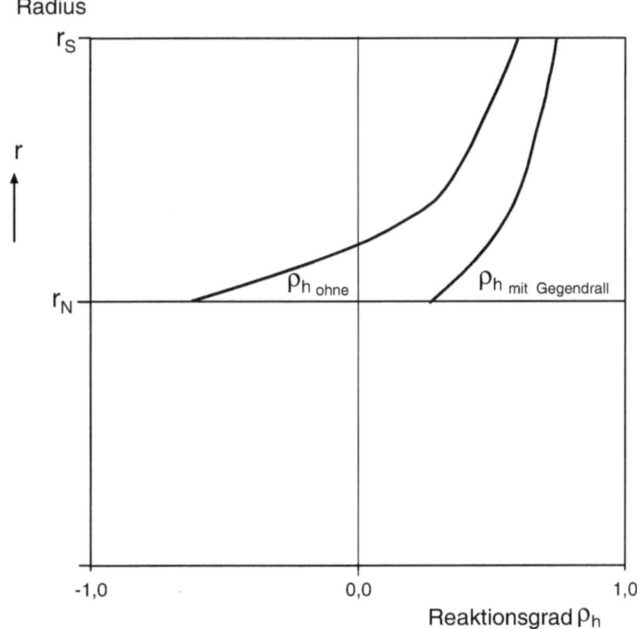

Abb. 3.41 Reaktionsgrad der letzten Stufe einer Turbine in Abhängigkeit vom Radius ohne und mit Gegendrall

Auch die relative Austrittmachzahl Ma_{w_2} kann einen Maximalwert ($\approx$ 1,2) nicht überschreiten.

$$Ma_{w_2} \leq Ma_{w_{2\max}} \tag{3.202}$$

Damit hängt die spezifische Arbeit der letzten Stufe im Wesentlichen nur noch vom Nabenverhältnis ν_{N_2} am Austritt ab.

$$w_{t-\text{letzte St.}\max} \approx w_{t-\text{letzte St.}}(\nu_{N_2}) \tag{3.203}$$

Obwohl ein Gegendrall nach der letzten Stufe energetisch ungünstig erscheint, wird er oft angewandt, weil ein großer Reaktiongrad in Schaufelmitte die Gefahr eines negativen Reaktionsgrades mit ungünstigen Strömungsverhältnissen im Laufrad vermindert bzw. aufhebt (Abb. 3.41).

Durch das Ausströmen der Kühlluft an den Schaufelhinterkanten kann ein Teil der im Verdichter geleisteten Verdichtungsarbeit durch den Ausströmimpuls der Kühlluft zurückgewonnen werden. Man könnte meinen, durch Erhöhung des Druckniveaus der Kühlluft (möglich bis auf das erste Leitrad) die Austrittsgeschwindigkeit zu erhöhen.

Hier zeigt sich allerdings eine Beschränkung in Form der Austrittsmachzahl. Normale Ausströmspalte an der Hinterkante eine Schaufel wirken wie Mündungen, dort ist die maximale Machzahl gleich 1.

Nur bei besonderer Formgebung der Ausströmöffnungen mit einem Erweiterungsteil (Abb. 3.42) können Auströmgeschwindigkeiten größer als die Schallgeschwindigkeit erreicht werden ($Ma_{c_{1'L}} \approx Ma_{w_{2'L}} \approx 1{,}15$).

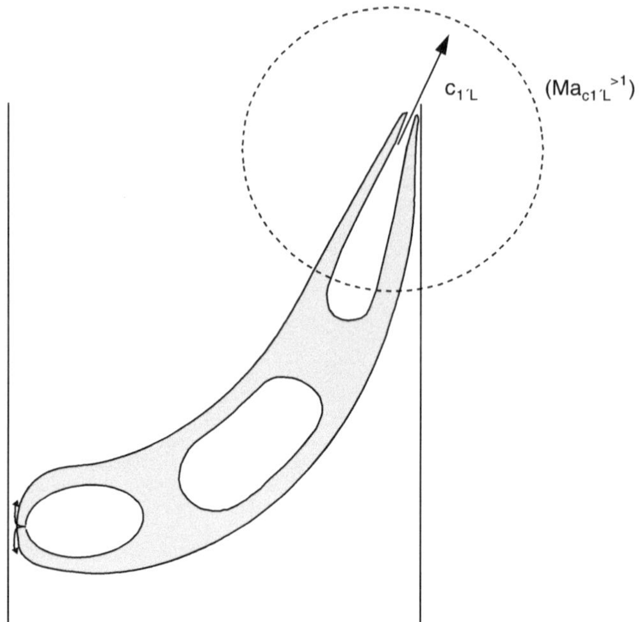

Abb. 3.42 Ausströmöffnung bei überkritschem Druckverhältnis bei der Konvektionskühlung

Die Durchflusskenngrößen φ_i für die einzelnen Stufen sind nicht konstant, sondern steigen leicht in Strömungsrichtung an. Der Grund liegt darin, dass die Durchströmgeschwindigkeiten c_{m_i} stärker ansteigen, um den notwendigen Strömungsquerschnitt und damit die Schaufellängen zu begrenzen, als die Umfangsgeschwindigkeiten u_i. Die optimalen Werte für die mittleren Durchflusskenngröße ergeben sich im Wesentlichen aus den Strömungswinkeln.

3.4.2.1 Bestimmung der Drehzahl

Bei einer „vollständigen“ Neuauslegung einer Gasturbinen-Anlage ist auch die Drehzahl n nicht bekannt.

Bei einem Vergleich mit einer ähnlichen Anlage unterschiedlicher Leistung aber gleichen Temperaturen, Drücken und Geschwindigkeiten gilt näherungsweise:

$$\frac{n}{n_{\text{Bezug}}} \approx \sqrt{\frac{P_{\text{Bezug}}}{P}}. \tag{3.204}$$

Die Herleitung ist:

$u = \pi \cdot n \cdot d$ mittlere Umfangsgeschwindigkeit

$\nu_N = \dfrac{d - l}{d + l}$ Nabenverhältnis

$\dot{V} = c_m \cdot \pi \cdot d \cdot l = \varphi \cdot u \cdot \pi \cdot d \cdot l$ Volumenstrom

$$n = u \cdot \sqrt{\frac{\varphi \cdot u}{\pi} \cdot \frac{1 - \nu_N}{1 + \nu_N} \cdot \frac{1}{\sqrt{\dot{V}}}} \tag{3.205}$$

$$\dot{V} \sim P. \tag{3.206}$$

Eine allgemeinere, wenn auch relativ grobe Bestimmung ist über die Stufenkenngrößen der Turbine spezifische Drehzahl σ_{y_M} und spezifischer Durchmesser δ_{y_M} und deren optimale Zuordnung nach dem ***Cordier-Diagramm*** [23] möglich.

Die Turbine bestimmt wegen des größeren Volumenstroms im Vergleich zum Verdichter die Drehzahl.

Die Auswertung von mehrstufigen Turbomaschinen, auch gekühlten Gasturbinen, zeigt, dass zumindest die mittleren Stufen nahe der Optimallinie (Abb. 3.43) ausgelegt sind, währen die übrigen Stufen umso weiter abweichen, je weiter sie von der „Turbinenmitte“ entfernt sind. Dies ist auch logisch, da alle Stufen die gleiche Drehzahl besitzen und bei Auslegung nach der mittleren Stufe die Abweichungen der ersten und der letzten Stufen von den Optimalwerten dann am geringsten sind.

Die spezifische Drehzahl σ_{y_M} und der spezifische Durchmesser δ_{y_M} für eine Stufe und eine Flut können mit der Drehzahl n, dem maximalen Laufraddurchmesser D – bei Axialturbinen der Außendurchmesser $D = d_{S_{La}}$ der Stufe –, dem Volumenstrom $\dot{V}$ am Eintritt in die Stufe und der spezifischen Strömungsarbeit y_t berechnet werden.

$$\sigma_{y_M} = 2{,}108 n \cdot \frac{\sqrt{\dot{V}}}{|y_t|^{\frac{3}{4}}} \tag{3.207}$$

$$\delta_{y_M} = 1{,}054 D \cdot \frac{|y_t|^{\frac{1}{4}}}{\sqrt{\dot{V}}} \tag{3.208}$$

Die Größen n, D, $\dot{V}$ und y_t müssen in Grundeinheiten eingesetzt werden, d. h. s^{-1}, m, $\frac{\mathrm{m}^3}{\mathrm{s}}$ und $\frac{\mathrm{J}}{\mathrm{kg}}$!

Nach dem Cordier-Diagramm besteht zwischen Drehzahl und Durchmesser eine optimale Zuordnung

$$\delta_{y_M} = \frac{A}{\sigma_{y_M}} + B \quad \text{bzw.}\ \sigma_{y_M} = \frac{A}{\delta_{y_M} - B} \tag{3.209}$$

mit den Konstanten

$$A \approx 0{,}446 \quad (A = 0{,}4464555)$$
$$B \approx 0{,}864 \quad (B = 0{,}8636826)$$

für Turbinen.

Die Konstanten A und B wurden durch Regression der ursprünglichen Zahlenwerte des Cordier-Diagrammes ermittelt und sollten fur genaue Rechnungen vielstellig eingesetzt werden.

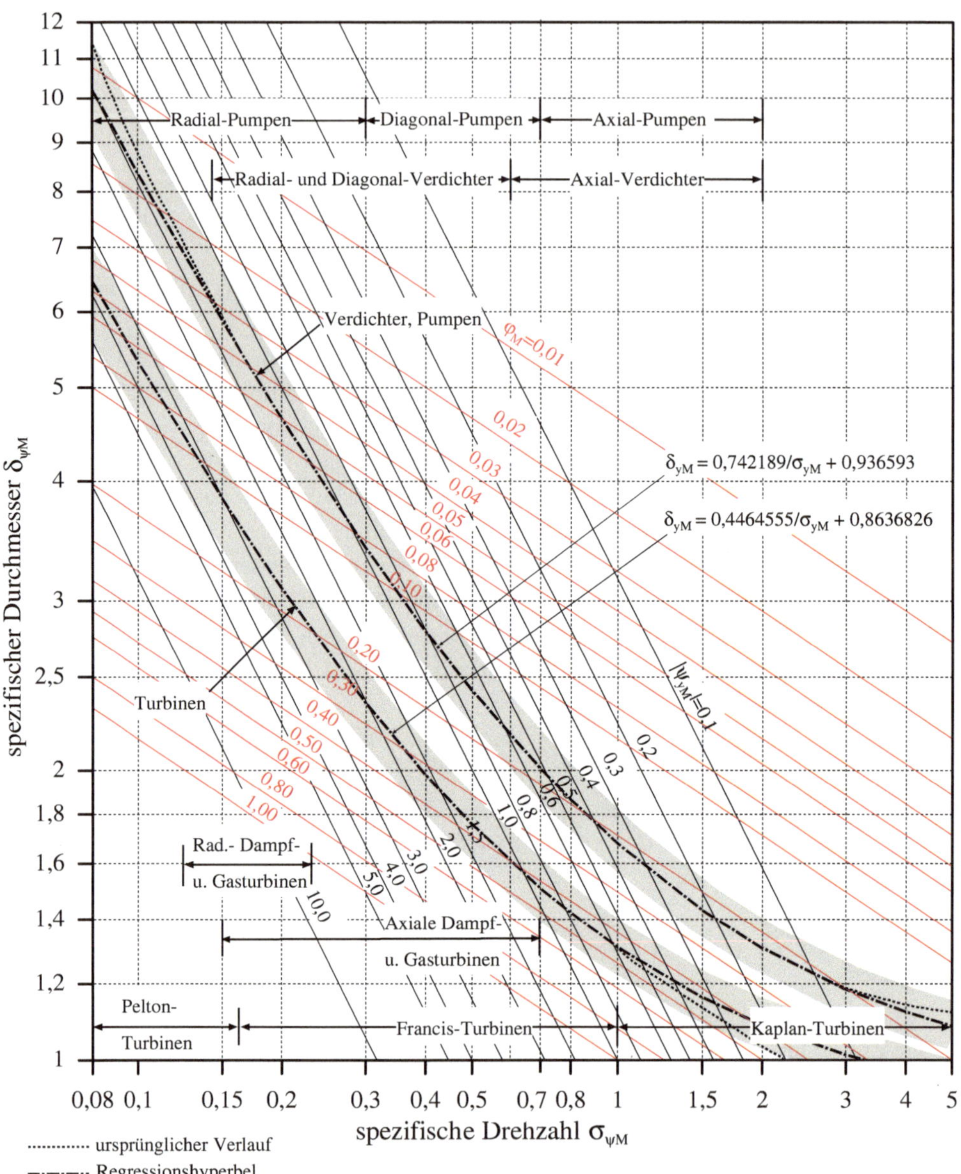

Abb. 3.43 Cordier-Diagramm für einstufige und einflutige Turbomaschinen

Grenzwerte bei der Auslegung einer Stufe sind zum Einen die spezifische Drehzahl, die innerhalb der Grenzwerte des Cordier-Diagramms liegen muss

$$\sigma_{yM_{\min}} \leq \sigma_{yM} \leq \sigma_{yM_{\max}},$$

zum Anderen die maximale Umfangsgeschwindigkeit $u_{\max}$ des Laufrades.

$$u_{\max} = \pi \cdot n \cdot D \tag{3.210}$$

Durch Einsetzen und Umformen erhält man für die Drehzahl:

$$\delta_{y_M} = 1{,}054D \cdot \frac{|y_t|^{\frac{1}{4}}}{\sqrt{\dot{V}}} = \frac{A}{\sigma_{y_M}} + B = \frac{A \cdot y_t^{\frac{3}{4}}}{2{,}108n \cdot \sqrt{\dot{V}}} + B$$

$$D = \frac{\sqrt{\dot{V}}}{1{,}054|y_t|^{\frac{1}{4}}} \cdot \left(\frac{A \cdot y_t^{\frac{3}{4}}}{2{,}108n \cdot \sqrt{\dot{V}}} + B \right)$$

$$D = \frac{u_{\max}}{\pi \cdot n} \tag{3.211}$$

$$n = \frac{|y_t|^{\frac{1}{4}}}{B \cdot \sqrt{\dot{V}}} \cdot \left(\frac{1{,}054u_{\max}}{\pi} - \frac{A \cdot \sqrt{|y_t|}}{2{,}108} \right). \tag{3.212}$$

Es sind also lediglich die spezifische Strömungsarbeit y_t, der Volumenstrom $\dot{V}$ am Eintritt in die Stufe und die maximale Umfangsgeschwindigkeit $u_{\max}$ des Laufrades der Stufe zu kennen.

Es ist allerdings festzuhalten, dass mit $u_{\max}$ nicht die absolut maximale Umfangsgeschwindigkeit der Turbine (meist in der letzten Stufe) gemeint ist, da ja alle Stufen für das Cordier-Diagramm getrennt betrachtet werden.

Die spezifische Strömungsarbeit der Stufe erhält man am einfachsten aus der spezifischen Euler-Arbeit $w_{t_{\text{Eul}}}$ und dem totalen Wirkungsgrad η_{t_T} der Stufe.

$$y_t = \frac{w_{t_{\text{Eul}}}}{\eta_{t_T}} \tag{3.213}$$

Bei gerader Anzahl der Turbinenstfen (z. B. $z_T = 4$) wählt man entweder die Werte der nächstliegenden Stufe (bei $z_T = 4$ z. B. die 2. Stufe) oder berechnet durch Interpolation die Werte y_t, $\dot{V}$ und $u_{\max}$ für eine fiktive Stufe in der Turbinen-„Mitte" (bei $z_T = 4$ Zwischenwerte zwischen der 2. und der 3. Stufe).

3.4.3 ISO-Werte der Turbine

Da die Berechnung der Zustandsänderung in der gekühlten Turbine sehr aufwändig ist und sich Turbinen mit unterschiedlicher Kühlintensität nur schwer vergleichen lassen, wurden die ISO-Zustände am Turbineneintritt definiert.

Es wird eine ungekühlte (adiabate) Turbine (Index *ISO*) zu Grunde gelegt, die den gleichen Austrittszustand hat wie die gekühlte Turbine, die gleiche Leistung und die von einem in der Turbine konstanten Gesamtmassenstrom gleich dem Austrittsmassenstrom der gekühlten Turbine durchströmt wird. Der Totaldruck am Turbineneintritt soll gleich sein, ebenso die Geschwindigkeit, nicht aber die Totalenthalpie und die vor allem interessierende Totaltemperatur $T_{tTE-ISO}$. Die Gaszusammensetzung in der Turbine soll selbstverständlich der Zusammensetzung der gekühlten Turbine am Austritt entsprechen.

$$\begin{aligned}
(p, T, c, p_t, T_t)_{T_A-ISO} &= (p, T, c, p_t, T_t)_{T_A} \\
\psi_{T_i-ISO} &= \psi_{T_{A_i}} \\
h_{tT_A-ISO} &= h_{tT_A} \\
\dot{m}_{T-ISO} &= \dot{m}_{T_A} \\
P_{T-ISO} &= P_T \\
p_{tT_E-ISO} &= p_{tT_E} \\
c_{T_E-ISO} &= c_{T_E}
\end{aligned} \tag{3.214}$$

Über die spezifische technische Turbinenarbeit lassen sich die Eintrittsenthalpie und die Eintrittstemperatur bestimmen.

$$\begin{aligned}
w_{tT-ISO} &= \frac{P_{T-ISO}}{\dot{m}_{T-ISO}} \\
h_{tT_E-ISO} &= h_{tT_A-ISO} - w_{tT-ISO} \\
T_{tT_E-ISO} &= T_G\left(h_{tT_E-ISO}, p_{tT_E-ISO}\right) \quad \text{(Fluid Verbrennungsgas mit } \psi_{Ti-ISO}) \\
h_{T_E-ISO} &= h_{tT\,E_ISO} - \frac{c_{T_E-ISO}}{2} \\
T_{T_E-ISO} &= T_G\left(h_{T_E-ISO}, p_{T_E-ISO}\right) \quad \left(\text{vereinfacht } T_{T_E-ISO} \approx \frac{h_{T_E-ISO}}{c_p} + T_S\right) \\
p_{T_E-ISO} &= \text{Isentrope}(T_{tT_E-ISO}, T_{T_E-ISO} \left(p_{T_E-ISO} \approx p_{tT_E-ISO} \cdot \left(\frac{T_{T_E-ISO}}{T_{tT_E-ISO}}\right)^{\frac{\kappa}{\kappa-1}}\right)
\end{aligned} \tag{3.215}$$

Es kann auch der ISO-Wirkungsgrad η_{T-ISO} der Turbine bestimmt werden, der in jedem Fall schlechter als der Strömungswirkungsgrad η_{tT} der gekühlten Turbine ist (Abb. 3.44).

$$\eta_{T-ISO} = \nu_{T-ISO} \tag{3.216}$$

$$\text{stark vereinfacht } \nu_{T-ISO} \approx \frac{\frac{\kappa}{\kappa-1}}{\frac{n}{n-1}} \quad \text{mit } \frac{n}{n-1} = \frac{\ln\left(\frac{p_{T_E-ISO}}{p_{T_A}}\right)}{\ln\left(\frac{T_{T_E-ISO}}{T_{T_A}}\right)}$$

Das Polytropenverhältnis ν_{T-ISO} berechnet man aus einer polytropen Zustandsänderung mit den Ein- und Austrittszuständen der ISO-Turbine (p_{T_E-ISO}, T_{T_E-ISO} und p_{T_A-ISO}, T_{T_A-ISO}).

Das Fluid ist das Verbrennungsgas mit der Zusammensetzung der ISO-Turbine (ψ_{T_i-ISO}).

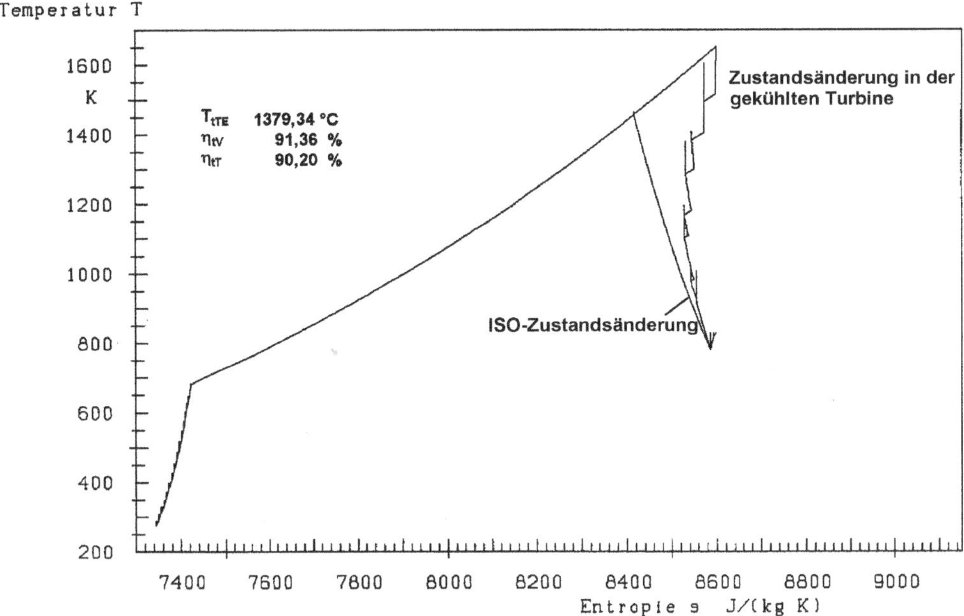

Abb. 3.44 T, s-Diagramm mit ISO-Zustandsänderung in der Turbine

Würde der gesamte Luftmassenstrom $\dot{m}_{T-ISO}$ durch die Brennkammer strömen, dann müsste entweder mehr Brennstoff zugeführt werden, um die ISO-Eintrittstemperatur $T_{t_{T_E}-ISO}$ zu erreichen, oder aber die Brennkammereintrittsenthalpie $h_{t_{BK_E}-\text{korr}}$ wird korrigiert bei gleichem Brennstoffmassenstrom.

$$h_{t_{BK_E}-\text{korr}} = \frac{\dot{m}_{T-ISO} \cdot h_{t_{T_E}-ISO} - \dot{m}_B \cdot (H_{u_B} \cdot \eta_c + h_{t_B})}{\dot{m}_{T-ISO} - \dot{m}_B}$$

$$T_{t_{BK_E}-\text{korr}} = T_L\left(p_{BK_E}, h_{t_{BK_E}-\text{korr}}\right) \quad \text{(Fluid Luft)} \tag{3.217}$$

Auch der Verdichter selbst mit den Kühlluftentnahmen müsste verändert berechnet werden.

Bei gleichem Austrittszustand und gleicher Leistung bietet sich hier ein äquivalenter Verdichtermassenstrom $\dot{m}_{V-\text{equiv}}$ an.

$$\dot{m}_{V-\text{equiv}} = \frac{P_V}{h_{t_{V_A}} - h_{t_{V_E}}} \tag{3.218}$$

Die letzten beiden „Korrekturen“ zeigen, dass eine Gasturbine mit Kühlung eigentlich nicht korrekt als „ungekühlte“ ISO-Gasturbinenanlage berechnet werden kann!

Brennkammer 4

Die *Brennkammer* hat die Aufgabe, durch Verbrennen eines Brennstoffes (Gas oder Öl) mit der verdichteten Luft die Temperatur des resultierenden Verbrennungsgases so zu steigern, dass bei der nachfolgenden Entspannung in der Turbine eine – im Vergleich zur Verdichterleistung – möglichst hohe Turbinenleistung erzielt wird (Abb. 4.1).

Die direkten Wärmeverluste der Brennkammer sind relativ gering und können (bis auf die Kühlung des Brennkammeraustritts) praktisch vernachlässigt werden.

Die Verluste durch unvollständige Verbrennung sind ebenfalls sehr klein, besonders bei gasförmigen Brennstoffen, und können durch den chemischen Verbrennungswirkungsgrad η_c, bezogen auf den Heizwert H_{u_B}, berücksichtigt werden.

Sind die Verbrennungstemperaturen sehr hoch, so stellen die chemischen Reaktionen auf Grund von Dissoziation einen Verlust dar, der jedoch auch theoretisch nicht verhindert werden kann.

Strömungsverluste auf Grund von Dissipationsarbeit beim Ein-, Durch- und Ausströmen aus der Brennkammer stellen ebenfalls Verluste dar, die die resultierende Turbinenleistung verringern.

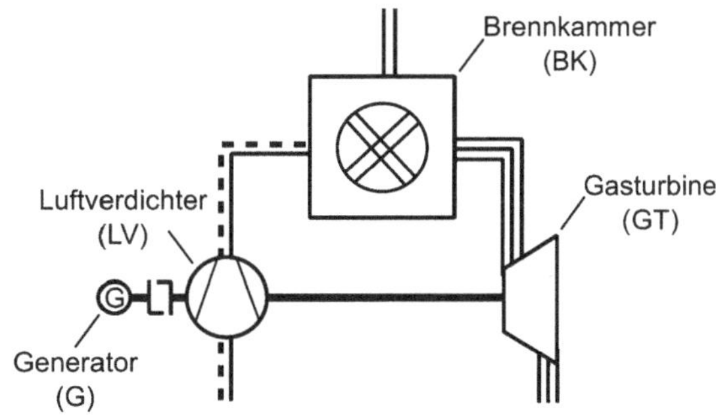

Abb. 4.1 Brennkammer einer Gasturbinenanlage

W. Bitterlich, U. Lohmann, *Gasturbinenanlagen*, https://doi.org/10.1007/978-3-658-15067-9_4

Schließlich sorgen die Geschwindigkeiten der Luft bzw. der Gase während der Verbrennung in der Brennkammer für einen theoretisch reversiblen *Totaldruckverlust*, der sich ebenfalls mindernd auf die Leistung auswirkt.

4.1 Verbrennungsraum

Die Massen- und Energiebilanz direkt am Verbrennungsraum der Brennkammer (Abb. 4.2) ergeben:

$$\dot{m}_L + \dot{m}_B = \dot{m}_G \tag{4.1}$$

$$\dot{m}_L \cdot h_{t_{L_E}} + \dot{m}_B \cdot (h_{t_{B_E}} + H_{u_B} \cdot \eta_c) = \dot{m}_G \cdot h_{t_{G_A}} \tag{4.2}$$

Mit dem *Brennstoff/Luft-Verhältnis* β bzw. dem *spezifischen Luftbedarf* l erhält man:

$$\beta =_{\text{def}} \frac{\dot{m}_B}{\dot{m}_L}$$

$$l =_{\text{def}} \frac{\dot{m}_L}{\dot{m}_B} = \frac{1}{\beta}$$

$$\dot{m}_G = (1+\beta) \cdot \dot{m}_L = (1+l) \cdot \dot{m}_B \tag{4.3}$$

$$h_{t_{L_E}} + \beta \cdot (h_{t_{B_E}} + H_{u_B} \cdot \eta_c) = (1+\beta) \cdot h_{t_{G_A}} \tag{4.4}$$

Obwohl die Brennstoffenthalpie h_{tBE} gegenüber der chemischen Energie stets sehr klein ist, muss der energetische Aufwand bei der beabsichtigten Erhöhung des Druckes (Einspritzdüse) oder der Temperatur (Brennstoffvorwärmung) berücksichtigt werden.

$$h_{t_{B_E}} = h_{B_E} + \frac{c_{B_E}^2}{2} \tag{4.5}$$

$$h_{B_E} = c_{p_B} \cdot (T_{B_E} - T_S) \quad \text{(bei Gasen)} \tag{4.6}$$

$$h_{B_E} = c_B \cdot (T_{B_E} - T_S) + \frac{p_{B_E} - p_S}{\rho_B} \quad \text{(bei Flüssigkeiten)} \tag{4.7}$$

Meistens ist die Totaltemperatur $T_{t_{G_A}}$ und damit näherungsweise $h_{t_{G_A}}$ vorgegeben, so dass nach β bzw. l aufgelöst werden muss.

$$\beta = \frac{h_{t_{G_A}} - h_{t_{L_E}}}{H_{u_B} \cdot \eta_c + h_{t_{B_E}} - h_{t_{G_A}}} \tag{4.8}$$

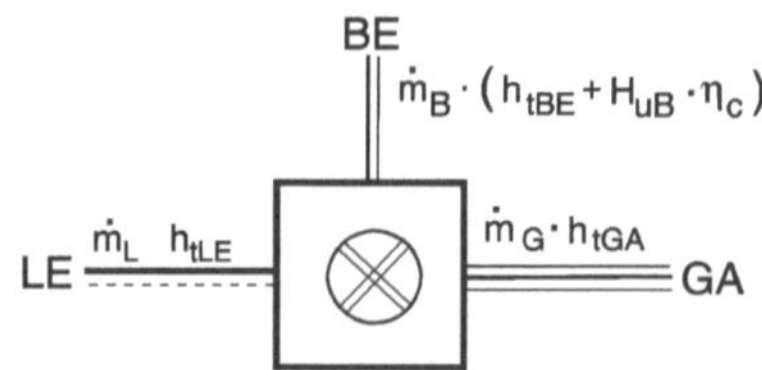

Abb. 4.2 Energieströme am Verbrennungsraum einer Brennkammer

bzw.

$$l = \frac{1}{\beta} \tag{4.9}$$

Der notwendige Brennstoffmassenstrom ist damit:

$$\dot{m}_B = \beta \cdot \dot{m}_L = \frac{\dot{m}_L}{l}. \tag{4.10}$$

Der Vergleich mit den stöchiometrischen Werten bei vollständiger Verbrennung

$$l_{min} = \frac{1}{\beta_{st}} \tag{4.11}$$

ergibt das *Luftverhältnis* λ:

$$\lambda = \frac{l}{l_{min}} = \frac{\beta_{st}}{\beta}. \tag{4.12}$$

Das Luftverhältnis ist bei Gasturbinen wesentlich größer als 1, da der Luftüberschuss zum Begrenzen der Verbrennungstemperatur benötigt wird.

In Anlehnung an Wärmeaustauscher mit Wärmezufuhr wird für die Strömungsverluste im Verbrennungsraum ein Strömungswirkungsgrad η_{BK} definiert:

$$\eta_{BK} =_{\text{def}} \frac{\dot{m}_B \cdot H_{u_B} \cdot \eta_c - (\dot{m}_L \cdot j_L + \dot{m}_B \cdot j_B)}{\dot{m}_B \cdot H_{u_B} \cdot \eta_c} = 1 - \frac{(j_L + \beta \cdot j_B)}{\beta \cdot H_{u_B} \cdot \eta_c} \tag{4.13}$$

$(\dot{m}_L \cdot j_L + \dot{m}_B \cdot j_B)$ sind die Gesamtdissipationsleistungen in der Brennkammer.

Durch formales Anwenden des ersten Hauptsatzes der Thermodynamik auf mitgeführte Masseteilchen als „geschlossene Systeme" kann man schreiben:

$$\dot{m}_B \cdot H_{u_B} \cdot \eta_c + (\dot{m}_L \cdot j_L + \dot{m}_B \cdot j_B) = (\dot{m}_G \cdot h_{G_A} - \dot{m}_L \cdot h_{L_E} - \dot{m}_B \cdot h_{B_E}) \\ - (\dot{m}_L \cdot y_L + \dot{m}_B \cdot y_B) \tag{4.14}$$

$(\dot{m}_L \cdot y_L + \dot{m}_B \cdot y_B)$ sind die Gesamtströmungsleistungen in der Brennkammer.

Damit lässt sich ein Gesamtpolytropenverhältnis μ_{BK} bzw. ν_{BK} für die Brennkammer definieren.

$$\mu_{BK} =_{\text{def}} \frac{(\dot{m}_L \cdot y_L + \dot{m}_B \cdot y_B)}{(\dot{m}_G \cdot h_{G_A} - \dot{m}_L \cdot h_{L_E} - \dot{m}_B \cdot h_{B_E})} \tag{4.15}$$

Nach Umformung erhält man:

$$\mu_{BK} = -\left[1 - \eta_{BK} + \frac{(1+\beta) \cdot c_{G_A}^2/2 - c_{L_E}^2/2 - \beta \cdot c_{B_E}^2/2}{(1+\beta) \cdot h_{G_A} - h_{L_E} - \beta \cdot h_{B_E}}\right] \tag{4.16}$$

Da im Verhältnis zum Brennstoffstrom der Luftmassenstrom der weitaus größere ist, kann der Brennkammeraustrittsdruck p_{G_A} näherungsweise über den Lufteintrittszustand (T_{L_E}, p_{LE}) und die meistens vorgegebene Gasaustrittstemperatur T_{G_A} berechnet werden.

$$p_{G_A} = \text{Polytrope}(\mu_{BK}, T_{L_E}, p_{L_E}, T_{G_A}) \quad \text{(Fluid Luft oder Gas)} \tag{4.17}$$

Sehr stark vereinfacht:

$$\frac{p_{G_A}}{p_{L_E}} = \left(\frac{T_{G_A}}{T_{L_E}}\right)^{\mu_{BK}\cdot\frac{\kappa}{\kappa-1}}$$

(Die Wahl des Fluids – Luft oder Verbrennungsgas – hängt lediglich von der Definition bei der Berechnung des Brennkammer-Strömungswirkungsgrades aus vorhandenen Messwerten ab.)

Wie aus dem Polytropenverhältnis zu sehen ist, hängt die Druckänderung nicht nur von den Reibungsarbeiten ab, ausgedrückt durch den Strömungswirkungsgrad η_{BK}, sondern auch von den Änderungen der Geschwindigkeiten, hauptsächlich $c_{L_E} - c_{G_A}$. Aus diesem Grund werden die Brennkammerverluste meist als Totaldruckverluste $\Delta p_{t_{BK}}$ angegeben.

$$\Delta p_{t_{BK}} = p_{t_{G_A}} - p_{t_{L_E}} \tag{4.18}$$

Bleibt noch zu zeigen, dass nicht nur die Geschwindigkeitsänderung, sondern schon allein die Größe der Strömungsgeschwindigkeit in der Brennkammer die Verluste beeinflusst. Dies könnte natürlich für den real gerechneten Fall einer Brennkammer mit zahlenmäßigen Ergebnissen belegt werden. Jedoch scheint es überzeugender, dies auch analytisch-physikalisch zu zeigen.

Das kann am einfachsten am Beispiel eines Wärmeaustauschers für den Stoffstrom mit der spezifischen Wärmeaufnahme q_{EA} demonstriert werden.

$$q_{EA} = \Delta h_{t_{EA}} = h_{t_A} - h_{t_E} = c_p \cdot (T_{t_A} - T_{t_E}) = c_p \cdot (T_A - T_E) + \frac{c_A^2}{2} - \frac{c_E^2}{2} \tag{4.19}$$

Es wird der Sonderfall betrachtet, dass die Geschwindigkeit konstant bleibt ($c_A = c_E$) und dass keine Strömungsverluste auftreten ($\eta_{WAT} = 1$), so dass auch der Druck konstant bleibt ($p_A = p_E$) (Abb. 4.3).

Die Entropieänderung ist dann auf die Temperaturänderung beschränkt.

$$\Delta s = c_p \cdot \ln\left(\frac{T_A}{T_E}\right) \tag{4.20}$$

Umgeformt erhält man:

$$\Delta s = c_p \cdot \ln\left(\frac{T_{t_E} + q_{EA}/c_p - c_A^2/(2c_p)}{T_{t_E} - c_E^2/(2c_p)}\right). \tag{4.21}$$

Je größer die Geschwindigkeit, desto größer auch die Entropieänderung!

(Übrigens könnte diese zusätzliche Entropieerhöhung bei Wärmeabgabe reversibel rückgängig gemacht werden!)

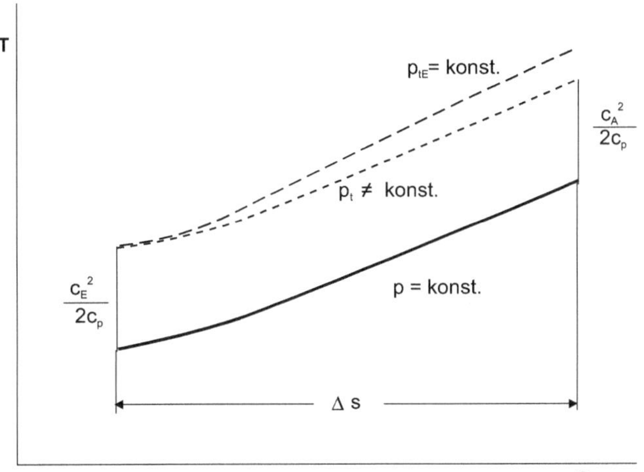

Abb. 4.3 Temperatur- und Entropieerhöhung bei der Wärmeaufnahme, dargestellt im T, s-Diagramm

4.2 Brennkammer-Diffusor und Brennkammer-Beschleunigungsteil

Um die daraus resultierenden Totaldruckverluste klein zu halten und um natürlich auch die Verweilzeit der Luft bzw. der Verbrennungsgase in der Brennkammer zu erhöhen, muss die Luftgeschwindigkeit vom relativ hohen Wert c_{V_A} am Verdichteraustritt in einem Diffusor auf einen möglichst kleinen Wert c_{L_E} am Brennkammereintritt verzögert und am Brennkammeraustritt von der Geschwindigkeit c_{G_A} auf den für die Turbine notwendigen Wert c_{T_E} beschleunigt werden (Abb. 4.4 und Abb. 4.5).

Beide Vorgänge sind nicht verlustfrei. Die auftretenden Verluste werden durch den Diffusorwirkungsgrad η_{BKE} und den Beschleunigungswirkungsgrad η_{BKA} erfasst. Oft muss

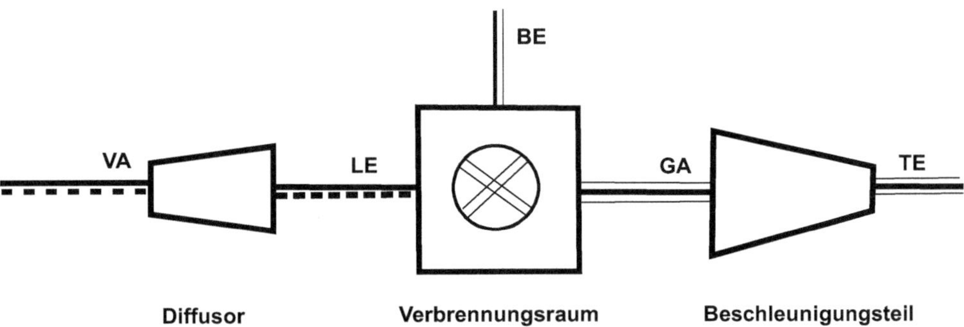

Abb. 4.4 „Schaltplan" der Brennkammer mit vorgeschaltenem Diffusor und nachgeschaltenem Beschleunigungsteil

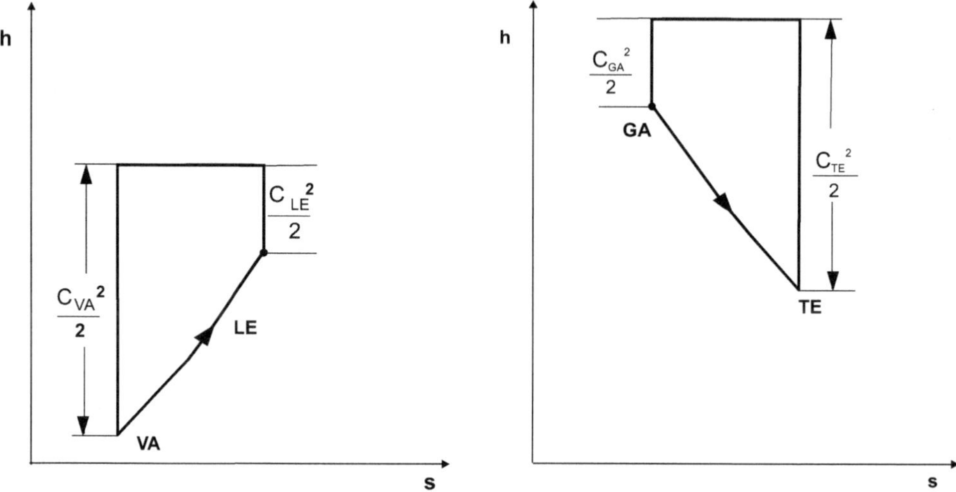

Abb. 4.5 Zustandsänderungen im Diffusor und Beschleunigungsteil einer Brennkammer

der Brennkammeraustritt gekühlt werden mit der spezifischen Kühlwärme q_{BKA}.

$$\eta_{BKE} =_{\text{def}} \frac{\Delta h_{BKE}}{y_{BKE}} = 1 + \frac{j_{BKE}}{\Delta(c^2/2)_{BKE}} \qquad \Delta\left(\frac{c^2}{2}\right)_{BKE} < 0 \tag{4.22}$$

$$\eta_{BKA} =_{\text{def}} \frac{\Delta h_{BKA} - q_{BKA}}{y_{BKA}} = \frac{1}{1 + \frac{j_{BKA}}{\Delta(c^2/2)_{BKA}}} \qquad \Delta\left(\frac{c^2}{2}\right)_{BKA} > 0 \tag{4.23}$$

Die zugehörigen Zustandsänderungen können vereinfacht durch Polytropen mit den Polytropenverhältnissen ν_{BKE} und ν_{BKA} berechnet werden.

Brennkammer-Diffusor:

$$\begin{aligned}
\mu_{BKE} &= \eta_{BKE} \\
h_{t_{L_E}} &= h_{t_{V_A}} \\
h_{L_E} &= h_{t_{L_E}} - \frac{c_{L_E}^2}{2} \\
T_{L_E} &= T(h_{L_E}, p_{L_E}) \\
p_{L_E} &= \text{Polytrope}(\mu_{BKE}, T_{V_A}, p_{V_A}, T_{L_E}) \quad \text{(Fluid Luft)} \\
\left(\frac{p_{L_E}}{p_{V_A}}\right. &= \left.\left(\frac{T_{L_E}}{T_{V_A}}\right)^{\mu_{BKE}\cdot\frac{\kappa-1}{\kappa}}\right)
\end{aligned} \tag{4.24}$$

Brennkammer-Beschleunigungsteil:

$$\begin{aligned}
\Delta h_{BKA} &= -\Delta\left(\frac{c^2}{2}\right)_{BKA} + q_{BKA} \\
\nu_{BKA} &= \eta_{BKA} \cdot \frac{1}{1 - q_{BKA}/\Delta h_{BKA}} \\
h_{t_{T_E}} &= h_{t_{G_A}} + q_{BKA} \\
h_{T_E} &= h_{t_{T_E}} - \frac{c_{T_E}^2}{2} \\
T_{T_E} &= T(h_{T_E}, p_{T_E}) \\
p_{T_E} &= \text{Polytrope}(\mu_{BKA}, T_{G_A}, p_{G_A}, T_{T_E}) \quad \text{(Fluid Gas)} \\
\left(\frac{p_{T_E}}{p_{G_A}} \right. &= \left. \left(\frac{T_{T_E}}{T_{G_A}}\right)^{\mu_{BKA}\cdot\frac{\kappa-1}{\kappa}}\right)
\end{aligned} \tag{4.25}$$

Für den Fall, dass der Brennkammeraustritt durch Zumischen von Kühlluft gekühlt wird, sind die Verhältnisse ähnlich wie bei der gekühlten Turbine zu behandeln.

Äußere Komponenten

5

Gasturbinenanlagen werden von einem Fluidstrom durchströmt. Die eintretende Luft wird aus der Umgebung angesaugt und strömt dabei durch einen Schalldämpfer und einen Filter (vergl. Abb. 1.7). Das Abgas strömt nach der Turbine durch einen Diffusor und möglicherweise einen Schalldämpfer, bis es endlich über einen Kamin an die Umgebung abgegeben wird.

5.1 Einlass

Die Strömungsbauteile für die Luft vor dem Eintritt in den Verdichter werden als ***Einlass*** bezeichnet (Abb. 5.1).

Dies beinhaltet zunächst eine Beschleunigung von der Umgebungsgeschwindigkeit c_U ($= 0$; Windgeschwindigkeiten können im allgemeinen vernachlässigt werden) auf eine Geschwindigkeit c_{Einlass} im Einlasskanal, ein Durchströmen durch einen Luftfilter und Schalldämpfer und schließlich das Beschleunigen auf eine für die Verdichterdurchströmung notwendige Geschwindigkeit c_{V_E} ($\approx$ 120–180 m/s). Dargestellt im h,s-Diagramm erhält man qualitativ den Zustandsverlauf nach Abb. 5.2.

Vereinfacht lassen sich die relativ verlustfreien Beschleunigungen und das in jedem Fall verlustbehaftete Durchströmen von Filter und Schalldämpfer durch eine gesamtpolytrope Zustandsänderung beschreiben. Da dies ein adiabater Entspannungsvorgang ist, ist

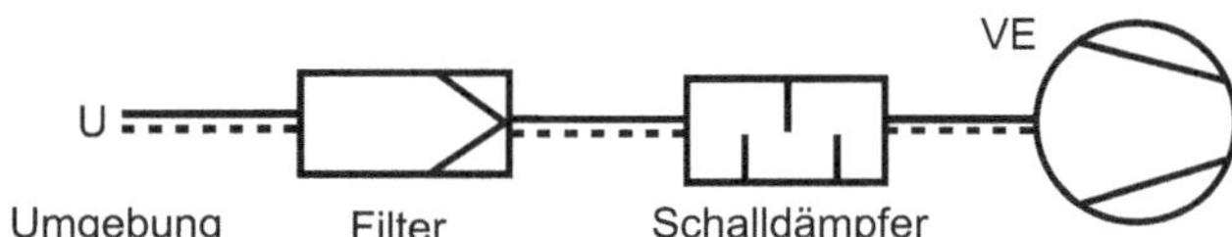

Abb. 5.1 Einlass vor dem Verdichter

W. Bitterlich, U. Lohmann, *Gasturbinenanlagen*, https://doi.org/10.1007/978-3-658-15067-9_5

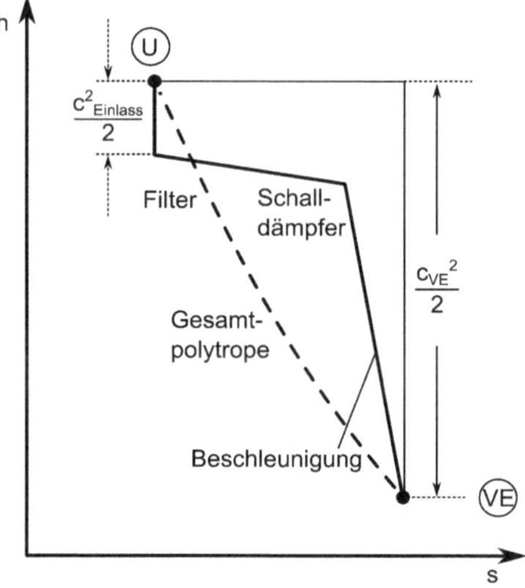

Abb. 5.2 Zustandsänderung im Einlass (die Zustandsänderung kann durch eine Polytrope angenähert werden)

das Polytropenverhältnis ν_{Einlass} gleich dem Einlasswirkungsgrad η_{Einlass}.

$$\nu_{\text{Einlass}} = \eta_{\text{Einlass}} \quad \text{bzw. } \mu_{\text{Einlass}} = \frac{1}{nu_{\text{Einlass}}} \tag{5.1}$$

Ist die Geschwindigkeit c_{V_E} am Verdichtereintritt bekannt, so erhält man leicht die Verdichtereintrittstemperatur T_{V_E} und den Verdichtereintrittsdruck p_{V_E}.

$$\begin{aligned}
h_{tV_E} &= h_U \quad (q_{\text{Einlass}} = 0)\\
h_{V_E} &= h_{tV_E} - \frac{c_{V_E}^2}{2}\\
T_{V_E} &= T(h_{V_E}, p_{V_E})\\
p_{V_E} &= \text{Polytrope}(\mu_{\text{Einlass}}, T_U, p_U, T_{V_E}) \quad \text{(Fluid Luft)} \qquad (5.2)\\
\left(\frac{p_{V_E}}{p_U} \right. &= \left. \left(\frac{T_{V_E}}{T_U}\right)^{\mu_{\text{Einlass}} \cdot \frac{\kappa-1}{\kappa}}\right)\\
T_{tV_E} &= T(h_{tV_E}, p_{tV_E})\\
p_{tV_E} &= \text{Isentrope}(1, T_{V_E}, p_{V_E}, T_{tV_E}) \quad \text{(Fluid Luft)}\\
\left(\frac{p_{tV_E}}{p_{V_E}} \right. &= \left. \left(\frac{T_{tV_E}}{T_{V_E}}\right)^{\frac{\kappa-1}{\kappa}}\right)\\
\Delta p_{t_{\text{Einlass}}} &= p_{tV_E} - p_U \qquad (5.3)
\end{aligned}$$

$\Delta p_{t_{\text{Einlass}}}$ ist der Totaldruckverlust im Einlass.

Die Temperaturabsenkung im Einlass kann je nach Geschwindigkeit 10 bis 15 K betragen, so dass bei feuchter Luft die Tautemperatur oder sogar die Eistemperatur unterschritten wird. In beiden Fällen müsste von der Luft das „überschüssige“ Wasser oder Eis ausgeschieden werden. Die dabei freigesetzte Kondensations- bzw. Erstarrungsenthalpie ist nicht unerheblich und würde wiederum die tatsächliche Temperaturdifferenz verkleinern. In den Verdichter mitgerissenes Wasser würde als Folge der Temperaturerhöhung bei der Verdichtung wieder verdampft werden. Eisbildung sollte natürlich beim Verdichterbetrieb tunlichst vermieden werden (z. B. durch Zumischen von heißem Abgas).

In Wirklichkeit bleibt wegen der kurzen Zeiten auf Grund der hohen Geschwindigkeiten der Wasseranteil fast vollständig überhitzt, so dass die oben beschriebenen Vorgänge praktisch nur bei sehr großen „Unterkühlungen“ auftreten und daher bei der Auslegungsrechnung nicht berücksichtigt werden müssen.

5.2 Turbinen-Diffusor

Der ***Diffusor*** nach der Turbine (vergl. Abb. 1.7) hat die Aufgabe, die (notwendigerweise) hohen Geschwindigkeiten am Austritt aus der Turbine abzusenken, um durch die dabei erzielte Druckerhöhung den Druck am Turbinenaustritt abzusenken und damit die insgesamt erzielbare Turbinenleistung zu erhöhen (Abb. 5.3).

Die Verhältnisse sind ähnlich wie beim Brennkammer-Diffusor, so dass sogleich die zur Berechnung notwendigen Beziehungen angegeben werden können.

$$\mu_{\text{Diff}} = \eta_{\text{Diff}}$$

$$h_{tD_A} = h_{tT_A}$$

$$h_{D_A} = h_{tD_A} - \frac{c_{D_A}^2}{2}$$

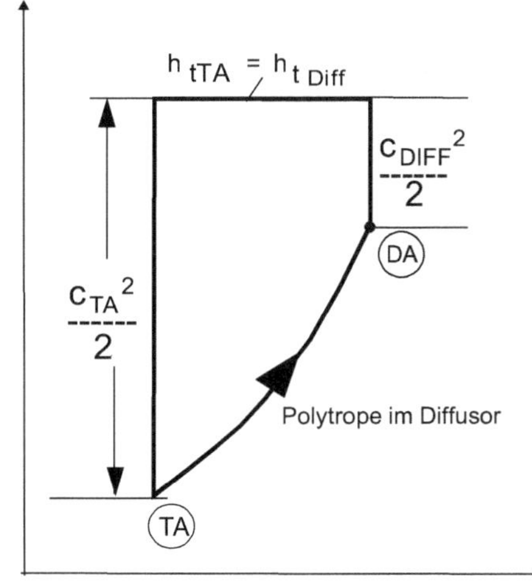

Abb. 5.3 Zustandsänderung im Diffusor der Turbine

$$
\begin{aligned}
T_{D_A} &= T(h_{D_A}, p_{D_A}) \\
p_{D_A} &= \text{Polytrope}(\nu_{\text{Diff}}, T_{T_A}, p_{T_A}, T_{D_A}) \quad \text{(Fluid Gas)} \\
\left(\frac{p_{D_A}}{p_{T_A}} \right. &= \left. \left(\frac{T_{D_A}}{T_{T_A}}\right)^{\mu_{\text{Diff}} \cdot \frac{\kappa-1}{\kappa}} \right)
\end{aligned} \tag{5.4}
$$

5.3 Anlagen Auslass

Das Abgas strömt nach dem Diffusor über einen Kamin mit Schalldämpfern in die Umgebung. Die dabei auftretenden zusätzlichen Verluste werden in dem Auslasswirkungsgrad η_A erfasst.

$$
\begin{aligned}
\mu_{\text{Auslass}} &= \eta_{\text{Auslass}} \\
h_{t_{A_A}} &= h_{t_{D_A}} \\
h_{A_A} &= h_{t_{A_A}} - \frac{c_{A_A}^2}{2} \\
T_{A_A} &= T(h_{A_A}, p_{A_A}) \\
p_{A_A} &= \text{Polytrope}(\mu_{\text{Auslass}}, T_{D_A}, p_{D_A}, T_{A_A}) \quad \text{(Fluid Gas)} \\
\left(\frac{p_{A_A}}{p_{D_A}} \right. &= \left. \left(\frac{T_{A_A}}{T_{D_A}}\right)^{\mu_{\text{Auslass}} \cdot \frac{\kappa-1}{\kappa}} \right)
\end{aligned} \tag{5.5}
$$

Im h, s-Diagramm ergibt sich in etwa eine Zustandsänderung entsprechend Abb. 5.4.

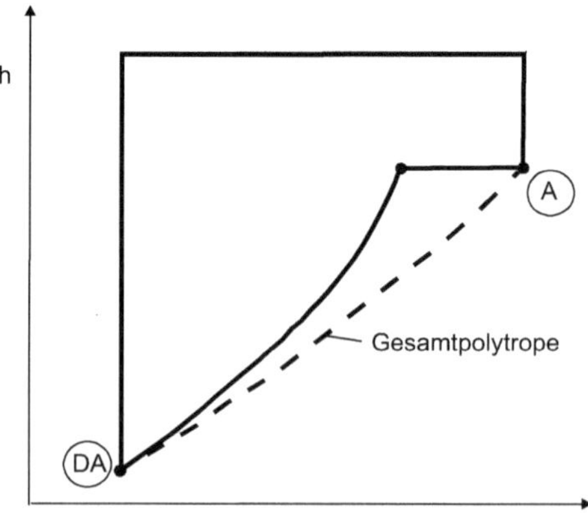

Abb. 5.4 Zustandsänderung im Auslass der Anlage

Gesamtauslegung und Optimierung 6

Nachdem in den vergangenen Kapiteln die Berechnung der einzelnen Komponenten einer Gasturbinenanlage gezeigt wurde, soll in diesem Kapitel die Auslegung und Berechnung der Gasturbinenanlage als Ganzes und daraus folgend die Optimierung der Auslegung behandelt werden.

6.1 Berechnung der Gesamtauslegung (einer stationären Gasturbine)

Zunächst werden die sogenannten stationären Gasturbinen (englisch heavy duty gas turbines) behandelt.

Wird eine Gasturbinenanlage ausgelegt, so müssen die einzelnen Komponenten selbstverständlich aufeinander abgestimmt sein. Dies bedeutet z. B., dass der Luftzustand am Verdichteraustritt der gleiche ist wie am Brennkammereintritt und das Verbrennungsgas am Brennkammeraustritt das gleiche wie am Turbineneintritt. Insofern scheint es, dass die Gesamtauslegungsrechnung – nach Vorgabe der wichtigsten Auslegungsparameter wie z. B. Luftmassenstrom bzw. Leistung, Verdichterdruckverhältnis, Turbineneintrittstemperatur und der Drehzahl – lediglich ein konsekutives Berechnen der einzelnen Komponenten darstellt, ausgehend vom Einlass und endend am Diffusor-Auslass.

Die Drehzahl kann entweder über den Massenstrom oder über die Leistung abgeschätzt werden (siehe Abschn. 3.3.2 bzw. Gl. 3.204).

$$\frac{n}{n_{\text{Bezug}}} \approx \sqrt{\frac{\dot{m}_{\text{Bezug}}}{\dot{m}}} \tag{6.1}$$

bzw.

$$\frac{n}{n_{\text{Bezug}}} \approx \sqrt{\frac{P_{\text{Bezug}}}{P}}. \tag{6.2}$$

W. Bitterlich, U. Lohmann, *Gasturbinenanlagen*, https://doi.org/10.1007/978-3-658-15067-9_6

Vor allem die Turbinenkühlung mit den Kühlluft-Erfordernissen hinsichtlich Menge und Druck erschwert die Auslegungsrechnung und macht eine vielmalige iterative Berechnung der Gesamtanlage erforderlich.

6.2 Energetische Optimierung (einer stationären Gasturbine)

Mit den Gesamtzusammenhängen aus Kap. 2 wird eine Einwellenanlage entsprechend Abb. 1.7 untersucht.

Ist die gewünschte Leistung P_{el} festgelegt, so können die Turbineneintrittstemperatur $T_{t_{T_E}}$ und der Verdichteraustrittsdruck $p_{t_{V_A}}$ bzw. das ***Prozesstemperaturvehältnis*** $\tau_P =_{\text{def}} \frac{T_{t_{T_E}}}{T_U}$ und das Verdichterdruckverhältnis π_{t_V} noch frei gewählt werden.

Verändert werden damit vor allem der Wirkungsgrad und die spezifische Arbeit. Für den speziellen Fall einer Anlage mit 30 MW Abgabeleistung mit einer realen Turbineneintrittstemperatur von 1450 °C zeigt Abb. 6.1 die Variation des Wirkungsgrades η_k, der spezifischen Arbeit w_t und der Turbinenaustrittstemperatur $T_{t_{T_A}}$ über dem Druckverhält-

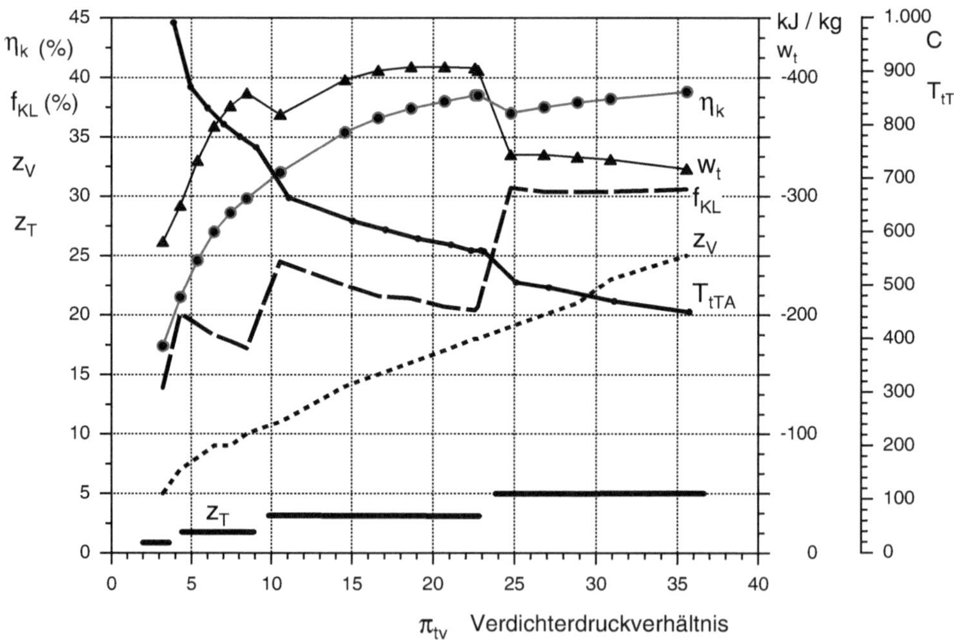

Abb. 6.1 Ergebnisse der Optimierungsrechnung für eine 30 MW-Gasturbinenanlage. Kupplungswirkungsgrad η_k, spez. Arbeit w_t, Turbinenaustrittstemperatur $T_{t_{T_A}}$, spez. Kühlluftbedarf f_{KL} sowie Verdichter- und Turbinen-Stufenzahlen z_V und z_T in Abhängigkeit vom Verdichterdruckverhältnis π_{t_V}. $P_{el} = 30$ MW, $T_{t_{T_E}} = 1450$ °C und Schaufeltemperaturen konstant

nis des Verdichters. Weiterhin aufgetragen sind die Stufenzahlen z_V des Verdichters und z_T der Turbine sowie der notwendige *spezifische Kühlluftbedarf* $f_{KL} =_{\text{def}} \frac{\dot{m}_{KL}}{\dot{m}_{V_E}}$.

Größere Verdichterdruckverhältnisse lassen sich wegen des dann zu hohen Kühlluftbedarfs, bedingt durch die höheren Kühllufttemperaturen, kaum verwirklichen.

Wie schon bei der vereinfachten Abb. 2.1 gibt es ein Ansteigen des Wirkungsgrades und der spezifischen Arbeit. Allerdings spielt die Stufenzahl der Turbine eine große Rolle.

Der Kühlluftbedarf steigt jedesmal stark an, wenn die Stufenzahl erhöht werden muss. Es muss dann mehr Turbinenschaufelfläche gekühlt werden.

(Bei der Auslegungsrechnung zu einem vorgegebenen Druckverhältnis wird für die Turbine aus Gründen der Strömungsbelastung von für alle Stufen gleicher spezifischer Arbeit ausgegangen, was Turbinen mit kleiner Stufenarbeit in den ersten Stufen kühlungsmäßig etwas benachteiligt.)

Dies wirkt sich bei der vorgewählten Turbineneintrittstemperatur beim Übergang von einer vierstufigen auf eine fünfstufige Turbine so stark aus, dass sowohl die spezifische Arbeit als auch der Wirkungsgrad abfallen.

Bei genauerer Überlegung zeigt sich, dass die maximale spezifische Arbeit w_t eigentlich keine energetische Optimierungsgröße ist, sondern eine wirtschaftliche. Ein großer Wert bedeutet einen kleinen Luftmassenstrom und damit geometrisch kleinere Verdichter und Turbine.

Es sollte daher neben der energetischen Optimierung auch eine ökonomische durchgeführt werden (siehe Kap. 9).

Weitere Gasturbinen 7

Bisher war im Wesentlichen nur ein Typ Gasturbinen behandelt worden, sehr eingehend in den Komponenten, jedoch ohne zu erwähnen, dass es noch eine Vielzahl von weiteren Gasturbinenarten gibt, die sich in Aufbau (Schaltung), Größe und Anwendung von den bisher behandelten unterscheiden.

7.1 Schaltungen

In den meisten Fällen wird die Schaltung nach Abb. 1.7 gewählt, weil sie sehr einfach und daher auch kostengünstig ist.

Manchmal ist es allerdings sinnvoll, die Turbine in eine Verdichterturbine zum Antrieb des Verdichters und eine Nutzturbine zur Abgabe der Nutzleistung zu unterteilen (Abb. 7.3).

Bei Flugtriebwerken üblich und selten auch bei stationären Gasturbinenanlagen verwirklicht ist die Unterteilung von Verdichter und Turbine in Teile mit unterschiedlichen Wellen und Drehzahlen (Abb. 7.4).

Ein eigenes Unterkapitel verdienen daher die aus Fluggasturbinen abgeleiteten stationären Fluggasturbinen z. B. zur Stromerzeugung.

Großen Einfluss auf die Ergebnisse hat die Unterteilung der Turbine mit einer Zwischenverbrennung (Abb. 7.5). Erhöhung der Energie-Aufnahme und Abgabe, nicht unbedingt des Wirkungsgrades.

So könnte auch der Verdichter zwischengekühlt werden (Abb. 7.6), jedoch wird dies aus Aufwandsgründen fast nicht verwirklicht. Auch hier Erhöhung der Energie-Aufnahme und Abgabe, nicht unbedingt des Wirkungsgrades.

Schließlich existiert noch die Anlage mit Vorwärmung der Luft durch die Abgase (Abb. 7.7). Energetisch recht verlockend, doch wegen des großen Wärmeaustauschers aufwändig.

Abb. 7.8 zeigt eine etwas veränderte Schaltung mit einer Heißluftturbine.

W. Bitterlich, U. Lohmann, *Gasturbinenanlagen*, https://doi.org/10.1007/978-3-658-15067-9_7

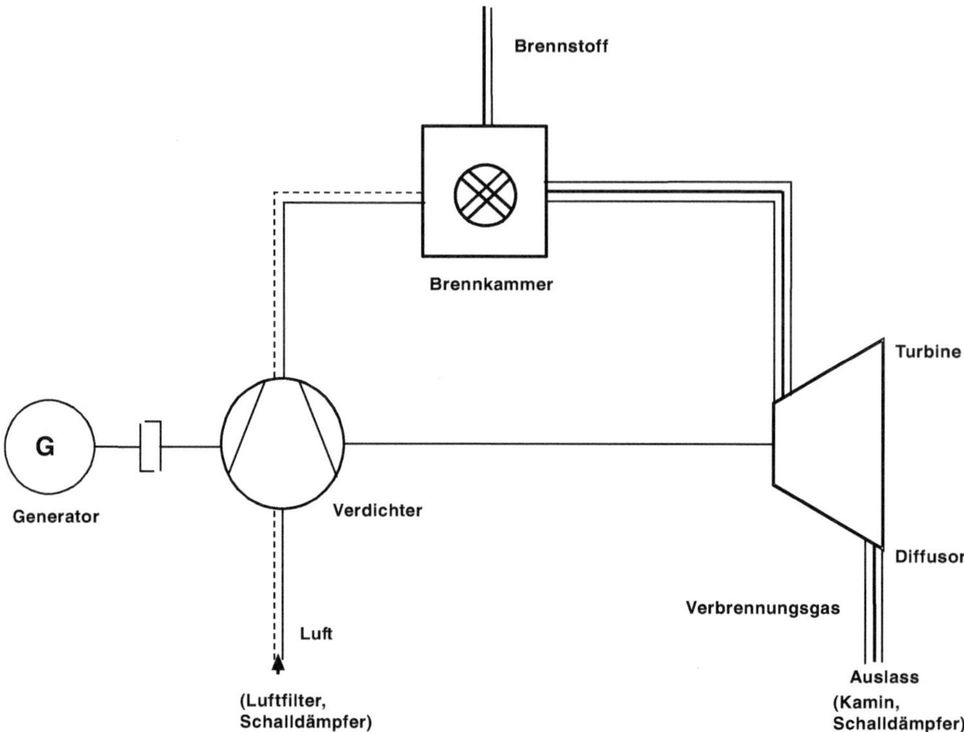

Abb. 7.1 Schaltplan einer Gasturbinenanlage

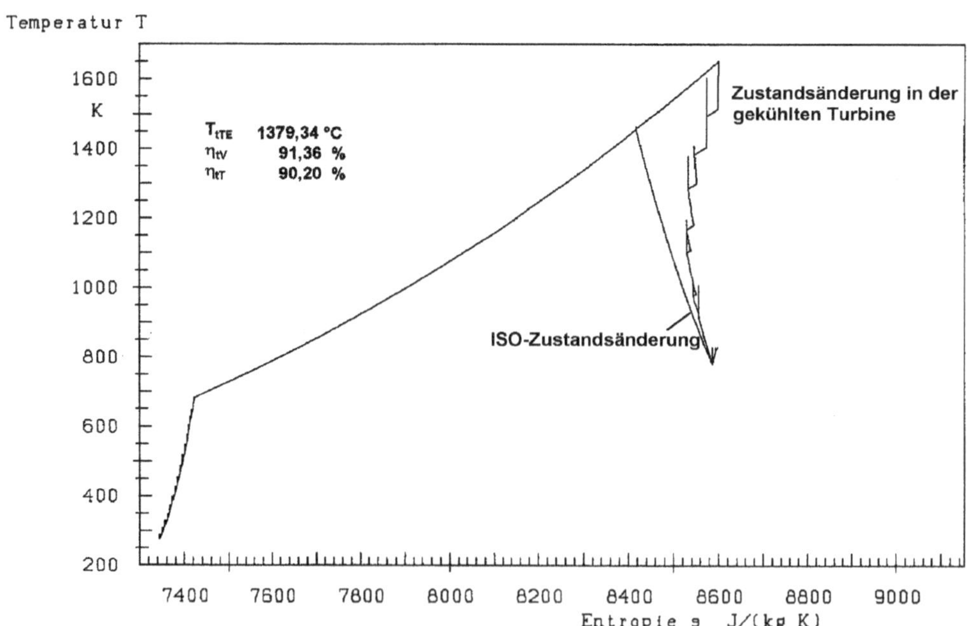

Abb. 7.2 T, s-Diagramm der Gasturbinenanlge

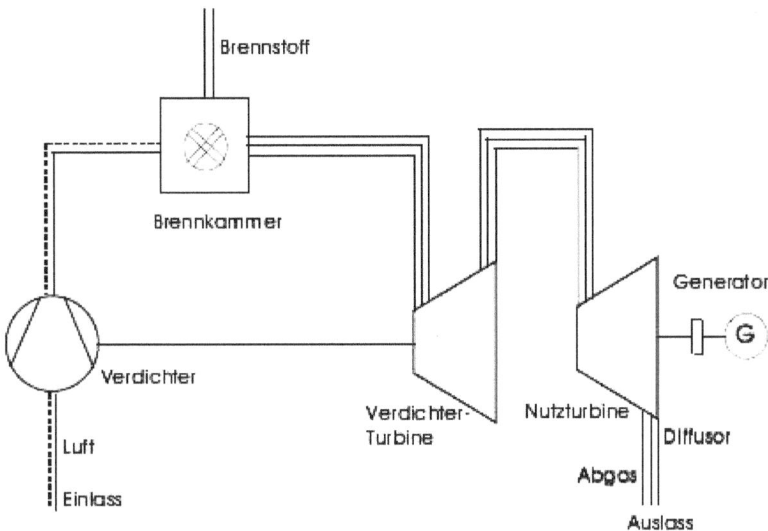

Abb. 7.3 Schaltplan einer Gasturbinenanlage mit Unterteilung der Turbine in Verdichter-Turbine und Nutzturbine

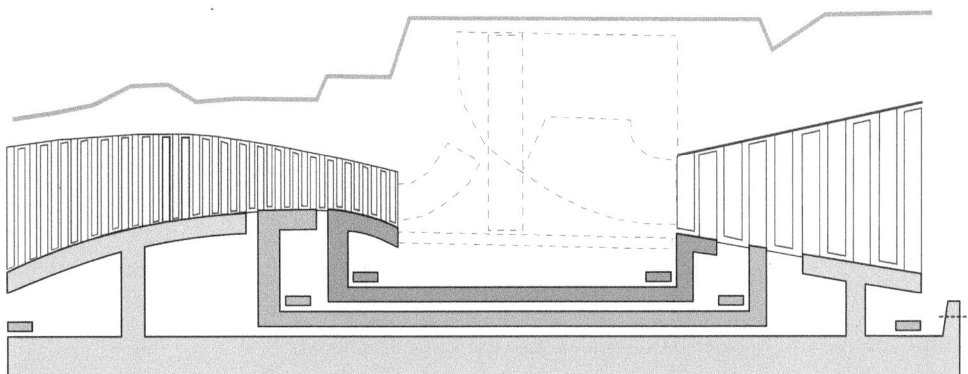

Abb. 7.4 Gasturbinenanlage mit Unterteilung von Verdichter und Turbine in Bauteile mit unterschiedlichen Drehzahlen

Die Turbineneintrittstemperatur liegt niedriger als bei normalen Gasturbinenanlagen, jedoch würde die nachgeschaltete Brennkammer auch andere als reine gasförmige oder flüssige Brennstoffe erlauben.

Weitere in der Literatur gegebene Varianten beinhalten entweder eine zusätzliche Energiezufuhr und/oder benutzen Wasser (Dampf oder Flüssigkeit) als weiteres Arbeitsfluid und sollen deshalb zunächst nicht behandelt werden.

Tab. 7.1 zeigt eine mögliche Unterscheidung aller Gasturbinenarten.

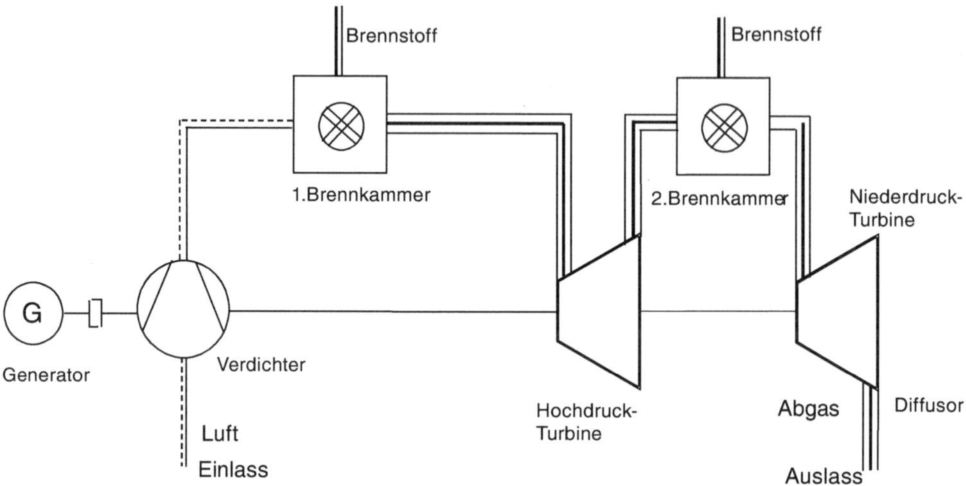

Abb. 7.5 Schaltplan einer Gasturbinenanlage mit Zwischenverbrennung

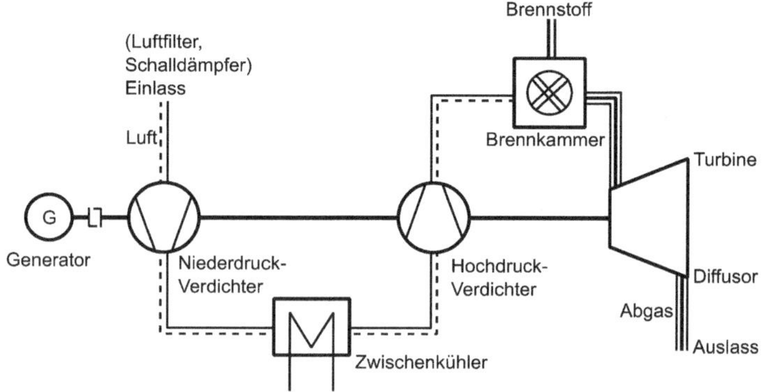

Abb. 7.6 Schaltplan einer Gasturbinenanlage mit Zwischenkühlung

Abb. 7.7 Schaltplan einer Gasturbinenanlage mit Vorwärmung der Luft durch die Abgase

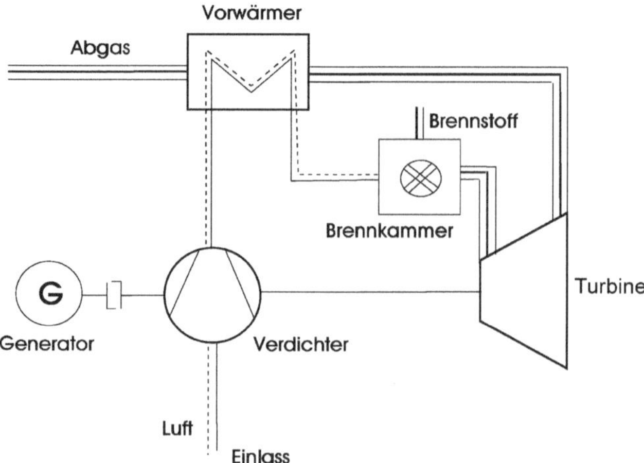

Tab. 7.1 Einteilung der Gasturbinen

Bezeichnung	Leistung	Aufgabe	Lager	Wellenzahl	Zusatz	Besonderheit
Gasturbinen (Stationäre GT)						k_i
Großkraftwerks-Gasturbinen	Ab 80 MW	Stromerzeugung	Gleitlager	Einwellig		~ 700 €/kW
(Hochleistungs GT)					Dampfteil	~ 850 €/kW
Industie-Gasturbinen	~ 30 MW	Stromerzeugung,	Gleitlager	Ein/mehrwellig		~ 900 €/kW
		Pumpen/Verdichter-Antr.			(Rekuperator)	(~ 450 €/kW)
Klein-Gasturbinen	~ 1 MW	Antrieb	???	Einwellig	(Rekuperator)	~ 1100 €/kW
Mikro-Gasturbinen	~ 100 kW	Kraft-Wärme-Kopplung	Luftlager	Einwellig	Rekuperator	~ 1100 €/kW
Nano-Gasturbinen	~ 20 W	Flugantrieb; GT-Batterie	Luftlager	Einwellig	(Rekuperator)	~ 4000 €/kW
Wellenleistungs-Triebw. (aeroderivate Gasturbinen)	Bis 50 MW	Stromerzeugung PTL-Triebwerk, allg. Antr.	Wälzlager	Mehrwellig		
Flug-Gasturbinen (Flugtriebwerke)						
TL-Triebwerke	Bis 20 MW	Schubleistung	Wälzlager	Einwellig		
ZTL-Triebwerke	~ 50 MW	Schubleistung	Wälzlager	Mehrwellig		
Getriebe-Fan-ZTL	~ 50 MW	Schubleistung	Wälzlager	Mehrwellig	Getriebe-Fan	
Ramjets	~ 50 MW	Schubleistung	–	–	Kein Rotor	Unterschallverbr.
Scramjets	~ 50 MW	Schubleistung	–	–	Kein Rotor	Überschallverbr.

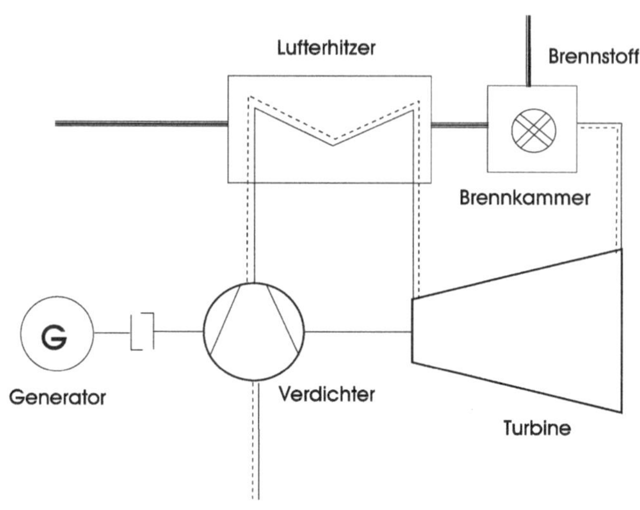

Abb. 7.8 Schaltplan einer Heißluftturbinenanlage

7.2 Einteilung der Gasturbinen

7.2.1 Großkraftwerks-Gasturbinen

Die bisher behandelte, im Aufbau relativ einfache Gasturbine wird vornehmlich zur Stromerzeugung gebaut und eingesetzt. Wir wollen sie Großkraftwerks-Gasturbine nennen.

7.2.2 Industrie-Gasturbinen

Industrie-Gasturbinen werden in größeren Betrieben nicht nur zur Stromerzeugung sondern auch als Antriebsanlagen für eine Reihe von Zwecken eingesetzt. Die Leistung ist entsprechend der Anforderung kleiner als bei den Kraftwerks-Gasturbinen.

Sie können ein- oder zweiwellig, ohne oder möglicherweise mit Rekuperator und gekühlt oder in einfacher Ausführung sogar ungekühlt gebaut werden. Selten ist auch eine GuD-Ausführung möglich. Ein Beispiel für eine 2-Wellen-Gasturbine zeigt Abb. 7.11.

7.2.3 Klein-Gasturbinen

Diese können die verschiedensten Zwecke erfüllen, z. B. Generator-Antrieb, Verdichter/Pumpen-Antrieb oder großes Blockheizkraftwerk mit Wärmeabgabe.

Abb. 7.9 Beispiel für eine Großkraftwerks-Gasturbine [38] (Siemens Gasturbinenanlage SGT5-4000F)

7.2.4 Mikro-Gasturbinen

Grundsätzlich haben die Mikrogasturbinen gegenüber den großen Gasturbinen-Anlagen einen geringeren Maximalwirkungsgrad, vor allem wegen der kleineren verwirklichten Druckverhältnisse und Maximaltemperaturen.

Die bedeutet aber auch einen Vorteil: ein Regenerator oder Rekuperator zur Luftvorwärmung vor der Brennkammer kann sinnvoll eingesetzt und damit der Wirkungsgrad wieder verbessert werden (Siehe Abb. 2.1).

Und wenn in einem Blockheizkraftwerk die Abwärme genutzt werden kann, ist der Gesamtwirkungsgrad umso besser.

Der Verdichter und die Turbine werden jeweils meistens radial in einer Stufe durchströmt.

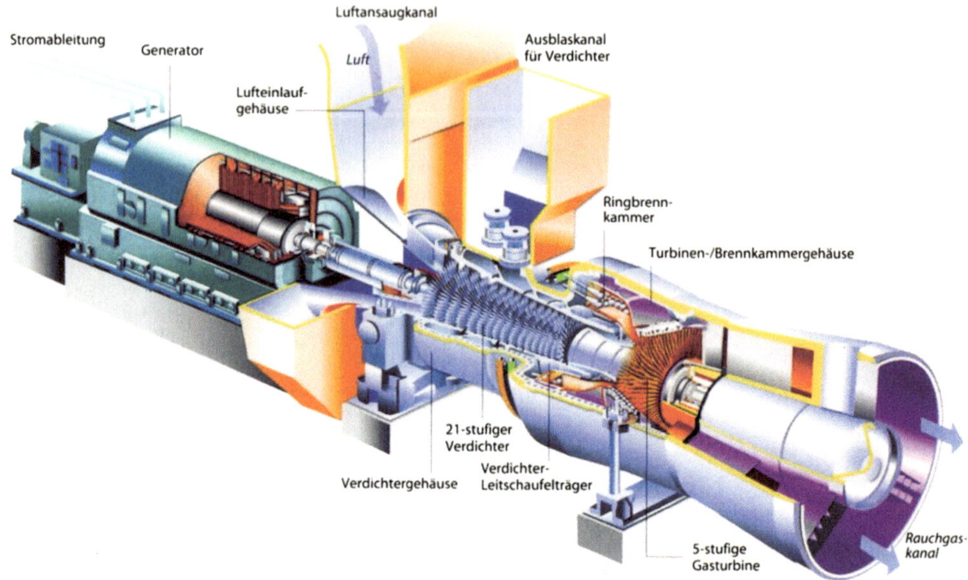

Abb. 7.10 Schnittbild einer Industrie-Gasturbine (über [32])

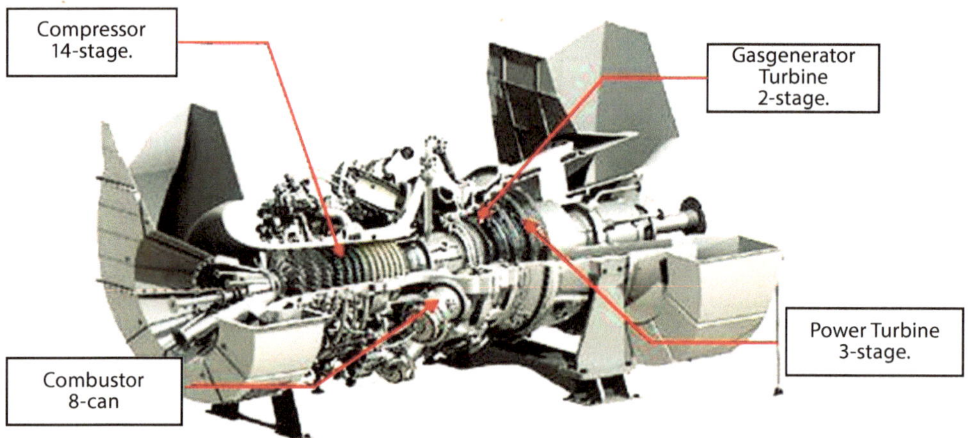

Abb. 7.11 2-Wellen-Gasturbine L30A von Kawasaki [32]

7.2.5 Nano-Gasturbinen

Nano-Gasturbinen sind sehr sehr klein (bisher minimal ein Zwanzigcentstück groß) mit sehr hohen Drehzahlen (z. B. über eine Million Umdrehungen pro Minute).

Selbstverständlich sind sowohl der Verdichter als auch die Turbine einstufig radial durchströmt.

Die Nano-Gasturbinen werden als Flugantrieb eingesetzt und könnten in der Zukunft auch als „Flüssig-Batterie“ eingesetzt werden.

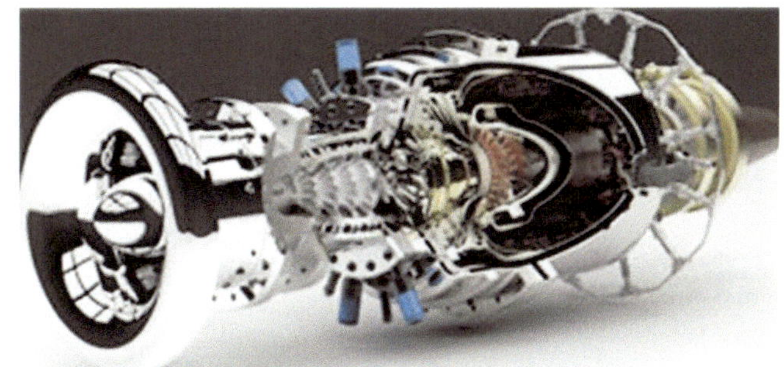

Abb. 7.12 Bild einer Klein-Gasturbine (250 kW) [Sem. Vortr. FAU Mikrogasturbinen 2014]

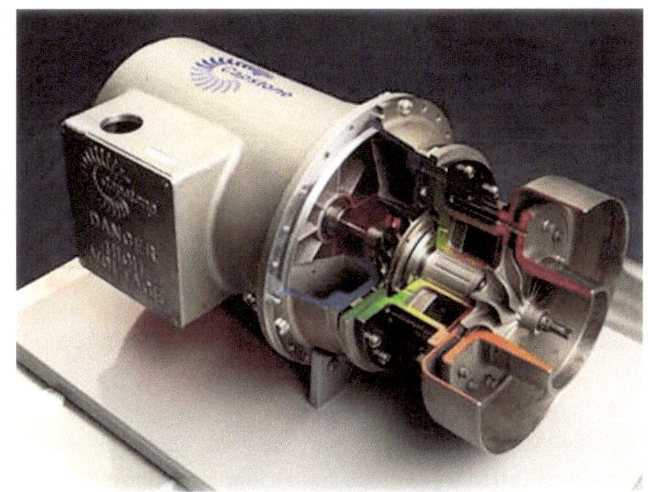

Abb. 7.13 Bild einer Mikro-Gasturbine [hessenenergie, paper, Juli 2004]

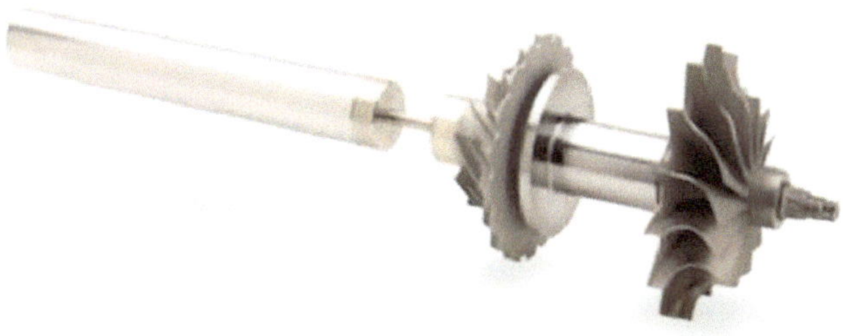

Abb. 7.14 Bild einer Mikrowelle [hessenenergie, paper, Juli 2004]

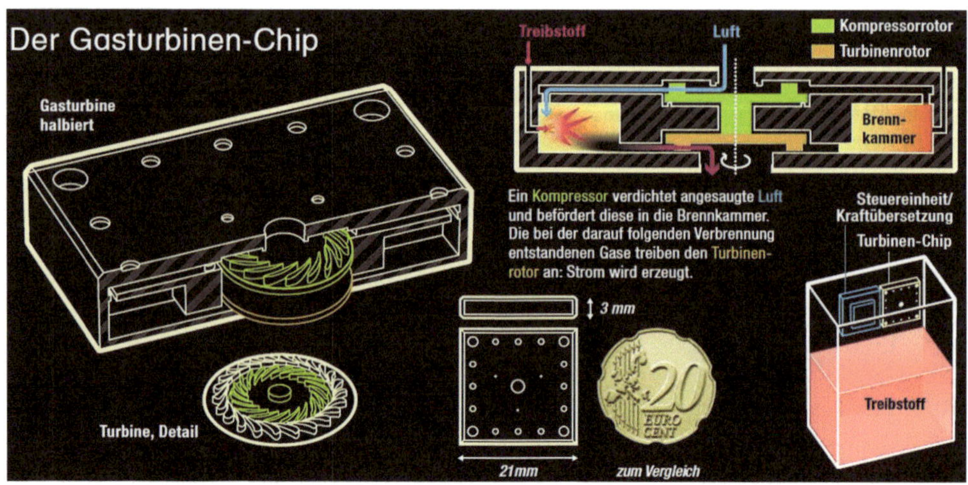

Abb. 7.15 Bild einer Nano-Gasturbine [Technology Review Dez. 2004]

7.3 Wellenleistungs-Gasturbinen/Aeroderivate Gasturbinen

Weil die Fluggasturbinen sehr erfolgreich – mit staaatlicher Unterstützung – entwickelt wurden, werden u. A. auch zur Stromerzeugung stationäre Gasturbinen-Anlagen eingesetzt, die eigentlich aus Flugtriebwerken entwickelt wurden, auch *Wellentriebwerke* genannt.

Die maximalen Leistungen sind zwar kleiner als bei den größten Gasturbinen-Anlagen (bis max. 50 MW), jedoch haben die „abgeleiteten“ gewisse Vorzüge, z. B. kleines Ge-

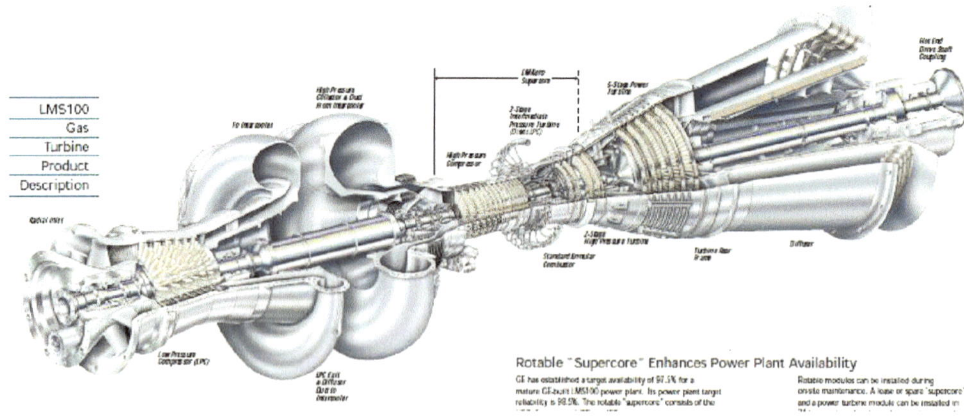

Abb. 7.16 LMS100 Flugtriebwerk-GT-Anlage [29]

wicht und Baugröße, aber natürlich auch Nachteile, wie z. B. geringere Robustheit und Lebensdauer.

7.4 Fluggasturbinen

Die ersten brauchbaren Gasturbinen fanden bereits vor etwa 70 Jahren als Flugtriebwerke Verwendung. Und die ersten „stationären" Gasturbinen-Anlagen wurden mit umgebauten Fluggasturbinen betrieben. Erst später, in den 1960er Jahren wurden mehr und mehr extra entworfene und gebaute „Heavy-Duty"-Gasturbinen eingesetzt.

Stationäre Gasturbinen und Fluggasturbinen sind natürlich sehr ähnlich, auch wenn die Abgabeleistung verschieden ist: mechanische Leistung bei den stat. Gasturbinen und kinetische Energie eines Gasstroms bei den Flugtriebwerken.

7.4.1 TL-Triebwerke

Fast baugleich zu den Gasturbinen sind die TL-Triebwerke (Turbinen-Luftstrahl-Triebwerke) (Abb. 7.17 und Abb. 7.18).

Die Anwendung des Impulssatzes führt zu der relativ einfachen Beziehung für den ***Schub*** F des Triebwerks:

$$F = \dot{m}_D \cdot c_D - \dot{m}_L \cdot c_0. \tag{7.1}$$

$\dot{m}_L$ ist der im Einlauf eintretende Luftmassenstrom und $\dot{m}_D$ der aus der Schubdüse austretende Abgasstrom mit:

$$\dot{m}_D = \dot{m}_L + \dot{m}_B = \dot{m}_L \cdot (1 + \bar{\beta}) \qquad \text{und} \tag{7.2}$$

$$\bar{\beta} =_{\text{def}} \frac{\dot{m}_B}{\dot{m}_L} \qquad \text{(gesamtes) Brennstoff/Luft-Verhältnis.} \tag{7.3}$$

Das ***Gesamt-Brennstoff/Luft-Verhältnis*** hat die Größenordnung von $\bar{\beta} \approx 0{,}02$.

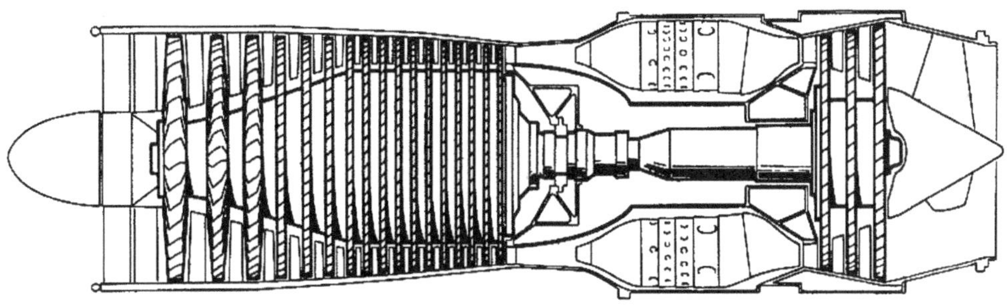

Abb. 7.17 Einwellen-Flugtriebwerk TL [4]

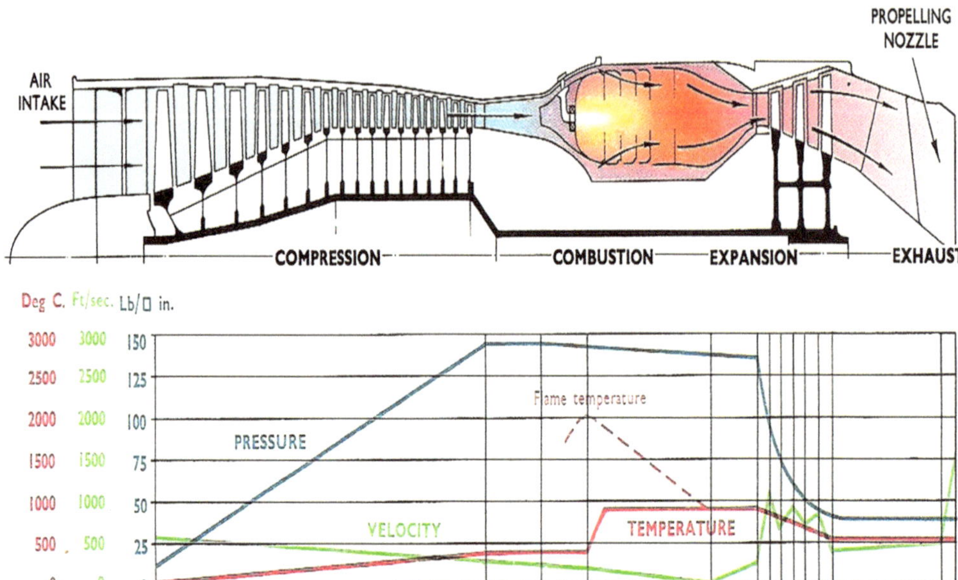

Abb. 7.18 Druck, Temperatur und Geschwindigkeit in einem TL-Triebwerk [4]

(Es unterscheidet sich bei gekühlten Turbinen von dem „lokalen" β bei der Verbrennung in der Brennkammer.)

Die Schubgleichung gilt aber nur für den Sonderfall, dass der Düsenaustrittsdruck p_D gleich dem Umgebungsdruck p_U ist ($p_D = p_U$) (angepasste Düse) und dass der Schubstrahl parallel ist und die gleiche Richtung wie die Fluggeschwindigkeit hat.

Für eine angepasste Düse, die fast immer einen konvergent-divergenten Querschnittsverlauf hätte, müsste der Austrittsquerschnitt während des Betriebes veränderlich sein, was sich konstruktiv nur mit großem Aufwand verwirklichen lässt. Daher ist bei den meisten Triebwerken die „Düse" lediglich eine konvergente Düse, genau genommen eine Mündung mit dem kleinsten Querschnitt A_D am Austritt. Und der Strahl weitet sich nach dem Austritt wegen des Druckunterschiedes, er ist nicht mehr parallel, er divergiert.

Die allgemeinere Beziehung für den Schub lautet mit dem Druckglied und dem ***Divergenzfaktor*** λ_D ($\approx 0{,}98$):

$$F = \dot{m}_D \cdot c_D \cdot \lambda_D - \dot{m}_L \cdot c_0 + (p_D - p_U) \cdot A_D \tag{7.4}$$

$$\lambda_D \approx_{\text{def}} \int_0^{A_D} \cos \alpha_D(A) \cdot dA. \tag{7.5}$$

A_D ist der Düsenaustrittsquerschnitt. Die Definition für λ_D gilt vereinfacht nur, wenn die Dichte ρ_D und der Betrag der Geschwindigkeit c_D über dem Querschnitt konstant sind.

Das Druckglied ist meist **nicht** vernachlässigbar klein!

Weil diese Beziehung umständlicher zu handhaben ist als die „ideale", wird eine ***effektive Strahlaustrittsgeschwindigkeit*** $\bar{c}_D$ definiert.

$$\bar{c}_D =_{\text{def}} c_D \cdot \lambda_D + (p_D - p_U) \cdot A_D / \dot{m}_D \tag{7.6}$$

Effektive Schubgleichung:

$$F = \dot{m}_D \cdot \bar{c}_D - \dot{m}_L \cdot c_0 = \dot{m}_L \cdot \left[\left(1 + \bar{\beta}\right) \cdot \bar{c}_D - c_0\right]. \tag{7.7}$$

Oft wird auch der Schub auf den Luftmassenstrom bezogen. Der ***spezifische Schub*** f_S ist:

$$f_S =_{\text{def}} \frac{F}{\dot{m}_L} = \left(1 + \bar{\beta}\right) \cdot \bar{c}_D - c_0. \tag{7.8}$$

Die Leistungsbilanz an der Welle des Triebwerks ergibt:

$$P_V + \eta_m \cdot P_T = 0. \tag{7.9}$$

Die Turbine muss unter Berücksichtigung der mechanischen Verluste den Verdichter antreiben. Dabei ist der ***mechanische Wirkungsgrad*** η_m auf die Turbinenleistung bezogen.

Die ***innere Leistung*** P_i ist der energetische Nutzen des Triebwerks. Er entspricht sinngemäß der inneren Kupplungsleistung einer Gasturbinenanlage.

$$P_i =_{\text{def}} \dot{m}_D \cdot \frac{\bar{c}_D^2}{2} - \dot{m}_L \cdot \frac{c_0^2}{2} = \dot{m}_L \cdot \left[(1 + \bar{\beta}) \cdot \frac{\bar{c}_D^2}{2} - \frac{c_0^2}{2}\right] \tag{7.10}$$

$$w_t =_{\text{def}} \frac{P_i}{\dot{m}_L} = (1 + \bar{\beta}) \cdot \frac{\bar{c}_D^2}{2} - \frac{c_0^2}{2} \tag{7.11}$$

w_t ist spezifische (innere) technische Arbeit.

Damit lässt sich ein ***innerer Wirkungsgrad*** η_i definieren.

$$\eta_i =_{\text{def}} \frac{P_i}{\eta_c \cdot \dot{m}_B \cdot H_{u_B}} = \frac{w_t}{\eta_c \cdot \beta \cdot H_{u_B}} = \frac{(1 + \beta) \cdot \frac{\bar{c}_D^2}{2} - \frac{c_0^2}{2}}{\eta_c \cdot \bar{\beta} \cdot H_{u_B}} \tag{7.12}$$

Die Leistungsbilanz für das Triebwerk vom bodenfesten Bezugssystem ist etwas komplizierter.

Zu der inneren Leistung P_i kommt noch die ***kinetische Brennstoffleistung*** $P_{B_{\text{kin}}}$, weil der Brennstoff vor dem Eintritt in das Triebwerk bereits die kinetische Energie der Fluggeschwindigkeit besitzt. Auf der Gegenseite der Bilanz steht die ***Schubleistung*** P_S und „leider" die ***Strahlverlustleistung*** P_{Verl}, weil der austretende Strahl eine absolute verlorene kinetische Energie besitzt.

$$P_i + P_{B_{\text{kin}}} = P_S + P_{\text{Verl}} \tag{7.13}$$

mit

$$P_{B_{\text{kin}}} = \dot{m}_B \cdot \frac{c_0^2}{2} \quad (7.14)$$

$$P_S = F \cdot c_0 \quad \text{(Leistung = Kraft} \cdot \text{Geschwindigkeit)} \quad (7.15)$$

$$P_{\text{Verl}} = \dot{m}_D \cdot \frac{(\bar{c}_D - c_0)^2}{2} \quad (7.16)$$

Energetisch lassen sich daraus der ***äußere Wirkungsgrad*** η_a und der ***Gesamtwirkungsgrad*** η_{ges} ableiten.

$$\eta_a =_{\text{def}} \frac{P_S}{P_i + P_{B_{\text{kin}}}} = \frac{2\left(\frac{c_0}{\bar{c}_D}\right) \cdot \left[(1+\bar{\beta}) - \left(\frac{c_0}{\bar{c}_D}\right)\right]}{(1+\bar{\beta}) - (1-\bar{\beta}) \cdot \left(\frac{c_0}{\bar{c}_D}\right)^2} \quad (7.17)$$

$\eta_a = 0$ für $c_0 = 0$ (Start) und $\eta_a = 1$ für $\bar{c}_D = c_0$.

$$\eta_{\text{ges}} =_{\text{def}} \frac{P_S}{\dot{m}_B \cdot H_{u_B}} \quad (7.18)$$

Für $P_{B_{\text{kin}}} \ll P_i$ bzw. $\beta \ll 1$ gilt näherungsweise:

$$\eta_{\text{ges}} \approx \eta_c \cdot \eta_i \cdot \eta_a. \quad (7.19)$$

Wichtiger als der geschwindigkeitsabhängige Wirkungsgrad ist allerdings der erzeugte Schub, weshalb man – ähnlich den Verbrennungsmotoren – einen, auf den Schub bezogenen, ***spezifischen Brennstoffverbrauch*** b_S eingeführt hat.

$$b_S =_{\text{def}} \frac{\dot{m}_B}{F} = \frac{\bar{\beta}}{f_S} = \frac{\bar{\beta}}{(1+\bar{\beta}) \cdot \bar{c}_D - c_0} \quad (7.20)$$

Eigentlich müsste auch der Heizwert berücksichtigt werden, jedoch ist der bei den verschiedenen Flugtreibstoffen wenig unterschiedlich.

Weitere Kenngrößen sind der *Stirnflächenschub* f_A und die *Einheitsmasse* m_F.

$$f_A =_{\text{def}} \frac{F}{A_{\text{Sirn}}} \quad (7.21)$$

$$m_F =_{\text{def}} \frac{m_{\text{Triebwerk}}}{F} \quad (7.22)$$

Eigentliche Optimierungsgrößen sind der spezifische Brennstoffverbrauch b_S und der spezifische Schub f_S, während der innere, äußere und Gesamtwirkungsgrad nur theoretische Bedeutung haben.

Nun zu den eigentlichen Komponenten des Triebwerks.

7.4.1.1 Einlauf

Der Einlauf des Triebwerks entspricht dem Einlass der Gasturbine.

Auf der einen Seite kann er etwas einfacher gebaut werden, weil der Luftfilter entfällt und die Schalldämmung nicht durch die Schalldämpfer eines Gasturbineneinlasses erfolgt.

Auf der anderen Seite soll der Einlauf die Luft nicht nur „einlassen", sondern bei schnellem Flug auf die gewünschte Verdichtereintrittstemperatur möglichst verlustfrei verzögern.

Beim Start bzw. bei sehr kleinen Fluggeschwindigkeiten ($c_0 \ll c_{V_E}$) könnte der Einlauf wie der Einlass berechnet werden mit einem Einlaufwirkungsgrad η_E.

$$\eta_E = \frac{\Delta h_E}{\Delta h_E - j_E} = \frac{-\Delta\left(\frac{c^2}{2}\right)_E}{-\Delta\left(\frac{c^2}{2}\right)_E - j_E} = \nu_E \tag{7.23}$$

ν_E ist das Polytropenverhältnis der Zustandsänderung vom Umgebungspunkt U zum Verdichtereintritt V_E mit Druckabsenkung.

Genau entgegengesetzt sind die Verhältnisse beim Schnellflug ($c_0 \gg c_{V_E}$). Hier findet eine Druckerhöhung statt, daher müsste der Wirkungsgrad umgekehrt definiert werden.

$$\eta_E = \frac{\Delta h_E - j_E}{\Delta h_E} = \frac{-\Delta\left(\frac{c^2}{2}\right)_E - j_E}{-\Delta\left(\frac{c^2}{2}\right)_E} = \frac{1}{\nu_E} \tag{7.24}$$

Bei „mittleren" Geschwindigkeiten ($c_0 \approx c_{V_E}$) versagt die Wirkungsgraddefinition, weil keine merkliche Energieänderung stattfindet.

Allgemein kann mit der spezifischen Dissipationsarbeit j_E direkt gearbeitet werden.

$$j_E =_{\text{def}} \zeta_E \cdot \frac{c_{V_E}^2}{2} \tag{7.25}$$

Ein Anhaltswert für den Verlustbeiwert ist $\zeta_E = 0{,}1$.

$$j_E = \Delta h_E - y_E \tag{7.26}$$

$$\Delta h_E = \frac{c_0^2}{2} - \frac{c_{V_E}^2}{2} \tag{7.27}$$

$$y_E = \Delta h_E - j_E \tag{7.28}$$

$$\nu_E = \frac{\Delta h_E}{y_E} = \frac{c_0^2 - c_{V_E}^2}{c_0^2 - c_{V_E}^2 - \zeta_E \cdot c_{V_E}^2} \tag{7.29}$$

Die Geschwindigkeiten stehen im Zusammenhang mit der Flugmachzahl Ma_0, der Schallgeschwindigkeit a_0, der Eintrittsdurchflusskenngröße φ_{V_E} und der Drehzahl n.

$$c_0 = Ma_0 \cdot a_0 = Ma_0 \cdot \sqrt{\kappa_L \cdot R_L \cdot T_U} \tag{7.30}$$

$$c_{V_E} = \varphi_{V_E} \cdot u_{V_E} = \varphi_{V_E} \cdot \pi \cdot d_{V_E} \cdot n \tag{7.31}$$

Ist bei $c_0 \approx c_{V_E}$ das Polytropenverhältnis $\nu_E \approx 0$, so kann näherungsweise gerechnet werden:

$$p_{V_E} \approx p_0 \cdot e^{\frac{y_E}{R_L \cdot T_U}}. \tag{7.32}$$

Ansonsten ($\nu_E \neq 0$) gilt die „normale" polytrope Zustandsänderung.

Wegen der bei *Überschall* ($Ma_0 > 1$) auftretenden Verdichtungsstöße steigen die Einlaufverluste ab $Ma_0 > 1$. Hier kann folgende Näherungsformel für die zusätzlichen Verluste $j_{E_{Ma_0}}$ des Einlaufs benutzt werden:

$$j_{E_{Ma_0}}(Ma_0 \geq 1) \approx 0{,}1 \cdot (Ma_0 - 1)^{\frac{3}{2}} \cdot R_L \cdot T_{t_0}. \tag{7.33}$$

Oder aber man berechnet den (geraden) Verdichtungsstoß nach dem Abschn. 1.4.2 der **GTBerErg.pdf**, der allerdings die maximal möglichen Einlauf-Verluste angibt.

7.4.1.2 Verdichter

Der Triebwerks-Verdichter ist zwar grundsätzlich wie der Verdichter der Gasturbinenanlage aufgebaut, jedoch wegen des meist höheren Druckverhältnisses und des geforderten weiteren Betriebsbereichs oft mehrwellig ausgeführt.

7.4.1.3 Brennkammer

Die Brennkammern sind *Ringrohr-Brennkammern*, um eine kleine Gesamt-Querschnittsfläche des Triebwerks zu erhalten.

Zunächst wird der Druckverlust auf Grund von Reibung in der Brennkammer untersucht. Hierfür wird vereinfacht angenommen, dass sich die Geschwindigkeit in der Brennkammer nur wenig ändert.

$$\Delta \left(\frac{c^2}{2}\right)_{BK} \approx 0 \tag{7.34}$$

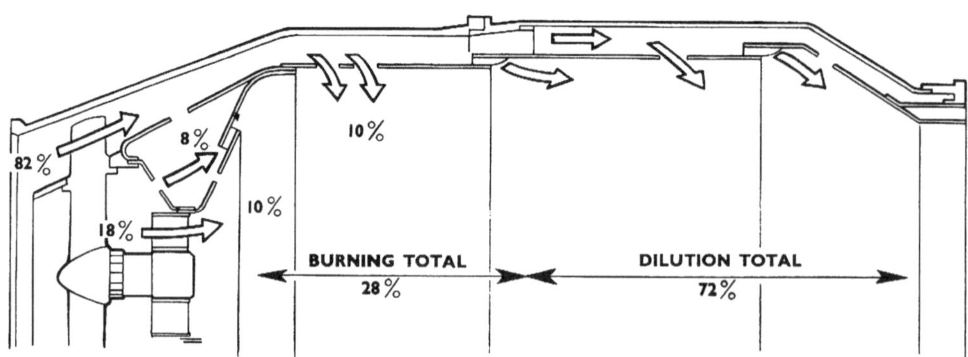

Abb. 7.19 Strömungen in der Brennkammer [4]

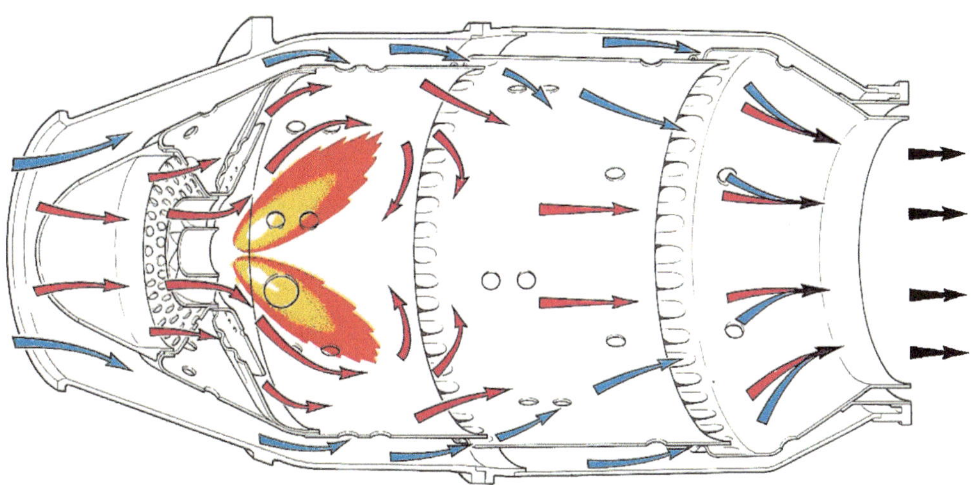

Abb. 7.20 Heiße und kalte Strömungen in der Brennkammer [4]

Weiterhin wird die spezifische Energiezufuhr $\beta \cdot H_{u_B}$ vereinfacht wie eine spezifische Wärmezufuhr q betrachtet.

$$\beta \cdot H_{u_B} \approx q \tag{7.35}$$

Damit erhält man für die statische Druckänderung in der Brennkammer:

$$dq + dj = dh - v \cdot dp \tag{7.36}$$

$$dq + dw_t = dh + \Delta\left(\frac{c^2}{2}\right) \tag{7.37}$$

$$dq \approx dh \tag{7.38}$$

$$dp \approx -\rho \cdot dj = -\frac{p}{R \cdot T} \cdot dj \tag{7.39}$$

$$dj = \frac{\xi}{D} \cdot \frac{c^2}{2} \cdot dx \tag{7.40}$$

$$\frac{dp}{p} \approx -\frac{\xi \cdot c^2}{R \cdot D \cdot 2} \cdot \frac{dx}{T} \tag{7.41}$$

$$T(x) \approx T_{BK_E} + \frac{x}{L} \cdot (T_{BK_A} - T_{BK_E}) \tag{7.42}$$

$$dT \approx \frac{(T_{BK_A} - T_{BK_E})}{L} \cdot dx \tag{7.43}$$

$$\frac{dp}{p} \approx -\frac{\xi \cdot c^2 \cdot L}{R \cdot D \cdot 2 \cdot (T_{BK_A} - T_{BK_E})} \cdot \frac{dT}{T} \tag{7.44}$$

$$j \approx \xi \cdot \frac{L}{D} \cdot \frac{c^2}{2} \tag{7.45}$$

$$\tau_{BK} =_{\text{def}} \frac{T_{BK_A}}{T_{BK_E}} \tag{7.46}$$

$$\pi_{BK} =_{\text{def}} \frac{p_{BK_A}}{p_{BK_E}} \tag{7.47}$$

$$\frac{dp}{p} \approx -\xi \cdot \frac{L}{D} \cdot \frac{\kappa \cdot Ma_E^2}{\tau_{BK} - 1} \cdot \frac{dT}{T} \tag{7.48}$$

$$\pi_{BK} \approx \tau_{BK}^{-\xi \cdot \frac{L}{D} \cdot \frac{\kappa}{\tau_{BK}-1} \cdot Ma_E^2}. \tag{7.49}$$

Die Totaldruckänderung bzw. den Totaldruckverlust erhält man nach den folgenden Beziehungen:

$$h_{t_{BK_E}} = h_{BK_E} + \frac{c_{BK_E}^2}{2} \tag{7.50}$$

$$T_{t_{BK_E}} \approx T_{BK_E} + \frac{c_{BK_E}^2}{2 \cdot c_p} \tag{7.51}$$

$$\tau_{t_{BK_E}} =_{\text{def}} \frac{T_{t_{BK_E}}}{T_{BK_E}} \tag{7.52}$$

$$\tau_{t_{BK_E}} \approx 1 + \frac{\kappa - 1}{2} \cdot \frac{c_{BK_E}^2}{\kappa \cdot R \cdot T_{BK_E}} = 1 + \frac{\kappa - 1}{2} \cdot Ma_{BK_E}^2 \tag{7.53}$$

$$\tau_{t_{BK_A}} =_{\text{def}} \frac{T_{t_{BK_A}}}{T_{BK_A}} \tag{7.54}$$

$$\tau_{t_{BK_A}} \approx 1 + \frac{\kappa - 1}{2} \cdot \frac{c_{BK_A}^2}{\kappa \cdot R \cdot T_{BK_A}} = 1 + \frac{\kappa - 1}{2} \cdot Ma_{BK_A}^2 \tag{7.55}$$

$$Ma_{BK_A} < Ma_{BK_E} \tag{7.56}$$

$$\tau_{t_{BK_A}} < \tau_{BK_E} \tag{7.57}$$

$$\pi_{t_{BK_E}} =_{\text{def}} \frac{p_{t_{BK_E}}}{p_{BK_E}} \tag{7.58}$$

$$\pi_{t_{BK_E}} \approx \tau_{t_{BK_E}}^{\frac{\kappa}{\kappa-1}} \tag{7.59}$$

$$\pi_{t_{BK_A}} =_{\text{def}} \frac{p_{t_{BK_A}}}{p_{BK_A}} \tag{7.60}$$

$$\pi_{t_{BK_A}} \approx \tau_{t_{BK_A}}^{\frac{\kappa}{\kappa-1}} \tag{7.61}$$

$$\pi_{t_{BK}} =_{\text{def}} \frac{p_{t_{BK_A}}}{p_{t_{BK_E}}} = \pi_{BK} \cdot \frac{\pi_{t_{BK_A}}}{\pi_{t_{BK_E}}} < 1. \tag{7.62}$$

7.4.1.4 Turbine

Die Turbine muss nur den Verdichter antreiben und kommt deswegen mit weniger Stufen aus als die der Gasturbine.

Obwohl die Turbineneintrittstemperaturen meist höher liegen (bzw. lagen), kann weniger gekühlt werden, weil bei Teillast – ein häufiger Betriebspunkt bei Flugtriebwerken – die Temperaturen niedriger sind.

7.4.1.5 Schubdüse

7.4.1.6 Konvergente Düse

Die Zustandsänderung in der Düse ist eine Entspannung mit dem Düsenwirkungsgrad η_D ($\approx$ 0,98), der höher als der entsprechende Turbinenwirkungsgrad η_T ($\approx$ 0,92) liegt.

Allerdings ist die Entspannung „kritisch" bzw. auch überkritisch, d. h. in der Düse wird entweder am Austritt Schallgeschwindigkeit erreicht (konvergente Düse) oder sogar bei den weiter entwickelten Düsen Überschall.

Zunächst die Entspannung bis zum Düsenende D mit dem kritischen Druckverhältnis $\pi_{D_{\text{krit}}}$. Bei idealem Gas mit konstanten Wärmekapazitäten (c_p = konst. usw.) und isentroper Zustandsänderung (s = konst.) gilt die einfache Beziehung:

$$\tau_{D_{\text{krit}}} = \frac{2}{\kappa_D + 1} \tag{7.63}$$

$$\pi_{D_{\text{krit}}} = \tau_{D_{\text{krit}}}^{\frac{\kappa_D}{\kappa_D - 1}} \tag{7.64}$$

$$T_D = \tau_{D_{\text{krit}}} \cdot T_{T_A} \tag{7.65}$$

$$p_D = \pi_{D_{\text{krit}}} \cdot p_{T_A} \tag{7.66}$$

$$h_D = c_p \cdot T_D \tag{7.67}$$

$$c_D = \sqrt{h_{T_A} + c_{T_A}^2/2 - h_D} \tag{7.68}$$

$$\rho_D = \frac{p_D}{R_D \cdot T_D} \tag{7.69}$$

$$A_D = \dot{m}_D/(c_D \cdot \rho_D). \tag{7.70}$$

Bei veränderlichen κ-Werten und (leicht) verlustbehafteter Strömung ist nur eine numerische Lösung möglich.

Schließlich die wirksame Austrittsgeschwindigkeit $c_{D_{\text{wirks}}}$ mit dem Divergenzfaktor λ_D und die effektive Düsenaustrittsgeschwindigkeit $\bar{c}_D$:

$$c_{D_{\text{wirks}}} = c_D \cdot \lambda_D \tag{7.71}$$

$$\bar{c}_D = c_{D_{\text{wirks}}} + (p_D - p_U) \cdot A_D/\dot{m}_D. \tag{7.72}$$

Der Querschnitt A_D der Schubdüse muss verändert werden können, um eine optimale Anpassung an die verschiedenen Flugzustände zu ermöglichen.

T, s-Diagramme für ein TL-Triebwerk beim Start (Abb. 7.21).

Das Triebwerk J79, eingebaut im Starfighter und der Phantom, war oder ist das größte einwellige Triebwerk!

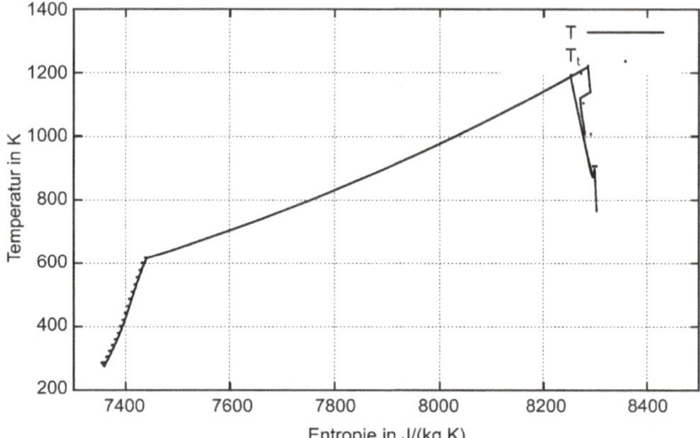

Abb. 7.21 T, s-Diagramm für das TL-Flugtriebwerk J79 beim Start

Abb. 7.22 TL-Flugtriebwerk J79-11 [Erding 2017]

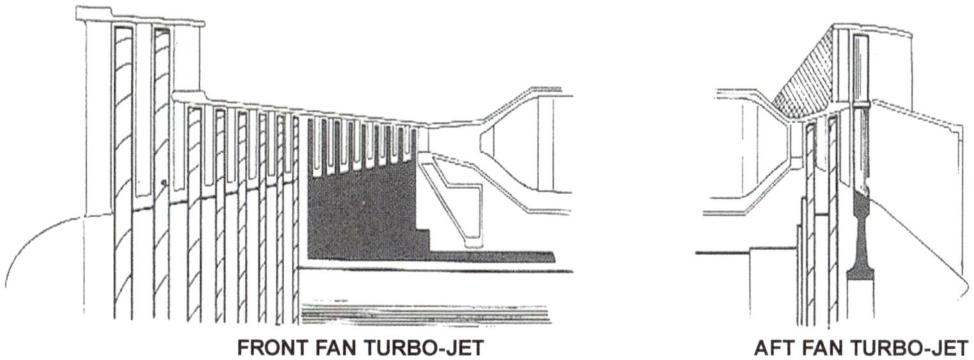

Abb. 7.23 Front- und After-Anordnung des Zweiten Kreises ZTL [4]

Abb. 7.24 Ansicht eines 3-welligen ZTL-Flugtriebwerks RR Trent 1000 [30]

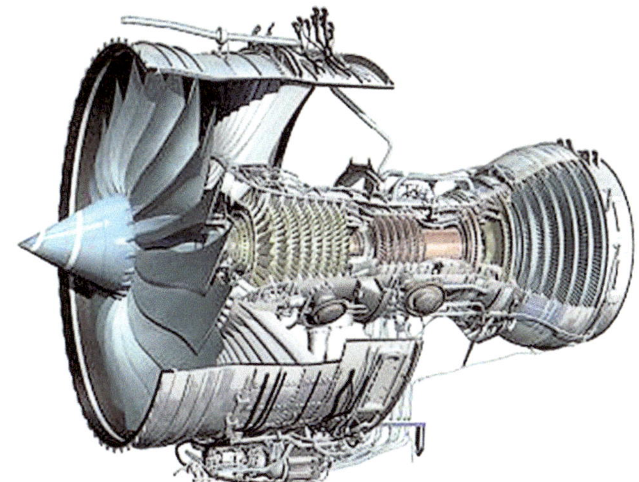

7.4.2 ZTL-Triebwerke

Die ZTL-Triebwerke (Zweistrom/Zweikreis-Turbinen-Luftstrahl-Triebwerke) haben einen zweiten durchströmenden Luftstrom, der nur verdichtet und sogleich wieder in einer Düse entspannt wird. Der zweite Luftmassenstrom kann 10 bis 15 mal größer sein als der innere, erste.

Dadurch wird die mittlere Austrittsgeschwindigkeit verringert und somit die äußeren absoluten kinetischen Verluste des Abgasstrahls.

T, s-Diagramme für zwei ZTL-Triebwerke (Abb. 7.25 und Abb. 7.26).

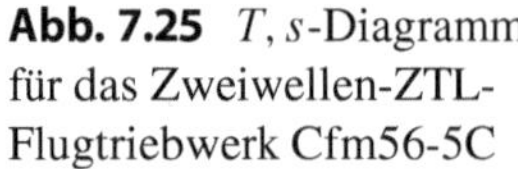

Abb. 7.25 T, s-Diagramm für das Zweiwellen-ZTL-Flugtriebwerk Cfm56-5C

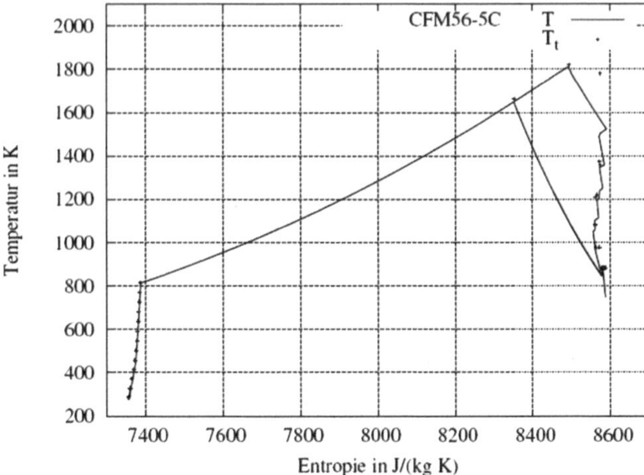

Abb. 7.26 T, s-Diagramm für das Dreiwellen-ZTL-Flugtriebwerk Trent877

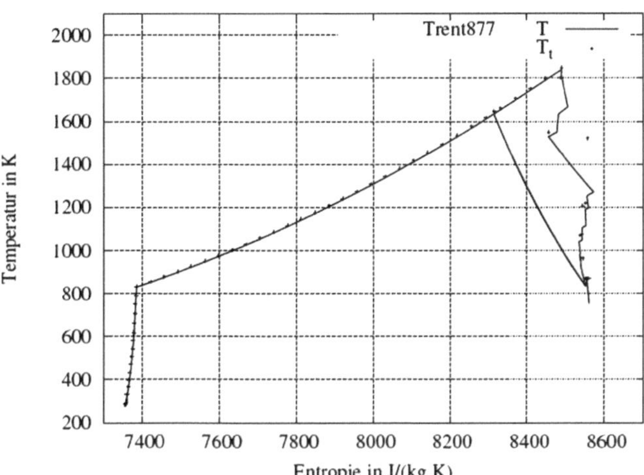

7.4.3 Fan (Bläser) mit Getriebe (geared fan)

Weil auf der gemeinsamen Welle mit dem letzten Turbinenteil die Drehzahl für die Turbine zu klein, für den Bläser (Fan) dagegen wegen der langen Schaufeln zu groß ist, wird bei neueren Triebwerken ein Getriebe für den Fan eingesetzt (geared fan). Wird der Bläser gegenläufig zum Verdichter angetrieben, kann sogar das erste Leitrad des Verdichters eingespart werden.

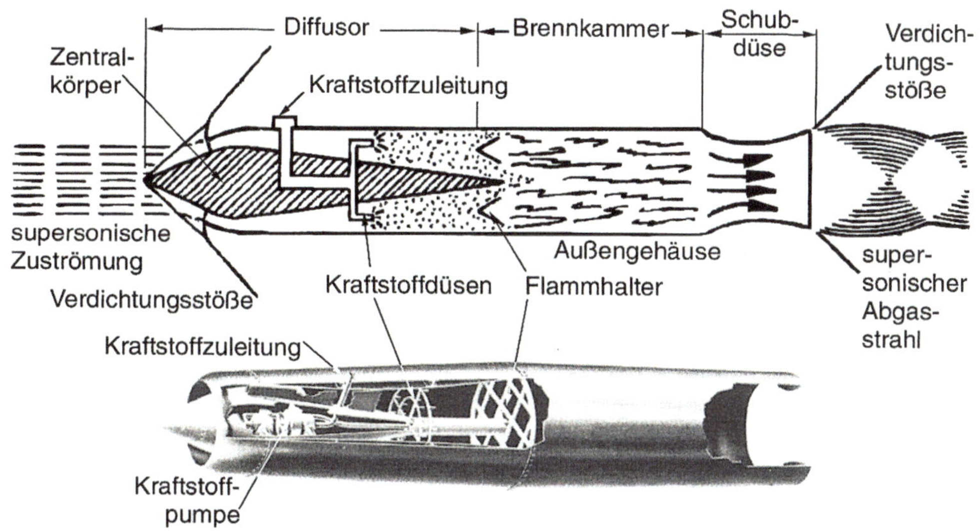

Abb. 7.27 Prinzipbild eines Ramjets [33]

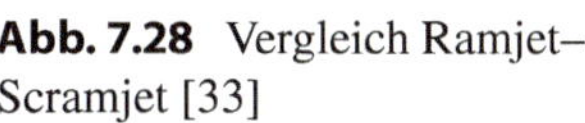

Abb. 7.28 Vergleich Ramjet–Scramjet [33]

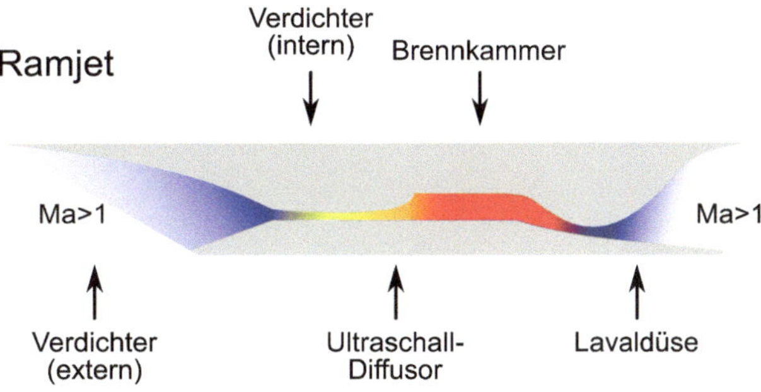

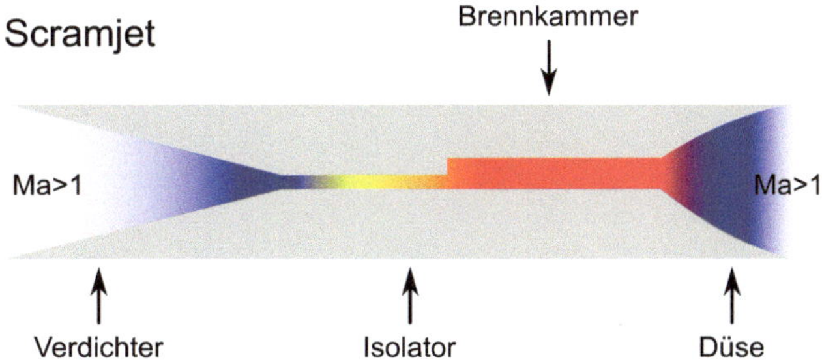

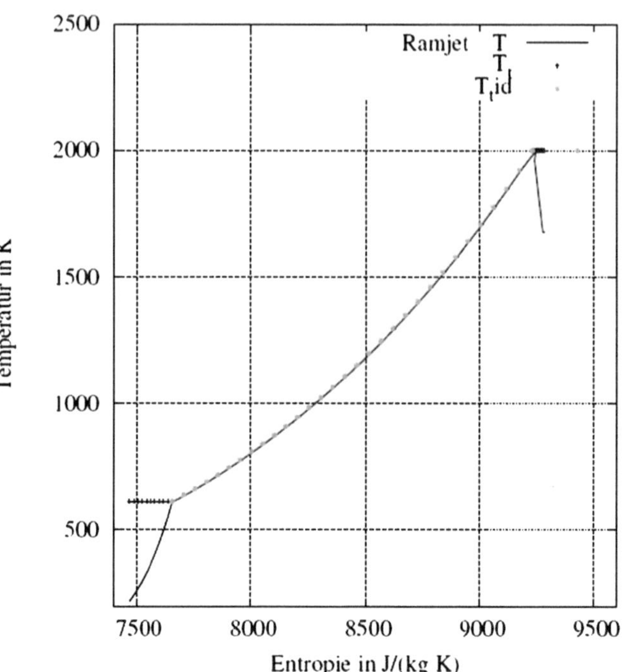

Abb. 7.29 T, s-Diagramm eines Ramjets

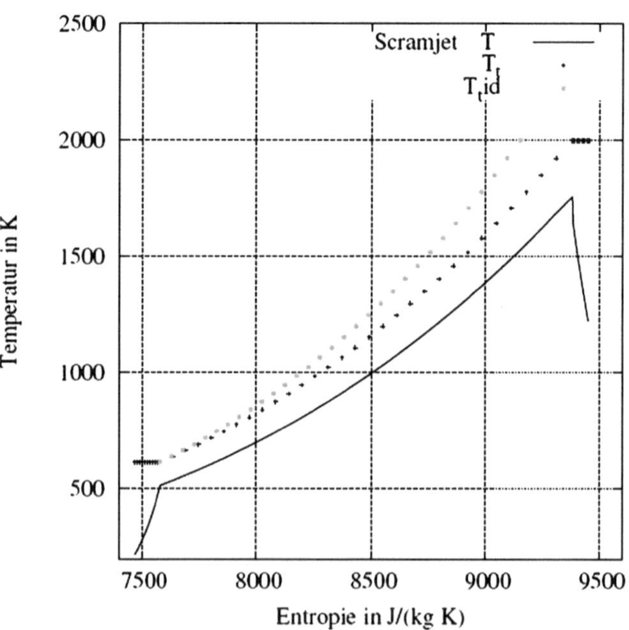

Abb. 7.30 T, s-Diagramm eines Scramjets

7.4.4 Ramjets und Scramjets

Schließlich gibt es Flugtriebwerke, bei denen der Turboteil (Verdichter und Turbine) entfallen. Diese Ramjets (mit Unterschallverbrennung) und Scramjets (mit Überschallverbrennung) erzielen die Druckerhöhung durch den Aufstau im Einlauf. Sie können natürlich nicht von selbst starten, sondern müssen durch einen anderen Flugkörper auf große Höhe und Geschwindigkeit gebracht werden.

Die grünen Punkte geben die Verbrennung ohne Totaldruckabfall an, der natürlich bei der Überschallverbrennung wegen der hohen Geschwindigkeiten besonders groß ist.

8 Betriebsverhalten

Wie im vorhergehenden Kapitel über Wirtschaftlichkeit gezeigt wurde, ist für die ökonomische Bewertung einer Anlage nicht der (maximale) Wirkungsgrad, sondern der (mittlere) Nutzungsgrad einer Gasturbinenanlage relevant. Dieser berücksichtigt vor allem die Tatsache, dass der Wirkungsgrad einer Anlage bei Teillast meist kleiner ist als der Wert bei Nennlast. Es ist daher wichtig, für die Bestimmung des Nutzungsgrades die Teillastwirkungsgrade in Abhängigkeit von der vorgegebenen veränderlichen Leistung zu kennen.

Dies setzt aber die Kenntnis des ***stationären*** Betriebsverhaltens nicht nur der Gesamtanlage, sondern auch deren Komponenten voraus. Stationär bedeutet, dass die einzelnen Teillast-Betriebszustände zeitlich unveränderlich betrachtet werden im Gegensatz zu den ***transienten*** Betriebszuständen, etwa beim An- und Abfahren oder schnellen Lastwechseln der Anlage. Die An- und Abfahrvorgänge werden in dem zweiten Teil dieses Kapitels behandelt.

8.1 Stationäres Betriebsverhalten

Beim ***stationären Betriebsverhalten*** einer Gasturbinenanlage arbeiten alle Komponenten derart zusammen, dass – wie bei dem Auslegungspunkt mit dem Index AP – die „Anschlussbedingungen“ für die Massenströme und die Zustandsgrößen an den Schnittstellen erfüllt sind und dass die Anlagenkomponenten entsprechend ihrem Betriebsverhalten stationäre Betriebspunkte einnehmen. Desweiteren gilt bei Einwellenanlagen, dass die Drehzahl von Verdichter und Turbine gleich ist und bei Generatorantrieb natürlich der Nenndrehzahl entspricht.

Ein Betriebspunkt ist festgelegt durch den Ansaug- gleich Umgebungs-Zustand der Luft (p_U,T_U und φ_{Luft}) und z. B. den Brennstoffmassenstrom $\dot{m}_B$.

Unbekannt sind bzw. berechnet werden müssen u. a. der Ansaugluftmassenstrom $\dot{m}_{V_E}$, das Druckverhältnis π_{t_V} des Verdichters, die Turbineneintrittstemperatur $T_{t_{T_E}}$, die Turbinenaustrittstemperatur $T_{t_{T_A}}$ und die Anlagenleistung P_{el}.

W. Bitterlich, U. Lohmann, *Gasturbinenanlagen*, https://doi.org/10.1007/978-3-658-15067-9_8

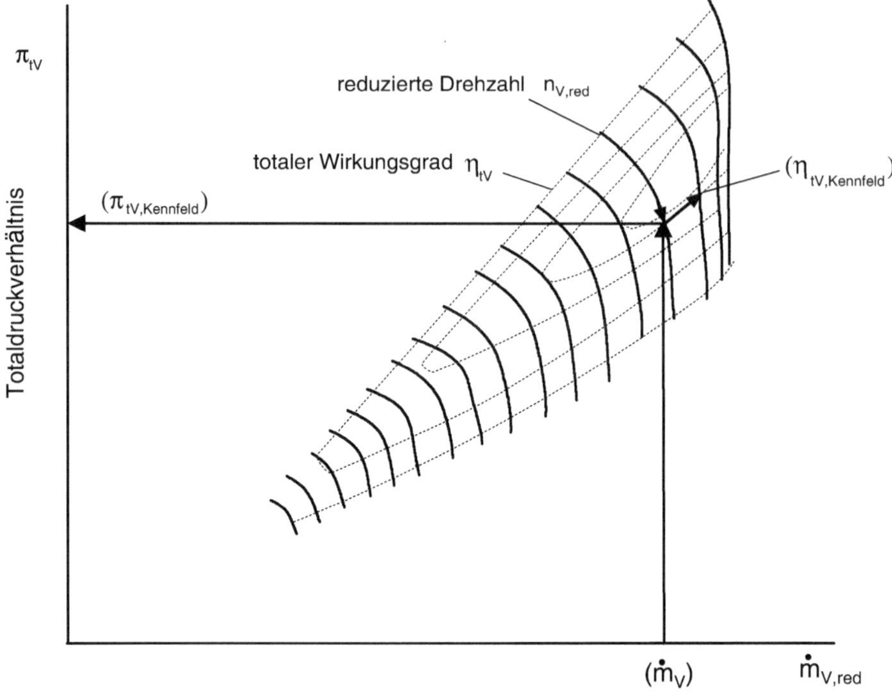

Abb. 8.1 Kennfeld eines Verdichters

Liegen Kennfelder vom Verdichter und von der Turbine vor, die auf die jeweiligen Eintrittszustände bezogen sind (Abb. 8.1 und 8.2), so lässt sich ein Betriebspunkt vereinfacht relativ leicht grafisch und natürlich auch numerisch ermitteln.

Bei einem ***Verdichterkennfeld*** werden meistens das Verdichterdruckverhältnis π_{t_V} und der Wirkungsgrad η_{t_V} angegeben als Funktion des *reduzierten Massenstromes* $\dot{m}_{\text{red}_V}$ und der *reduzierten Drehzahl* n_{red_V}.

$$\dot{m}_{\text{red}_V} =_{\text{def}} \dot{m}_V \cdot \frac{\sqrt{R_L \cdot T_U}}{p_U}$$
$$n_{\text{red}_V} =_{\text{def}} n \cdot \frac{1}{\sqrt{R_L \cdot T_U}} \tag{8.1}$$

Will man näherungsweise das Kennfeld eines anderen Verdichters benutzen, so sollte man das Druckverhältnis ***generalisieren***, weil so die möglicherweise großen Unterschiede im Druckverhältnis relativiert werden.

$$\pi_{t_{V_{\text{gen}}}} =_{\text{def}} \frac{\pi_{t_V} - 1}{\pi_{t_{V_{AP}}} - 1} \tag{8.2}$$

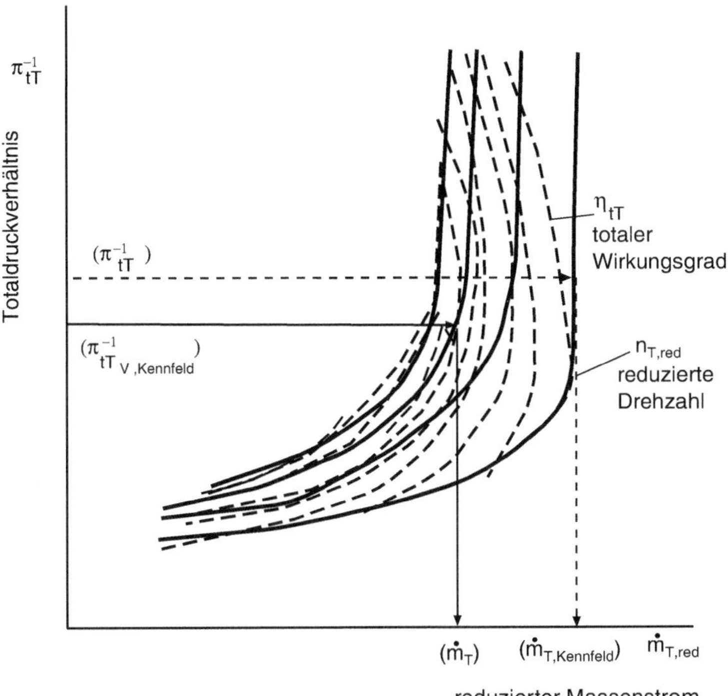

Abb. 8.2 Kennfeld einer Turbine [16]

Der Index $_{AP}$ zeigt den Wert einer Größe im *Auslegungszustand* oder *Nennzustand* an.

Bei den Turbinen gibt es ähnliche Kennfelder, wobei meistens der Kehrwert des Druckverhältnisses $\pi_{t_T}^{-1}$ und der Wirkungsgrad η_{t_T} als Funktionen des reduzierten Massenstromes $\dot{m}_{\text{red}_T}$ und der reduzierten Drehzahl n_{red_T} angegeben werden.

$$\begin{aligned} \dot{m}_{\text{red}_T} &=_{\text{def}} \dot{m}_T \cdot \frac{\sqrt{R_G \cdot T_{t_{T_E}}}}{p_{t_{T_E}}} \\ n_{\text{red}_T} &=_{\text{def}} n \cdot \frac{1}{\sqrt{R_G \cdot T_{t_{T_E}}}} \end{aligned} \tag{8.3}$$

Eine weitere Vereinfachung ist es, anstelle der durch die möglicherweise gemessenen oder durch komplizierte Berechnungen erstellten Kennfelder die ***Mengendruckgleichungen*** nach Linnecken [3] zu benutzten.

$$\dot{m}_T = K_L \cdot \frac{p_{t_{T_E}}}{\sqrt{R_G \cdot T_{t_{T_E}}}} \cdot \sqrt{1 - \left(\frac{p_{t_{T_A}}}{p_{t_{T_E}}}\right)^2} \quad \text{bei unterkritischem Betrieb}$$

$$\dot{m}_T = K_L \cdot \frac{p_{t_{T_E}}}{\sqrt{R_G \cdot T_{t_{T_E}}}} \cdot (1 - \pi_{t_k}) \quad \text{bei kritischem Betrieb} \tag{8.4}$$

mit $\pi_{t_k} = \left(\frac{p_{t_{T_A}}}{p_{t_{T_E}}}\right)_{\text{kritisch}}$ Die Konstante K_L kann leicht aus den Werten im Auslegungspunkt bestimmt werden.

Statische und totale Werte der Temperaturen und der Drücke werden vereinfacht gleich gesetzt.

Die Bestimmung eines Betriebspunktes der Gasturbinenanlage mit Benutzung von Kennfeldern wird im Folgenden beschrieben.

Zu einem vorgewählten Verdichtermassenstrom $\dot{m}_V$ „gehören" entsprechend dem Kennfeld ein bestimmtes Druckverhältnis π_{t_V} (vgl. Abb. 8.1) und über den Wirkungsgrad η_{tV} eine Austrittstemperatur $T_{t_{V_A}}$.

In der Brennkammer wird der vorgegebene Brennstoff $\dot{m}_B$ mit der Luft verbrannt, so dass auch die Turbineneintrittstemperatur $T_{t_{T_E}}$ berechnet werden kann. Die Druckverluste in der Brennkammer müssen abgeschätzt werden, eventuell durch ein konstantes Brennkammerdruckverhältnis $\pi_{t_{BK}} =_{\text{def}} \frac{p_{t_{T_E}}}{p_{t_{V_A}}} \approx \pi_{t_{BK},AP}$.

$$\begin{aligned}
\beta &= \frac{\dot{m}_B}{\dot{m}_V} \\
\dot{m}_T &= \dot{m}_B + \dot{m}_V \\
h_{t_{T_E}} &= \frac{h_{t_{V_A}} + \beta \cdot (h_{t_{B_E}} + \eta_c \cdot H_{u_B})}{1 + \beta} \\
p_{t_{T_E}} &= p_{t_{V_A}} \cdot \pi_{t_{BK}} \\
T_{t_{T_E}} &= T_G(h_{t_{T_E}}, p_{t_{T_E}})
\end{aligned} \tag{8.5}$$

Damit liegt der Turbineneintrittszustand fest, so dass aus dem Kennfeld das Druckverhältnis $\pi^{-1}_{t_{T,\text{Kennfeld}}}$ der Turbine „abgelesen" werden kann (vgl. Abb. 8.2).

Das Druckverhältnis aus dem Kennfeld muss im Betriebspunkt dem Druckverhältnis der Turbine aus Eintritts- und Austrittsdruck entsprechen.

$$\pi^{-1}_{t_{T,\text{Kennfeld}}} = \frac{p_{t_{T_E}}}{p_{t_{T_A}}}! \tag{8.6}$$

Bei Ungleichheit muss ein anderer Verdichtermassenstrom gewählt werden, bis die Bedingung erfüllt ist.

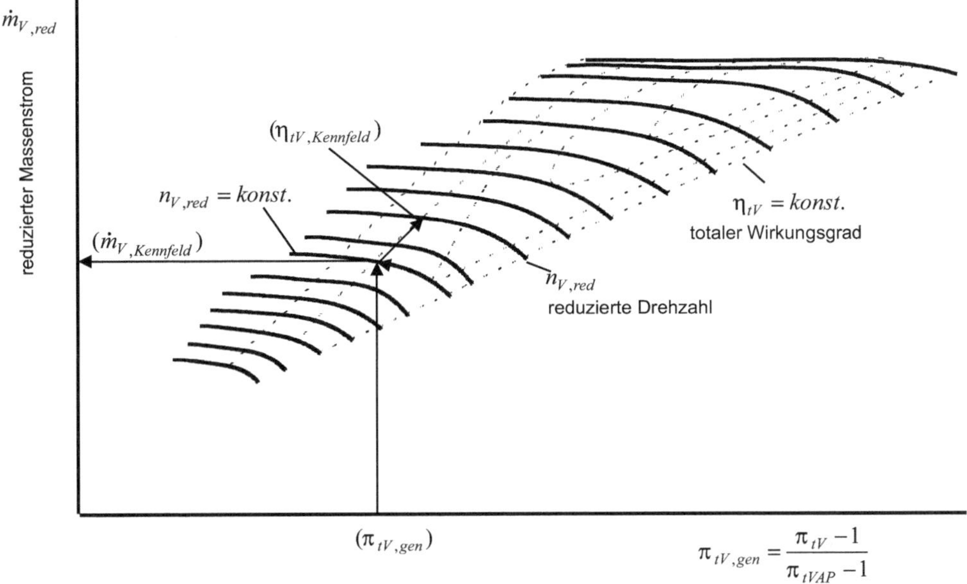

Abb. 8.3 „Umgekehrtes" Kennfeld eines Verdichters

Eine Schwierigkeit besteht darin, dass die Kennlinien des Verdichters bei konstanter Drehzahl sehr steil sind, so dass die Vorgabe des Massenstroms sehr genau sein müsste.

Abhilfe schafft hier die Umkehrung des Kennfeldes (Abb. 8.3) mit Vorgabe des Druckverhältnisses und Berechnung des Massenstromes.

Gleiches kann auch bei der Turbine erfolgen: Vorgabe des Turbinendruckverhältnisses und Berechnung des Massenstromes (vgl. Abb. 8.2).

Dieser muss dann gleich sein der Summe aus Verdichter- und Brennstoffmassenstrom.

$$\dot{m}_{T,\mathrm{Kennfeld}} = \dot{m}_{V,\mathrm{Kennfeld}} + \dot{m}_B! \tag{8.7}$$

Die gewünscht Leistung $P_{k-\mathrm{Vorgabe}}$ erhält man, indem man die für die verschiedenen Brennstoffmassenströme $\dot{m}_B$ berechneten Leistungen P_k über $\dot{m}_B$ aufträgt und $\dot{m}_{B,\mathrm{Vorgabe}}$ durch Interpolation ermittelt (Abb. 8.4).

Verfügt der Verdichter über verstellbare Leitschaufeln der ersten Stufen oder über ein Vorleitrad (Abb. 8.5), so gibt es kein einfaches zweidimensionales Kennfeld mehr, da die Winkelstellung des Vorleitrades bzw. der Leiträder das Kennfeld verändert, so dass ein dreidimensionales Kennfeld erstellt werden müsste (Abb. 8.6). Eigentlich kein großes Problem, nur die zeichnerische Darstellung ist sehr unübersichtlich.

Ähnlich sind die Verhältnisse bei einem Verdichter mit verstellbaren Leitschaufeln der ersten Stufen, ohne Vorleitrad.

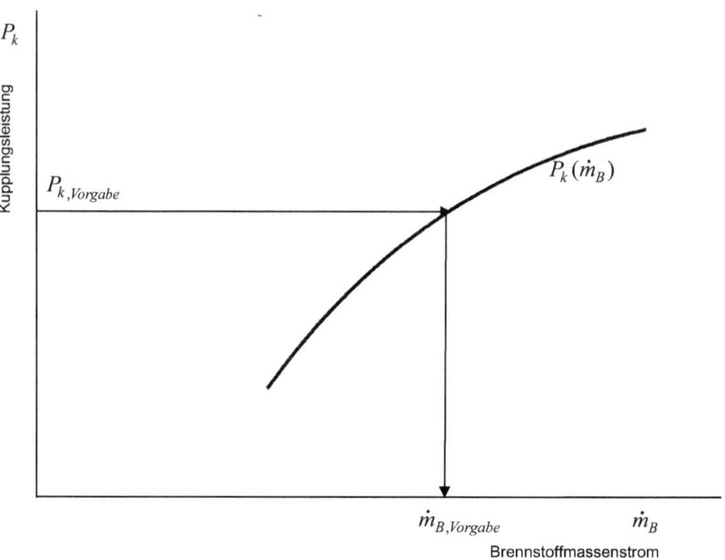

Abb. 8.4 Ermittlung des Vorgabe-Brennstoffmassenstroms durch Interpolation

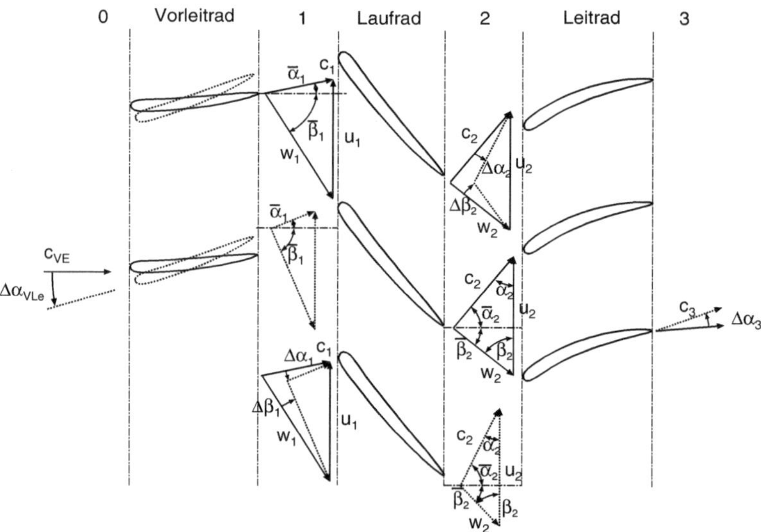

Abb. 8.5 Erste Stufe eines Verdichters mit verstellbarem Vorleitrad

Da nun neben dem Brennstoffmassenstrom eine weitere Größe, der ***Verstellwinkel*** $\Delta\alpha_{VLE}$, vorgegeben werden kann, muss zur Bestimmung des Betriebspunktes eine zusätzliche Größe festgelegt werden. Dies ist z. B. die Turbinenaustrittstemperatur $T_{t_{T_A}}$, die vor allem bei GuD-Anlagen konstant gehalten wird.

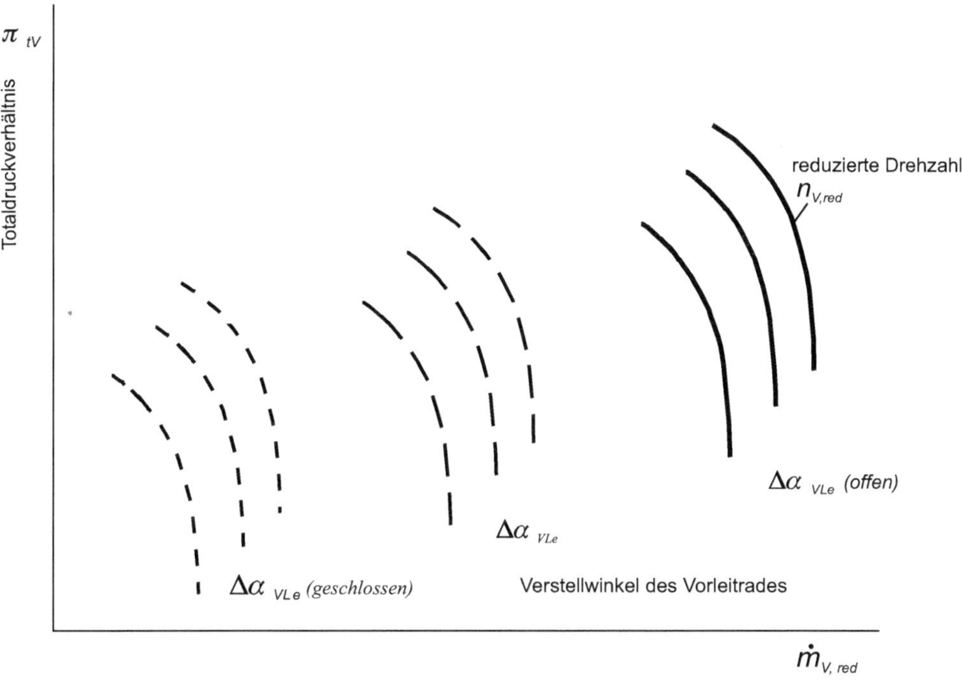

Abb. 8.6 Dreidimensionales Kennfeld eines Verdichters mit verstellbarem Vorleitrad

Durch Umkehrung der funktionalen Beziehungen, die bei der Rechnung natürlich numerisch erfolgt, kann der gewünschte Betriebspunkt ermittelt werden.

$$\begin{aligned}
\dot{m}_B(\Delta\alpha_{VLe}) &= \dot{m}_B(\Delta\alpha_{VLe}, T_{tTA,\text{Vorgabe}}) \\
P_k(\Delta\alpha_{VLe}) &= P_k(\Delta\alpha_{VLe}, \dot{m}_B(\Delta\alpha_{VLe})) \\
\Delta\alpha_{VLe,\text{Vorgabe}} &= \Delta\alpha_{VLe}(P_{k,\text{Vorgabe}}) \\
\dot{m}_{B,\text{Vorgabe}} &= \dot{m}_B(\Delta\alpha_{VLe,\text{Vorgabe}})
\end{aligned} \tag{8.8}$$

Die zeichnerische Darstellung des Lösungsweges wird in den Abb. 8.7 und 8.8 dargestellt.

Ein großes Problem bei der Darstellung der Betriebspunkte durch Kennfelder bzw. durch die entsprechenden funktionalen Zusammenhänge der einzelnen Komponenten stellt die Kühlung der Turbine dar.

Die Kühlluft wird nicht nur nach dem Verdichter, sondern in bestimmten Stufen innerhalb des Verdichters entnommen. Die Entnahmemengen haben aber wegen der „Steilheit" der Kennlinien großen Einfluss auf das Betriebsverhalten des Verdichters. Auf der anderen Seite hängen diese Kühlluftmassenströme auch von den Zuständen, vor allem den Drücken, in den Turbinenstufen ab.

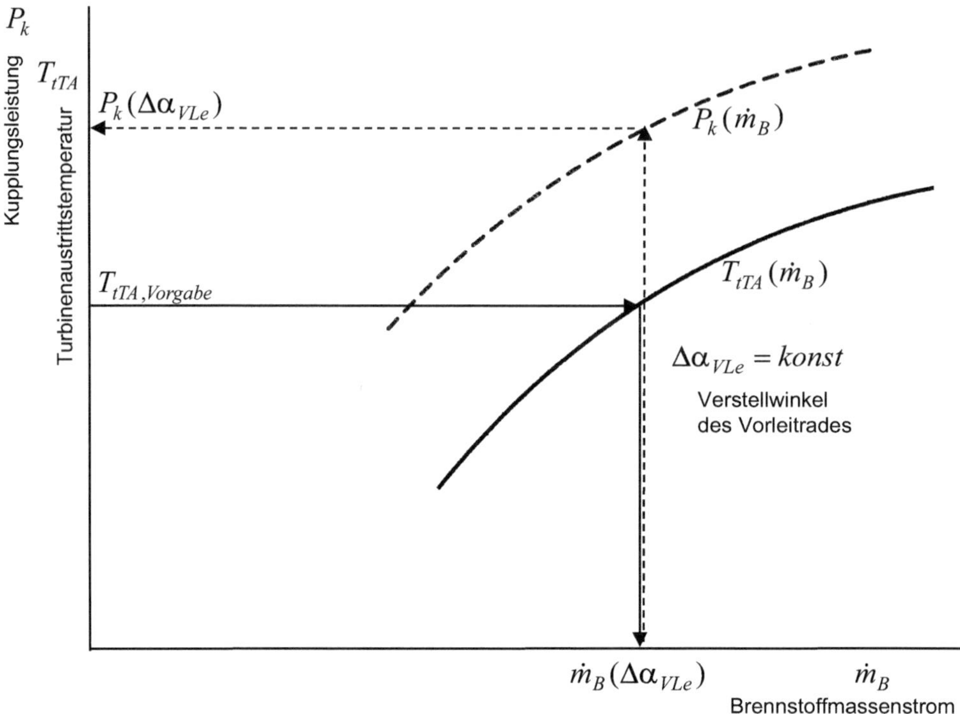

Abb. 8.7 Ermittlung des Massenstromes und der Leistung bei vorgegebenen Werten für den Verstellwinkel des Vorleitrades und die Turbinenaustrittstemperatur

Mit anderen Worten: Verdichter und Turbine können nicht mehr entkoppelt getrennt betrachtet, sondern nur im Zusammenhang gesehen und berechnet werden.

Formal ändert sich wenig.

Zu einem bestimmten Verdichtereintrittsmassenstrom gehören ein bestimmter Verdichtereintrittszustand, bestimmte Werte für das Druckverhältnis, die Verdichteraustrittstemperatur, Kühlluftentnahmemengen, Turbineneintrittstemperatur und -druck, Turbinenaustritt und schließlich der Anlagenaustritt. Hier ist die Bedingung, dass der statische Anlagenaustrittsdruck gleich dem Umgebungsdruck sein muss.

$$p_{A_A} = p_U \tag{8.9}$$

Allerdings müssen und können die einzelnen Anlagenkomponenten nun sehr viel genauer untersucht und berechnet werden.

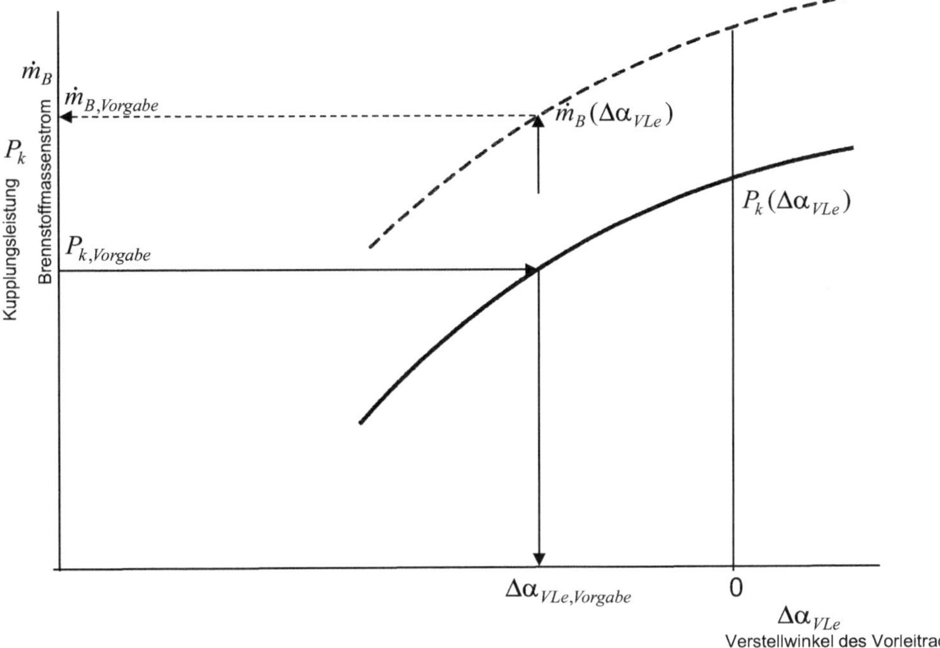

Abb. 8.8 Ermittlung des Verstellwinkels des Vorleitrades und des Brennstoffmassenstromes für eine vorgegebene Leistung

Da dies sehr aufwändig ist und die exakte Simulationsrechnung viele Rechner überfordert, wird es hier nicht vorgeführt und ist nur in der [39, GTBerErg.pdf] im Kapitel Betriebsverhalten nachzusehen!

8.1.1 Gesamtanlage

Wie schon zu Anfang dieses Abschnittes gesagt, liegt dann ein berechneter Betriebspunkt der Anlage vor, wenn der Anlagenaustrittsdruck dem Umgebungsdruck entspricht (Abb. 8.9).

Beispielhaft werden in den folgenden beiden Abb. 8.10 und Abb. 8.11 einige Betriebszustände einer bestimmten Gasturbinenanlage in Abhängigkeit vom reduzierten Massenstrom dargestellt. Die Daten gelten für eine Gastubinen-Anlage mit 30 MW elektrischer Nennleistung.

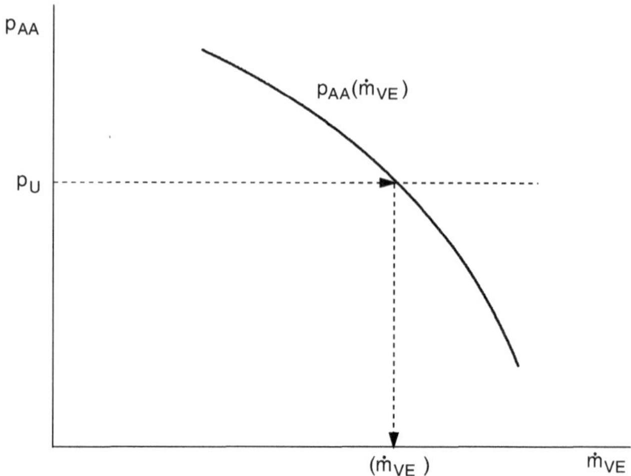

Abb. 8.9 Berechneter Anlagenaustrittsdruck in Abhängigkeit vom Verdichter-Eintrittsmassenstrom

In dem ersten Diagramm (Abb. 8.10) sind für stationäre Betriebspunkte aufgetragen das Druckverhältnis π_{t_V} des Verdichters über dem reduzierten Massenstrom $\dot{m}_{\text{red}_V}$. Die reduzierten Größen sind – abweichend von den 2 Gl. 8.1 – derart definiert, dass sie im Auslegungspunkt (Index AP_V) den „natürlichen" Größen entsprechen (Gl. 8.12).

$$\pi_{t_V} =_{\text{def}} \frac{p_{t_{V_A}}}{p_U} \tag{8.10}$$

$$\dot{m}_{\text{red}_V} =_{\text{def}} \dot{m}_{V_E} \cdot \frac{p_{U_{AP}}}{p_U} \cdot \sqrt{\frac{R_L \cdot T_U}{R_{L_{AP}} \cdot T_{U_{AP}}}} \tag{8.11}$$

$$n_{\text{red}_V} =_{\text{def}} n \cdot \sqrt{\frac{R_{L_{AP}} \cdot T_{U_{AP}}}{R_L \cdot T_U}} \tag{8.12}$$

Verändert werden die Umgebungsbedingungen (T_U, p_U und φ) sowie der Verstellwinkel ($\Delta\alpha_{VLe}$) des Vorleitrades. Durch die Regelung konstant gehalten werden die Drehzahl (n) und (bei diesem Zahlenbeispiel) die Anlagen-Austrittstemperatur ($T_{t_{A_A}}$).

Für den Verdichter ist im Punkt (AP_V) der Auslegungspunkt eingetragen.

Änderungen der relativen Feuchtigkeit φ der Luft führen über die spezifische Gaskonstante R_L der Luft zu etwas unterschiedlichen reduzierten Drehzahlen, jedoch sind die Unterschiede der Extremwerte absolut trocken ($\varphi_{\text{Luft}} = 0$) und feucht gesättigt ($\varphi_{\text{Luft}} = 100\,\%$) gegenüber der „Normalfeuchte" ($\varphi_{\text{Luft}} = 60\,\%$) in diesem Diagramm kaum darzustellen.

Ähnliches gilt für den Umgebungsdruck.

Stark bemerkbar macht sich dagegen die Umgebungstemperatur T_U. Sie geht direkt in die reduzierte Drehzahl ein und führt zu Betriebspunkten, die bei höheren Temperaturen

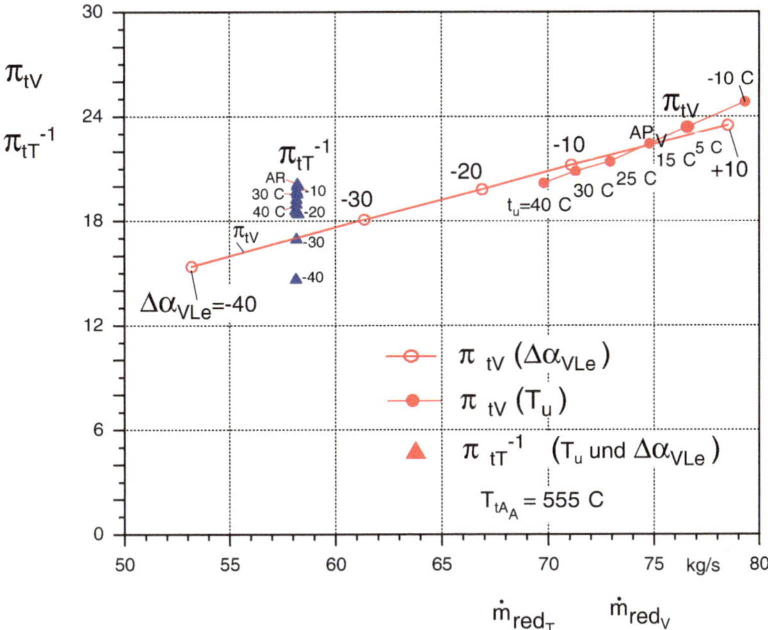

Abb. 8.10 Druckverhältnis, Massenstromdiagramm für die Turbinen-Betriebspunkte $\pi_{t_T}^{-1}$ und die Verdichter-Betriebskennlinien π_{t_V} einer 30 MW-Gasturbinenanlage bei konstanter Anlagen-Austrittstemperatur $T_{t_{A_A}}$

als die Auslegungstemperatur „links", d. h. bei kleineren Massenströmen und bei niedrigeren Temperaturen „rechts" vom Auslegungspunkt liegen.

Bemerkenswert ist, dass die Verbindungslinie aller bisher betrachteten Punkte mit konstanter Anlagen-Austrittstemperatur $T_{t_{T_A}}$ auf einer *Betriebskennlinie* $\pi_{t_V}(T_U)$ liegen.

Wird – bei gleichen Umgebungsbedingungen – der Verstellwinkel $\Delta\alpha_{VLe}$ des Verdichter-Vorleitrades geändert, so ergibt sich eine ähnliche Betriebskennlinie $\pi_{t_V}(\Delta\alpha_{VLe})$ mit einem fast linearen Verlauf.

Die große Änderung des (reduzierten) Massenstromes ist ein Zeichen für die gewünschten großen Leistungsänderungen.

Im selben Diagramm sind auch die verschiedenen Betriebspunkte der Turbine eingezeichnet.

Wie beim Verdichter sind für die Turbine die reduzierten Größen – abweichend von den 2 Gl. 8.3 – so definiert, dass sie im Auslegungspunkt (AP_T) den „natürlichen" Größen

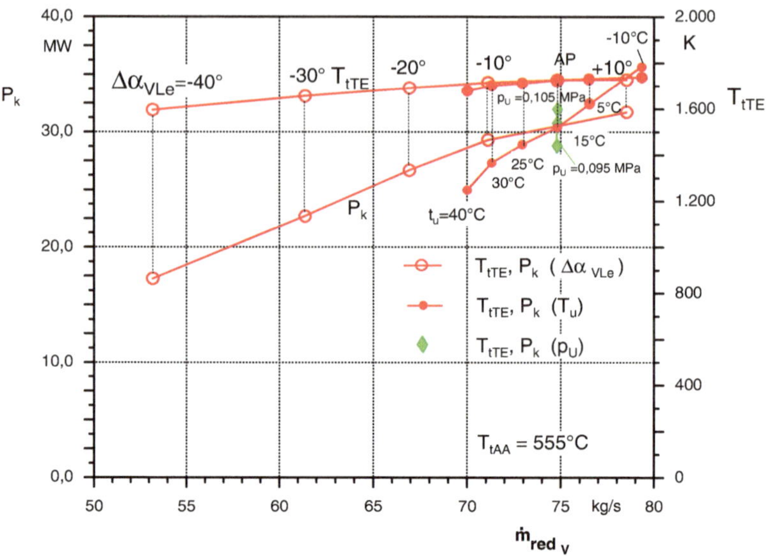

Abb. 8.11 Turbinen-Eintrittstemperaturen $T_{t_{T_E}}$ und Kupplungsleistungen P_k für die stationären Betriebspunkte einer 30 MW-Gasturbinen-Anlage

entsprechen (Gl. 8.15).

$$\pi_{t_T} =_{\text{def}} \frac{p_{t_{T_A}}}{p_{t_{T_E}}} \quad \text{bzw.} \quad \pi_{t_T}^{-1} =_{\text{def}} \frac{p_{t_{T_E}}}{p_{t_{T_A}}} \tag{8.13}$$

$$\dot{m}_{\text{red}_T} =_{\text{def}} \dot{m}_{T_E} \cdot \frac{p_{t_{T_{E_{AP}}}}}{p_{t_{T_E}}} \cdot \sqrt{\frac{R_{G_{T_E}} \cdot T_{t_{T_E}}}{R_{G_{T_{E_{AP}}}} \cdot T_{t_{T_{E_{AP}}}}}} \tag{8.14}$$

$$n_{\text{red}_T} =_{\text{def}} n \cdot \sqrt{\frac{R_{G_{T_{E_{AP}}}} \cdot T_{t_{T_{E_{AP}}}}}{R_{G_{T_E}} \cdot T_{t_{T_E}}}} \tag{8.15}$$

Die meisten Betriebspunkte liegen in einem Punkt ($\approx AP_T$), lediglich hohe Umgebungstemperaturen oder große negative Verstellwinkel des Vorleitrades führen zu Punkten mit fast gleichen reduzierten Massenströmen, aber „niedrigeren" Druckverhältnissen $\pi_{t_T}^{-1}$.

An Stelle von einer Betriebskennlinie zu sprechen ist es sinnvoller festzustellen, dass die letzte Stufe der Turbine bei allen hier berechneten Betriebszuständen „kritisch" arbeitet.

In einem weiteren Diagramm (Abb. 8.11) sind für die verschiedenen Betriebspunkte die Turbinen-Eintrittstemperaturen $T_{t_{T_E}}$ und die Kupplungsleistungen P_k aufgetragen. Die Turbinentemperaturen ändern sich offensichtlich relativ wenig mit Ausnahme der kleinen Teillastzustände.

Bei den Leistungen zeigt sich der starke Einfluss der Umgebungstemperatur $[P_k(T_U)]$ und auch des Umgebungsdrucks $[P_k(p_U)]$.

Interessant ist der Zusammenhang zwischen dem Massenstrom und der Drehzahl.

$$\varphi_{V_E} =_{\text{def}} \frac{c_{V_E}}{u_{V_E}} = \frac{c_{V_E}}{\pi \cdot n \cdot d_{V_E}} \Rightarrow c_{V_E} = \varphi_{V_E} \cdot \pi \cdot n \cdot d_{V_E} \tag{8.16}$$

$$\dot{m}_{V_E} = A_{V_E} \cdot c_{U_E} \cdot \rho_{V_E} = \pi \cdot d_{V_E} \cdot l_{U_E} \cdot c_{U_E} \cdot \frac{p_{V_E}}{R_L \cdot T_{V_E}}$$

Für die reduzierten Größen wird, der einfacheren Schreibweise wegen, die ursprüngliche Definition eingesetzt.

$$n_{\text{red}_V} = \frac{n}{\sqrt{R_L \cdot T_{tV_E}}} \Rightarrow n = n_{\text{red}_V} \cdot \sqrt{R_L \cdot T_{tV_E}}$$

$$\dot{m}_{\text{red}_V} = \dot{m}_{V_E} \frac{\sqrt{R_L \cdot T_{tV_E}}}{p_{tV_E}} \Rightarrow \dot{m}_{V_E} = \dot{m}_{\text{red}_V} \cdot \frac{p_{tV_E}}{\sqrt{R_L \cdot T_{tV_E}}}$$

$$\varphi_{V_E} = \frac{\dot{m}_{\text{red}_V}}{n_{\text{red}_V}} \cdot \frac{p_{tV_E}}{p_{V_E}} \cdot \frac{R_L \cdot T_{V_E}}{\pi^2 \cdot d_{V_E}^2 \cdot l_{V_E}} \tag{8.17}$$

Im Vorgriff auf die Gl. 8.20 werden die auf den Auslegungspunkt bezogenen Größen mit einem * versehen.

$$\varphi_{V_E}^* = \frac{\dot{m}_{\text{red}_V}^*}{n_{\text{red}_V}^*} \cdot \frac{\left(\frac{p_{tV_E}}{p_{V_E}}\right)}{\left(\frac{p_{tV_E}}{p_{V_E}}\right)_{AP}} \cdot \frac{T_{V_E}}{T_{V_{E_{AP}}}} \approx \frac{\dot{m}_{\text{red}_V}^*}{n_{\text{red}_V}^*} \cdot T_U^* \tag{8.18}$$

$$\varphi_{V_E} = \varphi_{V_E}^* \cdot \varphi_{V_{E_{AP}}} \tag{8.19}$$

Abb. 8.12 zeigt die Eintrittsdurchflusskenngröße φ_{V_E} in Abhängigkeit von der reduzierten Drehzahl n_{red_V} für verschiedene stationäre Betriebspunkte.

Für den Verstellwinkel $\Delta\alpha_{VLe} = 0$ ist φ_{V_E} nahezu konstant, so dass bei Kenntnis von T_U, p_U und φ der Luft der Eintrittsmassenstrom $\dot{m}_{V_E}$ leicht abgeschätzt werden kann.

Die Begründung liegt in den steilen Verdichterkennlinien, die nur kleine Abweichungen der Durchflusskenngröße φ_{V_E} zulassen (vgl. Abb. 8.6).

Sehr wohl existiert eine Abhängigkeit vom Vorleitrad-Verstellwinkel, die aus dem selben Diagramm abgelesen werden kann.

8.1.2 Vereinfachte Bestimmung eines Betriebspunktes einer GT-Anlage

Im Folgenden soll gezeigt werden, wie man durch eine Reihe von Vereinfachungen die möglichen Betriebspunkte der Anlage relativ einfach ohne langwierige Rechnungen vorhersagen kann.

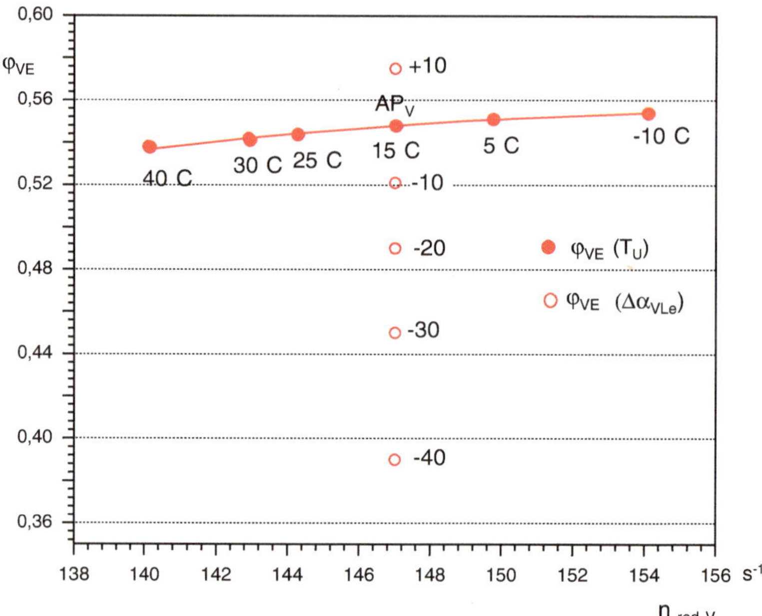

Abb. 8.12 Eintrittsdurchflusskenngröße φ_{V_E} in Abhängigkeit von der reduzierten Drehzahl n_{red_V} für verschiedene stationäre Betriebspunkte

(Ausgeführt wird die vollständige Herleitung in der GTBerErg.pdf, Kapitel Betriebsverhalten, Unterkapitel: Vereinfachte Bestimmung eines Betriebspunktes)

Die auf die Werte im Auslegungspunkt (bzw. Bezugspunkt) bezogenen Größen sind vorzuziehen, weil sie die durch die Vereinfachungen hervorgerufenen Abweichungen in der Nähe des Auslegungspunktes minimieren!

Zur Vereinfachung werden sie mit einem hochgestellten * versehen.

$$G^* =_{\text{def}} \frac{G}{G_{AP}} \tag{8.20}$$

Wesentliche Annahmen sind der fast konstante reduzierte Turbinenmassenstrom bei Leistungsbetrieb der Anlage, die „ähnliche" Entspannung in der Turbine und die durch die Regelung konstant gehaltene Turbinenein- oder -austrittstemperatur.

$$\dot{m}_{\text{red}_T} =_{\text{def}} \dot{m}_T \cdot \frac{\sqrt{R_T \cdot T_{t_{T_E}}}}{p_{t_{T_E}}} \tag{8.21}$$

Hier wird, der einfacheren Schreibweise wegen, die ursprüngliche Definition eingesetzt.

$$\dot{m}_T = \dot{m}_V \cdot (1+\beta) \tag{8.22}$$

$$p_{tT_E} = p_{tV_E} \cdot \pi_{tV} \cdot \pi_{tBK} \tag{8.23}$$

$$\dot{m}_{\text{red}T} = \frac{\dot{m}_{V_E}}{p_{tV_E}} \cdot \frac{\sqrt{T_{tT_E}} \cdot \sqrt{R_T} \cdot (1+\beta)}{\pi_{tV} \cdot \pi_{tBK}} \tag{8.24}$$

$$\dot{m}_{\text{red}V} =_{\text{def}} \dot{m}_V \cdot \frac{\sqrt{R_L \cdot T_{tV_E}}}{p_{tV_E}} \tag{8.25}$$

$$\dot{m}_{\text{red}T} = \frac{\dot{m}_{\text{red}V}}{\pi_{tV}} \cdot \frac{\sqrt{T_{tT_E}}}{\sqrt{T_{tV_E}}} \cdot \sqrt{\frac{R_T}{R_L}} \cdot \frac{(1+\beta)}{\pi_{tBK}} \tag{8.26}$$

(In Klammern werden als Zahlenbeispiel die Werte für eine GKWGT angegeben, die in Bolivien in $h_U = 3$ km Meereshöhe aufgestellt und deren Vorleitrad leicht geöffent ist, um bei der Leistung die geringere Luftdichte auszugleichen: $T_U = 268{,}65$ K; $p_U = 0{,}701$ bar ; $\Delta\alpha_{VLe} = +5°$; $n = n_{AP}$.)

$$\varphi^*_{V_E} = \frac{\varphi_{V_E}}{\varphi_{V_{E_{AP}}}} = f_{\varphi\Delta\alpha} \quad \text{(z. B. durch Interpolation aus Abb. 8.13)} \tag{8.27}$$

(etwa flache Parabel $f_{\Delta\alpha} \approx 1 + 0{,}005\Delta\alpha_{VLe} - 0{,}00005\ \Delta\alpha^2_{VLe}$) (1,02375)

$$c_{V_E} = \varphi_{V_E} \cdot \pi \cdot n \cdot d_{V_E} \quad (159{,}71\,\text{m/s}) \quad c^*_{V_E} \approx f_{\varphi\Delta\alpha} \cdot n^* \tag{8.28}$$

$$\rho_{V_E} \approx \rho_U(p_U, T_U, \varphi_U) \quad (0{,}906\,\text{kg/m}^3) \quad \frac{p_{V_E}}{R_L \cdot T_{V_E}} \approx \frac{p_U}{R_L \cdot T_U} \tag{8.29}$$

$$\dot{m}^*_{V_E} = \frac{\dot{m}_{V_E}}{\dot{m}_{V_{E_{AP}}}} = \frac{A_{V_E} \cdot c_{V_E} \cdot \rho_{V_E}}{\dot{m}_{V_{E_{AP}}}} \approx \frac{\rho_U}{\rho_{U_{AP}}} \cdot \frac{\varphi_{V_E}}{\varphi_{V_{E_{AP}}}} \cdot n^* \quad (0{,}760) \tag{8.30}$$

$$\dot{m}^*_{\text{red}_V} = \frac{\dot{m}_{\text{red}V}}{\dot{m}_{\text{red}V_{AP}}} \approx \frac{\dot{m}_{V_E}}{\dot{m}_{V_{E_{AP}}}} \cdot \frac{p_{U_{AP}}}{p_U} \cdot \sqrt{\frac{T_U}{T_{U_{AP}}}} = \varphi^*_{V_E} \cdot n^* \cdot \frac{1}{\sqrt{T^*_U}} \quad (1{,}060) \tag{8.31}$$

$$\dot{m}^*_{\text{red}_T} = \frac{\dot{m}_{\text{red}T}}{\dot{m}_{\text{red}T_{AP}}} \approx 1 = \dot{m}^*_T \cdot \frac{\sqrt{T^*_{tT_E}}}{p_{tT^*_E}} \approx \dot{m}^*_{V_E} \cdot \frac{\sqrt{T^*_{tT_E}}}{p^*_{tV_E} \cdot \pi^*_{tV}}$$

$$= \varphi_{V_E}{}^* \cdot n^* \cdot \frac{p^*_{V_E}}{T^*_{V_E}} \cdot \frac{\sqrt{T^*_{tT_E}}}{p^*_{tV_E} \cdot \pi^*_{tV}}$$

$$\pi^*_{tV} = \frac{\pi_{tV}}{\pi_{tV_{AP}}} \approx \varphi^*_{V_E} \cdot n^* \cdot \frac{p^*_{V_E}}{p^*_{tV_E}} \cdot \frac{\sqrt{T^*_{tT_E}}}{T^*_{V_E}} \approx \varphi^*_{V_E} \cdot n^* \cdot \frac{\sqrt{T^*_{tT_E}}}{T^*_{V_E}} \quad (1{,}02375) \tag{8.32}$$

Um die komplizierten Verhältnisse bei der Verdichterentnahme und der Turbinenkühlung zu vereinfachen, wird ein mittlerer Turbinenexponent $\left(\frac{n}{n-1}\right)_{TV}$ eingeführt.

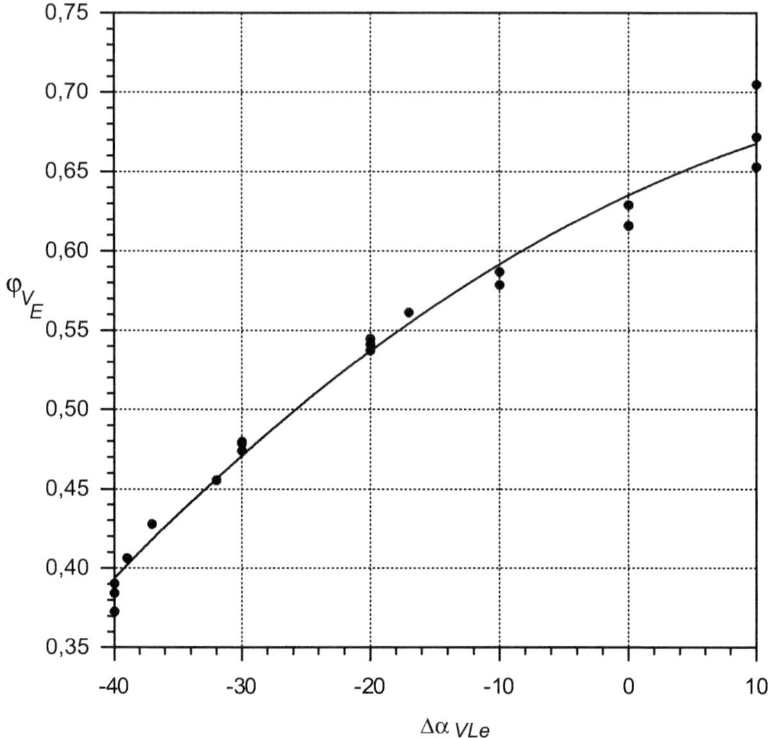

Abb. 8.13 Eintrittsdurchflusskenngröße φ_{V_E} in Abhängigkeit von dem Stellwinkel des Vorleitrades $\Delta\alpha_{VLe}$ bei verschiedenen reduzierten Drehzahlen n_{red_V}

„mittlerer Turbinenexponent"

$$\left(\frac{n}{n-1}\right)_{TV} =_{\text{def}} \frac{\ln \pi_{t_V}}{\ln \frac{T_{t_{T_E}}}{T_{t_{A_A}}}} \quad (4{,}05 = 1/0{,}2469) \tag{8.33}$$

Der eigentliche „gemittelte Turbinenexponent" $\left(\frac{n}{n-1}\right)_T$ bezieht sich nur auf die Werte der Turbine selbst.

$$\left(\frac{n}{n-1}\right)_T =_{\text{def}} \frac{\ln \frac{p_{t_{T_E}}}{p_{t_{T_A}}}}{\ln \frac{T_{t_{T_E}}}{T_{t_{T_A}}}} \quad (3{,}422 = 1/0{,}2922) \tag{8.34}$$

Tab. 8.1 Auslegungswerte für die GKWGT

$T_{U_{AP}} = T_{t0_{AP}} = 288{,}15\,\text{K}$; $p_{U_{AP}} = 101.325\,\text{Pa}$; $\varphi_{L_{AP}} = 0{,}60 = 60\,\%$

$R_{L_{AP}} = 288{,}162\,\text{J/kg K}$ vereinfacht $R_L = 288\,\text{J/kg K}$

$\rho_{U_{AP}} = 1{,}220\,\text{kg/m}^3$

$c_{pV_{AP}} = 1029\,\text{J/kg K}$ vereinfacht $\kappa = 1{,}4$; $c_{pV} = 1008\,\text{J/kg K}$

$c_{V_{E_{AP}}} = 156$

$n_{AP} = 3000\,1/\text{min} = 60{,}000\,1/\text{s}$

$\varphi_{V_{E_{AP}}} = 0{,}511$

$\zeta_E = 0{,}1$

$p_{V_{E_{AP}}} = 85.888\,\text{Pa}$; $p_{tV_{E_{AP}}} = 99.674\,\text{Pa}$

$T_{V_{E_{AP}}} = 276{,}10\,\text{K}$; $T_{tV_{E_{AP}}} = 288{,}15\,\text{K}$

$p_{V_{A_{AP}}} = 2.000.000\,\text{Pa}$; $p_{tV_{A_{AP}}} = 2.098.879\,\text{Pa}$

$T_{V_{A_{AP}}} = 704{,}90\,\text{K}$; $T_{tV_{A_{AP}}} = 714{,}03\,\text{K}$

$$\left(\frac{n-1}{n}\right)_{V_{AP}} = \frac{\ln\left(\frac{T_{tV_A}}{T_{tV_E}}\right)_{AP}}{\ln \pi_{tV_{AP}}} = 0{,}2978 \text{ bzw. } \left(\frac{n}{n-1}\right)_{V_{AP}} = 3{,}3580$$

$$\pi_{tV_{AP}} = \left(\frac{p_{tV_A}}{p_{tV_E}}\right)_{AP} = 21{,}057;\ \tau_{tV_{AP}} = \left(\frac{T_{tV_A}}{T_{tV_E}}\right)_{AP} = 2{,}4780$$

$$\pi_{tBK_{AP}} = \left(\frac{p_{tT_E}}{p_{tV_A}}\right)_{AP} = 0{,}99$$

$$\pi_{tT_{AP}} = \left(\frac{p_{tT_A}}{p_{tT_E}}\right)_{AP} = 0{,}53615 = 1/18{,}651;\ \tau_{tT_{AP}} = \left(\frac{T_{tT_A}}{T_{tT_E}}\right)_{AP} = 0{,}47111 = 1/2{,}1226$$

$p_{tT_{E_{AP}}} = p_{tT_{\text{ISO}_{AP}}} = 1.997.601\,\text{Pa}$; $T_{tT_{E_{AP}}} = 1803{,}15\,\text{K}$; $T_{tT_{\text{ISO}_{AP}}} = 1542{,}84\,\text{K}$

$p_{tT_{A_{AP}}} = 107.102\,\text{Pa}$; $T_{tT_{A_{AP}}} = 849{,}49\,\text{K}$

$$\left(\frac{n-1}{n}\right)_{T_{AP}} = \frac{\ln\left(\frac{T_{tT_E}}{T_{tT_A}}\right)_{AP}}{\ln\left(\pi_{t_T}^{-1}\right)_{AP}} = 0{,}2572 \text{ bzw. } \left(\frac{n}{n-1}\right)_{T_{AP}} = 3{,}8874$$

$$\left(\frac{n-1}{n}\right)_{TV_{AP}} = \frac{\ln\left(\frac{T_{tT_E}}{T_{tT_A}}\right)_{AP}}{\ln \pi_{tV_{AP}}} = 0{,}24700 = 1/4{,}0487$$

$R_{G_{AP}} = 287{,}809\,\text{J/kg K}$ vereinfacht $288\,\text{J/kg K}$

$$\left(\frac{n-1}{n}\right)_{T\text{ISO}_{AP}} = \frac{\ln\left(\frac{T_{tT\text{ISO}}}{T_{tTT_A}}\right)_{AP}}{\ln \pi_{tV_{AP}}} = 0{,}19583$$

$P_{T_{AP}} = -773{,}613\,\text{MW}$

$P_{V_{AP}} = 364{,}555\ \text{MW}$

$P_{m_{AP}} = -1{,}547\,\text{MW}$; $\eta_{m_{AP}} = 0{,}998$

$P_{i_{AP}} = 407{,}510\,\text{MW}$ ($\eta_{i_{AP}} = 0{,}4198$)

$P_{el_{AP}} = 400{,}338\,\text{MW}$

$\dot{E}_{B_{AP}} = 972{,}672\,\text{MW}$. ($\eta_{\text{ges}_{AP}} = 0{,}4116$)

((($F_{AP} = 17.830\,\text{N}$; $\overline{\overline{c}}_{DAP} = 20{,}445\,\text{m/s}$ (bei achsparallelem Austritt))))

Damit gilt in Umkehrung der Definition für die Turbinenaustrittstemperatur:

$$T_{t_{T_A}} = T_{t_{T_E}} \cdot \frac{1}{\pi_{t_T}^{\left(\frac{n-1}{n}\right)_T}} \approx T_{t_{T_E}} \cdot \frac{1}{\pi_{t_V}^{\left(\frac{n-1}{n}\right)_{TV}}} \quad (844{,}58\,\text{K}) \tag{8.35}$$

$$T^*_{t_{T_A}} = \frac{T_{t_{T_A}}}{T_{t_{T_{A_{AP}}}}} \approx T^*_{t_{T_E}} \cdot \frac{1}{\pi^{*\left(\frac{n-1}{n}\right)_{TV}}_{t_V}} \quad (0{,}9942). \tag{8.36}$$

[Soll eine bestimmte Turbinenaustrittstemperatur $T_{t_{T_A}}$ erreicht werden, so muss der Vorgabewert von $T_{t_{T_E}}$ verändert werden!]

Der ISO-Wirkungsgrad $\eta_{t_{T_{\text{ISO}}}}$ und der ISO-Turbinenexponent $\left(\frac{n-1}{n}\right)_{T_{\text{ISO}}}$ der ISO-Turbine sind zwar leicht von der reduzierten Drehzahl n_{red_V} und dem Vorleitrad-Verstellwinkel $\Delta\alpha_{VLe}$ abhängig, könen aber näherungsweise konstant angenommen werden.

Damit kann auch die ISO-Turbineneintrittstemperatur $T_{t_{T_{\text{ISO}}}}$ berechnet werden.

$$\left(\frac{n-1}{n}\right)_{T_{\text{ISO}}} = \frac{\ln \frac{T_{t_{T_{\text{ISO}}}}}{T_{t_{T_A}}}}{\ln \pi_{t_T}^{-1}} \approx \frac{\ln \frac{T_{t_{T_{\text{ISO}}}}}{T_{t_{T_A}}}}{\ln \pi_{t_V}} \quad (0{,}132) \tag{8.37}$$

$$\left(\frac{T_{t_{T_{\text{ISO}}}}}{T_{t_{T_{\text{ISO}_{AP}}}}}\right) \approx \left(\frac{\pi_{t_V}}{\pi_{t_{V_{AP}}}}\right)^{\left(\frac{n-1}{n}\right)_{T_{\text{ISO}}}} \approx \left(\frac{T_{t_{T_A}}}{T_{t_{T_{A_{AP}}}}}\right) \cdot \left(\frac{\pi_{t_V}}{\pi_{t_{V_{AP}}}}\right)^{\left(\frac{n-1}{n}\right)_{T_{\text{ISO}}}} \quad (1{,}014) \tag{8.38}$$

$$T_{t_{T_{\text{ISO}}}} = T_{t_{T_{\text{ISO}_{AP}}}} \cdot \left(\frac{T_{t_{T_{\text{ISO}}}}}{T_{t_{T_{\text{ISO}_{AP}}}}}\right) \quad (1530{,}50\,\text{K}) \tag{8.39}$$

Und damit ist auch die Turbinenleistung bekannt.

$$\begin{aligned} P^*_T = \frac{P_T}{P_{T_{AP}}} &= \frac{\dot m_{T_A} \cdot \Delta h_{t_{T_{\text{ISO}}}}}{P_{T_{AP}}} \approx \dot m^*_{T_A} \cdot \frac{T_{t_{T_{\text{ISO}}}} - T_{t_{T_A}}}{T_{t_{T_{\text{ISO}_{AP}}}} - T_{t_{T_{A_{AP}}}}} \approx \dot m^*_{V_E} \cdot \frac{T_{t_{T_{\text{ISO}}}} - T_{t_{T_A}}}{T_{t_{T_{\text{ISO}_{AP}}}} - T_{t_{T_{A_{AP}}}}} \\ P_T &= \frac{P_T}{P_{T_{AP}}} \cdot P_{T_{AP}} \quad [0{,}746] \quad (-577{,}480\,\text{MW}) \end{aligned} \tag{8.40}$$

Für die vereinfachte Vorausberechnung der Abgabe-Kupplungsleistung der Anlage benötigt man die Verdichterleistung. „Leider“ ist der Verdichterwirkungsgrad nicht konstant, sondern vom reduzierten Massenstrom $\dot m_{\text{red}_V}$ und dem Verstellwinkel $\Delta\alpha_{VLe}$ abhängig (Abb. 8.14 und Abb. 8.15).

Nur bei näherungsweiser Vorgabe des Wirkungsgrades bzw. des Wirkungsgradverlaufs können die Verdichteraustrittstemperatur und damit die Verdichterleistung P_V abgeschätzt werden:

$$f_{\eta_{\Delta\alpha}} \approx f_{\eta_{\Delta\alpha}}(\Delta\alpha) \quad \text{(z. B. durch Interpolation aus Abb. 8.15)} \tag{8.41}$$

$$\left(\text{etwa } f_{\eta_{\Delta\alpha}} \approx 1 + 0{,}006\ \Delta\alpha_{VLe} - 0{,}00002\ \Delta\alpha^2_{VLe}\right) \quad (1{,}0295)$$

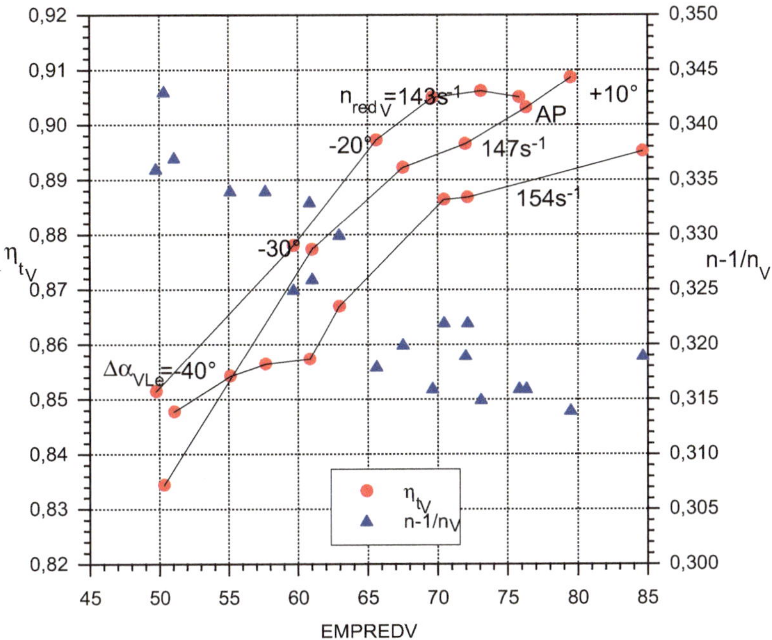

Abb. 8.14 Verdichterwirkungsgrad η_{t_V} in Abhängigkeit vom reduzierten Massenstrom $\dot{m}_{\text{red}_V}$ für verschiedene reduzierte Drehzahlen n_{red_V} und Verstellwinkel $\Delta\alpha_{VLe}$

$$f_{\eta\dot{m}_{\text{red}_V}} \approx f_{\eta\dot{m}_{\text{red}_V}}(\dot{m}_{\text{red}_V}) \quad \text{(z. B. durch Interpolation aus Abb. 8.14)} \tag{8.42}$$

$$\text{etwa } f_{\eta\dot{m}_{\text{red}_V}} \approx 1 + 1{,}125\left[\left(\frac{\dot{m}_{\text{red}_V}}{\dot{m}_{\text{red}_{V_{AP}}}}\right) - 1\right] - 0{,}58\left[\left(\frac{\dot{m}_{\text{red}_V}}{\dot{m}_{\text{red}_{V_{AP}}}}\right)^2 - 1\right]) \quad (0{,}9958)$$

$$\eta_{t_V}{}^* = \frac{\eta_{t_V}}{\eta_{t_{V_{AP}}}} = f_{\eta V} = f_{\eta\Delta\alpha} \cdot f_{\eta\dot{m}_{\text{red}_V}} \quad (1{,}0252) \tag{8.43}$$

$$\left(\frac{n-1}{n}\right)_V = \left(\frac{\kappa_L - 1}{\kappa_L \cdot \eta_{t_V}}\right) = \frac{\ln\frac{T_{t_{V_A}}}{T_U}}{\pi_{t_V}} = \left(\frac{n-1}{n}\right)_{V_{AP}} \cdot \frac{1}{f_{\eta V}} \quad (0{,}297)$$

$$T^*_{t_{V_A}} = \frac{T_{t_{V_A}}}{T_{t_{V_{A_{AP}}}}} \approx \frac{T_U}{T_{U_{AP}}} \cdot \left(\frac{\pi_{t_V}}{\pi_{t_{V_{AP}}}}\right)^{\left(\frac{n-1}{n}\right)_V} = T^*_U \cdot \pi^*_{t_V}{}^{\left(\frac{n-1}{n}\right)_V} \quad (0{,}939) \tag{8.44}$$

$$T_{t_{V_A}} = T_{t_{V_{A_{AP}}}} \cdot \frac{T_{t_{V_A}}}{T_{t_{V_{A_{AP}}}}} \quad (676{,}25\,\text{K}) \tag{8.45}$$

$$P^*_V = \frac{P_V}{P_{V_{AP}}} \approx \dot{m}^*_{V_E} \cdot \frac{T_{t_{V_A}} - T_U}{T_{t_{V_{A_{AP}}}} - T_{U_{AP}}}. \quad (0{,}717) \tag{8.46}$$

$$P_V = \frac{P_V}{P_{V_{AP}}} \cdot P_{V_{AP}}. \quad (261{,}292\,\text{MW}) \tag{8.47}$$

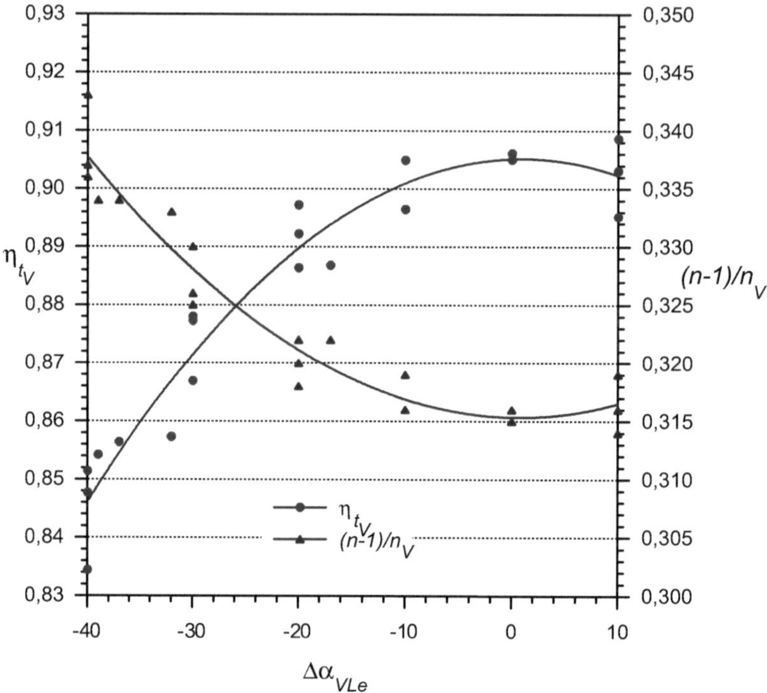

Abb. 8.15 Verdichterwirkungsgrad η_{t_V} in Abhängigkeit von dem Verstellwinkel $\Delta\alpha_{VLe}$ für verschiedene reduzierte Drehzahlen n_{red_V}

Mit der bei konstanter Drehzahl praktisch unveränderlichen Reibungsleistung P_m erhält man für die Kupplungsleistung P_k:

$$P_m = P_{m_{AP}} \quad \text{bzw. } P_m^* = \frac{P_m}{P_{m_{AP}}} \approx \left(\frac{n}{n_{AP}}\right)^{2,2} \quad (-1{,}547\text{MW! bzw. } 1{,}0) \tag{8.48}$$

$$P_k = P_T + P_V + P_m. \quad (-314{,}641\,\text{MW}) \tag{8.49}$$

Auch die chemische Brennstoffleistung $\dot{E}_B$ kann man vereinfacht rechnen, so dass auch der Kupplungswirkungsgrad η_k näherungsweise abgeschätzt werden kann:

$$\dot{E}_B^* = \frac{\dot{E}_B}{\dot{E}_{B_{AP}}} \approx \dot{m}_{V_E}^* \cdot \frac{T_{t_{T_E}} - T_{t_{V_A}}}{T_{t_{T_{E_{AP}}}} - T_{t_{V_{A_{AP}}}}} \quad (0{,}791) \tag{8.50}$$

$$\dot{E}_B = \frac{\dot{E}_B}{\dot{E}_{B_{AP}}} \cdot \dot{E}_{B_{AP}} \quad (769{,}142\,\text{MW}) \tag{8.51}$$

$$\eta_k = \frac{-P_k}{\dot{E}_B}. \quad (0{,}409 = 40{,}9\,\%) \tag{8.52}$$

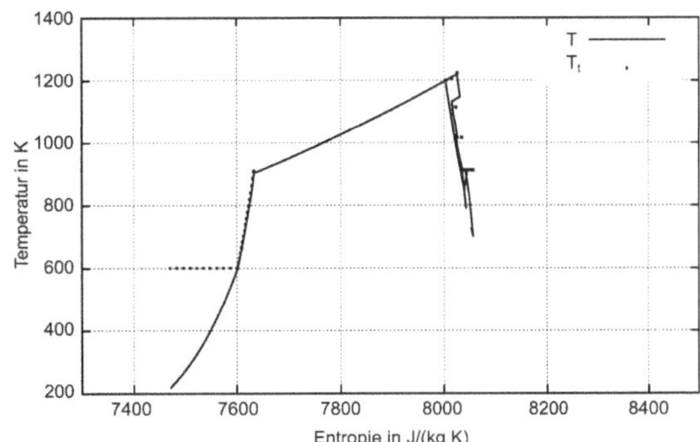

Abb. 8.16 T, s-Diagramm für das TL-Flugtriebwerk J79 bei der Flugmachzahl $Ma_0 = 3$ und der Flughöhe $H_0 = 11\,\mathrm{km}$

Weitere Ergebnisse für die vereinfachte Berechnung findet man im Kapitel des Anhangs D Ergebnisse für das stationäre Betriebsverhalten: 30 MW Industrie-Gasturbine.

8.1.3 Betriebsverhalten der Flugtriebwerke

Ein Unterschied der Flugtriebwerke gegenüber den Gasturbinen ist im ***Einlauf*** vor dem Verdichter zu sehen: Druckaufbau durch Aufstau der anströmenden Luft, relativ zum Triebwerk mit der ***Fluggeschwindigkeit*** c_0.

Flugtriebwerke sind sehr variablen Anforderungen ausgesetzt.

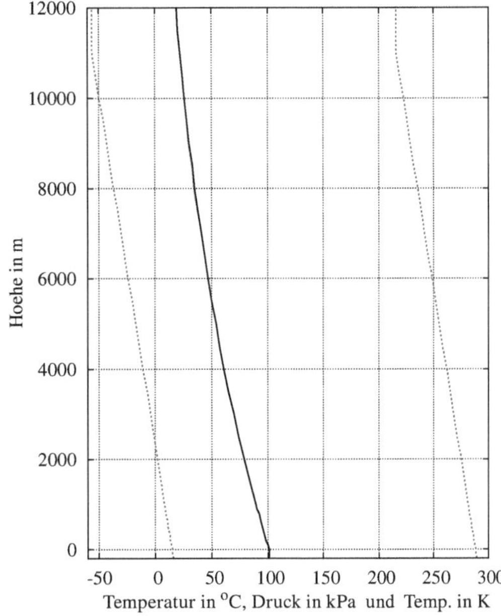

Abb. 8.17 Standardatmosphäre [5]

Der Eintrittszustand hängt ab von der Fluggeschwindigkeit c_0, meist ausgedrückt durch die Flugmachzahl $Ma_0(= c_0/a_0)$, dem Umgebungsdruck p_0 und der Umgebungstemperatur T_0, nicht nur abhängig von der Jahreszeit und dem Wetter, sondern vor allem von der Flughöhe H_0. Dann natürlich von dem Lastzustand (Volllast bzw. Teillast) und von dem Verstellwinkel der ersten Verdichter-Leiträder.

Vereinfacht kann man die Beziehungen für stationäre Gasturbinen vom letzten Unterkapitel (Abschn. 8.1.2) benutzen. Dies gilt aber nur für ruhende Triebwerke beim Start.

Bei einer Fluggeschwindigkeit $c_0 > 0$ muss deren kinetische Energie einbezogen werden.

Das führt jedoch zu einer Reihe von Unterschieden.

Bei hohen Geschwindigkeiten können die Ergebnisse der vereinfachten Rechnung ungenau werden. Abhilfe würde ein Bezugspunkt (AP) bei mittleren Geschwindigkeiten schaffen.

Weil die eigentlich zu schreibende Flugtemperatur T_0 mit der Normtemperatur gleicher Bezeichnung verwechselt werden kann, wird hier $T_U = T_{\text{Umgebung}}$ gewählt.

Eintritt

$$c_p \cdot T_{t0} = c_p \cdot T_U + \frac{c_0^2}{2} = c_p \cdot T_{V_E} + \frac{c_{V_E}^2}{2} = c_p \cdot T_{tV_E} \Rightarrow T_{V_E} = T_U + \frac{c_0^2}{2\,c_p} - \frac{c_{V_E}^2}{2\,c_p} \tag{8.53}$$

$$Ma_0 = \frac{c_0}{\sqrt{\kappa \cdot R_L \cdot T_U}} \Rightarrow c_0^2 = \kappa \cdot R_L \cdot Ma_0^2 \tag{8.54}$$

$$\frac{T_{V_E}}{T_U} = 1 + \frac{c_0^2 - c_{V_E}^2}{2\,c_p \cdot T_U} \tag{8.55}$$

$$T_{tV_E} = T_{t0} = T_U + \frac{c_0^2}{2\,c_p}; T_{tV_E} = \left(\frac{T_{tV_E}}{T_U}\right) \cdot T_U \tag{8.56}$$

$$\frac{T_{tV_E}}{T_U} = \frac{T_{t0}}{T_U} = 1 + \frac{c_0^2}{2\,c_p \cdot T_U} = 1 + \frac{\kappa - 1}{2} \cdot Ma_0^2 \tag{8.57}$$

$$\frac{T_{tV_E}}{T_{V_E}} = \frac{T_{tV_E}/T_U}{T_{V_E}/T_U} = \frac{1 + \frac{\kappa-1}{2} \cdot Ma_0^2}{1 + \frac{c_0^2 - c_{V_E}^2}{2\,c_p \cdot T_U}} \tag{8.58}$$

$$c_{V_E}^* = \frac{c_{V_E}}{c_{V_{E_{AP}}}} \approx f_{\varphi\Delta\alpha} \cdot n^* \tag{8.59}$$

$$j_E \approx \zeta_E \cdot \frac{c_0^2 + c_{V_E}^2}{4} + \zeta_{Ma} \cdot (Ma_0 - 1)^{\frac{3}{2}} \cdot R_L \cdot T_U \tag{8.60}$$

(linker Teil maximal bis $Ma_0 = 1$, dann konstant)

(rechter Teil erst ab $Ma_0 > 1$)

$$\Delta h_E = \frac{c_0^2}{2} - \frac{c_{V_E}^2}{2} \Rightarrow y_E = \Delta h_E - j_E \Rightarrow \nu_E = \frac{\Delta h_E}{y_E} = \frac{\frac{\kappa}{\kappa-1}}{\left(\frac{n}{n-1}\right)_E} \tag{8.61}$$

Drei Fälle sind zu unterscheiden:

(1)

$$c_0 \ll c_{V_E}: \quad \Rightarrow \frac{T_{V_E}}{T_U} < 1$$

$$\Delta h_E < 0; \quad y_E < 0; \quad \nu_E < 1; \quad \left(\frac{n}{n-1}\right)_E = \frac{\frac{\kappa}{\kappa-1}}{\nu_E} > \frac{\kappa}{\kappa-1}$$

$$\frac{p_{V_E}}{p_U} = \left(\frac{T_{V_E}}{T_U}\right)^{\left(\frac{n}{n-1}\right)_E} < 1$$

(2)

$$c_0 \approx c_{V_E}: \quad \Rightarrow \frac{T_{V_E}}{T_U} \approx 1$$

$$\Delta h_E \approx 0; \quad y_E < 0; \quad \nu_E \approx 0; \quad \left(\frac{n}{n-1}\right)_E \approx \infty$$

$$\frac{p_{V_E}}{p_U} \approx e^{\frac{y_E}{R_L \cdot T_U}} < 1$$

(3)

$$c_0 \gg c_{V_E}: \quad \Rightarrow \frac{T_{V_E}}{T_U} > 1$$

$$\Delta h_E > 0; \quad y_E > 0; \quad \nu_E > 1; \quad \left(\frac{n}{n-1}\right)_E < \frac{\kappa}{\kappa-1}$$

$$\frac{p_{V_E}}{p_U} = \left(\frac{T_{V_E}}{T_U}\right)^{\left(\frac{n}{n-1}\right)_E} > 1$$

– – – – – – –

$$\frac{p_{t_0}}{p_U} = \left(\frac{T_{t_0}}{T_U}\right)^{\frac{\kappa}{\kappa-1}} = \left(\frac{T_{t V_E}}{T_U}\right)^{\frac{\kappa}{\kappa-1}}$$

$$\frac{p_{t V_E}}{p_{V_E}} = \left(\frac{T_{t V_E}}{T_{V_E}}\right)^{\frac{\kappa}{\kappa-1}}$$

$$\frac{p_{t V_E}}{p_{t_0}} = \frac{\frac{p_{V_E}}{p_U}}{\left(\frac{T_U}{T_{V_E}}\right)^{\frac{\kappa}{\kappa-1}}}; \quad p_{t V_E} = \left(\frac{p_{t V_E}}{p_{t_0}}\right) \cdot \left(\frac{p_{t_0}}{p_U}\right) \cdot p_U$$

$$\Delta p_{t_E} = p_{t V_E} - p_{t_0}$$

$$\frac{\Delta p_{t_E}}{p_{t_0}} = \frac{p_{t V_E}}{p_{t_0}} - 1$$

Austritt
Hier ist das Druckverhältnis am Turbinenaustritt zu beachten.

$$\pi_D = \frac{p_{t_{T_A}}}{p_U}; \quad T_D = \frac{T_{t_{T_A}}}{\pi_D^{(\frac{n-1}{n})_D}} \tag{8.62}$$

$$\overline{\overline{c_D}} = \sqrt{2\,c_p \cdot (T_{t_{T_A}} - T_D)} =_{\text{def}} \frac{F}{\dot{m}_0} + c_0 \tag{8.63}$$

$$F = \dot{m}_D \cdot \bar{c}_D - \dot{m}_0 \cdot c_0 = \dot{m}_0 \cdot (\overline{\overline{c_D}} - c_0) \tag{8.64}$$

Die doppelt überstrichene effektive Geschwindigkeit $\overline{\overline{c_D}}$ wird eingeführt, um die Berechnung weiter zu vereinfachen.

Es werden noch einmal die vereinfachten Beziehungen zusammengestellt und wegen der Fluggeschwindigkeit c_0 und der Schubdüse $_D$ gegenüber der stationären Gasturbine erweitert.

$$T^*_{t_{T_E}} = \frac{T_{t_{T_E}}}{T_{t_{T_{E_{AP}}}}}$$

$$T^*_{t_{V_E}} = \frac{T_{t_{V_E}}}{T_{t_{V_{E_{AP}}}}}; \quad T^*_{V_E} = \frac{T_{V_E}}{T_{V_{E_{AP}}}}$$

$$p^*_{t_{V_E}} = \frac{p_{t_{V_E}}}{p_{t_{V_{E_{AP}}}}}; \quad p^*_{V_E} = \frac{p_{V_E}}{p_{V_{E_{AP}}}}$$

$$\varphi^*_{V_E} = \frac{\varphi_{V_E}}{\varphi_{V_{E_{AP}}}} = f_{\varphi_{\Delta\alpha}}(\Delta\alpha_{VLe}); \quad n^* = \frac{n}{n_{AP}}; \quad c^*_{V_E} = \varphi^*_{V_E} \cdot n^*$$

$$\dot{m}^*_{V_E} = \frac{\dot{m}_{V_E}}{\dot{m}_{V_{E_{AP}}}} = \varphi_{V_E}{}^* \cdot n^* \cdot \frac{p^*_{V_E}}{T^*_{V_E}}; \quad n^*_{\text{red}_V} = n^* \cdot \frac{1}{\sqrt{T^*_{t_{V_E}}}}; \quad (T^*_{t_{V_E}} = T^*_{t_0})$$

$$\dot{m}^*_{\text{red}_V} = \frac{\dot{m}_{\text{red}_V}}{\dot{m}_{\text{red}_{V_{AP}}}} = \dot{m}^*_{V_E} \cdot \frac{p^*_{V_E}}{\sqrt{T^*_{V_E}}} = \varphi^*_{V_E} \cdot n^* \cdot \frac{1}{\sqrt{T^*_{V_E}}}$$

(hier auf statische Werte bezogen)

$$\dot{m}^*_{\text{red}_T} = \frac{\dot{m}_{\text{red}_T}}{\dot{m}_{\text{red}_{T_{AP}}}} \approx 1 = \dot{m}^*_T \cdot \frac{\sqrt{T^*_{t_{T_E}}}}{p^*_{t_{T_E}}} \approx \dot{m}^*_{V_E} \cdot \frac{\sqrt{T^*_{t_{T_E}}}}{p^*_{t_{V_E}} \cdot \pi^*_{t_V}}$$

$$= \varphi_{V_E}{}^* \cdot n^* \cdot \frac{p^*_{V_E}}{T^*_{V_E}} \cdot \frac{\sqrt{T^*_{t_{T_E}}}}{p^*_{t_{V_E}} \cdot \pi^*_{t_V}}$$

$$\pi_{tV}^* = \frac{\pi_{tV}}{\pi_{tV_{AP}}} \approx \varphi_{V_E}^* \cdot n^* \cdot \frac{p_{V_E}^*}{p_{tV_E}^*} \cdot \frac{\sqrt{T_{tT_E}^*}}{T_{V_E}^*} \approx \varphi_{V_E}^* \cdot n^* \cdot \frac{\sqrt{T_{tT_E}^*}}{T_{V_E}^*};$$

$$\pi_{tV} = \pi_{tV}^* \cdot \pi_{tV_{AP}}$$

$$\left(\frac{n-1}{n}\right)_{TV} = \frac{\ln \frac{T_{tT_E}}{T_{tT_A}}}{\ln \pi_{tV}} \approx \text{konst.} = \left(\frac{\ln \frac{T_{tT_E}}{T_{tT_A}}}{\ln \pi_{tV}}\right)_{AP}$$

$$\left(\frac{n-1}{n}\right)_{T} = \frac{\ln \frac{T_{tT_E}}{T_{tT_A}}}{\ln (\pi_{tT})^{-1}} \approx \text{konst.}; \quad (\pi_{tT})^{-1} = \frac{p_{tT_E}}{p_{tT_A}}; \quad (\pi_{tT})^* \approx \frac{1}{\pi_{tV}^*}$$

$$\left(\frac{n-1}{n}\right)_{T_{\mathrm{ISO}}} \approx \frac{\ln \frac{T_{tT_{\mathrm{ISO}}}}{T_{tT_A}}}{\ln \pi_{tV}} \approx \text{konst.}$$

$$T_{tT_A}^* = \frac{T_{tT_A}}{T_{tT_{A_{AP}}}} = T_{tT_E}^* \cdot \pi_{tT}^{*\left(\frac{n-1}{n}\right)_T} \approx T_{tT_E}^* \cdot \frac{1}{\pi_{tV}^{*\left(\frac{n-1}{n}\right)_{TV}}} \Rightarrow T_{tT_A} = T_{tT_A}^* \cdot T_{tT_{A_{AP}}}$$

$$T_{tT_{\mathrm{ISO}}}^* = \frac{T_{tT_{\mathrm{ISO}}}}{T_{tT_{\mathrm{ISO}_{AP}}}} \approx T_{tT_A}^* \cdot \pi_{tV}^{*\left(\frac{n-1}{n}\right)_{T_{\mathrm{ISO}}}} \Rightarrow T_{tT_{\mathrm{ISO}}} = T_{tT_{\mathrm{ISO}}}^* \cdot T_{tT_{\mathrm{ISO}_{AP}}}$$

$$P_T^* = \frac{P_T}{P_{T_{AP}}} \approx \dot{m}_{V_E}^* \cdot \frac{T_{tT_{\mathrm{ISO}}} - T_{tT_A}}{T_{tT_{\mathrm{ISO}_{AP}}} - T_{tT_{A_{AP}}}} \Rightarrow P_T = P_T^* \cdot P_{T_{AP}}$$

$$P_m^* = \frac{P_m}{P_{m_{AP}}} \approx \left(\frac{n}{n_{AP}}\right)^{2,2} \Rightarrow P_m = P_m^* \cdot P_{m_{AP}} (< 0!)$$

$$P_V = -P_m - P_T \quad \text{(aus dem Leistungsgleichgewicht an der Welle)}$$

$$P_V^* = \frac{P_V}{P_{V_{AP}}} \approx \frac{\dot{m}_{V_E}}{\dot{m}_{V_{E_{AP}}}} \cdot \frac{T_{tV_A} - T_{tV_E}}{T_{tV_{A_{AP}}} - T_{tV_{E_{AP}}}}$$

$$T_{tV_A} = T_{tV_E} + \frac{P_V^*}{\dot{m}_{V_E}^*} \cdot (T_{tV_{A_{AP}}} - T_{tV_{E_{AP}}})$$

$$\eta_V^* = f_{\eta V} = \frac{\left(\frac{n-1}{n}\right)_{V_{AP}}}{\left(\frac{n-1}{n}\right)_V} = \frac{\left(\frac{n-1}{n}\right)_{V_{AP}}}{\left(\frac{\ln\left(\frac{T_{tV_A}}{T_U}\right)}{\ln \pi_{tV}}\right)}$$

$$p_{tT_E} = p_{tV_E} \cdot \pi_{tV} \cdot \pi_{tBK}; \quad p_{tT_E}^* \approx p_{tV_E}^* \pi_{tV}^* \tag{8.65}$$

$$\tau_{tT} = \frac{T_{tT_A}}{T_{tT_E}}; \quad \pi_{tT} = \frac{p_{tT_A}}{p_{tT_E}} \approx \tau_{tT}^{\left(\frac{n}{n-1}\right)_T}; \quad p_{tT_A} = p_{tT_E} \cdot \pi_{tT}$$

$$\left(\frac{n-1}{n}\right)_D = \frac{\ln \frac{T_{tT_A}}{T_D}}{\ln \pi_D} \approx \text{konst.}$$

$$\pi_D = \frac{p_{tT_A}}{p_U}; \quad T_D = \frac{T_{tT_A}}{\pi_D^{\left(\frac{n-1}{n}\right)_D}}$$

$$F^* = \frac{F}{F_{AP}} = \dot{m}_0^* \cdot \frac{\overline{c_D} - c_0}{\overline{c}_{DAP} - c_{0_{AP}}} \approx \dot{m}_{V_E}^* \cdot \frac{\sqrt{T_{tT_A} - T_D} - \frac{c_0}{\sqrt{2\, c_{pD}}}}{\sqrt{T_{tT_{A_{AP}}} - T_{D_{AP}}}}$$

$$F = F^* \cdot F_{AP}; \quad \overline{c_D} = \sqrt{2\, c_p \cdot (T_{tT_A} - T_D)} = \frac{F}{\dot{m}_0} + c_0$$

$$P_i^* = \frac{P_i}{P_{i_{AP}}} \approx \dot{m}_{V_E} \cdot \frac{(T_{tT_A} - T_D) - \frac{c_0^2}{2\, c_p}}{(T_{tT_{AP}} - T_{D_{AP}})}$$

$$\left(P_i = \dot{m}_{T_A} \cdot c_{P_D} \cdot (T_{tT_A} - T_D) - \dot{m}_0 \cdot \frac{c_0^2}{2} \approx P_i^{**} P_{i_{AP}}\right)$$

$$\dot{E}_B^* = \frac{\dot{E}_B}{\dot{E}_{B_{AP}}} \approx \dot{m}_{V_E}^* \cdot \frac{T_{tT_E} - T_{tV_A}}{T_{tT_{E_{AP}}} - T_{tV_{A_{AP}}}}$$

$$\eta_i^* = \frac{\eta_i}{\eta_{i_{AP}}} = \frac{P_i^*}{\dot{E}_B^*}; \quad \eta_i = \eta_i^* \cdot \eta_{i_{AP}}$$

Die Ergebnisse in Tab. 8.3 zeigen, dass trotz der großen Vereinfachungen sowohl der Beziehungen als auch der Zahlenwerte die Tendenzen richtig wiedergegeben werden.

Die Größen sind in der Reihenfolge der Berechnung angegeben.

Dabei wurden sowohl die Flughöhe h_0 als auch die Flugmachzahl Ma_0 verändert, während die Drehzahl n^* und die Turbineneintrittstemperatur T_{tT_E} konstant gehalten und keine mögliche Schaufelverstellung $\Delta\alpha = 0$ berücksichtigt wurde.

Für die verschiedenen Lastzustände kann man *Schubkennfelder* zeichnen, z. B. das Volllastkennfeld eines TL-Triewerks in Abb. 8.18.

Tab. 8.2 Auslegungswerte für das Triebwerk J79H

$h_{0_{AP}} = 0\,\text{km};\ T_{U_{AP}} = T_{t_{0_{AP}}} = 288{,}15\,\text{K};\ p_{U_{AP}} = p_{t_{U_{AP}}} = 101.325\,\text{Pa};\ \varphi_{L_{AP}} = 0{,}60 = 60\,\%$

$c_{0_{AP}} = 0\,\text{m/s};\ R_{L_{AP}} = 288{,}162\,\text{J/kg K}$ vereinfacht $R_L = 288\,\text{J/kg K}$

$c_{p_{V_{AP}}} = 1029\,\text{J/kg K}$ vereinfacht $\kappa = 1{,}4;\ c_{p_V} = 1008\,\text{J/kg K}$

$c_{V_{E_{AP}}} = 150;\ n_{AP} = 7460\,1/\text{min} = 124{,}333\,1/\text{s};\ \varphi_{V_{E_{AP}}} = 0{,}636;\ \zeta_E = \zeta_{Ma} = 0{,}1$

$p_{V_{E_{AP}}} = 87.633\,\text{Pa};\ p_{t_{V_{E_{AP}}}} = 100.627\,\text{Pa};\ T_{V_{E_{AP}}} = 276{,}99\,\text{K};\ T_{t_{V_{E_{AP}}}} = 288{,}15\,\text{K}$

$p_{V_{A_{AP}}} = 1.081.205\,\text{Pa};\ p_{t_{V_{A_{AP}}}} = 1.142.201\,\text{Pa};\ T_{V_{A_{AP}}} = 615{,}10\,\text{K};\ T_{t_{V_{A_{AP}}}} = 624{,}32\,\text{K}$

$$\left(\frac{n-1}{n}\right)_{V_{AP}} = \frac{\ln\left(\frac{T_{t_{V_A}}}{T_{t_{V_E}}}\right)_{AP}}{\ln \pi_{t_{V_{AP}}}} = 0{,}3205 = 1/3{,}1205$$

$\dot{m}_{V_{E_{AP}}} = 74{,}4\,\text{kg/s};\ \dot{m}_{\text{red}_{V_{AP}}} = 74{,}4\,\text{kg/s}$

$$\pi_{t_{V_{AP}}} = \left(\frac{p_{t_{V_A}}}{p_{t_{V_E}}}\right)_{AP} = 11{,}351;\ \tau_{t_{V_{AP}}} = \left(\frac{T_{t_{V_A}}}{T_{t_{V_E}}}\right)_{AP} = 2{,}1678$$

$$\pi_{t_{BK_{AP}}} = \left(\frac{p_{t_{T_E}}}{p_{t_{V_A}}}\right)_{AP} = 0{,}99$$

$$\pi_{t_{T_{AP}}} = \left(\frac{p_{t_{T_A}}}{p_{t_{T_E}}}\right)_{AP} = 0{,}26917 = 1/3{,}7151;\ \tau_{t_{T_{AP}}} = \left(\frac{T_{t_{T_A}}}{T_{t_{T_E}}}\right)_{AP} = 0{,}73644 = 1/1{,}3579$$

$p_{t_{T_{E_{AP}}}} = p_{t_{T_{\text{ISO}_{AP}}}} = 1.130.163\,\text{Pa};\ T_{t_{T_{E_{AP}}}} = 1223{,}15\,\text{K};\ T_{t_{T_{\text{ISO}_{AP}}}} = 1193{,}69\,\text{K}$

$p_{t_{T_{A_{AP}}}} = 304.288\,\text{Pa};\ T_{t_{T_{A_{AP}}}} = 900{,}78\,\text{K}$

$$\left(\frac{n-1}{n}\right)_{T_{AP}} = \frac{\ln\left(\frac{T_{t_{T_E}}}{T_{t_{T_A}}}\right)_{AP}}{\ln(\pi_{t_T}^{-1})_{AP}} = 0{,}2331 = 1/4{,}2900$$

$$\left(\frac{n-1}{n}\right)_{TV_{AP}} = \frac{\ln\left(\frac{T_{t_{T_E}}}{T_{t_{T_A}}}\right)_{AP}}{\ln \pi_{t_{V_{AP}}}} = 0{,}12593 = 1/7{,}9409$$

$R_{G_{AP}} = 287{,}809\,\text{J/kg K}$ vereinfacht $288\,\text{J/kg K}$

$$\left(\frac{n-1}{n}\right)_{T\text{ISO}_{AP}} = \frac{\ln\left(\frac{T_{t_{T\text{ISO}}}}{T_{t_{TT_A}}}\right)_{AP}}{\ln \pi_{t_{V_{AP}}}} = 0{,}116$$

$\tau_{T_{AP}} = 0{,}736 \quad \pi_{T_{AP}} = 0{,}269$

$T_{D_{AP}} = 757{,}50\,\text{K}$

$$\pi_{D_{AP}} = \frac{p_{t_{T_{AAP}}}}{p_U} = 3{,}003$$

$$\left(\frac{n-1}{n}\right)_{D_{AP}} = \frac{\ln\left(\frac{T_{t_{TAP}}}{T_{DAP}}\right)}{\ln \pi_{D_{AP}}} = 0{,}1576;\ c_{p_D} = 1040\,\text{J/kg K}$$

$P_{T_{AP}} = -26{,}254\,\text{MW}$

$P_{V_{AP}} = 25{,}729\,\text{MW}$

$P_{m_{AP}} = -0{,}525\,\text{MW};\ \eta_{m_{AP}} = 0{,}98$

$F_{AP} = 42145\,\text{N};\ \overline{\overline{c}}_{DAP} = 566{,}5\,\text{m/s}$

$P_{i_{AP}} = 11{,}957\,\text{MW}$

$\dot{E}_{B_{AP}} = 52{,}186\,\text{MW}$

Tab. 8.3 Ergebnisse für das vereinfachte Vorausberechnen von stationären Betriebspunkten des Flugtriebwerks J79

Lfd. Nr	Ma_0	c_0 $\frac{m}{s}$	p_0 N	T_U °C	a_0	$T_{t0} = T_{tVE}$ °C	$T^*_{t0} = T^*_{tVE}$	p_{t0} N	p^*_{t0}	T_{V_E} °C	$T^*_{V_E}$	j_{Ma} J/kg	j_E J/kg
1	0	0	101.325	288,15	340,00	288,15	1,000	101.325	1,000	276,99	1,000	0	562,5
2	0,441	150	101.325	288,15	340,00	299,37	1,039	115.815	1,143	288,15	1,040	0	1127,8
3	1,500	510	101.325	288,15	340,00	417,82	1,450	371.967	3,671	406,01	1,466	2934	3506,6
4	0	0	70.105	268,65	329,12	268,65	0,932	70.105	0,692	257,49	0,930	0	562,5
5	0,500	165	70.105	268,65	329,12	282,08	0,979	83.159	0,821	270,92	0,978	0	1239,5
6	1,500	494	70.105	268,65	329,12	389,54	1,352	257.356	2,540	378,38	1,366	2735	3308,1

Lfd. Nr	Δh_E J/kg	y_E J/kg	ν_E	p_{V_E} N	$p^*_{V_E}$	p_{tV_E} N	$p^*_{tV_E}$	π^*_{tV}	π_{tV}	$p^*_{tT_E}$	p_{tT_E} N	$\dot{m}^*_{V_E}$	$\dot{m}_{V_E}$ kg/s
1	−11.250,0	−11.812,5	0,952	87.633	1,000	100.627	1,000	1,000	11,348	1,000	1.130.471	1,000	74,400
2	56,6	−1071,2	−0,053	100.025	1,141	114.330	1,136	0,961	10,908	1,092	1.234.662	1,097	81,632
3	119.454,8	115.948,2	1,030	324.803	3,706	359.091	3,569	0,682	7,742	2,435	2.752.193	2,529	188,127
4	−11.250,0	−11.812,5	0,952	59.982	0,684	69.586	0,692	1,076	12,207	0,744	840.949	0,736	54,781
5	2290,0	1050,5	2,180	71.059	0,881	81843	0,813	1,022	11,602	0,832	940.035	0,828	61,679
6	110.609,6	107.301,6	1,031	224.273	2,559	248.293	2,467	0,732	8,307	1,806	2.041.934	1,873	139,384

Lfd. Nr	$T^*_{tT_A}$	T_{tT_A} °C	$T^*_{tT_{ISO}}$	$T_{tT_{ISO}}$ °C	P^*_T	P_T MW	P_V MW	P^*_V	T_{tV_A} °C	$T^*_{tV_A}$	p_{tT_A} N	$p^*_{tT_A}$	τ_T
1	1,000	900,78	1,000	1193,69	1,000	−26,254	25,729	1,000	624,32	1,000	304.288	1,000	0,736
2	1,005	905,27	1,000	1194,16	1,082	−28,410	27,885	1,084	631,43	1,011	339.502	1,116	0,740
3	1,049	945,22	1,004	1198,23	2,184	−57,343	56,818	2,208	711,41	1,139	910.799	2,993	0,773
4	0,991	892,54	0,999	1192,83	0,755	−19,818	19,293	0,750	611,00	0,979	217.605	0,715	0,730
5	0,997	898,27	1,000	1193,43	0,835	−21,932	21,407	0,832	619,47	0,992	250.019	0,822	0,734
6	1,040	936,87	1,003	1197,39	1,666	−43,7474	43,222	1,680	690,99	1,107	650.508	2,138	0,766

Tab. 8.3 (Fortsetzung)

Lfd. Nr	τ_T^*	π_T	π_T^*	$p_{t_{T_A}}$	$p_{t_{T_A}}^*$	π_D	π_D^*	T_D	T_D^*	F^*	F	$\overline{\bar{c}_D}$	$\overline{\bar{c}_D}^*$
				N					°C		N	m/s	
1	1,000	0,269	1,000	304.288	1,000	3,003	1,000	757,45	1,000	1,000	42.145	566,5	1,000
2	1,005	0,275	1,022	339.502	1,116	3,351	1,116	748,20	0,988	0,847	35.703	587,4	1,037
3	1,049	0,331	1,229	910.799	2,993	8,969	2,993	668,70	0,883	1,150	48.480	767,7	1,355
4	0,991	0,259	0,961	217.605	0,715	3,104	1,034	746,62	0,986	0,743	31.310	571,5	1,009
5	0,997	0,266	0,988	250.019	0,822	3,566	1,188	735,15	0,971	0,635	26.743	598,1	1,056
6	1,040	0,319	1,184	650.508	2,138	9,279	3,090	659,48	0,871	0,912	38.452	769,5	1,359

Lfd. Nr	P_i^*	P_i	$\dot{E}_B^*$	$\dot{E}_B$	η_i^*	η_i	η_V^*	$\Delta p_{t_E} / p_{t_0}$
		MW		MW				%
1	1,000	11,957	1,000	52,186	1,000	0,229	1,000	−0,689
2	1,120	13,387	1,084	56,578	1,033	0,237	0,981	−1,282
3	2,672	31,953	2,161	112,766	1,237	0,283	0,817	−3,462
4	0,750	8,963	0,753	39,279	0,996	0,228	1,032	−0,740
5	0,868	10,381	0,836	43,614	1,039	0,238	1,008	−1,583
6	2,094	25,040	1,665	86,884	1,258	0,288	0,850	−3,522

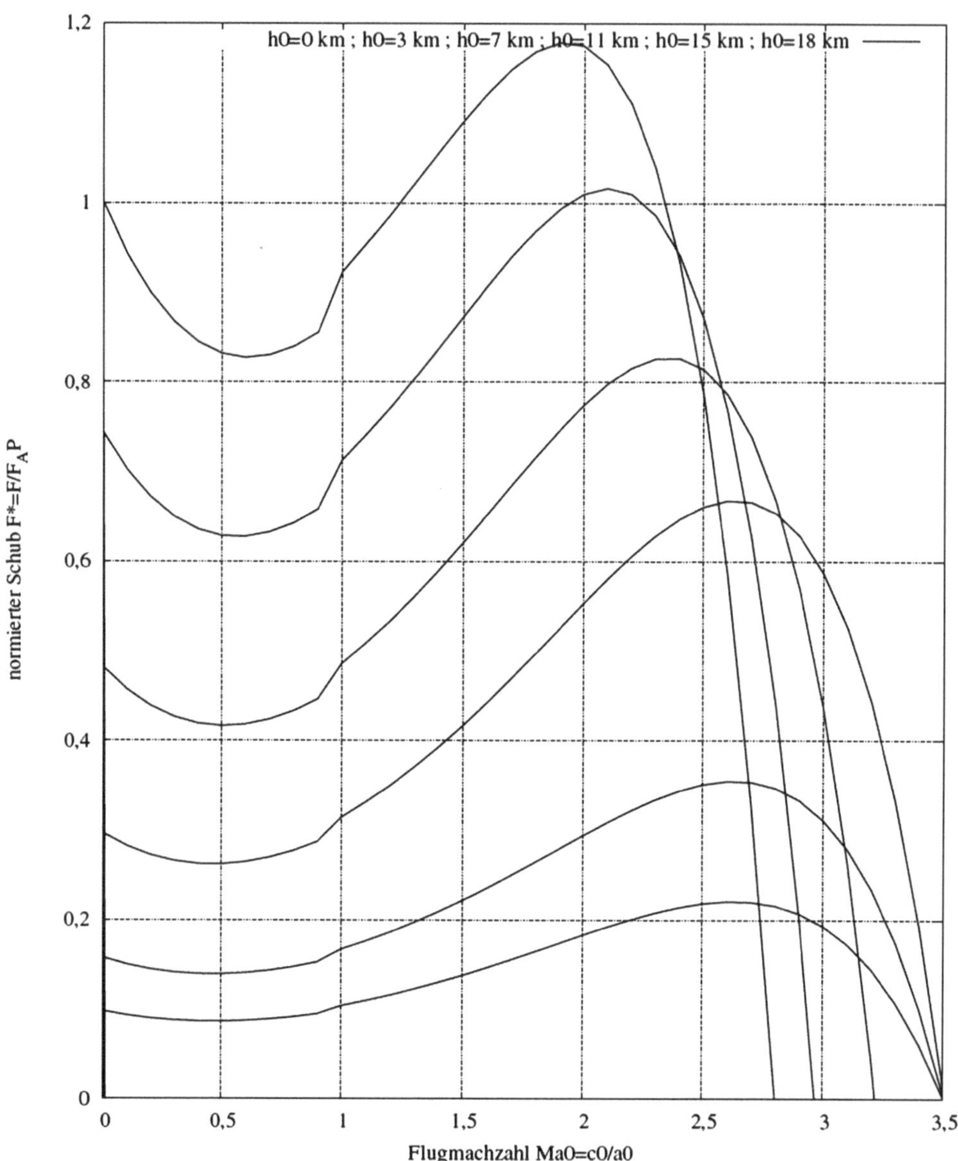

Abb. 8.18 Volllast-Schubkennfeld eines TL-Flugtriebwerks

8.2 An- und Abfahren

Das An- und Abfahren einer Gasturbinenanlage soll im Allgemeinen in möglichst kurzer Zeit erfolgen. Die Zustände in den Strömungskanälen ändern sich schnell, deshalb sind sie genau genommen nicht mehr stationär.

Beim Anfahren muss die Anlage angetrieben werden, beim Abfahren wird keine elektrische Leistung abgegeben.

8.2.1 Anfahren

8.2.1.1 Beschreibung des Anfahrvorgangs

Beim „Stillstand“ der Gasturbinenanlage ist die Drehzahl meistens nicht null. Aus Gründen der gleichmäßigen Belastung der Welle und der Lager wird die Welle mit sehr kleiner Drehzahl bewegt.

Die Schaufeln des Vorleitrades sind „geschlossen“, weil so der „Strömungswiderstand“ der Anlage am kleinsten ist.

Zu Beginn des Anfahrvorganges treibt bei großen Anlagen der über einen Anfahrumrichter mit Strom kleiner Frequenz gespeiste Generator mit einer im Vergleich zur Nennleistung recht kleinen Leistung $P_{AG} = 2\pi \cdot n \cdot M_{AG}$, die „Gesamtwelle“ an. Zu der Gesamtwelle gehören der Verdichter, die Turbine und der Generator (Abb. 8.19).

$$\begin{aligned} \dot{n} &= \frac{M_{\text{ges}}}{2\pi \Theta_{\text{ges}}} \\ M_{\text{ges}} &= M_{AG} - M_k - M_{\text{GenVerl}} \\ \Theta_{\text{ges}} &= \Theta_V + \Theta_T + \Theta_{\text{Gen}} \end{aligned} \tag{8.66}$$

mit:

$$\begin{aligned} M_k &= \frac{P_k}{2\pi n} \\ P_k &= P_V + P_T + P_m \\ P_m &= P_{m_A P} \cdot \left(\frac{n}{n_{AP}}\right)^{2 \div 2{,}5} \\ M_{\text{GenVerl}} &= \frac{P_{\text{GenVerl}}}{2\pi n} \quad \left(\sim n^{1 \div 1{,}5}\right) \end{aligned} \tag{8.67}$$

M_i sind die Drehmomente und Θ_i die Massenträgheitsmomente der Komponenten.

Damit steigt die Drehzahl bis zu einem bestimmten Wert, bei dem die Zündung der Brennkammer erfolgen kann (Abb. 8.20 und Abb. 8.21).

Eine gewisse Zeit nach der Zündung treiben der Anfahrgenerator und die Turbine die Anlage gemeinsam an, bis bei Überwiegen der Eigenleistung der Anlage über den Antriebsbedarf ($P_k < 0$!) die Stromzufuhr zum Anfahrgenerator abgeschaltet werden kann.

Die Brennstoffzufuhr wird soweit gesteigert, bis die Nenndrehzahl erreicht ist.

Ab diesem Zeitpunkt kann und muss elektrische Leistung abgegeben werden. Die Brennstoffzufuhr nimmt noch so lange zu, bis die gewünschte Turbinenaustrittstemperatur erreicht ist. Das ist der Punkt der kleinsten Abgabelast bei „geschlossenem“ Vorleitrad.

Eine weitere Leistungssteigerung erhält man durch „Öffnen“ des Vorleitrades und Regelung des Brennstoffmassenstromes auf die gewählte Turbinenaustrittstemperatur.

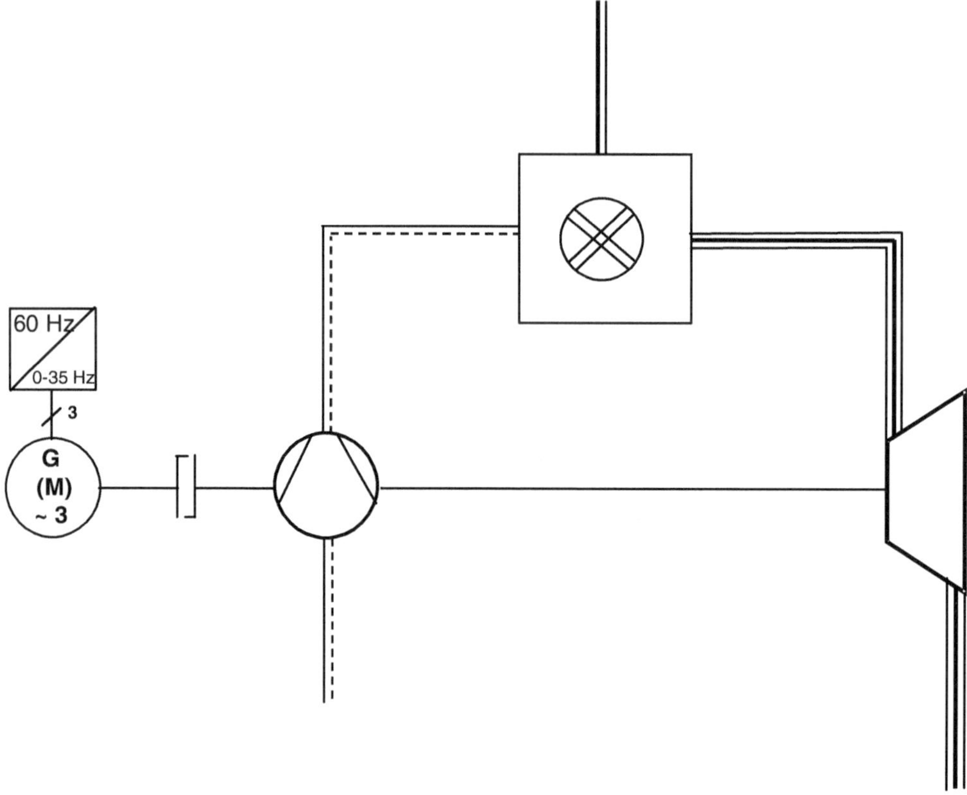

Abb. 8.19 Gasturbinenanlage mit Anfahreinrichtung

8.2.1.2 Der Einlass beim Anfahren

Der Einlass wird beim Anfahren zunächst mit sehr viel kleineren Massenströmen und Geschwindigkeiten durchströmt als bei normalen Betriebsbedingungen. Insofern ist auch sein Einfluss entsprechend gering, so dass mit näherungsweise konstantem Einlasswirkungsgrad und quasi-stationären Strömungsbedingungen gerechnet werden kann.

8.2.1.3 Der Verdichter beim Anfahren

Beim Anfahren sind zunächst die Drehzahlen sehr klein, ebenfalls auch der Massenstrom und die Strömungsgeschwindigkeiten.

Dies bedeutet aber, dass der Druckaufbau und die Dichteänderung nicht mit dem geometrisch vorgegeben Querschnittsverlauf in Strömungsrichtung übereinstimmen, der Volumenstrom nimmt in Durchströmrichtung viel langsamer ab als bei Auslegungsbedingungen. Die Folge ist, dass die Durchströmgeschwindigkeiten zunehmen, bis bei einem bestimmten Schaufelgitter ein Sperren auftritt (Abb. 8.22).

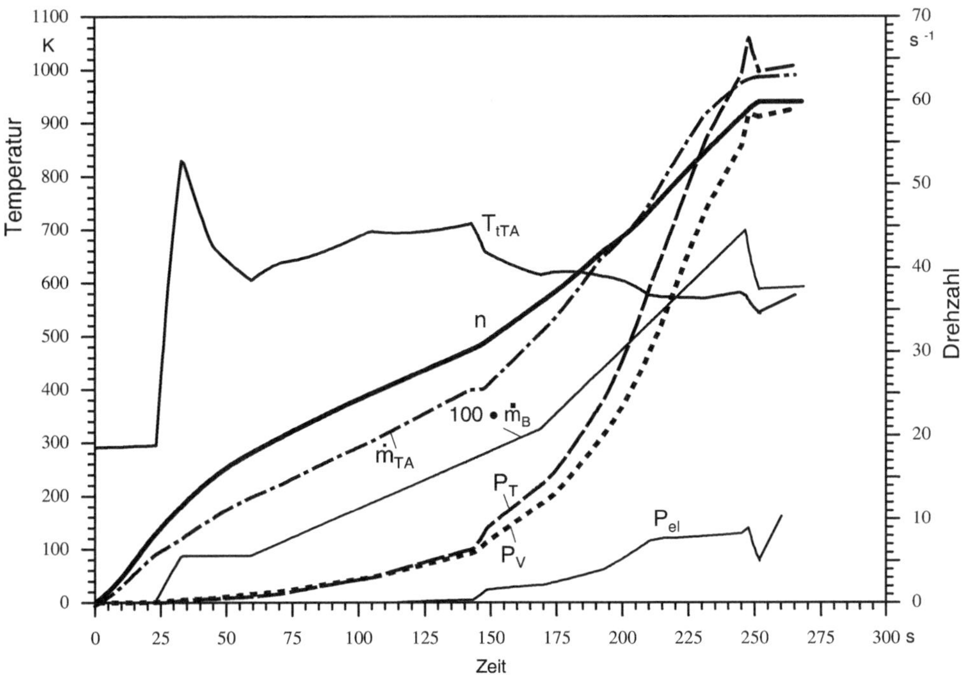

Abb. 8.20 Zeitlicher Verlauf der wichtigsten Größen beim Anfahrvorgang bis zum Erreichen der Synchrondrehzahl

Um dies möglichst zu verhindern, muss vorher ein Teil des angesaugten Massenstromes aus dem Verdichter entfernt werden, am einfachsten durch *Abblasen*. Das wird je nach Drehzahl an verschiedenen Stellen und mit verschiedenen Abblasmengen notwendig sein.

Trotzdem treten beim Anfahren im Verdichter extreme Anströmbedingungen der Schaufelgitter auf, besonders im hinteren Bereich (Abb. 8.23).

Eine zweite Besonderheit ist die Tatsache, dass beim Anfahren aus dem „kalten" Betriebszustand bei Stillstand die Masse des Verdichters erst auf die Betriebstemperatur gebracht werden muss, die in etwa mit der lokalen Verdichtungstemperatur der Luft übereinstimmt.

Während die Verdichterschaufeln wegen relativ großer Oberfläche und kleiner Eigenmasse der zeitlichen Temperaturerhöhung beim Anfahren fast ohne Zeitverzögerung folgen, gilt dies nicht für die viel größere Masse der Welle und des Gehäuses. Beide benötigen für das Erwärmen eine viel größere Zeit als der eigentliche Anfahrvorgang, mit einer „Kühlwärmeleistung" für die Luft, die nicht vernachlässigbar ist (Abb. 8.24).

8.2.1.4 Die Brennkammer beim Anfahren

Die Brennkammer unterscheidet sich zunächst im ersten Teil des Anfahrvorganges, bei dem kein Brennstoff zugeführt wird, von dem Normalbetrieb mit Verbrennung dadurch,

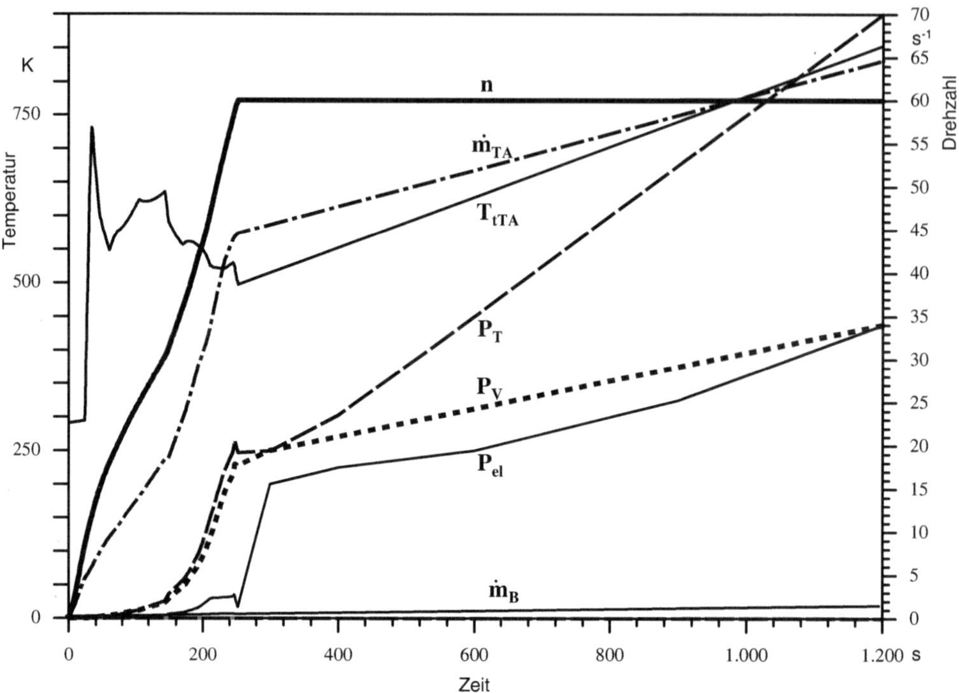

Abb. 8.21 Zeitlicher Verlauf der wichtigsten Größen beim Anfahrvorgang bis zum Erreichen der vollen Leistung

dass sie einen reinen Durchströmapparat mit relativ kleinen Dissipationsverlusten darstellt.

Nach erfolgter Zündung ist zu berücksichtigen, dass für die relativ schnelle Erwärmung der Brennkammerwände viel Wärme benötigt wird, die von der freigesetzten Brennstoffenergie abgezogen werden muss und damit der Turbine „fehlt".

8.2.1.5 Die Turbine beim Anfahren

Wegen der durch die Kühlluft gekühlten Schaufeln, der Welle und der Gehäusewand spielt die „Aufheizung" der Turbine beim Anfahren keine große Rolle.

Dagegen treten besonders bei kleinen Drehzahlen bei den letzten Stufen sehr große Falschanströmungen der Schaufelgitter auf (Abb. 8.25).

Die Strömung ist beim Anfahren immer unterkritisch.

8.2.1.6 Der Diffusor und Auslass beim Anfahren

Der Diffusor und der Auslass sind Strömungsteile, die ähnlich wie der Einlass zu behandeln sind.

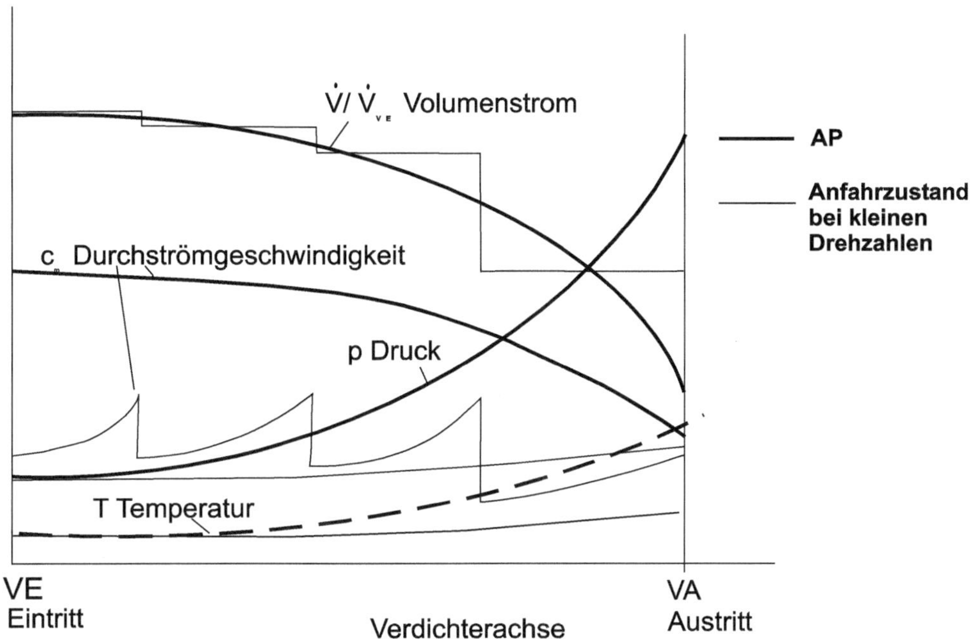

Abb. 8.22 Änderung des Druckes und der Temperatur, des Volumenstroms und der Durchströmgeschwindigkeit, aufgetragen über der Verdichterachse

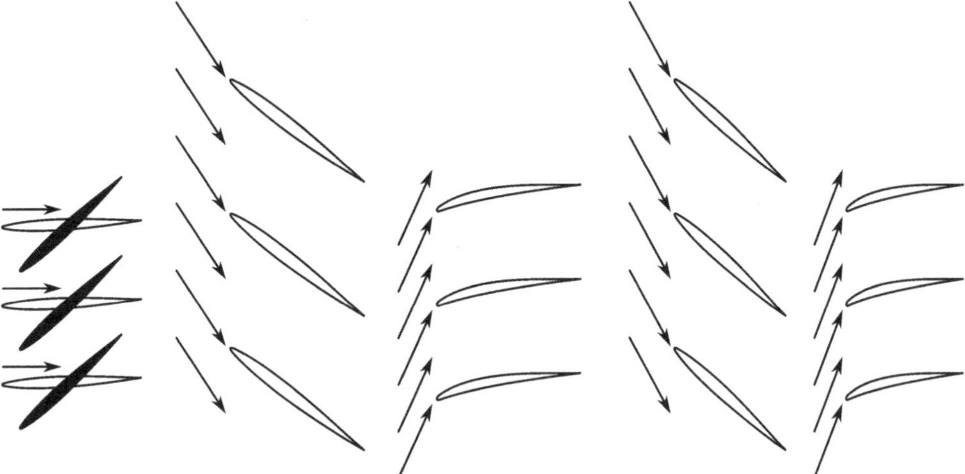

Abb. 8.23 Anströmbedingungen im Verdichter bei kleinen Drehzahlen

Allerdings ist zu berücksichtigen, dass die Abblasemassenströme, die beim Verdichter entnommen werden, im Diffusor dem Abgas der Turbine wieder zugemischt werden. Dadurch steigt der Turbinenaustrittsdruck etwas an.

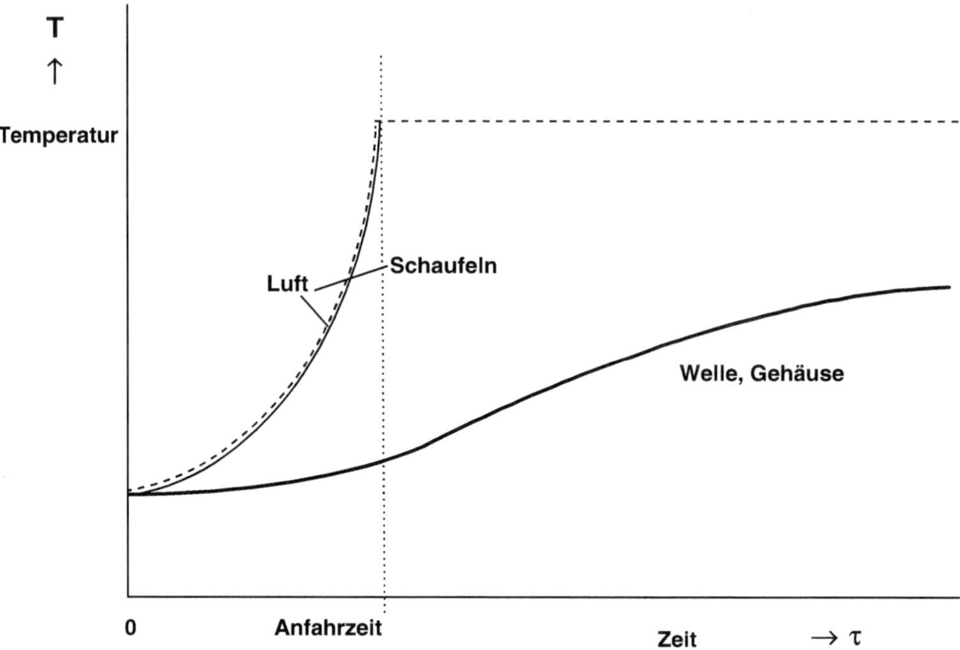

Abb. 8.24 Temperaturen im Verdichter beim Anfahren

Abb. 8.25 Falschanströmung der Turbinengitter bei kleinen Drehzahlen

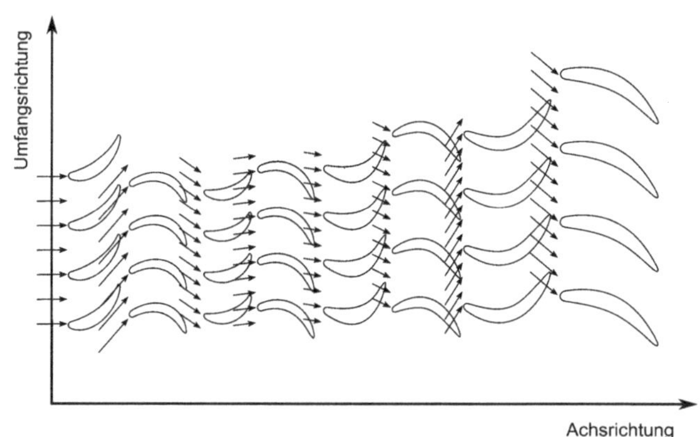

8.2.2 Abfahren

Beim Abfahren einer Anlage von einem Betriebspunkt mit Leistungsabgabe zu einem „kalten“ Betriebspunkt (ohne Brennstoffzufuhr) ohne Leistung bei sehr kleiner Drehzahl muss unterschieden werden zwischen dem Fall eines gezielt *geregelten Abfahrens* und dem nicht vorhergesehenen *Schnellschluss* mit möglichst kurzer Abschaltzeit.

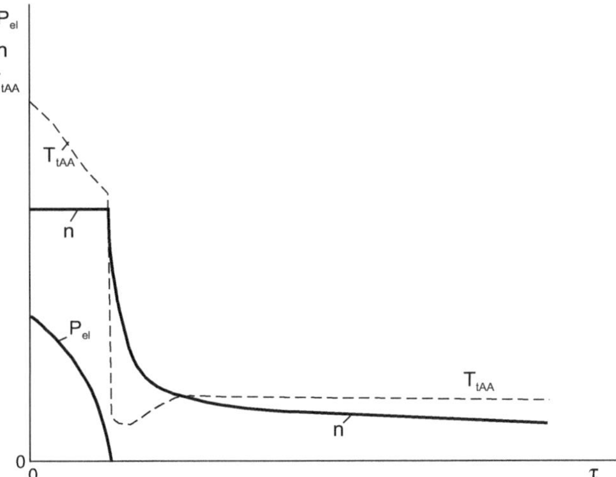

Abb. 8.26 Verschiedene Größen, aufgetragen über der Zeit, beim gezielten Abfahren

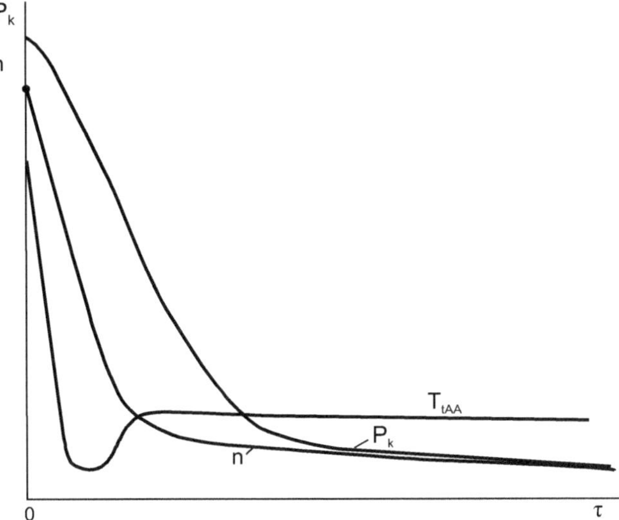

Abb. 8.27 Verschiedene Größen, aufgetragen über der Zeit, beim Schnellschluss

Beim gezielten Abfahren werden zunächst durch verringerte Brennstoffzufuhr die Leistung auf Null gefahren und die Vorleitschaufeln geschlossen. Danach wird die Anlage ohne Brennstoff und ohne elektrische Verbindung durch „Eigenbremsung" auf die „Nulldrehzahl" gebracht (Abb. 8.26).

Beim Abfahren der Anlage treten im Verdichter wenig, in der Brennkammer sehr viel und in der Turbine wieder relativ wenig „Aufheizvorgänge" der Luft bzw. des Gases auf, der beim Durchströmen der Komponenten von den noch heißen Schaufeln und vor allem Wänden Wärme zugeführt wird. Das führt z. B. dazu, dass die Abluft nach der Anlage noch eine lange Zeit eine relativ hohe Temperatur hat, obwohl schon lange kein Brennstoff mehr zugeführt worden ist.

Beim Schnellschluss dagegen werden gleichzeitig die Brennstoffzufuhr abgestellt, die Vorleitschaufeln geschlossen und die Trennung vom Netz durchgeführt. Das weitere Verhalten ist ähnlich wie beim gezielten Abfahren (Abb. 8.27).

8.3 Messungen bei Gasturbinen

Zur Kontrolle, für die Regelung und als Werte für Verbesserungen und Weiterentwicklungen sind Messungen an Gasturbinen notwendig bzw. wünschenswert.

Die Messungen betreffen folgende Größen:

Die Drehzahl n, besonders der Verlauf beim Anfahren bis zum Anschluss an das Netz.

Die Drücke p: insbesondere den Umgebungsdruck p_U und den Verdichteraustrittsdruck p_{V_A}.

Die Temperaturen T: die Umgebungstemperatur T_U, die Verdichteraustrittstemperatur T_{V_A} und die Turbinenaustrittstemperatur T_{T_A}.

Die hohe Brennkammeraustrittstemperatur T_{BK_A} wird nur gerechnet und die Schaufeltemperaturen werden ganz selten bestimmt.

Die Massenströme $\dot{m}$: Der Brennstoffmassenstrom $\dot{m}_B$ relativ genau, während der Verdichtermassenstrom praktisch nur mit einem Fehler von 1 % bestimmt werden könnte.

Die Leistung P, auch die elektrische Abgabeleistung P_{el} kann nur mit einem Fehler von 1 % bestimmt werden.

Wie man sieht, ist die Berechnung bei Gasturbinen, ob überschlägig oder sehr genau, unumgänglich!

8.4 Regelung der Gasturbinen

Bisher war beim „stationären Betriebsverhalten“ unter Vorgabe bestimmter Größen wie z. B. Drehzahl n und Temperatur $T_{t_{TE}}$ ein Betriebspunkt berechnet worden.

Bei der *Regelung* müsste dies über Stellglieder, z. B. den Winkel des Vorleitrades des Verdichters oder die Brennstoffzufuhr, selbsttätig eingestellt und überwacht werden.

Eine besondere Schwierigkeit besteht bei schnellen Lastwechseln. Dann muss vor allem das instationäre Kennfeld des Verdichters beachtet werden, um ein Abreißen der Strömung in jedem Fall auszuschließen.

Das ist mit einfachen Rechnungen nicht zu erfassen und übersteigt den Rahmen dieses Buches und wird daher nicht weiter behandelt.

8.5 Wartung und Instandhaltung der Gasturbinen

Um eine hohe Anlagenverfügbarkeit und -zuverlässigkeit sowie eine geringe Abnutzung der Gasturbine zu erreichen, muss diese gewartet und instand gehalten werden.

Das verursacht Kosten, kann aber auch Kosten sparen.

Dies wird in der [39, GTBerErg.pdf] ausführlicher beschrieben.

9 Wirtschaftlichkeit

Die wirtschaftliche Optimierung wird im Falle eines Gasturbinenkraftwerks die gesamten Kosten, die mit der Stromerzeugung zusammenhängen, der Menge des erzeugten Stromes gegenüberstellen.

Die *spezifischen Stromgestehungskosten* ϵ_j sind das Verhältnis der Kosten zu dem erzeugten Strom, jeweils berechnet für das Jahr j.

$$\epsilon_j =_{\text{def}} \frac{\text{jährliche Gesamtkosten}}{\text{gesamte Jahresstromerzeugung}} \tag{9.1}$$

9.1 Kosten

Die jährlichen Gesamtkosten können aufgeteilt werden in fixe Kosten K_{fix_j}, die zum großen Teil durch die ***Investitionskosten*** K_i der Anlage bedingt sind, in Brennstoffkosten K_{B_j}, die in etwa der erzeugten elektrischen Jahresarbeit W_{el_j} proportional sind, und in Zusatzkosten K_{zus_j}.

$$K_{\text{ges}_j} = K_{\text{fix}_j} + K_{B_j} + K_{\text{zus}_j} \tag{9.2}$$

9.1.1 Fixe Kosten

Die Grundidee bei der Ermittlung der Investitionskosten K_i ist, die Gesamtanlage in Komponenten zu zerlegen, denen entsprechend ihrer „Größe" Kosten $K_{i_{\text{Komp}}}$ zugeordnet werden können. Durch Aufsummierung der Kosten für die einzelnen Komponenten lassen sich die Gesamtkosten K_i bestimmen.

$$K_i = \sum K_{i_{\text{Komp}}} \tag{9.3}$$

W. Bitterlich, U. Lohmann, *Gasturbinenanlagen*, https://doi.org/10.1007/978-3-658-15067-9_9

Die Größe der Komponente stellt dabei meistens einen aus der energetischen Berechnung der Anlage bekannten Wert dar, z. B. die Leistung P des Verdichters, der Turbine, die Leistungszufuhr $\dot{E}_{zu}$ der Brennkammer oder den Wärmestrom $\dot{Q}$ in einem Wärmeaustauscher.
Bei Wärmeaustauschern ist bei genauerer Betrachtung als Bezugsgröße die benötigte Fläche besser geeignet. Um sich die genauen Wärmeaustauscher-Berechnungen zu ersparen, wird das Produkt $(k \cdot A)$ gewählt, das allein aus den energetisch bekannten Werten exakt berechet werden kann. Dies ist deshalb berechtigt, weil bei optimal ausgelegten Wärmeaustauschern gleichen Typs auch die k-Werte in etwa gleich sind.

Die Investitionskosten der jeweiligen Komponente $K_{i_{\text{Komp}}}$ ergeben sich dann als das Produkt aus den spezifischen Investitionskosten der Komponente $s_{i_{\text{Komp}}}$ und dem energetischen Wert für die Größe der Komponente $P_{i_{\text{Komp}}}$ oder $\dot{E}_{i_{\text{Komp}}}$ oder $\dot{Q}_{i_{\text{Komp}}}$.

$$K_{i_{\text{Komp}}} \approx s_{i_{\text{Komp}}} \cdot P_{i_{\text{Komp}}} \tag{9.4}$$

Die ***spezifischen Investitionskosten*** $s_{i_{\text{Komp}}}$ für die einzelnen Komponenten werden von den Kosten $K_{i_{K_{\text{ref}}}}$ einer bekannten Komponente durch Bezug auf die Bezugsgröße $P_{i_{K_{\text{ref}}}}$, also den Wert der „energetischen“ Größe, bestimmt.

$$s_{i_{\text{Komp}}} = \frac{K_{i_{K_{\text{ref}}}}}{P_{i_{K_{\text{ref}}}}} \tag{9.5}$$

Für ein Kraftwerk mit Gasturbinenanlage ergeben sich die Gesamtkosten der Investition K_i als Summe der Kosten der (einfachen) Turbine K_T (ohne Kühlung und Beschichtung), der Turbinenkühlung $K_{T-\text{Kühl}}$, des Verdichters K_V, der Brennkammer K_{BK}, des Generators K_{Gen}, der Regelung + elektrische Ausrüstung K_{Regelung} und des Gebäudes bzw. der äußeren Komponenten der Anlage $K_{\text{Gebäude}}$ (Lufteinlass, Abgasauslass usw.):

$$K_i = K_T + K_{T-\text{Kühl}} + K_V + K_{BK} + K_{\text{Gen}} + K_{\text{Regelung}} + K_{\text{Gebäude}}. \tag{9.6}$$

Die einzelnen Summanden werden dabei mit den folgenden Gleichungen bestimmt (die Zahlenwerte in Klammern entsprechen einer Referenzanlage):

$$\begin{aligned}
K_T &\approx s_T \cdot P_T && (25\,€/\text{kW};\,358\,\text{MW})\\
K_{T-\text{Kühl}} &\approx s_{T-\text{Kühl}} \cdot \dot{Q}_T && (2515\,€/\text{kW};\,32{,}6\text{MW})\\
K_V &\approx s_V \cdot P_V && (35\,€/\text{kW};\,173\,\text{MW})\\
K_{BK} &\approx s_{BK} \cdot \dot{E}_B && (4{,}3\,€/\text{kW};\,461\,\text{MW})\\
K_{\text{Gen}} &\approx s_{\text{Gen}} \cdot P_{el} && (17\,€/\text{kW};\,181\,\text{MW})\\
K_{\text{Regelung}} &\approx s_{\text{Regelung}} \cdot P_{el} && (60\,€/\text{kW};\,181\,\text{MW})\\
K_{\text{Gebäude}} &\approx s_{\text{Gebäude}} \cdot \dot{m}_{V_E} && (4400\,€/\text{kg/s};\,450\,\text{kg/s})
\end{aligned} \tag{9.7}$$

Zur „genaueren" Bestimmung der Kosten für die Kühlung der Schaufeln kann unterschieden werden zwischen den Kosten der Konvektions- und der Filmkühlung sowie der Beschichtung. Die Bezugsgröße für die Konvektionskühlung ist die Wärmeaufnahme $\dot{Q}_{KL}$ der Kühlluft und als Bezugsgröße für die Filmkühlung bietet sich der Gesamtmassenstrom $\dot{m}_F$ des Kühlfilms an.

Bei der Beschichtung scheiden Kühlwärmeströme als Bezugsgröße aus, weil die Schicht den Wärmestrom vermindert. Eine grobe Möglichkeit, die Kosten abzuschätzen, ist die Schichtoberfläche $\approx O_G$ und die Schichtdicke s_{ce}, sprich das Schichtvolumen $V_{\text{Besch}} \approx O_G \cdot s_{ce}$ als Bezugsgröße zu wählen.

Damit erhält man für die Kühlkosten:

$$K_{T-\text{Kühl}} = K_{T_{\text{Konv}}} + K_{T_{Film}} + K_{T_{\text{Besch}}} \tag{9.8}$$

$$\begin{aligned} K_{T_{\text{Konv}}} &\approx s_{T_{\text{Konv}}} \cdot \dot{Q}_{KL} && (1710\,€/\text{kW};\ 15{,}2\,\text{MW}) \\ K_{T_{\text{Film}}} &\approx s_{T_{\text{Film}}} \cdot \dot{m}_F && (1140\,€/(\text{kg/s});\ 22{,}8\,\text{kg/s}) \\ K_{T_{\text{Besch}}} &\approx s_{T_{\text{Besch}}} \cdot V_{\text{Besch}} && (12{,}5\,\text{Mill.}\,€/\text{mm}^3;\ 2{,}4\,\text{mm}^3). \end{aligned} \tag{9.9}$$

Die Tab. 9.1 gibt als Beispiel die Kosten einer Referenz-Gasturbinen-Anlage von etwa 180 MW Leistung an.

Tab. 9.1 Kosten einer Gasturbinen-Referenzanlage in Mill. € (gerundet)

```
(      K_T =   9 Gasturbine                              8 % von GT)
(( K_Konv =  26 Konvektionsku"hlung                     23 % von GT))
(( K_Film =  26 Filmku"hlung                            23 % von GT))
((K_Besch =  30 Beschichtung                            26 % von GT))
(K_T-Kuel =  82 gesamte Turbinenku"hlung                71 % von GT)
(      K_V =   6 Verdichter                              5 % von GT)
(     K_BK =   2 Brennkammer                             2 % von GT)
      K_GT =  99 Gasturbine (Turb.,Ku"hl.,Verd.,Brenn.) 85 % von GT
     K_Gen =   3 Generator                               3 % von GT
   K_Regel =  10 Regelung und elektrische Ausru"stung   10 % von GT
  K_Gebaeu =   2 A"ussere Komponenten                    2 % von GT

      K_GT = 115 gesamte Gasturbineneinheit            100 % von GT

*****************************************************
      k_GT = 635  K_GT/Pel (Euro/kW)   Gesamtspez. Kosten der GT Anlage
*****************************************************
```

Da die Kosten oft nicht direkt proportional zu diesen Energiewerten sind, kann ein Ansatz mit einem festen Grundwert und einem linearen Proportionalitätsfaktor $f_{i_{\text{Komp}}}$ gemacht werden, der in einem kleineren Bereich (Leistung, Bauart) näherungsweise gültig ist.

$$K_{i_{\text{Komp}}} \approx K_{i_{K_{\text{ref}}}} + s_{i_{\text{Komp}}} \cdot (P_{i_{\text{Komp}}} - P_{i_{K_{\text{ref}}}}) \cdot f_{i_{\text{Komp}}} \tag{9.10}$$

mit $0 < f_{i_{\text{Komp}}} < 1$ für den Proportionalitätsfaktor.

Ausmultipliziert mit $K_{i_{K_{\text{ref}}}} = s_{i_{\text{Komp}}} \cdot P_{i_{K_{\text{ref}}}}$ ergibt sich:

$$K_{i_{\text{Komp}}} \approx s_{i_{\text{Komp}}} \cdot P_{i_{\text{Kref}}} \cdot \left[(1 - f_{i_{\text{Komp}}}) + f_{i_{\text{Komp}}} \cdot \frac{P_{i_{\text{Komp}}}}{P_{i_{K_{\text{ref}}}}} \right]. \tag{9.11}$$

Und für die Komponentenkosten $s_{i_{\text{Komp}}}$ für einen größeren Bereich (Gl. 2.17):

$$\frac{s_{i_{\text{Komp}}}}{s_{i_{\text{Komp}_{\text{Bezug}}}}} \approx \left(\frac{P_{i_{\text{Bezug}}}}{P_i} \right)^{0.143} \tag{9.12}$$

Da die Investition über eine ***Nutzungszeit*** von n_a Jahren eine Stromerzeugung ermöglicht, sollen die Investitionskosten über diesen Nutzungszeitraum gleichmäßig verteilt berücksichtigt werden. Dann müssen die jährliche ***Verzinsung*** z_a und die ***Inflationsrate*** i_a einfließen, was mit dem ***Zins- und Inflations-Faktor*** q_a erfolgt.

$$q_a = 1 + z_a + i_a \tag{9.13}$$

Mit q_a kann der ***Annuitätsfaktor*** a_a bestimmt werden.

$$a_a = \frac{q_a^{n_a} \cdot (q_a - 1)}{q_a^{n_a} - 1} \tag{9.14}$$

Das Produkt der Investitionskosten K_i und des Annuitätsfaktors a_a ist der in einem Jahr zur Abzahlung der Investition (Zinsen + Tilgung) notwendige Betrag $K_i \cdot a_a$.

Neben der Abzahlung der Investition sind weitere jährlich zu leistende Zahlungen von den Investitionskosten abhängig. Diese sind die Steuern und die Versicherungsprämien, durch die Faktoren ***Steuersatz*** s_a und ***Versicherungssatz*** v_a jeweils auf die Investitionskosten bezogen.

Werden die Investitionskosten mit der Summe von Annuitätsfaktor, Steuersatz und Versicherungsprämie multipliziert, so erhält man die im jeweiligen Jahr zu leistenden ***fixen*** Zahlungen K_{fix_j}, die unabhängig von der tatsächlichen Stromerzeugung anfallen.

$$K_{\text{fix}_j} = K_i \cdot (a_a + s_a + v_a) \tag{9.15}$$

Um die Gesamtkosten K_i der Investition von verschiedenen Anlagen vergleichbar zu machen, werden sie auf die installierte Nennleistung P_{el_N} bezogen. Die leistungs***spezifischen Gesamtkosten der Investition*** k_i sind folglich:

$$k_i = \frac{K_i}{P_{elN}}. \tag{9.16}$$

9.1.2 Brennstoffkosten

Die Brennstoffkosten K_{B_j} eines Jahres sind abhängig von den spezifischen Energiepreisen b_{B_j} und der Energiemenge E_{B_j}, die in diesem betrachteten Jahr eingesetzt wird.

$$K_{B_j} = b_{B_j} \cdot E_{B_j} \tag{9.17}$$

Wegen veränderlicher Lastzustände des Kraftwerkes ist der Jahresenergieeinsatz der Jahresintegralwert der Brennstoffenergieströme $\dot{E}_B(\tau)$, die zur Erzeugung der elektrischen Leistung $P_{el}(\tau)$ benötigt werden.

$$E_{B_j} = \int_0^a \dot{E}_B(\tau) \cdot d\tau \tag{9.18}$$

Ebenso ist die elektrische Jahresarbeit des erzeugten Stromes das Integral der elektrischen Leistung über ein Jahr.

$$W_{el_j} = \int_0^a \dot{P}_{el}(\tau) \cdot d\tau \tag{9.19}$$

Das Verhältnis von elektrischer Jahresarbeit und Jahresenergieeinsatz ist der ***Jahresnutzungsgrad*** η_{Nutz_j}

$$\eta_{\text{Nutz}_j} = \frac{W_{el_j}}{E_{B_j}}, \tag{9.20}$$

so dass der Jahresenergieeinsatz und die jährlichen Energiekosten durch die elektrische Jahresarbeit und den Jahresnutzungsgrad ausgedrückt werden können.

$$E_{B_j} = \frac{W_{el_j}}{\eta_{\text{Nutz}_j}}$$

$$K_{B_j} = b_{B_j} \cdot \frac{W_{el_j}}{\eta_{\text{Nutz}_j}} \tag{9.21}$$

In der folgenden Tab. 9.2 werden die Heizwerte und die Energiepreise von einer Reihe von Brennstoffen angegeben. Es sind mehr Brennstoffe anggegeben, als für Gasturbinen Verwendung finden.

Und die Preise sind absichtlich gerundet, damit problemlos auf den aktuellen Stand umgerechnet werden kann.

Tab. 9.2 Heizwerte und Energiepreise von einigen Brennstoffen

Brennstoff	Heizwerte		C-Anteil	Spez. Preise	Energie	Kosten	Dichte
	H_u		c	p	$p_{Energie}$	ρ	
	kJ/kg	kWh/kg	Mass.-%		Ct/MJ	Ct/kWh	kg/m³
Erdgas	47.245 bzw. 39.426 kJ/m³	13,124 10,952 kWh/m³	70,935	1,00 €/m³	2,55	9,20	1,198 Normzustand
(Brennwert)	(52.089) (bzw. 43.468 kJ/m³)	(14,469) 12,074 kWh/m³		(0,75 €/l flüss.)	(2,17)	(7,81)	(≈ 666) (flüssig)
Flüssiggas (≈ Propan)	46.800 bzw. 92.858 kJ/m³	13 25,81 kWh/m³	81,714	2,50 €/m³	2,69	9,69	1,985 Normzustand
(Brennwert)	(53.906) (bzw. 107.003 kJ/m³)	(14,974) (29,72 kWh/m³)		(0,75 €/l flüss.)	(3,06)	(11,01)	(≈ 454) (flüssig)
Leichtes Heizöl (EL)	43.000 bzw. 36.335 kJ/l	11,944 10,09 kWh/l	86,6	1,00 €/l	2,75	9,91	845
Schweres Heizöl (S)	39.600 bzw. 38.412 kJ/l	11,000 10,67 kWh/l	87	150 €/t	0,38	1,35	970
Dieselöl	43.350 bzw. 36.934 kJ/l	12,042 10,26 kWh/l	86,3	1,50 €/l	4,05	14,62	852
Super Plus (2008)	42.170 bzw. 31.881 kJ/l	11,714 8,86 kWh/l	86	1,65 €/l	5,12	18,43	749
Superbenzin	42.170 bzw. 31.881 kJ/l	11,714 8,86 kWh/l	86	1,60 €/l	4,92	17,70	741
E-10	40.630 bzw. 30.310 kJ/l	11,286 8,42 kWh/l		1,56 €/l	5,14	18,51	746

Tab. 9.2 (Fortsetzung)

Brennstoff	Heizwerte		C-Anteil	Spez. Preise	Energie	Kosten	Dichte
	H_u		c	p	p_{Energie}	ρ	
	kJ/kg	kWh/kg	Mass.-%		Ct/MJ	Ct/kWh	kg/m^3
Norm-Steinkohle	29.000	8,056	73,6	200 €/t	0,69	2,48	1400
Braunkohle	11.680	3,244	32,2	50 €/t	0,43	1,53	1175
(Kamin-Briketts)	11.680	3,244	32,2	0,25 €/kg	2,13	7,65	?
Holzbriketts	15.000	4,167	32,2	0,30 €/kg	2,00	7,20	?
Holzpellets	18.000	5	32,2	0,50 €/kg	2,79	10,05	?
Kaminholz	15.000	4,167	50	0,30 €/kg	2,02	7,26	?
Ofenholz (lufttr.)	15.000	4,167	32,2	50 €/Ster	069	2,5	500
(Brennwert)	(16.900)	(4,167)				2	
Elektr. Strom	–	–	–	0,30 €/kWh	8,33	30,00	–
Nachtsp.Strom	–	–	–	0,20 €/kWh	5,56	22,00	–
Fernwärme	–	–	–	0,10 €/kWh	2,77	10	–

1 kWh = 3600 kJ = 3,6 MJ
Normzustand: 0,1 MPa = 1 bar und 0 °C = 273,15 K

9.1.3 Zusatzkosten

Die Zusatzkosten der Stromerzeugung K_{zus_j} sind das Produkt aus den spezifischen Zusatzkosten f_{zus_j} und der elektrischen Jahresarbeit.

$$K_{\text{zus}_j} = f_{\text{zus}_j} \cdot W_{el_j} \tag{9.22}$$

Diese betreffen vor allem die Kosten der Wartung und Instandhaltung, genauer beschrieben in dem Kapitel gleichen Namens in [39, GTBerErg.pdf].

Für Deutschland bzw. die Europäische Union kommen noch Kosten durch eine CO_2-Abgabe hinzu. Diese ist aber wegen der z. Zt. äußerst niedrigen CO_2-Zertifikate sehr klein, so dass sie hier nicht extra berechnet wird.

In Zukunft ist sicher mit einem höheren Betrag zu rechnen, der vor allem die Gasturbinen-Kraftwerke mit hohem Wirkungsgrad „belohnen" wird.

9.1.4 Spezifische Stromgestehungskosten und Erlöse

Nach Gl. 9.1 erhält man für die ***spezifischen Stromgestehungskosten*** ϵ_j:

$$\epsilon_j = \frac{k_i \cdot P_{el_N} \cdot (a_a + s_a + v_a)}{W_{el_j}} + \frac{b_{B_j}}{\eta_{\text{Nutz}_j}} + f_{\text{zus}_j}. \tag{9.23}$$

Der Quotient W_{el_j} / P_{el_N} wird ***Jahresvolllastzeit*** T_{aj} genannt, weil er der Betriebszeit in einem Jahr bei konstanter ***Nennlast*** entspricht.

$$T_{a_j} =_{\text{def}} \frac{W_{el_j}}{P_{el_N}} \tag{9.24}$$

Die Nutzungsdauer n_a (in Jahren) der Anlage steht im Zusammenhang mit der Jahresvolllastzeit. Und zwar wäre bei gegebener Geamtlebensdauer n_h (in Stunden) einer Anlage vereinfacht:

$$n_a \approx \frac{n_h}{T_a}. \tag{9.25}$$

T_a ist die mittlere ***Jahresvolllastzeit*** der Anlage bei n_a Lebensjahren.

$$T_a =_{\text{def}} \frac{\sum_{j=1}^{n_a} W_{el_j}}{n_a \cdot P_{el_N}} \tag{9.26}$$

Unberücksichtigt dabei bleibt aber, dass bei der Lebensdauer Startvorgänge zusätzlich eingehen und dass auch bei Teillast die Betriebsdauer größer ist als die Volllastzeit.

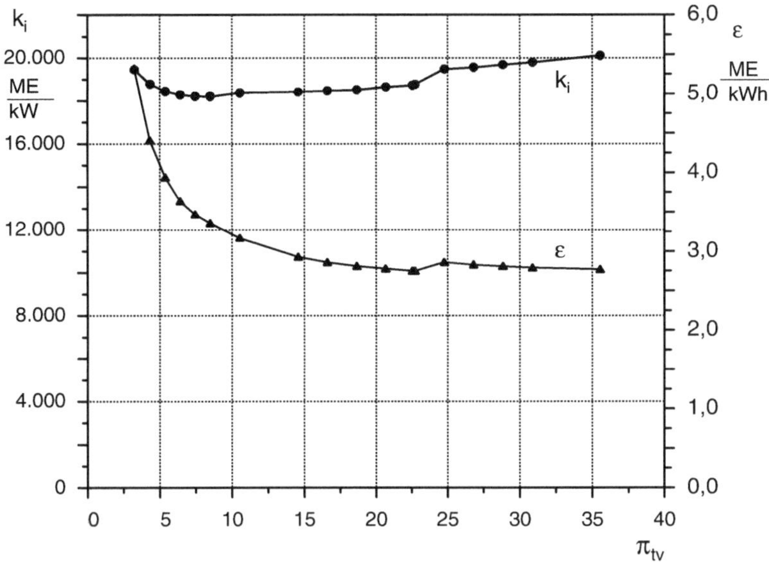

Abb. 9.1 Wirtschaftliche Optimierung für eine 30 MW-Gasturbinenanlage. Spezifische Investitionskosten k_i und spezifische Stromgestehungskosten ϵ in Abhängigkeit vom Verdichterdruckverhältnis π_{tv}

Wird für eine Anlage die Anzahl n_{Start} der Starts pro Jahr mit einer äquivalenten Betriebszeit von T_{Start} und einem mittleren Teillastfaktor von f_{Teil} ($f_{\text{Teil}} = \frac{P_{el}}{P_{el_N}}$) angenommen, so erhält man formal:

$$n_a = \frac{n_h}{T_a / f_{\text{Teil}} + n_{\text{Start}} \cdot T_{\text{Start}}} \tag{9.27}$$

$$n_a \leq n_{a_{\max}}. \tag{9.28}$$

Die damit berechnete Lebensdauer darf natürlich die maximal anzunehmende Abschreibungszeit $n_{a_{\max}}$ nicht überschreiten.

Damit ergibt sich schließlich die bekannte Formel für die spezifischen Stromerzeugungskosten.

$$\epsilon_j = \frac{k_i \cdot (a_a + s_a + v_a)}{T_{a_j}} + \frac{b_{B_j}}{\eta_{\text{Nutz}_j}} + f_{\text{zus}_j}. \tag{9.29}$$

Zum Vergleich waren in Tab. 9.3 die Werte für viele Kraftwerksarten angegeben.

Die wirtschaftliche Optimierung einer 30 MW-Gasturbinenanlage zeigt Abb. 9.1.

„Erfreulicherweise" fällt bei den hier gewählten Randbedingungen das wirtschaftliche Optimum (minimale spezifische Stromgestehungskosten ϵ) mit dem Maximum der spezifischen Arbeit w_t (vergleiche Abb. 9.1) zusammen.

Die Kosten müssen natürlich durch die Erlöse gedeckt bzw. übertroffen werden!

Tab. 9.3 Daten für Kraftwerke

Kraftwerk			Da-KW	GT-KW	GuD-KW	Wa-KW	Wi-KW	So-KW	FoVo-KW
Größe	Formelz.	Einheit							
Nennleistung	P_{el_N}	MW	750	280	420	80	1,5	0,5	0,185
Kapitalkosten	K_i	Mill.€	750	42	88	128	0,75	1,0	0,9
Spez. Kapitalkosten	k_i	€/kW	1000	150	210	1600	500	2000	4865
Jahresvolllastzeit	T_{a_j}	h/a	6500	7000	6500	5000	1500	1000	1000
Abschreibungszeit	n_a	a	20	12[d]	13[e]	25	20	15	15
Zinssatz	z_a	%/a	3,0	3,0	3,0	3,0	3,0	3,0	3,0
Inflationsrate	i_a	%/a	2,5	2,5	2,5	2,5	2,5	2,5	2,5
Zinsfaktor	q_a	1	1,055	1,055	1,055	1,055	1,055	1,055	1,055
Annuität	a_a	%/a	8,37	11,60	10,97	7,45	8,37	9,96	9,96
Jährl. Kapitalkosten	K_{i_j}	T.€/a	**62.775**	**4873**	**9652**	**9542**	[f]**50,22**	[f]**79,7**	[f]**71,7**
Jährl. Steuern	$K_{\text{Steu.}_j}$	T.€/a	**15.000**	**840**	**1760**	**2560**	**15**	**20**	**18**
Steuersatz	s_{a_j}	%/a	2,0	2,0	2,0	2,0	2,0	2,0	2,0
Jährl. Versich.kosten	$K_{\text{Vers.}_j}$	T.€/a	**7500**	**420**	**880**	**1280**	**7,5**	**10**	**9**
Versicherungssatz	v_{a_j}	%/a	1,0	1,0	1,0	1,0	1,0	1,0	1,0
Nutzungsgrad	$\eta_{\text{Nutz.}}$	%	40	38	58	90	45	30	10
Jährl. Brennstoffenergie	$E_{\text{Brenn.}_j}$	GWh/a	12.188	5158	5431	[a]444	[b]5,0	[c]1,7	[c]1,85
Spez. Brennstoffkosten	$k_{\text{Brenn.}_j}$	€/kWh	0,006	0,018	0,018	–	–	–	–
Jährl. Brennstoffkost.	$K_{\text{var.Brenn.}_j}$	T.€/a	**73.125**	**92.842**	**97.759**	–	–	–	–

Tab. 9.3 (Fortsetzung)

Kraftwerk			Da-KW	GT-KW	GuD-KW	Wa-KW	Wi-KW	So-KW	FoVo-KW
Größe	Formelz.	Einheit							
Jährl. Zusatzkosten	$K_{zus.j}$	T.€/a	**24.375**	**9800**	**22.050**	**800**	**28,125**	**6,3**	**1,9**
Spez. Zusatzkosten	$f_{zus.j}$	€/kWh	0,005	0,005	0,007	0,002	0,0125	0,0125	0,01
Jährl. Gesamtkosten	$K_{ges.j}$	T.€/a	**182.775**	**108.775**	**132.101**	**14.182**	**100,845**	**116,0**	**100,6**
Elektr. Jahresarbeit	W_{el_j}	GWh/a	4875	1960	3150	400	2,250	0,5	0,185
Spez. Stromgest.kost.	ϵ_j	€/kWh	0,037	0,055	0,042	0,035	0,045	0,232	0,543
Spez. Erzeugungsenergie	β_{kWh}	MJ/kWh	9	9,5	6,2	[a]4	[b]8	[c]12	[c]12
Jährl. CO_2-Ausstoß	$\gamma_{CO_2 a}$	$t(CO_2)/a$	$4{,}083 \cdot 10^6$	$1{,}022 \cdot 10^6$	$1{,}076 \cdot 10^6$	–	–	[g]8	–
Spez. CO_2-Ausstoß	γ_{CO_2}	$g(CO_2)/kWh$	840	522	342	–	–	[g]16	–

[a] Wasserenergie
[b] Windenergie
[c] Solarenergie
[d] GT-KW $n_h = 100.000\,h$ $n_{Start} = 55$ $T_{Start} = 10\,h$ $f_{Teill} = 0{,}90$
[e] GuD-KW $n_h = 100.000\,h$ $n_{Start} = 25$ $T_{Start} = 10\,h$ $f_{Teill} = 0{,}88$
[f] $f_{Zusch.} = 20\,\%$ angenommen
[g] Pumpenstrom

Und hier sind die Verhältnisse in Deutschland „weniger erfreulich“. Grund ist der Vorrang der erneuerbaren Energien und der vom Brennstoff her wesentlich günstgeren Kohlekraftwerke.

So werden von den großen Kraftwerksgasturbinen zunehmend nur die „Grenzkosten“ erwirtschaftet bzw. sie werden gar nicht erst angefahren.

Abhilfe werden nur eine zukünftig hohe CO_2-Abgabe und Gasturbinen-Bereitschafts-Abgaben schaffen, die bei einem großen Gasturbinen-Kraftwerk fast 100 Millionen € pro Jahr betragen können.

10 Der Dampfteil von Kombinations-Gasturbinenanlagen

In vielen Fällen werden keine einfachen Gasturbinenanlagen eingesetzt, sondern Kombianlagen mit nachgeschaltetem Abhitzedampferzeuger und Dampfturbinen (Abb. 1.8). Selbstverständlich muss auch dieser Teil behandelt werden.

Obwohl eigentlich als firmeneigene Bezeichnung bei der Firma Siemens geschützt, hat sich für derartige Anlagen der Ausdruck ***GuD-Anlagen*** eingebürgert.

Die thermischen und kalorischen Zustandsgrößen können nach [20] berechnet werden.

(Allerdings ist hier ausdrücklich darauf hinzuweisen, dass die Ergebnisse der „Rückwärtsgleichungen" für die Berechnung der Temperatur aus der spezifischen Enthalpie durch einen Nullstellensucher numerisch verbessert werden müssen, weil sonst bei Iterationsrechnungen mit einer großen Anzahl von Iterationen grobe Fehler auftreten können [20].)

Mit dem ausführbaren Programm DAMPFENT.exe, zu finden in „allg.GT-Wolke" in [Aqawerte], können die fluiden Wasser/Dampf-Zustände und sogar die Entspannung in einem Turbinenteil oder einer Stufe oder nur in einem Leit- oder Laufrad berechnet werden.

10.1 Abhitzedampferzeuger

Der ***Abhitzedampferzeuger*** ist ein Wärmeaustauscher im Gegenstrom, der auf der einen Seite das Abgas der Gasturbinenanlage auf eine möglichst tiefe Temperatur herunterkühlt (z. B. etwa 95 °C bei schwefelfreien Brennstoffen) und auf der anderen Seite das Wasser eines Dampfturbinenteils einer Kombianlage vorwärmt, verdampft und überhitzt (Abb. 10.2):

W. Bitterlich, U. Lohmann, *Gasturbinenanlagen*,
https://doi.org/10.1007/978-3-658-15067-9_10

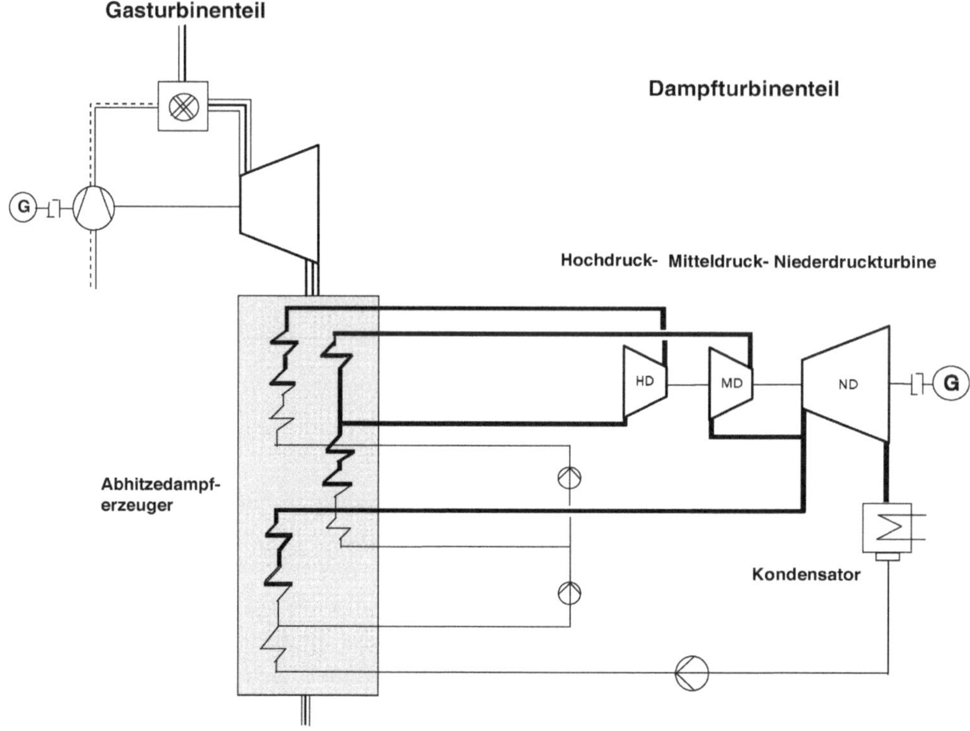

Abb. 10.1 Schaltplan einer Gasturbinenanlage mit Abhitzedampferzeuger und Dampfturbine (GuD-Anlage)

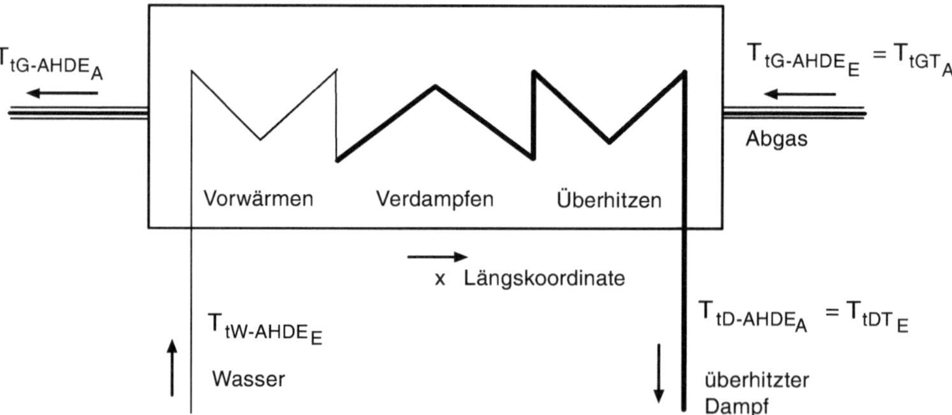

Abb. 10.2 Gegenstrom-Abhitzedampferzeuger

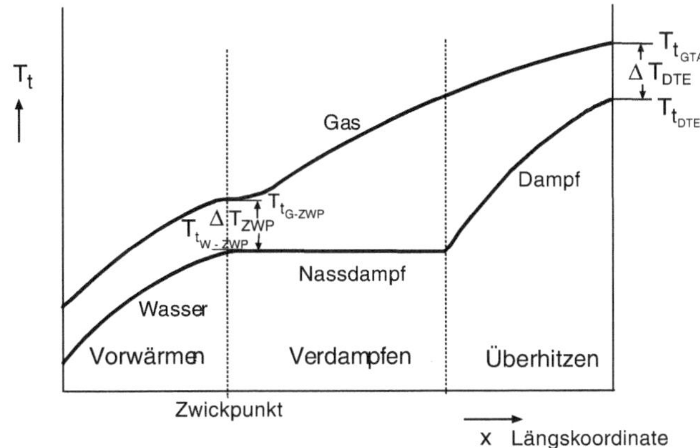

Abb. 10.3 Temperaturverlauf in einem Abhitzedampferzeuger

10.1.1 Eindruck-Abhitzedampferzeuger

Die mögliche *Frischdampftemperatur* $T_{t_{DT_E}}$ hängt unter Berücksichtigung der Grädigkeit

$$\Delta T_{DT_E} =_{\text{def}} T_{t_{GT_A}} - T_{t_{DT_E}} \tag{10.1}$$

von der Abgastemperatur $T_{t_{GT_A}}$ der Gasturbinenanlage ab.

Wie später noch gezeigt wird, ist es heute eigentlich schon umgekehrt: Um eine günstige, vorgewählte Dampftemperatur zu ermöglichen, wird die Gasturbine auf eine bestimmte Abgastemperatur $T_{t_{GT_A}}$ „eingestellt".

Der ***Frischdampfdruck*** p_{DT_E} ist scheinbar frei wählbar, jedoch zeigt sich unter Beachtung der Tatsache, dass Wasser bei konstanter Temperatur verdampft (Druck konstant), dass die erzielbare Gasaustrittstemperatur $T_{t_{G-\text{AHDE}_A}}$ vom Druck abhängt, weil „innerhalb" des Abhitzedampferzeugers eine positive Grädigkeit am *Zwickpunkt* (linke Grenzkurve bzw. siedendes Wasser, Index *ZWP*) vorhanden sein muss (Abb. 10.3).

$$\Delta T_{\text{ZWP}} = T_{t_{G_{\text{ZWP}}}} - T_{t_{W_{\text{ZWP}}}} \tag{10.2}$$

Anstatt die Temperaturen über der physikalischen Länge des Dampferzeugers aufzutragen mit Ungenauigkeiten aufgrund der unbekannten Wärmedurchgangskoeffizienten, ist es sinnvoller, sie im sogenannten ***T, h-Diagramm*** darzustellen.

Die Energiebilanz am Abhitzedampferzeuger (Index *AHDE*) ergibt:

$$\begin{aligned} d\dot{Q}_{\text{AHDE}} &= \dot{m}_G \cdot dh_{t_G} = \dot{m}_D \cdot dh_{t_D} \\ \dot{Q}_{\text{AHDE}} &= \dot{Q}_G = \dot{Q}_D \\ dh_{t_G} &= \frac{\dot{m}_D}{\dot{m}_G} \cdot dh_{t_D}. \end{aligned} \tag{10.3}$$

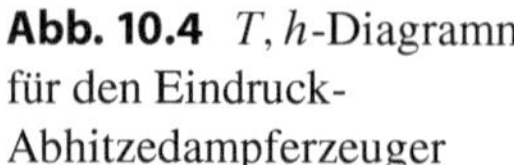

Abb. 10.4 T, h-Diagramm für den Eindruck-Abhitzedampferzeuger

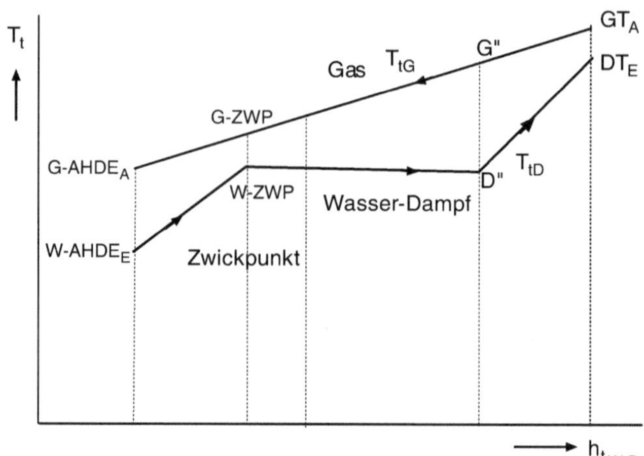

Nach der letzten Beziehung kann man als Abszisse im T, h-Diagramm die spezifische Totalenthalpie $h_{t_{W,D}}$ des Wassers bzw. des Dampfes wählen und die Temperaturen des Wassers und des Gases an den entsprechenden bekannten Stellen auftragen (Abb. 10.4).

Der *Zwickpunkt* befindet sich an der Stelle des Dampferzeugers, an der das Wasser zu sieden beginnt (linke Grenzkurve).

Der Druck im Wasser fällt bei der Verdampfung aufgrund von Dissipation und Geschwindigkeitszunahme, so dass die Temperatur nicht konstant bleibt sondern sogar leicht abfällt.

Die Druckverluste des Wassers bzw. des Dampfes können für Optimierungsrechnungen mit den Strömungswirkungsgraden für den ***Vorwärm-*** (η_{Vorw}), ***Verdampfungs-*** (η_{Verda}) und ***Überhitzungsteil*** ($\eta_{\text{Überh}}$) berechnet werden, ebenso die Druckverluste des Gases ($\eta_{G_{\text{AHDE}}}$) [10].

(Obwohl für die Energiebilanzen selbstverständlich Totalenthalpien eingesetzt werden müssen, wie dies formal auch in den angeschriebenen Gleichungen geschieht, wird in der weiteren Abhandlung nicht mehr streng zwischen total und statisch unterschieden.)

$$\mu_G = -\eta_{G_{\text{AHDE}}} \quad \text{(Wärmeabfuhr)}$$

$$\mu_{\text{Vorw}} = 1 - \frac{1}{\eta_{\text{Vorw}}} \quad \text{(Wärmezufuhr)}$$

$$\mu_{\text{Verda}} = 1 - \frac{1}{\eta_{\text{Verda}}} \quad \text{(Wärmezufuhr)}$$

$$\mu_{\text{Überh}} = 1 - \frac{1}{\eta_{\text{Überh}}} \quad \text{(Wärmezufuhr)}$$

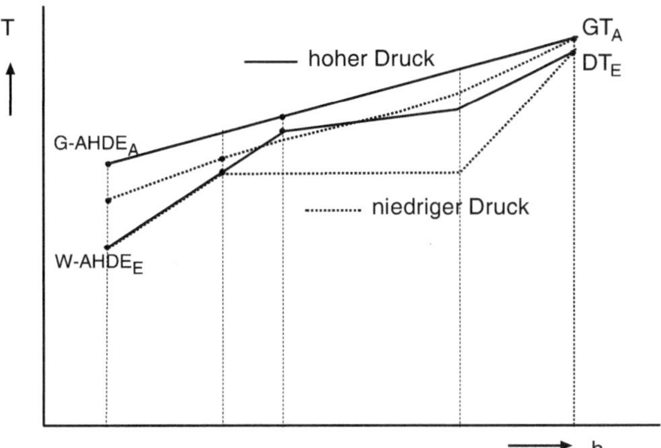

Abb. 10.5 T, h-Diagramm für Eindruck-Abhitzedampferzeuger bei zwei verschiedenen Dampfdrücken

$$
\begin{aligned}
p_G &\approx p_{G_{\mathrm{AHDE}_A}} \cdot \left(\frac{T_G}{T_{G_{\mathrm{AHDE}_A}}}\right)^{\left(\frac{\mu_G \cdot c_{pG}}{R_G}\right)} \\
p_{D''} &\approx p_{DT_E} \cdot \left(\frac{T_{D''}}{T_{DT_E}}\right)^{\left(\frac{\mu_{\text{Überh}} \cdot c_{pD}}{R_D}\right)} \\
p_{W_{\mathrm{ZWP}}} &\approx p_{D''} - \frac{\mu_{\mathrm{Verda}} \cdot r_D}{v_{D''}} \\
p_{W_{\mathrm{AHDE}_E}} &\approx p_{W_{\mathrm{ZWP}}} - \frac{\mu_{\mathrm{Vorw}} \cdot (h_{W_{\mathrm{ZWP}}} - h_{W_{\mathrm{AHDE}_E}})}{v_{W_{\mathrm{AHDE}_E}}}
\end{aligned} \tag{10.4}
$$

$p_{D''}$, $T_{D''}$ und $v_{D''}$ sind der Druck, die Temperatur und das spezifische Volumen des Sattdampfes an der rechten Grenzkurve.

Die Gasaustrittstemperatur $T_{t_{G-\mathrm{AHDE}_A}}$ und damit die gesamte Wärmeaufnahme des Dampfes hängt vom gewählten Druck des Frischdampfes p_{DT_E} ab, wie für einen zweiten Druck Abb. 10.5 zeigt, bzw. über dem Druck aufgetragen Abb. 10.6.

Mit den bekannten Enthalpien am Zwickpunkt lassen sich das Verhältnis der Massenströme Dampf/Gas und die Gasaustrittsenthalpie berechnen.

$$
\begin{aligned}
\frac{\dot{m}_D}{\dot{m}_G} &= \frac{h_{t_{\mathrm{AHDE}_A}} - h_{t_{G_{\mathrm{ZWP}}}}}{h_{t_{DT_E}} - h_{t_{W-\mathrm{ZWP}}}} \\
h_{t_{G_{\mathrm{AHDE}_A}}} &= h_{t_{G_{\mathrm{ZWP}}}} - \frac{\dot{m}_D}{\dot{m}_G} \cdot \left(h_{t_{W_{\mathrm{ZWP}}}} - h_{t_{W_{\mathrm{AHDE}_E}}}\right)
\end{aligned} \tag{10.5}
$$

Ergebnis ist, dass bei niederen Drücken eine niedrige Abgastemperatur möglich ist, viel Wärme aufgenommen und ein großer Dampfmassenstrom erzeugt werden kann.

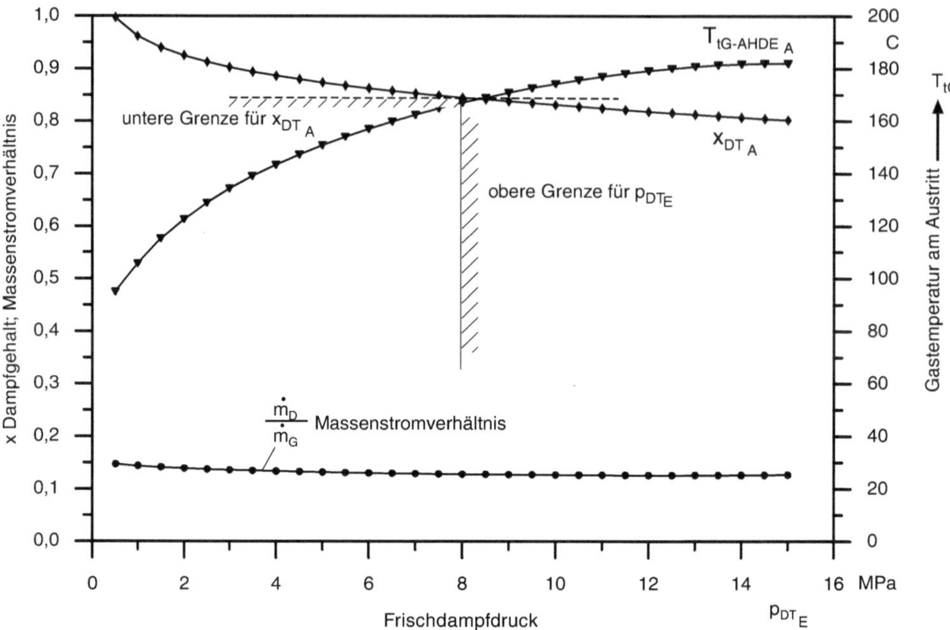

Abb. 10.6 Verschiedene Größen des Eindruck-Abhitzedampferzeugers, aufgetragen über dem Frischdampfdruck

Allerdings ist auch das Enthalpiegefälle in der Dampfturbine klein (Abb. 10.7, 10.8 und 10.9) und somit auch die Turbinenleistung P_{DT}. In Abb. 10.9 werden die Leistungen, auf den Abgasmassenstrom $\dot{m}_G$ bezogen, aufgetragen.

Bei gegebenen Werten für den Turbineneintrittszustand p_{DT_E} und T_{DT_E}, den Turbinenaustrittsdruck p_{DT_A} und den Turbinenwirkungsgrad η_{DT} errechnet man den Austrittszustand Temperatur T_{DT_A} oder Dampfgehalt x_{DT_A} über eine polytrope Zustandsänderung mit dem näherungsweise konstanten Polytropenverhältnis $\nu_{\mathrm{pol}_{DT}}$.

$$\nu_{\mathrm{pol}_{DT}} = \eta_{DT} \tag{10.6}$$

Während die Polytrope im überhitzten Dampfgebiet derjenigen bei realem Gas entspricht [17], gelten im Nassdampfgebiet andere Beziehungen [18].

$$\begin{aligned}
\nu_{\mathrm{pol}} &=_{\mathrm{def}} \frac{dh}{v \cdot dp} \\
h(x, p) &= h'(p) + x \cdot r_D(p) \\
dh &= \left[\frac{dh'}{dp}(p) + x \cdot \frac{dr_D}{dp}(p) + r_D \cdot \frac{dx}{dp}(p)\right] \cdot dp
\end{aligned}$$

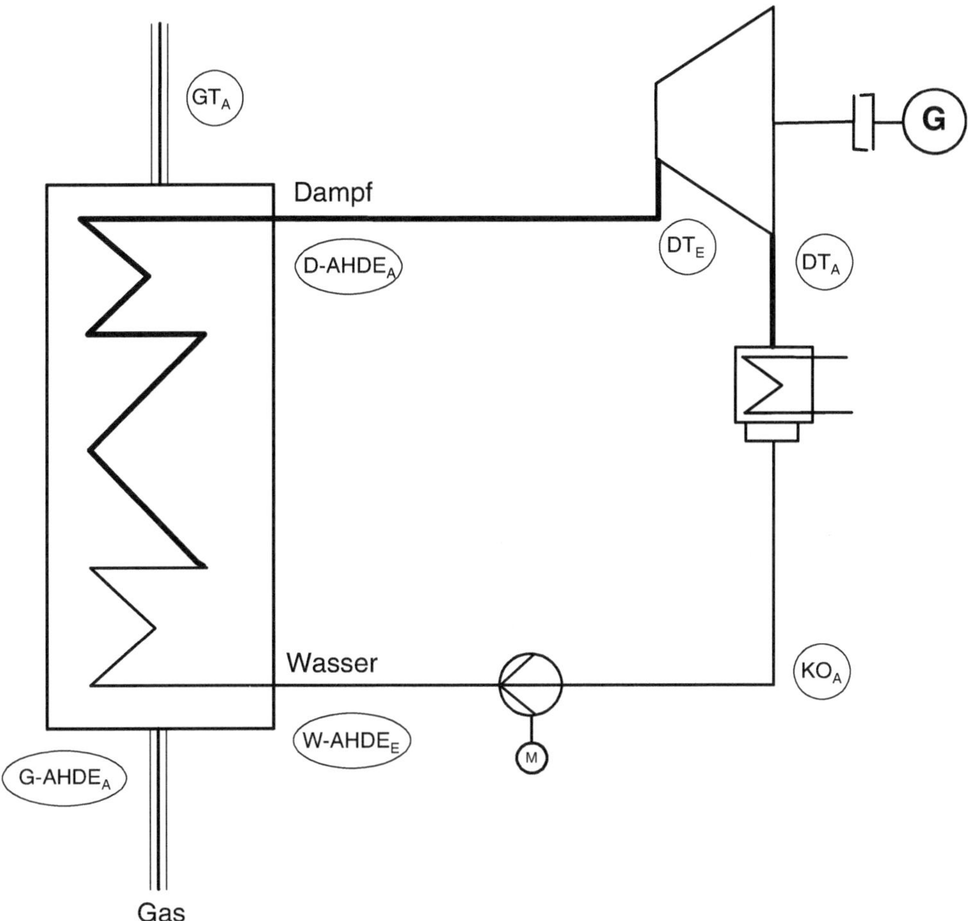

Abb. 10.7 Schaltplan des Dampfturbinenteils mit Eindruck-Abhitzedampferzeuger

$$\begin{aligned}\frac{dx}{dp}(x,p) &= \frac{1}{r_D}\left[\nu_{\text{pol}}\cdot v - \frac{dh'}{dp}(p) - x\cdot\frac{dr_D}{dp}(p)\right]\\ v(x,p) &= v'(p) + x\cdot[v''(p) - v'(p)]\end{aligned} \tag{10.7}$$

Ausgehend vom Zustand (DT'') auf der rechten Grenzkurve mit $x_{DT''} = 1$ erhält man durch (iterative) Integration [13]:

$$x_{DT_A} = 1 + \int\limits_{p_{DT''}}^{p_{DT_A}} \frac{dx}{dp}(x,p)\cdot dp. \tag{10.8}$$

Abb. 10.8 Zustandsänderung in der Turbine, dargestellt im h, s-Diagramm

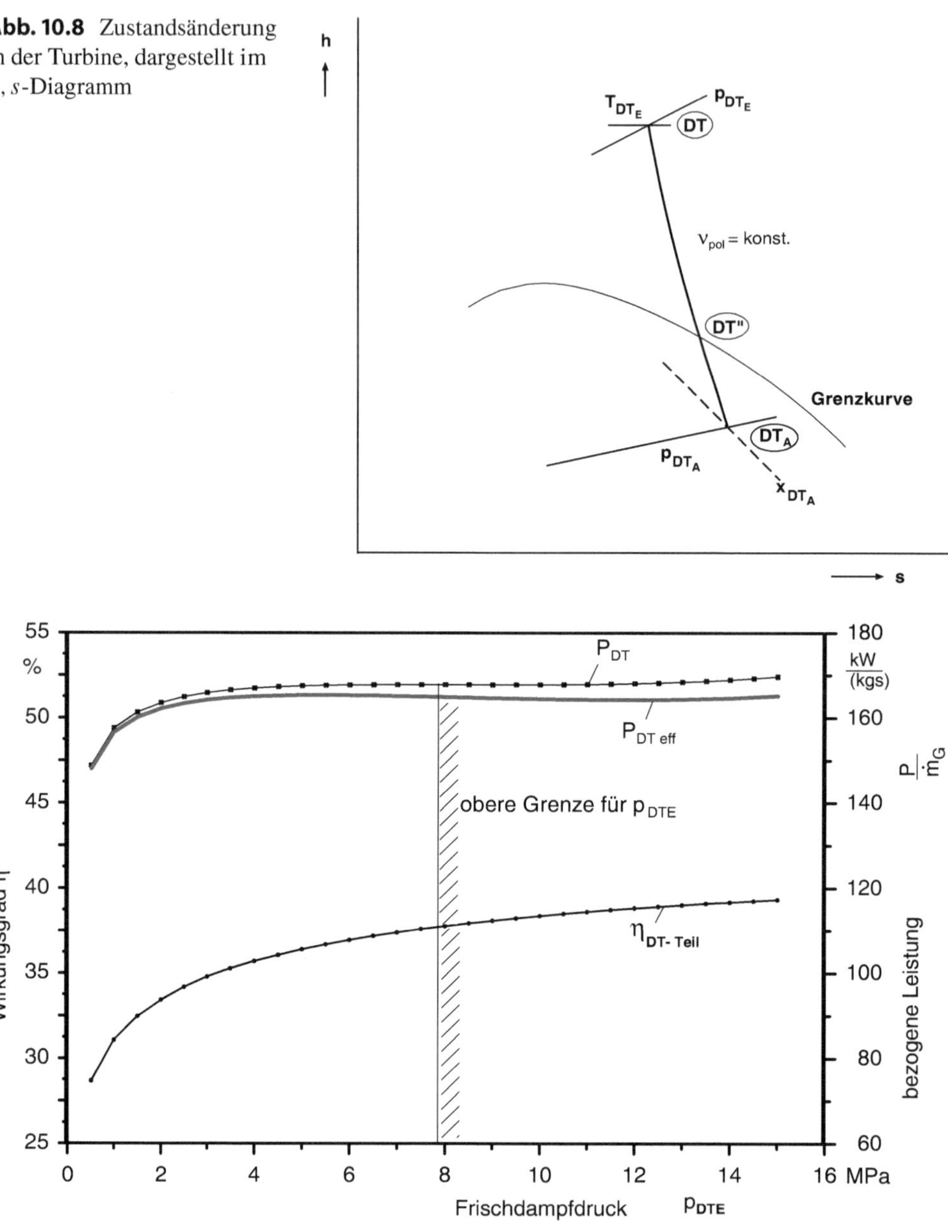

Abb. 10.9 Weitere Größen des Eindruck-Abhitzedampferzeugers, aufgetragen über dem Frischdampfdruck

Bei der Gesamtleistung $P_{DT_{\text{eff}}}$ des Dampfteils muss selbstverständlich die Pumpenleistung P_{W_P} berücksichtigt, d. h. von der Turbinenleistung abgezogen werden.

$$\begin{aligned}
P_{DT} &= \dot{m}_D \cdot \left(h_{t_{DT_E}} - h_{t_{DT_A}}\right) \\
P_{W_P} &= \dot{m}_D \cdot \left(h_{t_{W_{\text{AHDE}_E}}} - h_{t_{W_{KO_A}}}\right) \\
P_{W_{\text{mech}_P}} &= \frac{P_{W_P}}{\eta_{m_P} \cdot \eta_{\text{Mot}_P} \cdot \eta_{\text{Gen}} \cdot \eta_{m_{DT}}} \\
P_{DT_{\text{eff}}} &= P_{DT} - P_{W_{\text{mech}_P}}
\end{aligned} \tag{10.9}$$

Der Teilwirkungsgrad des Dampfteils $\eta_{DT_{\text{Teil}}}$ ist nicht aussagekräftig, weil auch die Wärmeaufnahme veränderlich ist.

$$\begin{aligned}
\dot{Q}_{\text{AHDE}} &= \dot{m}_D \cdot \left(h_{t_{D_{\text{AHDE}_A}}} - h_{t_{W_{\text{AHDE}_E}}}\right) \\
\eta_{DT_{\text{Teil}}} &=_{\text{def}} \frac{P_{DT_{\text{eff}}}}{\dot{Q}_{\text{AHDE}}}
\end{aligned} \tag{10.10}$$

Beim Eindruck-Abhitzedampferzeuger ist der höchste mögliche Druck gleichzeitig der optimale; derjenige, bei dem der Dampfgehalt am Turbinenaustritt den minimal zulässigen Wert erreicht ($x_{\min} \approx 0{,}85$).

Die zugehörige, relativ hohe Gasaustrittstemperatur $T_{t_{G_{\text{AHDE}_A}}}$ zeigt, dass eigentlich durch Verbesserung des Prozesses durch weitere Abkühlung des Gases eine größere Turbinenleistung erzielt werden kann.

10.1.2 Dreidruck-Abhitzedampferzeuger

Eine bessere Energienutzung, d. h. eine größere effektive Gesamtleistung schafft der Dreidruck-Abhitzedampferzeuger mit einem ***Hochdruck***-, ***Mitteldruck-*** (MD) und ***Niederdruck***dampf (Abb. 10.10).

Aus Gründen der besseren Temperaturnutzung und zum Erzielen einer höheren Mitteldruck-Dampftemperatur sind einige Aufheizstränge der verschiedenen Druckebenen parallel ausgeführt.

Das T, h-Diagramm des Dampferzeugers und das T, s-Diagramm des Dampfteils einer GuD-Anlage zeigen die folgenden Abb. 10.11 und Abb. 10.12.

Die Optimierung kann nur technisch-wirtschaftlich vorgenommen werden, weil neben den Grädigkeiten und Zwickpunkt-Temperaturdifferenzen auch die Drücke des Hoch-, Mittel- und Niederdruckteils und die einzelnen Teilmassenströme verändert werden können.

In jedem Fall jedoch muss die Niederdruckturbine einen größeren Massenstrom und einen sehr viel größeren Volumenstrom als die Mitteldruckturbine und vor allem die Hochdruckturbine verarbeiten.

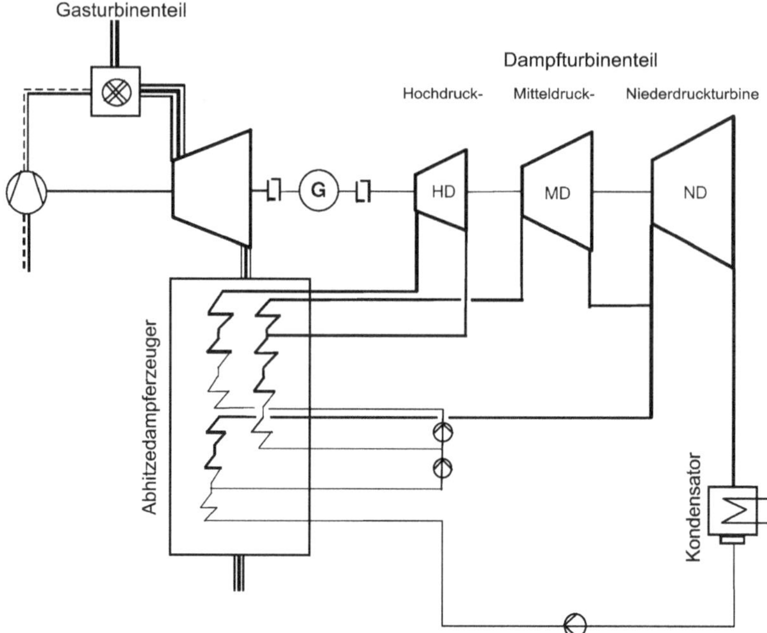

Abb. 10.10 Schaltplan einer einwelligen Gasturbinenanlage mit Abhitzedampferzeuger und Dampfturbine

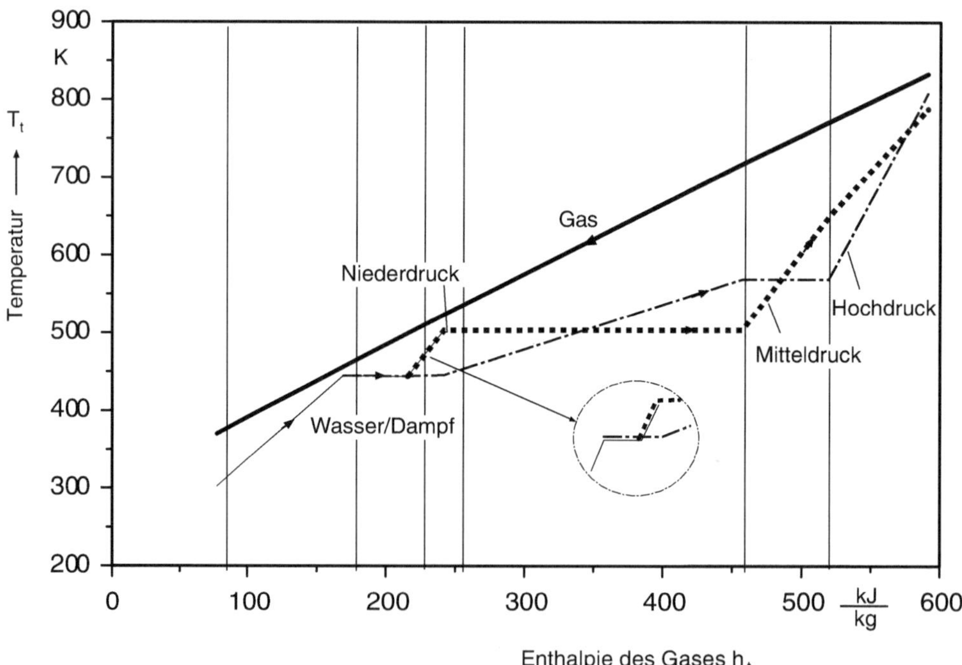

Abb. 10.11 *T*, *h*-Diagamm des Dreidruck-Abhitzedampferzeugers einer GuD-Anlage

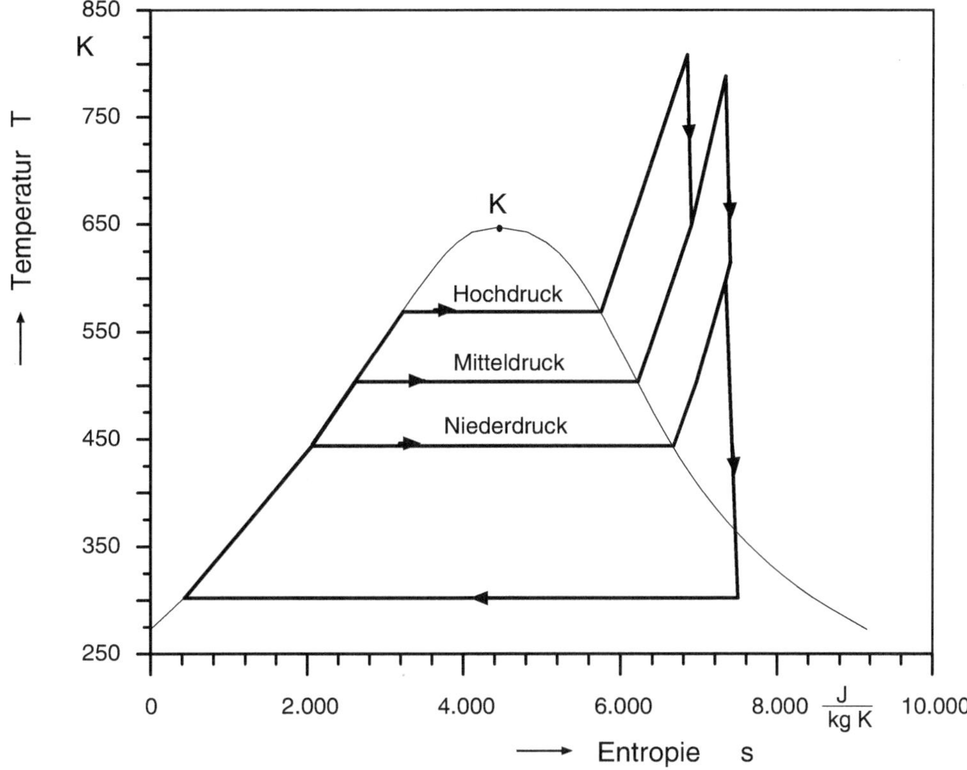

Abb. 10.12 T, s-Diagramm des Dreidruck-Dampfteils eine GuD-Anlage

Selbstverständlich sitzen alle drei Turbinen auf einer Welle, ja sogar aus wirtschaftlichen Gründen arbeitet die Dampfturbine oft auf den selben Generator wie die Gasturbine, d. h. die Drehzahl ist festgelegt und kann nicht mehr frei gewählt werden.

Das führt dazu, dass der Hochdruck- und Mitteldruckteil sehr viele Turbinenstufen benötigt und dass der Niederdruckteil mehrflutig ausgelegt werden muss [35].

Noch ein T, s-Diagramm vom Gasteil einer GUD-Anlage. Nach der Turbine wird im Abhitzedampferzeuger das Abgas abgekühlt, so dass scheinbar so etwas wie ein Kreisprozess entsteht.

10.1.3 Optimierung einer GuD-Anlage

Die Optimierung einer GuD-Anlage kann, wie bei der einfachen Gasturbinenanlage, nach thermodynamisch-energetischen bzw. nach wirtschaftlichen Gesichtspunkten erfolgen.

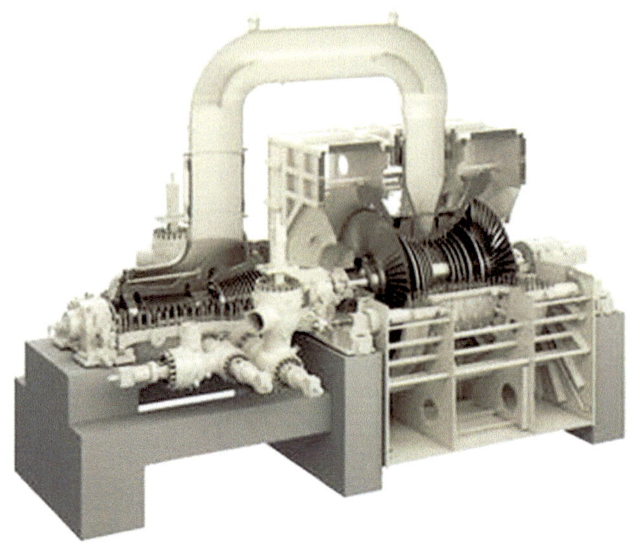

Abb. 10.13 Dampfturbine einer Großen GuD-Anlage [www.energy.siemens.com]

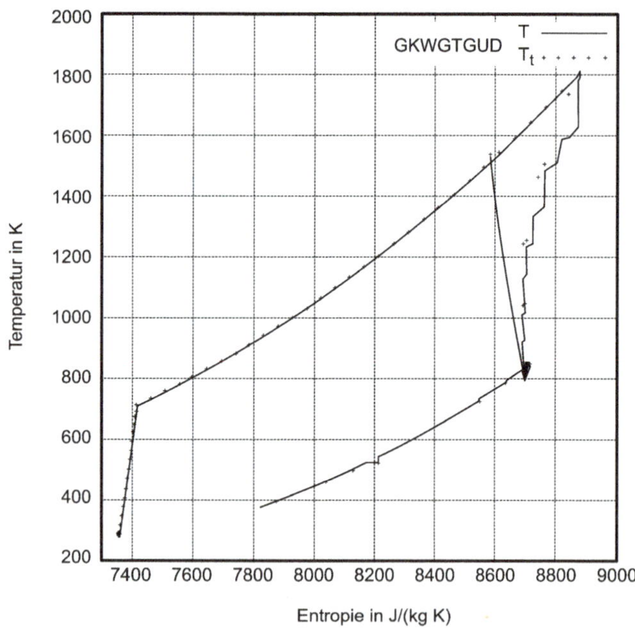

Abb. 10.14 T, s-Diagramm des Gasteils einer Großen GuD-Anlage

Haupteinflussgrößen sind wieder das Druckverhältnis und die Eintrittstemperatur der Gasturbine. Die Turbinenaustrittstemperatur hat auf den Dampfteil erheblichen Einfluss, weil sie die Frischdampftemperatur begrenzt. Erfreulicherweise liegen die optimalen Druckverhältnisse in etwa bei den gleichen Werten wie bei der einfachen Anlage, wie die folgenden Abb. 10.16 und Abb. 10.17 zeigen. Zugrunde gelegt ist eine Gasturbinenanlage

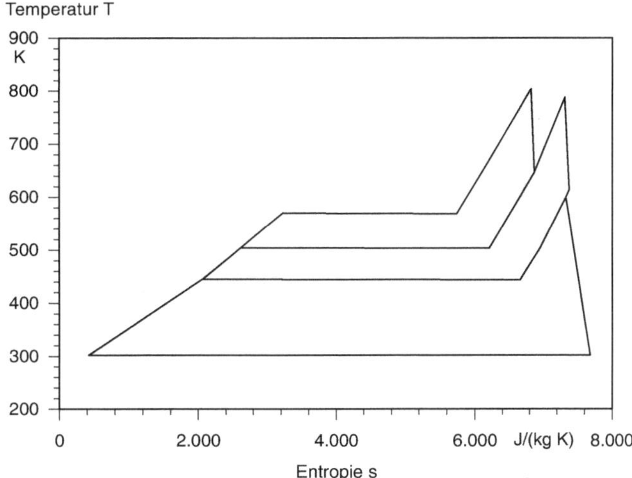

Abb. 10.15 T, s-Diagramm für den Wasser/Dampfteil der GuD-Anlage

mit 30 MW elektrischer Leistung und ein Dampfteil, das von zwei Gasturbinen „gespeist" wird.

Das energetische Optimum mit dem maximalen Gesamtwirkungsgrad η_g entspricht dem der einfachen Gasturbinenanlage (vgl. Abb. 6.1), während das wirtschaftliche Opti-

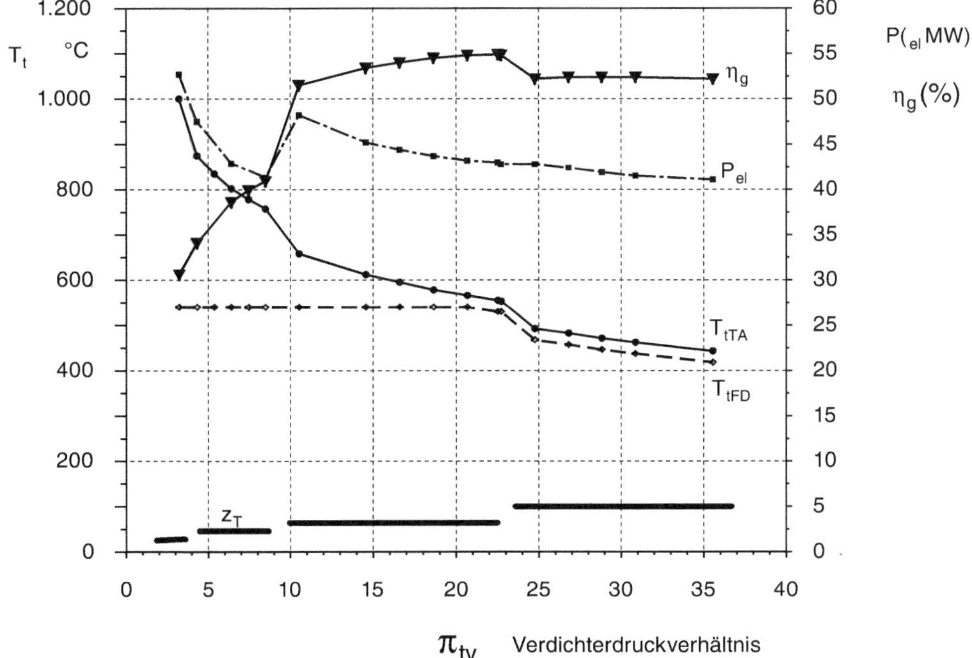

Abb. 10.16 Energetische Optimierung einer GuD-Anlage

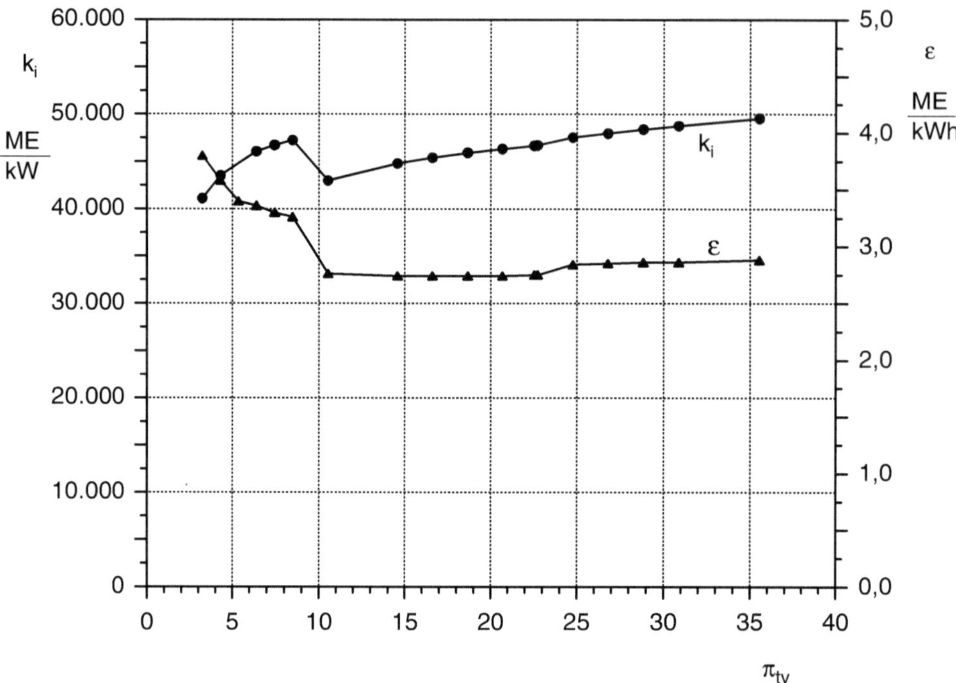

Abb. 10.17 Wirtschaftliche Optimierung einer GuD-Anlage

mum so „flach" ist, dass das gleiche Druckverhältnis π_{tV} wie beim Optimum der Gasturbine gewählt werden kann (vgl. Abb. 9.1).

11 Zusammengefasste Grundlagen

In diesem Teil werden die technischen Grundlagen begrifflich und formelmäßig behandelt, die für die Berechnung der Gasturbinenanlagen benötigt werden. Dies sind die Thermodynamik, die Strömungsmechanik, die Gasdynamik, die Verbrennungslehre und für die gekühlten Turbinen die Gesetzmäßigkeiten vom Wärmeübergang und Werkstoffdaten.

11.1 Thermodynamik

Ein tieferes Wissen der thermodynamischen Größen und Zusammenhänge muss eigentlich vorausgesetzt werden. Es werden daher vor allem die grundlegenden Begriffe und Beziehungen angegeben und Herleitungen nur da gemacht, wo sie entweder neu oder für die Gasturbinen von besonderer Wichtigkeit sind.

Ausführlicher nachzulesen in [34, Energie-Technische Thermodynamik].

11.1.1 Zustandsgrößen

Die thermischen Zustandsgrößen eines Fluids sind die Temperatur T, der Druck p und das spezifische Volumen v bzw. die Dichte $\rho = 1/v$.

Die kalorischen Zustandsgrößen sind die spezifische innere Energie u, die spezifische Enthalpie h

$$h =_{\text{def}} u + p \cdot v, \tag{11.1}$$

nach Definition die Summe aus u und $p \cdot v$, und die spezifische Entropie s.

Spezifisch heißt, auf die Masse m des Fluids bezogen.

W. Bitterlich, U. Lohmann, *Gasturbinenanlagen*,
https://doi.org/10.1007/978-3-658-15067-9_11

Die kalorischen Zustandsgrößen u, h und s sind im allgemeinen Fall Funktionen der thermischen Zustandsgrößen T, p und v.

$$\begin{aligned} u &= u(T, v) \\ h &= h(T, p) \\ s &= s(T, p) \end{aligned} \tag{11.2}$$

Einige partielle Differentiale von u und h haben historisch begründete Namen.

Spezifische Wärmekapazität c_v bei konstantem Volumen (***isochore spezifische Wärmekapazität***):

$$c_v =_{\text{def}} \left.\frac{\partial u}{\partial T}\right|_{v=\text{konst}}. \tag{11.3}$$

Spezifische Wärmekapazität c_p bei konstantem Druck (***isobare spezifische Wärmekapazität***):

$$c_p =_{\text{def}} \left.\frac{\partial h}{\partial T}\right|_{p=\text{konst}}. \tag{11.4}$$

Spezifische Wärmekapazität c_T bei konstanter Temperatur (***isotherme spez. Wärmekapazität***):

$$c_T =_{\text{def}} \left.\frac{\partial h}{\partial p}\right|_{T=\text{konst}}. \tag{11.5}$$

Das ***Verhältnis*** κ ***der Wärmekapazitäten*** c_p und c_v ist :

$$\kappa =_{\text{def}} \frac{c_p}{c_v}. \tag{11.6}$$

Eine weitere wichtige Größe bei Verdichtern und Turbinen ist die ***Schallgeschwindigkeit*** a:

$$a = \sqrt{\left.\frac{\partial p}{\partial \rho}\right|_{s=\text{konst}}}. \tag{11.7}$$

11.1.2 Zustandsgleichungen

Die thermischen Zustandsgrößen sind nicht unabhängig voneinander. Die Zustandsgleichungen beschreiben deren Abhängigkeiten.

11.1.2.1 Ideales Gas

Gase bei hohen Temperaturen und niedrigen Drücken lassen sich mit guter Näherung als ideale Gase berechnen.

Zustandsgleichung für ideale Gase:

$$p \cdot v = R \cdot T. \tag{11.8}$$

R ist die ***spezifische Gaskonstante***, der Quotient aus der ***allgemeinen, molaren Gaskonstanten*** R_m ($= 8314{,}51\,\frac{\text{J}}{\text{kmol K}}$) und der molaren Masse M des Gases.

$$R = \frac{R_m}{M} \quad \text{mit } M =_{\text{def}} \frac{m}{n} \tag{11.9}$$

Bei idealen Gasen hängen die Größen h, u, c_p, c_v und dadurch auch κ nur von der Temperatur ab, während c_T gleich Null ist.

$$\begin{aligned} h &= h(T) \\ u &= u(T) \\ c_p &= c_p(T) \\ c_v &= c_v(T) \\ \kappa &= \kappa(T) \\ c_T &= 0 \end{aligned} \tag{11.10}$$

Wegen $h = u + R \cdot T$ und $dh = c_p \cdot dT = c_v \cdot dT + R \cdot dT$ gilt:

$$c_p = c_v + R \tag{11.11}$$

und

$$c_p = \frac{\kappa}{\kappa - 1} \cdot R. \tag{11.12}$$

Die spezifische Enthalpie wird auf die ***Standardtemperatur*** T_S

$$T_S = 25\,^\circ\text{C} = 298{,}15\,\text{K} \tag{11.13}$$

bezogen, weil diese die Bezugstemperatur ist für die bei Verbrennungen freigesetzten chemischen Energien.

$$h(T) = \int_{T_S}^{T} c_p(T) \cdot dT. \tag{11.14}$$

Damit ergibt sich für die spezifische innere Energie:

$$u(T) = \int_{T_S}^{T} c_v(T) \cdot dT - R \cdot T_S = h(T) - R \cdot T. \tag{11.15}$$

Die spezifische Entropie ist zusätzlich auf den ***Standarddruck*** p_S bezogen.

$$p_S = 0{,}1\,\text{MPa} \qquad (= 1\,\text{bar}) \tag{11.16}$$

(0,1 MPa = 1 bar in der früher (und heute) gebräuchlichen Einheit)

$$s(T,p) = s_T + s_p + s_S \tag{11.17}$$

s_T ist der Temperaturanteil der spezifischen Entropie,

$$s_T(T) = \int_{T_S}^{T} \frac{c_p(T)}{T} \cdot dT \tag{11.18}$$

s_p der Druckanteil

$$s_p(p) = -R \cdot \ln\left(\frac{p}{p_S}\right) \tag{11.19}$$

und s_S ist die spezifische Entropie im Standardzustand (siehe Tab. 11.1).

Die Schallgeschwindigkeit a ist bei idealen Gasen:

$$a = \sqrt{\kappa \cdot R \cdot T}. \tag{11.20}$$

Beispiele

Luft am Verdichtereintritt

$$R = 287\,\mathrm{J/[kg\,K]}; \kappa = 1{,}4;\ T_{V_E} \approx T_U = 15\,°\mathrm{C} \approx 288,15\,\mathrm{K}$$
$$a_{V_E} = \sqrt{1{,}4 \cdot 287 \cdot 288{,}15} = 340\,\mathrm{m/s}.$$

Verbrennungsgas am Turbineneintritt

$$R = 289\,\mathrm{J/[kg\,K]}; \kappa = 1{,}33;\ T_{T_E} = 1450\,°\mathrm{C} \approx 1723\,\mathrm{K}$$
$$a_{T_E} = \sqrt{1{,}33 \cdot 289 \cdot 1723{,}15} = 814\,\mathrm{m/s}.$$

Die Tab. 11.1 stellt für verschiedene chemisch reine Gase die Grunddaten zusammen. Diese sind die molare Masse M, die spezifische Gaskonstante R, die Temperatur T_k und der Druck p_k am kritischen Punkt. Weiterhin die spezifische Entropie s_S im Standardzustand, der molare Heizwert H_{um}, im Falle der dissoziierten Gase H, O und N und der Stickoxide NO und NO_2 deren ***Dissoziationsenergie*** , sowie die spezifische Wärmekapazität c_p/R bei der Standardtemperatur.

Für die Abhängigkeit der isobaren Wärmekapazität $c_p(T)$ von der Temperatur gibt es für die verschiedenen Gase unterschiedliche Ansätze.

Für eine Hauptgruppe von Gasen wurde eine 12-Konstanten Gleichung für die auf die Gaskonstante bezogene Wärmekapazität aufgestellt [12, 34].

$$\frac{c_p(T)}{R} = \sum_{k=1}^{12} C_k \cdot T_{\mathrm{tau}_K}^{k-6} \quad \text{mit } T_{\mathrm{tau}_K} =_{\mathrm{def}} \frac{T}{1000\,\mathrm{K}} \tag{11.21}$$

Tab. 11.1 Grunddaten für verschiedene chemisch reine Gase [6, 8, 11–13, 17] (Mit * gekennzeichnete Werte sind Schätzwerte)

Zeich.	M	R	T_k	p_k	$\frac{s_S}{R}$	H_{um}	$\frac{c_p}{R}(T_s)$
	$\frac{\text{kg}}{\text{kmol}}$	$\frac{\text{J}}{\text{kgK}}$	K	MPa	–	$\frac{\text{MJ}}{\text{kmol}}$	–
N_2	28,0134	296,80	126,2	3,39	23,045	0	3,5005
O_2	31,9988	259,84	154,6	5,04	24,672	0	3,5334
CO_2	44,0100	188,92	304,2	7,38	25,707	0	4,4631
SO_2	64,0630	129,78	430,8	7,88	29,854	0	4,7956
H_2O	18,0153	461,52	647,3	22,12	22,710	0	4,0383
Ar	39,948	208,13	150,8	4,87	18,623	0	2,5
H_2	2,0159	4124,50	33,2	1,30	15,718	241,8	3,4682
CO	28,0106	296,84	132,9	3,50	23,775	283	3,5049
H	1,00797	8249,74	33,2*	1,30*	14,477*	337	2,5
OH	17,0074	489,00	222,374	10,6296	22,779*	160	3,5951
O	15,9994	519,81	140,347	6,4827	19,357*	249	2,6354
NO	30,0061	277,09	180,0	6,48	25,348	90	3,5927
NO_2	46,0055	180,73	431,4	10,13	28,872	36	4,4659
SO	48,0636	172,99	500,0*	4,00*	26,697*	303	3,6392
N	14,0067	593,75	159,291	5,38373	19,523*	471	2,5
CH_4	16,0430	518,26	190,6	4,60	22,402	802,3	4,2766
H_2S	34,0801	243,96	373,2	8,94	24,751	518	4,1177
C	12,01115	692,24	–	–	0,690	393,5	2,5063
S	32,0642	259,29	1314	20,7	3,825	296,6	2,8475

Die Beziehung ist gültig im Temperaturbereich

$$200\,\text{K} \leq T \leq 2500\,\text{K}.$$

Durch analytische Integration erhält man für die auf die Gaskonstante bezogene Enthalpie $h(T)/R$:

$$\frac{h(T)}{R} = 1000\,\text{K} \cdot \left[C_5 \cdot \ln\left(\frac{T}{T_S}\right) - \sum_{k=1}^{4} \frac{C_k}{5-k} \cdot \left(\frac{1}{T_{\text{tauK}}^{5-k}} - \frac{1}{T_{\text{StauK}}^{5-k}}\right) + \sum_{k=6}^{12} \frac{C_k}{k-5} \cdot \left(T_{\text{tauK}}^{k-5} - T_{\text{StauK}}^{k-5}\right)\right]. \quad (11.22)$$

Auf gleiche Weise lässt sich der Temperaturteil der Entropie bestimmen.

$$\frac{s_T}{R} = C_6 \cdot \ln\left(\frac{T}{T_S}\right) - \sum_{k=1}^{5} \frac{C_k}{6-k} \cdot \left(\frac{1}{T_{\text{tauK}}^{6-k}} - \frac{1}{T_{\text{tauK}}^{6-k}}\right) + \sum_{k=7}^{12} \frac{C_k}{k-5} \cdot \left(T_{\text{tauK}}^{k-6} - T_{\text{StauK}}^{k-6}\right) \quad (11.23)$$

Für eine weitere Gruppe von Gasen wird die isobare Wärmekapazität durch eine einfachere 4-Konstanten Gleichung angenähert [12, 34].

$$\frac{c_p(T)}{R} = A_R + B_R \cdot T + C_R \cdot T^2 + D_R \cdot T^3 \tag{11.24}$$

Der Gültigkeitsbereich ist „leider" nur

$$250\,\text{K} \leq T \leq 1200\,\text{K}.$$

Für die Enthalpie erhält man sogleich:

$$\frac{h(T)}{R} = A_R \cdot (T - T_S) + \frac{B_R}{2} \cdot (T^2 - T_S^2) + \frac{C_R}{3} \cdot (T^3 - T_S^3) + \frac{D_R}{4} \cdot (T^4 - T_S^4) \tag{11.25}$$

und für den Temperaturanteil der Entropie:

$$\frac{s_T}{R} = \frac{1}{R} \cdot \int_{T_S}^{T} \frac{c_p(T)}{T} \cdot dT = A_R \cdot \ln\left(\frac{T}{T_S}\right) + B_R \cdot (T - T_S) + \frac{C_R}{2} \cdot (T^2 - T_S^2) + \frac{D_R}{3} \cdot (T^3 - T_S^3) \tag{11.26}$$

Sind die Temperaturen höher als 1200 K oder liegen für weitere Stoffe keine Werte für die Konstanten der 4- oder 12-Konstanten Gleichung vor, so kann man sich durch numerische Interpolation der vertafelten Werte für $c_p(T)/R$ für fast alle idealen Gase helfen [6, 34]. Sie liegen im Temperaturbereich

$$10\,\text{K} \leq T \leq 6000\,\text{K}$$

vor und können bei Temperaturen über 2500 K selbstverständlich auch für die Gase mit vorliegenden 12 Konstanten benutzt werden.

11.1.2.2 Ideales Gas mit konstanten spezifischen Wärmekapazitäten

Eine weitergehende „bequeme" Vereinfachung stellt der Fall des idealen Gases mit konstanten spezifischen Wärmekapazitäten dar.

$$\begin{aligned} c_p &= \text{konst} \\ c_v &= \text{konst} \\ \kappa &= \text{konst} \\ h(T) &= c_p \cdot (T - T_S) \\ u(T) &= c_v \cdot (T - T_S) - R \cdot T_S \\ s(T,p) &= c_p \cdot \ln\left(\frac{T}{T_S}\right) - R \cdot \ln\left(\frac{p}{p_S}\right) + s_S. \end{aligned} \tag{11.27}$$

Bis auf die Edelgase (Ar, Ne, Kr und Xe) ist die Vereinfachung der konstanten Wärmekapazität praktisch nie exakt gegeben. Dennoch können mit geeigneten Mittelwerten die einfachen Beziehungen oft angewendet werden.

11.1.2.3 Mischungen von idealen Gasen

Die thermodynamischen Gesamt-Zustandsgrößen bei Mischungen idealer Gase lassen sich leicht aus den Größen der Komponenten berechnen, wenn die ***Stoffmengenanteile*** ψ_i bekannt sind.

Stoffmengenanteile

$$\psi_i =_{\text{def}} \frac{n_i}{n} \tag{11.28}$$

molare Masse

$$M = \sum \psi_i \cdot M_i \tag{11.29}$$

Massenanteile

$$\xi_i =_{\text{def}} \frac{m_i}{m} = \psi_i \cdot \frac{M_i}{M} \tag{11.30}$$

spezifische Gaskonstante

$$R = \frac{R_m}{M} = \sum \xi_i \cdot R_i \tag{11.31}$$

Partialdrücke

$$p_i =_{\text{def}} \frac{p_i}{p} = \psi_i \cdot p \tag{11.32}$$

Volumenanteile ϕ_i

$$\phi_{L_i} =_{\text{def}} \frac{V_i}{V} = \psi_i \quad \text{(gleich den Stoffmengenanteilen)} \tag{11.33}$$

Dichte

$$\rho = \frac{p}{R \cdot T} = \sum \rho_i = \frac{1}{T} \cdot \sum \frac{p_i}{R_i} \tag{11.34}$$

spezifisches Volumen

$$v = \frac{1}{\rho} = \frac{R \cdot T}{p} = \frac{1}{\sum 1/v_i} \tag{11.35}$$

spezifische Enthalpie

$$h = \sum \xi_i \cdot h_i \tag{11.36}$$

spezifische innere Energie

$$u = \sum \xi_i \cdot u_i = h - R \cdot T \tag{11.37}$$

spezifische Wärmekapazität bei konstantem Druck

$$c_p = \sum \xi_i \cdot c_{pi} \tag{11.38}$$

spezifische Wärmekapazität bei konstantem Volumen

$$c_v = \sum \xi_i \cdot c_{vi} = c_p - R \tag{11.39}$$

Bei dem Druckanteil der spezifischen Entropie der Mischung tritt zu der Summe der mit den Massenanteilen gewichteten Entropien der Komponenten noch die sogenannte Mischungsentropie $s_{p_{\text{Misch}}} = -R \cdot \sum \psi_i \cdot \ln \psi_i$ hinzu.

$$s_T = \sum \xi_i \cdot s_{Ti} \tag{11.40}$$

$$s_p = -R \cdot \ln\left(\frac{p}{p_S}\right) - R \cdot \sum \psi_i \cdot \ln \psi_i \tag{11.41}$$

$$s_S = \sum \xi_i \cdot s_{Si} \tag{11.42}$$

$$s = s_T + s_p + s_S$$

11.1.2.4 Reales Gas

Reale Gase, insbesondere bei niederen Temperaturen und hohen Drücken, weichen von der idealen Gasgleichung ab. Formal kann man schreiben:

$$p \cdot v = Z(T, p) \cdot R \cdot T. \tag{11.43}$$

Dabei ist Z der ***Realgasfaktor***, für dessen Abhängigkeit von Temperatur und Druck allerdings keine einfachen Beziehungen gefunden werden können.

In Anlehnung an die van der Waals'sche Grundgleichung ist z. B. der Ansatz nach Redlich und Kwong [2]:

$$p = \frac{R \cdot T}{v - b_{RK}} - \frac{a_{RK}}{v \cdot (v + b_{RK}) \cdot \sqrt{T}}. \tag{11.44}$$

Umgeformt mit dem Realgasfaktor Z erhält man eine kubische Gleichung.

$$Z^3 - Z^2 + \left(\frac{a_{RK}}{p \cdot \sqrt{T}} - b_{RK}^2 - \frac{R \cdot T \cdot b_{RK}}{p}\right) \cdot \frac{p^2}{R^2 \cdot T^2} \cdot Z - \frac{a_{RK} \cdot b_{RK} \cdot p^2}{R^3 \cdot T^{3,5}} = 0 \tag{11.45}$$

Im weit überhitzten Gebiet (p klein und T groß) nähert sich Z dem Wert 1, d. h. das Gas verhält sich fast wie ein ideales Gas. Daher ist diese Beziehung recht gut für Luft und Verbrennungsgase bei Gasturbinenanlagen geeignet. Beide sind Mischungen aus verschiedenen Gasen.

Z. B. gilt für die Enthalpie mit der Redlich-Kwong Gleichung:

$$\begin{aligned} h_{RK}(T, p) = h_{\text{ideal}}(T) + p \cdot v - R \cdot T - \frac{3a_{RK}}{2b_{RK} \cdot \sqrt{T}} \cdot \ln\left(\frac{v + b_{RK}}{v}\right) \\ - \left[p_S \cdot v_S - R \cdot T_S - \frac{3a_{RK}}{2b_{RK} \cdot \sqrt{T_S}} \cdot \ln\left(\frac{v_S + b_{RK}}{v_S}\right)\right]. \end{aligned} \tag{11.46}$$

$h_{\text{ideal}}(T)$ ist die spezifische Enthalpie des idealen Gases (beim theoretischen Druck 0) (Gl. 11.14).

Die innere Energie $u_{RK}(T, p)$ erhält man nach Abzug von $p \cdot v$.

$$u_{RK}(T, p) = h_{RK}(T, p) - p \cdot v \tag{11.47}$$

Lediglich der Wasserdampfanteil sollte getrennt gerechnet werden, da erstens bei Wasser die kritische Temperatur im Bereich der bei Gasturbinen vorkommenden Temperaturen liegt und zweitens wegen seiner Anomalien größere Unterschiede zu den Werten der Redlich-Kwong Gleichung auftreten.

Der Wasserdampfanteil muss wegen der über 800 °C hohen Gastemperaturen nach der IAPWS Industrial Formulation 1997 [20] berechnet werden.

Für die Partialdrücke p_{RK} des trockenen Gases und p_{H_2O} des Wasserdampfes gilt näherungsweise (mit dem Stoffmengenanteil ψ_{H_2O} des Wasserdampfes):

$$\begin{aligned} p_{RK} &\approx (1 - \psi_{H_2O}) \cdot p \\ p_{H_2O} &\approx \psi_{H_2O} \cdot p \end{aligned} \tag{11.48}$$

und damit für die spezifischen Volumina:

$$\begin{aligned} v_{RK} &= v_{RK}(T, p_{RK}) \\ v_{H_2O} &= v_{H_2O}(T, p_{H_2O}). \end{aligned} \tag{11.49}$$

Die Beziehungen für die Gesamtgrößen lauten (mit den Massenanteilen des Wasserdampfes $\xi_{H_2O} = \psi_{H_2O} \cdot \frac{M_{H_2O}}{M}$ mit $M = (1 - \psi_{H_2O}) \cdot M_{RK} + \psi_{H_2O} \cdot M_{H_2O}$):

$$\begin{aligned} v(T, p) &= \frac{1}{1/v_{RK} + 1/v_{H_2O}} \\ h(T, p) &= (1 - \xi_{H_2O}) \cdot h_{RK}(T, p_{RK}) + \xi_{H_2O} \cdot h_{H_2O}(T, p_{H_2O}) \\ u(T, p) &= (1 - \xi_{H_2O}) \cdot u_{RK}(T, p_{RK}) + \xi_{H_2O} \cdot u_{H_2O}(T, p_{H_2O}) \\ s(T, p) &= (1 - \xi_{H_2O}) \cdot s_{RK}(T, p_{RK}) + \xi_{H_2O} \cdot s_{H_2O}(T, p_{H_2O}) \\ a(T, p) &\approx (1 - \psi_{H_2O}) \cdot a_{RK}(T, p_{RK}) + \psi_{H_2O} \cdot a_{H_2O}(T, p_{H_2O}). \end{aligned} \tag{11.50}$$

Folge der realen Zustandsgleichung ist, dass die Größen h, c_p und c_v sowohl von der Temperatur als auch vom Druck abhängen, und dass natürlich c_T ungleich Null ist.

11.1.3 Zustandsänderungen

Bei den Prozessen in einer Gasturbinenanlage treten Änderungen der Zustandsgrößen auf.

Eine Reihe von Zustandsänderungen haben besondere Namen.

Bei der ***Isobaren*** (Zustandsänderung) ist der Druck konstant (p = konst.).

$$\left(\frac{Z(T, p = \text{konst}) \cdot T}{v(T, p = \text{konst})} = \text{konst.}\right)$$

(für ein reales Gas aus $p \cdot v = Z \cdot R \cdot T$)

Bei der ***Isothermen*** (Zustandsänderung) ist die Temperatur konstant (T = konst.).

$$\left(\frac{p \cdot v(T = \text{konst}, p)}{Z(T = \text{konst}, p)} = \text{konst.}\right)$$

Bei der ***Isochoren*** (Zustandsänderung) ist das Volumen konstant (v = konst.).

$$\left(\frac{p}{Z(T, p) \cdot T} = \text{konst.}\right)$$

Bei der ***Isenthalpen*** (Zustandsänd.) ist die (spez.) Enthalpie konstant (h = konst.).

Die ***Drosselung*** bei h_t = konst. und $dp < 0$ entspricht bei kleinen Strömungsgeschwindigkeiten in etwa der Isenthalpen.

Und schließlich die ***Isentrope*** (Zustandsänderung), bei der die Entropie konstant bleibt (s = konst.).

Auch bei realen Zustandsänderungen ist eine Isentrope möglich, jedoch muss dann gekühlt werden.

(Aus $T \cdot ds = 0 = dq + dw_{\text{diss}}$ folgt $dq = -dw_{\text{diss}} \leq 0$.)

Bei der ***Adiabaten*** (Zustandsänderung) wird keine Wärme zu- oder abgeführt ($q = 0$).

Bei realen Adiabaten mit $dw_{\text{diss}} \geq 0$ ist nur eine Entropie-Erhöhung möglich ($ds \geq 0$)!

11.1.4 Polytrope Zustandsänderungen

Um reale von idealen Zustandsänderungen unterscheiden und einfach berechnen zu können, hat man, ausgehend von der Isentropen, die ***Polytropen*** (Zustandsänderungen) definiert.

Mit ihnen lassen sich mit Hilfe des *Polytropenverhältnisses* ν_{pol} (bzw. des *„umgekehrten" Polytropenverhältnisses* μ_{pol}) eine allgemeine Zustandsänderung und eine Reihe von speziellen Zustandsänderungen einfach und exakt festlegen.

$$\begin{aligned} \nu_{\text{pol}} &=_{\text{def}} \frac{dh}{v \cdot dp} = \frac{1}{\mu_{\text{pol}}} \\ \mu_{\text{pol}} &=_{\text{def}} \frac{v \cdot dp}{dh} = \frac{1}{\nu_{\text{pol}}} \end{aligned} \tag{11.51}$$

► Und dies für *alle* fluiden Arbeitsmedien, unabhängig ob Gas, Dampf, Nassdampf oder Flüssigkeit; mit und ohne Zufuhr von Arbeit und Wärme!

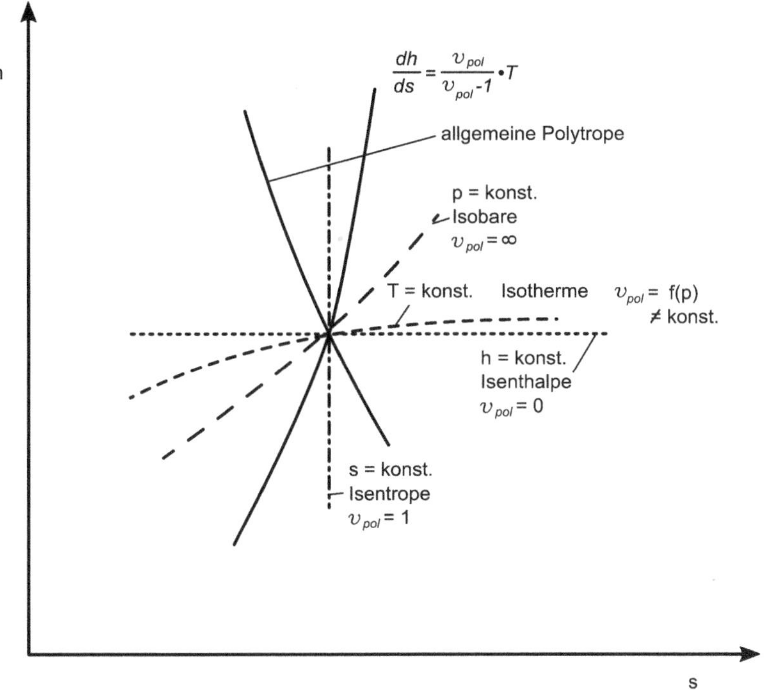

Abb. 11.1 Polytrope Zustandsänderungen (allgem. Polytrope, Isentrope, Isenthalpe, Isobare) und Isotherme

Eine ***Polytrope*** ist dadurch definiert, dass bei der Zustandsänderung das Polytropenverhältnis konstant bleibt ($\nu_{\text{pol}} = \text{konst.} = 1/\mu_{\text{pol}}$) (Abb. 11.1).

Im h, s-Diagramm ergibt sich die charakteristische Form der Polytropen.

$$\frac{dh}{ds}\Big|_{\nu_{\text{pol}}=\text{konst}} = \frac{\nu_{\text{pol}}}{\nu_{\text{pol}} - 1} \cdot T = \frac{1}{1 - \mu_{\text{pol}}} \cdot T \tag{11.52}$$

Die Steigung ist proportional zur absoluten Temperatur.

Für die speziellen Zustandsänderungen gilt:

Isentrope	$\nu_{\text{pol}} = 1$	$\mu_{\text{pol}} = \frac{1}{\nu_{\text{pol}}} = 1$	$ds = 0$	$s = \text{konst}$
Isenthalpe	$\nu_{\text{pol}} = 0$	$\mu_{\text{pol}} = \frac{1}{\nu_{\text{pol}}} = \infty$	$dh = 0$	$h = \text{konst}$
Isobare	$\nu_{\text{pol}} = \infty$	$\mu_{\text{pol}} = \frac{1}{\nu_{\text{pol}}} = 0$	$dp = 0$	$p = \text{konst.}$

Die Isentrope wird im h, s- und T, s-Diagramm durch eine senkrechte Linie dargestellt. Das ist die Zustandsänderung, die eine ideale adiabate Druck-Erhöhung oder Druck-Absenkung bedeutet.

Die Isenthalpe entspricht bei Druckabsenkung der Drosselung. Das gilt exakt für ideale Flüssigkeiten und näherungsweise für Gase bei kleinen Strömungsgeschwindigkeiten.

Bei isenthalper Druckerhöhung müsste Wärme abgeführt werden!

Dass das Polytropenverhältnis für eine Isobare unendlich ist ($\nu_{pol} = \infty$), stört bei der exakten Isobaren-Rechnung nicht.

Jedoch bei Zustandsänderungen mit kleinen Druckänderungen im Vergleich zu den Enthalpieänderungen (z. B. in Wärmeaustauschern) empfiehlt es sich aus numerischen Gründen, das *„umgekehrte“ Polytropenverhältnis* μ_{pol} zu verwenden.

Die Isotherme (T = konst) lässt sich für ein reales Gas nicht als polytrope Zustandsänderung angeben, da mit $dh = c_p \cdot dT + c_T \cdot dp$ das Polytropenverhältniss

$$\nu_{pol_{T=\text{konst}}} = \frac{c_T(T = \text{konst}, p)}{v(T = \text{konst}, p)} = \nu_{pol_{T=\text{konst}}}(T = \text{konst}, p) \tag{11.53}$$

nicht konstant, sondern eine Funktion des Druckes ist.

Das ist für die exakte Isothermen-Rechnung ohne Belang!

11.1.4.1 Polytrope bei idealem Gas mit konstanten spezifischen Wärmekapazitäten

Bei idealen Gasen mit konstanten spezifischen Wärmekapazitäten ist die Berechnung sehr einfach.

$$\frac{\kappa - 1}{\kappa} = \frac{R}{c_p} \quad \text{bzw.} \quad \frac{\kappa}{\kappa - 1} = \frac{c_p}{R} \tag{11.54}$$

$$\frac{n-1}{n} = \nu_{pol} \cdot \frac{\kappa - 1}{\kappa} = \frac{1}{\mu_{pol}} \cdot \frac{\kappa - 1}{\kappa} \quad \text{bzw.} \quad \frac{n}{n-1} = \frac{1}{\nu_{pol}} \cdot \frac{\kappa}{\kappa - 1} = \mu_{pol} \cdot \frac{\kappa}{\kappa - 1} \tag{11.55}$$

Es gilt exakt (für eine Zustandsänderung 1–2):

$$\frac{T_2}{T_1} = \left(\frac{p_2}{p_1}\right)^{\frac{n-1}{n}} = \left(\frac{p_2}{p_1}\right)^{\nu_{pol} \cdot \frac{\kappa-1}{\kappa}} \tag{11.56}$$

$$\frac{p_2}{p_1} = \left(\frac{T_2}{T_1}\right)^{\frac{n}{n-1}} = \left(\frac{T_2}{T_1}\right)^{\mu_{pol} \cdot \frac{\kappa}{\kappa-1}} \tag{11.57}$$

$$\frac{\rho_2}{\rho_1} = \left(\frac{T_2}{T_1}\right)^{\frac{1}{n-1}} = \left(\frac{T_2}{T_1}\right)^{\frac{1-\kappa\cdot(1-\mu_{pol})}{\kappa-1}} \quad \text{bzw.} \quad \frac{\rho_2}{\rho_1} = \left(\frac{p_2}{p_1}\right)^{\frac{1}{n}} = \left(\frac{p_2}{p_1}\right)^{\frac{\nu_{pol}+\kappa\cdot(1-\nu_{pol})}{\kappa}}. \tag{11.58}$$

11.1.4.2 Polytrope bei idealem Gas

Etwas komplizierter werden die Beziehungen im Fall des idealen Gases mit $c_T = 0$ und $Z = 1$.

$$\ln\left(\frac{T_2}{T_1}\right) = \nu_{\text{pol}} \cdot R \cdot \int_{p_1}^{p_2} \frac{1}{c_p(T)} \cdot \frac{dp}{p}$$

$$\ln\left(\frac{T_2}{T_1}\right) = \nu_{\text{pol}} \cdot \int_{p_1}^{p_2} \frac{\kappa(T)-1}{\kappa(T)} \cdot \frac{dp}{p}$$

$$\ln\left(\frac{T_2}{T_1}\right) = E_{12} \cdot \ln\left(\frac{p_2}{p_1}\right) \tag{11.59}$$

$$E_{12} =_{\text{def}} \nu_{\text{pol}} \cdot \int_{p_1}^{p_2} \frac{\kappa(T)-1}{\kappa(T)} \cdot \frac{dp}{p} \cdot \frac{1}{\ln(p_2/p_1)} \tag{11.60}$$

Meistens wird auch hier die Polytrope bei idealen Gasen mit dem Polytropenexponenten n formuliert.

$$T_2 = T_1 \cdot \left(\frac{p_2}{p_1}\right)^{\left(\frac{n-1}{n}\right)_{12}} = T_1 \cdot \left(\frac{p_2}{p_1}\right)^{E_{12}} \tag{11.61}$$

Auch der Ausdruck $\left(\frac{n-1}{n}\right)_{12}$ ist ein logarithmischer Mittelwert. Er kann mit dem gleichfalls logarithmischen Mittelwert

$$\left(\frac{\kappa-1}{\kappa}\right)_{12} =_{\text{def}} \int_{1}^{2} \frac{\kappa(T)-1}{\kappa(T)} \cdot \frac{dp}{p} \cdot \frac{1}{\ln(p_2/p_1)} \tag{11.62}$$

berechnet werden.

$$\left(\frac{n-1}{n}\right)_{12} = E_{12} = \nu_{\text{pol}} \cdot \left(\frac{\kappa-1}{\kappa}\right)_{12} \tag{11.63}$$

Beim näherungsweisen Rechnen mit arithmetischen Mittelwerten erhält man:

$$\left(\frac{\kappa-1}{\kappa}\right)_{12} \approx \left(\overline{\frac{\kappa-1}{\kappa}}\right)_{12} = \left[\frac{R}{c_p(T_1)} + \frac{R}{c_p(T_2)}\right]\frac{1}{2} \approx \frac{R}{\overline{c}_p} \tag{11.64}$$

$$\overline{c}_p = \frac{c_p(T_1) + c_p(T_2)}{2}.$$

11.1.4.3 Polytrope bei realem Gas

Für den allgemeinen Fall einer Polytropen bei realem Gas erhält man für die Änderung der thermischen Zustandsgrößen p und T:

$$\nu_{\text{pol}} \cdot v \cdot dp = dh = c_p \cdot dT + c_T \cdot dp$$

$$dT = \frac{\nu_{\text{pol}} \cdot v - c_T}{c_p} \cdot dp. \tag{11.65}$$

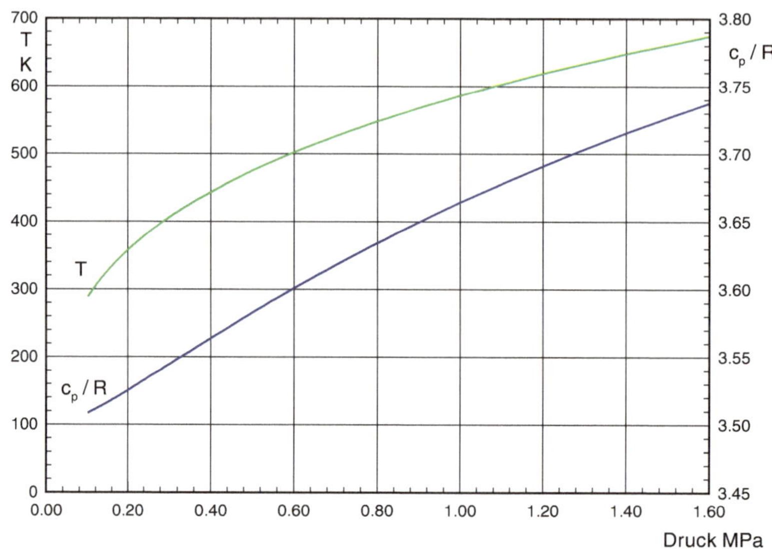

Abb. 11.2 Polytrope Zustandsänderung über ein Druckintervall p_1 nach p_2 [aufgetragen $T(p)$ und $\frac{c_p}{R}(p)$]

Die Integration über ein Druckintervall von p_1 nach p_2 ergibt (Abb. 11.2):

$$T_2 = T_1 + \int_{p_1}^{p_2} \frac{\nu_{\text{pol}} \cdot v - c_T}{c_p} \cdot dp. \tag{11.66}$$

Das Integral lässt sich relativ leicht numerisch mit Hilfe der iterativen Integration [24] lösen.

Es empfiehlt sich aber, die Differentialgleichung umzuformen.

$$d \ln T = \frac{dT}{T} = \frac{\nu_{\text{pol}} - c_T/v}{c_p} \cdot \frac{v \cdot p}{T} \cdot \frac{dp}{p} = \frac{\nu_{\text{pol}} - c_T/v}{c_p/(R \cdot Z)} \cdot d \ln p$$

$$\ln\left(\frac{T_2}{T_1}\right) = \int_{p_1}^{p_2} \frac{\nu_{\text{pol}} - c_T/v}{c_p/(R \cdot Z)} \cdot d \ln p = \int_{p_1}^{p_2} E \cdot d \ln p \tag{11.67}$$

Der Grund für die Umformung liegt darin, dass der Integrand weniger veränderlich ist als im oberen Fall (Abb. 11.3). Für einfache Rechnungen kann er näherungsweise durch einen Mittelwert ersetzt werden.

$$\ln\left(\frac{T_2}{T_1}\right) = E_{12} \cdot \int_{p_1}^{p_2} d \ln p = E_{12} \cdot \ln\left(\frac{p_2}{p_1}\right) \tag{11.68}$$

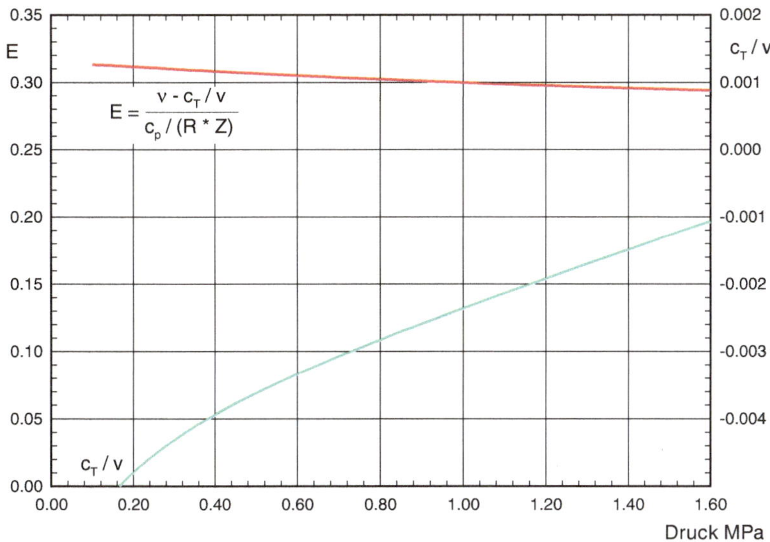

Abb. 11.3 Polytrope Zustandsänderung über ein Druckintervall p_1 nach p_2 [aufgetragen $\frac{c_T}{v(p)}$ und $E = \frac{v_{\text{pol}} - c_T/v}{c_p/(R \cdot Z)}$]

Für den logarithmischen Mittelwert E_{12} gilt nach Definition:

$$E_{12} =_{\text{def}} \frac{\ln\left(\frac{T_2}{T_1}\right)}{\ln\left(\frac{p_2}{p_1}\right)}. \tag{11.69}$$

Die gesuchte Temperatur T_2 lässt sich bei Kenntnis von E_{12} leicht analytisch berechnen.

$$T_2 = T_1 \cdot \left(\frac{p_2}{p_1}\right)^{E_{12}} \tag{11.70}$$

Die zwar analytische Integration muss dennoch iterativ wiederholt werden, da für die Berechnung von Z_2, c_{T_2} und c_{p_2} die zunächst unbekannte Temperatur T_2 angenommen werden muss.

Natürlich lassen sich bei einer polytropen Zustandsänderung auch die Drücke aus den Temperaturen oder sogar aus den Enthalpien berechnen.

$$p_2 = p_1 + \int_{T_1}^{T_2} \frac{c_p}{v_{\text{pol}} \cdot v - c_T} \cdot dT \tag{11.71}$$

$$p_2 = p_1 + \frac{1}{v_{\text{pol}}} \cdot \int_{h_1}^{h_2} \frac{1}{v[T(h), p]} \cdot dh \tag{11.72}$$

Bei der letzten Beziehung wird gleichzeitig die Temperatur T_2 berechnet.

Damit lassen sich auch die ***Totalzustände*** (siehe Abb. 11.5) bei realen Gasen berechnen als Ergebnis einer isentropen Zustandsänderung ($\nu_{\text{pol}} = 1$) vom statischen Zustand (p, T und h) bis zur Totalenthalpie (h_t) (siehe nächstes Abschn. 11.2 Strömungsmechanik).

$$p_t = p + \int_h^{h_t} \frac{1}{v[T(h), p]} \cdot dh \tag{11.73}$$

11.1.5 Strömungswirkungsgrade bei polytropen Zustandsänderungen

Für reale, d. h. verlustbehaftete Zustandsänderungen von Fluiden mit Änderungen des Energiezustandes, sei es durch Energiezufuhr von außen in Form von Arbeit oder Wärme, sei es durch Änderung der kinetischen Energie des Fluids, können ***Strömungswirkungsgrade*** definiert werden, mit deren Hilfe ähnliche Zustandsänderungen relativ leicht berechnet werden können, ohne die speziellen Dissipationsarbeiten bestimmen zu müssen.

(Siehe auch die Gl. 11.94 bis 11.99 zur Energieerhaltung.)

Der ***totale Wirkungsgrad*** η_{tV} bei Zufuhr von spezifischer technischer Arbeit $w_t > 0$ (z. B. in einem Verdichter) ist definiert:

$$\eta_{t_V} =_{\text{def}} \frac{w_t - j}{w_t} = \frac{y_t}{w_t} = 1 - \frac{j}{w_t} = \frac{1 + \frac{\Delta(c^2/2)}{y}}{\nu_{\text{pol}_V} + \frac{\Delta(c^2/2)}{y} - \frac{q}{y}}. \tag{11.74}$$

Der ***statische Wirkungsgrad*** η_V unterscheidet sich vom totalen durch den Abzug der kinetischen Energien im Zähler und Nenner.

$$\eta_V =_{\text{def}} \frac{y_t - \Delta(c^2/2)}{w_t - \Delta(c^2/2)} = \frac{y}{\Delta h - q} = \frac{\frac{y}{\Delta h}}{1 - \frac{q}{\Delta h}} = \frac{y}{y + j} \tag{11.75}$$

Dabei muss erfüllt sein: $\frac{T_2}{T_1} > 1$ und $|\frac{q}{\Delta h}| \ll 1$!

Werden polytrope Zustandsänderungen angenommen, so lässt sich der Wirkungsgrad aus dem Polytropenverhältnis ν_{pol_V} (siehe Abschn. 11.1.4) berechnen.

$$\begin{aligned} \eta_V &= \frac{1}{\nu_{\text{pol}_V}} \cdot \frac{1}{1 - \frac{q}{\Delta h}} = \mu_{\text{pol}_V} \cdot \frac{1}{1 - \frac{q}{\Delta h}} \\ \nu_{\text{pol}_V} &= \frac{1}{\eta_V \cdot (1 - \frac{q}{\Delta h})} \quad \text{bzw. } \mu_{\text{pol}_V} = \eta_V \cdot \left(1 - \frac{q}{\Delta h}\right) \end{aligned} \tag{11.76}$$

Der statische Wirkungsgrad ist gleich dem totalen, wenn die kinetischen Energien am Ein- und Austritt der Stufe gleich sind ($\Delta(c^2/2) = 0$).

Er kann allerdings auch da eingesetzt werden, wo keine technische Arbeit zugeführt wird, aber eine Änderung der kinetischen Energie beabsichtigt ist ($\Delta(c^2/2) < 0$ bei $w_t = 0$).

Der Wirkungsgrad η_{tT} bei Abgabe von technischer Arbeit $w_t < 0$ (z. B. in einer Turbine) ist wegen der umgekehrten Energiewandlungsrichtung praktisch als Kehrwert des Wirkungsgrades bei Arbeitszufuhr definiert.

Totaler Wirkungsgrad:

$$\eta_{t_T} =_{\text{def}} \frac{w_t}{y_t} = \frac{1}{1 - j/w_t} = \frac{\nu_{\text{pol}_T} + \frac{\Delta(c^2/2)}{y} - \frac{q}{y}}{1 + \frac{\Delta(c^2/2)}{y}}. \tag{11.77}$$

Statischer Wirkungsgrad ($\Delta(c^2/2) > 0$ bei $w_t = 0$):

$$\eta_T =_{\text{def}} \frac{w_t - \Delta(c^2/2)}{y_t - \Delta(c^2/2)} = \frac{\Delta h - q}{y} = \frac{1 - \frac{q}{\Delta h}}{\frac{y}{\Delta h}} = \frac{y + j}{y}$$

$$\eta_T = \nu_{\text{pol}_T} \cdot (1 - \frac{q}{\Delta h}) = \frac{1}{\mu_{\text{pol}_T}} - \frac{q}{y}$$

$$\nu_{\text{pol}_T} = \frac{\eta_T}{(1 - \frac{q}{\Delta h})} \quad \text{bzw.}\ \mu_{\text{pol}_T} = \frac{(1 - \frac{q}{\Delta h})}{\eta_T} \tag{11.78}$$

Hierbei gilt: $\frac{T_2}{T_1} < 1$ und wieder $|\frac{q}{\Delta h}| \ll 1$!

Vereinfacht (ideales Gas mit konstantem κ) für eine Zustandsänderung 1–2:

$$\frac{T_2}{T_1} = \left(\frac{p_2}{p_1}\right)^{\frac{n-1}{n}} = \left(\frac{p_2}{p_1}\right)^{\nu_{\text{pol}} \cdot \frac{\kappa - 1}{\kappa}}$$

$$\frac{p_2}{p_1} = \left(\frac{T_2}{T_1}\right)^{\frac{n}{n-1}} = \left(\frac{T_2}{T_1}\right)^{\mu_{\text{pol}} \cdot \frac{\kappa}{\kappa - 1}}$$

Auch für die Strömungen in Wärmeaustauschern können Strömungswirkungsgrade aufgestellt werden, die entsprechend den Wirkungsgraden der Strömungsmaschinen definiert werden.

So gilt für den Fluidteil mit Wärmeaufnahme ($q > 0$, Index $_{WT_k}$ für anfangs ***kalt***) für den totalen Wirkungsgrad η_{tWT_k}:

$$\eta_{tWT_k} =_{\text{def}} \frac{q}{q + j} = \frac{1}{1 + \frac{j}{q}}$$

$$\eta_{tWT_k} = \frac{1 + \frac{\Delta(c^2/2)}{\Delta h} - \frac{w_t}{\Delta h}}{1 - \mu_{\text{pol}_k}} \tag{11.79}$$

und den statischen Wirkungsgrad η_{WT_k}:

$$\eta_{WT_k} =_{\text{def}} \frac{q - \Delta(c^2/2)}{q + j - \Delta(c^2/2)} = \frac{\Delta h - w_t}{\Delta h - y - \Delta(c^2/2)}$$

$$\eta_{WT_k} = \frac{1 - \frac{w_t}{\Delta h}}{1 - \mu_{\text{pol}_k} - \frac{\Delta(c^2/2)}{\Delta h}}$$

$$\mu_{\text{pol}_k} = \left(1 - \frac{1}{\eta_{WT_k}}\right) + \frac{\frac{w_t}{\eta_{WT_k}} - \Delta\left(\frac{c^2}{2}\right)}{\Delta h} = \frac{1}{\nu_{\text{pol}_k}}. \tag{11.80}$$

Mit $\left|\frac{\frac{w_t}{\eta_{WT_k}} - \Delta(\frac{c^2}{2})}{\Delta h}\right| \ll 1$ bzw. $\frac{T_2}{T_1} > 1$!

μ_{pol_k} ist das „umgekehrte" Polytropenverhältnis ($\mu_{\text{pol}_k} = \frac{1}{\nu_{\text{pol}_k}}$) der Zustandsänderung im „kalten", d. h. wärmeaufnehmendem Fluidteil.

Für den Fluidteil mit Wärmeabgabe ($q < 0$, Index $_{WT_w}$ für anfangs ***warm***) gilt für den totalen Wirkungsgrad η_{tWT_w}:

$$\eta_{tWT_w} =_{\text{def}} \frac{q + j}{q} = 1 + \frac{j}{q}$$

$$\eta_{tWT_w} = \frac{1 - \mu_{\text{pol}_w}}{1 + \frac{\Delta(c^2/2)}{\Delta h} - \frac{w_t}{\Delta h}} \tag{11.81}$$

und den statischen Wirkungsgrad η_{WT_w}:

$$\eta_{WT_w} =_{\text{def}} \frac{q + j - \Delta(c^2/2)}{q - \Delta(c^2/2)} = \frac{\Delta h - y - \Delta(c^2/2)}{\Delta h - w_t}$$

$$\eta_{WT_w} = \frac{1 - \mu_{\text{pol}_w} - \frac{\Delta(c^2/2)}{\Delta h}}{1 - \frac{w_t}{\Delta h}}$$

$$\mu_{\text{pol}_w} = (1 - \eta_{WT_w}) + \frac{w_t \cdot \eta_{WT_w} - \Delta(c^2/2)}{\Delta h} = \frac{1}{\nu_{\text{pol}_w}}. \tag{11.82}$$

Mit $\left|\frac{\frac{w_t}{\eta_{WT_k}} - \Delta(\frac{c^2}{2})}{\Delta h}\right| \ll 1$ bzw. $\frac{T_2}{T_1} < 1$!

Eine zusätzliche spezifische Arbeit w_t ist zwar zugelassen, jedoch muss sie im Vergleich zur übertragenen Wärme q bzw. Δh sehr klein sein.

$$\left|\frac{w_t}{q}\right| \ll 1! \tag{11.83}$$

Sogar für eine „innere Wärmezufuhr" in einer Brennkammer kann ein Strömungswirkungsgrad η_{BK} und daraus abgeleitet ein Polytropenverhältnis ν_{BK} definiert werden. (Siehe Gl. 4.13 und 4.15.)

Wieder vereinfacht (ideales Gas mit konstantem κ) für eine Zustandsänderung 1–2:

$$\frac{p_2}{p_1} = \left(\frac{T_2}{T_1}\right)^{\frac{n}{n-1}} = \left(\frac{T_2}{T_1}\right)^{\mu_{\text{pol}} \cdot \frac{\kappa}{\kappa-1}}$$

$$\left(\frac{T_2}{T_1} = \left(\frac{p_2}{p_1}\right)^{\frac{n-1}{n}} = \left(\frac{p_2}{p_1}\right)^{\nu_{\text{pol}} \cdot \frac{\kappa-1}{\kappa}}\right)$$

Dabei ist das umgekehrte Polytropenverhältnis μ_{pol} zu verwenden, weil in Wärmeaustauschern die Druckänderungen gegenüber den Temperaturänderungen gering sind.

(Bei den Umformungen verwendete Beziehungen:

$$q + w_t = \Delta h + \Delta(c^2/2);$$

$$q + j = \Delta h - y \quad \text{(1. HS offenes und geschlossenes System)}$$

$$y = \int v \cdot dp; \quad y_t = y + \Delta(c^2/2); \quad w_t = y_t + j)$$

11.1.6 Isentrope Wirkungsgrade

Wegen der für viele komplizierten Berechnung einer polytropen Zustandsänderung und den daraus folgenden polytropen Wirkungsgraden hat man früher (und noch heute) die *isentropen Wirkungsgrade* η_s definiert.

$$\eta_{V_s} =_{\text{def}}= \frac{\Delta h_s}{\Delta h}$$

$$\eta_{tV_s} =_{\text{def}}= \frac{\Delta h_{t_s}}{\Delta h_t}$$

$$\eta_{T_s} =_{\text{def}}= \frac{\Delta h}{\Delta h_s}$$

$$\eta_{tT_s} =_{\text{def}}= \frac{\Delta h_t}{\Delta h_{t_s}} \qquad (11.84)$$

Δh_s bzw. Δh_{t_s} sind die Enthalpieänderungen bei den „idealen" isentropen Zustandsänderungen (s = konst. bzw. $\nu = 1$).

Die isentropen Wirkungsgrade gelten aber nur für **adiabate** Zustandsänderungen ($q = 0$) und haben den Nachteil, dass der errechnete Zahlenwert von der Größe der Enthalpieänderung Δh abhängt!

Und dass bei der Berechnung mehrere Rechenschritte nötig sind!

Beispiel

Ein Beispiel für eine Verdichtung und Entspannung für Luft und Gas als ideale Gase mit konstanten spezifischen Wärmekapazitäten.

Verdichtung: $\eta_V = 0{,}88$, $T_E = 288\,\text{K}$, $p_E = 1\,\text{bar}$, $p_A = 16\,\text{bar}$, $\kappa = 1{,}4$

$$T_{A_s} = T_E \cdot \left(\frac{p_A}{p_E}\right)^{\frac{\kappa-1}{\kappa}} \qquad T_A = T_E \cdot \left(\frac{p_A}{p_E}\right)^{\frac{\kappa-1}{\kappa}\cdot\frac{1}{\eta_V}}$$

$$\eta_{V_s} = \frac{T_{A_s} - T_E}{T_A - T_E}$$

$T_{A_s} = 636\,\text{K}$, $T_A = 708\,\text{K}$ $\eta_{V_s} = 0{,}83$ ($< \eta_V = 0{,}88!$)

Entspannung: $\eta_T = 0{,}88$, $T_E = 1200\,\text{K}$, $p_E = 16\,\text{bar}$, $p_A = 1\,\text{bar}$, $\kappa = 1{,}38$

$$T_{A_s} = T_E \cdot \left(\frac{p_A}{p_E}\right)^{\frac{\kappa-1}{\kappa}} \qquad T_A = T_E \cdot \left(\frac{p_A}{p_E}\right)^{\frac{\kappa-1}{\kappa}\cdot\eta_T}$$

$$\eta_{T_s} = \frac{T_A - T_E}{T_{A_s} - T_E}$$

$T_{A_s} = 559\,\text{K}$, $T_A = 612\,\text{K}$ $\eta_{T_s} = 0{,}92$ ($> \eta_T = 0{,}88!$)

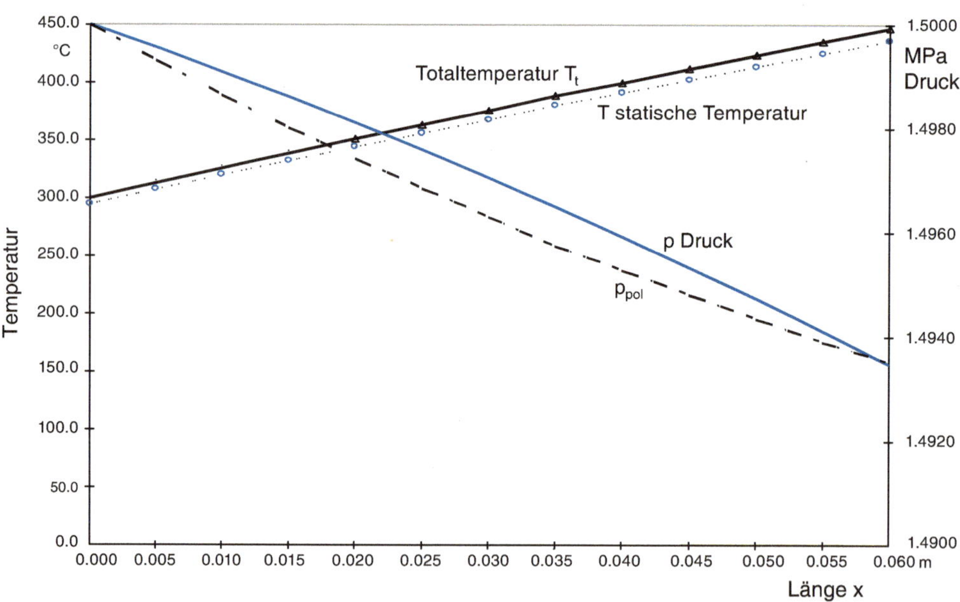

Abb. 11.4 Temperatur- und Druckänderung beim Aufheizen eines Gases in einem Wärmeaustauscher (Vergleich der wirklichen mit einer polytropen Zustandsänderung)

11.1.7 Allgemeine, nichtpolytrope Zustandsänderungen

Nicht alle Zustandsänderungen lassen sich durch Polytropen beschreiben, z. B. solche mit Wärmeübergang und Geschwindigkeitsänderungen (Abb. 11.4), aber auch genaugenommen die Änderungen des Zustands bei der Strömung durch einzelne Teile einer Strömungsmaschine. Deswegen muss oft die gesamte Zustandsänderung in i Teilabschnitte mit dann konstanten Polytropenexponenten ν_{pol_i} aufgeteilt oder aber die reale, nichtpolytrope Zustandsänderung berechnet werden.

11.2 Strömungsmechanik

Die Strömungsmechanik bei Gasturbinen verbindet die thermischen und kalorischen Größen der Thermodynamik mit den Strömungsgrößen Geschwindigkeit c und spezifische ***kinetische Energie*** $c^2/2$. Da bei Gasturbinenanlagen nur gasförmige Fluide auftreten, können potentielle Energien der Lage $(g \cdot z)$ vernachlässigt werden.

Die ***statische*** Enthalpie h und die kinetische Energie werden in der ***Totalenthalpie*** h_t zusammengefasst.

$$h_t =_{\mathrm{def}} h + \frac{c^2}{2} \tag{11.85}$$

Der Totalzustand, der bei Unterschall dem Zustand im Staupunkt einer Strömung entspricht, ist folgendermaßen definiert (Abb. 11.5):

$$\begin{aligned} s_t &= s \\ T_t &= T(h_t, s_t) \\ p_t &= p(h_t, s_t) \\ v_t &= v(T_t, p_t) \\ \rho_t &= \frac{1}{v_t} \end{aligned} \tag{11.86}$$

Im allgemeinen Fall eines realen Gases sind die Größen T_t und p_t durch isentrope Zustandsänderungen, ausgehend vom statischen Zustand (T, p) zu berechnen.

$$T_t = T + \int_h^{h_t} \frac{dT}{dh}\Big|_{\nu_{\mathrm{pol}}=1} \cdot dh = T + \int_h^{h_t} \frac{1 - \frac{c_T}{v}}{c_p} \cdot dh \tag{11.87}$$

$$p_t = p + \int_T^{T_t} \frac{dp}{dT}\Big|_{\nu_{\mathrm{pol}}=1} \cdot dT = T + \int_T^{T_t} \frac{c_p}{v - c_T} \cdot dT \tag{11.88}$$

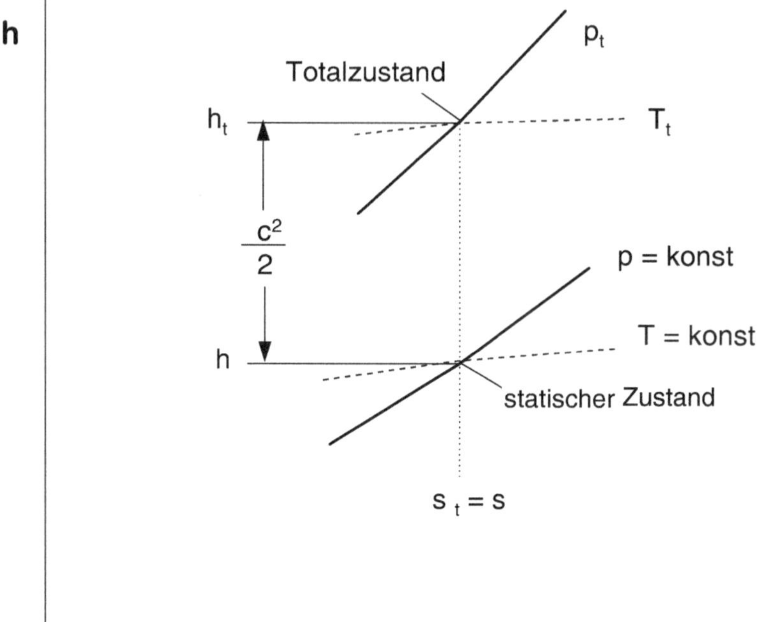

Abb. 11.5 Totalzustand eines Gases im h, s-Diagramm

Nur im stark vereinfachten Fall des idealen Gases mit konstanten spezifischen Wärmekapazitäten besteht ein analytischer Zusammenhang.

$$h_t = h + \frac{c^2}{2}$$

$$T_t = T + \frac{c^2}{2 \cdot c_p} = T + \frac{\kappa - 1}{2} \cdot \frac{c^2}{\kappa \cdot R}$$

$$\frac{T_t}{T} = 1 + \frac{\kappa - 1}{2} \cdot \frac{c^2}{\kappa \cdot R \cdot T} = 1 + \frac{\kappa - 1}{2} \cdot Ma^2 \tag{11.89}$$

$$T_t = T \cdot \left[1 + \frac{\kappa - 1}{2} \cdot Ma^2 \right] \tag{11.90}$$

$$p_t = p \cdot \left(\frac{T_t}{T} \right)^{\frac{\kappa}{\kappa - 1}} \tag{11.91}$$

Ma ist die ***Machzahl*** der Strömung, für die gilt:

$$Ma =_{\text{def}} \frac{c}{a}. \tag{11.92}$$

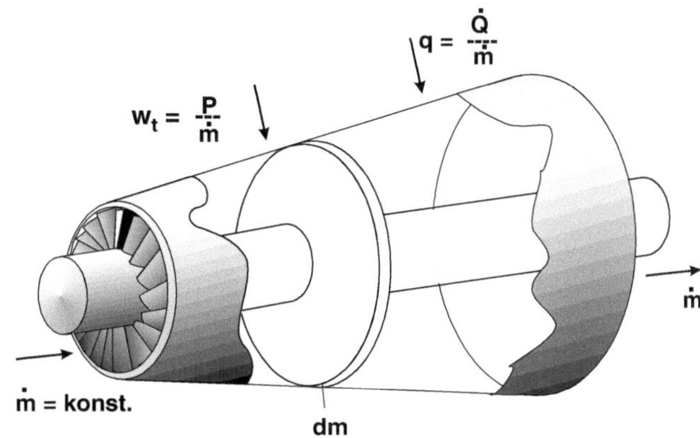

Abb. 11.6 Offenes, stationär durchströmtes System

Der ***Energieerhaltungssatz*** in spezifischer Form für ein offenes, stationär (d. h. zeitlich unverändert) durchströmtes System (Abb. 11.6) bestimmt die möglichen Zustandsänderungen.

$$dw_t + dq = dh_t = dh + c \cdot dc \quad \text{(differentielle Form)} \tag{11.93}$$

$$w_t + q = \Delta h_t = \Delta h + \Delta\left(\frac{c^2}{2}\right) \quad \text{(integrierte Form)} \tag{11.94}$$

Der Energieerhaltungssatz kann allerdings auch für ein von der Strömung mitgeführtes Teilchen dm als geschlossenes System formuliert werden.

$$dq + dj = dh - v \cdot dp = dh - dy \tag{11.95}$$

$$q + j = \Delta h - \int v \cdot dp = \Delta h - y \tag{11.96}$$

j ist die ***spezifische Dissipationsarbeit*** und y die ***spezifische Strömungsarbeit***.

$$y =_{\text{def}} \int v \cdot dp \tag{11.97}$$

Zusammengefasst erhält man mit der totalen spezifischen Strömungsarbeit y_t:

$$y_t =_{\text{def}} y + \Delta\left(\frac{c^2}{2}\right) \tag{11.98}$$

$$\begin{aligned} dy_t &= dy + c \cdot dc \\ dw_t &= dy_t + dj \\ w_t &= y_t + j. \end{aligned} \tag{11.99}$$

Bei Strömungen ohne Zu- oder Abfuhr von technischer Arbeit gilt die ***Bernoulli-Gleichung für Gase***.

Differentielle Form:

$$\begin{aligned} dw_t = 0: \quad dy_t + dj &= 0 \\ v \cdot dp + c \cdot dc + dj &= 0 \\ dp &= -\rho \cdot (c \cdot dc + dj) \end{aligned} \tag{11.100}$$

integrierte Form:

$$\begin{aligned} w_t = 0: \quad y_t &= -j \\ \int v \cdot dp = y &= -\Delta\left(\frac{c^2}{2}\right) - j. \end{aligned} \tag{11.101}$$

Bei einfachen Strömungen, z. B. durch Rohre oder spezielle Widerstände, gibt es ebenso einfache Ansätze für die Dissipationsarbeit.

Ausgebildete Rohrströmung:

$$dj_\xi = \frac{\xi_h}{d_h} \cdot \frac{c^2}{2} \cdot dz. \tag{11.102}$$

d_h ist der ***hydraulische Durchmesser*** und ξ_h der ***Rohrreibungsbeiwert***. Er ist abhängig von der Geschwindigkeit, dem Durchmesser, dem Druck, der Temperatur und über die ***Reynoldszahl*** $Re = \frac{c \cdot d_h}{\nu}$ von der ***kinematischen Zähigkeit*** ν des Fluids [4] (siehe auch Abschn. 11.4.3).

$$\xi_h = \frac{1}{(1{,}82 \cdot \log Re - 1{,}64)^2}. \tag{11.103}$$

Integriert mit $c =$ konst und $\xi_h =$ konst und der Rohrlänge L:

$$j_\xi = \frac{\xi_h \cdot L}{d_h} \cdot \frac{c^2}{2}. \tag{11.104}$$

Strömung durch einen einzelnen Widerstand mit dem ***Widerstandsbeiwert*** ζ_w:

$$j_\zeta = \zeta_w \cdot \frac{c^2}{2}. \tag{11.105}$$

Naturgemäß sind die Verhältnisse in den thermischen Strömungsmaschinen Verdichter und Turbine viel komplizierter, so dass die Dissipationsarbeit erst allgemein definiert werden muss.

Dafür werden in einem ringförmigen Strömungskanal in Zylinderkoordinaten (Abb. 11.7) die gesamten Leistungen dP_τ der ***Reibungsspannungen*** als Summe aller Geschwindigkeiten und der in den Flächen wirkenden Spannungen zunächst in differentieller Form angeschrieben.

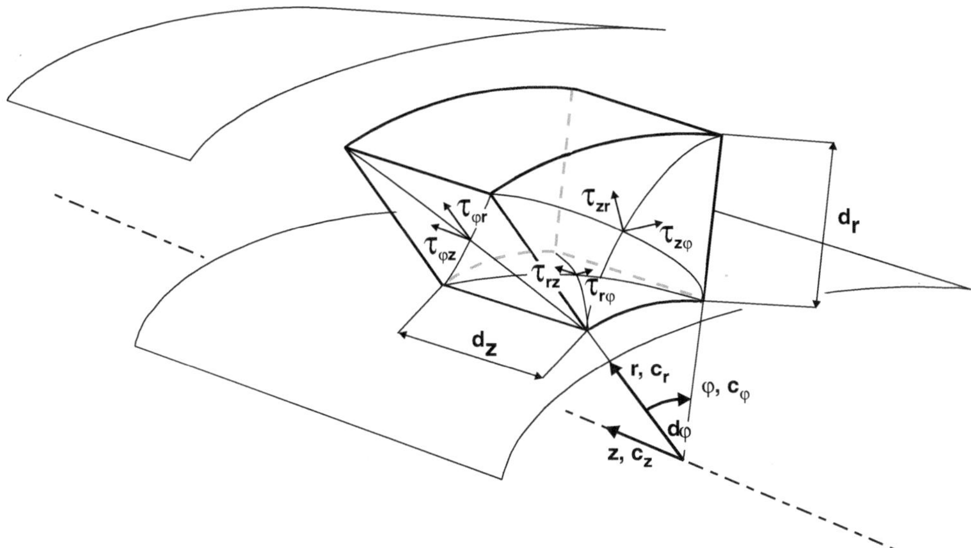

Abb. 11.7 Geschwindigkeiten und Reibungsspannungen in einem ringförmigen Strömungskanal

Die Reibungsspannungen sind die Normalspannungen σ_{rr}, $\sigma_{\varphi\varphi}$, σ_{zz} und die Schubspannungen $\tau_{r\varphi}, \tau_{rz}, \tau_{\varphi r}, \tau_{\varphi z}, \tau_{zr}, \tau_{z\varphi}$ in der Fläche senkrecht zur Koordinate des ersten Index, in Richtung der Koordinate des zweiten Index (z. B. τ_{rz} senkrecht auf r in Richtung von z).

Bezogen auf ein Volumenelement $dV = dr \cdot r \cdot d\varphi \cdot dz$ erhält man:

$$\begin{aligned}\frac{dP_\tau}{dV} &= \frac{\partial}{\partial r}(c_r \cdot \sigma_{rr}) + \frac{1}{r} \cdot \frac{\partial}{\partial \varphi}(c_r \cdot \tau_{\varphi r}) + \frac{\partial}{\partial z}(c_r \cdot \tau_{zr}) \\ &+ \frac{\partial}{\partial r}(c_\varphi \cdot \tau_{r\varphi}) + \frac{1}{r} \cdot \frac{\partial}{\partial \varphi}(c_\varphi \cdot \sigma_{\varphi\varphi}) + \frac{\partial}{\partial z}(c_\varphi \cdot \tau_{z\varphi}) \\ &+ \frac{\partial}{\partial r}(c_z \cdot \tau_{rz}) + \frac{1}{r} \cdot \frac{\partial}{\partial \varphi}(c_z \cdot \tau_{\varphi z}) + \frac{\partial}{\partial z}(c_z \cdot \sigma_{zz}).\end{aligned} \tag{11.106}$$

Ausdifferenzieren ergibt die (reversible) ***Schleppleistung*** $\frac{dP_d}{dV}$ und die (irreversible) ***Dissipationsleistung*** $\frac{dP_j}{dV}$.

$$\begin{aligned}\frac{dP_d}{dV} &= c_r \cdot \left(\frac{\partial \sigma_{rr}}{\partial r} + \frac{1}{r} \cdot \frac{\partial \tau_{\varphi r}}{\partial \varphi} + \frac{\partial \tau_{zr}}{\partial z}\right) \\ &+ c_\varphi \cdot \left(\frac{\partial \tau_{r\varphi}}{\partial r} + \frac{1}{r} \cdot \frac{\partial \sigma_{\varphi\varphi}}{\partial \varphi} + \frac{\partial \tau_{z\varphi}}{\partial z}\right) \\ &+ c_z \cdot \left(\frac{\partial \tau_{rz}}{\partial r} + \frac{1}{r} \cdot \frac{\partial \tau_{\varphi z}}{\partial \varphi} + \frac{\partial \sigma_{zz}}{\partial z}\right)\end{aligned} \tag{11.107}$$

$$\begin{aligned}\frac{dP_j}{dV} &= \sigma_{rr}\cdot\frac{\partial c_r}{\partial r} + \tau_{\varphi r}\cdot\frac{1}{r}\cdot\frac{\partial c_r}{\partial\varphi} + \tau_{zr}\cdot\frac{\partial c_r}{\partial z}\\ &+ \tau_{r\varphi}\cdot\frac{\partial c_\varphi}{\partial r} + \sigma_{\varphi\varphi}\cdot\frac{1}{r}\cdot\frac{\partial c_\varphi}{\partial\varphi} + \tau_{z\varphi}\frac{\partial c_\varphi}{\partial z}\\ &+ \tau_{rz}\cdot\frac{\partial c_z}{\partial r} + \tau_{\varphi z}\cdot\frac{1}{r}\cdot\frac{\partial c_z}{\partial\varphi} + \sigma_{zz}\cdot\frac{\partial c_z}{\partial z}\end{aligned} \tag{11.108}$$

Die sogenannten *Bewegungsgleichungen* (Kräfte- und Impulsgleichgewichte) für die drei Koordinatenrichtungen lauten:

$$\begin{aligned}\rho\cdot\left(c_r\cdot\frac{\partial c_r}{\partial r} + \frac{c_\varphi}{r}\cdot\frac{\partial c_r}{\partial\varphi} - \frac{c_\varphi^2}{r} + c_z\cdot\frac{\partial c_r}{\partial z}\right) &= -\frac{\partial p}{\partial r} + \frac{\partial\sigma_{rr}}{\partial r} + \frac{1}{r}\cdot\frac{\partial\tau_{\varphi r}}{\partial\varphi} + \frac{\partial\tau_{zr}}{\partial z}\\ \rho\cdot\left(c_r\cdot\frac{\partial c_\varphi}{\partial r} + \frac{c_\varphi}{r}\cdot\frac{\partial c_\varphi}{\partial\varphi} + c_z\cdot\frac{\partial c_\varphi}{\partial z}\right) &= -\frac{1}{r}\frac{\partial p}{\partial\varphi} + \frac{\partial\tau_{r\varphi}}{\partial r} + \frac{1}{r}\cdot\frac{\partial\sigma_{\varphi\varphi}}{\partial\varphi} + \frac{\partial\tau_{z\varphi}}{\partial z}\\ \rho\cdot\left(c_r\cdot\frac{\partial c_z}{\partial r} + \frac{c_\varphi}{r}\cdot\frac{\partial c_z}{\partial\varphi} + c_z\cdot\frac{\partial c_z}{\partial z}\right) &= -\frac{\partial p}{\partial z} + \frac{\partial\tau_{rz}}{\partial r} + \frac{1}{r}\cdot\frac{\partial\tau_{\varphi z}}{\partial\varphi} + \frac{\partial\sigma_{zz}}{\partial z}.\end{aligned} \tag{11.109}$$

Wird die erste Gleichung mit c_r, die zweite mit c_φ und die dritte mit c_z multipliziert und sodann die Summe aller drei Gleichungen gebildet, so erhält man:

$$\rho\cdot c\cdot dc = -dp + \frac{P_d}{dV}. \tag{11.110}$$

Mit $\rho\cdot dV = dm$ gilt schließlich:

$$\frac{dP_d}{dm} = c\cdot dc + \frac{dp}{\rho} = dy_t. \tag{11.111}$$

y_t ist die schon vorher in Gl. 2.90 definierte totale spezifische Strömungsarbeit.

Integriert man über einen Strömungskanal mit feststehenden Begrenzungswänden (z. B. r_i, r_a, φ_s und φ_d) (Abb. 11.8), so verschwindet die gesamte Leistung P_τ der Reibungsspannungen, sofern in der Eintritts- und Austrittsfläche keine Änderung der Größen in Durchströmrichtung auftritt (z. B. $\left(\frac{\partial(c_z\cdot\sigma_{zz})}{\partial z}\right)_{E;A} = 0$).

$$P_\tau = 0 \tag{11.112}$$

Die Schleppleistung P_d kann durch Integration der spezifischen totalen Strömungsarbeiten

$$y_t = \int_E^A v\cdot dp + \frac{c_A^2}{2} - \frac{c_E^2}{2} \tag{11.113}$$

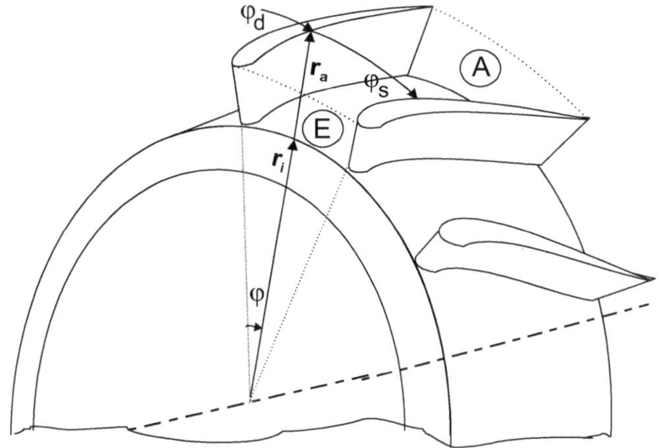

Abb. 11.8 Strömungskanal mit feststehenden Begrenzungswänden

über den Durchströmquerschnitt ermittelt werden.

$$P_d = \int\limits_{A_E} y_t \cdot \rho_E \cdot c_E \cdot dA_E \qquad \left(\text{z. B. } P_d = \int\limits_{r_{i_E}}^{r_{a_E}} \int\limits_{\varphi_{s_E}}^{\varphi_{d_E}} y_t \cdot \rho_E \cdot c_E \cdot r_E \cdot d\varphi_E \cdot dr_E \right) \tag{11.114}$$

Dies ergibt für die Dissipationsleistung:

$$P_j = -P_d. \tag{11.115}$$

Spezifische Werte erhält man durch Bezug auf den Massenstrom $\dot{m}$.

$$\dot{m} = \int\limits_{A_E} d\dot{m} \qquad \left(\text{z. B. } \dot{m} = \int\limits_{r_{i_E}}^{r_{a_E}} \int\limits_{\varphi_{s_E}}^{\varphi_{d_E}} \rho_E \cdot c_E \cdot r_E \cdot d\varphi_E \cdot dr_E \right) \tag{11.116}$$

$$\overline{y}_t = \frac{P_d}{\dot{m}} \tag{11.117}$$

$$\bar{j} = \frac{P_j}{\dot{m}} \tag{11.118}$$

Sie stellen Mittelwerte für den Strömungskanal dar.

11.3 Verbrennungslehre

Wieder sehr viel ausführlicher, vollständig und damit verständlicher nachzulesen in [34].

Die Verbrennungslehre betrifft zunächst die Verhältnisse in der Brennkammer, wo die Verbrennungsluft mit dem Brennstoff zu den Verbrennungsgasen unter Freisetzung von chemischer Energie reagieren.

Tab. 11.2 Zusammensetzung von trockener Luft

$\psi_{trL_{N_2}} = 0{,}78093$
$\psi_{trL_{O_2}} = 0{,}20946$
$\psi_{trL_{CO_2}} = 0{,}00033$
$\psi_{trL_{Ar}} = 0{,}00928$
$M_{tr_L} = 28{,}964 \frac{\mathrm{J}}{\mathrm{kg\,K}}$ und $R_{trL} = 287{,}061 \frac{\mathrm{J}}{\mathrm{kg\,K}}$

Die ***Verbrennungsluft*** ist meist feucht mit den Bestandteilen molarer Stickstoff N_2, molarer Sauerstoff O_2, Kohlendioxid CO_2, Argon Ar (Zusammenfassung mehrerer Edelgase) und Wasserdampf H_2O.

Die Zusammensetzung wird entweder in Stoffmengenanteilen $\psi_{L_i} (=_{\mathrm{def}} n_{L_i}/n_L)$ oder in Massenanteilen $\xi_{L_i} (=_{\mathrm{def}} m_{L_i}/m_L)$ angegeben.

Bei idealen Gasen sind die ***Volumenanteile*** $\phi_{L_i} (=_{\mathrm{def}} V_{L_i}/V_L)$ gleich den Stoffmengenanteilen.

Die genäherte Zusammensetzung der trockenen Luft gibt Tab. 11.2 an.

Bei feuchter Luft muss noch der Wasserdampfanteil bestimmt werden. Man erhält die Stoffmengenanteile der feuchten Luft mit der relativen Feuchtigkeit $\varphi_{\mathrm{Luft}} =_{\mathrm{def}} \frac{p_D}{p}$ und dem Dampfdruck $p_D(T_U)$ bei Umgebungstemperatur:

$$\begin{aligned} \text{Stoffmengenanteile:} \quad \psi_{L_{H_2O}} &= \varphi_{\mathrm{Luft}} \cdot \frac{p_D(T_U)}{p_U} \\ \psi_{L_{N_2}} &= \psi_{trL_{N_2}} \cdot (1 - \psi_{L_{H_2O}}) \\ \psi_{L_{O_2}} &= \psi_{trL_{O_2}} \cdot (1 - \psi_{L_{H_2O}}) \\ \psi_{L_{CO_2}} &= \psi_{trL_{CO_2}} \cdot (1 - \psi_{L_{H_2O}}) \\ \psi_{L_{Ar}} &= \psi_{trL_{Ar}} \cdot (1 - \psi_{L_{H_2O}}). \end{aligned} \tag{11.119}$$

Molare Masse, spezifische Gaskonstante und Massenanteile:

$$\begin{aligned} M_L &= \sum \psi_{L_i} \cdot M_i \\ R_L &= \frac{R_m}{M_L} \\ \xi_{L_i} &= \psi_{L_i} \cdot \frac{M_i}{M_L}. \end{aligned}$$

Als Beispiel erhält man für Luft beim Umgebungszustand $T_U = 15\,°\mathrm{C}$, $p_U = 1\,\mathrm{bar}$ und der relativen Feuchtigkeit $\varphi_{\mathrm{Luft}} = 60\,\%$:

Dampfdruck bei Umgebungstemperatur, z. B. nach [12]:

$$p_D(T_U) = p_D(15\,°\mathrm{C}) = 1718\,\mathrm{Pa}$$

Ergebnisse des Beispiels in Tab. 11.3:

Tab. 11.3 Zusammensetzung von feuchter Luft bei 15 °C; 0,1 MPa und 60 %

$\psi_{L_{N_2}} = 0{,}77304$	$\xi_{L_{N_2}} = 0{,}75066$	$\phi_{L_{N_2}} = 0{,}77354$
$\psi_{L_{O_2}} = 0{,}20735$	$\xi_{L_{O_2}} = 0{,}22983$	$\phi_{L_{O_2}} = 0{,}20740$
$\psi_{L_{CO_2}} = 0{,}00033$	$\xi_{L_{CO_2}} = 0{,}00050$	$\phi_{L_{CO_2}} = 0{,}00033$
$\psi_{L_{Ar}} = 0{,}00919$	$\xi_{L_{Ar}} = 0{,}01273$	$\phi_{L_{Ar}} = 0{,}00919$
$\psi_{L_{H_2O}} = 0{,}01009$	$\xi_{L_{H_2O}} = 0{,}00628$	$\phi_{L_{H_2O}} = 0{,}00954$
$M_L = 28{,}854\,\frac{\mathrm{J}}{\mathrm{kg\,K}}$ und $R_L = 288{,}161\,\frac{\mathrm{J}}{\mathrm{kg\,K}}$		

Die ***Brennstoffe*** bestehen aus den elementaren Bestandteilen Kohlenstoff C, Wasserstoff H, Schwefel S, Sauerstoff O, Stickstoff N, sowie dem Wasseranteil W und dem Ascheanteil A. Die beiden letzten Bestandteile können bei Gasturbinen vernachlässigt werden.

Die Brennstoffe sind entweder gasförmig oder flüssig. In beiden Fällen kann die Zusammensetzung in Massenanteilen ξ_{B_i} angegeben werden, wobei zur Vereinfachung kleine lateinische Buchstaben verwendet werden.

$$\begin{aligned} \xi_{B_C} = c_B =_{\mathrm{def}} \frac{m_{B_C}}{m_B}; \quad & h_B =_{\mathrm{def}} \frac{m_{B_H}}{m_B}; \quad s_B =_{\mathrm{def}} \frac{m_{B_S}}{m_B} \\ o_B =_{\mathrm{def}} \frac{m_{B_O}}{m_B}; \quad & n_B =_{\mathrm{def}} \frac{m_{B_N}}{m_B}; \quad w_B =_{\mathrm{def}} \frac{m_{B_W}}{m_B} \\ \text{und } a_B =_{\mathrm{def}} \frac{m_{B_A}}{m_B} \quad & (= 0 \quad \text{bei Gasturbinen}) \end{aligned} \tag{11.120}$$

Die Angabe der Zusammensetzung in Volumenanteilen ϕ_{Bi} ist nur bei gasförmigen Brennstoffen sinnvoll, weshalb hier ausschließlich die Massenangabe bevorzugt wird.

Beispiele für Brennstoffe für Gasturbinenanlagen gibt Tab. 11.4 an.

Bei vollständiger Verbrennung, d. h. der Reaktion des Kohlenstoffs, Wasserstoffs und Schwefels zu CO_2, H_2O und Schwefeldioxid SO_2 legen der ***spezifische Mindestsauer-***

Tab. 11.4 Auswahl von Brennstoffen für Gasturbinenanlagen. Zusammensetzung in Massenanteilen und spezifischer Heizwert [10]

Brennstoff	c_B	h_B	s_B	o_B	n_B	w_B	H_{u_B} MJ/kg
Methan CH_4	0,74869	0,25131	0,00000	0,00000	0,00000	0,00000	50,056
Erdgas H	0,70935	0,22216	0,00000	0,04861	0,01988	0,00000	47,245
Heizöl EL	0,86600	0,12970	0,00280	0,00100	0,00000	0,00050	43,000
Heizöl S	0,87000	0,10800	0,02000	0,00100	0,00000	0,00100	39,600
Kerosin	0,87000	0,13000	0,00000	0,00000	0,00000	0,00000	42,496
Wassersoff H_2	0,00000	1,00000	0,00000	0,00000	0,00000	0,00000	119,972

stoffbedarf $o_{\min}$

$$o_{\min} =_{\text{def}} \frac{m_{O_{2\min}}}{m_B} \tag{11.121}$$

$$o_{\min} = \left(\frac{c_B}{M_C} + \frac{h_B}{2M_{H_2}} + \frac{s_B}{M_S}\right) \cdot M_{O_2} - o_B \tag{11.122}$$

$$(o_{\min} = 2{,}6641 c_B + 7{,}9366 h_B + 0{,}9981 s_B - o_B), \tag{11.123}$$

der ***spezifische Mindestluftbedarf*** $l_{\min}$

$$l_{\min} =_{\text{def}} \frac{m_{L_{\min}}}{m_B} \tag{11.124}$$

$$l_{\min} = \frac{o_{\min}}{\xi_{L_{O_2}}}, \tag{11.125}$$

bzw. das ***stöchiometrische Brennstoff/Luft-Verhältnis*** β_{st}

$$\beta_{st} =_{\text{def}} \frac{m_{B_{st}}}{m_L} = \frac{m_B}{m_{L_{\min}}} = \frac{1}{l_{\min}} \tag{11.126}$$

und der wirkliche ***spezifische Luftbedarf*** l

$$l =_{\text{def}} \frac{m_L}{m_B} = \lambda \cdot l_{\min} \tag{11.127}$$

bzw. das ***Brennstoff/Luft-Verhältnis*** β

$$\beta =_{\text{def}} \frac{m_B}{m_L} = \frac{1}{l} = \frac{\beta_{st}}{\lambda} \tag{11.128}$$

mit dem ***Luftverhältnis*** λ

$$\lambda =_{\text{def}} \frac{l}{l_{\min}} = \frac{\beta_{st}}{\beta} \tag{11.129}$$

die Rauchgaszusammensetzung fest [10].

Beispielsweise erhält man für die Verbrennung von Erdgas H mit der oben angegebenen feuchten Luft bei einem Luftverhältnis von $\lambda = 2{,}3$ die Stoffmengen- und Massenanteile der Tab. 11.5.

Wegen der zunehmend höheren Temperaturen in der Brennkammer darf der Einfluss der ***Dissoziation*** nicht vernachlässigt werden. Dies führt zu weiteren Komponenten, hauptsächlich Kohlenmonoxid CO, molarer Wasserstoff H_2, das Radikal OH, Schwefelmonoxid SO, atomarer Sauerstoff O, Wasserstoff H und Stickstoff N, aber auch Stickstoffmonoxid NO, Stickstoffdioxid NO_2, Distickstoffoxid N_2O, Methan CH_4 und weiteren Stoffen, die aber meist keine Rolle spielen.

Tab. 11.5 Zusammensetzung von Verbrennungsgas bei der Verbrennung von Erdgas H ($c_B = 0{,}70935$; $h_B = 0{,}22216$; $o_B = 0{,}04861$ und $n_B = 0{,}01988$) mit feuchter Luft (15 °C; 0,1 MPa; 60 %) bei einem Luftverhältnis von $\lambda = 2{,}3$

$\psi_{G_{N_2}} = 0{,}739554$	$\xi_{G_{N_2}} = 0{,}730734$
$\psi_{G_{O_2}} = 0{,}112035$	$\xi_{G_{O_2}} = 0{,}126448$
$\psi_{G_{CO_2}} = 0{,}04549$	$\xi_{G_{CO_2}} = 0{,}070625$
$\psi_{G_{Ar}} = 0{,}008782$	$\xi_{G_{Ar}} = 0{,}012374$
$\psi_{G_{H_2O}} = 0{,}094139$	$\xi_{G_{H_2O}} = 0{,}059819$
$M_G = 28{,}351 \frac{J}{kg\,K}$ und $R_G = 293{,}260 \frac{J}{kg\,K}$	

Tab. 11.6 Zusammensetzung von Verbrennungsgas bei der Verbrennung von 1 Erdgas H ($c_B = 0{,}70935$; $h_B = 0{,}22216$; $o_B = 0{,}04861$ und $n_B = 0{,}01988$) mit feuchter Luft (15 °C; 0,1 MPa; 60 %) bei einem Luftverhältnis von $\lambda = 2{,}3$ und $p = 1{,}5$ MPa und $T = 1400$ °C bei Berücksichtigung des Dissoziationseinflusses

$\psi_{G_{N_2}} = 0{,}739262$	$\xi_{G_{N_2}} = 0{,}730476$
$\psi_{G_{O_2}} = 0{,}111734$	$\xi_{G_{O_2}} = 0{,}126113$
$\psi_{G_{CO_2}} = 0{,}045494$	$\xi_{G_{CO_2}} = 0{,}070622$
$\psi_{G_{Ar}} = 0{,}008782$	$\xi_{G_{Ar}} = 0{,}012374$
$\psi_{G_{H_2O}} = 0{,}094068$	$\xi_{G_{H_2O}} = 0{,}059776$
$\psi_{G_{H_2}} = 0{,}000001$	$\xi_{G_{H_2}} = 0{,}000000$
$\psi_{G_{CO}} = 0{,}000002$	$\xi_{G_{CO}} = 0{,}000002$
$\psi_{G_{O}} = 0{,}000003$	$\xi_{G_{O}} = 0{,}000002$
$\psi_{G_{OH}} = 0{,}000131$	$\xi_{G_{OH}} = 0{,}000079$
$\psi_{G_{NO}} = 0{,}000518$	$\xi_{G_{NO}} = 0{,}000548$
$\psi_{G_{NO_2}} = 0{,}000005$	$\xi_{G_{NO_2}} = 0{,}000008$
$M_G = 28{,}350 \frac{J}{kg\,K}$ und $R_G = 293{,}270 \frac{J}{kg\,K}$	

Bei der Berechnung wird vereinfacht chemisches Gleichgewicht vorausgesetzt, d. h. die endlichen Reaktionszeiten werden vernachlässigt bzw. die Reaktionskonstanten unendlich groß gesetzt.

Dies entspricht bei den Stickoxiden den thermischen, die bei hohen Temperaturen überwiegen, wobei hier die brennstoffspezifischen und die prompten Stickoxide nicht berücksichtigt werden.

Mit Hilfe der Gleichgewichtskonstanten kann – numerisch etwas aufwändig – die Zusammensetzung bestimmt werden.

Wieder vollständig behandelt und hergeleitet in [34, Energie-Technische Thermodynamik]!

Die gleiche Verbrennung wie im oberen Beispiel, diesmal mit Dissoziation bei einem Druck von $p = 1{,}5$ MPa und einer Temperatur von $T = 1400$ °C gerechnet, ergibt eine Zusammensetzung der Verbrennungsgase nach Tab. 11.6.

Es ist allerdings anzumerken, dass bei der Entspannung in der Turbine die Dissoziationsprodukte wegen der großen Geschwindigkeiten und der niedrigeren Temperaturen als in der Brennkammer quasi „eingefroren" bestehen bleiben.

Die „eingefrorene" Temperatur dürfte bei etwa $T_{\text{eingefr.}} \approx 1500$–1600 °C liegen und wird meist schon in der ersten Stufe unterschritten (siehe Abb. 11.9).

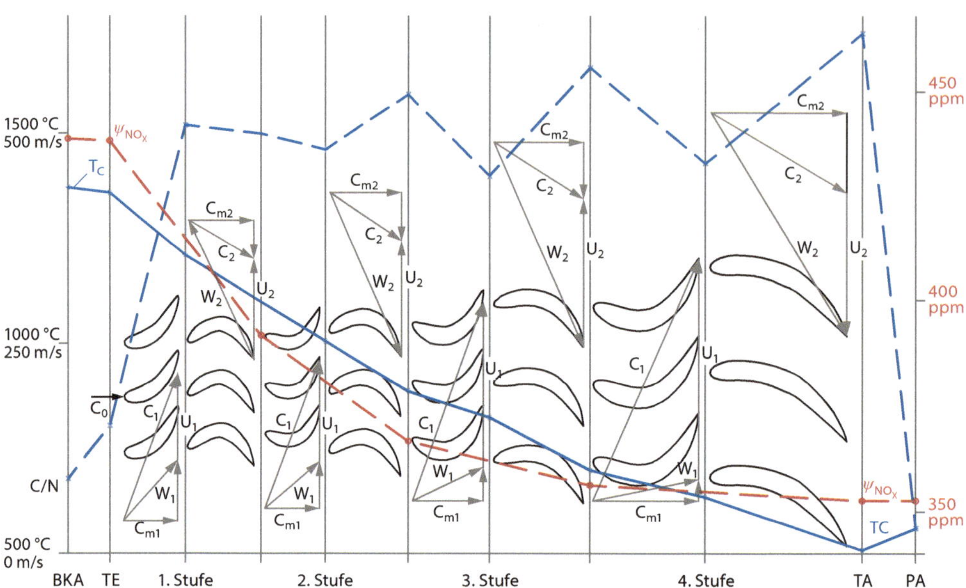

Abb. 11.9 Temperaturen und Stickoxide NOx beim Durchströmen einer Gasturbine

Die Energie der Brennstoffe wird durch den ***spezifischen Heizwert*** H_{u_B} angegeben (Tab. 11.4 und 11.1). Dieser bedeutet nach Definition die Energiefreisetzung bei vollständiger Verbrennung bei der Standardtemperatur ($T_S = 25\,°\mathrm{C}$), ohne Dissoziationsprodukte.

Die Energiebilanz für die Verbrennung in einem offenen System ist, ausgedrückt mit dem spezifischen Heizwert H_{u_B} des Brennstoffs und den Totalenthalpien h_{t_L}, h_{t_B} und h_{t_G} der Luft, des Brennstoffs und des Verbrennungsgases:

$$\dot{m}_B \cdot (\eta_c \cdot H_{u_B} + h_{t_B}) + \dot{m}_L \cdot h_{t_L} = \dot{m}_G \cdot h_{t_G} \tag{11.130}$$

$$\dot{m}_B + \dot{m}_L = \dot{m}_G \tag{11.131}$$

Der Verbrennungsgas-Massenstrom ist die Summe aus Brennstoff- und Luftmassenstrom.

Der ***Verbrennungswirkungsgrad*** η_c berücksichtigt, dass wegen unvollständiger Verbrennung auf Grund von ungenügender Vermischung von Brennstoff und Luft oder ungenügend langer Reaktionszeit nicht die gesamte chemische Energie freigesetzt wird. Der Einfluss der unvollständigen Verbrennung auf die Zusammensetzung der Verbrennungsgase wird bei den hohen Verbrennungswirkungsgraden der Gasturbinenanlagen meistens vernachlässigt.

Um die formal recht einfache Energiebilanz auch bei Dissoziation anwenden zu können, wird bei der spezifischen Enthalpie h_G der Verbrennungsgase zusätzlich zum thermischen (sensiblen) Anteil $h_{G_{\mathrm{therm}}}$ ein chemischer Anteil $h_{G_{\mathrm{diss}}}$ berücksichtigt, der die chemische Differenzenergie $H_{G_{\mathrm{diss}}} = \sum m_{G_i} \cdot H_{uG_i}$ im Vergleich zur vollständigen Verbrennung (nur Verbrennungsprodukte CO_2, H_2O und SO_2), bezogen auf die Gesamtmasse m_G des Abgases, erfasst.

$$h_G = h_{G_{\text{therm}}} + h_{G_{\text{diss}}} \tag{11.132}$$

$$h_{G_{\text{therm}}} = \sum \xi_{G_i} \cdot h_{G_i} \tag{11.133}$$

$$h_{G_{\text{diss}}} = \sum \xi_{G_i} \cdot H_{uG_i} \tag{11.134}$$

Die Energie-Bilanzgleichung für die Verbrennung lautet nach Division durch $\dot{m}_L$:

$$\beta \cdot (\eta_c \cdot H_{u_B} + h_{t_B}) + h_{t_L} = (1 + \beta) \cdot h_{t_G}. \tag{11.135}$$

11.4 Wärmeübergang

Die Turbinenschaufeln müssen bei den heute üblichen Gastemperaturen immer gekühlt werden. Die Kühlung erfolgt in den meisten Fällen mit Luft. Dabei spielen für den ***Wärmedurchgang*** durch die Schaufel hauptsächlich der ***Wärmeübergang*** vom Gas auf die äußere Schaufeloberfläche und der Wärmeübergang von der Schaufel auf das Kühlmedium eine Rolle. Natürlich wirkt sich auch die ***Wärmeleitung*** durch den Schaufelwerkstoff und möglicherweise durch eine ***Schaufelbeschichtung*** auf den Wärmedurchgang aus.

11.4.1 Totaltemperatur als Bezugsgröße

Der einfachste Fall für den Wärmeübergang ist die ebene Platte, die in x-Richtung in Gleich- oder Gegenstrom von beiden Seiten umströmt wird (Abb. 11.10).

Der eindimensionale, differentielle Wärmestrom ist proportional der Temperaturdifferenz $T_{t_G} - T_{t_K}$, der wärmeübertragenden Breite U (z. B. Umfang bei Rohren) und dem

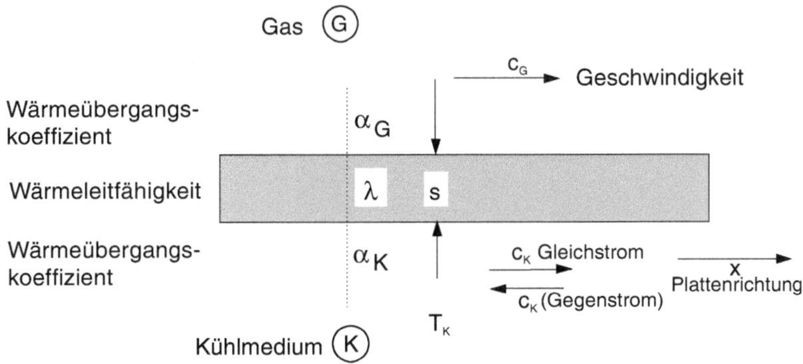

Abb. 11.10 Wärmedurchgang bei einer ebenen Platte

Wärmedurchgangskoeffizienten k .

$$\frac{d\dot{Q}}{dx} = (k \cdot U) \cdot (T_{t_G} - T_{t_K}) \tag{11.136}$$

Für den Wärmeübergang sind nicht die statischen sondern die sogenannten adiabaten Wandtemperaturen maßgeblich, die sich an einer ungekühlten umströmten Wand einstellen würden.

Bei Gasen mit Prandtlzahlen nahe 1 ($Pr_L \approx Pr_G \approx 0{,}7$; turbulente Werte; $Pr_{L_{\text{turb}}} \approx Pr_{G_{\text{turb}}} \approx 1$) entspricht bei ebenen Wänden die adiabate Wandtemperatur in etwa der Totaltemperatur.

$$T_{W_{ad}} \approx T_t \quad \text{ebene Wand}$$

(Bei in Strömungsrichtung gekrümmten Wänden nimmt die adiabate Wandtemperatur auf der konkaven Seite etwas zu, auf der konvexen etwas ab.

$$T_{ad} \geq T_t \quad \text{in Strömungsrichtung konkav gekrümmte Wand}$$
$$T_{ad} \leq T_t \quad \text{in Strömungsrichtung konvex gekrümmte Wand}$$

Diese kleinen Unterschiede sind jedoch zu vernachlässigen.)

11.4.2 Gleich- und Gegenstrom-Wärmeaustauscher

Vereinfachende Voraussetzung für die Beziehung des differentiellen Wärmestroms ist, dass in x-Richtung kein Wärmestrom auftritt.

Mit den ***Wärmeübergangskoeffizienten*** α_G gasseitig und α_K kühlmediumseitig, den Schichtdicken s_{Sch} der Platte und s_{ce} der Beschichtung und den entsprechenden Wärmeleitfähigkeiten λ_{Sch} und λ_{ce} gilt für den k-Wert einer beschichteten Platte (Abb. 11.11):

$$k = \frac{1}{\frac{1}{\alpha_G} + \frac{s_{ce}}{\lambda_{ce}} + \frac{s_{\text{Sch}}}{\lambda_{\text{Sch}}} + \frac{1}{\alpha_K}}. \tag{11.137}$$

Im ebenfalls einfachen Fall eines konzentrischen Rohres erhält man für den ***Wärmedurchgangswert*** als Produkt aus Wärmedurchgangskoeffizient und Übertragungsumfang:

$$(k \cdot U) = \frac{1}{\frac{1}{\alpha_G \cdot U_G} + \frac{s_{ce}}{\lambda_{ce} \cdot U_G} + \frac{\ln(U_G/U_K)}{\lambda_{\text{Sch}}} + \frac{1}{\alpha_K \cdot U_K}}. \tag{11.138}$$

$U_G = \pi \cdot d_G$ und $U_K = \pi \cdot d_K$ sind die Kreisumfänge gasseitig und kühlmediumseitig. Wegen der sehr kleinen Dicke s_{ce} kann der „ebene“ Ansatz für den ***Wärmewiderstand*** der Beschichtung eingesetzt werden.

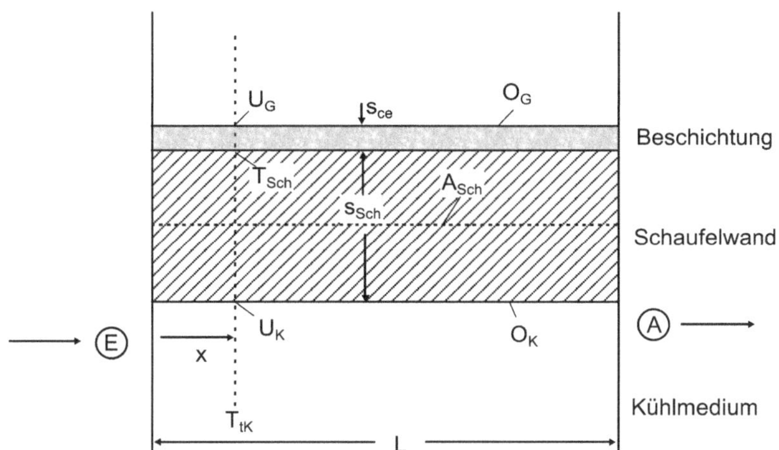

Abb. 11.11 Beschichtete Platte (Schaufel)

Diese Beziehung kann auch bei den in Wirklichkeit geometrisch sehr viel komplizierteren Verhältnissen an einer gekühlten Turbinenschaufel vereinfacht angesetzt werden.

$$(k \cdot U) \approx \frac{1}{\frac{1}{\alpha_G \cdot U_G} + \frac{s_{ce}}{\lambda_{ce} \cdot U_G} + \frac{s_{\mathrm{Sch}}}{\lambda_{\mathrm{Sch}} \cdot U_{\mathrm{Sch}}} + \frac{1}{\alpha_K \cdot U_K}}. \tag{11.139}$$

Der Wärmeleitwiderstand durch die Schaufel darf näherungsweise „eben“ erfasst werden, da er im Vergleich zu den anderen Widerständen eine untergeordnete Rolle spielt.

Bleibt $(k \cdot U)$ über die Länge L des ***Wärmeaustauschers*** konstant (Abb. 11.12), so erhält man ein bemerkenswert einfaches Ergebnis für den übertragenden Wärmestrom $\dot{Q}$:

$$\dot{Q} = \int_E^A \frac{d\dot{Q}}{dx} \cdot dx = (k \cdot U) \cdot L \cdot \Delta T_{t_{\log}} = (k \cdot A) \cdot \Delta T_{t_{\log}} \tag{11.140}$$

mit

$$\Delta T_{t_{\log}} = \frac{(T_{tG_E} - T_{tK_E}) - (T_{tG_A} - T_{tK_A})}{ln\frac{(T_{tG_E} - T_{tK_E})}{(T_{tG_A} - T_{tK_A})}} = \frac{\Delta T_{t_E} - \Delta T_{t_A}}{ln\frac{\Delta T_{t_E}}{\Delta T_{t_A}}} \tag{11.141}$$

und

$$(k \cdot A) \approx \frac{1}{\frac{1}{\alpha_G \cdot O_G} + \frac{s_{ce}}{\lambda_{ce} \cdot O_G} + \frac{s_{\mathrm{Sch}}}{\lambda_{\mathrm{Sch}} \cdot A_{\mathrm{Sch}}} + \frac{1}{\alpha_K \cdot O_K}} \quad \text{bzw. } (k \cdot A) = \frac{\dot{Q}}{\Delta T_{t_{\log}}}. \tag{11.142}$$

O_G ist die gesamte wärmeübertragende Oberfläche gasseitig, O_K die entsprechende Fläche kühlmittelseitig und A_{Sch} eine mittlere Fläche, für die näherungsweise gesetzt werden kann:

$$A_{\mathrm{Sch}} \approx \frac{(O_G + O_K)}{2}. \tag{11.143}$$

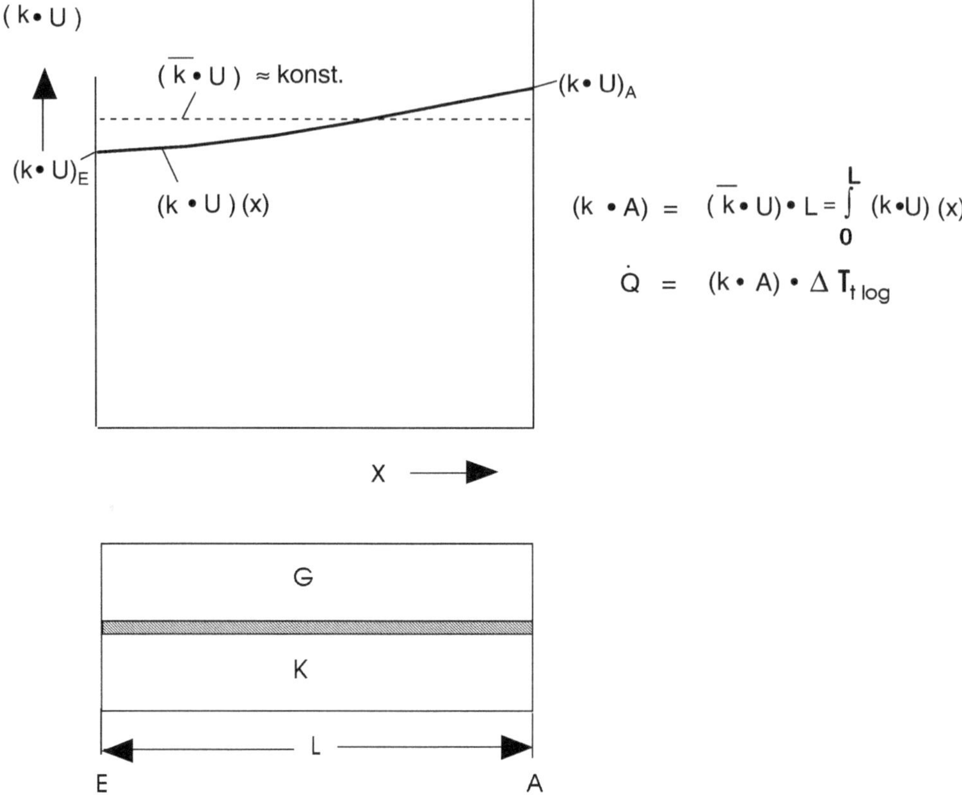

Abb. 11.12 Wärmedurchgangswert $(k \cdot U)$ über der Länge L eines Wärmeaustauschers

Mit dem ***Verhältnis*** $\omega_{K/G}$ ***der Wärmekapazitätsströme*** und der Konstanten K_T

$$\omega_{K/G} =_{\text{def}} \frac{\dot{m}_K \cdot c_{pK}}{\dot{m}_G \cdot c_{pG}} \tag{11.144}$$

$$K_T = (k \cdot U) \cdot (\frac{1}{\dot{m}_G \cdot c_{pG}} + \frac{1}{\dot{m}_K \cdot c_{pK}}) = \frac{(k \cdot U)}{\dot{m}_K \cdot c_{pK}} \cdot (1 + \omega_{K/G}) \tag{11.145}$$

gilt für die Temperaturverläufe beim ***Gleichstrom-Wärmeaustauscher*** (Abb. 11.13):

$$T_{t_G}(x) = T_{t_{G_E}} - \omega_{K/G} \cdot \frac{\Delta T_{t_E}}{1 + \omega_{K/G}} \cdot [1 - e^{-(K_T \cdot x)}] \tag{11.146}$$

$$T_{t_K}(x) = T_{t_{K_E}} + \frac{\Delta T_{t_E}}{1 + \omega_{K/G}} \cdot [1 - e^{-(K_T \cdot x)}] \tag{11.147}$$

$$\Delta T_t(x) = \Delta T_{t_E} \cdot e^{-(K_T \cdot x)}. \tag{11.148}$$

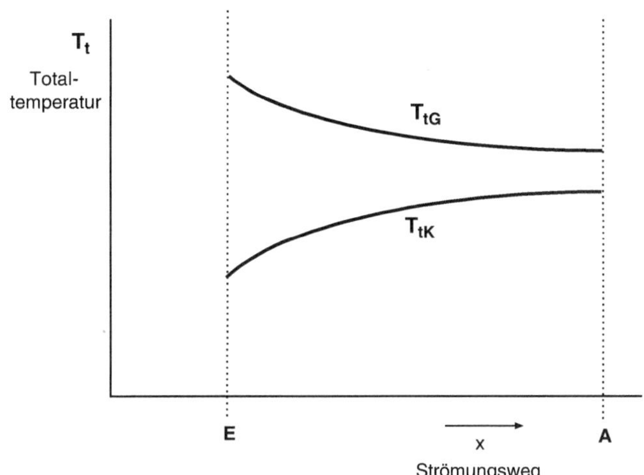

Abb. 11.13 Temperaturverläufe beim Gleichstrom-Wärmeaustauscher

Austrittstemperaturen: (Gleichstrom-Wärmeaustauscher)

$$(K_T \cdot L) = \frac{(k \cdot A)}{\dot{m}_K \cdot c_{pK}} \cdot (1 + \omega_{K/G}) \tag{11.149}$$

$$T_{t_{G_A}} = T_{t_{G_E}} - \omega_{K/G} \cdot \frac{\Delta T_{t_E}}{1 + \omega_{K/G}} \cdot [1 - e^{-(K_T \cdot L)}] \tag{11.150}$$

$$T_{t_{K_A}} = T_{t_{K_E}} + \frac{\Delta T_{t_E}}{1 + \omega_{K/G}} \cdot [1 - e^{-(K_T \cdot L)}] \tag{11.151}$$

$$\Delta T_{t_A} = \Delta T_{t_E} \cdot e^{-(K_T \cdot L)}. \tag{11.152}$$

Die folgenden Beziehungen gelten entsprechend für den ***Gegenstrom-Wärmeaustauscher*** (Abb. 11.14). Der Index E bedeutet hierbei geometrisch eine Seite des Wärmeaustauschers (z. B. wie im Abb. 11.14 Kühlmedium-Eintritt und Gas-Austritt) und A entsprechend die andere Seite (Kühlmedium-Austritt und Gas-Eintritt).

$$T_{t_G}(x) = T_{t_{G_E}} + \omega_{K/G} \cdot \frac{\Delta T_{t_E}}{1 - \omega_{K/G}} \cdot [e^{(K_T \cdot x)} - 1] \tag{11.153}$$

$$T_{t_K}(x) = T_{t_{K_E}} + \frac{\Delta T_{t_E}}{1 - \omega_{K/G}} \cdot [e^{(K_T \cdot x)} - 1] \tag{11.154}$$

$$\Delta T_t(x) = \Delta T_{t_E} \cdot e^{(K_T \cdot x)}. \tag{11.155}$$

Austrittstemperaturen: (Gegenstrom-Wärmeaustauscher)

$$(K_T \cdot L) = \frac{(k \cdot A) \cdot (1 - \omega_{K/G})}{\dot{m}_G \cdot c_{pG}} \tag{11.156}$$

$$T_{t_{G_A}} = T_{t_{G_E}} + \omega_{K/G} \cdot \frac{\Delta T_{t_E}}{1 - \omega_{K/G}} \cdot [e^{(K_T \cdot L)} - 1] \tag{11.157}$$

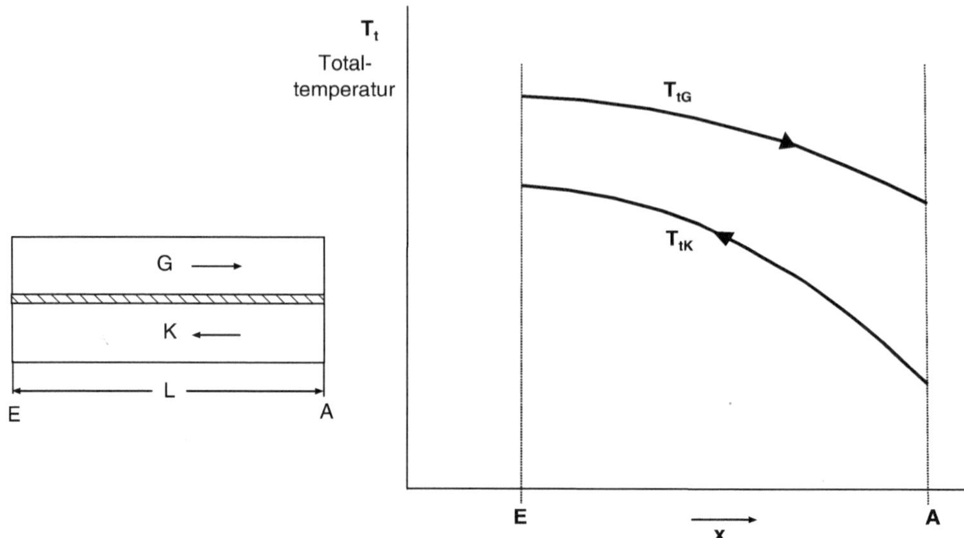

Abb. 11.14 Temperaturverläufe beim Gegenstrom-Wärmeaustauscher

$$T_{t_{K_A}} = T_{t_{K_E}} + \frac{\Delta T_{t_E}}{1 - \omega_{K/G}} \cdot [e^{(K_T \cdot L)} - 1] \tag{11.158}$$

$$\Delta T_{t_A} = \Delta T_{t_E} \cdot e^{(K_T \cdot L)}. \tag{11.159}$$

11.4.3 Zirkularität

Oft haben die Kühlkanäle (in der Schaufel) nicht Kreisform, sondern näherungsweise einen rechteckigen Querschnitt (Abb. 11.15) oder eine durch Rippen vergrößerte Oberfläche.

Um dennoch vereinfacht rechnen zu können, wird die ***Zirkularität*** ϕ_c (Kreisförmigkeit) eingeführt. Sie ist nach Definition das Verhältnis vom Umfang U_c eines Kreises ($U_c = \pi \cdot d_c$) gleichen Querschnitts zum wirklichen wärmeübertragenden Umfang U des Kühlkanals.

$$\phi_c =_{\text{def}} \frac{U_c}{U} \quad \text{mit } U_c = \pi \cdot d_c \quad \text{und } d_c =_{\text{def}} 2 \cdot \sqrt{\frac{A}{\pi}} \tag{11.160}$$

$$\phi_c = \frac{2 \cdot \sqrt{A \cdot \pi}}{U} \tag{11.161}$$

Die Tab. 11.7 gibt die Beziehungen für die Zirkularitäten von einigen ausgewählten Strömungskanälen an.

Abb. 11.15 Kühlkanal mit rechteckigem Querschnitt

Querschnittsfläche

$A = a \cdot b$

Kreisdurchmesser

$d_c = 2 \cdot \sqrt{\frac{a \cdot b}{\pi}}$

Kreisumfang

$U_c = 2 \cdot \sqrt{\pi \cdot a \cdot b}$

Rechteckumfang

$U = 2\ (a + b)$

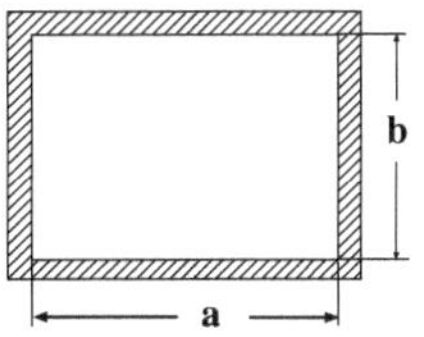

b

a

Zirkularität

$\Phi_c = \frac{\sqrt{\pi \cdot a \cdot b}}{a + b}$

hydraulischer Durchmesser

$d_h = d_c \cdot \Phi_c$

Mit Hilfe der Zirkularität ist es möglich, den Umfang eines Kanals direkt aus der Querschnittsfläche zu berechnen.

$$U = \frac{1}{\phi_c} \cdot \sqrt{4\pi \cdot A} \qquad (11.162)$$

Es besteht ein direkter Zusammenhang zwischen dem Kreisdurchmesser d_c und dem ***hydraulischen Durchmesser*** d_h, der für die Berechnung des Wärmeübergangskoeffizienten und des Kanalreibungsbeiwertes ξ_h benötigt wird.

$$d_h =_{\text{def}} \frac{4 \cdot A}{U} = \frac{\pi \cdot d_c^2}{U} = d_c \cdot \phi_c \quad \text{bzw. } \phi_c = \frac{d_h}{d_c} \qquad (11.163)$$

11.4.4 Grundfälle für den Wärmeübergang

Besonders oft auftretende Fälle beim Bestimmen des Wärmeübergangs sind die Strömung in einem Kanal (Rohr) mit dem hydraulischem Durchmesser d_h, der Fall der längs angeströmten ebenen Platte (Abb. 11.16) und der Fall einer Reihe quer angeströmter Zylinder (Abb. 11.17).

Tab. 11.7 Zirkularitäten und hydraulische Durchmesser von ausgewählten Strömungskanälen

Kreis	$\phi_{c_{\text{Kreis}}} = 1$	$d_{h_{\text{Kreis}}} = d$
Quadrat	$\phi_{c_{\text{Quadrat}}} = \frac{\sqrt{\pi}}{2}$	$d_{h_{\text{Quadrat}}} = a$
Rechteck	$\phi_{c_{\text{Rechteck}}} = \frac{\sqrt{\pi \cdot a \cdot b}}{a+b}$	$d_{h_{\text{Rechteck}}} = \frac{2a \cdot b}{a+b}$
‚n' parallel durchströmte Kreise	$\phi_{c_{\text{n par. Kr.}}} = \frac{1}{\sqrt{n}}$	$d_{h_{\text{n par. Kr.}}} = d$
Um den Fakt. f_r vergrößerter Kreisumfang	$\phi_{c_{f_r \cdot \text{Kr. U.}}} = \frac{1}{f_r}$	$d_{h_{f_r \cdot \text{Kr. U.}}} = \frac{d}{f_r}$
Ringkanal	$\phi_{c_{\text{RingKan.}}} = \sqrt{\frac{d_a - d_i}{d_a + d_i}}$	$d_{h_{\text{RingKan.}}} = d_a - d_i$

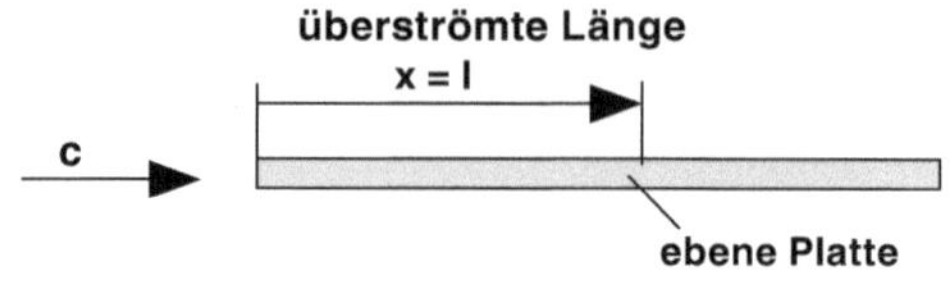

Abb. 11.16 Längs angeströmte ebene Platte

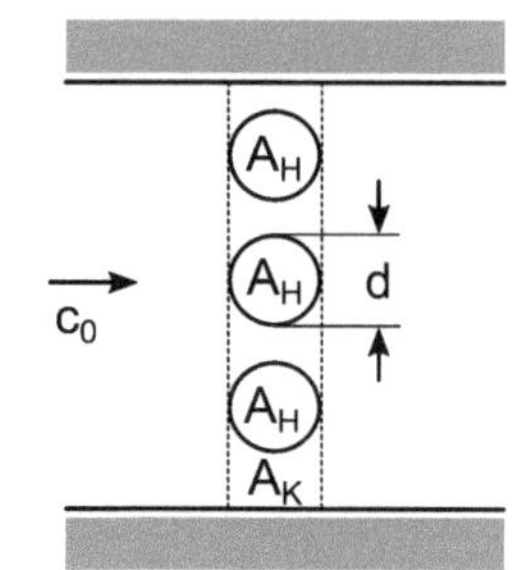

Abb. 11.17 Quer angeströmte Zylinder

Allgemein gelten für alle drei Fälle die Definitionsgleichungungen von ***Nusselt*** und ***Reynolds***:

$$Nu =_{\text{def}} \frac{\alpha \cdot l}{\lambda} \qquad Re =_{\text{def}} \frac{c \cdot l}{\nu}. \tag{11.164}$$

Die Größe l ist dabei eine charakteristische Länge. So ist $l = d_h$ der hydraulische Durchmesser bei einer Rohrströmung, $l = x$ die überströmte Länge bei einer Platte und $l = \pi \cdot D/2$ der halbe Umfang des Zylinders. Im Fall der angeströmten Zylinder muss die ungestörte Anströmgeschwindigkeit c_0 durch den Hohlraumanteil

$$\psi_{\text{Hohl}} = 1 - \frac{A_{\text{Hohlraum}}}{A_{\text{gesamt}}} \tag{11.165}$$

„korrigiert" werden

$$c = \frac{c_0}{\psi_{\text{Hohl}}}.$$

ν ist die kinematische Viskosität, der Quotient aus der dynamischen Viskosität μ und der Dichte ρ.

$$\nu = \frac{\mu}{\rho} \tag{11.166}$$

Für ein durchströmtes Rohr kann die Nusseltzahl mit der folgenden Beziehung ermittelt werden [13]:

$$Nu = \frac{\frac{\xi_h}{8} \cdot (Re - 1000) \cdot Pr}{1 + 12{,}7 \cdot \sqrt{\frac{\xi_h}{8}} \cdot (Pr^{2/3} - 1)} \cdot \left[1 + \left(\frac{d_h}{x}\right)^{2/3}\right]$$

$$\text{für den turbulenten Fall, gültig bei } 2300 < Re < 10^6. \tag{11.167}$$

x ist dabei die durchströmte Rohrlänge.

Die ***Prandtl-Zahl*** Pr ist nach Definition:

$$Pr =_{\text{def}} \frac{\mu \cdot c_p}{\lambda}. \tag{11.168}$$

Für den für die Berechnung benötigten Rohrreibungsbeiwert ξ_h gilt vereinfacht (vergl. Abschn. 2.2):

$$\xi_h = \frac{1}{(1{,}82 \cdot \log Re - 1{,}64)^2}.$$
$$\left(\text{z. B. } \Delta p \approx \xi_h \cdot \frac{l}{d} \cdot \rho \cdot \frac{c^2}{2} = 0{,}03 \cdot \frac{100}{0{,}03} \cdot 4 \cdot \frac{10^2}{2} = 20.000\,\text{Pa}\right) \tag{11.169}$$

Bei einer längs angestömten Platte und einer quer angeströmten Zylinderreihe gilt für die Nusseltzahl [4]:

$$Nu_{\text{lam}} = 0{,}664 \cdot \sqrt{Re} \cdot \sqrt[3]{Pr}$$
$$\text{für den laminaren Fall, gültig bei } Re < 10^5 \tag{11.170}$$

und

$$Nu_{\text{turb}} = \frac{0{,}037 \cdot Re^{0{,}8} \cdot Pr}{1 + 2{,}443/Re^{0{,}1} \cdot (Pr^{2/3} - 1)}$$
$$\text{für den turbulenten Fall, gültig bei } 5 \cdot 10^5 < Re < 10^7. \tag{11.171}$$

Kommt es beim Überströmen einer Platte zum Umschlagen von Laminarströmung zu Turbulentströmung, wird die Nusseltzahl wie folgt berechnet:

$$Nu = 0{,}3 + \sqrt{Nu_{\text{lam}}^2 + Nu_{\text{turb}}^2}. \tag{11.172}$$

Der gesuchte Wärmeübergangskoeffizient schließlich berechnet sich aus der Nusseltzahl.

$$\alpha = \frac{Nu \cdot \lambda}{l} \tag{11.173}$$

Es ist noch zu bemerken, dass bei der längs angeströmten Platte, aber auch bei der Kanalströmung α von der überströmten Länge x abhängt. α ist eigentlich ein Mittelwert $\overline{\alpha}$ für die gesamte Länge bis zur Stelle x und kein lokaler Wert an dieser Stelle. Den wahren lokalen Wert würde man durch Differentiation nach der Länge nach der folgenden Beziehung erhalten:

$$\alpha(x) \approx \overline{\alpha}(x) + x \cdot \frac{d\overline{\alpha}(x)}{dx}. \tag{11.174}$$

Meist ist allerdings der Unterschied zu vernachlässigen.

Der Sinn der Kühlung liegt darin, die maximale Schaufeltemperatur T_{Sch} unterhalb des zulässigen Wertes zu halten. Ist an einer Stelle des Kühlkanals der Wärmestrom bekannt, so kann T_{Sch} leicht berechnet werden (vergl. Abb. 11.11).

$$\frac{d\dot{Q}}{dx} = (k \cdot U) \cdot (T_{t_G} - T_{t_K}) = (k_{\mathrm{Sch}} \cdot U) \cdot (T_{t_G} - T_{\mathrm{Sch}})$$
$$T_{\mathrm{Sch}} = T_{t_G} - \frac{(k \cdot U)}{(k_{\mathrm{Sch}} \cdot U)} \cdot (T_{t_G} - T_{t_K}) = T_{t_G} - \frac{(k \cdot A)}{(k_{\mathrm{Sch}} \cdot A)} \cdot (T_{t_G} - T_{t_K}) \tag{11.175}$$

mit

$$(k_{\mathrm{Sch}} \cdot A) = \frac{O_G}{\frac{1}{\alpha_G} + \frac{s_{ce}}{\lambda_{ce}}}. \tag{11.176}$$

11.4.5 Abschätzen der Größe eines Wärmeaustauschers

Zur Abschätzung der Größe eines Wärmeaustauschers (z. B. eines Abhitzedampferzeugers, Abschn. 10.1) kann entweder die benötigte Wärmeaustauschfläche A oder das Volumen V herangezogen werden.

Die Fläche erhält man näherungsweise aus dem bekannten Wärmedurchgangswert $(k \cdot A)$ und einem mittleren Wärmedurchgangskoeffizienten $\bar{k}$: (Beispiel Rekuperator)

$$A \approx \frac{(k \cdot A)}{\bar{k}}.$$
$$\left(= \frac{600\,\mathrm{kW/K}}{30\,\mathrm{W/m^2\,K}} = 20.000\,\mathrm{m}^2; \quad (k \cdot A) = \frac{\dot{Q}}{\Delta T_{\log}} = \frac{18\,\mathrm{MW}}{30\,\mathrm{K}} = 600\,\mathrm{kW/K} \right) \tag{11.177}$$

Das Volumen erhält man ebenso einfach mit Hilfe der hydraul. Durchmesser d_{h_G} und d_{h_K}.

Strömt das Kühlmittel z. B. bei einem Rohrbündelwärmeaustauscher durch Rohre, so ist d_{h_K} gleich dem Rohrinnendurchmesser. Ansonsten muss der hydraulische Durchmesser abgeschätzt werden (Gl. 11.163).

$$d_{h_K} =_{\mathrm{def}} \frac{4A_K}{U_K} \quad (\text{geg. } 0{,}03\,\mathrm{m})$$
$$d_{h_G} =_{\mathrm{def}} \frac{4A_G}{U_G} \quad (\approx 0{,}12\,\mathrm{m}) \tag{11.178}$$

Es soll sogleich das Volumen V_K des Kühlmittels bestimmt werden.

Strömungsquerschnittsfläche A_K:

$$A_K = n_K \cdot \pi \cdot \frac{d_{h_K}^2}{4} = \frac{\dot{m}_K}{\rho_K \cdot c_K} \quad \left(= \frac{48\,\mathrm{kg/s}}{3{,}6\,\mathrm{kg/m^3} \cdot 10\,\mathrm{m/s}} = 1{,}333\,\mathrm{m}^2 \right) \tag{11.179}$$

Anzahl der Rohre n_K:

$$n_K = \frac{4A_K}{\pi \cdot d_{h_K}^2}. \quad (1886) \tag{11.180}$$

Wärmeübertragungsumfang U_K:

$$U_K = n_K \cdot \pi \cdot d_{h_K} = \frac{4A_K}{d_{h_K}}. \quad (178\,\text{m}) \tag{11.181}$$

Wärmeübertragungslänge L_K:

$$L_K = \frac{A}{U_K} = \frac{A \cdot d_{h_K}}{4A_K}. \quad (112{,}5\,\text{m}) \tag{11.182}$$

Volumen des Kühlmittels V_K:

$$V_K = A_K \cdot L_K = \frac{1}{4} \cdot A \cdot d_{h_K}. \quad (150\,\text{m}^3) \tag{11.183}$$

In gleicher Weise kann das Gasvolumen V_G bestimmt werden.

$$V_G = \frac{1}{4} \cdot A \cdot d_{h_G} \quad (\approx 600\,\text{m}^3) \tag{11.184}$$

(Strömt das Fluid nicht in Rohren sondern im Außenraum, so resultiert aus den letzten Beziehungen in Umkehrung eine allgemeinere Definition für die ***mittleren hydraulischen Durchmesser***:

$$\begin{aligned} \bar{d}_{h_K} &=_{\text{def}} \frac{4V_K}{A} \\ \bar{d}_{h_G} &=_{\text{def}} \frac{4V_G}{A}). \end{aligned} \tag{11.185}$$

Werden beim Gesamtvolumen V die „Metallteile“ (Wärmeübertragungswände und Außenwände) vernachlässigt, so erhält man die wirklich einfache Beziehung:

$$\begin{aligned} V &\approx V_K + V_G \quad (\approx 750\,\text{m}^3) \\ V &\approx \frac{1}{4} \cdot A \cdot (\bar{d}_{h_K} + \bar{d}_{h_G}). \end{aligned} \tag{11.186}$$

Selbstverständlich können die Volumenabschätzungen bei einem Abhitzedampferzeuger nur für die einzelnen Teile Vorwärmung, Verdampfung und Überhitzung der verschiedenen Druckstufen durchgeführt werden.

Auch die „mittleren Strömungslängen“ L_K und L_G eines Wärmeaustauschers können abgeschätzt werden, wenn „mittlere Geschwindigkeiten“ $\bar{c}_K$ und $\bar{c}_G$ vorgegeben werden und mit mittleren Dichten $\bar{\rho}_K$ und $\bar{\rho}_G$ gerechnet wird.

$$\dot{m}_K = \bar{\rho}_K \cdot \dot{V}_K = \bar{\rho}_K \cdot A_K \cdot \bar{c}_K \quad (\text{geg. } 18\,\text{kg/s})$$

$$L_K = \frac{V_K}{A_K} \left(= \frac{A \cdot \bar{d}_{h_K} \cdot \bar{\rho}_K \cdot \bar{c}_K}{4\dot{m}_K} \right) \quad (\text{s. o. } 112{,}5\,\text{m}) \tag{11.187}$$

$$L_G = \frac{V_G}{A_G} \left(= \frac{A \cdot \bar{d}_{h_G} \cdot \bar{\rho}_G \cdot \bar{c}_G}{4\dot{m}_G} \right) \quad (\text{s. o. } 112{,}5\,\text{m}) \tag{11.188}$$

11.5 Wärmestrahlung

Bei höheren Temperaturen ist neben der Wärmeübertragung durch Konvektion auch die Energieübertragung durch ***Wärmestrahlung*** der Gase zu berücksichtigen. Dabei sind praktisch nur die Gasanteile CO_2 und H_2O wirksam.

Bei der Temperaturstrahlung wird nach dem Kirchhoff'schen Gesetz mit der ***Strahlungskonstanten*** σ_S und den ***Emissions-*** und ***Absorptionskoeffizienten*** ϵ_{em} und ϵ_{abs} gerechnet [4].

Um die Berechnung der Strahlungswärme derjenigen der Konvektionswärme vergleichbar zu machen bzw. gemeinsam durchführen zu können, wird ein Wärmeübergangskoeffizient α_{Str} definiert, den man durch Gleichsetzen des übertragenen Energiestromes erhält.

$$\dot{Q}_{\text{Str}} = O_W \cdot \frac{\epsilon_W \cdot \sigma_S \cdot \left(\epsilon_{em} \cdot T_G^4 - \epsilon_{\text{abs}} \cdot T_W^4\right)}{1 - (1 - \epsilon_W) \cdot (1 - \epsilon_{\text{abs}})} \tag{11.189}$$

$$\dot{Q}_{\text{Str}} =_{\text{def}} O_W \cdot \alpha_{\text{Str}} \cdot (T_G - T_W) \tag{11.190}$$

$$\alpha_{\text{Str}} = \frac{\epsilon_W \cdot \sigma_{\text{Str}}}{1 - (1 - \epsilon_W) \cdot (1 - \epsilon_{\text{abs}})} \cdot \frac{\epsilon_{em} \cdot T_G^4 - \epsilon_{\text{abs}} \cdot T_W^4}{T_G - T_W} \tag{11.191}$$

O_W ist die Oberfläche und ϵ_W das ***Emissionsverhältnis*** der Wand.

Das Absorptionsvermögen des Gases ϵ_{abs} errechnet sich bei angenommener grauer Strahlung der Wand näherungsweise aus

$$\epsilon_{\text{abs}} = f_p \cdot \epsilon_{em} \cdot \left(\frac{T_G}{T_W}\right)^{n_{\text{Str}}} \tag{11.192}$$

mit dem Druckkorrekturfaktor f_p, der bei Gesamtdrücken mit $p \neq 1$ bar eingesetzt werden muss.

Zur Berechnung der Temperatur T_{W_G} an der gasseitigen heißen Wand bei Auftreten von Konvektion und Strahlung ist zu beachten, dass die Konvektion von der Differenz $T_{t_G} - T_{W_G}$ der Totaltemperatur einer Gasströmung und der Wandtemperatur, und die Strahlung von der Differenz $T_G - T_{W_G}$ der statischen Temperatur und der Wandtemperatur abhängen.

Der differentielle Wärmestrom ergibt sich zu

$$\frac{d\dot{Q}}{dx} = U_G \cdot \left[\alpha_G \cdot (T_{t_G} - T_{W_G}) + \alpha_{\text{Str}} \cdot (T_G - T_{W_G})\right] = (k_{W_G} \cdot U) \cdot (T_{W_G} - T_{T_K}) \tag{11.193}$$

mit dem Wärmedurchgangswert

$$\frac{1}{(k_{W_G} \cdot U)} = \frac{s_{ce}}{\lambda_{ce} \cdot U_G} + \frac{s_{\text{Sch}}}{\lambda_{\text{Sch}} \cdot U_{\text{Sch}}} + \frac{1}{\alpha_K \cdot U_K}, \tag{11.194}$$

der von der gasseitigen Wand bis zum Kühlmedium angesetzt wird.

Die gesuchte Wandtemperatur T_{W_G} und die Schaufeltemperatur T_{Sch} sind dann:

$$T_{W_G} = \frac{T_{t_K} + \frac{U_G}{(k_{W_G} \cdot U)} \cdot (\alpha_G \cdot T_{t_G} + \alpha_{\text{Str}} \cdot T_G)}{1 + \frac{U_G}{(k_{W_G} \cdot U)} \cdot (\alpha_G + \alpha_{\text{Str}})}$$

$$T_{\text{Sch}} = T_{W_G} - \frac{d\dot{Q}}{dx} \cdot \frac{\lambda_{ce}}{U_G \cdot s_{ce}} \tag{11.195}$$

Auch der Fall der ungekühlten Wandtemperatur mit Konvektion und Strahlung kann berechnet werden.

$$\frac{d\dot{Q}}{dx}_{\text{adiabat}} = U_G \cdot \left[\alpha_G \cdot (T_{t_G} - T_{W_G}) + \alpha_{\text{Str}} \cdot (T_G - T_{W_G})\right] = 0$$

$$T_{W_{\text{adiabat}}} = \frac{\alpha_G \cdot T_{t_G} + \alpha_{\text{Str}} \cdot T_G}{\alpha_G + \alpha_{\text{Str}}} \tag{11.196}$$

12 Schlussbetrachtung

In dem Buch Gasturbinen ist sehr viel Stoff angeboten worden, den man unmöglich vollständig im Kopf behalten kann (und soll)!

Das ist aber auch weder notwendig noch beabsichtigt. Dafür ist das Buch, gedruckt oder als ebook mit seinen vielen Formeln und Zahlen da, wo man nachschlagen und – hoffentlich in verständlicher Form – Zusammenhänge ergründen kann.

- Dieses war der letzte Streich und das Ende folgt sogleich! [frei nach Wilhelm Busch]

- Nein! Dieses war der vorletzte Streich und der Anhang folgt sogleich!

Und wie geht es weiter mit den Gasturbinen? Schwer zu sagen!

Schlagzeilen der letzten Zeit:

- „Erdgas, im Wärmemarkt Spitze, für Kraftwerke unrentabel" (VDI-Nachrichten, Februar 2014)

- „Gaskraftwerke werden zu Ladenhütern" (Handelsblatt, Februar 2014)

- „Der Irrsinn von Irsching könnte teuer werden" (Die Welt, März 2015)

- „Gaskraftwerke in Deutschland – ein Auslaufmodell" (FAU, Oktober 2015)

Sicher werden die Jahresvolllastzeiten wesentlich kürzer werden. Und die Gaskraftwerksbetreiber werden eine „Sicherheitskompensation" bekommen (müssen).

Eine mögliche Entwicklung könnten die „einfachen" Gasturbinen mit Rekuperatoren, auch für große und mittlere Leistungen, an Stelle der „hochgezüchteten" Anlagen mit hohen Temperaturen, Schaufelkühlung und Beschichtung und einem Dampfteil bieten.

W. Bitterlich, U. Lohmann, *Gasturbinenanlagen*,
https://doi.org/10.1007/978-3-658-15067-9_12

Im Anhang A werden ein paar einfache Berechnungsbeispiele gegeben.

Die Gesamtturbinenberechnung wird für eine adiabate Turbine durchgeführt und entspricht daher nicht der Realität.

Bei den konvektions- und filmgekühlten Turbinen-Leitschaufeln ist die Berechnung, die zur Not mit einem Taschenrechner ausgeführt werden kann, insofern vereinfacht, als die Stoffwerte, die Wärmeübergangskoeffizienten und auch einige thermodynamische Werte vorgegeben worden sind.

In den Anhängen B bis P werden ergänzend zu den Beschreibungen und den Berechnungsgleichungen des Hauptteils Zahlenbeispiele zur Berechnung gegeben.

Diese können nicht allgemein sondern nur für eine bestimmte, ausgewählte Anlage gemacht werden. Diese sollte zwar in etwa typisch und repräsentativ sein, so dass dies auch die angenommenen und berechneten Größen sind. Es bleibt jedoch eine einzelne Anlage, die die ganze Vielfalt und Variationsbreite der freien Parameter bei der Auslegung und dementsprechend der Ergebnisse nur unzureichend wiederspiegeln kann.

Für den Einlass und den Auslass werden mittlere Verlustwerte angenommen.

Diese hängen im realen Fall vom Aufstellungsort (Luftfilter, Schallschutz usw.) ab.

Daher der Unterschied zu den „offiziellen Firmendaten“, die aus Vergleichsgründen meist ohne Einlassverluste angegeben werden.

Es werden vornehmlich die Zahlen – meist in Tabellenform – gegeben, während die zeichnerische Darstellung nur in Ausnahmefällen gewählt wird.

In einem größeren Anhang [39, GTBerErg.pdf] der im Internet abgerufen werden kann, sind weitere Grundlagen (Gasdynamik, Betriebsverhalten Einlass bis Auslass), die vollständigen Rechenergebnisse zu den Gasturbinen B bis O und verfügbare Quellen ([25, 29, 30, 32, 34]) enthalten.

In das folgende Literaturverzeichnis werden in zeitlicher Reihenfolge nur Arbeiten (Bücher, Veröffentlicheungen, Vorträge und studentische Arbeiten) aufgenommen, die bei der Bearbeitung des Buches inhaltlich und/oder mehrfach mit Bildern benutzt werden.

Einmalig verwendete Bilder, Formeln und Zusammenhänge sowie Sekundärliteratur werden dagegen direkt an der jeweiligen Stelle angegeben.

Berechnungsbeispiele

A

Im Anhang A werden ein paar einfache Berechnungsbeispiele gegeben.

Die Gesamtturbinenberechnung wird für eine adiabate Turbine durchgeführt und entspricht daher nicht der Realität.

Bei den konvektions- und filmgekühlten Turbinen-Leitschaufeln ist die Berechnung insofern vereinfacht, als die Stoffwerte, die Wärmeübergangskoeffizienten und auch einige thermodynamische Werte vorgegeben sind.

A.1 Gesamtturbine

Als Beispiel soll vereinfacht eine adiabate vierstufige Turbine berechnet werden. Die Zahlen sind beabsichtigt gerundet angenommen worden.

Es wird mit einer konstanten spezifischen Wärmekapazität c_p für ein ideales Gas gerechnet. Die Umfangsgeschwindigkeiten u für die einzelnen Stufen werden linear ansteigend angenommen, ebenso die Meridiangeschwindigkeiten c_m, die gleich den Axialgeschwindigkeiten c_a gesetzt werden. Vereinfacht werden Totalwerte und statische Werte für Druck und Temperatur gleich angenommen.

Vorgewählte bzw. angenommene Werte:

Drehzahl	$n = 50\,\mathrm{s}^{-1}$
Massenstrom	$\dot{m} = 370\,\frac{\mathrm{kg}}{\mathrm{s}}$
Eintrittsdruck	$p_E = 1{,}6\,\mathrm{MPa}$
Eintrittstemperatur	$T_E = 1500\,\mathrm{K}$
Austrittsdruck	$p_A = 0{,}1\,\mathrm{MPa}$
Eintrittsgeschwindigkeit	$c_E = 150\,\mathrm{m/s}$
(meridiane) Austrittsgeschwindigkeit	$c_A = 250\,\mathrm{m/s}$
Umfangsgeschwindigkeit Eintritt 1. Laufrad	$u_{11} = 330\,\mathrm{m/s}$
Umfangsgeschwindigkeit Austritt 4. Laufrad	$u_{42} = 400\,\mathrm{m/s}$

W. Bitterlich, U. Lohmann, *Gasturbinenanlagen*,
https://doi.org/10.1007/978-3-658-15067-9_13

drallfreie Zuströmung	$c_{10} = 0\,\mathrm{m/s}$
keine Wärmeabfuhr	$q = 0$
Wirkungsgrad	$\eta = 0{,}86$
Kappa-Wert	$\frac{\kappa}{\kappa-1} = 4{,}3$
spezifische Gaskonstante	$R = \frac{c_p}{\frac{\kappa}{\kappa-1}} = 290{,}7\,\frac{\mathrm{J}}{\mathrm{kg\,K}}$
spezifische Wärmekapazität	$c_p = 1250\,\frac{\mathrm{J}}{\mathrm{kg\,K}}$.

Die Gesamtpolytrope ergibt näherungsweise die Austrittstemperatur.

$$\nu = \eta \qquad (q = 0)$$

$$T_A = T_E \cdot \left(\frac{p_A}{p_E}\right)^{\frac{\kappa-1}{\kappa}\cdot\nu} = 861{,}5\mathrm{K}$$

Spezifische Gesamtarbeit in etwa gleich Gesamtenthalpiedifferenz:

$$w_{t_{\mathrm{ges}}} \approx \Delta h_{EA} = c_p \cdot (T_A - T_E) \approx -800.000\,\frac{\mathrm{J}}{\mathrm{kg}}$$

Bei $z = 4$ Stufen erhält man pro Stufe bei gleicher Arbeitsverteilung auf alle Stufen:

$$w_t = \frac{w_{t_{\mathrm{ges}}}}{z} \approx -200.000\,\frac{\mathrm{J}}{\mathrm{kg}}.$$

Mit den in der Tab. A.1 (fett gedruckten) vorgewählten Werten können alle übrigen Werte mit Hilfe der in Kap. 3 angegebenen Beziehungen leicht berechnet werden.

Sie werden noch einmal kurz zusammengestellt und die wegen $c_p =$ konst. möglichen Vereinfachungen durchgeführt. Auf das Schreiben der Indices wird weitgehend verzichtet.

$$c_{u_1} = \frac{-w_t}{u_1}$$

$$T_1 = T_0 + \frac{c_{m_0}^2 - c_{m_1}^2 - c_{u_1}^2}{2 \cdot c_p}$$

$$T_2 = T_0 + \frac{w_t + c_{m_0}^2 - c_{m_2}^2}{2 \cdot c_p}$$

$$p = p_E \cdot (T/T_E)^{\frac{\kappa}{(\kappa-1)\cdot\nu}}$$

$$\rho = \frac{p}{R \cdot T}$$

$$d = \frac{u}{\pi \cdot n}$$

$$l = \frac{\dot{m}}{\rho \cdot c_m \cdot \pi \cdot d}$$

Tab. A.1 Daten der vereinfachten Berechnung der Turbine (ohne Gegendrall $c_{u_{i,2}} = 0$)

St.	Eb.	$c_{m_{j,i}}$	$u_{j,i}$	$c_{u_{j,i}}$	$T_{j,i}$	$p_{j,i}$	$d_{j,i}$	$l_{j,i}$	$u_{S_{j,i}}$	$\rho_{h_{N_i}}$	ν_{N_i}
i	j	$(\frac{m}{s})$	$(\frac{m}{s})$	$(\frac{m}{s})$	(K)	(MPa)	(m)	(m)	$(\frac{m}{s})$	(1)	(1)
1	0	**150,0**		**0**	**1500,00**	**1,6**	2,100	0,102			0,907
1	1	162,5	**330,0**	606,1	1351,49	0,9500	2,101	0,143		−0,05	
1	2	175,0	340,0	**0**	1336,75	0,8993	2,165	0,134	361,1		0,883
2	0	175,0		0	1336,75	0,8993	2,165	0,134			0,883
2	1	187,5	350,0	571,4	1204,34	0,5338	2,228	0,185		0,04	
2	2	200,0	360,0	**0**	1173,00	0,4679	2,292	0,187	389,4		0,849
3	0	200,0		0	1173,00	0,4679	2,292	0,187			0,849
3	1	212,5	370,0	540,5	1054,08	0,2742	2,355	0,263		0,09	
3	2	225,0	380,0	**0**	1008,75	0,2201	2,419	0,288	425,2		0,787
4	0	225,0		0	1008,75	0,2201	2,419	0,288			0,787
4	1	237,5	390,0	512,8	901,25	0,1253	2,483	0,418		0,06	
4	2	**250,0**	**400,0**	**0**	844,00	0,0902	2,546	0,503	478,9		0,670

$$\nu_N = \frac{d - l}{d + l}$$
$$\rho_h = \frac{h_2 - h_1}{h_2 - h_0} = \frac{T_2 - T_1}{T_2 - T_0}$$
$$u_S = (d + l) \cdot \pi \cdot n$$
$$u_N = (d - l) \cdot \pi \cdot n$$
$$c_{u_{1_N}} = \frac{-w_t}{u_{1_N}} = c_{u_1} \cdot \frac{u_1}{u_{1_N}}$$
$$T_{1_N} = T_0 + \frac{c_{m_0}^2 - c_{m_1}^2 - c_{u_{1_N}}^2}{2c_p}$$
$$\rho_{h_N} = \frac{T_2 - T_{1_N}}{T_2 - T_0}$$

Die niedrigere statische Temperatur $T_A = T_{2,4}$ verglichen mit der Vorausrechnung und der niedrigere Druck $p_A = p_{2,4}$ als der Vorgabewert ergeben sich aus der Vernachlässigung der kinetischen Energien. Bei einer genauen Rechnung müsste natürlich der Druck angepasst werden.

Interessant für die Kontrolle der Zulässigkeit der Werte sind die Umfangsgeschwindigkeiten u_{S_i} am Außenradius, die besonders in der letzten Stufe sehr hoch sind, und vor allem der Reaktionsgrad $\rho_{h_{N_i}}$ am Innenradius. Hier ist der sehr kleine, negative Wert der ersten Stufe gerade noch tragbar.

Höhere Reaktionsgrade erzielt man mit Gegendrall.

Tab. A.2 Weitere Daten der vereinfachten Berechnung der Turbine (ohne Gegendrall)

St.	Eb.	$\rho_{j,i}$	ρ_{h_i}	$u_{1_{N_i}}$	$c_{u_{1_{N_i}}}$	$T_{1_{N_i}}$
i	j	$\left(\frac{\text{kg}}{\text{m}^3}\right)$	(1)	$\left(\frac{\text{m}}{\text{s}}\right)$	$\left(\frac{\text{m}}{\text{s}}\right)$	(K)
1	0	3,669				
1	1	2,418	0,090	307,6	650,2	1329,3
1	2	2,314				
2	0	2,314				
2	1	1,525	0,191	320,9	623,2	1179,6
2	2	1,372				
3	0	1,372				
3	1	0,895	0,276	328,6	608,6	1022,8
3	2	0,751				
4	0	0,751				
4	1	0,478	0,347	324,4	616,5	854,4
4	2	0,368				

Bei den Beziehungen muss lediglich zusätzlich die Umfangskomponente $c_{u_{2_i}}$ berücksichtigt werden.

$$c_{u_1} = \frac{-w_t + u_2 \cdot c_{u_2}}{u_1}$$

$$T_1 = T_0 + \frac{c_{m_0}^2 + c_{u_0}^2 - c_{m_1}^2 - c_{u_1}^2}{2c_p}$$

$$T_2 = T_0 + \frac{w_t + c_{m_0}^2 + c_{u_0}^2 - c_{m_2}^2 - c_{u_2}^2}{2c_p}$$

$$c_{u_{2_N}} = c_{u_2} \cdot \frac{u_2}{u_{2_N}}$$

$$c_{u_{1_N}} = \frac{-w_t + u_{2_N} \cdot c_{u_{2_N}}}{u_{1_N}} = c_{u_1} \cdot \frac{u_1}{u_{1_N}}$$

$$T_{1_N} = T_0 + \frac{c_{m_0}^2 + c_{u_{0_N}}^2 - c_{m_1}^2 - c_{u_{1_N}}^2}{2c_p}$$

$$T_{2_N} = T_2 + \frac{c_{u_2}^2 - c_{u_{2_N}}^2}{2c_p}$$

$$\rho_{h_N} = \frac{T_2 - T_{1_N}}{T_{2_N} - T_{0_N}}$$

Die Tab. A.3 gibt die vorgegebenen und die berechneten Werte für eine Turbine mit Gegendrall mit den gleichen Gesamtwerten an.

Tab. A.3 Daten für die vereinfachte Berechnung einer Turbine mit Gegendrall

St. i	Eb. j	$c_{m_{j,i}}$ $\left(\frac{m}{s}\right)$	$u_{j,i}$ $\left(\frac{m}{s}\right)$	$c_{u_{j,i}}$ $\left(\frac{m}{s}\right)$	$T_{j,i}$ (K)	$p_{j,i}$ (MPa)	$d_{j,i}$ (m)	$l_{j,i}$ $\left(\frac{m}{s}\right)$	$u_{S_{j,i}}$ $\left(\frac{m}{s}\right)$	$\rho_{h_{N_i}}$ (1)	ν_{N_i} (1)
1	0	**150,0**		**0**	**1500,0**	**1,6**	2,1	0,102			0,907
1	1	162,5	**330,0**	503,0	1397,2	1,1219	2,101	0,125		0,30	
1	2	175,0	340,0	**−100,0**	1332,8	0,8861	2,165	0,136	361,4		0,882
2	0	175,0		−100,0	1332,8	0,8861	2,165	0,136			0,889
2	1	187,5	350,0	417,1	1265,4	0,6836	2,228	0,152		0,53	
2	2	200,0	360,0	**−150,0**	1164,1	0,4504	2,292	0,193	390,3		0,845
3	0	200,0		−150,0	1164,1	0,4504	2,292	0,193			0,856
3	1	212,5	370,0	386,5	1111,3	0,3571	2,355	0,213		0,59	
3	2	225,0	380,0	**−150,0**	999,9	0,2106	2,419	0,298	426,8		0,781
4	0	225,0		−150,0	999,9	0,2106	2,419	0,298			0,803
4	1	237,5	390,0	410,3	939,2	0,1540	2,483	0,354		0,45	
4	2	**250,0**	**400,0**	**−100,0**	840,2	0,0882	2,546	0,513	480,5		0,665

Tab. A.4 Weitere Daten der vereinfachten Berechnung der Turbine mit Gegendrall

St. i	Eb. j	$\rho_{j,i}$ $\left(\frac{kg}{m^3}\right)$	ρ_{h_i} (1)	$u_{N_{j,i}}$ $\left(\frac{m}{s}\right)$	$c_{u_{1_{N_i}}}$ $\left(\frac{m}{s}\right)$	$T_{1_{N_i}}$ (K)	$u_{2_{N_i}}$ $\left(\frac{m}{s}\right)$	$c_{u_{2_{N_i}}}$ $\left(\frac{m}{s}\right)$	$T_{2_{N_i}}$ (K)
1	0	3,669							
1	1	2,762	0,385	307,6	539,6	1382,0			
1	2	2,287					318,7	106,7	1332,2
2	0	2,287							
2	1	1,858	0,600	320,9	454,9	1252,2			
2	2	1,331					329,7	163,8	1162,4
3	0	1,331							
3	1	1,105	0,678	328,6	435,2	1095,3			
3	2	0,725					333,2	171,1	997,2
4	0	0,725							
4	1	0,564	0,620	324,4	493,3	909,2			
4	2	0,361					319,3	125,3	837,9

A.2 Konvektionskühlung eines Leitrades

Berechnet werden soll das Leitrad der dritten Stufe einer Gasturbine. Diese Stufe wird rein konvektiv gekühlt. Errechnet werden die Zustände der Kühlluft am Eintritt in das Leitrad, am Ende des Kühlkanals, nach dem Austritt aus der Schaufel und nach der Vermischung mit dem Heißgas. Die Rechnung wird normalerweise numerisch durchgeführt, kann jedoch vereinfacht auch ohne langwierige Iterationen erfolgen.

Eintrittszustände und weitere Vorgabedaten des Heißgases und der Kühlluft:

	0G	KLE	KLA	1'G	1'L	1G	
T	1191	468					K
p	4,55	4,85		2,87	2,87	2,87	bar
T_t	1212	471					K
c	225	80	80	569			$\frac{\text{m}}{\text{s}}$
$\dot{m}$	370	6	6	370	6	376	$\frac{\text{kg}}{\text{s}}$

Darüber hinaus werden Werte für geometrische Abmessungen der Schaufel gebraucht, sowie die Anzahl der Schaufeln der Stufe und der jeweilige Wärmeübergangskoeffizient.

Schaufelhöhe	$l_s = 0{,}37\,\text{m}$
Sehnenlänge	$s = 0{,}13\,\text{m}$
Oberflächenfaktor	$f_{Ob} = 1{,}35$
Schaufelzahl	$z = 37$
Wärmeübergangskoeff. kühlluftseitig	$\alpha_{KL} = 900\,\frac{\text{W}}{\text{m}^2\,\text{K}}$
Wärmeübergangskoeff. gasseitig	$\alpha_G = 1500\,\frac{\text{W}}{\text{m}^2\,\text{K}}$
Wärmeleitfähigkeit	$\lambda_W = 35\,\frac{\text{W}}{\text{m}\,\text{K}}$
Wanddicke	$s_W = 0{,}002\,\text{m}$
Rohrreibungsbeiwert	$\xi = 0{,}02$
Kühlkanallänge	$L_{KL} = 3 \cdot l_s$
	$\frac{\kappa_G}{\kappa_G - 1} = 4{,}3 \quad (\kappa_G \approx 1{,}3)$
spezifische Gaskonstante	$R_G = 290{,}7\,\frac{\text{J}}{\text{kg}\,\text{K}}$
spezifische Wärmekapazität	$c_{pG} = 1250\,\frac{\text{J}}{\text{kg}\,\text{K}}$
	$\frac{\kappa_{KL}}{\kappa_{KL} - 1} = 3{,}5 \quad (\kappa_{KL} \approx 1{,}4)$
spezifische Gaskonstante	$R_{KL} = 288\,\frac{\text{J}}{\text{kg}\,\text{K}}$
spezifische Wärmekapazität	$c_{pKL} = 1008\,\frac{\text{J}}{\text{kg}\,\text{K}}$
Polytropenverhältnis	$\nu_{\text{exp}} = 0{,}87$

Die Oberflächen ergeben sich gasseitig durch:

$$O_G = 2l_s \cdot s \cdot f_{Ob} \cdot z = 4{,}9\,\text{m}^2.$$

Kühlluftseitig erfolgt die Berechnung der Oberfläche mit Hilfe der Zirkularität Φ_c, indem man einen beliebigen Querschnitt auf eine Kreisfläche bezieht. Daraus lässt sich dann der hydraulische Durchmesser d_h errechnen. Nimmt man für den Kanal eine rechteckige Fläche mit $a = 2 \cdot b$ an, so ergeben sich für die Zirkularität, die Fläche und den Durchmesser:

$$\phi_c = \frac{\sqrt{\pi \cdot 2 \cdot b^2}}{3 \cdot b} \approx 0{,}84 \quad \phi_c =_{\text{def}} \frac{U_c}{U}$$
$$A_{KL} = \frac{\dot{m}_{KL}}{\rho_{KL} \cdot c_{\text{KLE}}} = 0{,}033\,\text{m}^2$$
$$d_c = 2 \cdot \sqrt{\frac{A_{KL}}{z \cdot \pi}} = 0{,}026\,\text{m},$$

den Umfang und die daraus resultierende kühlluftseitige Oberfläche:

$$U_{KL} = \frac{\pi \cdot d_c \cdot z}{\phi_c} = 3{,}89\,\text{m}$$
$$O_{KL} = U_{KL} \cdot 3 \cdot l_s = 4{,}32\,\text{m}^2$$

und den hydraulischen Durchmesser:

$$d_{hKL} = d_c \cdot \phi_c = 0{,}022\,\text{m}.$$

Mit den gegebenen Wärmeübergangskoeffizienten ergibt sich der Wärmedurchgang $(k \cdot O)_{G \to KL}$ durch die Schaufel. Die für den Wärmedurchgangskoeffizienten λ_W relevante Fläche A_W ergibt sich aus dem arithmetischen Mittel der Oberflächen.

$$(k \cdot A)_{G \to KL} = \frac{1}{\dfrac{1}{\alpha_{KL} \cdot O_{KL}} + \dfrac{s_W}{\lambda_W \cdot A_W} + \dfrac{1}{\alpha_G \cdot O_G}}$$
$$(k \cdot A)_{G \to KL} = 2460\,\frac{\text{W}}{\text{K}}$$

Aus dem Verhältnis der Wärmekapazitäten $\omega_{KL/G}$ und der Formel für den Temperaturabstand des Gleichstromwärmeaustauschers

$$\omega_{KL/G} = \frac{\dot{m}_{KL} \cdot c_{pKL}}{\dot{m}_G \cdot c_{pG}} = 0{,}013$$
$$(K \cdot L) = \frac{(k \cdot A)_{G \to KL}}{\dot{m}_{KL} \cdot c_{pKL}} \cdot \left(1 + \omega_{KL/G}\right) \approx 0{,}4$$
$$\Delta T_{t\text{KLA}} = \frac{\Delta T_{t\text{KLE}}}{e^{(K \cdot L)}} = (T_{t0G} - T_{tKLE})\, e^{(-K \cdot L)} = 496{,}7\,\text{K}$$

ergibt sich der übertragene Wärmestrom:

$$\Delta T_{log} = \frac{\Delta T_{0G-KLE} - \Delta T_{1'G-KLA}}{\ln \dfrac{\Delta T_{0G-KLE}}{\Delta T_{1'G-KLA}}}$$
$$\dot{Q}_{KL} = (k \cdot A)_{G \to KL} \cdot \Delta T_{log} = 1500\,\text{kW}$$

Dadurch erniedrigt sich die Gastemperatur und die Kühllufttemperatur erhöht sich.

$$\begin{aligned}
T_{t_{1'_G}} &= T_{t0G} - \frac{\dot{Q}_{KL}}{\dot{m}_{0_G} \cdot c_{p_G}} = 1208{,}7\,\mathrm{K} \\
T_{1'_G} &= T_{t1'G} - \frac{c^2_{1'_G}}{2 \cdot c_{p_G}} = 1188{,}5\,\mathrm{K} \\
T_{t_{KL_A}} &= T_{t_{1'_G}} - \Delta T_{t_{KL_A}} = 712{,}2\,\mathrm{K} \\
T_{KL_A} &= T_{t_{KL_A}} - \frac{c^2_{KL_A}}{2} = 708{,}8\,\mathrm{K}
\end{aligned}$$

Der Kühlluftdruck am Ende der Kühlkanäle sowie der Kühlluftdruck nach Austritt aus der Schaufel berechnet sich mit Hilfe der polytropen Zustandsänderung.

$$y = \Delta h - q - j$$

Da keine Arbeit in der Leitschaufel geleistet wird, ist $\Delta h = q$. Somit ist $y = -j$.

$$\begin{aligned}
j &= \xi \cdot \frac{L_{KL}}{d_h} \cdot \frac{c^2_{KL}}{2} = 3{,}23\,\frac{\mathrm{kJ}}{\mathrm{kg}} \\
\Delta h = q_{KL} &= \frac{\dot{Q}_{KL}}{\dot{m}_{KL}} = 250\,\frac{\mathrm{kJ}}{\mathrm{kg}} \\
\nu &= -\frac{q}{j} = -77{,}4 \\
p_{KLA} = p_{KL_E} &\cdot \left(\frac{T_{KL_A}}{T_{KL_E}}\right)^{\left(\frac{\kappa_{KL}}{(\kappa_{KL}-1)\cdot\nu}\right)} = 0{,}474\,\mathrm{MPa}
\end{aligned}$$

Tritt die Kühlluft an der Schaufelhinterkante aus, so entspannt sie sich auf den Druck des Heißgases.

$$T_{1'_L} = T_{KL_A} \cdot \left(\frac{p_{1'_L}}{p_{KL_A}}\right)^{\frac{\kappa_{KL}-1}{\kappa_{KL}}\cdot\nu_{\exp}} = 625\,\mathrm{K}$$

Nach der Expansion weist die Kühlluft eine höhere Geschwindigkeit auf. Mit der örtlichen Schallgeschwindigkeit wird überprüft, ob sich beim Austritt Machzahlen $Ma_{1'L} \geq 1$ ergeben.

$$\begin{aligned}
c_{1'_L} &= \sqrt{2 \cdot c_{p_{KL}} \cdot (T_{t_{KL_A}} - T_{1'_L})} = 419{,}28\,\frac{\mathrm{m}}{\mathrm{s}} \\
a_{1'_L} &= \sqrt{\kappa_{KL} \cdot R_{KL} \cdot T_{1'_L}} = 502\,\frac{\mathrm{m}}{\mathrm{s}} \\
Ma_{1'_L} &= \frac{c_{1'_L}}{a_{1'_L}} = 0{,}84
\end{aligned}$$

Nach dem Austritt der Kühlluft vermischt sie sich mit dem Gas, worauf sich gemittelte Werte für die Zustandsgrößen einstellen.

$$
\begin{aligned}
T_{t_{1_G}} &= \frac{\dot{m}_{KL} \cdot c_{p_{KL}} \cdot T_{t_{1'_L}} + \dot{m}_G \cdot c_{p_G} \cdot T_{t_{1'_G}}}{\dot{m}_{KL} \cdot c_{p_{KL}} + \dot{m}_G \cdot c_{p_G}} = 1202{,}3\,\mathrm{K} \\
c_{1_G} &= \frac{\dot{m}_{KL} \cdot c_{1'_L} + \dot{m}_G \cdot c_{1'_G}}{\dot{m}_{KL} + \dot{m}_G} = 566\,\frac{\mathrm{m}}{\mathrm{s}} \\
T_{1_G} &= T_{t_{1_G}} - \frac{c_{1_G}^2}{2 \cdot c_{p_G}} = 1074{,}14\,\mathrm{K} \\
a_{1_G} &= \sqrt{\kappa_G \cdot R_G \cdot T_{1_G}} = 637{,}12\,\frac{\mathrm{m}}{\mathrm{s}} \\
Ma_{1_G} &= \frac{c_{1_G}}{a_{1_G}} = 0{,}89
\end{aligned}
$$

Abschließend werden die Materialtemperaturen auf der gasseitigen Oberfläche berechnet. Dazu setzt man den, vom Gas auf die Kühlluft und den auf die Oberfläche übertragenen Wärmestrom gleich. Da es sich um eine Leitschaufel handelt und somit T_{t0G} und $T_{t1'G}$ annähernd gleich sind, wird die Materialtemperatur nur am Ende der Schaufel berechnet.

$$
\begin{aligned}
\dot{Q}_{G \to KL} &= \dot{Q}_{G \to W_G} \\
(k \cdot A) \cdot \Delta T_{\log} &= \alpha_G \cdot O_G \cdot \left(T_{t_G} - T_{W_G}\right)
\end{aligned}
$$

Auflösen nach T_{WG} ergibt:

$$
T_{W_{G_A}} = T_{t_{1'_G}} - \frac{(k \cdot A)_{G \to KL}}{\alpha_G \cdot O_G} \cdot \Delta T_{\log} = 993\,\mathrm{K} = 720\,^\circ\mathrm{C}
$$

Ergebnisse (vorgegebene Werte sind fett gedruckt):

	0_G	KL_E	KL_A	$1'_G$	$1'_L$	1_G	
T	**1191**	**468**	708,8	1188,5	625	1074,14	K
p	**0,455**	**0,485**	0,476	**0,287**	**0,287**	**0,287**	MPa
T_t	**1212**	**471**	712,2	1208,7	712,2	1202,3	K
c	**225**	**80**	**80**	**569**	419,3	566	$\frac{\mathrm{m}}{\mathrm{s}}$
a^*	696,2	436,4	537,1	695,5	501	637,1	$\frac{\mathrm{m}}{\mathrm{s}}$
Ma	0,32	0,18	0,15	0,82	0,84	0,89	
$\dot{m}$	**370**	**6**	**6**	**370**	**6**	**376**	$\frac{\mathrm{kg}}{\mathrm{s}}$

* Alle nicht explizit berechneten Werte wurden wie im Text mit $a_x = \sqrt{\kappa \cdot R \cdot T_x}$ berechnet.

A.3 Filmkühlung einer Leitschaufel

Aufgrund der höheren thermischen Belastung werden die ersten Stufen moderner Gasturbinen häufig mit einer Filmkühlung versehen. Hierbei tritt ein Teil der Kühlluft über Öffnungen auf der Schaufeloberflache aus.

Die komplexe Art der Berechnung der Kühlung kann nur sehr vereinfacht wiedergegeben werden. Zum besseren Verständnis des Beispiels sollte der Abschnitt Filmkühlung in Kap. 3 herangezogen werden.

vorgegebene Werte:

$$
\begin{aligned}
T_{t_{KL_E}} &= 665\,\mathrm{K}\\
T_{KL_E} &= 658{,}2\,\mathrm{K}\\
c_{KL_E} &= 120\,\frac{\mathrm{m}}{\mathrm{s}}\\
p_{KL_E} &= 1{,}413\,\mathrm{MPa}\\
\left(\frac{\kappa}{\kappa-1}\right)_{KL} &= 3{,}5\\
c_{p_{KL}} &= c_{p_F} = 1010\,\frac{\mathrm{J}}{\mathrm{kg\,K}}\\
R_{KL} &= 288\,\frac{\mathrm{J}}{\mathrm{kg\,K}}\\
\dot{m}_{KL} &= 19{,}4\,\frac{\mathrm{kg}}{\mathrm{s}}\\
T_{t_{0_G}} &= 1706\,\mathrm{K}\\
p_{0_G} &= 1{,}42\,\mathrm{MPa}\\
R_G &= 290\,\frac{\mathrm{J}}{\mathrm{kg\,K}}\\
\dot{m}_G &= 309\,\frac{\mathrm{kg}}{\mathrm{s}}\\
\alpha_{0_G} &= 2700\,\frac{\mathrm{W}}{\mathrm{m^2\,K}}\\
O_{0_G} &= O_{G_E} = 1{,}5\,\mathrm{m}^2\\
l_0 &= 0{,}096\,\mathrm{m}\\
T_{W_E} &= 866\,\mathrm{K}\\
z &= 33\\
s_{\mathrm{Sch}} &= 0{,}002\,\mathrm{m}\\
\lambda_{\mathrm{Sch}} &= 35\,\frac{\mathrm{W}}{\mathrm{m\,K}}\\
\alpha_{KL_A} &= 900\,\frac{\mathrm{W}}{\mathrm{m^2\,K}}
\end{aligned}
$$

$$O_{KL_A} = 1\,\text{m}^2$$
$$p_{1'_G} = 0{,}891\,\text{MPa}$$
$$\alpha_{1'_G} = 3100\,\frac{\text{W}}{\text{m}^2\,\text{K}}$$
$$O_{1'_G} = O_{G_A} = 1{,}7\,\text{m}^2$$

Annahmen:

$$\eta_{F_E} = 0{,}97\ (\text{Expansion})/0{,}88\ (\text{Kompression})$$
$$\dot{m}_{F_E} = \frac{1}{2}\dot{m}_{KL} = 9{,}7\,\frac{\text{kg}}{\text{s}}$$
$$n_{\exp} = 30$$

Für die Berechnung des Eintrittszustandes des Kühlfilms in den Gasraum werden

$$T_{t_{F_E}} = T_{t_{KL_E}}$$
$$p_{F_E} \approx p_{0_G}$$

gesetzt. Da $p_{F_E} > p_{KL_E}$ ist, wird die Kühlluft beim Eintritt in den Gasraum komprimiert.

$$T_{F_E} = T_{KL_E} \cdot \left(\frac{p_{F_E}}{p_{KL_E}}\right)^{\frac{\kappa-1}{\kappa}\cdot\eta_{F_E}} = 659\,\text{K}$$
$$c_{F_E} = \sqrt{2 \cdot c_{p_{KL}} \cdot \left(T_{t_{F_E}} - T_{F_E}\right)} = 110\,\frac{\text{m}}{\text{s}}$$
$$v_{F_E} = \frac{R_{KL} \cdot T_{F_E}}{p_{F_E}} = 1{,}336\,\frac{\text{m}^3}{\text{kg}}$$
$$y_{F_E} = \frac{\dot{m} \cdot v_{F_E}}{2 \cdot c_{F_E} \cdot l_{F_E} \cdot z} = 1{,}859 \cdot 10^{-3}\,\text{m} \approx 1{,}9\,\text{mm}$$

Auf der Schaufeloberfläche erwärmt sich der Film. Die für den Wärmestrom relevanten Größen ergeben sich aus:

$$\alpha_{F_{G_E}} \approx 1{,}7 \cdot \alpha_{0_G} \approx 4600\,\frac{\text{W}}{\text{m}^2\,\text{K}}$$
$$\alpha_{F_{W_E}} = \frac{1}{\frac{1}{\alpha_{0_G}} - \frac{1}{\alpha_{F_{G_E}}}} \approx 6500\,\frac{\text{W}}{\text{m}^2\,\text{K}}$$
$$\alpha_{F_{G_A}} \approx 1{,}7 \cdot \alpha_{1'_G} \approx 5300\,\frac{\text{W}}{\text{m}^2\,\text{K}}$$
$$\alpha_{F_{W_A}} = \frac{1}{\frac{1}{\alpha_{1'_G}} - \frac{1}{\alpha_{F_{G_A}}}} \approx 4700\,\frac{\text{W}}{\text{m}^2\,\text{K}}$$

$$A_{\text{Sch}} = \frac{1}{2} \cdot \left(O_{1'_G} + O_{KL_A}\right) = 1{,}35\,\text{m}^2$$

$$(k_{FW} \cdot A)_A = \frac{1}{\frac{1}{\alpha_{FW_A} \cdot O_{G_A}} + \frac{s_{\text{Sch}}}{\lambda_{\text{Sch}} \cdot A_{\text{Sch}}} + \frac{1}{\alpha_{KL_A} \cdot O_{KL_A}}} = 782\,\frac{\text{W}}{\text{K}}$$

$$A_F = \frac{1}{2}\left[\frac{\alpha_{FG_E} \cdot T_{tG_E} + \alpha_{FW_E} \cdot T_{W_E}}{\alpha_{FG_E} + \alpha_{FW_E}} + \frac{(\alpha_{FG_A} \cdot O_{G_A}) \cdot T_{tG_A} + (k_{FW} \cdot A)_A \cdot T_{tKL_A}}{(\alpha_{FG_A} \cdot O_{G_A}) + (k_{FW} \cdot A)_A}\right]$$

$$A_F = \frac{1}{2} \cdot [1214 + 1457] = 1336\,\text{K}$$

$$(B_F \cdot L) = \frac{1}{2}\left[\frac{(\alpha_{FG_E} + \alpha_{FW_E}) \cdot O_{G_E}}{\dot{m}_F \cdot c_{p_F}} + \frac{(\alpha_{FG_A} \cdot O_{G_A}) + (k_{FW} \cdot A)_A}{\dot{m}_F \cdot c_{p_F}}\right]$$

$$(B_F \cdot L) = \frac{1}{2} \cdot [1{,}699 + 0{,}999] = 1{,}349$$

$$T_{tF_A} \approx A_F - (A_F - T_{tF_E}) \cdot e^{-(B_F \cdot L)} = 1161{,}9\,\text{K}$$

Die Wandtemperatur T_{W_A} ergibt sich aus dem übertragenen Wärmestrom.

$$\dot{Q}_{FW_A} = (k_{FW} \cdot A)_A \cdot \left(T_{tF_A} - T_{tKL_A}\right) = \alpha_{FW_A} \cdot O_{1'_G} \cdot (T_{tF_A} - T_{W_A})$$

$$T_{W_A} = T_{tF_A} - \frac{(k_{FW} \cdot A)_A \cdot (T_{tF_A} - T_{tKL_A})}{\alpha_{FW_A} \cdot O_{1'_G}} = 1125{,}7\,\text{K} = 853\,^\circ\text{C}$$

Die Abströmgeschwindigkeit des Films ergibt sich mit Hilfe der Geschwindigkeitsverteilungsfunktion aus der Kühlfilmdicke:

$$\dot{V}_{F_A} = \dot{m}_{F_A} \cdot v_{F_A} = \dot{m}_{F_A} \cdot \frac{R_{KL} \cdot T_{F_A}}{p_{F_A}} = 3{,}6\,\frac{\text{m}^3}{\text{s}}$$

$$p_{F_A} = p_{1'_G}$$

$$T_{F_A} \approx T_{tF_A}$$

$$\dot{V}_{1'_G} = \dot{m}_{1'_G} \cdot v_{1'_G} = \dot{m}_{1'_G} \cdot \frac{R_G \cdot T_{1'_G}}{p_{1'_G}} = 152\,\frac{\text{m}}{\text{s}}$$

$$\dot{m}_{1'_G} = \dot{m}_{0_G}$$

$$y_F^* = 0{,}045$$

$$c_F^* = 0{,}556$$

$$c_{F_A} = c_F^* \cdot c_{1'_G} = 370\,\frac{\text{m}}{\text{s}}.$$

Ergebnisse der Auslegungsrechnung: Großkraftwerks-Gasturbinen Anlage

B

B.1 Hauptauslegungsdaten

Es wird eine einwellige Anlage (vergl. Abb. 1.7) mit einer elektrischen Nennleistung von $P_{el} = 400\,\text{MW}$ gewählt.

Die folgende Tab. B.1 stellt die Hauptauslegungsdaten zusammen.

Da die Berechnung der elektrischen Abgabeleistung praktisch den „letzten" Schritt der Gesamtberechnung darstellt, wird der Verdichtereintrittsmassenstrom $\dot{m}_{V_E}$ vorgegeben, der bei der Berechnung derart variiert werden muss, bis die gewünschte Leistung erreicht ist. (Hier absichtlich auf genau 400 MW eingestellt!)

Ebenso ist der Verdichter-Austrittsdruck (und damit das Verdichterdruckverhältnis) durch die gewünschte Anlagen-Austrittstemperatur $T_{t_{A_A}}$ „festgelegt".

Tab. B.1 Hauptauslegungsdaten der großen Kraftwerks-Gasturbine

```
***************************************************
'28.10.2015: GKWGT.INP fu"r TLORGTDP.FOR (Luft Einlass Verlust, k.D.T.)'
'Gros"e Kraftwerksgasturbine GKWGT (400 MW / 600 MW GUD 60,75 %)'
' 650,900 kg/s ','= EMPVE  Luftmassenstrom am Verdichter Eintritt  '
'  3000 min-1  ','= RN  Drehzahl                                    '
' 20,00000 bar ','= PVA  Verdichter Austritts Druck                 '
' 1530,00C     ','= TTBKA  Brennkammer Austritts Temperatur         '
' 99,8 %       ','= ETAMGT  mechanischer Wirkungsgrad der Gasturbine  '
' 98,24 %      ','= ETAGGT  Generator Wirkungsgrad der Gasturbine     '
  1       ,'= IDISS  Dissoziationsparameter: (0) (1) (10) (11) (20) (21)'
  1       ,'= IRREAL  Reales Gas Parameter: 0: ideal. Gas ; 1: real. Gas'
 10   ,'=IWR  Fall Unterscheidungs Parameter; (IWR < 0: Betriebspunkt)'
***************************************************
```

Wie man an den Eingabewerten sehen kann, werden die Luft und die Verbrennungsgase als reale Gase berechnet.

W. Bitterlich, U. Lohmann, *Gasturbinenanlagen*,
https://doi.org/10.1007/978-3-658-15067-9_14

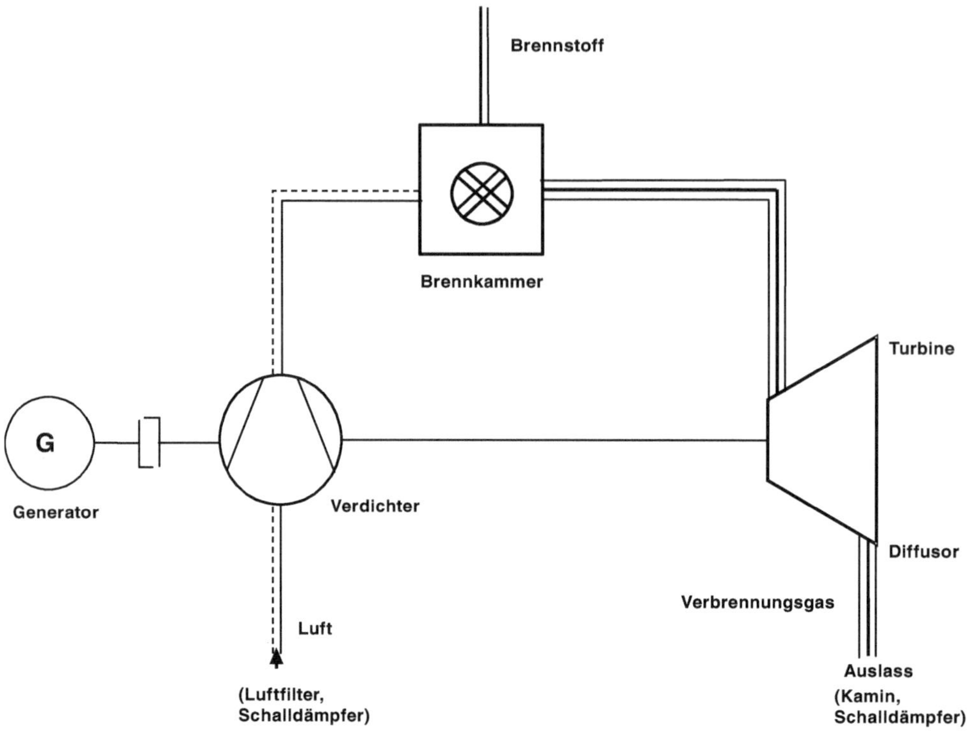

Abb. B.1 Schaltplan der Gasturbinenanlage

Dies hat wenig Einfluss auf die Energien, wohl aber etwas auf die geometrischen Ergebnisse.

Daher ist die „reale" Berechnung normalerweise nicht angebracht, weil die Rechenzeit natürlich größer ist.

B.2 Komponenten der Anlage

Für die Berechnung der einzelnen Komponenten der Anlage, die entsprechend der Durchströmung berechnet werden müssen, gelten weitere Auslegungsdaten, die zusammen mit den berechneten Werten in den nachfolgenden Abschnitten und Tabellen angegeben werden. Falls Startwerte für die oft iterative Berechnung erforderlich sind, werden diese gesondert gekennzeichnet.

Oft werden die Zahlenwerte gerundet angegeben, während beim numerischen Rechenprogramm stets mit der vollen Stellenzahl gerechnet wurde. Dadurch können zuweilen kleine Abweichungen beim eigenen Nachrechnen von Zahlenwerten auftreten.

B.2.1 Einlass

Bei Auslegungsrechnungen wird meistens die ISO-Bezugsathmosphäre angenommen.

Die Auslegungswerte und die berechneten Ergebnisse werden in der Tab. B.2 angegeben.

Tab. B.2 Einlass der Großen Kraftwerks-Gasturbine

```
'  Umgebungsluft'
'  1 atm       ','= PU  Luft Druck                                  '
'   15°C       ','= TU  Luft Temperatur                             '
'   60 %       ','= FI  relative Luft Feuchtigkeit                  '
'   90 %       ','= ETAE  Einlass Wirkungsgrad                      '
156.      ,'=CVE (m/s)  Geschwindigkeit am Verdichter Eintritt'

 Luft Zusammensetzung
   77.304 % PSIN2
   20.734 % PSIO2
    0.033 % PSICO2
    0.919 % PSIAR
    1.010 % PSIH2O
   28.854 = ML  (kg/kmol) molare Masse
  288.162 = RL  (J/(kg K)) spezifische Gaskonstante

  872.095 = mpVE  (kg/s) Massenstrom am Eintritt

  i  T(i)     tC      p(i)     h(i)  s(i)   Tt(i)     pt(i)     ht(i)  c(i) mp(i)   v(i) Ma(i)
  U  288.1   15.0   101325   -10111 7344   288.15    101325    -10111    0  872.1 0.819 0.000
 VE  276.1    2.9    85888   -22279 7348   288.15     99674    -10111  156  872.1 0.926 0.456
```

B.2.2 Verdichter

Die Hauptauslegungsdaten des Verdichters sind in der Tab. B.3 zusammengefasst.

Tab. B.3 Hauptauslegungsdaten für den Verdichter der Großen Kraftwerks-Gasturbine

```
156.      ,'=CVE (m/s)  Geschwindigkeit am Verdichter Eintritt'
145.      ,'=CVA (m/s)  Geschwindigkeit am Verdichter Austritt'
-15       ,'=IZ  Anzahl der Verdichterstufen (IZ < 0: Nachberechnung)'
' 94,000 %     ','= ETATV tot.Verd.Wirkungsgrd.(Startwert)'
  18.  ,'=CU1(1) (m/s) Umfangsgeschwindigkeitskomp. nach dem Vorleitrad'
' u1(I) psiSt(I) cu3(I) qLE  25 ber. Daten fu"r die Verdichter Stufen'
 305.0  ,  0.627413  ,   7.4  ,   0.  ,   1
 308.5  ,  0.628417  ,   9.0  ,   0.  ,   2
 310.2  ,  0.629421  ,  11.0  ,   0.  ,   3
 312.0  ,  0.630425  ,  16.0  ,   0.  ,   4
 315.2  ,  0.631429  ,  30.0  ,   0.  ,   5
 318.2  ,  0.632433  ,  44.0  ,   0.  ,   6
 320.5  ,  0.633439  ,  56.5  ,   0.  ,   7
```

```
322.3  ,  0.634443  ,  60.0  ,  0.  ,   8
320.0  ,  0.635447  ,  60.0  ,  0.  ,   9
317.5  ,  0.636450  ,  56.0  ,  0.  ,  10
312.5  ,  0.637453  ,  51.0  ,  0.  ,  11
306.2  ,  0.638458  ,  43.0  ,  0.  ,  12
296.0  ,  0.639463  ,  16.0  ,  0.  ,  13
270.0  ,  0.640467  ,  10.0  ,  0.  ,  14
260.0  ,  0.640467  ,   8.0  ,  0.  ,  15
```

Dieser Verdichter ist mit einem verstellbaren Vorleitrad ausgeführt.

Selbstverständlich sind die Verhältnisse bei verstellbaren Leitschaufeln der ersten Stufen ohne Vorleitrad etwas anders.

Zunächst müssen die Zustandsänderungen im Vorleitrad berechnet werden.

Die Ergebnisse für das Vorleitrad sind in der Tab. B.4 aufgeführt. Die Geometriedaten am Eintritt in das Vorleitrad können ebenfalls berechnet werden.

Die einzelnen Stufen werden mit den Vorgabewerten $u_1(i.$ Stufe), $\psi(i.$ Stufe) und $c_{u_3}(i.$ Stufe) (Tab. B.3) berechnet. Da der berechnete Enddruck nicht exakt mit dem Vorgabedruck übereinstimmt, werden die Schaufelarbeitskenngrößen ψ_i leicht verändert.

Tab. B.4 Berechnete Daten für das Vorleitrad

Zeichen	Wert	Bedeutung
d_{V_E} ($\approx d_1(1.$ St.)	$= 1{,}936$ m	Mittlerer Durchmesser am Eintritt in den Verdichter
l_{V_E}	$= 851$ mm	Schaufelhöhe am Eintritt in den Verdichter
$d_{N_{V_E}}$	$= 1{,}085$ m	Nabendurchmesser am Eintritt in den Verdichter
$d_{S_{V_E}}$	$= 2{,}787$ m	Schaufelspitzendurchmesser am Eintritt in den Verdichter
$\nu_{N_{V_E}}$	$= 0{,}389$	Nabenverhältnis am Eintritt in den Verdichter
$c_1(1.$ St.)	$= 156{,}0\ \frac{\text{m}}{\text{s}}$	Eintrittsgeschwindigkeit in das 1. Laufrad
Δh_{VLe}	$= -162\ \frac{\text{J}}{\text{kg}}$	Enthalpiedifferenz im Vorleitrad
$h_{t_1}(1.$ St.)	$= -10.111\ \frac{\text{J}}{\text{kg}}$	Totalenthalpie am Eintritt 1. Stufe
$h_1(1.$ St.)	$= -22.441\ \frac{\text{J}}{\text{kg}}$	Enthalpie am Eintritt 1. Stufe
$p_1(1.$ St.)	$= 85.270$ Pa	Druck am Eintritt in die 1. Stufe
$T_1(1.$ St.)	$= 275{,}9$ K	Temperatur am Eintritt in die 1. Stufe
$v_1(1.$ St.)	$= 1{,}082\ \frac{\text{m}^3}{\text{kg}}$	Spez. Volumen am Eintritt in die 1. Stufe
$d_1(1.$ St.)	$= 1{,}942$ m	Mittlerer Durchmesser am Eintritt in die 1. Stufe
$l_1(1.$ St.)	$= 854$ mm	Schaufelhöhe am Eintritt in die 1. Stufe
$d_{N_1}(1.$ St.)	$= 1{,}088$ m	Nabendurchmesser am Eintritt in die 1. Stufe
$d_{S_1}(1.$ St.)	$= 2{,}796$ m	Schaufelspitzendurchmesser am Eintritt in die 1. Stufe
$\nu_{N_1}(1.$ St.)	$= 0{,}474$	Nabenverhältnis am Eintritt in die 1. Stufe

An bestimmten Stellen des Verdichters werden nach den Leiträdern die Kühlluftmassenströme für die Kühlung der Turbinenleiträder und nach den Laufrädern des Verdichters für die Turbinenlaufräder abgenommen. Die Schwierigkeit besteht darin, dass zu Beginn der Berechnung weder die Stellen noch die Mengen der Kühlluft bekannt sind, da sie sich nach den Drücken und den Temperaturen in der Turbine richten. Sie müssen daher bei der ersten Verdichterrechnung als Startwerte vorgegeben werden (Tab. B.5).

Tab. B.5 Startwerte für den Verdichter der großen Kraftwerksgasturbine

```
I EMP1/0L     P1/0L  T1/0L W1L/C0L HT1RL/HT0L IP1L/0L
4  4.003     204773 358.6 260.7      46687        3
4  6.769     278972 394.0 166.9     110940        4
3 13.890     428181 447.7 253.8     133061        6
3 19.189     694883 517.4 182.5     240295        8
2 31.185     955952 568.2 230.0     253528       10
2 45.335    1209055 608.8 174.0     334659       11
1 50.087    1552180 654.6 212.6     350874       13
1 50.738    2000000 704.9 141.0     432524       16

 1.178284 = p0L(2) (Pa)  Druck an der 4. Verdichter Entnahme (Leitrad)
   590092 = p0L(3) (Pa)  Druck an der 3. Verdichter Entnahme (Leitrad)
   266048 = p0L(5) (Pa)  Druck an der 1. Verdichter Entnahme (Leitrad)
 1.414048 = p1L(1) (Pa)  Druck an der 5. Verdichter Entnahme (Laufrad)
   821986 = p1L(2) (Pa)  Druck an der 4. Verdichter Entnahme (Laufrad)
   425397 = p1L(3) (Pa)  Druck an der 3. Verdichter Entnahme (Laufrad)
   181397 = p1L(4) (Pa)  Druck an der 2. Verdichter Entnahme (Laufrad)
```

Und die Kühlluftfaktoren.

```
0,07795 = FACCA0(1)=mP0L(1)/mPBKE  Ku"hlluftfaktor 1. Stufe
0,07695 = FACCA1(1)=mP1L(1)/mPBKE  Ku"hlluftfaktor 1. Stufe
0,06965 = FACCA0(2)=mP0L(2)/mPBKE  Ku"hlluftfaktor 2. Stufe
0,04791 = FACCA1(2)=mP1L(2)/mPBKE  Ku"hlluftfaktor 2. Stufe
0,02948 = FACCA0(3)=mP0L(3)/mPBKE  Ku"hlluftfaktor 3. Stufe
0,02134 = FACCA1(3)=mP1L(3)/mPBKE  Ku"hlluftfaktor 3. Stufe
0,01040 = FACCA0(4)=mP0L(4)/mPBKE  Ku"hlluftfaktor 4. Stufe
0,00615 = FACCA1(4)=mP1L(4)/mPBKE  Ku"hlluftfaktor 4. Stufe
```

Die notwendigen Drücke der Kühlluft bei der Verdichter Entnahme sind etwas größer als die Drücke in der Turbine (Faktor $\frac{p_{KL_{V_{Le}}}}{p_{KL_{T_{Le}}}} \geq 0{,}9$ für Leiträder und $\frac{p_{KL_{V_{La}}}}{p_{KL_{T_{La}}}} \geq 0{,}8$ für Laufräder).

Die Leitradkühlluft für die Turbine werden nach den Leiträdern des Verdichters, die Laufradkühlluft nach den Laufrädern entnommen, wobei die Stufe danach ausgewählt wird, dass der Druck mindestens den Sollwert erreicht.

Die Massenströme der Kühlluft sind durch Kühlluftfaktoren FACCA0 bzw. FACCA1 auf den Massenstrom $\dot{m}_{BK_E}$ der Luft am Brennkammereintritt bezogen.

Die Ergebnisse der Verdichter-Berechnung (Gl. 3.63 ff. aus Teil I) zeigt die Tab. B.6. Die erste Spalte (i) gibt die Stufe an und die zweite Spalte (e) die Ebenen 1, 2 oder 3 innerhalb der Stufe. 0 in der ersten Zeile ist der Eintrittszustand in das Vorleitrad.

Bei der doppelten Ebenen-Nennung 1 1 und 2 2 sind sinngemäß entsprechend der Durchströmung die Geschwindigkeiten und Totalzustände im Absolut- bzw. Relativsystem angegeben.

Tab. B.6 Ergebnisse für den Verdichter der Großen Kraftwerks-Gasturbine

St	pl	p	T	c/w	ca	cu/wu	u	h	ht/htrel	mp	s	Tt	pt
0	0	85888	276.1	156.0	156.0	0.0		-22279	-10111	872.1	7348	288.1	99674
1	1	85270	275.9	157.0	156.0	18.0		-22441	-10111	872.1	7350	288.1	99157
1	1	85270	275.9	326.7	156.0	-287.0	305.0	-22441	-15601	872.1	7350	282.7	92784
1	2	111434	298.7	248.7	157.3	-192.6	306.8	527	-15601	872.1	7352	282.7	91988
1	2	111434	298.7	194.3	157.3	114.1		527	19408	872.1	7352	317.4	137762
1	3	119008	304.9	158.7	158.6	7.4		6810	19408	872.1	7354	317.4	136902
2	1	119008	304.9	340.3	158.6	-301.1	308.5	6810	17125	872.1	7354	315.1	133526
2	2	153988	329.1	259.6	159.6	-204.8	309.4	31269	17125	872.1	7357	315.1	132279
2	2	153988	329.1	190.8	159.6	104.6		31269	49478	872.1	7357	347.2	185543
2	3	161669	334.3	161.0	160.7	9.0		36525	49478	872.1	7359	347.2	184406

14	1	1626277	663.6	294.3	148.6	-254.0	270.0	378046	384890	701.6	7400	670.0	1684879
14	2	1772437	680.2	219.6	146.3	-163.8	265.0	395885	384890	701.6	7402	670.0	1675628
14	2	1772437	680.2	177.8	146.3	101.2		395885	411700	701.6	7402	694.8	1918726
14	3	1814698	685.2	144.3	144.0	10.0		401285	411700	701.6	7403	694.8	1911627
15	1	1814698	685.2	288.5	144.0	-250.0	260.0	401285	409100	701.6	7403	692.4	1887085
15	2	1963735	700.8	216.5	142.4	-163.1	255.0	418172	409100	701.6	7404	692.4	1877518
15	2	1963735	700.8	169.4	142.4	91.9		418172	432524	701.6	7404	714.0	2105935
15	3	1999999	704.9	141.0	140.7	8.0		422589	432524	701.6	7405	714.0	2098879
15	3	2000000	704.9	141.0	140.7	8.0		422589	432524	650.9	7405	714.0	2098879

Neben der Angabe aller thermodynamischer, strömungsmechanischer und geometrischer Größen sind vor allem die Machzahlen am Eintritt in die Schaufelreihen, die Belastungskriterien Verzögerungsverhältnis, Belastungszahl und Diffusionszahl für die Leit- und Laufrad sowie die Nabenverhältnisse von Interesse. Bei den letzteren wird deutlich die Entwicklung von den kleinen Größen (untere Grenze) am Anfang zu den großen Größen (obere Grenze) am Ende des Verdichters.

St	pl	di	d	da	di/da	l	alfa/beta	PSt/n	zeta(La/Le)	wt
0	0	1.085	1.936	2.787	0.389	0.851	90.0		0.035	
1	1	1.088	1.942	2.796	0.389	0.854	83.4			
1	1	1.088	1.942	2.796	0.389	0.854	28.5		0.017	
1	2	1.255	1.953	2.651	0.474	0.698	39.2	25744171	0.031	29520.
1	2	1.255	1.953	2.651	0.474	0.698	54.0		0.035	
1	3	1.306	1.942	2.622	0.498	0.854	83.4	3000		
2	1	1.306	1.964	2.622	0.498	0.658	27.8		0.019	

```
 2 2 1.426 1.969 2.513  0.567  0.544  37.9     26224332 0.029  30070.
 2 2 1.426 1.969 2.513  0.567  0.544  56.8              0.038
 2 3 1.454 1.964 2.496  0.582  0.658  87.3       3000
 3 1 1.454 1.975 2.496  0.582  0.521  28.1              0.020
 3 2 1.544 1.981 2.417  0.639  0.437  38.4     26564247 0.029  30460.
 3 2 1.546 1.981 2.415  0.640  0.435  56.6              0.039
 3 3 1.569 1.975 2.403  0.653  0.521  86.8       3000
-----------------------------
-----------------------------
12 1 1.842 1.949 2.057  0.896  0.107  33.1              0.032
12 2 1.813 1.917 2.021  0.897  0.104  46.6     21757289 0.032  28943.
12 2 1.813 1.917 2.021  0.897  0.104  47.6              0.046
12 3 1.780 1.949 1.989  0.895  0.107  73.0       3000
13 1 1.780 1.884 1.989  0.895  0.105  31.9              0.033
13 2 1.696 1.802 1.907  0.889  0.106  46.0     19250377 0.031  25608.
13 2 1.703 1.802 1.900  0.896  0.099  48.5              0.051
13 3 1.616 1.884 1.822  0.887  0.105  74.7       3000
14 1 1.616 1.719 1.822  0.887  0.103  30.3              0.032
14 2 1.587 1.687 1.788  0.888  0.101  41.8     15779516 0.029  22490.
14 2 1.587 1.687 1.788  0.888  0.101  55.3              0.056
14 3 1.553 1.719 1.758  0.883  0.103  83.9       3000
15 1 1.553 1.655 1.758  0.883  0.102  29.9              0.031
15 2 1.524 1.623 1.723  0.884  0.100  41.1     14611079 0.028  20824.
15 2 1.524 1.623 1.723  0.884  0.100  57.2              0.056
15 3 1.490 1.655 1.693  0.880  0.102  86.0       3000

i  Maw1 XILa BZLa DLA RVLa1 phi1 psiSt rhoh piSt  w     a1   eta12  nu12
 1 0.96 0.76 0.66 0.38 0.39 0.51 0.627 0.79 1.40 286.4 341.9 0.969 1.032
 2 0.98 0.76 0.64 0.38 0.50 0.51 0.628 0.82 1.36 298.8 348.7 0.965 1.037
 3 0.94 0.76 0.65 0.38 0.58 0.52 0.629 0.82 1.33 299.8 365.1 0.962 1.040
 4 0.90 0.77 0.65 0.38 0.65 0.52 0.630 0.81 1.30 301.0 380.9 0.959 1.042
 5 0.86 0.76 0.65 0.38 0.71 0.52 0.631 0.80 1.28 300.5 396.1 0.957 1.045
 6 0.81 0.76 0.68 0.39 0.76 0.53 0.632 0.76 1.26 292.4 410.9 0.955 1.047
 7 0.76 0.76 0.71 0.40 0.80 0.53 0.633 0.72 1.25 283.8 425.2 0.953 1.049
 8 0.72 0.75 0.75 0.42 0.83 0.54 0.634 0.67 1.24 274.9 439.2 0.951 1.051
 9 0.69 0.75 0.76 0.42 0.85 0.54 0.635 0.65 1.22 270.5 452.9 0.949 1.053
10 0.66 0.74 0.77 0.42 0.87 0.54 0.636 0.64 1.20 267.7 466.0 0.947 1.056
11 0.64 0.74 0.77 0.42 0.88 0.55 0.637 0.65 1.19 265.9 478.5 0.945 1.058
12 0.62 0.73 0.78 0.44 0.90 0.55 0.638 0.65 1.17 262.0 490.3 0.942 1.061
13 0.59 0.71 0.83 0.46 0.89 0.56 0.639 0.65 1.15 253.4 501.5 0.939 1.065
14 0.58 0.75 0.71 0.41 0.89 0.56 0.640 0.77 1.12 255.7 511.4 0.940 1.064
15 0.56 0.75 0.69 0.40 0.88 0.56 0.640 0.79 1.10 251.3 519.5 0.939 1.064

i  Mac2 xiLe BZLe DLe RVLe2 phi2   wt     PSt       c     a2   eta23  nu23
 1 0.56 0.82 1.26 0.46 0.47 0.51 29519 25744171 169.2 345.1 0.913 1.096
 2 0.53 0.84 1.12 0.41 0.57 0.52 30070 26224332 169.9 362.3 0.888 1.127
 3 0.51 0.84 1.11 0.40 0.64 0.52 30460 26564247 173.0 378.1 0.883 1.132
 4 0.50 0.84 1.06 0.39 0.70 0.53 31001 26911862 177.0 393.3 0.881 1.135
 5 0.50 0.84 0.94 0.37 0.75 0.53 31667 27275892 183.3 408.1 0.887 1.127
 6 0.51 0.82 0.91 0.38 0.79 0.53 32250 27778365 191.7 421.9 0.904 1.106
 7 0.52 0.81 0.89 0.39 0.82 0.53 32718 27726438 199.5 435.4 0.916 1.092
```

```
 8 0.52 0.78 0.97 0.43 0.84 0.54 32719 27727199 204.1 448.4 0.926 1.080
 9 0.51 0.77 0.99 0.44 0.86 0.54 32282 26738093 204.4 461.5 0.926 1.080
10 0.49 0.76 1.04 0.46 0.88 0.54 31577 26153879 201.7 474.1 0.925 1.081
11 0.47 0.76 1.06 0.47 0.89 0.54 30502 24312605 196.4 486.2 0.921 1.085
12 0.44 0.74 1.13 0.49 0.90 0.54 28943 21757289 186.1 497.7 0.920 1.087
13 0.40 0.73 1.42 0.56 0.89 0.54 25608 19250377 168.8 508.0 0.916 1.091
14 0.34 0.81 1.17 0.44 0.89 0.55 22489 15779516 155.4 517.6 0.864 1.158
15 0.32 0.83 1.12 0.42 0.88 0.56 20824 14611079 150.1 525.2 0.845 1.184
```

```
 Verlustwerte
  i    jLa       zetaLa(I)    zeta0La     zeRestLa     zeSPALLa              DeltaLa
            jLe          zetaDPLe    zetaSTLe     zeWARELe        CHIRLe CHIMLe            etaSt
  1  911. 1290. 0.017 0.010 0.024 0.00 0.003 0.002 0.0010 0.3814 1.045 0.0019
  1  657.  482. 0.035 0.013 0.021 0.00 0.014 0.012 0.0021 0.5942 1.018 0.0010 0.947
  2 1089. 1346. 0.019 0.011 0.025 0.00 0.004 0.003 0.0012 0.4040 1.047 0.0018
  2  691.  458. 0.038 0.013 0.020 0.00 0.017 0.014 0.0026 0.6118 1.017 0.0011 0.941
------------------------------
------------------------------
 13 1466. 1039. 0.033 0.015 0.025 0.00 0.010 0.005 0.0056 0.5912 1.020 0.0014
 13 1060.  497. 0.051 0.014 0.021 0.00 0.025 0.011 0.0135 0.6626 1.011 0.0013 0.901
 14 1379.  971. 0.032 0.015 0.025 0.00 0.010 0.005 0.0049 0.5839 1.019 0.0013
 14  886.  378. 0.056 0.015 0.021 0.00 0.029 0.015 0.0136 0.6735 1.008 0.0012 0.899
 15 1308.  910. 0.031 0.015 0.025 0.00 0.010 0.005 0.0048 0.5788 1.018 0.0013
 15  810.  340. 0.056 0.014 0.021 0.00 0.029 0.016 0.0136 0.6737 1.007 0.0012 0.898
```

Die Kühlluftzustände und die Entnahmestellen werden in der Tab. B.7 angegeben.

Tab. B.7 Kühlluftzustände an den Verdichter-Entnahmestellen

Die Zahlen am Anfang und am Ende der Zeilen geben die Stufen der Turbine (iT) und des Verdichters (iV) an.

iT	T(I) (K)	TC (°C)	p(I) (Pa)	h(I) (J/kg)	s(I) (J/kgK)	Tt(I) (K)	pt(I) (Pa)	ht(I) (J/kg)	c(I) (m/s)	mP (kg/s)	v (m3/kg)	iV
4	397,8	124,7	189379	100982	7378	348,5	181697	50880	252	0,2	0,396	4
4	413,1	139,9	270533	116513	7394	434,1	372706	137957	207	0,4	0,381	6
3	480,2	207,0	448483	185277	7406	449,6	404269	153879	272	1,0	0,271	8
3	519,8	246,7	606680	226314	7418	539,8	747359	247104	203	1,3	0,230	9
2	584,3	311,2	861379	293703	7429	555,1	796331	263093	237	2,0	0,175	11
2	641,1	367,9	1225444	353814	7443	653,7	1382184	367252	163	3,2	0,144	13
1	699,9	426,7	1545691	416923	7451	672,8	1498236	387700	224	3,8	0,116	15
1	750,4	477,3	2147850	471411	7465	758,8	2244103	480942	140	4,3	0,101	(19)

B.2.2.1 Radiale Verteilung im Verdichter

In der folgenden Abb. B.2 wird eine verwundene Schaufel des Verdichters dargestellt.

Abb. B.2 Verwundene 1. Laufschaufel des Verdichters

B.2.3 Brennkammer

Zunächst die Vorgabedaten für die Brennkammer in Tab. B.8.

Vereinfacht und zu Vergleichszwecken wird als Brennstoff Methan CH_4 gewählt.

Tab. B.8 Vorgabedaten des Brennkammerteils der Gasturbinenanlage

```
'  Brennkammer'
' 288,15 K      ','= TBE  Brennstoff Eintrittstemperatur                   '
' 0,74870       ','= CMA  Massenanteil Kohlenstoff (Methan CH4)            '
' 0,25130       ','= HMA  Massenanteil Wasserstoff                         '
```

```
' 50,056E6       ','= HUB  Heizwert des Brennstoffs                         '
' 1912 J/(kgK) ','= CPB  specifische Wa"rmekapazita"t des Brennstoffs  '
' 0,83 kg/m3    ','= RHOB Dichte des Brennstoffs                        '
 83.      ,'=CBKE (m/s)  Geschwindigkeit am Brennkammer Eintritt'
 50.      ,'=CBE (m/s)  Geschwindigkeit des Brennstoffs nach der Duße'
 88.      ,'=CBKA (m/s)  Geschwindigkeit am Brennkammer Austritt'
' 98,90 %       ','= ETABKE  Stro"mungswirkungsgrad am Brennk. Eintritt'
' 99,580 %      ','= ETABK  Stro"mungswirkungsgrad der Brennkammer       '
' 99,8 %        ','= ETAC  chemischer Wirkungsgrad der Brennkammer       '
' 99,6 %        ','= ETABKA  Stro"mungswirkungsgrad der Brennkammer'
```

In der Brennkammer wird zuerst der Verzögerungsteil mit den vorgegebenen Werten für die Geschwindigkeit c_{BK_E} und den Strömungswirkungsgrad η_{BKE} berechnet (Gl. 4.26 aus Teil I).

In der Tab. B.9 werden die Daten für die in die Brennkammer eintretende Luft (Index BK_E) und den Brennstoff (Index B_E) angegeben.

Der Brennstoffeintrittsdruck muss um Δp_B ($\approx 0{,}1$ MPa bei Brenngas) höher liegen als der Druck der Verbrennungsluft.

Tab. B.9 Brennkammer Eintrittsdaten für Luft und Brennstoff

```
  83. = cBKE(m/s) 528. = aBKE(m/s) 0.157 = MaBKE

 i  T(i)    tC      p(i)    h(i)  s(i)   Tt(i)   pt(i)    ht(i)  c(i)  mp(i)  v(i)
BKE  709.2  436.0 2064095  426968 7415  712.37 2099101  430412  83   651.4 0.099
 BE  288.1   15.0 2164095  -19120  -65  288.15 2165133  -17870  50    19.3 1.205
```

Der berechnete Brennstoffmassenstrom $\dot{m}_{B_E}$ ist 20,109 $\frac{\text{kg}}{\text{s}}$.

Die Ergebnisse der Verbrennungsrechnung (Abschn. 11.3 aus Teil I) bei Vorgabe der totalen Verbrennungstemperatur $T_{t_{BKA}} (= T_{t_{T_E}})$, des Strömungswirkungsgrades η_{BK}, des Verbrennungswirkungsgrades η_c und der Geschwindigkeit c_{BK_A} folgen als Nächstes (Tab. B.10).

Tab. B.10 Ergebnisse der Verbrennungsrechnung

```
Zusammensetzung des Verbrennungsgases Brennkammer Austritt
   73.356041 % PSGN2
    9.529906 % PSGO2
    5.087585 % PSGCO2
    0.872098 % PSGAR
   11.057954 % PSGH2O
    0.000757 % PSGCO
    0.000431 % PSGH2
   0.166E-04 % PSGH
    0.028956 % PSGOH
   0.837E-03 % PSGO
    0.064930 % PSGNO
   0.488E-03 % PSGNO2
    0.028956 % PSGOH
```

```
   0.700E-09 % PSGN
   0.292E-21 % PSGCH4
   28.204 = MG (kg/kmol) molare Masse
  294.804 = RG (J/(kg K)) spezifische Gaskonstant

 i  T(i)     tC      p(i)      h(i)  s(i)  Tt(i)    pt(i)    ht(i)  c(i) mp(i)  v(i) Ma(i)
BKA 1800.3 1527.2 2026937 1850726 8875 1803.15 2041767 1854598  87   670.7 0.262 0.107
   88. = cBKA(m/s) 823. = aBKA(m/s) 0.107 = MaBKA
```

Das Polytropenverhältnis für den Verbrennungsteil ist

$$\mu_{BK} = -0{,}0046.$$

Es folgen das stöchiometrische Brennstoff-Luftgemisch β_{st}, der Mindestluftbedarf des Brennstoffs $l_{\min}$, das Brennstoff-Luftverhältnis β und das Luftverhältnis λ.

$$\begin{aligned}\beta_{st} &= 0{,}058\\ l_{\min} &= 17{,}35\\ \beta &= 0{,}030 \quad \text{und}\\ \lambda &= 1{,}90.\end{aligned}$$

Der Beschleunigungsteil der Brennkammer wird mit einem Strömungswirkungsgrad η_{BK_A} und vorgegebener Geschwindigkeit c_{T_E} am Turbineneintritt berechnet (Gl. 4.27 aus Teil I).

Der auf den Eintrittsdruck in den Brennkammerteil (= Austrittsdruck aus dem Verdichter) bezogene Totaldruckverlust ist in Summe für den Verzögerungs-, Verbrennungs- und Beschleunigungsteil:

$$\Delta p_{t_{BK_{\text{rel}}}} =_{\text{def}} \frac{p_{t_{T_E}} - p_{t_{V_A}}}{p_{t_{V_A}}} = -2{,}762\,\%.$$

B.2.4 Turbine

Die Turbine benötigt 4 Stufen für den Enthalpieabbau.

Die Vorgabedaten sind in der folgenden Tab. B.11 zusammengestellt.

Tab. B.11 Vorgabedaten der Turbine der Gasturbinenanlage

```
' 88,1500 %    ','= ETATT  Totaler Turbinen Wirkungsgrad                  '
4          ,'=IANZST    Anzahl der Stufen der Gasturbine'
151.       ,'=CTE (m/s)  Geschwindigkeit am Turbinen Eintritt'
202.       ,'=CM(3) (m/s)  Geschwindigkeit CM1SG 1. Stufe'
216. ,-116. ,'=CM(5),CU2(1) (m/s)  Geschwindigkeiten nach der 1. Stufe'
191.       ,'=CM(8) (m/s)  Geschwindigkeit CM1SG 2. Stufe'
```

```
211. ,-152. ,'=CM(10),CU2(2) (m/s)  Geschwindigkeiten nach der 2. Stufe'
194.       ,'=CM(13) (m/s)  Geschwindigkeit CM1SG 3. Stufe'
227. ,-150. ,'=CM(15),CU2(3) (m/s)  Geschwindigkeiten nach der 3. Stufe'
231.       ,'=CM(18) (m/s)  Geschwindigkeit CM1SG 4. Stufe'
317. ,-110. ,'=CM(20),CU2(4) (m/s)  Geschwindigkeiten nach der 4. Stufe'
 329.490 ,'=U1(1) (m/s)  Umfangsgeschwindigkeit Rotor Eintritt 1. Stufe'
 334.000 ,'=U2(1) (m/s)  Umfangsgeschwindigkeit Rotor Austritt 1. Stufe'
 343.299 ,'=U1(2) (m/s)  Umfangsgeschwindigkeit Rotor Eintritt 2. Stufe'
 352.000 ,'=U2(2) (m/s)  Umfangsgeschwindigkeit Rotor Austritt 2. Stufe'
 367.221 ,'=U1(3) (m/s)  Umfangsgeschwindigkeit Rotor Eintritt 3. Stufe'
 379.000 ,'=U2(3) (m/s)  Umfangsgeschwindigkeit Rotor Austritt 3. Stufe'
 399.505 ,'=U1(4) (m/s)  Umfangsgeschwindigkeit Rotor Eintritt 4. Stufe'
 419.000 ,'=U2(4) (m/s)  Umfangsgeschwindigkeit Rotor Austritt 4. Stufe'
0.07795   ,'=FACCA0(1)=EMP0L(1)/EMPBKE Ku"hl1.Ant. Le 1.St.(<0:Da.Ku"l.)'
0.07695   ,'=FACCA1(1)=EMP1L(1)/EMPBKE  Ku"hlluft Anteil La 1. Stufe'
0.06965   ,'=FACCA0(2)=EMP0L(2)/EMPBKE  Ku"hlluft Anteil Le 2. Stufe'
0.04791   ,'=FACCA1(2)=EMP1L(2)/EMPBKE  Ku"hlluft Anteil La 2. Stufe'
0.02948   ,'=FACCA0(3)=EMP0L(3)/EMPBKE  Ku"hlluft Anteil Le 3. Stufe'
0.02134   ,'=FACCA1(3)=EMP1L(3)/EMPBKE  Ku"hlluft Anteil La 3. Stufe'
0.01040   ,'=FACCA0(4)=EMP0L(4)/EMPBKE  Ku"hlluft Anteil Le 4. Stufe'
0.00615   ,'=FACCA1(4)=EMP1L(4)/EMPBKE  Ku"hlluft Anteil La 4. Stufe'

0.5       ,'=RFKL(1) EMP0F/EMP0L Film Ku"hlungs Anteil Stator 1. Stufe'
0.5       ,'=ZETKLE(1) Verlust Beiwert Kanal zum Stator 1. Stufe'
0.5       ,'=RFKLR(1) EMP1F/EMP1L Film Ku"hlungs Anteil Rotor 1. Stufe'
1.0       ,'=ZETKLA(1) Verlust Beiwert Kanal zum Rotor 1. Stufe'
0.4       ,'=RFKL(2) EMP0F/EMP0L Film Ku"hlungs Anteil Stator 2. Stufe'
0.6       ,'=ZETKLE(2) Verlust Beiwert Kanal zum Stator 2. Stufe'
0.3       ,'=RFKLR(2) EMP1F/EMP1L Film Ku"hlungs Anteil Rotor 2. Stufe'
1.2       ,'=ZETKLA(2) Verlust Beiwert Kanal zum Rotor 2. Stufe'
0.2       ,'=RFKL(3) EMP0F/EMP0L Film Ku"hlungs Anteil Stator 3. Stufe'
0.7       ,'=ZETKLE(3) Verlust Beiwert Kanal zum Stator 3. Stufe'
0.0       ,'=RFKLR(3) EMP1F/EMP1L Film Ku"hlungs Anteil Rotor 3. Stufe'
1.4       ,'=ZETKLA(3) Verlust Beiwert Kanal zum Rotor 3. Stufe'
0.0       ,'=RFKL(4) EMP0F/EMP0L Film Ku"hlungs Anteil Stator 4. Stufe'
0.8       ,'=ZETKLE(4) Verlust Beiwert Kanal zum Stator 4. Stufe'
0.0       ,'=RFKLR(4) EMP1F/EMP1L Film Ku"hlungs Anteil Rotor 4. Stufe'
1.6       ,'=ZETKLA(4) Verlust Beiwert Kanal zum Rotor 4. Stufe'
0.0005    ,'=SCLE(1) (m)  Dicke der Keramik Schicht Stator 1. Stufe'
0.0003    ,'=SCLE(2) (m)  Dicke der Keramik Schicht Stator 2. Stufe'
0.0       ,'=SCLE(3) (m)  Dicke der Keramik Schicht Stator 3. Stufe'
0.0       ,'=SCLE(4) (m)  Dicke der Keramik Schicht Stator 4. Stufe'
0.0       ,'=SCLE(5) (m)  Width of ceramic layer stator 5th stage'
0.0005    ,'=SCLA(1) (m)  Dicke der Keramik Schicht Rotor 1. Stufe'
0.0003    ,'=SCLA(2) (m)  Dicke der Keramik Schicht Rotor 2. Stufe'
0.0       ,'=SCLA(3) (m)  Dicke der Keramik Schicht Rotor 3. Stufe'
0.0       ,'=SCLA(4) (m)  Dicke der Keramik Schicht Rotor 4. Stufe'
 2.       ,'=RLAMC (W/(mK))  Wa"rmeleitfa"higkeit der Keramik Schicht'
```

Noch weitere, relativ unwichtige, aber für die Berechnung notwendige Vorgabegrößen, die meist der Einfachheit halber für alle Stufen gleich gewählt werden (Tab. B.12). Auch die Werte für die grobe Profilberechnung.

Tab. B.12 Weitere Vorgabedaten der Turbine

```
C   Relative Metall Wand Dicke und Wa"rmeleitfa"higkeit (sWE=sWEDS*sLe)
      sWEDS=0,04
      sWADS=0,04
      sWREDS=0,04
      sWRADS=0,04
      lambdaWE=35,
      lambdaWA=35,
C   Relative Metall Dicke fu"r die Wa"rmeleitung ( DWLe=AW/(lM*sLe) )
      DWLe=0,06
      DWLa=0,05
      epsilonCO2=0,5
C   Exponent fu"r die Geschwindigkeitsverteilung
      nE=50
      nA=30
C   Faktor fu"r den Wa"rmeu"bergangskoeffizient
      FGE=1,7
      FGA=2,0
C   Stro"mungswirkungsgrade fu"r den Luftaustritt
      etaLEEX=0,97
      etaLECO=0,88
C   Zirkularitäten am Eintritt und Austritt der K?hlluftkanäle (Leit- und Laufrad)
      phicKLE=0,87
      phicKLA=0,85
C   Daten jeweils fu"r 4 Stufen
       l/sLe   1,2500; 1,8000; 2,5000; 2,8500
       l/sLa   1,4500; 2,2500; 2,7000; 2,6500
       t/sLe   0,7500; 0,7800; 0,7200; 0,6600
       t/sLa   0,7500; 0,7900; 0,7800; 0,6700
       dmaxLe  0,2100; 0,2200; 0,2300; 0,1600
       dmaxLa  0,1700; 0,1800; 0,1500; 0,1400
       dNLe    0,1200; 0,1200; 0,1200; 0,1200
       dNLa    0,1200; 0,1200; 0,1200; 0,1100
       dHLe    0,0110; 0,0100; 0,0090; 0,0080
       dHLa    0,0100; 0,0095; 0,0090; 0,0080
       xDmaxE  0,2500; 0,2500; 0,2500; 0,2500
       xDmaxA  0,4500; 0,4500; 0,4500; 0,4500
       FXFLe   1,2000; 1,1500; 1,1500; 1,1500
       FXFLa   1,1000; 1,1000; 1,1000; 1,1000
       FGOLe   1,1100; 1,1900; 1,2000; 1,1700
       FGOLa   1,2300; 1,1800; 1,1200; 1,1100
```

```
' Turbine'
 i  T(i)    tC     p(i)     h(i)   s(i)  Tt(i)    pt(i)    ht(i)   c(i)  mp(i)  v(i) Ma(i)
 TE 1794.8 1521.6 1998238 1843197 8875 1803.15 2041650 1854598 151  670.7 0.265 0.184
 0.184  822. MaTE aTE (m/s) Austritt Brennkammer
```

Die einzelnen Stufen der Turbine werden entsprechend den Beziehungen Gl. 3.84 ff. in Teil I berechnet und im Folgenden die wichtigsten Zahlenergebnisse dargestellt (Tab. B.13–B.14).

Alle Zahlen sind in Grundeinheiten, d. h. m, s, K, W, Pa usw. angegeben, manchmal mit Dezimalpunkt an Stelle des Dezimalkommas. Da die Zahlen direkt einer Ergebnisdatei entnommen wurden, werden die Formelzeichen einzeilig „ohne" Index und nur mit lateinischen Buchstaben geschrieben. Der Index R bedeutet Laufrad (Rotor). Griechische Formelzeichen werden lateinisch ausgeschrieben. Ein p nach einem Buchstaben bedeutet zeitliche Ableitung (z. B. $mp \simeq \dot{m}$).

Oft finden sich auch englische Bezeichnungen oder der Dezimalpunkt an Stelle des Kommas.

Tab. B.13 Werte für die erste Turbinenstufe Erste Stufe IS = 1

```
 1. Stufe  50.0 = nSt (1/s) bzw.   3000. = nSt (1/min)

     90.0       0.0 alfa0 alfa0s Zustro"mwinkel zum Leitrad
Stro"mungswinkel
     90.0     19.0                          alfa0 alfa1
    141.9     25.6                          beta1 beta2
     42.6    -12.1                          alfas betas
Enthalpiedifferenzen
 -226729.3 -109432.7   deltahGLe    deltahGLa
 -282190.0 -150751.3   deltahLeG    deltahLaG
Enthalpiedifferenz- und Dissipationsarbeits-Summen und Stufenwirkungsgrad
-189793269.5  34962027.6  0.844 summedh summej etaSt(IS)
Stufenleistung und spezifische Arbeiten
  -169.311 -235198.6 -219554.2  PTSt (MW) wtStEul wtSt
Wa"rmeleistungen
   -48.130   -23.098   -25.032       Qp QplE QpLa (MW)
Wa"rmestro"me
QPKL     QPF     QPKLR     QPFR
  4118883. 18979360.  3953658. 21078484.
     -111.       -77.   QPWLE      QPWLA
spezifische Wa"rmestro"me
   162360.   748137.   157872.   841679. qKL  qF    qKLR  q
Reaktionsgrad, Schaufelarbeitskenngro"s"en, Durchflusskenngro"s"e
  0.326 -4.217 -3.936  0.647 rhoh psiEul psiSt phiSt
Machzahlen
  0.195  0.862  0.822   Mac0G Mac1sG Mac1sL
  0.445  0.708  0.000   Maw1G Maw2sG Maw2sL
  0.844  0.700  0.344   Mac1G Maw2G Mac2G
 wmin   aminLa  Mawmin
  839.0  672.5  1.248
Wa"rmeu"bergangskoeffizienten
alphaGE   alphaKLE    alphaFGE   alphaFWE
    3262.0     2949.4     5545.4     7922.1
alphaGA   alphaKLA    alphaFGA   alphaFWA
    4302.0     2544.6     7313.4    10447.7
```

```
alphaGER   alphaKLER    alphaFGER  alphaFWER
    4657.0     2164.1     9314.1     9314.1
alphaRAE   alphaRASP     alphaRAA   alphaGSPLe
       0.0      195.0      131.7     1956.2
alphaGAR   alphaKLAR    alphaFGAR  alphaFWAR
    3165.4     1894.7     6330.8     6330.8
alphaRAER  alphaRASPR    alphaRAAR  alphaGSPLa
       0.0      146.9      123.9     2771.1
Wa"rmedurchgangswerte
  4071.950  3830.245  4313.656   kM    kLAE    kLAA
  4529.785  4293.835  4765.735 kMR    kLAER    kLAA
Ku"hlkana"le
cKLE      TKLE     pKLE(bar)  dhKE Leitrad
 120.0  707.41 19.78295  0.018595
cKLA      TKLA     pKLA(bar)  dhKA Leitrad
 100.0  854.72 19.22192  0.020256
wKLE     TKLER    pKLER(bar)  dhKER Laufrad
 100.0  684.16 16.29695  0.021400
wKLA      TKLAR    pKLAR(bar)  dhKAR Laufrad
 100.0  829.54 16.09618  0.023164
geometrische Daten
  dM0     dM1      dM1R    dM2 mittlere Durchmesser
     2.098      2.098      2.098      2.126
  da0     da1      da1R    da2 a"u"s"ere Durchmesser
     2.276      2.298      2.298      2.347
  di0     di1      di1R    di2 innere Durchmesser
     1.919      1.897      1.897      1.905
  l0(IS)    l1(IS)    l1R(IS)    l2(IS) Schaufella"ngen
    0.179     0.201     0.201     0.221
Spaltweiten am Leit- und Laufrad
 0.004275 0.004861 kGLe   kGLa
Nabenverha"ltnisse
 nuI0      nuI1     nuI1R     nuI2
    0.84      0.83      0.83      0.81
dhKE(IS) dhKA(IS) dhKER(IS) dhKAR(IS) hydraulische Durchmesser
     0.019      0.020      0.021      0.023
zetaLe zetaLa  jLe  jLa Verlustbeiwerte und Dissipationsarbeiten
     0.334      0.099  35935.4    9041.2
zLe tLe(IS) sLe(IS) bsLe(IS)
   61  0.108  0.143  0.105
zLa tLa(IS) sLa(IS) bsLa(IS)
   64  0.103  0.138  0.135
OGE(IS) OGA(IS) OKLe(IS) OKLa(IS) Schaufeloberfla"chen Le
  3.462500  3.885085  2.524999  3.233159
OGER(IS) OGAR(IS) OKLeR(IS) OKLaR(IS) Schaufeloberfla"chen La
  4.369032  4.822544  3.420925  4.281866
AKLE(IS) AKLA(IS) AKLER(IS) AKLAR(IS) Wa"rmeu"bergangsfla"chen
  0.021886  0.027206  0.030413  0.037329
ASCHA(IS) ASCHAR(IS) AWLe(IS) AWLa(IS) Wa"rmedurchgangsfla"chen
  3.559122  4.552205  0.099292  0.093410
```

```
  Stro"mungsquerschnitte
AF1SG(IS),AF1G(IS),AFC1G(IS),AWLA(IS)
   1.222866  1.321878  0.430208  0.093410
AF2SG(IS),AF2G(IS),AFC2G(IS),AWLA(IS)
   1.379181  1.477068  1.301377  0.093410
AF0L(IS),AKLE(IS),AKLA(IS),AF1SL(IS)
   0.036728  0.021886  0.027206  0.009860
AF1L(IS),AKLER(IS),AKLAR(IS),AF2SL(IS)
   0.027228  0.030413  0.037329  0.011544
AFFE(IS),AFFER(IS),AFC2G(IS),AFW2G(IS)
   0.026267  0.045287  1.301377  0.639181

0G 0L KLE FE KLA 1SL FA 1SG 1G 1GW 1L KLER FER KLAR 2SL FAR 2SG 2GW 2G 2GR 1GR
 0  1   2  3   4   5  6   7  8   9 10   11  12   13  14  15  16  17 18  19 20
 i   T      TC     p       h       s    Tt       pt       ht      c/w   mp    v
 0 1795.2 1522.0 1997601 1856119 8671 1803.15 2040913 1867520 151 670.3 0.265
 1  704.9  431.7 2000000  422589 7405  714.03 2098879  432524 140  50.7 0.102
 5  770.0  496.9 1272643  493662 7633  861.14 1954382  594884 449  25.4 0.175
 7 1632.9 1359.8 1272643 1629390 8688 1779.03 1906648 1833062 638 670.3 0.379
 8 1598.3 1325.1 1272643 1573929 8649 1738.71 1882486 1766547 620 721.1 0.370
 9 1598.3 1325.1 1272643 1573929 8649 1637.73 1423698 1627457 327 721.1 0.370
20 1598.3 1325.1 1272643 1573929 8649 1597.70 1270608 1573175 327 721.1 0.370
10  667.8  394.7 1671857  382560 7399  638.26 1414081  350874 212  50.1 0.116
14  746.0  472.9 1060455  467323 7651  764.47 1163294  487541 440  25.0 0.203
16 1516.6 1243.5 1060455 1464497 8630 1600.28 2040913 1585254 509 721.1 0.422
17 1490.2 1217.1 1060455 1423178 8607 1583.92 1396434 1547753 499 771.2 0.414
18 1490.2 1217.1 1060455 1423178 8607 1512.96 1135031 1453233 245 771.2 0.414
19 1490.2 1217.1 1060455 1423178 8607 1542.15 1237105 1491975 499 771.2 0.414

    T        0        1sG        1WR       2sG
            °C         °C         °C        °C
    G    1530.0    1505.9    1364.6    1310.8
   CG    1185.6    1059.6    1139.4    1044.1
   WG     979.6     928.7     961.6     925.4
  WKL     823.9     835.3     835.4     844.7
   IN     823.9     835.3     835.4     844.7

Ku"hlwirkungsgrade
  0.55 0.46 epsLe epsLa

Zusammensetzung des Verbrennungsgases Turbinen-Stufen Austritt
           1. Stufe
  0.058  17.35 betast und lmin
  0.030  1.93  1.89 betaG lambda lOX

   73.836972 % PSGN2
   10.893320 % PSGO2
    4.472909 % PSGCO2
    0.877758 % PSGAR
    9.836516 % PSGH2O
   0.638E-03 % PSGCO
```

```
  0.365E-03 % PSGH2
  0.138E-04 % PSGH
   0.024596 % PSGOH
  0.697E-03 % PSGO
   0.055795 % PSGNO
  0.419E-03 % PSGNO2
   0.024596 % PSGOH
  0.561E-09 % PSGN
  0.220E-21 % PSGCH4
  28.283 = MG (kg/kmol) molare Masse
 293.979 = RG (J/(kg K)) spezifische Gaskonstante

 245. = c(I5) (m/s)  713. = a(I5) (m/s) 0.344 = Ma(I5)

     50.412     0.004135  mpFSu VkeSu  1. Stufe
```

Die Werte für die zweite und dritte Stufe werden im Anhang [39, GTBerErg.pdf] angegeben.

Tab. B.14 Werte für die vierte Turbinenstufe Vierte Stufe IS=4

```
 4. Stufe  50.0 = nSt (1/s) bzw.   3000. = nSt (1/min)

    123.5     -33.5 alfa0 alfa0s Zustro"mwinkel zum Leitrad
Stro"mungswinkel
    123.5     26.1                              alfa0 alfa1
    107.5     30.9                              beta1 beta2
     22.5    -24.6                              alfas betas
Enthalpiedifferenzen
 -104134.3 -154249.9   deltahGLe   deltahGLa
 -106895.3 -155617.3   deltahLeG   deltahLaG
Enthalpiedifferenz- und Dissipationsarbeits-Summen und Stufenwirkungsgrad
-226274200.9  19508752.4  0.921 summedh summej etaSt(IS)
Stufenleistung und spezifische Arbeiten
  -208.566 -234812.2 -233942.4  PTSt (MW) wtStEul wtSt
Wa"rmeleistungen
    -3.432    -2.230    -1.202       Qp QplE QpLa (MW)
Wa"rmestro"me
QPKL      QPF      QPKLR      QPFR
  2229953.        0.  1202464.        0.
      248.      -23.  QPWLE     QPWLA
spezifische Wa"rmestro"me
   329419.   684483.   300388.   782459. qKL  qF    qKLR  q
Reaktionsgrad, Schaufelarbeitskenngro"s"en, Durchflusskenngro"s"e
  0.597 -2.675 -2.665  0.757 rhoh psiEul psiSt phiSt
Machzahlen
  0.454  0.916  0.862   Mac0G Mac1sG Mac1sL
  0.421  1.152  0.000   Maw1G Maw2sG Maw2sL
  0.915  1.152  0.627   Mac1G Maw2G Mac2G
 wmin   aminLa  Mawmin
  552.5  545.1  1.014
```

```
Wa"rmeu"bergangskoeffizienten
alphaGE   alphaKLE    alphaFGE    alphaFWE
    1196.8     376.8        0.0        0.0
alphaGA   alphaKLA    alphaFGA    alphaFWA
     857.4     258.0        0.0        0.0
alphaGER  alphaKLER   alphaFGER   alphaFWER
     786.4     225.7        0.0        0.0
alphaRAE   alphaRASP    alphaRAA    alphaGSPLe
      27.6        0.0       19.5       22.5
alphaGAR  alphaKLAR   alphaFGAR   alphaFWAR
     592.1     169.4        0.0        0.0
alphaRAER  alphaRASPR   alphaRAAR   alphaGSPLa
      21.5        0.0        9.9     1594.9
Wa"rmedurchgangswerte
  4761.086  4323.184  5198.989   kM    kLAE    kLAA
  3224.573  3015.796  3433.350 kMR    kLAER   kLAA
Ku"hlkana"le
cKLE       TKLE     pKLE(bar)  dhKE Leitrad
  60.0  405.90  2.68193  0.018595
cKLA       TKLA     pKLA(bar)  dhKA Leitrad
  40.0  719.66  2.63185  0.020256
wKLE      TKLER    pKLER(bar)  dhKER Laufrad
  40.0  422.06  2.28467  0.021400
wKLA       TKLAR    pKLAR(bar)  dhKAR Laufrad
  40.0  715.51  2.38073  0.023164
geometrische Daten
  dM0     dM1      dM1R     dM2 mittlere Durchmesser
     2.413     2.543     2.543     2.667
  da0     da1      da1R     da2 a"u"s"ere Durchmesser
     3.053     3.349     3.349     3.597
  di0     di1      di1R     di2 innere Durchmesser
     1.772     1.737     1.737     1.738
  l0(IS)   l1(IS)   l1R(IS)   l2(IS) Schaufella"ngen
    0.640    0.806    0.806    0.929
Spaltweiten am Leit- und Laufrad
 0.012440 0.016256 kGLe  kGLa
Nabenverha"ltnisse
 nuI0      nuI1     nuI1R     nuI2
    0.58     0.52     0.52     0.48
dhKE(IS) dhKA(IS) dhKER(IS) dhKAR(IS) hydraulische Durchmesser
     0.030     0.040     0.036     0.045
zetaLe zetaLa  jLe  jLa Verlustbeiwerte und Dissipationsarbeiten
     0.094     0.122   8276.5  13362.1
zLe tLe(IS) sLe(IS) bsLe(IS)
   51  0.149  0.225  0.208
zLa tLa(IS) sLa(IS) bsLa(IS)
   39  0.205  0.304  0.277
OGE(IS) OGA(IS) OKLe(IS) OKLa(IS) Schaufeloberfla"chen Le
 17.177276 21.617222 12.403480 21.480421
OGER(IS) OGAR(IS) OKLeR(IS) OKLaR(IS) Schaufeloberfla"chen La
 21.226387 24.471482 14.203627 21.381942
```

```
 AKLE(IS) AKLA(IS) AKLER(IS) AKLAR(IS) Wa"rmeu"bergangsfla"chen
   0.049214  0.088960  0.053286  0.086725
 ASCHA(IS) ASCHAR(IS) AWLe(IS) AWLa(IS) Wa"rmedurchgangsfla"chen
  21.548822 22.926712  0.497365  0.514616
  Stro"mungsquerschnitte
AF1SG(IS),AF1G(IS),AFC1G(IS),AWLA(IS)
   6.397159  6.440275  2.830959  0.514616
AF2SG(IS),AF2G(IS),AFC2G(IS),AWLA(IS)
   7.761722  7.786578  7.357022  0.514616
AF0L(IS),AKLE(IS),AKLA(IS),AF1SL(IS)
   0.016509  0.049214  0.088960  0.017690
AF1L(IS),AKLER(IS),AKLAR(IS),AF2SL(IS)
   0.006296  0.053286  0.086725  0.012299
AFFE(IS),AFFER(IS),AFC2G(IS),AFW2G(IS)
   0.000000  0.000000  7.357022  4.002426

0G 0L KLE FE KLA 1SL FA 1SG 1G 1GW 1L KLER FER KLAR 2SL FAR 2SG 2GW 2G 2GR
 0  1   2  3   4   5  6   7  8   9 10   11  12   13  14  15  16  17 18  19
 i   T      TC    p        h       s    Tt      pt       ht      c/w   mp    v
 0 1021.2  748.1  239443  818945 8590 1051.50  270431  855960 272 880.8 1.251
 1  394.0  120.9  265908   97012 7368  407.72  314674  110940 166   6.8 0.407
 5  635.6  362.4  163257  348142 8019  721.32  261699  440358 429   6.8 1.122
 7  935.1  661.9  163257  714811 8605 1049.44  262908  853428 526 880.8 1.680
 8  933.0  659.9  163257  712050 8602 1047.14  262847  850278 525 887.5 1.676
 9  933.0  659.9  163257  712050 8602  957.44  181469  741382 242 887.5 1.676
20  933.0  659.9  163257  712050 8602  890.69  135185  661580 242 887.5 1.676
10  389.6  116.5  273877   92518 7362  344.39  177657   46687 260   4.0 0.410
14  545.4  272.3   84877  253162 8046  595.76  117040  305978 602   4.0 1.852
16  802.4  529.3   84877  557800 8632  911.34  270167  686447 616 887.5 2.773
17  801.4  528.2   84877  556432 8630  961.91  177356  746599 616 891.5 2.769
18  801.4  528.2   84877  556432 8630  849.49  107102  612727 335 891.5 2.769
19  801.4  528.2   84877  556432 8630  888.50  128332  658819 616 891.5 2.769

   T       0        1sG       1WR       2sG
          °C        °C        °C        °C
   G     778.3     776.3     684.3     688.8
  CG     668.0     703.7     603.8     599.5
  WG     668.0     703.7     603.8     599.5
 WKL     628.0     687.8     576.9     591.3
  IN     628.0     687.8     576.9     591.3

Ku"hlwirkungsgrade
  0.12 0.16 epsLe epsLa

  336. = c(I5)  (m/s)  535. = a(I5)  (m/s) 0.627 = Ma(I5)

      81.739       0.008085  mpFSu VkeSu  4. Stufe

Zusammensetzung des Verbrennungsgases Turbinen-Austritt
   74.297072 % PSGN2
   12.199229 % PSGO2
```

```
  3.883692 % PSGCO2
  0.883182 % PSGAR
  8.665252 % PSGH2O
 0.553E-03 % PSGCO
 0.316E-03 % PSGH2
 0.119E-04 % PSGH
  0.021332 % PSGOH
 0.605E-03 % PSGO
  0.048391 % PSGNO
 0.363E-03 % PSGNO2
  0.021332 % PSGOH
 0.487E-09 % PSGN
 0.191E-21 % PSGCH4
 28.358 = MG (kg/kmol) molare Masse
293.194 = RG (J/(kg K)) spezifische Gaskonstante

Druckverha"ltniss der Turbine und mittleres Stufendruckverha"ltnis
   0.042   0.454  piT    piStm
   0.042 piT=pTA/pTE
   0.531   0.501   0.451   0.354  piSt Stufen 1-  4
```

B.2.5 Beschaufelung der Turbine

Die abgewickelten Zylinderschnitte durch die Schaufeln der Turbine für alle Stufen zeigen die folgenden Abb. B.3, B.4 und B.5.

Die Beschaufelung des Rotors und des Stators wird in den Abb. B.6, B.7 und B.8 dargestellt.

(Man beachte beim Ansehen der pdf-Datei das Drehen des Rotors beim „Rauf- und Runterrollen"!)

(Das Laufrad versucht etwas zu drehen.)

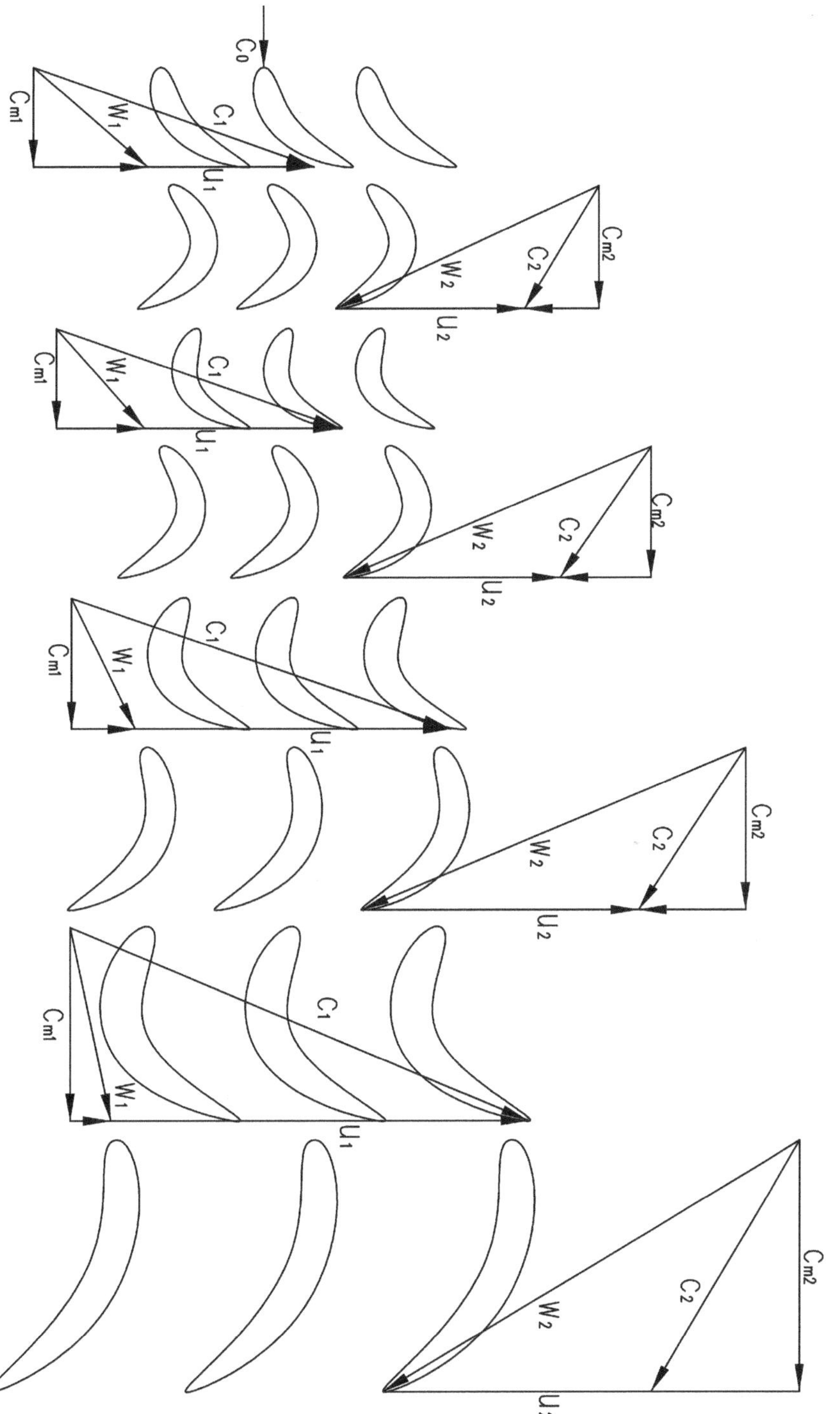

Abb. B.3 Abgewickelter Zylinderschnitt durch die Schaufeln der Turbine und Geschwindigkeitsdreiecke (Mittelschnitt)

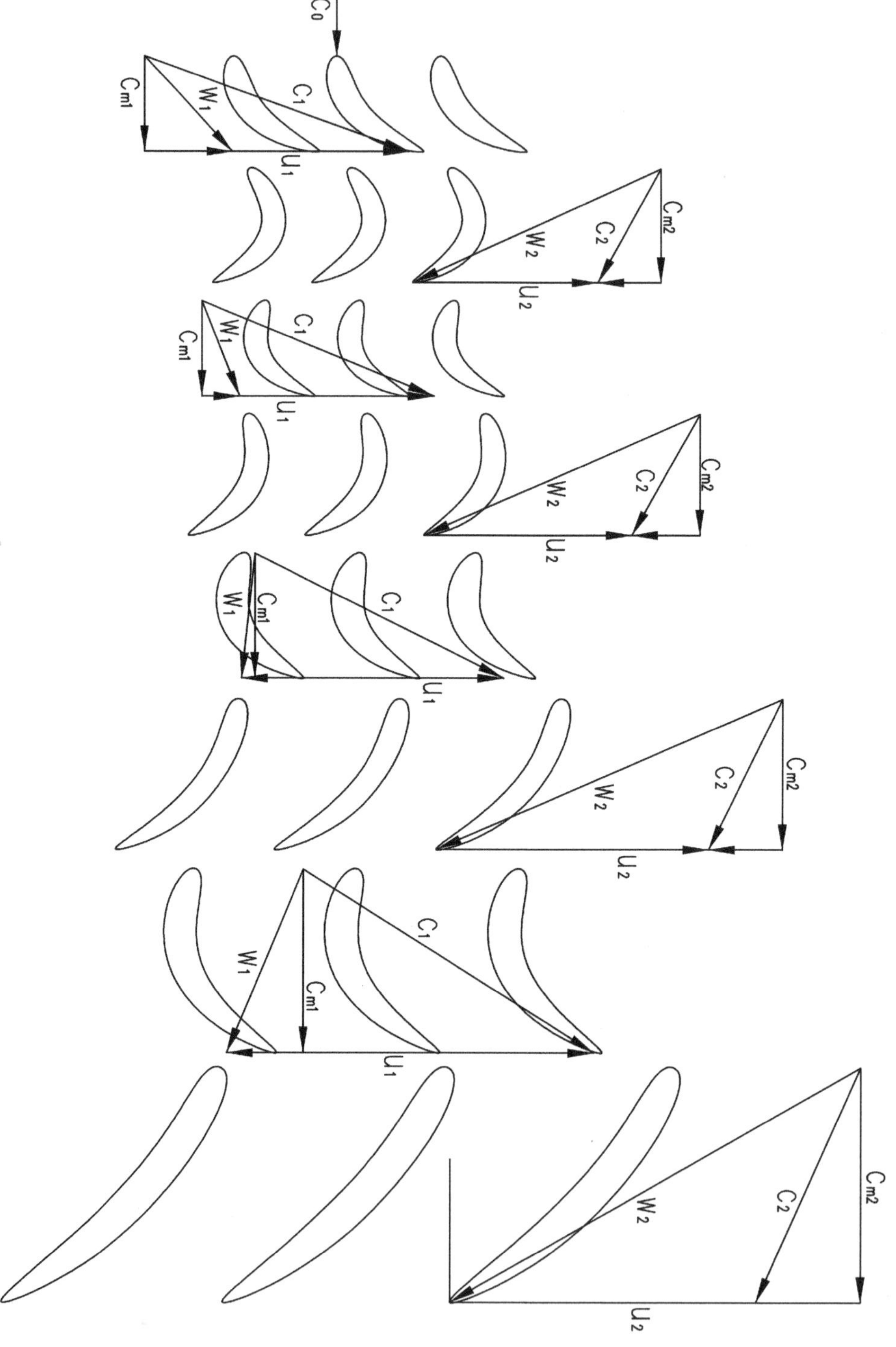

Abb. B.4 Abgewickelter Zylinderschnitt durch die Schaufeln der Turbine und Geschwindigkeitsdreiecke (Schaufelspitze)

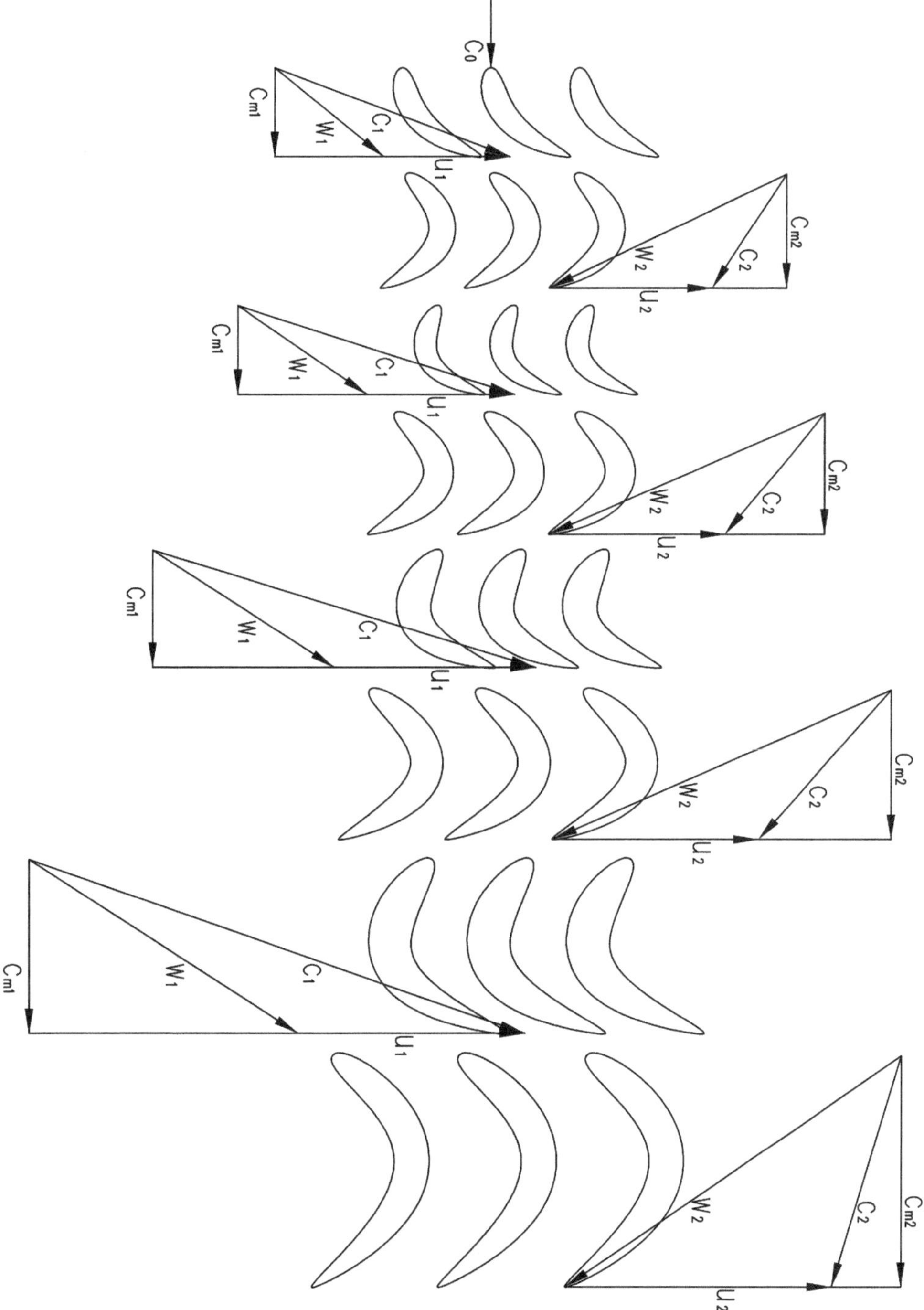

Abb. B.5 Abgewickelter Zylinderschnitt durch die Schaufeln der Turbine und Geschwindigkeitsdreiecke (Nabenschnitt)

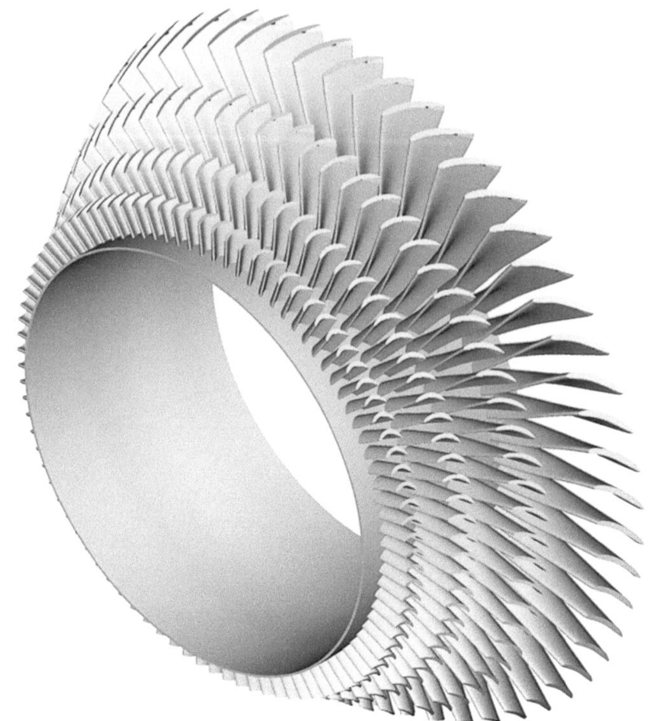

Abb. B.6 Beschaufelung des Rotors der Turbine

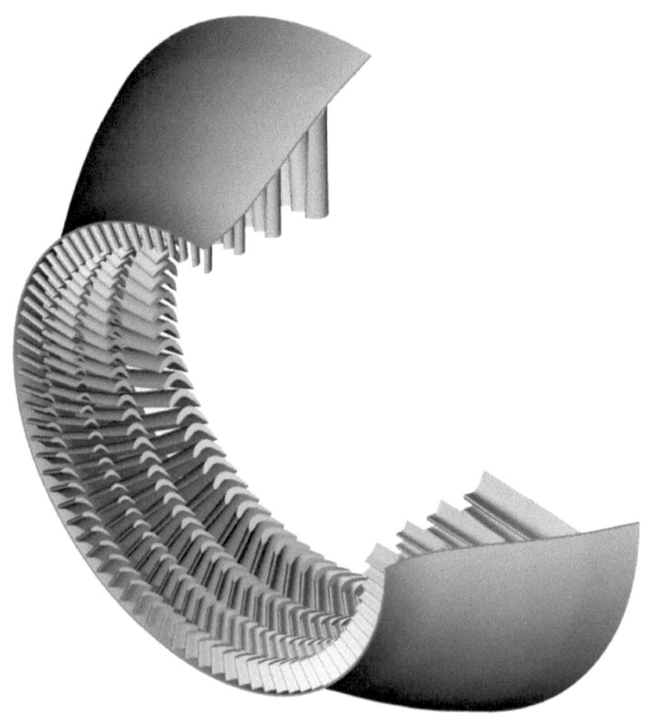

Abb. B.7 Beschaufelung des Stators der Turbine

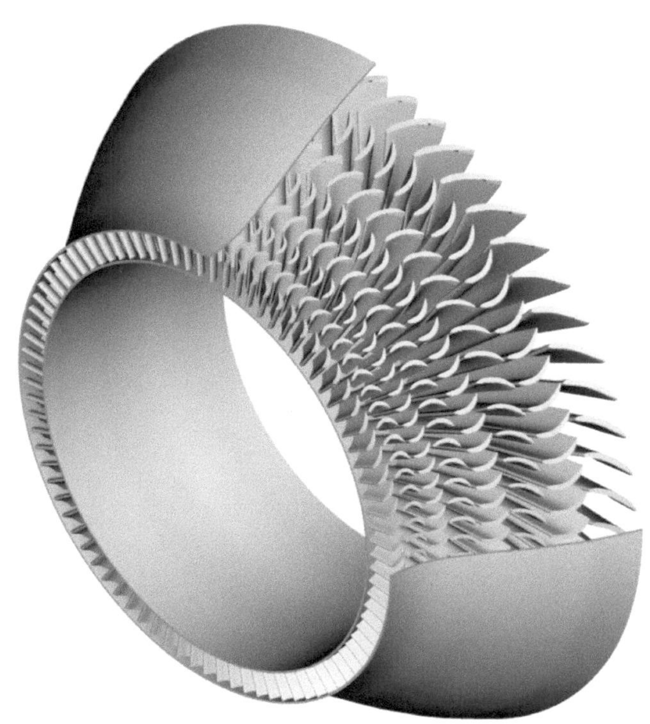

Abb. B.8 Gesamtbeschaufelung der Turbine

B.2.6 Diffusor und Auslass

Die Auslegungsdaten des Diffusors und des Anlagenauslasses gibt die Tab. B.15 an.

Tab. B.15 Auslegungsdaten des Diffusors und des Anlagenauslasses

Zeichen	Wert	Bedeutung
c_{D_A}	$= 60\ \frac{\mathrm{m}}{\mathrm{s}}$	Geschwindigkeit am Diffusor Austritt
c_{A_A}	$= 20\ \frac{\mathrm{m}}{\mathrm{s}}$	Geschwindigkeit am Anlagen Austritt
η_{Diff}	$= 73{,}5\,\% = 0{,}735$	Diffusor Wirkungsgrad
η_{Auslass}	$= 51\,\% = 0{,}51$	Auslass Wirkungsgrad

ν_{Diff}	h_{D_A}	p_{D_A}	h_{T_A}
1,3605443	584.545,500	100.984,859	529.095,500
ν_{Auslass}	h_{A_A}	p_{A_A}	
1,9607843	586.145,500	101.325,000	

Tab. B.16 Daten am Austritt von Turbine, Diffusor und Anlage

```
' Diffusor und Anlagen Austritt'
 60.      ,'=CDA (m/s)  Geschwindigkeit am Diffusor Austritt'
 20.      ,'=CPA  (m/s)  Geschwindigkeit am Anlagen Austritt'
' 77,00 %       ','= ETADIF  Diffusor Wirkungsgrad                       '
' 56,00 %       ','= ETAA  Anlagen Auslass Wirkungsgrad                  '
```

Tab. B.17 Berechnete Zustände im Diffusor und Anlagen Austritt

i	T(i)	tC	p(i)	h(i)	s(i)	Tt(i)	pt(i)	ht(i)	c(i)	mp(i)	v(i)	Ma(i)
TA	795.3	522.1	84759	548828	8703	843.47	107149	605122	335	892.0	2.751	0.601
DAM	841.9	568.8	100957	603322	8718	843.47	101695	605122	60	892.0	2.445	0.105
PA	843.3	570.2	101325	604922	8719	843.47	101406	605122	20	892.0	2.440	0.035

B.3 Gesamtergebnisse

```
 Machzahlen

    0. = c0  (m/s) 341. = a0  (m/s) 0.000 = Ma0
  156. = cVE (m/s) 334. = aVE (m/s) 0.467 = MaVE
  141. = cVA (m/s) 526. = aVA (m/s) 0.268 = MaVA
  151. = cTE (m/s) 821. = aTE (m/s) 0.184 = MaTE
  245. = cT (1.St) 750. = aT (1.St) 0.327 = MaTi
  260. = cT (2.St) 686. = aT (2.St) 0.379 = MaTi
  272. = cT (3.St) 626. = aT (3.St) 0.435 = MaTi
  336. = cTA (m/s) 558. = aTA (m/s) 0.601 = MaTA
   20. = cPA (m/s) 574. = aPA (m/s) 0.035 = MaPA

( als Flugmaschine gerechnet                                      )
(                                                                 )
(  17.831 = FTL=mpPA*cPA (kN) TL-Schub                            )
(    20.4 = FS=F/mpPU (kN/(g/s)) Spezifischer Schub               )
(  3923.3 = bs=mpB/F (g/(skN))  Spezifischer Brennstoffverbrauch )

    41.98 = etaiGT=-PiGT/(etaC*EpB) (%) Innerer Wirkungsgrad
    41.90 = ETAGT=-PIGT/EPB (%) Gesamtwirkungsgrad

    19.74 = piVAU=ptVA/pU    Druckverha"ltnis der Verdichtung, bezogen auf pU
    20.71 = piTVAU=ptVA/pU   Totaldruckverha"ltnis der Verdichtung, bezogen auf pU
    23.29 = piV=PVA/PVE  Druckverha"ltnis des Verdichters
    21.06 = piTV=PTVA/PTVE  Totaldruckverha"ltnis des Verdichters
  418.022 = wtV (kJ/kg)  Spezifische Verdichter Arbeit
  364.555 = PV (MW)  Verdichter Leistung
    0.509 = FIVE=CVE/UVE  Durchfluss Kenngro"s"e E
    0.553 = FIVA=CVA/UVA  Durchfluss Kenngro"s"e A
    93.96 = etatV (%)  Totaler Verdichter Wirkungsgrad
++++++++++++++++++++++++
```

```
     0.97 = pitBK=ptTE/ptVA  Totaldruckverha"ltnis der Brennkammer
++++++++++++++++++++++++
    23.54 = pitM1=pTE/pPA  Druckverha"ltnis der Turbine
    19.06 = pitTM1=ptTE/ptPA  Totaldruckverha"ltnis der Turbine
 -867.739 = wtT (kJ/kg)  Spezifische Turbinen Arbeit
 -773.613 = PET (MW)  Turbinen Leistung
 -103.117 = qT (kJ/kg)  Spezifische Turbinen Ku"hlung
  -91.931 = QPT (MW)  Turbinen Ku"hlleistung
   1.1009 = RNUTT  Totales Turbinen Polytropenverha"ltnis
++++++++++++++++++++++++
  467.277 = wtGT (kJ/kg)      Spezifische Arbeit
  407.510 = PiGT (MW)         Innere Leistung
      6.3 = TAUTP=TTTE/TTVE  Totales Prozess-Temperaturverha"ltnis
++++++++++++++++++++++++
  400.000 = PelGT (MW)       Elektrische Leistung der GT
  972.672 = EPB (MW)          Brennstoff Energiestrom
++++++++++++++++++++++++
    41.16 = ETAGES=PEL/EPB (%) Gesamtwirkungsgrad der GT-Anlage
=====================================================
```

Zustandspunkte der offenen Gasturbinen Anlage

i	T(i)	tC	p(i)	h(i)	s(i)	Tt(i)	pt(i)	ht(i)	c(i)	mp(i)	v(i)	Ma(i)
	(K)	(°C)	(Pa)	(J/kg)	(J/kgK)	(K)	(Pa)	(J/kg)	(m/s)	(kg/s)	(m3/kg)	
U	288.1	15.0	101325	-10111	7344	288.15	101325	-10111	0	872.1	0.819	0.000
VE	276.1	2.9	85888	-22279	7348	288.15	99674	-10111	156	872.1	0.926	0.456
VE	276.1	2.9	85888	-22279	7348	288.15	99674	-10111	156	872.1	0.926	0.456
VA	704.9	431.7	2000000	422589	7405	714.03	2098879	432524	140	650.9	0.102	0.268
BKE	710.9	437.7	2063488	429079	7405	714.03	2098152	432524	83	650.9	0.100	0.157
BE	288.1	15.0	2163488	-19120	-65	288.15	2164526	-17870	50	19.4	1.205	
BKA	1800.4	1527.3	2026233	1863724	8671	1803.15	2041029	1867596	87	670.3	0.262	0.112
Ku"hlluftentnahmen, die Zahlen zeigen die Turbinenstufen an !												
4	389.6	116.5	181396	92518	7362	344.39	177657	46687	260	4.0	0.410	
4	394.0	120.9	266048	97012	7368	407.72	314674	110940	166	6.8	0.407	
3	463.8	190.6	425396	168278	7375	429.39	369182	133061	253	13.9	0.276	
3	517.4	244.2	590092	223649	7384	533.39	775334	240295	182	19.2	0.215	
2	577.0	303.9	821986	285996	7389	546.07	827984	253528	230	31.2	0.165	
2	608.8	335.6	1178284	319515	7394	623.05	1316182	334659	174	45.3	0.146	
1	667.8	394.7	1414048	382560	7399	638.26	1414081	350874	212	50.1	0.116	
1	704.9	431.7	2000000	422589	7405	714.03	2098879	432524	140	50.7	0.102	
TE	1795.2	1522.0	1997601	1856196	8671	1803.15	2040913	1867596	151	670.3	0.265	0.193
2	770.0	496.9	1272643	493662	7633	861.14	1954382	594884	449	25.4	0.175	0.854
3	1598.3	1325.1	1272643	1573929	8649	1738.71	1882486	1766547	620	721.1	0.370	0.837
4	746.0	472.9	1060455	467323	7651	764.47	1163294	487541	201	25.0	0.203	0.388
5	1490.2	1217.1	1060455	1423178	8607	1512.96	1135031	1453233	245	771.2	0.414	0.342
7	714.6	441.5	739787	433092	7708	802.60	1148928	529541	439	27.2	0.279	0.865
8	1350.1	1076.9	739787	1235871	8587	1469.56	1075945	1391125	557	816.5	0.536	0.814
9	681.6	408.5	531083	397455	7753	703.58	597862	421142	217	21.8	0.370	0.438
10	1236.3	963.2	531083	1088179	8577	1262.99	582312	1121991	260	847.7	0.684	0.396
12	703.4	430.3	382856	420989	7882	786.84	584889	512054	426	15.4	0.530	0.847

```
13 1141.0  867.8  382856  967275 8578 1248.67  562958 1102474 519   866.9 0.875 0.823
14  614.6  341.5  239443  325895 7873  633.62  267843  346073 200    13.9 0.740 0.425
15 1021.2  748.1  239443  818945 8590 1051.50  270431  855960 272   880.8 1.251 0.454
17  635.6  362.4  163257  348142 8019  721.32  261699  440358 429     6.8 1.122 0.895
18  933.0  659.9  163257  712050 8602 1047.14  262847  850278 525   887.5 1.676 0.915
19  545.4  272.3   84877  253162 8046  595.76  117040  305978 325     4.0 1.852 0.728
TA  801.4  528.2   84877  556432 8630  849.49  107102  612727 335   891.5 2.769 0.627
DA  848.0  574.8  100960  610927 8641  849.49  101693  612727  60   891.5 2.463 0.109
PA  849.3  576.2  101325  612527 8642  849.49  101406  612727  20   891.5 2.458 0.036
=====================================================
ISO-Werte der Turbine
ISO 1534.2 1261.0 1990088 1469066 8426 1542.84 2040913 1480466 151   891.5 0.226
   86.76 = ETTISO (%)  Polytroper ISO-Wirkungsgrad
  1269.7 = TTEISO (øC)  Totale ISO-Turbinen Eintrittstemperatur

    Vergleichswerte fu"r die Brennkammer:
  823.601 = EMPAEV (kg/s) A"quivalenter Verdichter Massenstrom
   -2.762 = PDPTBK (%)    Relativer Totaldruckverlust in der Brennkammer
   20.714 = PITVS         Totaldruckverha"ltnis des Verdichters
   20.126 = PITTSM1       Totaldruckverha"ltnis der Turbine
=====================================================
```

Die Energiedaten der einzelnen Turbinenstufen sind zusammengestellt in der folgenden Tab. B.18. Dabei ist die spezifische Euler-Arbeit $w_{t_{EU}}$ konstant für alle Stufen vorgegeben.

Tab. B.18 Energiedaten der einzelnen Turbinenstufen

```
        Energie Werte der Turbinen Stufen

iSt  PTSt(iSt) wTSt(iSt) wTEul(iSt) Qp(iSt)    QpLe(iSt)    QpLa(iSt)
       (MW)       (kJ/kg)   (kJ/kg)    (MW)        (MW)         (MW)
 1 -169.310574 -219.554 -235.199  -48.130385  -23.098243  -25.032142
 2 -192.083327 -226.600 -234.980  -30.272135  -18.491581  -11.780554
 3 -203.653072 -231.226 -234.539  -10.096524   -6.798572   -3.297952
 4 -208.565930 -233.942 -234.812   -3.432417   -2.229953   -1.202464

iSt lambda(iSt) beta0G(i.) lambL1(i.) beta1G(i.) nSt(i.)(1/min)

 1     1.931     0.030     2.081     0.028    3000
 2     2.230     0.026     2.364     0.024    3000
 3     2.457     0.023     2.514     0.023    3000
 4     2.555     0.023     2.575     0.022    3000
 5     2.587     0.022

iSt psiSt rhohSt  etaSt psiEul rhohEul   EXP1G      FPIST

 1  -3.94  0.348  0.844  -4.22  0.326  0.7119649  1.1694817
 2  -3.66  0.441  0.872  -3.79  0.454  0.5207120  1.1034730
 3  -3.22  0.551  0.905  -3.27  0.558  0.4108164  0.9928151
 4  -2.67  0.593  0.921  -2.67  0.597  0.3692884
```

```
iSt   alfa0   alfa1   alfaS   beta1   beta2   betaS

  1    90.0    19.0    42.6   141.9    25.6   -12.1
  2   118.2    20.0    28.2   133.3    22.7   -17.5
  3   125.8    21.9    24.0   120.7    23.2   -22.9
  4   123.5    26.1    22.5   107.5    30.9   -24.6

iSt  cm1      cu1      u1       wu1      cm1SL    cu1SL    cm1SG    cu1SG

 1  202.000  586.883  329.490  257.393  146.434  425.443  207.715  603.488
 2  191.000  523.476  343.299  180.177  150.543  412.594  194.865  534.068
 3  194.000  482.455  367.221  115.234  159.218  395.956  195.303  485.695
 4  231.000  472.330  399.505   72.825  188.676  385.790  231.325  472.995

iSt  cm2      cu2      u2       wu2      cm2SL    wu2SL    cm2SG    wu2SG

 1  216.000 -115.993  334.000 -449.993  190.798  -63.490  220.433 -459.229
 2  211.000 -151.996  352.000 -503.996  191.035 -104.306  213.104 -509.021
 3  227.000 -150.005  379.000 -529.005  190.278  -64.428  227.588 -530.376
 4  317.000 -110.004  419.000 -529.004  309.857  -98.084  317.032 -529.057
=====================================================

 I  TWGE(I)    TWGA       TtKLA     Tt1/2SG    TCGE       TCGA
   (K) (°C)  (K) (°C)   (K) (°C)   (K) (°C)  (K) (°C)  (K) (°C)

 1 1249  976 1199  926  860  587 1777 1504 1454 1180 1329 1056
 1 1206  933 1223  950  834  561 1593 1320 1393 1120 1350 1077
 2 1083  810 1126  853  799  525 1488 1215 1185  912 1195  922
 2 1014  741 1110  837  795  522 1340 1066 1087  814 1160  887
 3 1013  740 1093  820  783  509 1250  977 1013  740 1093  820
 3  972  699 1011  738  728  454 1125  851  972  699 1011  738
 4  935  662  970  697  717  444 1043  770  935  662  970  697
 4  859  586  869  596  723  450  905  632  859  586  869  596
=====================================================
```

In den folgenden Abb. B.9 und B.10 wird die Zustandsänderung der Luft und der Verbrennungsgase beim Durchströmen der Anlage im T, s- und h, s-Diagramm dargestellt.

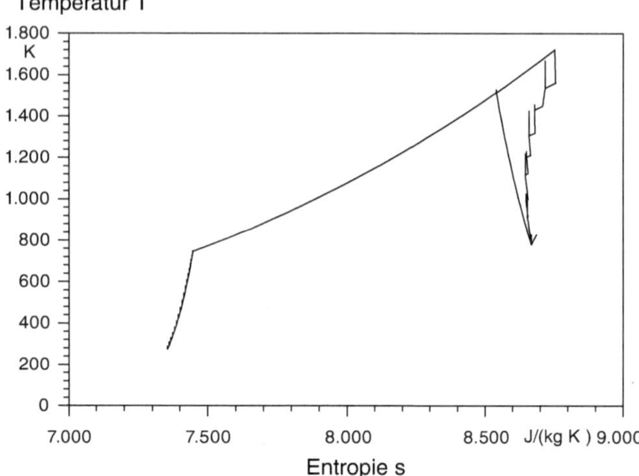

Abb. B.9 T, s-Diagramm für die Zustandsänderung in der Anlage

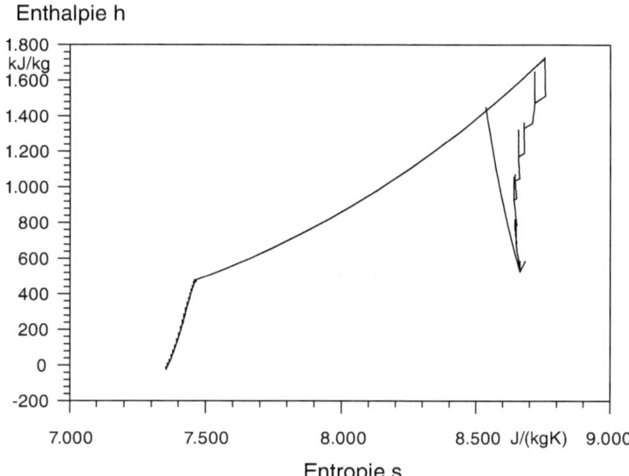

Abb. B.10 h, s-Diagramm für die Zustandsänderung in der Anlage

B.4 Wirtschaftliche Daten

```
' wirtschaftliche Daten'
   22.25,'=SGT   =-CGT/PET (Euro/kW)      spez. Kost Gasturbine'
  712.00,'=SQPT  =-CQPT/QPT (Euro/kW)     spez. Kost Turbinenku"lung'
   31.00,'=SVERD =CVERD/PV (Euro/kW)      Verdichter'
   15.13,'=SGGT  =CGGT/PELGT (Euro/kW)    GT Generator'
 3916.00,'=SGTB  =CGTB/EMPVE (Euro(kg/s)  GT Gebaüde,Luftein.,Gasaust.'
    3.83,'=SCC   =CCC/EPB (Euro/kW)       Brennkammer'
   53.40,'=SCTRGT=CCTRGT/PELGT (Euro/kW)  GT Regelung+elektr. Ausru"st.'
 0.03    ,'=CZ (1/a)           Zinssatz'
 0.04    ,'=CI (1/a)           Inflationsrate'
```

```
  0.01    ,'=CV (1/a)          Versicherungssatz'
  0.02    ,'=CS (1/a)          Steuersatz'
  0.0054 ,'=CF (Euro/kWh)      allgemeiner Faktor'
 100000. ,'=CN (h)             Lebensdauer der Anlage'
  800.    ,'=CT (h/a)          Volllastzeit'
   2.00  ,'=CB (Ct/kWh)      spezifische Brennstoff Kosten'

*****************************************************
              Kosten der Gasturbinenanlage (mln Euro)

(  K_GT =    17,160 Gasturbine                              6,0 % of GT)
(( K_Konv = 48,471 Konvektionsku"hlung                     17,0 % von GT))
(( K_Film = 93,183 Filmku"hlung                            32,8 % von GT))
((K_Besch = 79,833 Beschichtung                            28,1 % von GT))
(K_T-Kuel =221,486 gesamte Turbinenku"hlung                77,9 % von GT)
( CVERD =   11,302 Verdichter                               4,0 % of GT)
(    CCC =   3,696 Brennkammer                              1,3 % of GT)
   CCGT =  253,644 Gasturbine (Turb,Ku"hl.,Verd.,Verbr.)   89,2 % of GT
   CGGT =    6,048 Generator                                2,1 % of GT
 CCTRGT =   21,344 Regelung und elektrische Ausru"stung     7,5 % der GT
   CGTB =    3,415 Au"s"ere Komponenten der Gasturbine      1,2 % der GT

   CCGT =  284,451 gesamte Gasturbinen Einheit            100,0 % of GT
*****************************************************
 711.65 SCGT = CCGT/PEL (Euro/kW)  gesamtspez. Kosten der GT Anlage
****************************************************
  12.0 CNA (a) Lebensdauer der Anlage
  16.4=epsi (Ct/kWh) Stromgestehungskosten bei CT =  800. (h/a)
****************************************************
```

In der folgenden Tabelle werden die Stromgestehungskosten in Abhängigkeit von der Jahresvolllastzeit für drei verschiedene spezifische Brennstoffkosten angegeben.

Die hohen Kosten bei kurzem Jahresbetrieb geben einem mehr als zu denken!

```
****************************************************
  1.07 0.0944 Q A
****************************************************
    Stromgestehungskosten epsi(CT,ECEFF1-3)
       I   CT(h/a) CNA(a)  ECEFF1(Ct/kWh) ECEFF2   ECEFF3
 [spez. Brennst. Kost:   (1,5Ct/kWh)  (2,0Ct/kWh) (2,5Ct/kWh)]
       1     200.   20.      48.4198      49.6269     50.8341
       2     400.   20.      26.2906      27.4978     28.7049
       3     600.   20.      18.9142      20.1214     21.3285
       4     800.   20.      15.2260      16.4332     17.6403
       5    1000.   20.      13.0131      14.2203     15.4274
       6    1200.   20.      11.5378      12.7450     13.9522
       7    1400.   20.      10.4841      11.6912     12.8984
       8    1600.   20.       9.6937      10.9009     12.1081
       9    1800.   20.       9.0791      10.2862     11.4934
      10    2000.   20.       8.5873       9.7944     11.0016
      11    2200.   20.       8.1849       9.3921     10.5992
      12    2400.   20.       7.8497       9.0568     10.2640
```

```
    13    2600.   20.      7.5659       8.7731       9.9803
    14    2800.   20.      7.3228       8.5299       9.7371
    15    3000.   20.      7.1120       8.3192       9.5263
    16    3200.   20.      6.9276       8.1348       9.3419
    17    3400.   20.      6.7649       7.9720       9.1792
    18    3600.   20.      6.6203       7.8274       9.0346
    19    3800.   20.      6.4908       7.6980       8.9052
    20    4000.   20.      6.3744       7.5815       8.7887
    21    4200.   19.      6.3090       7.5161       8.7233
    22    4400.   18.      6.2544       7.4615       8.6687
    23    4600.   17.      6.2100       7.4171       8.6243
    24    4800.   16.      6.1755       7.3827       8.5898
    25    5000.   16.      6.0950       7.3021       8.5093
****************************************************

  U = Umgebung
 VE = Verdichter Eintritt
 VA = Verdichter Austritt
BKE = Brennkammer Eintritt
 BE = Brennstoff Eintritt in Brennkammer
BKA = Brennkammer Austritt
  1 = Turbinen Eintritt (TE)
  2 = Konvektionsku"lung Luft Stator Austritt 1. Stufe
  3 = Zustand 1  1. Stufe
  4 = Konvektionsku"lung Luft Rotor Austritt 1. Stufe
  5 = Austritt 1. Stufe
  6 = Eintritt 2. Stufe
  7 = Konvektionsku"lung Luft Stator Austritt 2. Stufe
  8 = Zustand 1  2. Stufe
  9 = Konvektionsku"lung Luft Rotor Austritt 2. Stufe
 10 = Austritt 2. Stufe
 11 = Eintritt 3. Stufe
 12 = Konvektionsku"lung Luft Stator Austritt 3. Stufe
 13 = Zustand 1  3. Stufe
 14 = Konvektionsku"lung Luft Rotor Austritt 3. Stufe
 15 = Austritt 3. Stufe
 16 = Eintritt 4. Stufe
 17 = Konvektionsku"lung Luft Stator Austritt 4. Stufe
 18 = Zustand 1  4. Stufe
 19 = Konvektionsku"lung Luft Rotor Austritt 4. Stufe
 20 = Turbinen Austritt (TA)
 DA = Diffusor Austritt
 PA = Anlagen/Du"sen Austritt
```

Ergebnisse der Optimierungsrechnung für eine 30 MW Industrie-Gasturbine

C

Nachstehend werden in der Tab. C.3 die wichtigsten Ergebnisse der Optimierungsrechnung für eine Gasturbinenanlage angegeben, die bei allen berechneten Fällen stets eine elektrische Abgabeleistung von $P_{el} = 30\,\text{MW}$ hat.

Gleich bleiben auch die folgenden Größen (Tab. C.1):

Tab. C.2 gibt die Daten an, die bei der Wirtschaftlichkeitsrechnung eingesetzt wurden.

Um den Vergleich unabhängig von speziellen Kosten-Werten zu machen, ist eine fiktive Monetäre Einheit (ME) eingesetzt.

Die Kühlluft ist zum Vergleich auf den Verdichtereintrittsmassenstrom bezogen:

$$f_{\text{Kühl}} =_{\text{def}} \frac{\dot{m}_{KL}}{\dot{m}_{V_E}} \dot{m}_{V_E}.$$

Die zeichnerische Darstellung war schon in Abb. 9.1 von Teil I gezeigt worden.

Tab. C.1 Konstante Werte bei der Optimierunsrechnung für eine 30 MW Gasturbinenanlage

Turbineneintrittstemperatur	$T_{t_{T_E}} = 1450\,°\text{C}$
Schaufeltemperatur des 1. Leitrades	$T_{\text{Wand}_{1.\text{Le}}} = 940\,°\text{C}$
Schaufeltemperatur des 1. Laufrades	$T_{\text{Sch}_{1.\text{La}}} = 930\,°\text{C}$
Schaufeltemperatur des 2. Leitrades	$T_{\text{Sch}_{2.\text{Le}}} = 900\,°\text{C}$
Schaufeltemperatur des 2. Laufrades	$T_{\text{Sch}_{2.\text{La}}} = 900\,°\text{C}$
Schaufeltemperatur des 3. Leitrades	$T_{\text{Sch}_{3.\text{Le}}} = 844\,°\text{C}$
Schaufeltemperatur des 3. Laufrades	$T_{\text{Sch}_{3.\text{La}}} = 750\,°\text{C}$
Schaufeltemperatur des 4. Leitrades	$T_{\text{Sch}_{4.\text{Le}}} = 712\,°\text{C}$
Schaufeltemperatur des 4. Laufrades	$T_{\text{Sch}_{4.\text{La}}} = 603\,°\text{C}$
Umgebungsdruck	$p_U = 0{,}101325\,\text{MPa}$
Umgebungstemperatur	$T_U = 25\,°\text{C}$
Relative Feuchte	$\varphi_{\text{Luft}} = 60\,\%$
Drehzahl	$n = 8820\,\text{min}^{-1}$
Verdichterwirkungsgrad	$\eta_{tV} = 91\,\%$

W. Bitterlich, U. Lohmann, *Gasturbinenanlagen*,
https://doi.org/10.1007/978-3-658-15067-9_15

Tab. C.2 Werte für die Wirtschaftlichkeitsrechnung

Jahresvolllastzeit	$T_{a_j} = 7000\,\text{h}$
Spez. Brennstoffkosten	$b_B = 0{,}81\,\frac{\text{ME}}{\text{kWh}}$
Lebensdauer der Anlage	$n_a = 100.000\,\text{h}$
Zinsrate	$z_a = 0{,}03\,\frac{1}{\text{a}}$
Inflationsrate	$i_a = 0{,}04\,\frac{1}{\text{a}}$
Steuersatz	$s_a = 0{,}02\,\frac{1}{\text{a}}$
Versicherungssatz	$v_a = 0{,}01\,\frac{1}{\text{a}}$
Spez. Kost. Gasturbine	$s_T =_{\text{def}} \frac{K_T}{-P_T} = 933{,}92\,\frac{\text{ME}}{\text{kW}}$
Spez. Kost. Turbinenkühlung	$s_{T_{\text{Kühl}}} =_{\text{def}} \frac{K_{T_{\text{Kühl}}}}{-\dot{Q}_T} = 2627{,}45\,\frac{\text{ME}}{\text{kW}}$
Bez.	
Spez. Kost. Konvektionskühlung	$s_{T_{\text{Konv}}} =_{\text{def}} \frac{K_{\text{Konv}}}{-\dot{Q}_{KL}} = 1705{,}827\,\frac{\text{ME}}{\text{kW}}$
Spez. Kost. Filmkühlung	$s_{T_{\text{Film}}} =_{\text{def}} \frac{K_{\text{Film}}}{\dot{m}_{\text{Film}}} = 1{,}093456 \cdot 10^9\,\frac{\text{ME}}{\frac{\text{kg}}{\text{s}}}$
Spez. Kost. Beschichtung	$s_{T_{\text{Besch}}} =_{\text{def}} \frac{K_{\text{Besch}}}{V_{\text{Besch}}} = 14{,}48195 \cdot 10^{12}\,\frac{\text{ME}}{\text{m}^3}$
Spez. Kost. Verdichters	$s_V =_{\text{def}} \frac{K_V}{P_V} = 1341{,}01\,\frac{\text{ME}}{\text{kW}}$
Spez. Kost. Generators	$s_{\text{Gen}} =_{\text{def}} \frac{K_{\text{Gen}}}{P_{el}} = 650{,}33\,\frac{\text{ME}}{\text{kW}}$
Spez. Kost. Brennkammer	$s_{BK} =_{\text{def}} \frac{K_{BK}}{\dot{E}_{BK}} = 93{,}65\,\frac{\text{ME}}{\text{kW}}$
Spez. Kost. Regelung + el. Ausr.	$s_{\text{Regelung}} =_{\text{def}} \frac{K_{\text{Regelung}}}{P_{el}} = 2560{,}65\,\frac{\text{ME}}{\text{kW}}$
Spez. Kost. Geb. + äuß. Komp.	$s_{\text{Gebäude}} =_{\text{def}} \frac{K_{\text{Gebäude}}}{\dot{m}_V} = 16360{,}18\,\frac{\text{ME}}{\frac{\text{kg}}{\text{s}}}$
Spez. Zusatzkosten	$f_{\text{zus}} =_{\text{def}} \frac{K_{\text{zus}}}{W_{el}} = 0{,}2314\,\frac{\text{ME}}{\text{kWh}}$
Bezugswerte f. d. Kostenrechnung:	
	$P_{T_{\text{ref}}} = 359{,}545 \cdot 10^6\,\text{W}$ $f_{K_T} = 0{,}9$ $\dot{Q}_{T_{\text{ref}}} = 33{,}072 \cdot 10^6\,\text{W}$ $f_{K_{\dot{Q}_T}} = 0{,}9$
Bzw.	
	$\dot{Q}_{\text{Konv}_{\text{ref}}} = 15{,}631 \cdot 10^6\,\text{W}$ $f_{T_{\text{Konv}}} = 0{,}9$ $\dot{m}_{\text{Film}_{\text{ref}}} = 33{,}81167\,\frac{\text{kg}}{\text{s}}$ $f_{T_{\text{Film}}} = 0{,}9$ $V_{\text{Besch}_{\text{ref}}} = 0{,}0023758\,\text{m}^3$ $f_{T_{\text{Besch}}} = 0{,}9$
	$P_{V_{\text{ref}}} = 178{,}408 \cdot 10^6\,\text{W}$ $f_{K_V} = 0{,}9$ $P_{el_{\text{ref}}} = 177{,}242 \cdot 10^6\,\text{W}$ $f_{K_{\text{Gen}}} = 0{,}833$ $\dot{E}_{B_{\text{ref}}} = 459{,}428 \cdot 10^6\,\text{W}$ $f_{K_{BK}} = 0{,}9$ $f_{K_{\text{Regelung}}} = 0{,}353$ $\dot{m}_{V_{\text{ref}}} = 449{,}7 \cdot 10^6\,\frac{\text{kg}}{\text{s}}$ $f_{K_{\text{Gebäude}}} = 0{,}9$

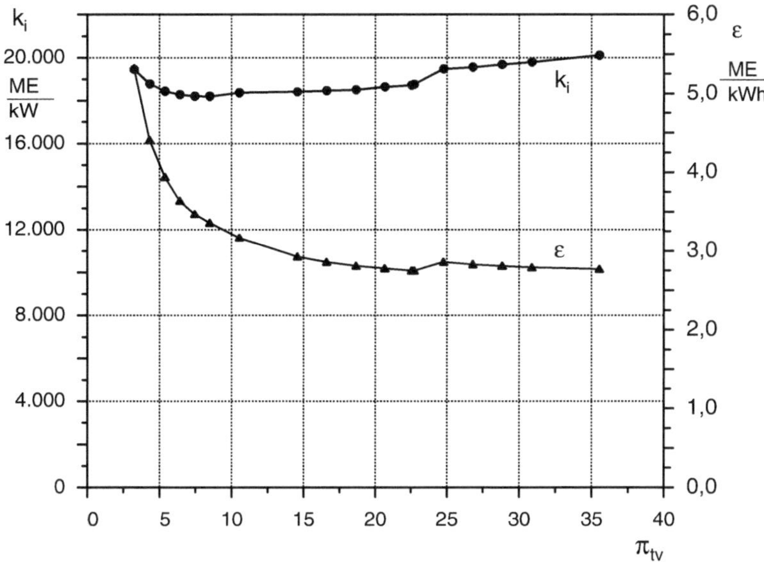

Abb. C.1 Wirtschaftliche Optimierung für eine 30 MW-Gasturbinenanlage. Spezifische Investitionskosten k_i und spezifische Stromgestehungskosten ϵ in Abhängigkeit vom Verdichterdruckverhältnis π_{t_V}

Tab. C.3 Ergebnisse der Optimierungsrechnung für eine 30 MW Gasturbinenanlage

p_{V_A} (MPa)	π_{t_V}	η_{ges} (%)	w_t ($\frac{J}{kg}$)	k_i ($\frac{ME}{kW}$)	ϵ_j ($\frac{ME}{kWh}$)	T_{ISO} (°C)	p_{tV_A} (MPa)	T_{tV_A} (°C)	z_V	T_{tT_A} (°C)	z_T (%)	$\eta_{T_{ISO}}$	$f_{\text{Kühl}}$ ($\frac{kg}{s}$)	$\dot{m}_{V_E}$ (MW)	P_V
0,3	3,23	17,4	−262	19453	5,32	1295	0,327	143,2	5	1000	2	85,2	0,139	117,0	15,0
0,4	4,31	21,5	−292	18780	4,41	1225	0,437	181,2	7	875	3	84,9	0,201	104,7	16,9
0,5	5,37	24,6	−330	18439	3,94	1240	0,544	212,8	8	834	3	85,8	0,192	92,7	18,0
0,6	6,41	27,0	−359	18281	3,64	1252	0,650	240,2	9	802	3	86,1	0,183	85,4	18,9
0,7	7,45	28,6	−376	18215	3,47	1262	0,755	264,4	9	778	3	85,9	0,178	81,4	20,1
0,8	8,48	29,8	−387	18208	3,36	1269	0,859	286,3	10	757	3	85,4	0,172	79,0	21,3
1,0	10,53	32,0	−369	18372	3,17	1191	1,067	324,5	11	658	4	86,2	0,245	83,1	24,8
1,4	14,56	35,4	−398	18412	2,93	1222	1,475	386,5	14	612	4	87,0	0,225	77,0	28,0
1,6	16,60	36,6	−406	18459	2,86	1233	1,682	412,6	15	595	4	86,9	0,216	75,5	29,5
1,8	18,64	37,4	−408	18560	2,81	1241	1,889	436,4	16	578	4	86,9	0,214	75,1	31,4
2,0	20,68	38,0	−409	18644	2,78	1251	2,096	458,3	17	566	4	86,7	0,207	74,8	33,0
2,18	22,53	38,5	−408	18725	2,75	1255	2,275	475,8	17	555	4	86,4	0,204	74,6	34,2
2,2	22,72	38,5	−406	18761	2,76	1255	2,302	478,6	18	553	4	86,4	0,207	75,3	34,9
2,4	24,76	37,0	−335	19472	2,86	1157	2,509	497,5	19	492	5	84,5	0,307	91,3	43,0
2,6	26,80	37,5	−335	19557	2,83	1162	2,715	515,3	20	482	5	84,4	0,304	91,2	44,5
2,8	28,83	37,9	−333	19678	2,81	1164	2,921	532,1	21	471	5	84,5	0,304	91,9	46,4
3,0	30,87	39,1	−331	19797	2,79	1168	3,128	547,9	23	462	5	84,6	0,304	87,0	45,4
3,46	35,54	39,6	−323	20110	2,77	1174	3,601	581,6	25	443	5	84,6	0,306	89,3	49,8

Tab. C.3 (Fortsetzung)

p_{V_A}	π_{t_V}	$\dot{m}_B$	P_T	$\dot{Q}_T$	$T_{t_{T_E}}$	$T_{t_{W_{1.La}}}$
(MPa)		($\frac{kg}{s}$)	(MW)	(MW)	(°C)	(°C)
0,3	3,23	3,443	−46,5	−10,6	1450	1316,7
0,4	4,31	2,783	−48,5	−11,0	1450	1348,1
0,5	5,37	2,438	−49,6	−9,4	1450	1329,5
0,6	6,41	2,223	−50,5	−8,5	1450	1312,8
0,7	7,45	2,099	−51,7	−7,9	1450	1299,5
0,8	8,48	2,014	−52,9	−7,5	1450	1291,6
1,0	10,53	1,874	−56,5	−8,5	1450	1332,7
1,4	14,56	1,692	−59,9	−7,3	1450	1314,8
1,6	16,60	1,640	−61,3	−6,9	1450	1308,9
1,8	18,64	1,602	−63,3	−6,6	1450	1303,2
2,0	20,68	1,576	−64,9	−6,4	1450	1299,0
2,18	22,53	1,556	−66,2	−6,5	1450	1297,9
2,2	22,72	1,559	−66,9	−6,3	1450	1295,9
2,4	24,76	1,621	−75,1	−7,9	1450	1339,9
2,6	26,80	1,598	−76,6	−7,7	1450	1337,3
2,8	28,83	1,582	−78,5	−7,6	1450	1335,3
3,0	30,87	1,495	−77,6	−7,1	1450	1329,1
3,46	35,54	1,475	−82,1	−7,0	1450	1324,8

Ergebnisse für das stationäre Betriebsverhalten: 30 MW Industrie-Gasturbine

Eine wichtige, entscheidende Komponente für das Betriebsverhalten der Anlage ist der Verdichter, der von außen durch eine Veränderung des Winkels des Vorleitrades $\Delta\alpha_{VLe} \neq 0$ beinflusst werden kann.

Hier werden die Konstanten, Bezugswinkel und Exponenten der Veränderlichkeit der Verlustbeiwerte und der Abströmwinkel der Schaufelreihen des Verdichters angegeben. Sie wurden gerundet derart angenommen, dass das bekannte Betriebsverhalten eines vielstufigen Axialverdichters bei allen sinnvollen Betriebszuständen in etwa richtig vorausberechnet werden konnte. Vereinfacht wurde für alle Stufen mit den gleichen Werten gerechnet.

Verdichter

Vorleitrad:

$\Delta\alpha_{VLe} < 0$	Bruststoß:
$K_{VLe_B} = 30$	Konstante der Verlustbeiwert-Veränderlichkeit
$\Delta\alpha_{VLe_B} = -40\,^\circ$	Bezugswinkel
$E_{VLe_B} = 4$	Exponent
$\Delta\alpha_{VLe} > 0$	Nackenstoß:
$K_{VLe_N} = 15$	Konstante der Verlustbeiwert-Veränderlichkeit
$\Delta\alpha_{VLe_N} = 20\,^\circ$	Bezugswinkel
$E_{VLe_N} = 4$	Exponent

W. Bitterlich, U. Lohmann, *Gasturbinenanlagen*,
https://doi.org/10.1007/978-3-658-15067-9_16

Laufrad:

$\Delta\beta_1 < 0$	Bruststoß:
$K_{La_B} = 1{,}4$	Konstante der Verlustbeiwert-Veränderlichkeit
$\Delta\beta_{1_B} = -35\,°$	Bezugswinkel
$E_{La_B} = 3{,}5$	Exponent
$K_{\beta La_B} = -0{,}24$	Konstante der Abströmwinkel-Veränderlichkeit
$E_{\beta La_B} = 3{,}5$	Exponent Abströmwinkel
$\Delta\beta_1 > 0$	Nackenstoß:
$K_{La_N} = 2{,}1$	Konstante der Verlustbeiwert-Veränderlichkeit
$\Delta\beta_{1_N} = 55\,°$	Bezugswinkel
$E_{La_N} = 3{,}5$	Exponent
$K_{\beta La_N} = -0{,}225$	Konstante der Abströmwinkel-Veränderlichkeit
$E_{\beta La_N} = 3{,}5$	Exponent Abströmwinkel
$\Delta\alpha_2 < 0$	Bruststoß:
$K_{Le_B} = 1{,}4$	Konstante der Verlustbeiwert-Veränderlichkeit
$\Delta\alpha_{1_B} = -35\,°$	Bezugswinkel
$E_{Le_B} = 3{,}5$	Exponent

Leitrad:

$K_{\alpha Le_B} = -0{,}246$	Konstante der Abströmwinkel-Veränderlichkeit
$E_{\alpha Le_B} = 2{,}5$	Exponent Abströmwinkel
$\Delta\alpha_2 > 0$	Nackenstoß:
$K_{Le_N} = 2{,}0$	Konstante der Verlustbeiwert-Veränderlichkeit
$\Delta\alpha_{2_N} = 55\,°$	Bezugswinkel
$E_{Le_N} = 3{,}5$	Exponent
$K_{\alpha Le_N} = -0{,}215$	Konstante der Abströmwinkel-Veränderlichkeit
$E_{\alpha Le_N} = 2{,}5$	Exponent Abströmwinkel

Sehr großen Einfluss auf die Betriebswerte des Verdichters haben die Kühlluftentnahmen nach einzelnen Schaufelreihen. Die Entnahmestellen liegen von der Auslegungsrechnung her fest. Die Kühlluftmassenströme werden bei Nenndrehzahl näherungsweise proportional dem Verdichtermassenstrom angenommen.

Auch bei der Turbine vergrößern sich die Verlustbeiwerte bei Falschanströmung. Allerdings ist der Einfluss gering, weil bei stationären Betriebspunkten (mit Abgabe von Nutzleistung) die Falschanströmung in den Turbinenstufen klein ist.

Turbine
Leitrad:

$\Delta\alpha_0 < 0$	Bruststoß:
$K_{Le_B} = 0{,}95$	Konstante der Verlustbeiwert-Veränderlichkeit
$\Delta\alpha_{0_B} = -90\,°$	Bezugswinkel
$E_{Le_B} = 3{,}5$	Exponent
$\Delta\alpha_0 > 0$	Nackenstoß:
$K_{Le_N} = 1{,}0$	Konstante der Verlustbeiwert-Veränderlichkeit
$\Delta\alpha_{0_N} = 90\,°$	Bezugswinkel
$E_{Le_N} = 3{,}5$	Exponent

Laufrad:

$\Delta\beta_1 < 0$	Bruststoß:
$K_{La_B} = 0{,}95$	Konstante der Verlustbeiwert-Veränderlichkeit
$\Delta\beta_{1_B} = -90\,°$	Bezugswinkel
$E_{La_B} = 3{,}5$	Exponent
$\Delta\beta_1 > 0$	Nackenstoß:
$K_{La_N} = 1{,}0$	Konstante der Verlustbeiwert-Veränderlichkeit
$\Delta\beta_{1_N} = 90\,°$	Bezugswinkel
$E_{La_N} = 3{,}5$	Exponent

Für die 30 MW Industrie-Gasturbine wurden eine Reihe von stationären Betriebspunkten berechnet, deren wichtigste Ergebnisse in der folgenden Tab. D.1 angegeben werden.

Dabei werden bei „Volllast", d. h. bei Nennlaststellung des Vorleitrades ($\Delta\alpha_{VLe} = 0$), die Umgebungszustände der Luft bezüglich Temperatur T_U, Druck p_U und relative Feuchte φ_{Luft} verändert, um deren Einfluss zu zeigen.

Weiterhin wird bei ISO-Bedingungen für die Luft sowie für eine niedrige und hohe Umgebungstemperatur T_U der Winkel des Vorleitrades verändert ($\Delta\alpha_{VLe} \neq 0$), um auch Teillast und sogar Überlast darzustellen.

BEZP ist der Auslegungs-Bezugspunkt, der die Ergebnisse der Auslegungsrechnung für die 30 MW Industrie-Gasturbine angibt. (Dabei werden u. A. die geometrischne Größen berechnet, die für die Betriebspunkt-Rechnung benötigt werden.)

Weiterhin die Darstellung einiger Ergebnisse für den gesamten stationären Betriebsbereich bei Leistungsabgabe.

In den Abb. D.1 und D.2 das Totaldruckverhältnis $\pi_{t_V} =_{\text{def}} \frac{p_{t_{V_A}}}{p_{t_{V_E}}}$ Abhängigkeit vom reduzierten Massenstrom $\dot{m}_{\text{red}_V}$ und dem Verstellwinkel $\Delta\alpha_{VLe}$ des Verdichter-Vorleitrades.

Der Kupplungswirkungsgrad $\eta_k =_{\text{def}} \frac{-P_k}{\dot{E}_B}$ wird in Abb. D.3 dargestellt.

Tab. D.1 Ergebnisse stationäres Betriebsverhalten 30 MW Industrie-GT

T_U (°C)	p_U (bar)	φ_{Luft} (%)	$\Delta\alpha_{VLe}$ (°)	n_{red_V} (s^{-1})	$\dot{m}_{red_V}$ $\left(\frac{kg}{s}\right)$	π_{t_V}	φ_{V_E}	η_{t_V} (%)	η_{ts_V} (%)	n_{red_T} (s^{-1})	$\dot{m}_{red_T}$ $\left(\frac{kg}{s}\right)$	$\pi_{t_T}^{-1}$	λ	$\dot{m}_B$ $\left(\frac{kg}{s}\right)$	$T_{t_{T_E}}$ (°C)	$T_{t_{ISO}}$ (°C)	$\eta_{T_{ISO}}$ (%)	$\left(\frac{n}{n-1}\right)_T$	P_k (MW)	η_k (%)
+15	1,01325	0	0	147,29	74,97	22,48	0,548			146,79	58,24	20,13			1454,98			4,231	30,74	
+15	1,01325	60	0	147,00	74,79	22,41	0,548	90,2	85,5	146,65	58,23	20,10	2,20	1,556	1451,72	1256,79	87,0	4,238	30,74	39,5 (AP)
+15	1,01325	100	0	146,82	74,68	22,37	0,548			146,56	58,22	20,10			1449,53			4,243	30,76	
+15	0,95	60	0	146,99	74,78	22,46	0,548			146,77	58,23	20,17			1448,64			4,251	28,77	
+15	1,01325	60	0	147,00	74,79	22,41	0,548	90,2	85,5	146,65	58,23	20,10	2,20	1,556	1451,72	1256,79	87,0	4,238	30,74	39,5 (AP)
+15	1,05	60	0	147,02	74,80	22,37	0,548			146,58	58,23	20,08			1453,46			4,230	31,93	
−10	1,01325	60	0	154,08	79,32	24,80	0,554			146,28	58,23	20,05			1464,06			4,334	35,67	
+5	1,01325	60	0	149,77	76,62	23,30	0,551			146,53	58,24	20,09			1456,91			4,274	32,69	
+15	1,01325	60	0	147,01	74,79	22,41	0,548	90,2	85,5	146,65	58,23	20,10	2,20	1,556	1451,72	1256,79	87,0	4,238	30,74	39,5 (AP)
+25	1,01325	60	0	144,28	72,93	21,39	0,544			146,99	58,19	19,75			1438,96			4,217	28,82	
+30	1,01325	60	0	142,91	71,29	20,84	0,542			147,47	58,18	19,31			1428,29			4,218	27,32	
+40	1,01325	60	0	140,11	69,98	19,87	0,538			147,84	58,13	18,67			1405,24			4,232	24,95	
+40	1,01325	0	0	147,29	67,88	20,16	0,496			148,22	58,17	19,04			1423,76			4,187	25,41	
+40	1,01325	60	0	140,11	69,98	19,87	0,538			147,84	58,13	18,67			1405,24			4,232	24,95	
+40	1,01325	100	0	139,33	69,46	19,68	0,537			147,51	58,26	18,48			1394,11			4,258	24,41	
−10	1,01325	60	−40	154,08	54,30	16,69	0,380	84,9	78,5	151,17	58,20	15,79	2,31	1,156	1356,45	1176,47	85,3	4,158	20,51	35,4
−10	1,01325	60	−30	154,08	63,5	19,4	0,444	87,	82,		58,		2,	1,						
−10	1,01325	60	−20	154,08	69,9	21,5	0,489	89,	83,		58,		2,	1,						
−10	1,01325	60	−10	154,08	74,9	23,2	0,524	89,8	84,		58,		2,	1,						
−10	1,01325	60	0	154,08	79,32	24,80	0,554	90,2	85,3	146,28	58,26	20,05	2,11	1,796	1464,05	1255,60	86,9	4,334	35,67	39,7
−10	1,01325	60	+10	154,08	83,86	26,15	0,586	90,1	85,1	146,51	58,24	20,00	2,15	1,863	1459,25	1250,21	86,9	4,422	36,40	39,0

Tab. D.1 (Fortsetzung)

T_U (°C)	p_U (bar)	φ_{Luft} (%)	$\Delta\alpha_{VLe}$ (°)	n_{red_V} (s^{-1})	$\dot{m}_{red_V}$ $\left(\frac{kg}{s}\right)$	π_{t_V}	φ_{V_E}	η_{t_V} (%)	η_{ts_V} (%)	n_{red_T} (s^{-1})	$\dot{m}_{red_T}$ $\left(\frac{kg}{s}\right)$	$\pi_{t_T}^{-1}$	λ	$\dot{m}_B$ $\left(\frac{kg}{s}\right)$	$T_{t_{T_E}}$ (°C)	$T_{t_{ISO}}$ (°C)	$\eta_{T_{ISO}}$ (%)	$\left(\frac{n}{n-1}\right)_T$	P_k (MW)	η_k (%)
+15	1,01325	60	−45	147,00	48,61	13,94	0,356	85,5	79,6	154,39	58,10	13,39	2,53	0,907	1287,15	1126,35	84,6	4,159	14,40	31,7
+15	1,01325	60	−40	147,00	53,19	15,35	0,390	85,	80,	152,67	58,15	14,71			1321,59			4,168	17,25	
+15	1,01325	60	−30	147,00	61,37	18,06	0,450	88,	83,	149,78	58,18	17,01			1381,99			4,179	22,69	
+15	1,01325	60	−20	147,00	66,91	19,80	0,490	89,0	84,	148,15	58,20	18,55			1417,57			4,184	26,68	
+15	1,01325	60	−10	147,00	71,09	21,19	0,521	90,3	85,7	147,11	58,22	19,62	2,20	1,482	1440,94	1248,60	86,8	4,198	29,31	39,5
+15	1,01325	60	0	147,00	74,79	22,41	0,548	90,2	85,5	146,65	58,23	20,10	2,20	1,556	1451,72	1256,79	87,0	4,238	30,74	39,5 (AP)
+15	1,01325	60	+10	147,00	78,51	23,46	0,575	90,6	86,0	146,61	58,22	20,06	2,21	1,620	1452,72	1256,78	87,0	4,297	31,72	39,0
+30	1,01325	60	−40	142,91	52,36	14,76	0,395	86,3	80,8	151,43	58,08	13,97	2,58	0,916	1298,35	1130,08	85,0	4,202	14,53	31,7
+30	1,01325	60	−30	142,91	59,89	17,04	0,451	89,3	84,7	150,73	58,14	16,14	2,39	1,128	1353,55	1183,88	85,8	4,200	20,00	31,7
+30	1,01325	60	−20	142,91	64,92	18,63	0,489	90,0	85,6	149,15	58,14	17,46	2,32	1,244	1387,25	1209,90	86,2	4,205	23,05	37,0
+30	1,01325	60	−10	142,91	68,67	19,84	0,518	90,4	86,0	148,20	58,16	18,53	2,29	1,332	1408,15	1226,72	86,5	4,219	25,34	38,0
+30	1,01325	60	0	142,91	71,97	20,86	0,542	90,8	86,6	147,35	58,17	19,31	2,25	1,415	1427,05	1242,15	86,8	4,223	27,44	38,7
+30	1,01325	60	+10	142,91	75,26	21,88	0,567	91,0	86,7	146,68	58,19	20,07	2,23	1,490	1442,35	1254,66	87,0	4,237	29,26	39,2
+15	1,01325	60	0	147,00	74,80	22,46	0,548					20,13	2,20	1,552	1450,00			4,247	30,33	(BEZP)

Abb. D.1 Betriebspunkte Verdichterdruckverhältnis π_{t_V} in Abhängigkeit vom reduzierten Massenstrom $\dot{m}_{red_V}$ für verschiedene reduzierte Drehzahlen n_{red_V} und Verstellwinkel $\Delta\alpha_{VLe}$ im Verdichter-Feld

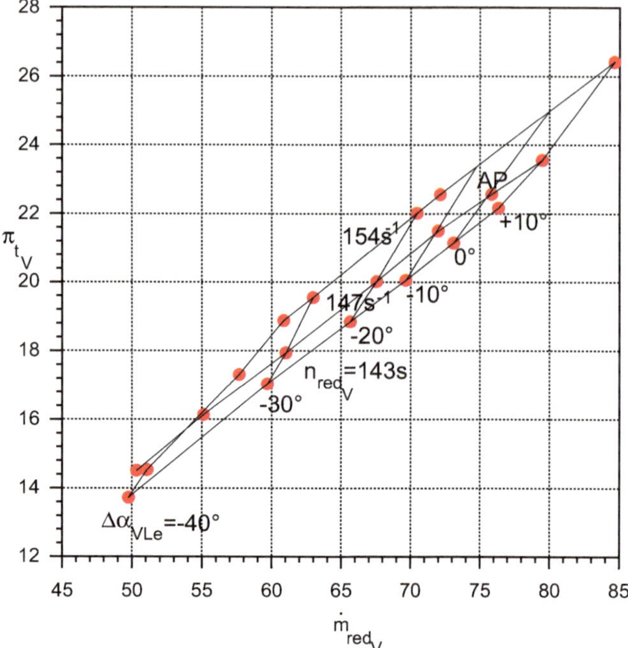

Abb. D.2 Verdichterdruckverhältnis π_{t_V} in Abhängigkeit vom Verstellwinkel $\Delta\alpha_{VLe}$ für verschiedene reduzierte Drehzahlen n_{red_V}

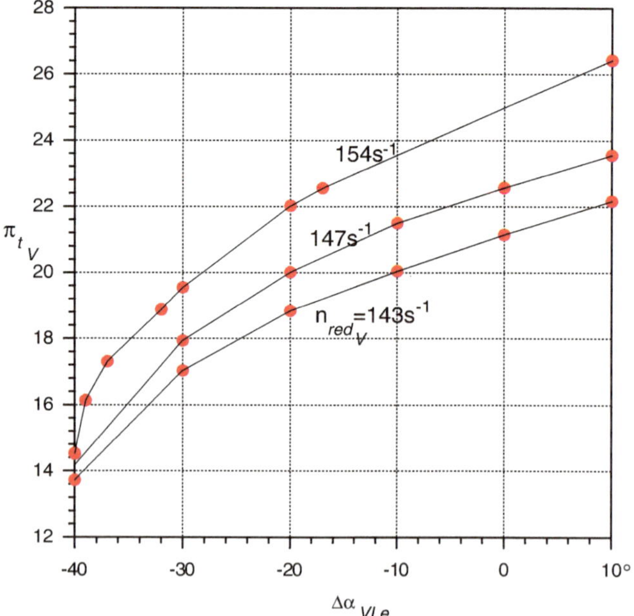

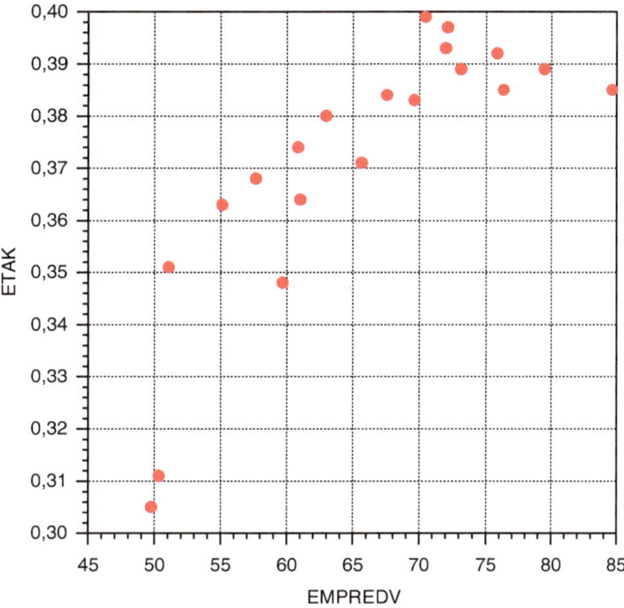

Abb. D.3 Kupplungswirkungsgrad η_k in Abhängigkeit vom reduzierten Massenstrom $\dot{m}_{\text{red}_V}$ für verschiedene Verstellwinkel $\Delta\alpha_{VLe}$

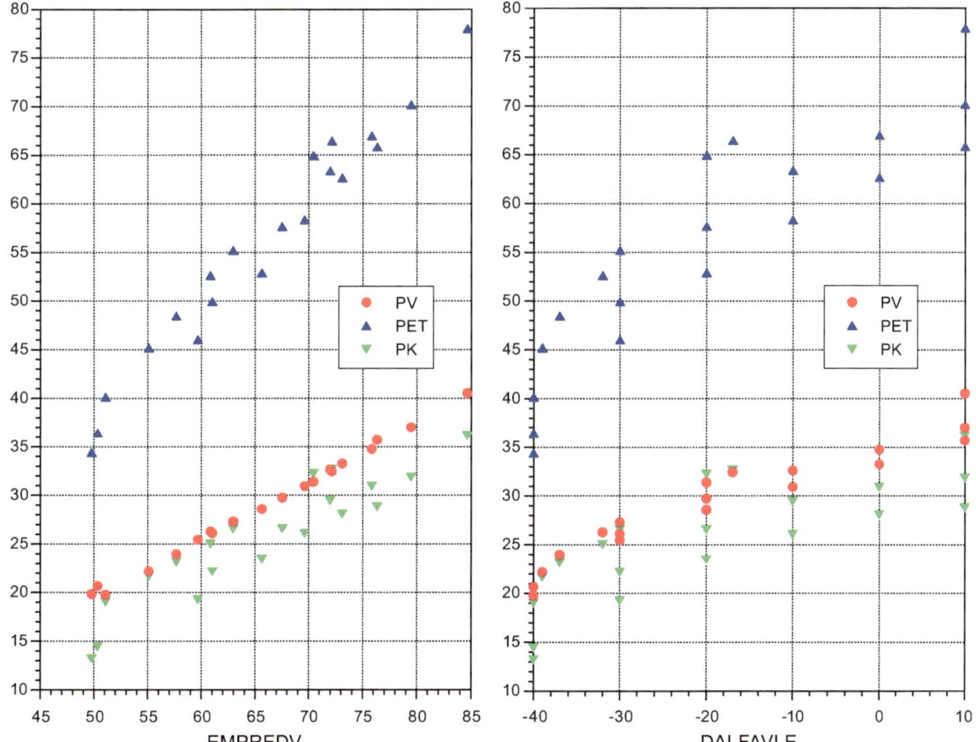

Abb. D.4 Absolute Leistungen $|P|$ in Abhängigkeit vom reduzierten Massenstrom $\dot{m}_{\text{red}_V}$ und vom Verstellwinkel $\Delta\alpha_{VLe}$

Schließlich die Leistungen der Turbine P_T, des Verdichters P_V und die Kupplungsleistung P_k, allerdings alle positiv als Betrag aufgetragen (Abb. D.4).

Im Folgenden einige Beispiele für die vereinfachte Vorausberechnung von stationären Betriebspunkten der Anlage.

Benötigte Auslegungswerte:

$$T_{U_{AP}} = 288{,}15\,\text{K}$$
$$p_{U_{AP}} = 10.132\,\text{Pa}$$
$$\varphi_{L_{AP}} = 0{,}60$$
$$c_{V_{E_{AP}}} = 156$$
$$\rho_{U_{AP}} = 1{,}22\,\text{kg/m}^3$$
$$\varphi_{V_{E_{AP}}} = 0{,}6289$$
$$\dot{m}_{V_{E_{AP}}} = 75{,}84\,\text{kg/s}$$
$$\dot{m}_{\text{red}_{V_{AP}}} = 75{,}84\,\text{kg/s}$$
$$\pi_{t_{V_{AP}}} = 22{,}5633$$
$$\left(\frac{n}{n-1}\right)_{T_{AP}} = E_T = 4{,}087$$
$$\left(\frac{n-1}{n}\right)_{T_{AP}} = \frac{\ln\left(\frac{T_{t_{T_E}}}{T_{t_{T_A}}}\right)_{AP}}{\ln \pi_{t_{V_{AP}}}} = 0{,}2447$$
$$\left(\frac{2n}{n+1}\right)_{T_{AP}} = \frac{2E_T}{2E_T - 1} 1{,}139$$
$$T_{t_{T_{E_{AP}}}} = 1723{,}15\,\text{K}$$
$$T_{t_{T_{ISO_{AP}}}} = 1525{,}47\,\text{K}$$
$$\left(\frac{n-1}{n}\right)_{T_{ISO_{AP}}} = \frac{\ln\left(\frac{T_{t_{T_{ISO}}}}{T_{t_{TT_A}}}\right)_{AP}}{\ln \pi_{t_{V_{AP}}}} = 0{,}204$$
$$P_{T_{AP}} = -66{,}178\,\text{MW}$$
$$T_{t_{T_{A_{AP}}}} = 728{,}15\,\text{K}$$
$$T_{t_{V_{A_{AP}}}} = 749{,}00\,\text{K}$$
$$\left(\frac{n-1}{n}\right)_{V_{AP}} = \frac{\ln\left(\frac{T_{t_{V_A}}}{T_{t_{V_E}}}\right)_{AP}}{\ln \pi_{t_{V_{AP}}}} = 0{,}316$$
$$P_{V_{AP}} = 34{,}242\,\text{MW}$$
$$\eta_{m_{AP}} = 0{,}9??$$
$$P_{m_{AP}} = -1{,}332\,\text{MW}$$
$$\dot{E}_{B_{AP}} = 78{,}784\,\text{MW}.$$

Bei bei den Tabellenwerten D.2 werden zur Vereinfachung der Massenstrom $\dot{m}_{V_E}$ bzw. $\dot{m}_{\text{red}_V}$ direkt vorgegeben und nicht berechnet. Dann müsste das Vorleitrad derart verstellt werden, um bei den gegebenen Umgebungswerten den Massenstrom auch wirklich zu erhalten.

Die Ergebnisse werden in den folgenden Abb. D.5 bis D.8 dargestellt.

Es treten zwar größere Unterschiede zwischen den abgeschätzten und den „genauen" Werten auf, jedoch unter Beachtung, dass die Konstanten, einschließlich des Verdichterwirkungsgrades, mit dem Wert im Auslegungspunt belegt wurden, ergibt sich eine erstaunlich gute Voraussage.

Tab. D.2 Ergebnisse für das vereinfachte Vorausberechnen von stationären Betriebspunkten einer 30 MW Industrie-Gasturbine und Vergleich mit genaueren Berechnungen

T_U	$\Delta\alpha_{VLe}$	n_{red_V}	φ_{V_E}	$\dot{m}_{\text{red}_V}$	$\dot{m}_{V_E}$:	π_{t_V}	$T_{t_{T_E}}$	$T_{t_{T_{ISO}}}$	$T_{t_{V_A}}$	P_T	P_V	P_k	$\dot{E}_B$	η_k
oC	o	s^{-1}		kg/s	kg/s		K	K	K	MW	MW	MW	MW	
−10	−40	154,069	0,373	51,069	53,524:	15,153	1563,21	1406,47	603,15	−38,745	17,829	-19,584	50,798	0,357
	−30		0,474	62,981	66,010:	19,233	1657,12	1476,57	650,35	−53,561	25,041	−27,188	70,869	0,384
	−20		0,545	70,467	73,856:	21,854	1709,73	1515,56	677,15	−63,531	29,956	−32,243	81,325	0,396
	+10		0,709	84,927	88,720:	26,921	1799,24	1581,42	723,27	−83,629	39,994	−42,303	101,797	0,416
15	−40	147,000	0,384	50,330	50,330:	14,154	1537,33	1387,04	646,37	−35,199	17,664	−16,203	47,819	0,339
	−30		0,479	61,024	61,024:	17,622	1622,01	1450,46	692,72	−47,522	24,188	−22,002	60,474	0,364
	−20		0,541	67,540	67,540:	19,777	1668,46	1485,00	718,44	−55,515	28,472	−25,711	68,424	0,376
	−10		0,587	71,986	71,986:	21,264	1698,32	1507,12	735,09	−61,162	35,521	−28,309	73,943	0,383
	0		0,629	75,840	75,840:	22,563	1721,66	1525,47	749,00	−66,932	34,716	−29,425	78,784	0,392
	+10		0,672	79,986	79,986:	23,798	1745,77	1542,14	761,72	−69,706	36,875	−31,499	83,403	0,378
30	−40	142,907	0,390	49,757	48,372:	13,574	1521,66	1375,25	671,09	−33,118	17,437	−14,349	43,875	0,327
	−30		0,480	59,689	58,027:	16,695	1600,71	1434,55	716,44	−44,032	23,496	−19,204	54,718	0,351
	−20		0,537	65,636	63,808:	18,600	1643,59	1466,53	741,33	−50,973	27,392	−22,249	61,393	0,362
	−10		0,579	69,646	67,706:	19,897	1670,93	1486,83	757,29	−55,807	30,124	−24,351	65,965	0,369
	0		0,616	73,100	71,064:	21,023	1693,59	1503,62	770,58	−60,067	32,544	−26,191	69,947	0,374
	+10		0,653	76,337	74,211:	22,085	1714,14	1518,82	782,67	−64,139	34,864	−27,943	78,043	0,358

Tab. D.2 (Fortsetzung)

Genaue Werte zum Vergl.:

T_U	$\Delta\alpha_{VLe}$	n_{red_V}	φ_{V_E}	$\dot{m}_{\text{red}_V}$	$\dot{m}_{V_E}$:	π_{t_V}	$T_{t_{T_E}}$	$T_{t_{T_{ISO}}}$	$T_{t_{V_A}}$	P_T	P_V	P_k	$\dot{E}_B$	η_k
−10	−40	154,069	0,373	51,069	53,524:	14,526	1601,85	1427,99	,15	−40,092	19,746	−19,014	54,211	0,351
	−30		0,474	62,981	66,010:	19,543	1687,97	1492,60	,35	−55,158	27,278	−26,547	69,878	0,380
	−20		0,545	70,467	73,856:	22,015	1728,63	1523,28	,15	−64,881	31,330	−32,219	80,640	0,399
	+10		0,709	84,927	88,720:	26,509	1736,20	1524,80	,27	−77,937	40,492	−36,113	93,905	0,385
15	−40	147,000	0,384	50,330	50,330:	14,497	1569,32	1407,06	,37	−36,396	20,642	−14,422	46,302	0,311
	−30		0,479	61,024	61,024:	17,939	1654,94	1474,76	,72	−49,895	26,072	−22,153	61,619	0,364
	−20		0,541	67,540	67,540:	20,016	1693,27	1503,98	,44	−57,610	29,711	−26,567	69,227	0,384
	−10		0,587	71,986	71,986:	21,498	1716,76	1522,51	,09	−63,330	32,593	−29,425	74,784	0,393
	0		0,629	75,840	75,840:	22,563	1721,66	1525,47	749,00	−66,932	34,716	−29,425	78,784	0,392
	+10		0,672	79,986	79,986:	23,559	1722,87	1525,73	,72	−70,131	36,966	−31,832	81,842	0,389
30	−40	142,907	0,390	49,757	48,372:	13,574	1521,66	1375,25	671,09	−33,118	17,437	−14,349	43,348	0,305
	−30		0,480	59,689	58,027:	16,695	1600,71	1434,55	716,44	−44,032	23,496	−19,204	55,312	0,348
	−20		0,537	65,636	63,808:	18,600	1643,59	1466,53	741,33	−50,973	27,392	−22,249	62,920	0,371
	−10		0,579	69,646	67,706:	19,897	1670,93	1486,83	757,29	−55,807	30,124	−24,351	68,026	0,383
	0		0,616	73,100	71,064:	21,023	1693,59	1503,62	770,58	−60,067	32,544	−26,191	72,081	0,389
	+10		0,653	76,337	74,211:	22,085	1714,14	1518,82	782,67	−64,139	34,864	−27,943	74,734	0,385

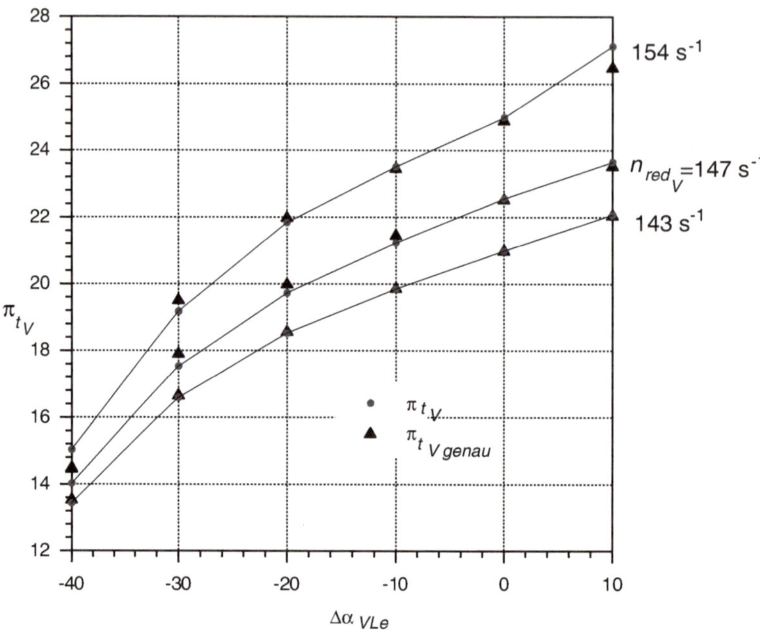

Abb. D.5 Verdichterdruckverhältnis π_{t_V} und Verdichteraustrittstemperatur $T_{t_{V_A}}$ in Abhängigkeit vom Verstellwinkel $\Delta\alpha_{VLe}$

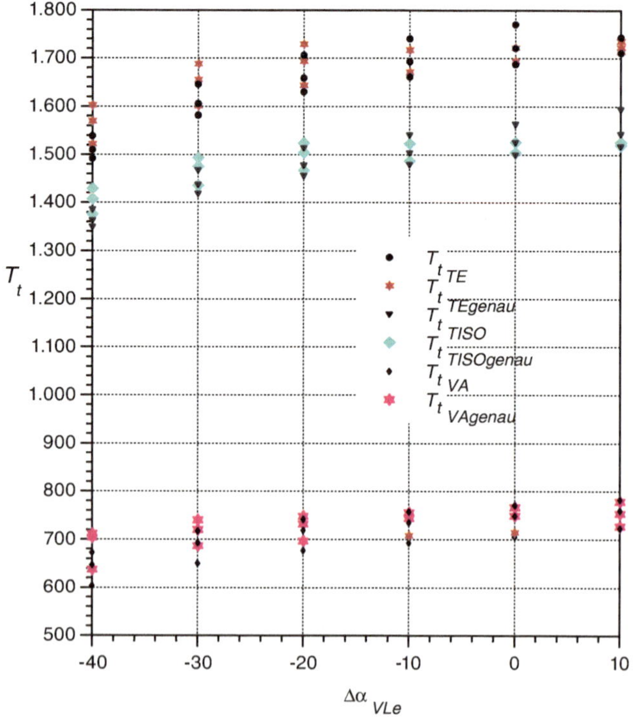

Abb. D.6 Turbineneintrittstemperaturen $T_{t_{T_E}}$ und $T_{t_{T_{ISO}}}$ in Abhängigkeit vom Verstellwinkel $\Delta\alpha_{VLe}$

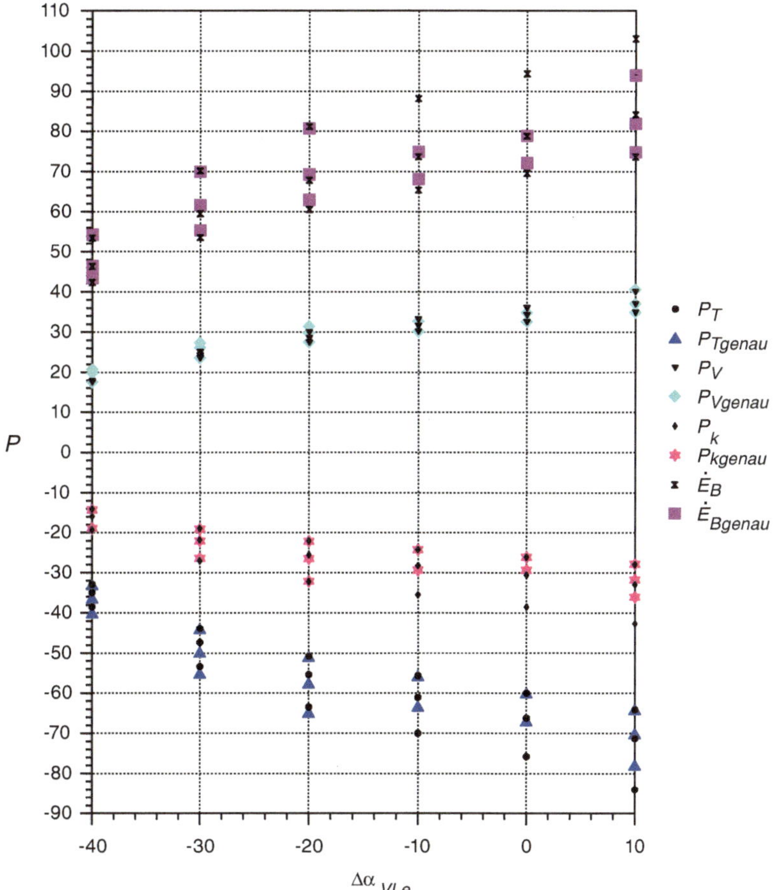

Abb. D.7 Leistungen P_T, P_V, P_k und $\dot{E}_B$ in Abhängigkeit vom Verstellwinkel $\Delta\alpha_{VLe}$

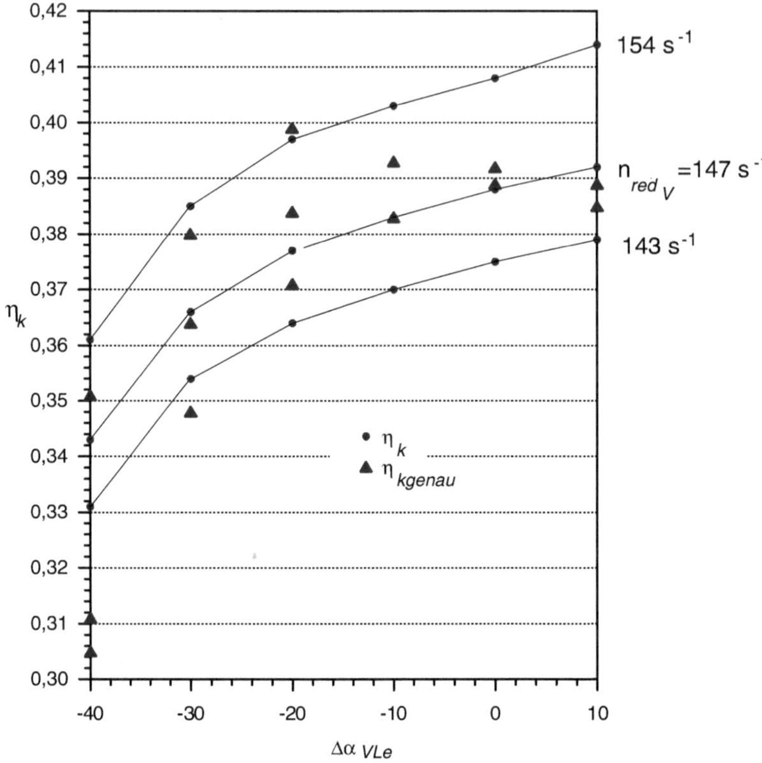

Abb. D.8 Kupplungswirkungsgrad η_k in Abhängigkeit vom Verstellwinkel $\Delta\alpha_{VLe}$

Ergebnisse der Auslegungsrechnung für eine Große GuD-Anlage

E

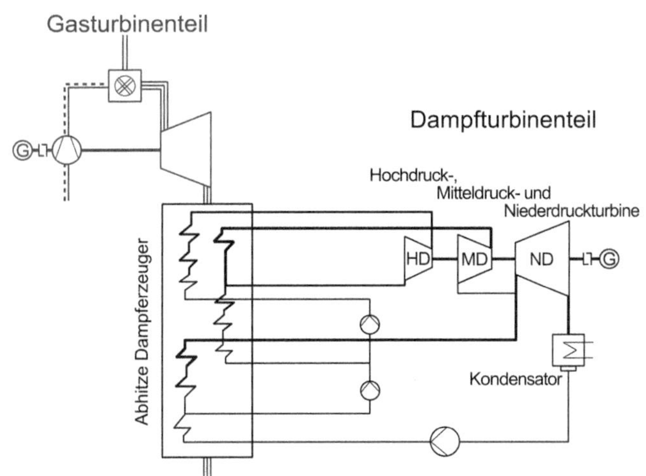

Abb. E.1 Schaltplan der Gasturbinenanlage mit Abhitzedampferzeuger und Dampfturbine

Die bei der Berechnung angenommenen bzw. konstant gehaltenen Größen des Dampfteils werden in Tab. E.1 angegeben.

Tab. E.1 Konstante Werte bei der Auslegungsrechnung des Dampfteils einer GuD-Anlage

```
'  Daten des Dampfturbinen Teils'
  8.      ,'=DTT6  (K)  Temperatur Differenz am Dampfpunkt 6        '
 25.      ,'=DTT10 (K)  Temperatur Differenz am Dampfpunkt 10       '
 25.      ,'=DTTDA (K)  Temperatur Differenz am Dampferzeuger Eintritt'
  8.      ,'=DTT29 (K)  Temperatur Differenz am Hochdruck Zwickpunkt'
 20.      ,'=DTT31 (K)  Temperatur Differenz am Niederdruck Wasser Eint.'
 12.      ,'=DTT33 (K)  Temperatur Differenz am Niederdruck Zwickpunkt'
' 98,2 %        ','= ETABHT  Stro"mungswirkungsgrad HD Dampferzeuger Gas'
' 99,1 %        ','= ETABMT  Stro"mungswirkungsgrad MD Dampferzeuger Gas'
```


W. Bitterlich, U. Lohmann, *Gasturbinenanlagen*,
https://doi.org/10.1007/978-3-658-15067-9_17

```
' 99,4 %       ','= ETABNT  Stro"mungswirkungsgrad ND Dampferzeuger Gas'
 20.      ,'=CC(28) (m/s)  Gas Geschwindigkeit am HD Taupunkt'
 15.      ,'=CC(29) (m/s)  Gas Geschwindigkeit am HD Siedepunkt'
 12.      ,'=CC(30) (m/s)  Gas Geschwindigkeit am HD Wasser Eintritt'
 10.      ,'=CC(31) (m/s)  Gas Geschwindigkeit am ND Dampf Austritt'
  9.      ,'=CC(32) (m/s)  Gas Geschwindigkeit am ND Taupunkt'
  8.      ,'=CC(33) (m/s)  Gas Geschwindigkeit am ND Siedepunkt'
  6.5     ,'=CDEA   (m/s)  Gas Geschwindigkeit am Dampferzeuger Austritt'
 5.       ,'=CD(1) (m/s)  Wasser Geschwindigkeit vor der Kondensat Pumpe'
 5.       ,'=CD(2) (m/s)  Dampf Geschwindigkeit am Punkt 2'
 5.       ,'=CD(3) (m/s)  Geschwindigkeit nach dem Speisewasser Tank'
 5.       ,'=CD(4) (m/s)  Geschwindigkeit vor der HD Speisepumpe'
 5.       ,'=CD(5) (m/s)  Geschwindigkeit voe der ND Speisepumpe'
 6.       ,'=CD(6) (m/s)  Geschwindigkeit am Punkt 6'
40.       ,'=CD(7) (m/s)  Geschwindigkeit am Punkt 7'
40.       ,'=CD(8) (m/s)  Geschwindigkeit am Punkt 8'
40.       ,'=CD(9) (m/s)  Geschwindigkeit am Punkt 9'
70.       ,'=CD(10) (m/s) Geschwindigkeit am Punkt  10'
150.      ,'=CD(11) (m/s) Geschwindigkeit am Punkt  11'
170.      ,'=CD(12) (m/s) Geschwindigkeit am Punkt  12'
120.      ,'=CD(13) (m/s) Geschwindigkeit am Punkt  13'
200.      ,'=CD(14) (m/s) Geschwindigkeit am Punkt  14'
50.       ,'=CDDA   (m/s) Geschwindigkeit vom HD Dampf'
40.       ,'=CD(28) (m/s) Geschwindigkeit am HD Taupunkt'
 6.       ,'=CD(29) (m/s) Geschwindigkeit am HD Siedepunkt'
 5.       ,'=CD(30) (m/s) Geschwindigkeit nach der HD Speisepumpe'
50.       ,'=CD(31) (m/s) Geschwindigkeit vom ND Dampf'
40.       ,'=CD(32) (m/s) Geschwindigkeit am ND Taupunkt'
 6.       ,'=CD(33) (m/s) Geschwindigkeit am ND Siedepunkt'
 5.       ,'=CDDEA  (m/s) Geschwindigkeit nach ND Speisepumpe'
'  0,004 MPa   ','= PD(1)  Kondensator Druck                        '
'  0,8 MPa     ','= PD(3)  Druck des Speisewasser Tanks               '
'  2,75 MPa    ','= PD(10)  Druck am Punkt 10                       '
'  515°C       ','= TTD(10)  Temperatur am Punkt 10                 '
'    8 MPa     ','= PDDA    HD Dampf Austritt aus Abhitzedampferzeuger'
'  540°C       ','= TTDDA   maximale HD Frischdampf Temperatur '
'  0,8 MPa     ','= PD(31)  ND Druck Auslass Abwa"rmedampferzeuger'
'  230°C       ','= TTD(31) Temperatur am Punkt 31                  '
' 78,0 %       ','= ETACOP  Wirkungsgrad der Kondensat Pumpe         '
' 78,0 %       ','= ETALPP  Wirkungsgrad der ND Pumpe                '
' 78,0 %       ','= ETAHPP  Wirkungsgrad der HD Pumpe                '
' 99,9 %       ','= ETABVW  Stro"mungswirkungsgrad Vorwa"rmer AHDE'
' 99,99 %      ','= ETABVD  Stro"mungswirkungsgrad Verdampfer AHDE'
' 99,5 %       ','= ETABUE  Stro"mungswirkungsgrad des U"berhitzers   '
' 92,0 %       ','= ETAHPT  Wirkungsgrad der HD Turbine              '
' 88,0 %       ','= ETALPT  Wirkungsgrad der ND Turbine              '
' 98,0 %       ','= ETAMST  Mechanischer Wirkungsgrad der Dampfturbine '
' 91,0 %       ','= ETAMPT  Wirkungsgrad der MD Turbine'
' 99,0 %       ','= ETAGST  Generator Wirkungsgrad der Dampfturbine   '
' 95,0 %       ','= ETAPH   Stro"mungswirkungsgrad Vorwa"rmer,gasseitig'
'  95°C        ','= TTPAMI  Minimale Gas Temperatur am Anlagen Austritt'
```

```
' Diffusor und Anlagen Austritt'
 60.      ,'=CDA (m/s)  Geschwindigkeit am Diffusor oAustritt'
 20.      ,'=CPA  (m/s)  Geschwindigkeit am Anlagen Austritt'
' 90,00 %       ','= ETADIF  Diffusor Wirkungsgrad                  '
'100,00 %       ','= ETAA  Anlagen Auslass Wirkungsgrad             '
```

Die wirtschaftlichen zusätzlichen Angaben für den Dampfteil werden in Tab. E.2 gemacht.

Tab. E.2 Werte für die Wirtschaftlichkeitsrechnung des Dampfteils

Spez. Kost. Dampfturbine	$s_T =_{\text{def}} \frac{K_T}{-P_{el_{DT}}} = 120{,}00\,\frac{€}{\text{kW}}$
Spez. Kost. DT-Generator	$s_{DT_{\text{Gen}}} =_{\text{def}} \frac{K_{DT_{\text{Gen}}}}{P_{el_{DT}}} = 14{,}00\,\frac{€}{\text{kW}}$
Spez. Kost. Pumpen	$s_{\text{Pump}} =_{\text{def}} \frac{K_{\text{Pump}}}{\dot{m}_{\text{Kond}}} = 5214{,}00\,\frac{€}{\frac{\text{kg}}{\text{s}}}$
Spez. Kost. Kondensator	$s_{\text{Kond}} =_{\text{def}} \frac{K_{\text{Kond}}}{\dot{m}_{\text{Kond}}} = 13.104{,}00\,\frac{€}{\frac{\text{kg}}{\text{s}}}$
Spez. Kost. AHDE-Hochdruck	$s_{\text{AHDE}_{HD}} =_{\text{def}} \frac{K_{\text{AHDE}_{HD}}}{(k\cdot A)_{\text{AHDE}_{HD}}} = 2{,}40\,\frac{€}{\frac{\text{W}}{\text{K}}}$
Spez. Kost. AHDE-Mitteldruck	$s_{\text{AHDE}_{MD}} =_{\text{def}} \frac{K_{\text{AHDE}_{MD}}}{(k\cdot A)_{\text{AHDE}_{MD}}} = 2{,}30\,\frac{€}{\frac{\text{W}}{\text{K}}}$
Spez. Kost. AHDE-Niederdruck	$s_{\text{AHDE}_{ND}} =_{\text{def}} \frac{K_{\text{AHDE}_{ND}}}{(k\cdot A)_{\text{AHDE}_{ND}}} = 1{,}30\,\frac{€}{\frac{\text{W}}{\text{K}}}$
Spez. Kost. Kühlsystem	$s_{\text{Kühlsys}} =_{\text{def}} \frac{K_{\text{Kühlsys}}}{\dot{m}_{\text{Kond}}} = 32.902{,}00\,\frac{€}{\frac{\text{kg}}{\text{s}}}$
Spez. Kost. Regelung + el. Ausr.	$s_{\text{Reg.el.Ausr.}} =_{\text{def}} \frac{K_{\text{Reg.el.Ausr.}}}{P_{el_{DT}}} = 114{,}00\,\frac{€}{\text{kW}}$
Spez. Kost. Geb. + fixe Restkost.	$s_{uD_{\text{Geb.}}} =_{\text{def}} \frac{K_{uD_{\text{Geb.}}}}{P_{el_{DT}}} = 575{,}00\,\frac{€}{\text{kW}}$

Gesamtergebnisse:
Dass die Zahlen des Gasturbinen-Teils gegenüber der Großen Kraftwerks-Gasturbine etwas geändert sind, liegt einmal an dem etwas höheren Turbinen-Austrittsdruck vor dem Abhitzedampferzeuger, aber auch an der ausnamsweisen „realen“ Gasberechnung bei der Großen Kraftwerks-Gasturbine.

```
+++++++++++++++++++++++

   Gasturbinen Teil

    41.92 = etaiGT=-PiGT/(etaC*EpB) (%) Innerer Wirkungsgrad GT
    41.84 = ETAGT=-PIGT/EPB (%) Gesamtwirkungsgrad GT

    19.74 = piVAU=ptVA/pU  Druckverha"ltnis der Verdichtung, bezogen auf PU
    20.72 = piTVAU=ptVA/pU Totaldruckverha"ltnis der Verdichtung, bezogen auf PU
    23.31 = piV=PVA/PVE   Druckverha"ltnis des Verdichters
    21.07 = piTV=PTVA/PTVE Totaldruckverha"ltnis des Verdichters
  416.527 = wtV (kJ/kg)   Spezifische Verdichter Arbeit
  363.251 = PV (MW)       Verdichter Leistung
```

```
    0.509 = FIVE=CVE/UVE  Durchfluss Kenngroß"e E
    0.553 = FIVA=CVA/UVA  Durchfluss Kenngroß"e A
    93.93 = etatV (%)     Totaler Verdichter Wirkungsgrad
+++++++++++++++++++++++
     0.97 = pitBK=ptTE/ptVA  Totaldruckverha"ltnis der Brennkammer
+++++++++++++++++++++++
    23.08 = pitM1=pTE/pPA  Druckverha"ltnis der Turbine
    18.67 = pitTM1=ptTE/ptPA  Totaldruckverha"ltnis der Turbine
 -862.211 = wtT (kJ/kg)  Spezifische Turbinen Arbeit
 -768.553 = PET (MW)     Turbinen Leistung
 -102.193 = qT (kJ/kg)   Spezifische Turbinen Ku"hlung
  -91.092 = QPT (MW)     Turbinen Ku"hlleistung
   1.1080 = RNUTT  Totales Turbinen Polytropenverha"ltnis
+++++++++++++++++++++++
  462.982 = wtGT (kJ/kg)     Spezifische Arbeit
  403.764 = PiGT (MW)        Innere Leistung
      6.3 = TAUTP=TTTE/TTVE  Totales Prozess-Temperaturverha"ltnis
+++++++++++++++++++++++

  Dampfturbinen Teil

    34.30 = etaiST=-PiST/QpAHSG (%) Innerer Wirkungsgrad  DT
+++++++++++++++++++++++
 -302.099 = wtHPT (kJ/kg)  Spez. HD Turbinen Arbeit
  -12.167 = PHPT (MW) HD   Turbinen Leistung
 -342.543 = wtMPT (kJ/kg)  Spez. MD Turbinen Arbeit
  -41.569 = PMPT (MW) MD   Turbinen Leistung
 -805.213 = wtLPT (kJ/kg)  Spez. ND Turbinen Arbeit
 -113.457 = PLPT (MW) ND   Turbinen Leistung
+++++++++++++++++++++++
    1.761 = wtCOP (kJ/kg)  Spez. Kondensator Pumpen Arbeit
    3.184 = wtMPP (kJ/kg)  Spez. MD Pumpen Arbeit
    7.970 = wtHPP (kJ/kg)  Spez. HD Pumpen Arbeit
    0.248 = PCOP (MW)      Kondensator Pumpen Leistung
    0.386 = PMPP (MW) MD   Pumpen Leistung
    0.321 = PHPP (MW) HD   Pumpen Leistung
+++++++++++++++++++++++
-2190.200 = qCOND (kJ/kg) Spez. Kondensator Wa"rme
 -308.607 = QPCOND (MW)   Kondensator Leistung
+++++++++++++++++++++++
  365.661 = qHP (kJ/kg)  Spez. HD Wa"rme
   71.621 = qMP (kJ/kg)  Spez. MD Wa"rme
   95.431 = qLP (kJ/kg)  Spez. ND Wa"rme
  325.941 = QPHP (MW) HD Wa"rme Leistung
   63.841 = QPMP (MW) MD Wa"rme Leistung
   85.065 = QPLP (MW) ND Wa"rme Leistung
  474.847 = QpAHSG (MW)  Dampferzeuger Wa"rme Leistung
+++++++++++++++++++++++
-1156.069 = wtST (kJ/kg) Spez. Arbeit, nur DT
 -162.894 = PiST (MW)    Innere Leistung, nur DT
+++++++++++++++++++++++
```

```
  396.658 = PelGT (MW)    Elektrische Leistung der GT
  161.265 = PelST (MW)    Elektrische Leistung der ST
  557.924 = Pel  (MW)     Gesamtelektrische Leistung

  965.035 = EPB (MW)      Brennstoff Energiestrom
++++++++++++++++++++++++
    57.81 = ETAGES=PEL/EPB (%) Gesamtwirkungsgrad der GUD-Anlage
=====================================================
```

In den folgenden Tab. E.3 und Tab. E.4 werden die Zustandsdaten des Gas- und Dampfteils der GuD-Anlage angegeben. Die Zeichen bzw. Zahlen unter „I" werden in der Legende erklärt bzw. können aus Abb. E.2 abgelesen werden.

Beim Gasteil werden nur die den Abhitzedampferzeuger betreffenden Werte ab Turbinen Austritt (TA) angegeben!

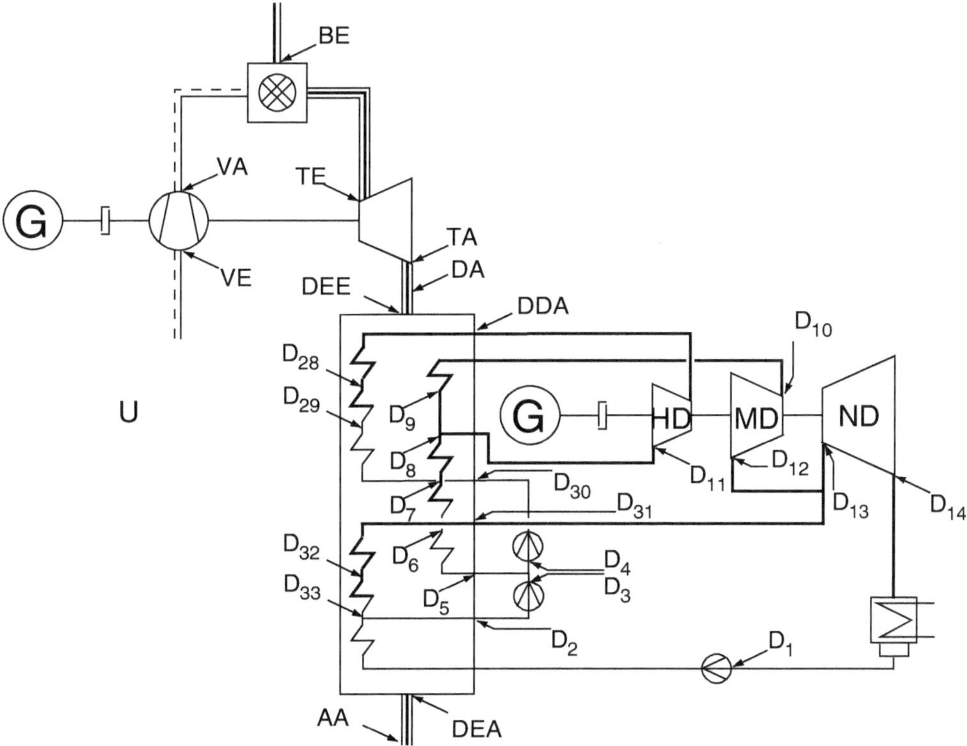

Abb. E.2 Schaltplan einer GuD-Anlage mit Zustandspunkten

Tab. E.3 Zustandsdaten des Gasteils der GuD-Anlage

Zustandspunkte des Gasturbinen Teils (ab TA)

i	T(i) (K)	tC (°C)	p(i) (Pa)	h(i) (J/kg)	s(i) (J/kgK)	Tt(i) (K)	pt(i) (Pa)	ht(i) (J/kg)	c(i) (m/s)	mp(i) (kg/s)	v(i) (m3/kg)	Ma(i)
TA	798.1	525.0	86588	552153	8701	846.30	109373	608448	335	891.4	2.702	0.600
DA	844.8	571.6	103074	606648	8716	846.30	103825	608448	60	891.4	2.403	0.104
28	782.7	509.6	103202	534274	8627	782.9	103292	534474	20	891.4	2.223	0.036
29	726.6	453.4	102972	469681	8542	726.7	103026	469794	15	891.4	2.069	0.028
30	523.1	249.9	102226	242715	8178	523.1	102274	242787	12	891.4	1.500	0.026
31	523.1	249.9	102226	242715	8178	523.1	102274	242787	12	891.4	1.500	0.026
32	498.4	225.2	102083	215916	8126	498.4	102111	215956	9	891.4	1.431	0.020
33	456.9	183.7	101893	171134	8033	456.9	101918	171166	8	891.4	1.314	0.019
PA	367.1	94.0	101325	75534	7802	367.32	101513	75734	20	891.4	1.062	0.052

Tab. E.4 Zustandsdaten des Dampfteils der GuD-Anlage

Zustandspunkte des Dampfturbinen Teils

i	TD(i) (K)	TC (°C)	pD(i) (Pa)	hD(i) (J/kg)	sD(i) (J/kgK)	TtD(i) (K)	ptD(i) (Pa)	htD(i) (J/kg)	cD(i) (m/s)	mpD (kg/s)	vD (m**3/kg)
1	302.1	29.0	4000	121403	422	329.0	16448	121416	5	140.9	0.001
2	444.9	171.7	826090	726870	6650	444.9	842212	726888	5	121.4	0.233
3	445.4	172.2	3054002	730059	2060	445.4	3065209	730072	5	121.4	0.001
4	445.4	172.2	3054002	730059	2060	445.4	3065209	730072	5	40.3	0.001
5	445.4	172.2	3054002	730059	2060	445.4	3065209	730072	5	81.1	0.001
6	503.8	230.7	2831653	993387	2616	504.1	2846525	993405	6	81.1	0.001
7	503.6	230.4	2818093	2803050	6210	504.2	2840372	2803850	40	81.1	0.071
8	650.5	377.3	2776041	3183842	6885	656.3	2886387	3195092	40	81.1	0.104
9	650.5	377.3	2776041	3183842	6885	656.3	2886387	3195092	40	121.4	0.104
10	787.0	513.8	2750000	3490743	7318	788.1	2768957	3493193	70	121.4	0.129
11	650.5	377.3	2776041	3183842	6885	656.3	2886387	3195092	150	40.3	0.104
12	610.8	337.7	800000	3136200	7368	618.1	842490	3150650	170	121.4	0.347
13	598.2	325.0	800000	3109629	7324	601.8	821435	3116829	120	140.9	0.339
14	0.9	29.0	4000	2291616	7605	0.9	4694	2311616	200	140.9	31.044
DDA	812.5	539.4	8000000	3495941	6848	813.1	8028152	3497191	50	40.3	0.044
28	568.9	295.7	8080772	2757404	5739	569.4	8115230	2758204	40	40.3	0.023
29	569.9	296.7	8200403	1326632	3223	570.0	8213341	1326650	6	40.3	0.001
30	446.5	173.3	8627838	738029	2064	446.5	8639075	738042	5	40.3	0.001
31	502.5	229.3	800000	2905621	6952	503.1	804482	2906871	50	19.5	0.280
32	443.8	170.6	803808	2768496	6659	444.3	812073	2769296	40	19.5	0.239
33	444.9	171.7	826090	726870	2059	445.7	842212	726888	6	19.5	0.001
DEA	302.2	29.1	1372273	123164	423	302.2	1384729	123177	5	140.9	0.001

Tab. E.5 Temperaturdifferenzen und Wärmedurchgangswerte im Abhitzedampferzeuger

```
 180.36   56.83  -80.02  DTHP1-3
  96.84 =DTHPSH (K) Log. Temp. Diff. Hochdruck U"berhitzer
 183.64 =DTHPEV (K) Hochdruck Verdampfer
 111.95 =DTHPWH (K) Hochdruck Wasser Erwa"rmung

  68.46  -51.46    0.09   34.04  DTMP1-4
  87.99 =DTMPSS (K) Log. Temp. Diff. Mitteldruck U"berhitzer
  39.20 =DTMPSH (K) Log. Temp. Diff. Mitteldruck U"berhitzer
  18.99 =DTMPEV (K) Mitteldruck Verdampfer
  33.20 =DTMPWH (K) Mitteldruck Wasser Erwa"rmung

  34.11  -42.91   53.89  DTLP1-3
  34.27 =DTLPSH (K) Log. Temp. Diff. Niederdruck U"berhitzer
  27.24 =DTLPEV (K) Niederdruck Verdampfer
  30.61 =DTLPWH (K) Niederdruck Wasser Erwa"rmung

   307.34 =(k*A)HSH (kW/K) HD U"berhitzer
   313.96 =(k*A)HEV (kW/K) HD Verdampfer
   211.76 =(k*A)HWH (kW/K) HD Wasser Erwa"rmung
   833.06 =(k*A)HP (kW/K) HD Teil des Damperzeugers

   411.14 =(k*A)MSS (kW/K) MD Super U"berhitzer
  1211.27 =(k*A)MSH (W/K) MD U"berhitzer
 11570.02 =(k*A)MEV (kW/K) MD Verdampfer
   962.61 =(k*A)MWH (kW/K) MD Wasser Erwa"rmung
 14155.05 =(k*A)MP (kW/K) MD Teil des Damperzeugers

    78.47 =(k*A)LSH (kW/K) ND U"berhitzer
  1465.92 =(k*A)LEV (kW/K) ND Verdampfer
  2778.68 =(k*A)LWH (kW/K) ND Wasser Erwa"rmung
  4323.07 =(k*A)LP (kW/K) ND Teil des Damperzeugers

 19311.18 =(k*A)SG (kW/K) Gesamter Damperzeuger

           Kosten der Gasturbinenanlage (mln Euro)

(   CGT =   17.045 Gasturbine                             3.7 % of GTA)
(CCONCO =   48.471 Konvektionsku"hlung                   10.4 % der GTA)
(CFILCO =   93.183 Filmku"lung                           20.0 % der GTA)
(CCERLA =   80.025 Beschichtung                          17.2 % der GTA)
(  CQPT =  221.679 gesamte Turbinenku"lung               47.6 % der GTA)
( CVERD =   11.302 Verdichter                             2.4 % der GTA)
(   CCC =    3.696 Brennkammer                            0.8 % der GTA)
   CCGT =  253.721 Gasturbine (Turb,Ku"hl.,Verd.,Verbr.) 54.5 % der GTA
   CGGT =    5.971 Generator                              1.3 % der GTA
   CGTB =    3.415 A"us"ere Komponenten der Gasturbine    0.7 % der GTA
 CCTRGT =   21.074 Regelung und elektrische Ausru"stung   4.5 % der GTA

   CCGT =  284.182 Gesamte Gasturbinen Einheit           61.1 % der GTA
```

```
             Kosten des Dampfturbinen Teils (mln Euro)
     CST =   19.461 Dampfturbinee                            4.2 % of GUD
    CGST =    2.270 Elektr. Generator des Dampfturbinent.    0.5 % of GUD
   CPUMP =    0.738 Pumpen                                   0.2 % of GUD
   CCOND =    1.856 Kondensator                              0.4 % of GUD
     CCT =    4.660 Ku"lturm                                 1.0 % of GUD
    CSTB =   93.253 Dampfteil Geba"ude + feste Kosten       20.0 % of GUD
  CCTRST =   18.488 Dampfteil Regelung + elekt. Ausru"st.    4.0 % of GUD
 ( CKAHP =    1.985 HP-Druck es Dampferzeugers               0.4 % of GUD)
 ( CKAMP =   32.719 IM-Druck Teil des Dampferzeugers         7.0 % of GUD)
 ( CKALP =    5.652 LP-Druck Teil des Dampferzeugers         1.2 % of GUD)
   CKASG =   40.356 gesamter Dampferzeuger                   8.7 % of GUD

    CCST =  181.083 gesamter Dampf Teil                     38.9 % of GUD

*****************************************************
 CCGUD =465.264 Mill. Euro Gesamt Kosten = 100 %
*****************************************************
  720.09 SCGT = CCGT/PELGT (Euro/kW)
 1116.56 SCST = CCST/PELST (Euro/kW)

 510.36 SCGTG = CCGT/PEL (Euro/kW)
 325.20 SCSTG = CCST/PEL (Euro/kW)
****************************************************
 835.56 SCGUD = CCGUD/PEL (Euro/kW)  gesamtspez. Kosten der GUD Anlage
****************************************************
  17.0=EPSI (Ct/kWh) Stromgestehungskosten bei CT=  800. (h/a)
****************************************************
****************************************************
    Stromgestehungskosten epsi(CT,ECEFF1-3)
       I   CT(h/a) CNA(a)  ECEFF1(Ct/kWh) ECEFF2    ECEFF3
 [spez. Brennst. Kost:    (1,5Ct/kWh)  (2,0Ct/kWh) (2,5Ct/kWh)]
       1     200.   20.      55.1087      55.9753      56.8418
       2     400.   20.      29.1242      29.9907      30.8572
       3     600.   20.      20.4627      21.3292      22.1957
       4     800.   20.      16.1319      16.9984      17.8650
       5    1000.   20.      13.5334      14.4000      15.2665
       6    1200.   20.      11.8011      12.6677      13.5342
       7    1400.   20.      10.5638      11.4303      12.2968
       8    1600.   20.       9.6358      10.5023      11.3688
       9    1800.   20.       8.9140       9.7805      10.6470
      10    2000.   20.       8.3365       9.2031      10.0696
      11    2200.   20.       7.8641       8.7306       9.5971
      12    2400.   20.       7.4704       8.3369       9.2034
      13    2600.   20.       7.1372       8.0038       8.8703
      14    2800.   20.       6.8517       7.7182       8.5848
      15    3000.   20.       6.6042       7.4708       8.3373
      16    3200.   20.       6.3877       7.2542       8.1208
      17    3400.   20.       6.1966       7.0632       7.9297
      18    3600.   20.       6.0268       6.8933       7.7599
      19    3800.   20.       5.8748       6.7414       7.6079
```

```
     20    4000.   20.      5.7381      6.6046      7.4711
     21    4200.   19.      5.6613      6.5278      7.3944
     22    4400.   18.      5.5972      6.4637      7.3302
     23    4600.   17.      5.5450      6.4116      7.2781
     24    4800.   16.      5.5046      6.3711      7.2376
     25    5000.   16.      5.4100      6.2765      7.1430
****************************************************
```

```
   U = Umgebung
  20 = Turbinenaustritt (TA)
  DA = Diffusor Austritt
  28 = Sattdampfzustand im Hochdruckteil des Dampferzeugers
  29 = Siedepunkt im Hochdruckteil des Dampferzeugers
  30 = Austritt aus dem HD-Teil des Dampferzeugers = Eintitt in den MD-Teil
  31 = Eintritt in den Niederdruckteil des Dampferzeugers
  32 = Sattdampfzustand im Niederdruckteil des Dampferzeugers
  33 = Siedepunkt im Niederdruckteil des Dampferzeugers
 DEA = Austritt aus dem Dampferzeuger
  AA = Anlagen Austritt

  D1 = Niederdruck Pumpeneintritt
  D2 = Austritt aus dem Vorwa"rmteil des Dampferzeugers
  D3 = Mitteldruck Pumpenaustritt
  D4 = Hochdruck Pumpeneintritt
  D5 = Mitteldruck Dampferzeugereintritt
  D6 = Mitteldruck Verdampfungspunkt
  D7 = Mitteldruck Sattdampfpunkt
  D8 = Mitteldruck Zwischenpunkt (=D11)
  D9 = Mitteldruck U"berhitzungseintritt (=D11)
 D10 = Mitteldruck Turbineneintritt
 D11 = Hochdruck Turbinenaustritt
 D12 = Mitteldruck Turbinenaustritt
 D13 = Niederdruck Turbineneintritt
 D14 = Niederdruck Turbinenaustritt
 DDA = Hochdruck Dampferzeugeraustritt = HD Frischdampfzustand
 D28 = Hochdruck Sattdampfpunkt
 D29 = Hochdruck Verdampfungspunkt
 D30 = Hochdruck Dampferzeugereintritt
 D31 = Niederdruck Dampferzeugeraustritt
 D32 = Niederdruck Sattdampfpunkt
 D33 = Niederdruck Verdampfungspunkt
 DEA = Eintritt zum Niederdruckteil des Abhitzedampferzeugers
```

Abb. E.3 T, s-Diagramm für den Gasteil der Großen GuD-Anlage

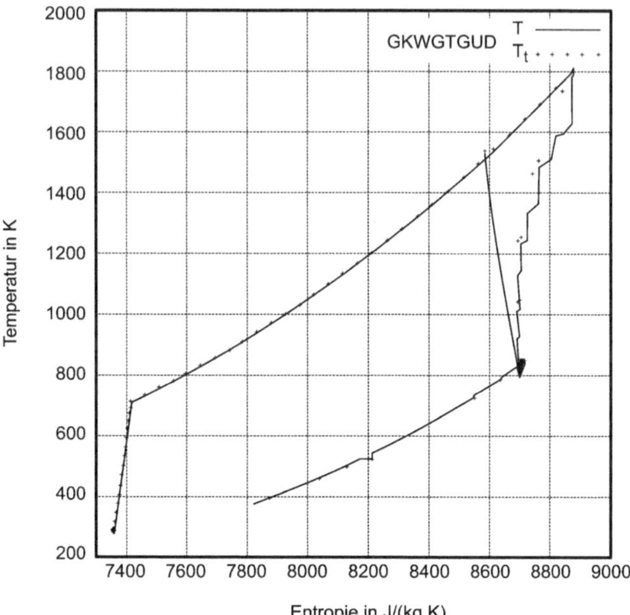

Abb. E.4 T, s-Diagramm für den Wasser/Dampfteil der GuD-Anlage

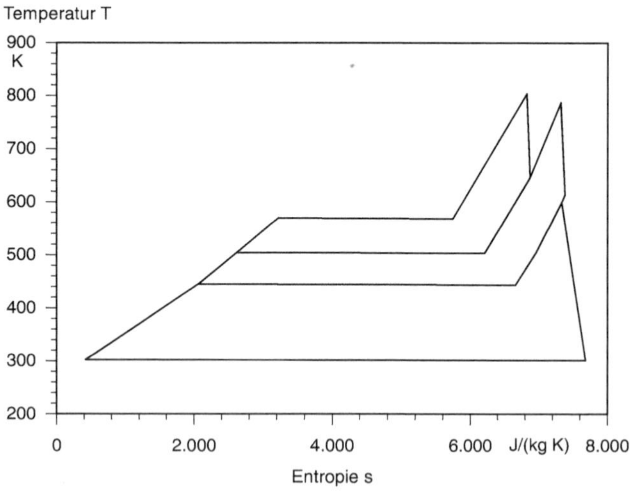

Ergebnisse der Optimierungsrechnung für eine GuD-Anlage

F

Wegen der relativ kleinen Leistung von 30 MW des für die GuD-Anlage zu Grunde gelegten Gasteils wurden rechnerisch jeweils zwei Gasturbinenteile mit nur einem Dampfteil kombiniert (Abb. F.1).

Bei den Leistungen und Wirtschaftlichkeitsgrößen sind die Zahlen allerdings wieder auf **einen** Gasturbinenteil mit 30 MW umgerechnet.

Die Ergebnisse der Optimierungsrechnung für den Gasturbinenteil der GuD-Anlage entsprechen praktisch der Gasturbinenanlagen-Optimierung (vergl. Abschn. 6.2 und Kap. 9).

Die Gesamtergebnisse der Berechnung findet man in Tab. F.1.

Das energetische Optimum mit dem maximalen Gesamtwirkungsgrad η_g entspricht dem der einfachen Gasturbinenanlage (vergl. Abb. 6.1), während das wirtschaftliche Optimum so „flach" ist, dass das gleiche Druckverhältnis π_{t_V} wie beim Optimum der Gasturbine gewählt werden kann (vergl. Abb. 9.1).

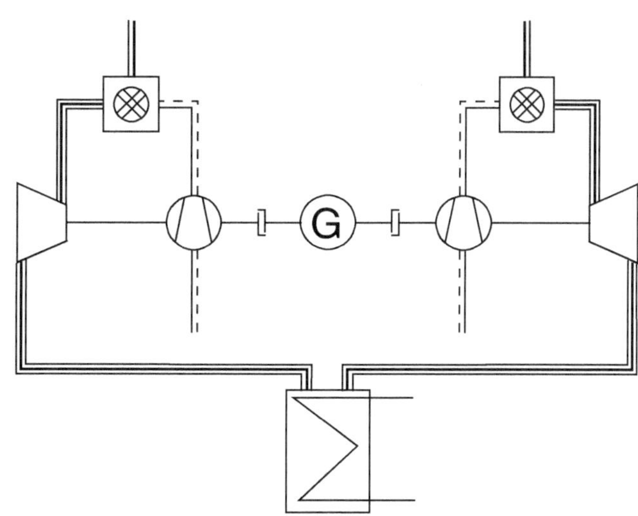

Abb. F.1 Schaltplan einer GuD-Anlage mit zwei Gasturbinenteilen und einem Dampfteil

W. Bitterlich, U. Lohmann, *Gasturbinenanlagen*,
https://doi.org/10.1007/978-3-658-15067-9_18

Tab. F.1 Ergebnisse der Optimierungsrechnung für eine GuD-Anlage

p_{V_A} (MPa)	π_{t_V}	η_{ges} (%)	P_{el} (MW)	k_i $\left(\frac{ME}{kW}\right)$	ϵ_j $\left(\frac{ME}{kWh}\right)$
0,3	3,23	30,6	52,7	41086	3,80
0,4	4,31	34,1	47,5	43478	3,58
0,6	6,41	38,6	42,9	46045	3,36
0,7	7,45	39,9	42,0	46715	3,30
0,8	8,48	40,9	41,3	47228	3,26
1,0	10,53	51,5	48,2	42963	2,76
1,4	14,56	53,4	45,2	44780	2,74
1,6	16,60	54,0	44,4	45394	2,74
1,8	18,64	54,5	43,7	45922	2,74
2,0	20,68	54,8	43,2	46324	2,74
2,18	22,53	54,9	42,8	46658	2,75
2,2	22,72	54,8	42,8	46700	2,75
2,4	24,76	52,2	42,4	47533	2,84
2,6	26,80	52,4	41,9	47970	2,85
2,8	28,83	52,4	41,5	48387	2,86
3,0	30,87	52,4	41,1	48757	2,86
3,46	35,54	52,2	40,4	49541	2,89

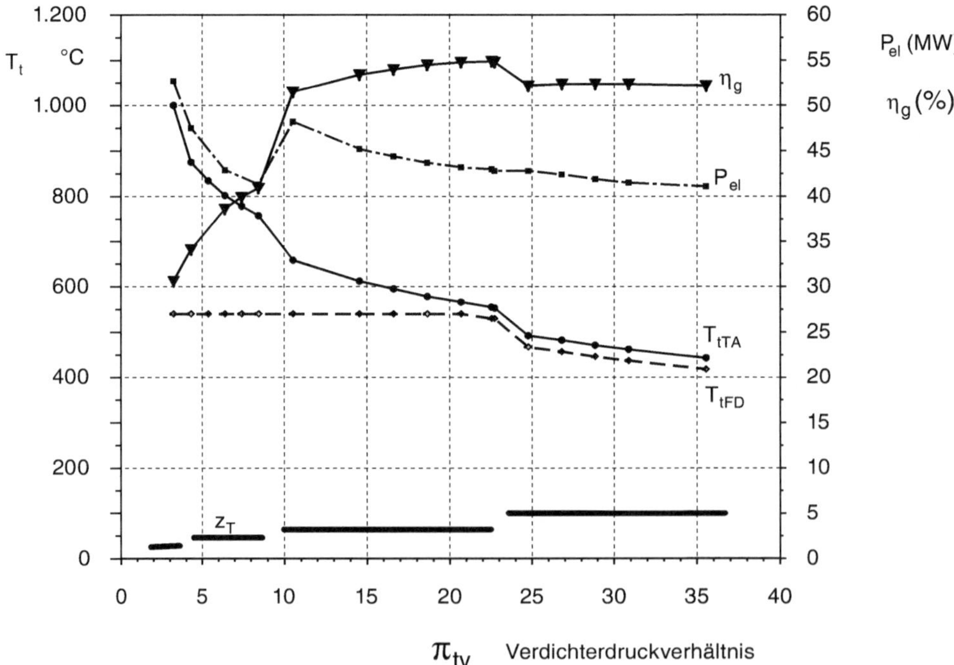

Abb. F.2 Energetische Optimierung einer GuD-Anlage

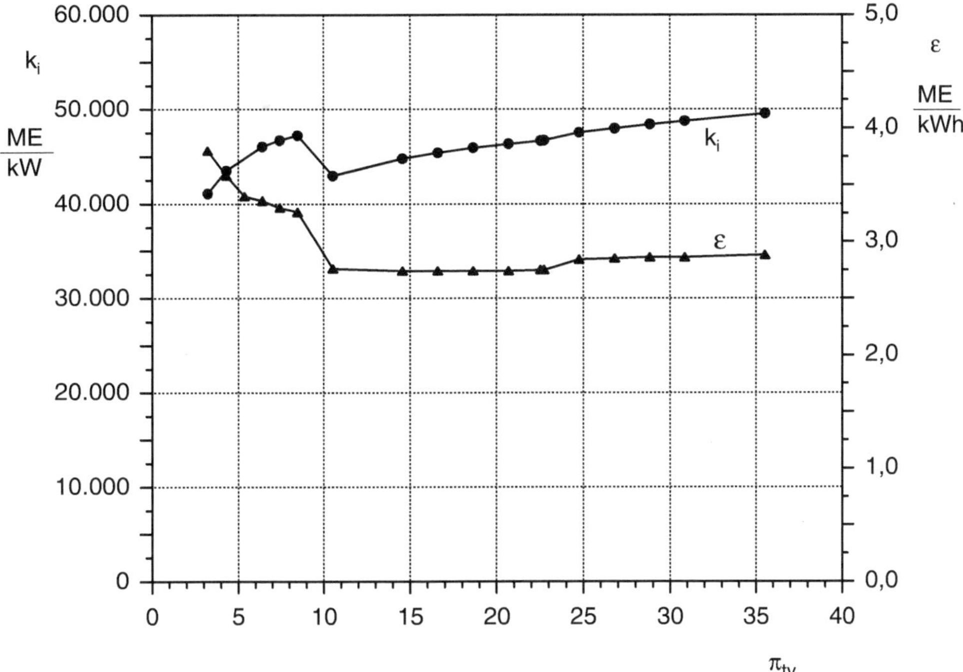

Abb. F.3 Wirtschaftliche Optimierung einer GuD-Anlage

Zweiwellen-Industrie-Gasturbine L30A

G

Im Folgenden die Daten der Kawasaki L30A Zweiwellen-Gasturbine.

Abb. G.1 2-Wellen-Gasturbine L30A von Kawasaki

W. Bitterlich, U. Lohmann, *Gasturbinenanlagen*,
https://doi.org/10.1007/978-3-658-15067-9_19

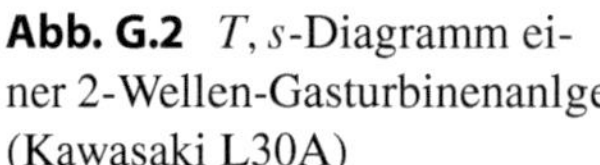

Abb. G.2 T,s-Diagramm einer 2-Wellen-Gasturbinenanlge (Kawasaki L30A)

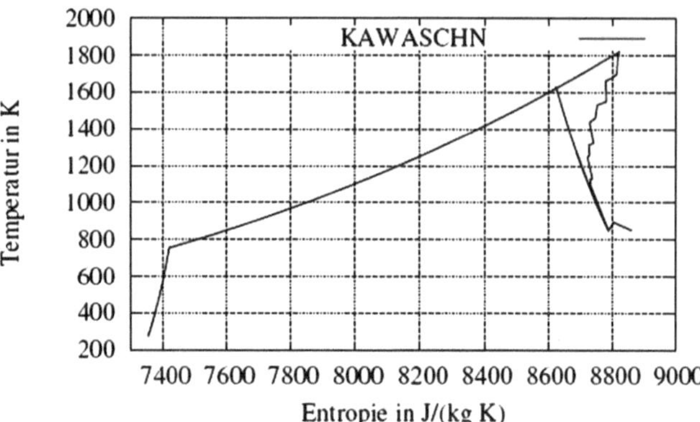


```
***************************************************
' 27.10.2015: KAWA.INP fuer TLORGTDP.FOR(KAWASAKI)'
'zweiwellige Gasturbine mit 30,9 MW Leistung                                  '
'  47,000 kg/s ','= EMPBKE  Air mass flow rate at comb. chamber inlet  '
'  9330 min-1  ','= RN   Number of revolutions                                 '
' 25,00000 bar ','= PVA  Compressor outlet pressure                          '
' 1550,00°C    ','= TTBKA  Combustion chamber outlet total temperature '
' 98,3 %       ','= ETAMGT  Mechanical efficiency of gas turbine          '
' 98,0 %       ','= ETAGGT  Generator efficiency of gas turbine          '
  1      ,'= IDISS  Dissociation parameter: (0) (1) (10) (11) (20) (21)'
 -5  ,'=ITS ; ITS=4: eta,wt-PIV-diagram ; ITS=5: T,s-diagramm'
  1  ,'=IECO; IECO=0: no economic calc.; IECO=1: vers.A; IECO=2: vers.B'
100  ,'=IWR  Special case distinction parameter'
***************************************************
' 28.10.2015: KAWASCHN.ZUS for TLORGTDP.FOR (additional data)'
FACRN2 = 0.6002D0 FACRN2  Factor revolutions 2nd shaft (RN2/RN)
ISHAFT =  2  ISHAFT  Number of shafts
IST2SP = 26  IST2SP  1st compressor stage 2nd shaft
***************************************************
'  Air intake'
'  1 atm       ','= PU  Air pressure                                         '
'   15°C       ','= TU  Air temperature                                      '
'   60 %       ','= FI  Relative humidity of air                             '
'  0,95        ','= ETAE  Inlet efficiency                                   '
'  Compressor'
 -15      ,'=IZ  Number of compressor stages   '
' 94 %  ','= ETATV  Total compressor efficiency (starting value)           '
'  Combustion chamber'
' 288,15 K     ','= TBE  Fuel inlet temperature                             '
' 0,74870      ','= CMA  Mass fraction carbon of aviation mehane CH4    '
' 0,25130      ','= HMA  Mass fraction hydrogen                             '
' 50,056E6     ','= HUB  Heating value of fuel                              '
Turbine
' 90,00000 %   ','= ETATT  Total turbine efficiency'
5          ,'=IANZST    Number of stages of gas turbine'
'  Diffusor and plant outlet'
' 85,0 %       ','= ETADIF  Diffusor efficiency                             '
```

```
' 70,0 %        ','= ETAA  Plant outlet efficiency   108,7            '
'  Economic data'
    32.50,'=SGT    =-CGT/PET (EURO/kW)      Spec. cost gas turbine'
  1040.00,'=SQPT   =-CQPT/QPT (EURO/kW)     Spec. cost turbine cooling'
    45.50,'=SVERD =CVERD/PV (EURO/kW)       Compressor'
    22.10,'=SGGT   =CGGT/PELGT (EURO/kW)    GT generator'
  5720.00,'=SGTB   =CGTB/EMPVE (EUROs/kg)  GT building, air int., gas out.'
     5.60,'=SCC    =CCC/EPB (EURO/kW)       Combustion chamber'
    78.00,'=SCTRGT=CCTRGT/PELGT (EURO/kW) GT control+electric equipm.'
  0.03    ,'=CZ (1/a)          Interest rate'
  0.04    ,'=CI (1/a)          Inflation rate'
  0.01    ,'=CV (1/a)          Insurance rate'
  0.02    ,'=CS (1/a)          Taxes rate'
  0.0054 ,'=CF (Euro/kWh)      General factor'
 100000. ,'=CN (h)             Duration of plant'
  800.    ,'=CT (h/a)          Full load operation time'
  0.02    ,'=CB (Euro/kWh)     Specific fuel cost'
***************************************************
 Luft Zusammensetzung
   77.304 % PSIN2
   20.734 % PSIO2
    0.033 % PSICO2
    0.919 % PSIAR
    1.010 % PSIH2O
   28.854 = ML (kg/kmol) molare Masse
  288.162 = RL (J/(kg K)) spezifische Gaskonstante
   53.054 = mpVE (kg/s) Massenstrom am Eintritt
  i  T(i)    tC     p(i)     h(i)  s(i)  Tt(i)    pt(i)     ht(i)  c(i) mp(i)  v(i) Ma(i)
  U  288.1   15.0  101325   -10094 7354  288.15  101325   -10094    0    53.1 0.819 0.000
 VE  275.5    2.3   85831   -22894 7356  288.15  100487   -10094  160    53.1 0.925 0.480
Calculation in COMPRESS
 VE  275.5    2.3   85831   -22894 7356  288.15  100487   -10094  160    53.1 0.925 0.480
 VA  746.1  473.0 2500000   467083 7415  755.29 2618689   477118  141    47.0 0.086 0.262
Calculation in COMBUCHA
BKE  752.1  479.0 2576620   473673 7415  755.29 2617809   477118   83    47.0 0.084 0.153
 BE  288.1   15.0 2676620   -19120  -65  288.15 2677658   -17870   50     1.4 1.205
  0.058  17.35 betast und lmin
  0.029  1.97  1.93 betaG lambda lOX
BKA 1820.3 1547.2 2524555 1876096 8821 1823.15 2542828 1879968  88    48.4 0.212 0.106
Zusammensetzung des Verbrennungsgases Turbinen-Eintritt
   73.411634 % PSGN2
    9.685121 % PSGO2
    5.018147 % PSGCO2
    0.872737 % PSGAR
   10.919724 % PSGH2O
   0.733E-03 % PSGCO
   0.414E-03 % PSGH2
   0.159E-04 % PSGH
    0.028933 % PSGOH
   0.829E-03 % PSGO
    0.061212 % PSGNO
```

```
  0.501E-03 % PSGNO2
   0.028933 % PSGOH
  0.736E-09 % PSGN
  0.365E-21 % PSGCH4
  28.212 = MG (kg/kmol) molare Masse
 294.711 = RG (J/(kg K)) spezifische Gaskonstante

 TE 1808.4 1535.3 2449250 1859968 8821 1823.15 2542520 1879968 200   48.4 0.218 0.242
Calculation in GASTURAQ
  1. Stufe 155.5 = nSt (1/s) bzw.   9330. = nSt (1/min)
      90.0      0.0 alfa0 alfa0s Zustro"mwinkel zum Leitrad
 Stro"mungswinkel
      90.0     22.1                           alfa0 alfa1
     116.7     22.2                           beta1 beta2
      40.7    -25.3                           alfas betas
 Stufenleistung und spezifische Arbeiten
    -13.142 -262298.1 -255774.5  PTSt (MW) wtStEul wtSt
 Wa"rmeleistungen
     -1.582     -0.883     -0.699       Qp QplE QpLa (MW)
 Wa"rmestro"me
 QPKL     QPF      QPKLR     QPFR
    222562.   660612.   208704.   490023.
        76.       103.   QPWLE     QPWLA
 spezifische Wa"rmestro"me
    213304.   949701.   274106.   965372. qKL  qF    qKLR  q
 Reaktionsgrad, Schaufelarbeitskenngro"s"en, Durchflusskenngro"s"e
   0.493 -3.046 -2.970  0.525 rhoh psiEul psiSt phiSt
 Machzahlen
   0.242  0.707  0.668   Mac0G Mac1sG Mac1sL
   0.294  0.756  0.000   Maw1G Maw2sG Maw2sL
   0.699  0.754  0.325   Mac1G Maw2G Mac2G

  2. Stufe 155.5 = nSt (1/s) bzw.   9330. = nSt (1/min)
     118.8    -28.8 alfa0 alfa0s Zustro"mwinkel zum Leitrad
 Stro"mungswinkel
     118.8     27.7                           alfa0 alfa1
      91.8     22.3                           beta1 beta2
      23.6    -36.4                           alfas betas
 Stufenleistung und spezifische Arbeiten
    -12.570 -240002.5 -237841.3  PTSt (MW) wtStEul wtSt
 Wa"rmeleistungen
     -0.740     -0.397     -0.343       Qp QplE QpLa (MW)
 Wa"rmestro"me
 QPKL     QPF      QPKLR     QPFR
    247103.   149825.   236712.   105910.
       139.       249.   QPWLE     QPWLA
 spezifische Wa"rmestro"me
    349568.   847810.   503642.   901365. qKL  qF    qKLR  q
 Reaktionsgrad, Schaufelarbeitskenngro"s"en, Durchflusskenngro"s"e
   0.626 -2.370 -2.349  0.524 rhoh psiEul psiSt phiSt
```

```
Machzahlen
  0.325  0.656  0.619   Mac0G Mac1sG Mac1sL
  0.304  0.868  0.000   Maw1G Maw2sG Maw2sL
  0.653  0.869  0.373   Mac1G Maw2G Mac2G

 3. Stufe  93.3 = nSt (1/s) bzw.   5600. = nSt (1/min)
    117.9    -27.9 alfa0 alfa0s Zustro"mwinkel zum Leitrad
Stro"mungswinkel
    117.9     34.2                          alfa0 alfa1
     66.8     25.0                          beta1 beta2
     20.2    -46.2                          alfas betas
Stufenleistung und spezifische Arbeiten
   -10.893 -202131.1 -201104.0  PTSt (MW) wtStEul wtSt
Wa"rmeleistungen
    -0.559    -0.302    -0.257       Qp QplE QpLa (MW)
Wa"rmestro"me
QPKL     QPF     QPKLR     QPFR
   302125.        0.  257360.        0.
      381.      352.  QPWLE     QPWLA
spezifische Wa"rmestro"me
   378129.   847810.   497796.   901365. qKL  qF   qKLR  q
Reaktionsgrad, Schaufelarbeitskenngro"s"en, Durchflusskenngro"s"e
  0.695 -1.830 -1.821  0.540 rhoh psiEul psiSt phiSt
Machzahlen
  0.373  0.619  0.861   Mac0G Mac1sG Mac1sL
  0.380  0.895  0.000   Maw1G Maw2sG Maw2sL
  0.622  0.899  0.396   Mac1G Maw2G Mac2G

 4. Stufe  93.3 = nSt (1/s) bzw.   5600. = nSt (1/min)
    106.5    -16.5 alfa0 alfa0s Zustro"mwinkel zum Leitrad
Stro"mungswinkel
    106.5     43.4                          alfa0 alfa1
     53.1     26.5                          beta1 beta2
     19.8    -51.5                          alfas betas
Stufenleistung und spezifische Arbeiten
    -8.879 -163143.2 -163143.2  PTSt (MW) wtStEul wtSt
Wa"rmeleistungen
    -0.154    -0.154     0.000       Qp QplE QpLa (MW)
Wa"rmestro"me
QPKL     QPF     QPKLR     QPFR
   153580.        0.        0.        0.
    353.2588510773152000       6.4767820029574080 QPWLE     QPWLA
      353.        6.  QPWLE     QPWLA
spezifische Wa"rmestro"me
   594119.   847810.        0.   901365. qKL  qF   qKLR  q
Reaktionsgrad, Schaufelarbeitskenngro"s"en, Durchflusskenngro"s"e
  0.760 -1.416 -1.416  0.567 rhoh psiEul psiSt phiSt
Machzahlen
  0.396  0.579  0.757   Mac0G Mac1sG Mac1sL
  0.498  0.966  0.000   Maw1G Maw2sG Maw2sL
  0.580  0.966  0.443   Mac1G Maw2G Mac2G
```

```
  5. Stufe   93.3 = nSt (1/s) bzw.   5600. = nSt (1/min)
     103.4    -13.4 alfa0 alfa0s Zustro"mwinkel zum Leitrad
 Stro"mungswinkel
     103.4     47.4                         alfa0 alfa1
      51.1     28.5                         beta1 beta2
      18.8    -51.3                         alfas betas
 Stufenleistung und spezifische Arbeiten
     -8.027 -147483.5 -147483.5  PTSt (MW) wtStEul wtSt
 Reaktionsgrad, Schaufelarbeitskenngro"s"en, Durchflusskenngro"s"e
   0.777 -1.229 -1.229  0.592 rhoh psiEul psiSt phiSt
 Machzahlen
   0.443  0.613  0.000   Mac0G Mac1sG Mac1sL
   0.579  1.025  0.000   Maw1G Maw2sG Maw2sL
   0.613  1.025  0.494   Mac1G Maw2G Mac2G

Zusammensetzung des Verbrennungsgases Turbinen-Austritt
   73.867464 % PSGN2
   10.923153 % PSGO2
    4.475576 % PSGCO2
    0.877802 % PSGAR
    9.853282 % PSGH2O
   0.169E-08 % PSGCO
   0.473E-08 % PSGH2
   0.260E-11 % PSGH
    0.000016 % PSGOH
   0.960E-08 % PSGO
    0.002600 % PSGNO
   0.107E-03 % PSGNO2
    0.000016 % PSGOH
   0.103E-18 % PSGN
   0.000E+00 % PSGCH4
   28.284 = MG (kg/kmol) molare Masse
  293.961 = RG (J/(kg K)) spezifische Gaskonstante

 Druckverha"ltnis der Turbine und mittleres Stufendruckverha"ltnis
    0.036   0.515  piT    piStm
    0.036 piT=pTA/pTE
    0.546   0.563   0.570   0.534   0.388  piSt Stufen 1-  5

 Calculation in DIFUSOUT
 TA  905.5   632.3    88679  680824 8875  941.21  103928  723887 293   54.4 3.001 0.494
DAM  939.7   666.6   100923  722087 8882  941.21  101582  723887  60   54.4 2.737 0.099
 PA  941.0   667.9   101325  723687 8882  941.21  101398  723887  20   54.4 2.730 0.033
 Machzahlen
    0. = c0  (m/s) 341. = a0  (m/s) 0.000 = Ma0
  160. = cVE (m/s) 333. = aVE (m/s) 0.480 = MaVE
  142. = cVA (m/s) 541. = aVA (m/s) 0.262 = MaVA
  200. = cTE (m/s) 825. = aTE (m/s) 0.243 = MaTE
  249. = cT(iSt)   766. = aT(iSt)   0.325 = MaTi
  267. = cT(iSt)   715. = aT(iSt)   0.373 = MaTi
  265. = cT(iSt)   669. = aT(iSt)   0.396 = MaTi
```

```
  280. = cT(iSt)    631. = aT(iSt)    0.443 = MaTi
  293. = cTA (m/s) 594. = aTA (m/s) 0.494 = MaTA
   20. = cPA (m/s) 605. = aPA (m/s) 0.033 = MaPA

    39.87 = etaiGT=-PiGT/(etaC*EpB) (%) Innerer Wirkungsgrad GT
    39.79 = ETAGT=-PIGT/EPB (%) Gesamtwirkungsgrad GT

    24.67 = piVAU=ptVA/pU    Druckverha"ltnis der Verdichtung, bezogen auf PU
    25.84 = piTVAU=ptVA/pU   Totaldruckverha"ltnis der Verdichtung, bezogen auf PU
    29.13 = piV=PVA/PVE  Druckverha"ltnis des Verdichters
    26.06 = piTV=PTVA/PTVE  Totaldruckverha"ltnis des Verdichters
  476.400 = wtV (kJ/kg)  Spezifische Verdichter Arbeit
   25.275 = PV (MW)  Verdichter Leistung
    0.668 = FIVE=CVE/UVE  Durchfluss Kenngro"s"e E
    0.514 = FIVA=CVA/UVA  Durchfluss Kenngro"s"e A
    94.08 = etatV (%)  Totaler Verdichter Wirkungsgrad
++++++++++++++++++++++++
     0.97 = pitBK=ptTE/ptVA  Totaldruckverha"ltnis der Brennkammer
++++++++++++++++++++++++
    27.62 = pitM1=pTE/pPA  Druckverha"ltnis der Turbine
    24.47 = pitTM1=ptTE/ptPA  Totaldruckverha"ltnis der Turbine
 -983.198 = wtT (kJ/kg)  Spezifische Turbinen Arbeit
  -53.511 = PET (MW)  Turbinen Leistung
  -55.755 = qT (kJ/kg)  Spezifische Turbinen Ku"hlung
   -3.035 = QPT (MW)  Turbinen Ku"hlleistung
   0.9017 = RNUTT  Totales Turbinen Polytropenverha"ltnis
++++++++++++++++++++++++
  515.077 = wtGT (kJ/kg)     Spezifische Arbeit
   27.327 = PiGT (MW)        Innere Leistung
      6.3 = TAUTP=TTTE/TTVE  Totales Prozess-Temperaturverha"ltnis
++++++++++++++++++++++++
   26.780 = PelGT (MW)      Elektrische Leistung der GT
   68.675 = EPB (MW)         Brennstoff Energiestrom
++++++++++++++++++++++++
    39.00 = ETAGES=PEL/EPB (%) Gesamtwirkungsgrad der GT-Anlage
=====================================================

         Zustandspunkte der offenen Gasturbinen Anlage

  i  T(i)     tC    p(i)      h(i)  s(i) Tt(i)   pt(i)    ht(i)  c(i)  mp(i)  v(i) Ma(i)
     (K)     (°C)   (Pa)    (J/kg)(J/kgK) (K)     (Pa)    (J/kg)(m/s)(kg/s)(m3/kg)

  U  288.1   15.0  101325   -10094 7354  288.15  101325   -10094   0    53.1 0.819 0.000
 VE  275.5    2.3   85831   -22894 7356  288.15  100487   -10094 160    53.1 0.925 0.480
 VE  275.5    2.3   85831   -22894 7356  288.15  100487   -10094 160    53.1 0.925 0.480
 VA  746.1  473.0 2500000  467083 7415  755.29 2618689  477118 141    47.0 0.086 0.262
BKE  752.1  479.0 2576620  473673 7415  755.29 2617809  477118  83    47.0 0.084 0.153
 BE  288.1   15.0 2676620  -19120  -65  288.15 2677658  -17870  50     1.4 1.205
BKA 1820.3 1547.2 2524555 1876096 8821 1823.15 2542828 1879968  88    48.4 0.212 0.106
      Ku"hlluftentnahmen, die Zahlen zeigen die Turbinenstufen an!
  4  442.5  169.3  367515  146570 7381  459.04  475590  163537 184     0.3 0.306
```

```
  3  561.8   288.6  596201   270033 7387  479.47  543552   184560 212    0.5 0.168
  3  550.2   277.0  702839   257892 7393  565.05  962349   273470 176    0.8 0.182
  2  654.2   381.0 1109189   367814 7399  588.69 1095286   298304 203    0.6 0.117
  2  653.1   379.9 1383004   366631 7404  664.51 1680788   378848 156    0.9 0.119
  1  749.8   476.6 1962241   471089 7410  692.83 1926339   409287 210    1.3 0.083
  1  746.1   473.0 2500000   467083 7415  755.29 2618689   477118 141    1.7 0.086

 TE 1808.4 1535.3 2449250 1859968 8821 1823.15 2542520 1879968 200   48.4 0.218 0.243
  2  879.2  606.1 1766017  614424 7697  946.54 2357783  690422 389    1.0 0.143 0.666
  3 1676.1 1402.9 1766017 1676612 8803 1790.74 2390465 1831116 555   50.1 0.279 0.699
  4  850.3  577.1 1244703  582016 7760  884.44 1450636  620278 276    0.8 0.197 0.480
  5 1551.9 1278.8 1244703 1508412 8797 1575.28 1331327 1539374 248   51.4 0.367 0.325
  7  919.9  646.7  998270  660234 7912  979.88 1280707  728416 369    0.7 0.266 0.617
  8 1471.4 1198.2  998270 1398483 8785 1561.78 1303787 1517593 488   52.3 0.434 0.653
  9  906.5  633.4  632555  645110 8027  959.66  791447  705355 347    0.5 0.413 0.584
 10 1342.9 1069.8  632555 1230313 8797 1370.50  691678 1265973 267   52.9 0.624 0.373
 12  807.8  534.6  536580  534809 7946  912.26  860004  651599 483    0.8 0.434 0.859
 13 1286.3 1013.1  536580 1155557 8786 1359.97  684740 1250407 435   53.7 0.705 0.622
 14  793.2  520.0  330763  518688 8065  855.46  442554  587828 371    0.5 0.691 0.666
 15 1167.5  894.4  330763 1004059 8802 1195.30  365908 1039130 264   54.2 1.038 0.396
 17  916.2  643.0  292673  656027 8261 1005.41  422553  757656 450    0.3 0.902 0.755
 18 1134.1  860.9  292673  961482 8800 1192.24  362510 1034644 382   54.4 1.139 0.580
 20 1030.1  756.9  172956  832396 8836 1061.77  196413  871501 279   54.4 1.751 0.443
 23 1002.5  729.3  152749  798448 8839 1061.77  194257  871370 381   54.4 1.929 0.613
 TA  905.5  632.3   88672  680824 8875  941.21  103919  723887 293   54.4 3.001 0.494
 DA  939.7  666.6  100915  722087 8882  941.21  101574  723887  60   54.4 2.737 0.099
 PA  941.0  667.9  101325  723687 8882  941.21  101398  723887  20   54.4 2.730 0.033
=====================================================
 ISO-Werte der Turbine
ISO 1693.3 1420.2 2442832 1687085 8696 1708.31 2542520 1707085 200   54.4 0.204
   81.57 = ETTISO (%)  Polytroper ISO-Wirkungsgrad
  1435.2 = TTEISO (°C)  Totale ISO-Turbinen Eintrittstemperatur
=====================================================


         Energie Werte der Turbinen Stufen

iSt  PTSt(iSt) wTSt(iSt) wTEul(iSt) Qp(iSt)     QpLe(iSt)     QpLa(iSt)
        (MW)     (kJ/kg)   (kJ/kg)     (MW)         (MW)          (MW)
 1  -13.141683 -255.774 -262.298   -1.581901    -0.883174    -0.698728
 2  -12.570165 -237.841 -240.003   -0.739550    -0.396928    -0.342622
 3  -10.893216 -201.104 -202.131   -0.559486    -0.302125    -0.257360
 4   -8.879161 -163.143 -163.143   -0.153580    -0.153580     0.000000
 5   -8.026874 -147.484 -147.484    0.000000     0.000000     0.000000

iSt lambda(iSt) beta0G(i.) lambL1(i.) beta1G(i.) nSt(i.)(1/min)
 1      2.229     0.026     2.048     0.028     9330
 2      2.101     0.027     2.138     0.027     9330
 3      2.163     0.027     2.196     0.026     5599
 4      2.218     0.026     2.229     0.026     5599
 5      2.229     0.026     2.229     0.026     5599
 6      2.229     0.026
```

iSt	psiSt	rhohSt	etaSt	psiEul	rhohEul	EXP1G	FPIST
1	-2.97	0.479	0.825	-3.05	0.493	0.4831769	1.0595910
2	-2.35	0.610	0.854	-2.37	0.626	0.3259471	1.0940180
3	-1.82	0.672	0.843	-1.83	0.695	0.2537933	1.0990056
4	-1.42	0.753	0.801	-1.42	0.760	0.1886983	1.0361585
5	-1.23	0.777	0.799	-1.23	0.777	0.1859823	

iSt	alfa0	alfa1	alfaS	beta1	beta2	betaS
1	90.0	22.1	40.7	116.7	22.2	-25.3
2	118.8	27.7	23.6	91.8	22.3	-36.4
3	117.9	34.2	20.2	66.8	25.0	-46.2
4	106.5	43.4	19.8	53.1	26.5	-51.5
5	103.4	47.4	18.8	51.1	28.5	-51.3

iSt	cm1	cu1	u1	wu1	cm1SL	cu1SL	cm1SG	cu1SG
1	209.000	515.098	410.000	105.098	146.581	361.261	212.223	523.042
2	227.000	432.078	425.000	7.078	171.746	326.905	228.384	434.712
3	245.000	360.103	465.000	-104.897	271.864	399.588	244.594	359.506
4	263.000	277.767	475.000	-197.233	309.972	327.376	262.776	277.530
5	281.000	258.617	485.000	-226.383	0.000	0.000	281.000	258.617

iSt	cm2	cu2	u2	wu2	cm2SL	wu2SL	cm2SG	wu2SG
1	218.000	-120.001	415.000	-535.001	231.073	-152.085	219.284	-538.151
2	236.000	-124.999	450.000	-574.999	272.795	-214.648	236.109	-575.265
3	254.000	-75.009	470.000	-545.009	312.775	-201.124	253.434	-543.794
4	272.000	-65.008	480.000	-545.008	0.000	0.000	272.000	-545.008
5	290.000	-45.009	490.000	-535.009	0.000	0.000	290.000	-535.009

===

I	TWGE(I)		TWGA		TTKLA		TT1/2SG		TCGE		TCGA	
	(K)	(°C)	(K)	(°C)	(K)	(°C)	(K)	(°C)	(K)	(°C)	(K)	(°C)
1	1109	836	1190	916	946	673	1809	1536	1608	1335	1528	1255
1	1128	855	1241	968	1015	742	1661	1388	1527	1254	1487	1214
2	1115	842	1228	955	979	706	1569	1296	1365	1092	1364	1091
2	1122	849	1297	1024	1130	857	1451	1178	1269	996	1350	1077
3	1035	762	1152	879	912	639	1366	1092	1237	964	1258	985
3	1082	809	1190	917	1035	762	1277	1003	1176	903	1217	944
4	1065	792	1149	876	1005	732	1193	919	1096	823	1156	883
4	1177	903	1179	905	0	0	1061	788				
5	1061	788	1061	788	0	0	1061	788				
5	1055	782	1057	784	0	0	941	668				

===

0.0013 1.50 VCESU,EMPFSU Beschichtungsvolumen(cm3), Filmku"hlung Massenstrom

****

Kosten der Gasturbinenanlage (mln Euro)

(CGT = 1.739 Gasturbine 7.2 % of GTA)

(CCONCO = 2.777 Konvektionsku"hlung 11.6 % der GTA)

```
(CFILCO =    1.707 Filmku"lung                              7.1 % der GTA)
(CCERLA =   13.281 Beschichtung                            55.3 % der GTA)
(  CQPT =   17.765 gesamte Turbinenku"lung                 74.0 % der GTA)
( CVERD =    1.150 Verdichter                               4.8 % der GTA)
(   CCC =    0.385 Brennkammer                              1.6 % der GTA)
   CCGT =   21.039 Gasturbine (Turb,Ku"hl.,Verd.,Verbr.)   87.6 % der GTA
   CGGT =    0.592 Generator                                2.5 % der GTA
   CGTB =    0.303 A"us"ere Komponenten der Gasturbine      1.3 % der GTA
 CCTRGT =    2.089 Regelung und elektrische Ausru"stung     8.7 % der GTA

   CCGT =   24.023 Gesamte Gasturbinen Einheit            100.0 % der GTA

*****************************************************
 CCGUD = 24.023 Mill. Euro Gesamt Kosten = 100 %
*****************************************************
 897.02 SCGTG = CCGTG/PEL (Euro/kW)  gesamtspez. Kosten der GT Anlage
****************************************************
  20.0 CNA (a) Lebensdauer der Anlage
  19.6=EPSI (Ct/kWh) Stromgestehungskosten bei CT=  800. (h/a)
****************************************************
  1.07 0.0944 Q A
****************************************************
    Stromgestehungskosten epsi(CT,ECEFF1-3)
       I   CT(h/a) CNA(a)  ECEFF1(Ct/kWh) ECEFF2    ECEFF3
 [spez. Brennst. Kost:   (1,5Ct/kWh)  (2,0Ct/kWh) (2,5Ct/kWh)]
       1     200.   20.      60.1781      61.4602     62.7424
       2     400.   20.      32.2823      33.5644     34.8466
       3     600.   20.      22.9837      24.2658     25.5480
       4     800.   20.      18.3344      19.6165     20.8987
       5    1000.   20.      15.5448      16.8269     18.1091
       6    1200.   20.      13.6851      14.9672     16.2494
       7    1400.   20.      12.3567      13.6388     14.9210
       8    1600.   20.      11.3604      12.6426     13.9247
       9    1800.   20.      10.5855      11.8677     13.1498
      10    2000.   20.       9.9656      11.2478     12.5299
      11    2200.   20.       9.4584      10.7406     12.0227
      12    2400.   20.       9.0358      10.3179     11.6001
      13    2600.   20.       8.6781       9.9603     11.2424
      14    2800.   20.       8.3716       9.6537     10.9359
      15    3000.   20.       8.1059       9.3881     10.6702
      16    3200.   20.       7.8734       9.1556     10.4377
      17    3400.   20.       7.6683       8.9505     10.2326
      18    3600.   20.       7.4860       8.7681     10.0503
      19    3800.   20.       7.3229       8.6050      9.8872
      20    4000.   20.       7.1760       8.4582      9.7403
      21    4200.   19.       7.0936       8.3758      9.6579
      22    4400.   18.       7.0248       8.3069      9.5891
      23    4600.   17.       6.9688       8.2510      9.5331
      24    4800.   16.       6.9254       8.2075      9.4897
      25    5000.   16.       6.8238       8.1060      9.3881
****************************************************
```

```
  U = Umgebung
 VE = Verdichter Eintritt
 VA = Verdichter Austritt
BKE = Brennkammer Eintritt
 BE = Brennstoff Eintritt in Brennkammer
BKA = Brennkammer Austritt
  1 = Turbinen Eintritt (TE)
  2 = Konvektionsku"lung Luft Stator Austritt 1. Stufe
  3 = Zustand 1  1. Stufe
  4 = Konvektionsku"lung Luft Rotor Austritt 1. Stufe
  5 = Austritt 1. Stufe
  6 = Eintritt 2. Stufe
  7 = Konvektionsku"lung Luft Stator Austritt 2. Stufe
  8 = Zustand 1  2. Stufe
  9 = Konvektionsku"lung Luft Rotor Austritt 2. Stufe
 10 = Austritt 2. Stufe
 11 = Eintritt 3. Stufe
 12 = Konvektionsku"lung Luft Stator Austritt 3. Stufe
 13 = Zustand 1  3. Stufe
 14 = Konvektionsku"lung Luft Rotor Austritt 3. Stufe
 15 = Austritt 3. Stufe
 16 = Eintritt 4. Stufe
 17 = Konvektionsku"lung Luft Stator Austritt 4. Stufe
 18 = Zustand 1  4. Stufe
 19 = Konvektionsku"lung Luft Rotor Austritt 4. Stufe
 20 = Austritt 4. Stufe
 21 = Einritt 5. Stufe
 22 = Ku"hlluft Stator Austritt 5. Stufe
 23 = Zustand 1  5. Stufe
 24 = Ku"hlluft Rotor Austritt 5. Stufe
 25 = Turbinen Austritt (TA)
 DA = Diffusor Austritt
 PA = Anlagen/Du"sen Austritt
****************************************************
```

Gasturbine mit Rekuperator

H

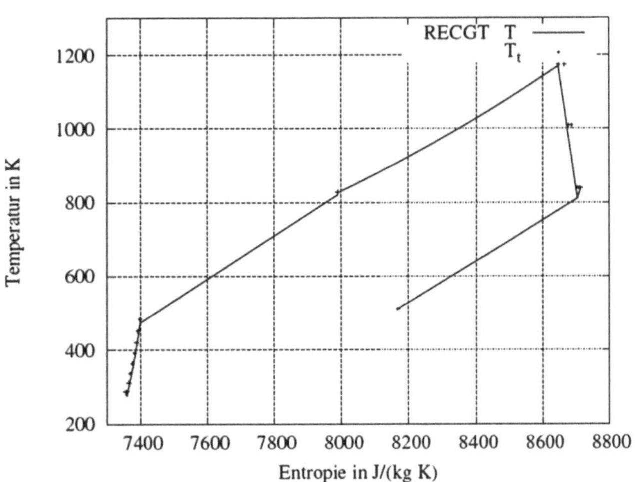

Abb. H.1 T, s-Diagramm einer Gasturbinenanlge mit Rekuperator

Das Totaltemperatur-Diagramm des Rekuperators musste zur Verdeutlichung angehängt werden, weil im T, s-Diagramm nur die statischen Temperaturen dargestellt sind. Im Wärmeaustauscher sind aber für den Wärmeübergang die Totaltemperaturen bestimmend.

W. Bitterlich, U. Lohmann, *Gasturbinenanlagen*,
https://doi.org/10.1007/978-3-658-15067-9_20

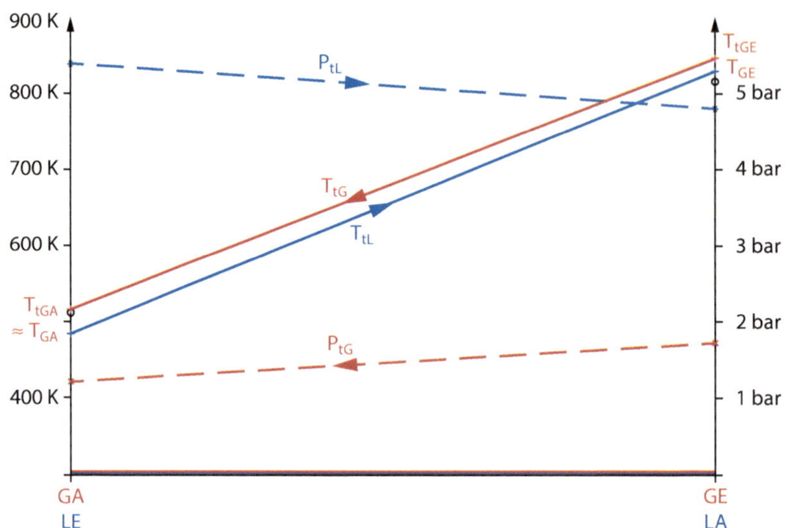

Abb. H.2 T_t, l-Diagramm des Rekuperators

Im Folgenden die Daten einer Gasturbine mit Rekuperator.

```
****************************************************
' 30.10.2015: RECGT25.INP fu"r TLORGTDP.FOR (Luft Einl.Verl.)'
'Industriegasturbine mit Rekuperator (etwa 10 MW, 40 %)'
'  48,000 kg/s ','= EMPVE  Luftmassenstrom am Verdichter Eintritt  '
'  9900 min-1  ','= RN   Drehzahl                                   '
' 5,000000 bar ','= PVA  Verdichter Austritts Druck                 '
'  900,00°C    ','= TTBKA  Brennkammer Austritts Temperatur         '
' 98,0 %       ','= ETAMGT  mechanischer Wirkungsgrad der Gasturbine '
' 98,00 %      ','= ETAGGT  Generator Wirkungsgrad der Gasturbine    '
  0       ,'=IGUD  GUD-Param.;IGUD=0: ohne Dampfteil;IGUD=1: mit Dampft.'
1         ,'= IDISS  Dissoziationsparameter: (0) (1) (10) (11) (20) (21)'
0         ,'= IRREAL  Reales Gas Parameter: 0: ideal gas ; 1: real gas  '
  1  ,'=IECO; IECO=0: wirtsch. Berechn.; IECO=1: vers.A; IECO=2: vers.B'
 92  ,'=IWR  Fall Unterscheidungs Parameter; (IWR < 0: Betriebspunkt)'
'  Umgebungsluft'
'  1 atm       ','= PU   Luft Druck                                 '
'   15°C       ','= TU   Luft Temperatur                            '
'  60 %        ','= FI   relative Luft Feuchtigkeit                 '
'   90 %       ','= ETAE  Einlass Wirkungsgrad                      '
'  Verdichter'   1.65D0=FACLOS
152.      ,'=CVE (m/s)  Geschwindigkeit am Verdichter Eintritt'
142.      ,'=CVA (m/s)  Geschwindigkeit am Verdichter Austritt'
 -7       ,'=IZ  Anzahl der Verdichterstufen (IZ < 0: Nachberechnung)'
' 92,500 %     ','= ETATV tot.Verd.Wirkungsgrd.(Startwert); FACLOS=1.D0'
' u1(I) psiSt(I) cu3(I) QLe  25 berechnete Werte fu"r die Verdichter Stufen'
 275.0  ,  0.651004  ,   9.4  ,   0.  ,  1
 275.0  ,  0.658378  ,  10.5  ,   0.  ,  2
```

```
 280.2  ,  0.662603  ,  10.8  ,  0.  ,  3
 286.5  ,  0.662603  ,  15.0  ,  0.  ,  4
 295.0  ,  0.660494  ,  28.0  ,  0.  ,  5
 305.0  ,  0.658378  ,  43.0  ,  0.  ,  6
 315.0  ,  0.657327  ,   0.0  ,  0.  ,  7
  28.  ,'=cu1(1) (m/s) Umfangsgeschwindigkeitskomp. nach dem Vorleitrad'
'  Brennkammer'
' 288,15 K     ','= TBE  Brennstoff Eintrittstemperatur                    '
' 0,74870      ','= CMA  Massenanteil Kohlenstoff (Methan CH4)             '
' 0,25130      ','= HMA  Massenanteil Wasserstoff                          '
' 50,056E6     ','= HUB  Heizwert des Brennstoffs                          '
 83.      ,'=CBKE (m/s)  Geschwindigkeit am Brennkammer Eintritt'
 50.      ,'=CBE (m/s)  Geschwindigkeit des Brennstoffs nach der Duße'
 88.      ,'=CBKA (m/s)  Geschwindigkeit am Brennkammer Austritt'
' 98,90 %      ','= ETABKE  Stro"mungswirkungsgrad am Brennk. Eintritt'
' 99,580 %     ','= ETABK  Stro"mungswirkungsgrad der Brennkammer       '
' 99,8 %       ','= ETAC  chemischer Wirkungsgrad der Brennkammer      '
' 99,6 %       ','= ETABKA  Stro"mungswirkungsgrad der Brennkammer'
'  Turbine'
' 88,1500 %    ','= ETATT  Totaler Turbinen Wirkungsgrad                   '
2         ,'=IANZST    Anzahl der Stufen der Gasturbine'
151.      ,'=CTE (m/s)  Geschwindigkeit am Turbinen Eintritt'
202.      ,'=CM(3) (m/s)  Geschwindigkeit CM1SG 1. Stufe'
216. ,-116. ,'=CM(5),CU2(1) (m/s)  Geschwindigkeiten nach der 1. Stufe'
191.      ,'=CM(8) (m/s)  Geschwindigkeit CM1SG 2. Stufe'
211. ,-150. ,'=CM(10),CU2(2) (m/s)  Geschwindigkeiten nach der 2. Stufe'
 329.490 ,'=U1(1) (m/s)  Umfangsgeschwindigkeit Rotor Eintritt 1. Stufe'
 334.000 ,'=U2(1) (m/s)  Umfangsgeschwindigkeit Rotor Austritt 1. Stufe'
 343.299 ,'=U1(2) (m/s)  Umfangsgeschwindigkeit Rotor Eintritt 2. Stufe'
 352.000 ,'=U2(2) (m/s)  Umfangsgeschwindigkeit Rotor Austritt 2. Stufe'
'  Diffusor und Anlagen Austritt'
 60.      ,'=CDA (m/s)  Geschwindigkeit am Diffusor oAustritt'
 20.      ,'=CPA  (m/s)  Geschwindigkeit am Anlagen Austritt'
' 90,00 %      ','= ETADIF  Diffusor Wirkungsgrad                          '
'100,00 %      ','= ETAA  Anlagen Auslass Wirkungsgrad                     '
'  wirtschaftliche Daten'
    38.00,'=SGT    =-CGT/PET (EURO/kW)      spez. Kost. Gasturbine'
  1224.00,'=SQPT   =-CQPT/QPT (EURO/kW)     spez. Kost. Turbinenku"lung'
    54.00,'=SVERD =CVERD/PV (EURO/kW)       Verdichter'
    26.00,'=SGGT   =CGGT/PELGT (EURO/kW)    GT Generator'
  6732.00,'=SGTB   =CGTB/EMPVE (EUROs/kg)   GT Geba"ude,Luftein.,Gasaust.'
     6.60,'=SCC    =CCC/EPB (EURO/kW)       Brennkammer'
    92.00,'=SCTRGT=CCTRGT/PELGT (EURO/kW) GT Regelung+elektr.Ausru"st.'
     6.00,'=PRREC =CRECUP/EMREC (EURO/kg) massenbez. Kost. Rekuperator'
  0.03     ,'=CZ (1/a)             Zinssatz'
  0.04     ,'=CI (1/a)             Inflationsrate'
  0.01     ,'=CV (1/a)             Versicherungssatz'
  0.02     ,'=CS (1/a)             Steuersatz'
  0.0054 ,'=CF (Euro/kWh)          allgemeiner Faktor'
 100000. ,'=CN (h)                 Lebensdauer der Anlage'
  800.     ,'=CT (h/a)             Volllastzeit'
```

```
  0.02     ,'=CB (EURO/kWh)      spezifische Brennstoff Kosten'
' Ende der Daten von RECGT25.INP                                    '
**************************************************
'12.11.2016: RECGT25.ZUS for TLORGTDP.FOR (additional data)'
RLAMD = 1,000 RLAMD Nozzle divergence factor  (AP: 0,98)
FACRN2 = 1.00D0  FACRN2  Factor revolutions 2nd shaft (RN2/RN)
FACRN3 = 1.00D0  FACRN3  Factor revolutions 2nd shaft (RN3/RN)
ISHAFT =  1  ISHAFT  Number of shafts
IST2SP = 26  IST2SP  1st compressor stage 2nd shaft
IST3SP = 26  IST3SP  1st compressor stage 3rd shaft
ZTL = 0.0D0  ZTL  Mass flow rate fan
PIVZTL = 1.300D0  PIVZTL  Pressure ratio fan
ETAVZTL = 0.88D0  ETAVZTL  Fan efficiency
ETADZTL = 0.985D0  ETADZTL  Fan nozzle efficiency
RLAMDZTL = 0.985D0  RLAMDZTL  Divergance factor fan nozzle
' End of data from RECGT25.ZUS'
     846.1406203283310000,'TTTA' Totaltemperatur TA
       0.9600000000000000,'PIRECG' Druckverhaeltnis Rekuperator gasseitig
     395.2278579046284000,' TTRECGA' Totaltemperatur Rekuperator Austritt
      25.0000000000000000,' DTRECL' Graedigkeit Rekuperator luftseitig
' End of starting values from RECGT25.ZUS                            '
**************************************************
Einlass
 Luft Zusammensetzung
   77.304 % PSIN2
   20.734 % PSIO2
    0.033 % PSICO2
    0.919 % PSIAR
    1.010 % PSIH2O
   28.854 = ML (kg/kmol) molare Masse
  288.162 = RL (J/(kg K)) spezifische Gaskonstante
   48.000 = mpVE (kg/s) Massenstrom am Eintritt
  i  T(i)    tC     p(i)    h(i)  s(i)  Tt(i)    pt(i)    ht(i)  c(i) mp(i)  v(i) Ma(i)
  U  288.1   15.0  101325  -10094 7354  288.15   101325   -10094   0   48.0 0.819 0.000
    0.   = c0 (m/s) 341.   = a0 (m/s) 0.000 = Ma0
 VE  276.7    3.6   86539  -21646 7358  288.15    99739   -10094 152   48.0 0.921 0.455
  152. = cVE (m/s) 334. = aVE (m/s) 0.455 = MaVE
Verdichter
 VA  473.6  200.5  500000  178541 7399  483.26   537314   188464 140   48.0 0.273 0.324

Rekuperator
  i  T(i)    tC     p(i)    h(i)  s(i)  Tt(i)    pt(i)    ht(i)  c(i) mp(i)  v(i) Ma(i)
 VA  473.6  200.5  500000  178541 7399  483.26   537314   188464 140   48.0 0.273 0.324
RECL 827.4  554.3  481000  556613 8004  827.48   481100   556663 140   48.0 0.496 0.248
   17.674 = QpREC (MW)  Rekuperator Leistung
 TA  818.0  544.8   92793  556532 8570  847.48   106602   590042 258   48.4 2.557 0.458
RECG 514.5  241.3  101325  224741 8039  514.66   101460   224941  20   48.4 1.473 0.044

Brennkammer
RECL 827.4  554.3  481000  556613 8004  827.48   481100   556663 140   48.0 0.496 0.248
BKE  824.4  551.2  474262  553219 8004  827.48   481176   556663  83   48.0 0.501 0.147
```

```
  5.0056000000000000D+007=HUB (J/kg)  Heating value of fuel
       0.4072945224213110 EMPBE Brennstoffmassenstrom
  i  T(i)     TC     p(i)       h(i)  s(i) Tt(i)  pt(i)    ht(i)  c(i)  mp  v
 BE  288.1   15.0  574262  -19120  -65  288.15  575300  -17870  50     0.4 1.205
  0.058  17.35 betast und lmin
  0.008  6.79  5.93 betaG lambda lOX
Zusammensetzung des Verbrennungsgases Turbinen-Eintritt
   76.138807 % PSGN2
   17.412777 % PSGO2
    1.535364 % PSGCO2
    0.904819 % PSGAR
    4.001014 % PSGH2O
   0.124E-07 % PSGCO
   0.261E-07 % PSGH2
   0.741E-10 % PSGH
    0.000077 % PSGOH
   0.221E-06 % PSGO
    0.006871 % PSGNO
   0.269E-03 % PSGNO2
    0.000077 % PSGOH
   0.383E-16 % PSGN
   28.661 = MG (kg/kmol) molare Masse
  290.097 = RG (J/(kg K)) spezifische Gaskonstante
 TE 1163.7  890.5  460349  960753 8517 1173.15  476096  972153 151   48.4 0.733 0.226

Turbine

  1. Stufe 165.0 = nSt (1/s) bzw.   9900. = nSt (1/min)

      90.0       0.0 alfa0 alfa0s Zustro"mwinkel zum Leitrad
 Stro"mungswinkel
      90.0      23.6                          alfa0 alfa1
     123.3      25.6                          beta1 beta2
      39.8     -20.4                          alfas betas
 Stufenleistung und spezifische Arbeiten
     -9.244 -190967.2 -190967.2  PTSt (MW) wtStEul wtSt
 Reaktionsgrad, Schaufelarbeitskenngro"s"en, Durchflusskenngro"s"e
   0.448 -3.424 -3.424  0.647 rhoh psiEul psiSt phiSt
 Machzahlen
   0.226  0.788  0.000   Mac0G Mac1sG Mac1sL
   0.377  0.809  0.000   Maw1G Maw2sG Maw2sL
   0.788  0.809  0.397   Mac1G Maw2G Mac2G
 geometrische Daten
   dM0     dM1     dM1R    dM2 mittlere Durchmesser
      0.636     0.636     0.636     0.644
   da0     da1     da1R    da2 a"us"ere Durchmesser
      0.753     0.757     0.757     0.792
   di0     di1     di1R    di2 innere Durchmesser
      0.518     0.514     0.514     0.497
   l0(IS)   l1(IS)   l1R(IS)   l2(IS) Schaufella"ngen
     0.118    0.121    0.121    0.148
```

```
 Spaltweiten am Leit- und Laufrad
  0.002609 0.003130  kGLe  kGLa
 Nabenverha"ltnisse
  nuI0      nuI1     nuI1R     nuI2
     0.69     0.68     0.68     0.63
 dhKE(IS) dhKA(IS) dhKER(IS) dhKAR(IS) hydraulische Durchmesser
      0.000      0.000      0.000      0.000
 zetaLe zetaLa  jLe  jLa Verlustbeiwerte und Dissipationsarbeiten
      0.240      0.151  16602.6  11597.5
 zLe tLe(IS) sLe(IS) bsLe(IS)
    28  0.071  0.094  0.072
 zLa tLa(IS) sLa(IS) bsLa(IS)
    32  0.062  0.084  0.078
 OGE(IS) OGA(IS) OKLe(IS) OKLa(IS) Schaufeloberfla"chen Le
   0.689172  0.711052  0.000000  0.000000
 OGER(IS) OGAR(IS) OKLeR(IS) OKLaR(IS) Schaufeloberfla"chen La
   0.800924  0.974302  0.000000  0.000000
  Stro"mungsquerschnitte
AF1SG(IS),AF1G(IS),AFC1G(IS),AWLA(IS)
   0.000000  0.242547  0.097168  0.000000
AF2SG(IS),AF2G(IS),AFC2G(IS),AWLA(IS)
   0.000000  0.299090  0.263495  0.000000
AFFE(IS),AFFER(IS),AFC2G(IS),AFW2G(IS)
   0.000000  0.000000  0.263495  0.129425

0G 0L KLE FE KLA 1SL FA 1SG 1G 1GW 1L KLER FER KLAR 2SL FAR 2SG 2GW 2G 2GR
 0  1   2  3   4   5  6   7  8   9 10   11  12   13  14  15   16  17 18 19 20
 i   T      TC     p        h       s     Tt      pt       ht      c/w   mp    v
 0 1163.7  890.5  460349  960744 8517 1173.15  476096  972144 151  48.4 0.733
 8 1066.8  793.6  305757  845022 8532 1173.15  452270  972144 504  48.4 1.012
 9 1066.8  793.6  305757  845022 8532 1091.34  335632  874203 241  48.4 1.012
20 1066.8  793.6  305757  845022 8532 1045.56  281711  819921 241  48.4 1.012
16  987.0  713.9  214549  751121    0 1012.67  237971  781182 499  48.4 1.335
17  987.0  713.9  214549  751121 8543 1092.60  324341  875699 499  48.4 1.335
18  987.0  713.9  214549  751121 8543 1012.67  237971  781177 245  48.4 1.335
19  987.0  713.9  214549  751121 8543 1045.56  270951  819921 499  48.4 1.335

  2. Stufe 165.0 = nSt (1/s) bzw.   9900. = nSt (1/min)

     118.2     -28.2 alfa0 alfa0s Zustro"mwinkel zum Leitrad
 Stro"mungswinkel
     118.2      25.4                            alfa0 alfa1
     107.3      22.8                            beta1 beta2
      25.2     -29.2                            alfas betas
 Stufenleistung und spezifische Arbeiten
     -9.252 -191135.2 -191135.2  PTSt (MW) wtStEul wtSt
 Reaktionsgrad, Schaufelarbeitskenngro"s"en, Durchflusskenngro"s"e
   0.643 -3.085 -3.085  0.599 rhoh psiEul psiSt phiSt
 Machzahlen
   0.397  0.744  0.000   Mac0G Mac1sG Mac1sL
   0.334  0.964  0.000   Maw1G Maw2sG Maw2sL
```

```
  0.744  0.964  0.458   Mac1G Maw2G Mac2G
 geometrische Daten
   dM0    dM1    dM1R    dM2 mittlere Durchmesser
      0.644     0.662     0.662     0.679
   da0    da1    da1R    da2 aüs"ere Durchmesser
      0.792     0.865     0.865     0.954
   di0    di1    di1R    di2 innere Durchmesser
      0.497     0.460     0.460     0.404
   10(IS)   11(IS)   11R(IS)   12(IS) Schaufella"ngen
     0.148    0.202    0.202    0.275
 Spaltweiten am Leit- und Laufrad
  0.003470 0.005219  kGLe  kGLa
 Nabenverha"ltnisse
  nuI0     nuI1    nuI1R    nuI2
     0.63    0.53    0.53    0.42
 zetaLe zetaLa  jLe  jLa Verlustbeiwerte und Dissipationsarbeiten
      0.138     0.184   8905.3  15450.6
 zLe tLe(IS) sLe(IS) bsLe(IS)
    32  0.063  0.082  0.074
 zLa tLa(IS) sLa(IS) bsLa(IS)
    29  0.072  0.090  0.079
 OGE(IS) OGA(IS) OKLe(IS) OKLa(IS) Schaufeloberfla"chen Le
   0.923706  1.265935  0.000000  0.000000
 OGER(IS) OGAR(IS) OKLeR(IS) OKLaR(IS) Schaufeloberfla"chen La
   1.247276  1.693829  0.000000  0.000000
  Stro"mungsquerschnitte
AF1SG(IS),AF1G(IS),AFC1G(IS),AWLA(IS)
   0.000000  0.421314  0.180452  0.000000
AF2SG(IS),AF2G(IS),AFC2G(IS),AWLA(IS)
   0.000000  0.586656  0.478138  0.000000
AFFE(IS),AFFER(IS),AFC2G(IS),AFW2G(IS)
   0.000000  0.000000  0.478138  0.227320

0G 0L KLE FE KLA 1SL FA 1SG 1G 1GW 1L KLER FER KLAR 2SL FAR 2SG 2GW 2G 2GR
 0  1   2  3   4   5  6   7  8   9 10   11  12   13  14  15  16  17 18 19 20
 i   T      TC     p        h       s     Tt      pt       ht      c/w   mp   v
 0  987.0  713.9  214549  751121 8543 1012.67  237971  781177 245  48.4 1.335
 8  927.4  654.2  161836  681748 8552 1012.67  230459  781177 445  48.4 1.662
 9  927.4  654.2  161836  681748 8552  944.67  174219  701768 200  48.4 1.662
20  927.4  654.2  161836  681748 8552  893.64  139670  642841 200  48.4 1.662
16  818.0  544.8   92793  556532    0  847.48  106602  590050 544  48.4 2.557
17  818.0  544.8   92793  556532 8570  947.27  165710  704793 544  48.4 2.557
18  818.0  544.8   92793  556532 8570  847.48  106602  590042 258  48.4 2.557
19  818.0  544.8   92793  556532 8570  893.64  131393  642841 544  48.4 2.557

Zusammensetzung des Verbrennungsgases Turbinen-Austritt
   76.138807 % PSGN2
   17.412777 % PSGO2
    1.535364 % PSGCO2
    0.904819 % PSGAR
    4.001014 % PSGH2O
```

```
   0.124E-07 % PSGCO
   0.261E-07 % PSGH2
   0.741E-10 % PSGH
    0.000077 % PSGOH
   0.221E-06 % PSGO
    0.006871 % PSGNO
   0.269E-03 % PSGNO2
    0.000077 % PSGOH
   0.383E-16 % PSGN
   28.661 = MG (kg/kmol) molare Masse
  290.097 = RG (J/(kg K)) spezifische Gaskonstante

Anlagenaustritt
 TA  818.0  544.8   92793  556532 8570  847.48  106602  590042 258   48.4 2.557 0.458
 DA  845.9  572.7  104442  588242 8574  847.48  105210  590042  60   48.4 2.350 0.105
 PA  514.5  241.3  101325  224741 8039  514.66  101460  224941  20   48.4 1.473 0.044

 Machzahlen
    0. = c0  (m/s) 341. = a0  (m/s) 0.000 = Ma0
  152. = cVE (m/s) 334. = aVE (m/s) 0.455 = MaVE
  141. = cVA (m/s) 567. = aVA (m/s) 0.248 = MaVA
  151. = cTE (m/s) 667. = aTE (m/s) 0.226 = MaTE
  245. = cT(iSt)   617. = aT(iSt)   0.397 = MaTi
  259. = cTA (m/s) 565. = aTA (m/s) 0.458 = MaTA
   20. = cPA (m/s) 454. = aPA (m/s) 0.044 = MaPA

    42.25 = etaiGT=-PiGT/(etaC*EpB) (%) Innerer Wirkungsgrad GT
    42.16 = ETAGT=-PIGT/EPB (%) Gesamtwirkungsgrad GT

     4.75 = piVAU=ptVA/pU    Druckverha"ltnis der Verdichtung, bezogen auf PU
     4.75 = piTVAU=ptVA/pU   Totaldruckverha"ltnis der Verdichtung, bezogen auf PU
     5.78 = piV=PVA/PVE  Druckverha"ltnis des Verdichters
     4.82 = piTV=PTVA/PTVE  Totaldruckverha"ltnis des Verdichters
  198.559 = wtV (kJ/kg)  spezifische Verdichter Arbeit
    9.531 = PV (MW)  Verdichter Leistung
    0.553 = FIVE=CVE/UVE  Durchfluss Kenngro"s"e E
    0.447 = FIVA=CVA/UVA  Durchfluss Kenngro"s"e A
    41.25 = etatV (%)  totaler Verdichter Wirkungsgrad
+++++++++++++++++++++++
     0.99 = pitBK=ptTE/ptVA  Totaldruckverha"ltnis der Brennkammer
   17.674 = QpREC (MW)  Rekuperator Leistung
+++++++++++++++++++++++
     4.96 = pitM1=pTE/pPA  Druckverha"ltnis der Turbine
     4.47 = pitTM1=ptTE/ptPA  Totaldruckverha"ltnis der Turbine
 -382.102 = wtT (kJ/kg)  spezifische Turbinen Arbeit
  -18.497 = PET (MW)  Turbinen Leistung
   0.8774 = RNUTT  totales Turbinen Polytropenverha"ltnis
+++++++++++++++++++++++
  179.079 = wtGT (kJ/kg)     spezifische Arbeit
    8.596 = PiGT (MW)        Innere Leistung
      4.1 = TAUTP=TTTE/TTVE  totales Prozess-Temperaturverha"ltnis
```

```
++++++++++++++++++++++++
    8.424 = PelGT (MW)      Elektrische Leistung der GT
   20.388 = EPB (MW)         Brennstoff Energiestrom
++++++++++++++++++++++++
    41.32 = ETAGES=PEL/EPB (%) Gesamtwirkungsgrad der GT-Anlage
=====================================================
```

Zustandspunkte der offenen Gasturbinen Anlage

i	T(i) (K)	tC (°C)	p(i) (Pa)	h(i) (J/kg)	s(i) (J/kgK)	Tt(i) (K)	pt(i) (Pa)	ht(i) (J/kg)	c(i) (m/s)	mp(i) (kg/s)	v(i) (m3/kg)	Ma(i)
U	288.1	15.0	101325	-10094	7354	288.15	101325	-10094	0	48.0	0.819	0.000
VE	276.7	3.6	86539	-21646	7358	288.15	99739	-10094	152	48.0	0.921	0.455
RLE	473.6	200.5	500000	178541	7399	483.26	537314	188464	10	48.0	0.273	0.023
VA	827.4	554.3	481000	556613	8004	827.48	481100	556663	140	48.0	0.496	0.248
BKE	824.4	551.2	474262	553219	8004	827.48	481176	556663	83	48.0	0.501	0.147
BE	288.1	15.0	574262	-19120	-65	288.15	575300	-17870	50	0.4	1.205	
BKA	1169.9	896.8	470745	968281	8517	1173.15	476139	972153	88	48.4	0.721	0.132
TE	1163.7	890.5	460349	960753	8517	1173.15	476096	972153	151	48.4	0.733	0.226
3	1066.8	793.6	305757	845022	8532	1173.15	452270	972144	504	48.4	1.012	0.788
5	987.0	713.9	214549	751121	8543	1012.67	237971	781177	245	48.4	1.335	0.397
8	927.4	654.2	161836	681748	8552	1012.67	230459	781177	445	48.4	1.662	0.744
TA	818.0	544.8	92793	556532	8570	847.48	106602	590042	258	48.4	2.557	0.458
DA	845.9	572.7	104442	588242	8574	847.48	105210	590042	60	48.4	2.350	0.105
PA	514.5	241.3	101325	224741	8039	514.66	101460	224941	20	48.4	1.473	0.044

```
*****************************************************
              Kosten der Gasturbinenanlage (mln Euro)

(   CGT =    0.703 Gasturbine                             18.8 % of GTA)
( CVERD =    0.515 Verdichter                             13.8 % der GTA)
(   CCC =    0.136 Brennkammer                             3.6 % der GTA)
   CCGT =    1.354 Gasturbine (Turb,Ku"hl.,Verd.,Verbr.)  36.2 % der GTA
   CGGT =    0.219 Generator                               5.9 % der GTA
 CQPREC =    1.070 Kosten des Rekuperators                28.6 % der GTA
   CGTB =    0.323 Au"s"ere Komponenten der Gasturbine     8.6 % der GTA
 CCTRGT =    0.775 Regelung und elektrische Ausru"stung   20.7 % der GTA

   CCGT =    3.741 Gesamte Gasturbinen Einheit           100.0 % der GTA

****************************************************
 444.05 SCGTG = CCGTG/PEL (Euro/kW)  gesamtspez. Kosten der GT Anlage
****************************************************
  20.0 CNA (a) Lebensdauer der Anlage
  12.3=EPSI (Ct/kWh) Stromgestehungskosten bei CT=  800. (h/a)
****************************************************
  1.07 0.0944 Q A
****************************************************
```

```
    Stromgestehungskosten epsi(CT,ECEFF1-3)
       I    CT(h/a) CNA(a)  ECEFF1(Ct/kWh) ECEFF2    ECEFF3
  [spez. Brennst. Kost:    (1,5Ct/kWh)   (2,0Ct/kWh) (2,5Ct/kWh)]
       1      200.   20.       31.8370      33.0633     34.2896
       2      400.   20.       18.0279      19.2542     20.4805
       3      600.   20.       13.4249      14.6512     15.8775
       4      800.   20.       11.1234      12.3497     13.5760
       5     1000.   20.        9.7425      10.9688     12.1951
       6     1200.   20.        8.8219      10.0482     11.2745
       7     1400.   20.        8.1643       9.3906     10.6169
       8     1600.   20.        7.6711       8.8974     10.1237
       9     1800.   20.        7.2875       8.5138      9.7401
      10     2000.   20.        6.9807       8.2070      9.4333
      11     2200.   20.        6.7296       7.9559      9.1822
      12     2400.   20.        6.5204       7.7467      8.9730
      13     2600.   20.        6.3433       7.5696      8.7959
      14     2800.   20.        6.1916       7.4179      8.6442
      15     3000.   20.        6.0601       7.2864      8.5126
      16     3200.   20.        5.9450       7.1713      8.3976
      17     3400.   20.        5.8435       7.0697      8.2960
      18     3600.   20.        5.7532       6.9795      8.2058
      19     3800.   20.        5.6725       6.8987      8.1250
      20     4000.   20.        5.5998       6.8261      8.0523
      21     4200.   19.        5.5590       6.7853      8.0115
      22     4400.   18.        5.5249       6.7512      7.9775
      23     4600.   17.        5.4972       6.7235      7.9498
      24     4800.   16.        5.4757       6.7020      7.9283
      25     5000.   16.        5.4254       6.6517      7.8780
****************************************************
    U = Umgebung
   VE = Verdichter Eintritt
  RLE = Verdichter Austritt=Rekuperator Eintritt
  RLA = Rekuperator Austritt
  BKE = Brennkammer Eintritt
   BE = Brennstoff Eintritt in Brennkammer
  BKA = Brennkammer Austritt
    1 = Turbinen Eintritt (TE)
    2 = Konvektionsku"lung Luft Stator Austritt 1. Stufe
    3 = Zustand 1  1. Stufe
    4 = Konvektionsku"lung Luft Rotor Austritt 1. Stufe
    5 = Austritt 1. Stufe
    6 = Eintritt 2. Stufe
    7 = Konvektionsku"lung Luft Stator Austritt 2. Stufe
    8 = Zustand 1  2. Stufe
    9 = Konvektionsku"lung Luft Rotor Austritt 2. Stufe
   10 = Turbinen Austritt (TA)
   DA = Turbinen-Diffusor Austritt
   PA = Anlagen Austritt
```

Zum Abschluss der Daten ein Bild des Rekuperators mit Abmessungen, zum Vergleich die Gasturbine.

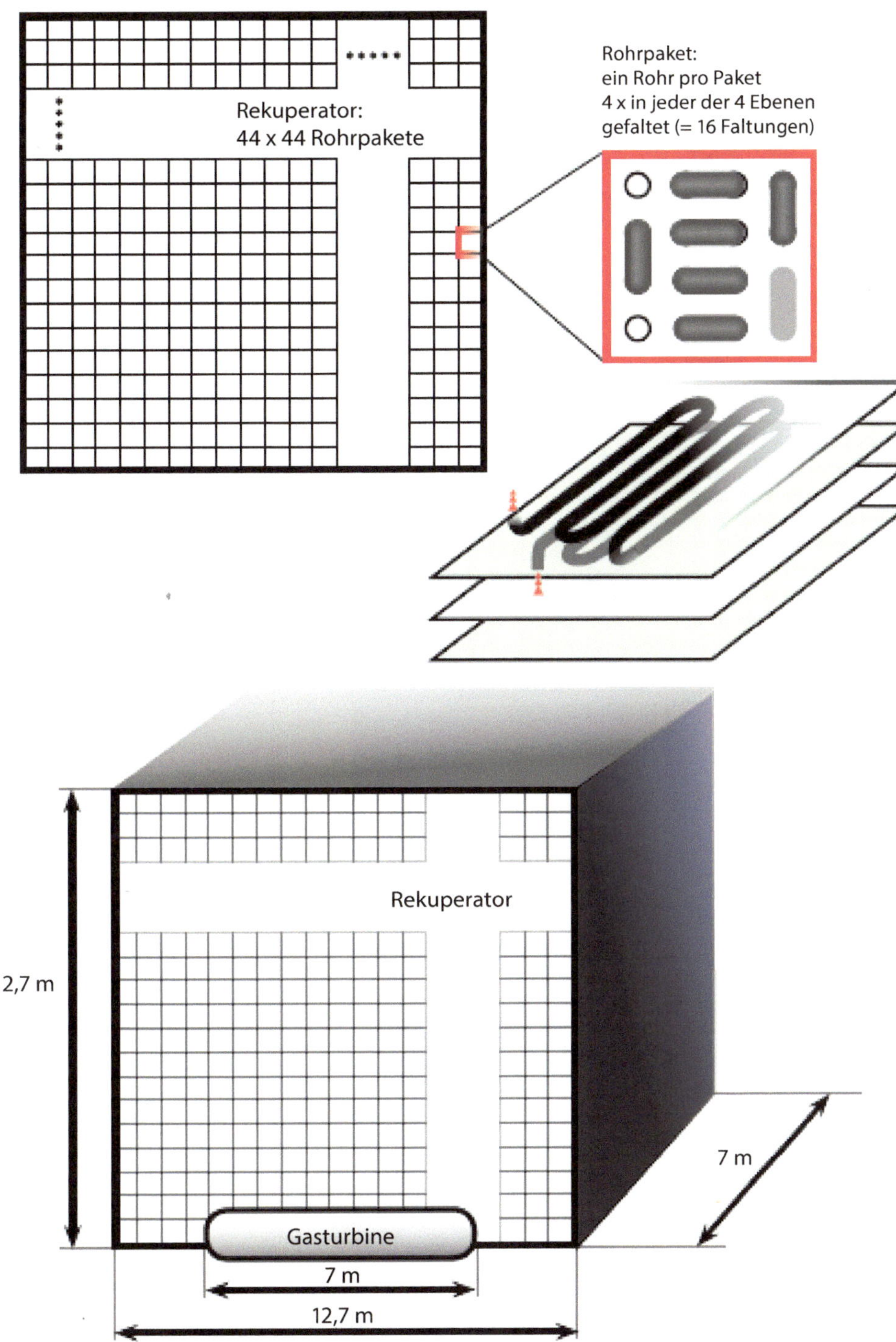

Abb. H.3 Rekuperator mit Gasturbine

Kleingasturbine

```
**************************************************
'Calculation on: 23.06.2015 at 09:28h'
**************************************************
' 22.6.2015: KLEINGT.INP f.TLORGTDP.FOR (with calcul.compressor loss)'
'  1 MW small gas turbine plant (no changes of pressures: 0) 0) '
'  2,600 kg/s ','= EMPBKE  Air mass flow rate at comb. chamber inlet  '
' 75000 min-1  ','= RN  Number of revolutions                          '
' 15,00000 bar ','= PVA  Compressor outlet pressure                    '
' 1350,00°C    ','= TTBKA  Combustion chamber outlet total temperature '
' 97,0 %       ','= ETAMGT  Mechanical efficiency of gas turbine       '
' 97,00 %      ','= ETAGGT  Generator efficiency of gas turbine        '
1        ,'= IDISS  Dissociation parameter: (0) (1) (10) (11) (20) (21)'
 10  ,'=IWR  Special case distinction parameter'
'  Air intake'
'  1 atm       ','= PU  Air pressure                                   '
'   15°C       ','= TU  Air temperature                                '
'  60 %        ','= FI  Relative humidity of air                       '
'  90 %        ','= ETAE  Inlet efficiency                             '
'  Compressor'
160.     ,'=CVE (m/s)  Velocity at compressor inlet'
140.     ,'=CVA (m/s)  Velocity at compressor outlet'
 -9      ,'=IZ  Number of compressor stages'
' 90,000 %     ','= ETATV  Total compressor efficiency (starting value)'
' u1(I) psiSt(I) cu3(I) QLe  25 berechnete Werte fu"r die Verdichter Stufen'
 256.0  ,  0.938495  ,  10.0  ,   0.  ,   1
 255.6  ,  0.947359  ,  11.0  ,   0.  ,   2
 265.1  ,  0.950684  ,  12.0  ,   0.  ,   3
 274.6  ,  0.947359  ,  16.0  ,   0.  ,   4
 286.0  ,  0.947359  ,  30.0  ,   0.  ,   5
 305.1  ,  0.947359  ,  44.0  ,   0.  ,   6
 326.1  ,  0.947359  ,  56.5  ,   0.  ,   7
 340.5  ,  0.947359  ,  60.0  ,   0.  ,   8
 345.6  ,  0.947359  ,  60.0  ,   0.  ,   9
```


W. Bitterlich, U. Lohmann, *Gasturbinenanlagen*,
https://doi.org/10.1007/978-3-658-15067-9_21

```
'  Combustion chamber'
' 288,15 K      ','= TBE  Fuel inlet temperature                          '
' 0,74870       ','= CMA  Mass fraction carbon of methane CH4             '
' 0,25130       ','= HMA  Mass fraction hydrogen                          '
' 50,056E6      ','= HUB  Heating value of fuel                           '
' 1912 J/(kgK) ','= CPB  Specific heat capacity of fuel                  '
' 0,83 kg/m3    ','= RHOB Density of fuel                                 '
 80.      ,'=CBKE (m/s)  Velocity at combustion chamber inlet'
 50.      ,'=CBE (m/s)  Velocity of fuel after jet'
 90.      ,'=CBKA (m/s)  Velocity at combustion chamber outlet'
' 98,90 %       ','= ETABKE  Flow efficiency at comb. chamber inlet'
' 99,500 %      ','= ETABK  Flow efficiency of combustion chamber        '
' 99,8 %        ','= ETAC  Chemical efficiency of combustion chamber     '
' 99,6 %        ','= ETABKA  Flow efficiency at comb. chamber outlet'
'  Turbine'
' 89,8000 %     ','= ETATT  Total turbine efficiency (starting value)    '
 3        ,'=IANZST    Number of stages of gas turbine'
150.      ,'=CTE (m/s)  Velocity at turbine inlet'
200.      ,'=CM(3) (m/s)  Velocity CM1SG 1st stage'
220. ,-130. ,'=CM(5),CU2(1) (m/s)  Velocities after 1st stage'
195.      ,'=CM(8) (m/s)  Velocity CM1SG 2nd stage'
220. ,-140. ,'=CM(10),CU2(2) (m/s)  Velocities after 2nd stage'
195.      ,'=CM(13) (m/s)  Velocity CM1SG 3rd stage'
230. ,-100. ,'=CM(15),CU2(3) (m/s)  Velocities after 3rd stage'
 330.000 ,'=U1(1) (m/s)  Circumferencial velocity rotor inlet 1st stage'
 335.000 ,'=U2(1) (m/s)  Circumferencial velocity rotor outlet 1st sta.'
 343.000 ,'=U1(2) (m/s)  Circumferencial velocity rotor inlet 2nd stage'
 355.000 ,'=U2(2) (m/s)  Circumferencial velocity rotor outlet 2nd sta.'
 370.000 ,'=U1(3) (m/s)  Circumferencial velocity rotor inlet 3rd stage'
 385.000 ,'=U2(3) (m/s)  Circumferencial velocity rotor outlet 3rd sta.'
0.06986   ,'=FACCA0(1)=EMP0L(1)/EMPBKE  C.a.f.1st st. (If<0:steam cool.)'
0.06208   ,'=FACCA1(1)=EMP1L(1)/EMPBKE  Cooling air fraction 1st stage'
0.05202   ,'=FACCA0(2)=EMP0L(2)/EMPBKE  Cooling air fraction 2nd stage'
0.03230   ,'=FACCA1(2)=EMP1L(2)/EMPBKE  Cooling air fraction 2nd stage'
0.02060   ,'=FACCA0(3)=EMP0L(3)/EMPBKE  Cooling air fraction 3rd stage'
0.01662   ,'=FACCA1(3)=EMP1L(3)/EMPBKE  Cooling air fraction 3rd stage'
0.5       ,'=RFKL(1) EMP0F/EMP0L Film cooling ratio of stator 1st stage'
0.5       ,'=ZETKLE(1) Loss coefficient of duct to stator of 1st stage'
0.4       ,'=RFKLR(1) EMP1F/EMP1L Film cooling ratio of rotor 1st stage'
1.0       ,'=ZETKLA(1) Loss coefficient of duct to rotor of 1st stage'
0.4       ,'=RFKL(2) EMP0F/EMP0L Film cooling ratio of stator 2nd stage'
0.6       ,'=ZETKLE(2) Loss coefficient of duct to stator of 2nd stage'
0.0       ,'=RFKLR(2) EMP1F/EMP1L Film cooling ratio of rotor 2nd stage'
1.2       ,'=ZETKLA(2) Loss coefficient of duct to rotor of 2nd stage'
0.0       ,'=RFKL(3) EMP0F/EMP0L Film cooling ratio of stator 3rd stage'
0.7       ,'=ZETKLE(3) Loss coefficient of duct to stator of 3rd stage'
0.0       ,'=RFKLR(3) EMP1F/EMP1L Film cooling ratio of rotor 3rd stage'
1.4       ,'=ZETKLA(3) Loss coefficient of duct to rotor of 3rd stage'
0.0005    ,'=SCLE(1) (m)  Width of ceramic layer stator 1st stage'
0.0       ,'=SCLE(2) (m)  Width of ceramic layer stator 2nd stage'
0.0       ,'=SCLE(3) (m)  Width of ceramic layer stator 3rd stage'
```

```
0.0005     ,'=SCLA(1) (m)  Width of ceramic layer rotor 1st stage'
0.0        ,'=SCLA(2) (m)  Width of ceramic layer rotor 2nd stage'
0.0        ,'=SCLA(3) (m)  Width of ceramic layer rotor 3rd stage'
 2.        ,'=RLAMC (W/(mK))  Heat conductivity of ceramic layer'
120.       ,'=CKLE(1) (m/s) Velocity of cooling-gas stator beg. of chan.'
120.       ,'=CKLA(1) (m/s) Velocity of cooling-gas stator end of channel'
120.       ,'=CKLE(2) (m/s) Velocity of cooling-gas stator beg. of chan.'
120.       ,'=CKLA(2) (m/s) Velocity of cooling-gas stator end of channel'
 80.       ,'=CKLE(3) (m/s) Velocity of cooling-gas stator beg. of chan.'
 80.       ,'=CKLA(3) (m/s) Velocity of cooling-gas stator end of chan.'
100.       ,'=WKLE(1) (m/s) Velocity of cooling-gas rotor beg. of chan.'
100.       ,'=WKLA(1) (m/s) Velocity of cooling-gas rotor end of channel'
100.       ,'=WKLE(2) (m/s) Velocity of cooling-gas rotor beg. of chan.'
100.       ,'=WKLA(2) (m/s) Velocity of cooling-gas rotor end of channel'
 60.       ,'=WKLE(3) (m/s) Velocity of cooling-gas rotor beg. of chan.'
 60.       ,'=WKLA(3) (m/s) Velocity of cooling-gas rotor end of chan.'
'  Diffusor and plant outlet'
 60.       ,'=CDA (m/s)  Velocity at diffusor outlet'
 20.       ,'=CPA  (m/s)  Velocity at plant outlet'
' 73,50 %       ','= ETADIF  Diffusor efficiency                         '
' 51,00 %       ','= ETAA  Plant outlet efficiency                       '
'  Economic data'
    52.50,'=SGT    =-CGT/PET (EURO/kW)      Spec. cost gas turbine'
  1680.00,'=SQPT   =-CQPT/QPT (EURO/kW)     Spec. cost turbine cooling'
    73.50,'=SVERD =CVERD/PV (EURO/kW)      Compressor'
    35.70,'=SGGT   =CGGT/PELGT (EURO/kW)    GT generator'
  9240.00,'=SGTB   =CGTB/EMPVE (EUROs/kg)   GT building, air int., gas out.'
     9.00,'=SCC    =CCC/EPB (EURO/kW)       Combustion chamber'
   126.00,'=SCTRGT=CCTRGT/PELGT (EURO/kW) GT control+electric equipm.'
=====================================================


 Machzahlen
    0. = c0  (m/s) 341. = a0  (m/s) 0.000 = Ma0
  160. = cVE (m/s) 333. = aVE (m/s) 0.480 = MaVE
  147. = cVA (m/s) 507. = aVA (m/s) 0.290 = MaVA
  150. = cTE (m/s) 781. = aTE (m/s) 0.192 = MaTE
  256. = cT(iSt)   708. = aT(iSt)   0.361 = MaTi
  261. = cT(iSt)   641. = aT(iSt)   0.407 = MaTi
  251. = cTA (m/s) 573. = aTA (m/s) 0.438 = MaTA
   20. = cPA (m/s) 582. = aPA (m/s) 0.034 = MaPA

    32.06 = etaiGT=-PiGT/(etaC*EpB) (%) Innerer Wirkungsgrad GT
    32.00 = ETAGT=-PIGT/EPB (%) Gesamtwirkungsgrad GT

    14.80 = piVAU=ptVA/pU    Druckverha"ltnis der Verdichtung, bezogen auf PU
    15.67 = piTVAU=ptVA/pU   Totaldruckverha"ltnis der Verdichtung, bezogen auf PU
    17.64 = piV=PVA/PVE  Druckverha"ltnis des Verdichters
    15.95 = piTV=PTVA/PTVE  Totaldruckverha"ltnis des Verdichters
  366.853 = wtV (kJ/kg)  Spezifische Verdichter Arbeit
    1.196 = PV (MW)  Verdichter Leistung
    0.625 = FIVE=CVE/UVE  Durchfluss Kenngro"s"e E
```

```
    0.433 = FIVA=CVA/UVA  Durchfluss Kenngro"s"e A
    93.22 = etatV (%)  Totaler Verdichter Wirkungsgrad
+++++++++++++++++++++++
     0.97 = pitBK=ptTE/ptVA  Totaldruckverha"ltnis der Brennkammer
+++++++++++++++++++++++
    16.25 = pitM1=pTE/pPA  Druckverha"ltnis der Turbine
    14.68 = pitTM1=ptTE/ptPA  Totaldruckverha"ltnis der Turbine
 -695.763 = wtT (kJ/kg)  Spezifische Turbinen Arbeit
   -2.313 = PET (MW)  Turbinen Leistung
  -93.802 = qT (kJ/kg)  Spezifische Turbinen Ku"hlung
   -0.312 = QPT (MW)  Turbinen Ku"hlleistung
   0.9889 = RNUTT  Totales Turbinen Polytropenverha"ltnis
+++++++++++++++++++++++
  321.587 = wtGT (kJ/kg)     Spezifische Arbeit
    1.048 = PiGT (MW)        Innere Leistung
      5.6 = TAUTP=TTTE/TTVE  Totales Prozess-Temperaturverha"ltnis
+++++++++++++++++++++++
    1.017 = PelGT (MW)      Elektrische Leistung der GT
    3.275 = EPB (MW)         Brennstoff Energiestrom
+++++++++++++++++++++++
    31.04 = ETAGES=PEL/EPB (%) Gesamtwirkungsgrad der GT-Anlage
====================================================
```

Zustandspunkte der offenen Gasturbinen Anlage

i	T(i) (K)	tC (°C)	p(i) (Pa)	h(i) (J/kg)	s(i) (J/kgK)	Tt(i) (K)	pt(i) (Pa)	ht(i) (J/kg)	c(i) (m/s)	mp(i) (kg/s)	v(i) (m3/kg)	Ma(i)
U	288.1	15.0	101325	-10094	7354	288.15	101325	-10094	0	3.3	0.819	0.000
VE	275.5	2.3	85043	-22894	7359	288.15	99565	-10094	160	3.3	0.933	0.480
VE	275.5	2.3	85043	-22894	7359	288.15	99565	-10094	160	3.3	0.933	0.480
VA	652.0	378.8	1500000	365413	7417	662.06	1588134	376223	147	2.6	0.125	0.290
BKE	659.1	385.9	1560968	373023	7417	662.06	1587431	376223	80	2.6	0.122	0.157
BE	288.1	15.0	1660968	-19120	-65	288.15	1662005	-17870	50	0.1	1.205	
BKA	1620.1	1346.9	1527540	1588845	8769	1623.15	1540580	1592895	90	2.7	0.312	0.115
Ku"hlluftentnahmen, die Zahlen zeigen die Turbinenstufen an !												
3	394.5	121.3	157350	97588	7376	347.41	180640	49805	203	0.0	0.402	
3	408.8	135.6	297403	112135	7385	420.96	344645	124557	157	0.1	0.379	
2	488.0	214.8	415714	193332	7395	452.46	430329	156783	211	0.1	0.249	
2	544.3	271.1	733974	251733	7405	557.68	882155	265745	167	0.1	0.194	
1	572.7	299.6	929984	281532	7408	539.25	771879	246506	197	0.2	0.172	
1	652.0	378.8	1500000	365413	7417	662.06	1588134	376223	147	0.2	0.125	
TE	1614.7	1341.5	1504479	1581645	8769	1623.15	1540486	1592895	150	2.7	0.315	0.192
2	788.5	515.4	836986	513580	7791	901.44	1404111	639405	501	0.1	0.271	0.902
3	1418.6	1145.4	836986	1319474	8755	1568.88	1308589	1515237	625	2.8	0.497	0.853
4	743.3	470.1	660576	463978	7794	755.52	702836	477370	163	0.1	0.324	0.303
5	1316.3	1043.2	660576	1184608	8715	1341.96	718311	1217257	255	3.0	0.584	0.361
7	797.1	523.9	374142	523006	8035	927.20	672599	668496	539	0.1	0.614	0.965
8	1161.7	888.6	374142	987617	8714	1311.92	630137	1176320	614	3.1	0.910	0.921
9	696.5	423.4	267663	413253	7984	726.13	313023	445336	253	0.1	0.750	0.483

```
 10 1068.5  795.3  267663  871476 8704 1096.22  297973  905475 260    3.2 1.169 0.407
 12  683.4  410.2  141615  399131 8147  819.63  282001  547956 545    0.1 1.391 1.049
 13  929.8  656.7  141615  703478 8719 1086.40  269175  892728 615    3.3 1.922 1.024
 14  562.2  289.0   92567  270435 8063  609.14  124110  319892 314    0.0 1.750 0.664
 TA  841.4  568.2   92567  598733 8723  868.21  104966  630183 250    3.3 2.660 0.438
 DA  866.7  593.5  100999  628383 8732  868.21  101718  630183  60    3.3 2.512 0.103
 PA  868.0  594.9  101325  629983 8733  868.21  101404  630183  20    3.3 2.507 0.034
=====================================================
 ISO-Werte der Turbine
ISO 1423.1 1150.0 1499562 1314696 8552 1431.91 1540486 1325946 150    3.3 0.278
   79.03 = ETTISO (%)  Polytroper ISO-Wirkungsgrad
  1158.8 = TTEISO (°C)  Totale ISO-Turbinen Eintrittstemperatur

    Vergleichswerte fu"r die Brennkammer:
    3.095 = EMPAEV (kg/s) A"quivalenter Verdichter Massenstrom
   -3.000 = PDPTBK (%)    Relativer Totaldruckverlust in der Brennkammer
   15.674 = PITVS         Totaldruckverha"ltnis des Verdichters
   15.191 = PITTSM1       Totaldruckverha"ltnis der Turbine
=====================================================
          Energie Werte der Turbinen Stufen

iSt  PTSt(iSt) wTSt(iSt) wTEul(iSt) Qp(iSt)    QpLe(iSt)    QpLa(iSt)
       (MW)      (kJ/kg)   (kJ/kg)     (MW)         (MW)         (MW)
 1   -0.688060 -228.707 -242.467   -0.174606   -0.096293   -0.078312
 2   -0.788588 -244.318 -249.595   -0.100041   -0.071880   -0.028161
 3   -0.836403 -251.589 -254.034   -0.037197   -0.022677   -0.014520

iSt lambda(iSt) beta0G(i.) lambL1(i.) beta1G(i.) nSt(i.)(1/min)
 1      2.291      0.025      2.451      0.024    75000
 2      2.593      0.022      2.712      0.021    75000
 3      2.786      0.021      2.833      0.020    75000
 4      2.871      0.020

iSt psiSt rhohSt  etaSt psiEul rhohEul   EXP1G      FPIST
 1  -4.08  0.340  0.759  -4.32  0.322  0.7124319  1.1057637
 2  -3.88  0.371  0.803  -3.96  0.360  0.6292751  1.0227671
 3  -3.39  0.384  0.849  -3.43  0.381  0.5995706

iSt    alfa0    alfa1    alfaS    beta1    beta2    betaS
  1     90.0     18.6     42.8    142.7     25.3    -11.8
  2    120.6     18.5     28.1    140.9     24.0    -13.4
  3    122.5     18.5     27.3    137.6     25.4    -14.1

iSt  cm1       cu1      u1       wu1      cm1SL    cu1SL    cm1SG    cu1SG
 1  200.000  592.896  330.000  262.896  160.343  475.333  204.566  606.432
 2  195.000  582.565  343.000  239.565  171.223  511.531  197.651  590.484
 3  195.000  583.503  370.000  213.503  172.924  517.444  195.366  584.599

iSt  cm2       cu2      u2       wu2      cm2SL    wu2SL    cm2SG    wu2SG
 1  220.000 -129.995  335.000 -464.995  163.337  -10.232  224.608 -474.735
 2  220.000 -139.992  355.000 -494.992  216.344 -131.766  220.098 -495.212
```

```
 3  230.000  -99.998  385.000 -484.998  263.791 -171.254  229.555 -484.060
=====================================================

 I  TWGE(I)    TWGA       TTKLA     TT1/2SG    TCGE      TCGA
    (K) (°C)  (K) (°C)  (K) (°C)  (K) (°C)  (K) (°C)  (K) (°C)
 1 1068  795 1157  884  901  628 1595 1322 1314 1041 1311 1038
 1 1048  775 1105  832  809  536 1426 1153 1252  979 1237  964
 2 1046  773 1156  883  927  654 1323 1050 1046  773 1156  883
 2 1022  749 1052  779  826  552 1179  906 1022  749 1052  779
 3  943  670 1009  736  819  546 1090  817  943  670 1009  736
 3  842  569  884  611  739  466  950  677  842  569  884  611

*****************************************************
             Kosten der Gasturbinenanlage (mln Euro)

(    CGT =    0.121 Gasturbine                            10.7 % der GTA)
(    CGT =    0.247 Konvektionsku"hlung                   21.7 % der GTA)
(    CGT =    0.239 Filmku"hlung                          21.0 % der GTA)
(    CGT =    0.218 Beschichtung                          19.1 % der GTA)
(   CQPT =    0.703 Turbinenku"lung                       61.9 % der GTA)
(  CVERD =    0.088 Verdichter                             7.7 % der GTA)
(    CCC =    0.029 Brennkammer                            2.6 % der GTA)
    CCGT =    0.942 Gasturbine (Turb,Ku"hl.,Verd.,Verbr.) 82.9 % der GTA
  CCTRGT =    0.128 Regelung und elektrische Ausru"stung   11.3 % der GTA
    CGTB =    0.030 Au"s"ere Komponenten der Gasturbine    2.7 % der GTA

    CCGT =    1.136 Gesamte Gasturbinen Einheit          100.0 % der GTA

*****************************************************
 1117.76 SCGT = CCGTG/PEL (Euro/kW)  gesamtspez. Kosten der GT Anlage
****************************************************
  12.0 CNA (a) Lebensdauer der Anlage
   7.8=EPSI (Ct/kWh) Stromgestehungskosten bei CT= 7000. (h/a)
****************************************************

  piV   TtTE  QT/EB  etaGT  etag    ki      epsi   TtTA  TtAUS
  17.6  1349  -0.10   32.1  31.0  1117.8    0.091   595   595
=====================================================
   U = Umgebung
  VE = Verdichter Eintritt
  VA = Verdichter Austritt
 BKE = Brennkammer Eintritt
  BE = Brennstoff Eintritt in Brennkammer
 BKA = Brennkammer Austritt
   1 = Turbinen Eintritt (TE)
   2 = Konvektionsku"lung Luft Stator Austritt 1. Stufe
   3 = Zustand 1  1. Stufe
   4 = Konvektionsku"lung Luft Rotor Austritt 1. Stufe
   5 = Austritt 1. Stufe
   6 = Eintritt 2. Stufe
   7 = Konvektionsku"lung Luft Stator Austritt 2. Stufe
```

```
 8 = Zustand 1  2. Stufe
 9 = Konvektionsku"lung Luft Rotor Austritt 2. Stufe
10 = Austritt 2. Stufe
11 = Eintritt 3. Stufe
12 = Konvektionsku"lung Luft Stator Austritt 3. Stufe
13 = Zustand 1  3. Stufe
14 = Konvektionsku"lung Luft Rotor Austritt 3. Stufe
15 = Turbinen Austritt (TA)
DA = Diffusor Austritt
PA = Anlagen Austritt
```

Ergebnisse für eine Mikrogasturbine mit Rekuperator

J

Im Folgenden die Daten einer Mikorgasturbine.

```
**************************************************
' 2.11.2015: MIKRO.INP for TLORGTDP.FOR (wi. air intake loss, no st.p.)'
'General gas turbine plant data, with recuperator (approx. 30 %)'
'   0,777 kg/s ','= EMPVE  Air mass flow rate at compressor inlet  '
' 66000 min-1  ','= RN  Number of revolutions                         '
'  6,00000 bar ','= PVA  Compressor outlet pressure                   '
'  930,00°C    ','= TTBKA  Combustion chamber outlet total temperature '
' 95,0 %       ','= ETAMGT  Mechanical efficiency of gas turbine      '
' 95,00 %      ','= ETAGGT  Generator efficiency of gas turbine       '
  1      ,'= IDISS  Dissociation parameter: (0) (1) (10) (11) (20) (21)'
 92  ,'=IWR Recuperator distinction parameter                        '
'  Economic data'
    72.50,'=SGT   =-CGT/PET (EURO/kW)     Spec. cost gas turbine'
  2320.00,'=SQPT  =-CQPT/QPT (EURO/kW)    Spec. cost turbine cooling'
   102.00,'=SVERD =CVERD/PV (EURO/kW)     Compressor'
    49.00,'=SGGT  =CGGT/PELGT (EURO/kW)   GT generator'
 12760.00,'=SGTB  =CGTB/EMPVE (EUROs/kg)  GT building, air int., gas out.'
    12.50,'=SCC   =CCC/EPB (EURO/kW)      Combustion chamber'
   174.00,'=SCTRGT=CCTRGT/PELGT (EURO/kW) GT control+electric equipm.'
     6.00,'=PRREC =CREC/mREC (EURO/kg)    Spezific recuperator cost'
 100000. ,'=CN (h)              Duration of plant'
  800.   ,'=CT (h/a)            Full load operation time'
  0.0200 ,'=CB (EURO/kWh)       Specific fuel cost'
' END OF DATA FROM MIKRO.INP                                          '
**************************************************
' 29.10.2015: MIKRO.ZUS for TLORGTDP.FOR (additional data)'
     865.8640000000000000,'TTTA'
       0.9800000000000000,'PIRECG'
     557.6970000000000000,' TTRECGA
'
      30.0000000000000000,' DTRECL
'
' End of starting values from MIKRO.ZUS                               '
```


W. Bitterlich, U. Lohmann, *Gasturbinenanlagen*,
https://doi.org/10.1007/978-3-658-15067-9_22

```
***************************************************
Rekuperator
  i  T(i)     TC      p(i)       h(i)   s(i)  Tt(i)   pt(i)     ht(i)   c(i)   mp   v
RLE  507.0   233.8   600000   212989 7416   517.75   647098   224146   10      0.8 0.243 0.022
RLA  835.9   562.7   588000   565983 7957   835.91   588122   566033 149      0.8 0.410 0.262
   cpL=1073 J/(kg K)
  265.646 = QpREC (kW)  Rekuperator Leistung
  i  T(i)     TC      p(i)       h(i)   s(i)  Tt(i)   pt(i)     ht(i)   c(i)   mp   v
 TA  836.3   563.1    93169   573865 8542   865.87   103686   607375 258      0.8 2.585 0.455
RGA  557.6   284.5   101325   268855 8067   557.83   101451   269055  20      0.8 1.585 0.043
   cpG=1095 J/(kg K)
***************************************************

    32.42 = etaiGT=-PiGT/(etaC*EpB) (%) Innerer Wirkungsgrad GT
    32.36 = ETAGT=-PIGT/EPB (%) Gesamtwirkungsgrad GT

     5.80 = piVAU=ptVA/pU    Druckverha"ltnis der Verdichtung, bezogen auf PU
     5.80 = piTVAU=ptVA/pU   Totaldruckverha"ltnis der Verdichtung, bezogen auf PU
     6.93 = piV=PVA/PVE  Druckverha"ltnis des Verdichters
     5.90 = piTV=PTVA/PTVE  Totaldruckverha"ltnis des Verdichters
  234.241 = wtV (kJ/kg)  Spezifische Verdichter Arbeit
    0.182 = PV (MW)  Verdichter Leistung
    0.553 = FIVE=CVE/UVE  Durchfluss Kenngro"s"e E
    0.498 = FIVA=CVA/UVA  Durchfluss Kenngro"s"e A
    0.905 = ETAV Verdichter Wirlungsgrad
+++++++++++++++++++++++
     0.99 = pitBK=ptTE/ptVA  Totaldruckverha"ltnis der Brennkammer
  265.646 = QpREC (kW)  Rekuperator Leistung
    0.266 = QpREC (MW)  Rekuperator Leistung
+++++++++++++++++++++++
     6.04 = pitM1=pTE/pPA  Druckverha"ltnis der Turbine
     5.45 = pitTM1=ptTE/ptPA  Totaldruckverha"ltnis der Turbine
 -395.003 = wtT (kJ/kg)  Spezifische Turbinen Arbeit
   -0.310 = PET (MW)  Turbinen Leistung
   0.7881 = RNUTT  Totales Turbinen Polytropenverha"ltnis
+++++++++++++++++++++++
  144.967 = wtGT (kJ/kg)     Spezifische Arbeit
    0.113 = PiGT (MW)        Innere Leistung
      4.2 = TAUTP=TTTE/TTVE  Totales Prozess-Temperaturverha"ltnis
+++++++++++++++++++++++
    0.107 = PelGT (MW)      Elektrische Leistung der GT
    0.348 = EPB (MW)         Brennstoff Energiestrom
+++++++++++++++++++++++
    30.74 = ETAGES=PEL/EPB (%) Gesamtwirkungsgrad der GT-Anlage
====================================================

         Zustandspunkte der offenen Gasturbinen Anlage

  i  T(i)     tC      p(i)       h(i)   s(i)  Tt(i)   pt(i)     ht(i)   c(i)   mp(i)   v(i)  Ma(i)
     (K)     (°C)    (Pa)     (J/kg)(J/kgK)  (K)     (Pa)    (J/kg)(m/s)(kg/s)(m3/kg)
  U  288.1    15.0   101325   -10094 7354   288.15   101325   -10094    0      0.8 0.819 0.000
```

```
 VE  276.7    3.6   86539  -21646 7358  288.15   99739  -10094 152    0.8 0.921 0.455
RLE  507.0  233.8  600000  212989 7416  517.75  647098  224146  10    0.8 0.243 0.022
 VE  276.7    3.6   86539  -21646 7358  288.15   99739  -10094 152    0.8 0.921 0.455
 VA  835.9  562.7  588000  565983 7957  835.91  588122  566033 149    0.8 0.410 0.262
BKE  832.8  559.7  579846  562589 7957  835.91  588213  566033  83    0.8 0.414 0.146
 BE  288.1   15.0 1579846  -19501  -72  288.15 2579846  -18251  50    0.0 0.001
BKA 1199.9  926.8  575376  998516 8430 1203.15  581845 1002388  88    0.8 0.601 0.131
 TE 1193.7  920.5  562894  990987 8430 1203.15  581794 1002388 151    0.8 0.611 0.225
  3 1091.1  817.9  338570  868754 8470 1203.15  507498 1002378 516    0.8 0.928 0.802
  5 1012.9  739.7  233701  776786 8489 1038.54  258737  806842 245    0.8 1.248 0.394
  8  944.4  671.3  165083  697338 8508 1038.54  242306  806842 467    0.8 1.647 0.777
 TA  836.3  563.1   93169  573865 8534  865.87  106821  607375 258    0.8 2.585 0.455
 DA  864.3  591.1  102939  605575 8542  865.87  103686  607375  60    0.8 2.418 0.104
RGA  557.6  284.5  101325  268855 8067  557.83  101451  269055  20    0.8 1.585 0.043
 PA  557.6  284.5  101324  268855 8067  557.83  101451  269055  20    0.8 1.585 0.043
=====================================================
    Vergleichswerte fu"r die Brennkammer:
    0.316 = EMPAEV (kg/s) A"quivalenter Verdichter Massenstrom
   -1.076 = PDPTBK (%)    Relativer Totaldruckverlust in der Brennkammer
    5.804 = PITVS         Totaldruckverha"ltnis des Verdichters
    5.735 = PITTSM1       Totaldruckverha"ltnis der Turbine
=====================================================


         Energie Werte der Turbinen Stufen

iSt  PTSt(iSt) wTSt(iSt) wTEul(iSt) Qp(iSt)    QpLe(iSt)    QpLa(iSt)
       (MW)      (kJ/kg)   (kJ/kg)    (MW)        (MW)         (MW)
 1   -0.153533 -195.536 -195.536   0.000000    0.000000     0.000000
 2   -0.156620 -199.467 -199.467   0.000000    0.000000     0.000000

iSt lambda(iSt) beta0G(i.) lambL1(i.) beta1G(i.) nSt(i.)(1/min)
 1      6.518      0.011      6.518      0.011    66000
 2      6.518      0.011      6.518      0.011    66000
 3      6.518      0.011

iSt psiSt rhohSt  etaSt psiEul rhohEul   EXP1G      FPIST
 1  -3.51  0.429  0.767  -3.51  0.429  0.5783093  1.0164405
 2  -3.22  0.608  0.830  -3.22  0.608  0.3779777

iSt   alfa0   alfa1   alfaS   beta1   beta2   betaS
  1    90.0    23.0    40.2   125.9    25.6   -19.2
  2   118.2    24.1    25.9   113.7    22.8   -26.3

iSt  cm1      cu1      u1       wu1      cm1SL    cu1SL    cm1SG    cu1SG
 1  202.000  475.862  329.490  146.372    0.000    0.000  202.000  475.862
 2  191.000  427.232  343.299   83.933    0.000    0.000  191.000  427.232

iSt  cm2      cu2      u2       wu2      cm2SL    wu2SL    cm2SG    wu2SG
 1  216.000 -116.001  334.000 -450.001    0.000    0.000  216.000 -450.001
 2  211.000 -149.996  352.000 -501.996    0.000    0.000  211.000 -501.996
=====================================================
```

```
*****************************************************
              Kosten der Gasturbinenanlage (Euro)
              Kosten der Gasturbinenanlage (mln Euro)

(   CGT =22486.073 Gasturbine                             20.2 % of GTA)
(   CGT =     0.022 Gasturbine                            20.2 % of GTA)
( CVERD =18564.574 Verdichter                             16.7 % der GTA)
( CVERD =     0.019 Verdichter                            16.7 % der GTA)
(   CCC = 4351.298 Brennkammer                             3.9 % der GTA)
(   CCC =     0.004 Brennkammer                            3.9 % der GTA)
   CCGT =45401.945 Gasturbine (Turb,Ku"hl.,Verd.,Verbr.)  40.9 % der GTA
   CCGT =     0.045 Gasturbine (Turb,Ku"hl.,Verd.,Verbr.) 40.9 % der GTA
   CGGT = 5243.367 Generator                               4.7 % der GTA
   CGGT =     0.005 Generator                              4.7 % der GTA
 CQPREC =31934.244 Kosten des Rekuperators                28.7 % der GTA
 CQPREC =     0.032 Kosten des Rekuperators               28.7 % der GTA
   CGTB =     9.915 Au"s"ere Komponenten der Gasturbine    8.9 % der GTA
   CGTB =     0.010 Au"s"ere Komponenten der Gasturbine    8.9 % der GTA
 CCTRGT =18619.304 Regelung und elektrische Ausru"stung   16.8 % der GTA
 CCTRGT =     0.019 Regelung und elektrische Ausru"stung  16.8 % der GTA

   CCGT=111113.379 Gesamte Gasturbinen Einheit           100.0 % der GTA
   CCGT =     0.111 Gesamte Gasturbinen Einheit          100.0 % der GTA
*****************************************************
 CCGUD =  0.111 Mill. Euro Gesamt Kosten = 100 %
****************************************************
 1038.37 SCGTG = CCGT/PEL (Euro/kW)
****************************************************
  20.0 CNA (a) Lebensdauer der Anlage
  23.2=EPSI (Ct/kWh) Stromgestehungskosten bei CT=  800. (h/a)
****************************************************
   U = Umgebung
  VE = Verdichter Eintritt
  VA = Verdichter Austritt
 RLE = Rekuperator Luft Eintritt
 RLA = Rekuperator Luft Austritt
 BKE = Brennkammer Eintritt
  BE = Brennstoff Eintritt in Brennkammer
 BKA = Brennkammer Austritt
   1 = Turbinen Eintritt (TE)
   2 = Konvektionsku"lung Luft Stator Austritt 1. Stufe
   3 = Zustand 1  1. Stufe
   4 = Konvektionsku"lung Luft Rotor Austritt 1. Stufe
   5 = Austritt 1. Stufe
   6 = Eintritt 2. Stufe
   7 = Konvektionsku"lung Luft Stator Austritt 2. Stufe
   8 = Zustand 1  2. Stufe
   9 = Konvektionsku"lung Luft Rotor Austritt 2. Stufe
  10 = Turbinen Austritt (TA)
  DA = Turbinen-Diffusor Austritt
 RGE = Rekuperator Gas Eintritt
```

```
 RGA = Rekuperator Gas Austritt
  PA = Anlagen/Du"sen Austritt
*****************************************************
```

Ergebnisse für eine Nano-Gasturbine

Im Folgenden die vorläufigen Daten einer Nano-Gasturbine.

```
***************************************************
 20.9.2015: nanoegyp.zus for TLORGTDP.FOR (additional data)
'General gas turbine plant data, nanoegyp (<100 W approx. <10 %)'
'  0,0015 kg/s ','= EMPVE  Air mass flow rate at compressor inlet  '
'  1.8E6 min-1 ','= RN  Number of revolutions (Zehnerpotenzen mit E !) '
'   4,1000 bar ','= PVA  Compressor outlet pressure                   '
' 1200,00°C    ','= TTBKA  Combustion chamber outlet total temperature '
' 91,0 %       ','= ETAMGT  Mechanical efficiency of gas turbine      '
' 90,0 %       ','= ETAGGT  Generator efficiency of gas turbine       '
  1      ,'= IDISS  Dissociation parameter: (0) (1) (10) (11) (20) (21)'
'  Air intake'
'  1 atm       ','= PU  Air pressure                                  '
'   15°C       ','= TU  Air temperature                               '
'  60 %        ','= FI  Relative humidity of air                      '
'   90 %       ','= ETAE  Inlet efficiency                            '
'  Compressor' 1.25D0=FACLOS
162.     ,'=CVE (m/s)  Velocity at compressor inlet'
152.     ,'=CVA (m/s)  Velocity at compressor outlet'
 -1      ,'=IZ  Number of compress.stages;<0: printing changed PSIST(I)'
'-70,000 %     ','=ETATV Tot.compr.effic(start.val.);<0:fix,FACLOS=1.D0'
' u1(I) psiSt(I) cu3(I) QLe  25 berechnete Werte fu"r die Verdichter Stufen'
 495.0  ,  1.961268  ,   9.4  ,   0.  ,   1
   0.  ,'=cu1(1) (m/s) Umfangsgeschw.Komponente nach dem Vorleitrad'
'  Combustion chamber'
' 288,15 K     ','= TBE  Fuel inlet temperature                        '
' 1,0          ','= HMA  Mass fraction hydrogen H2                     '
'119,972E6     ','= HUB  Heating value of fuel                         '
'14195 J/(kgK) ','= CPB  Specific heat capacity of fuel                '
' 0,0887 kg/m3 ','= RHOB Density of fuel                               '
183.     ,'=CBKE (m/s)  Velocity at combustion chamber inlet'
150.     ,'=CBE (m/s)  Velocity of fuel after jet'
188.     ,'=CBKA (m/s)  Velocity at combustion chamber outlet'
' 98,0 %       ','= ETABKE  Flow efficiency at comb. chamber inlet'
```


W. Bitterlich, U. Lohmann, *Gasturbinenanlagen*,
https://doi.org/10.1007/978-3-658-15067-9_23

```
' 96,5 %        ','= ETABK  Flow efficiency of combustion chamber       '
' 96,5 %        ','= ETAC  Chemical efficiency of combustion chamber    '
' 98,0 %        ','= ETABKA  Flow efficiency at comb. chamber outlet'
'  Turbine'
'-70,0000 %     ','= ETATT  Total turbine efficiency                    '
1         ,'=IANZST    Number of stages of gas turbine'
251.      ,'=CTE (m/s)  Velocity at turbine inlet'
302.      ,'=CM(3) (m/s)  Velocity CM1SG 1st stage'
316. , -50. ,'=CM(5),CU2(1) (m/s)  Velocities after 1st stage'
 489.490 ,'=U1(1) (m/s)  Circumferencial velocity rotor inlet 1st stage'
 414.000 ,'=U2(1) (m/s)  Circumferencial velocity rotor outlet 1st sta.'
'  Diffusor and plant outlet'
160.      ,'=CDA (m/s)  Velocity at diffusor outlet'
120.      ,'=CPA  (m/s)  Velocity at plant outlet'
' 87,00 %       ','= ETADIF  Diffusor efficiency                        '
' 66,00 %       ','= ETAA  Plant outlet efficiency                      '
****************************************************
  1. Stufe****** = nSt (1/s) bzw.1800000. = nSt (1/min)
 Stro"mungswinkel
      90.0     24.9                          alfa0 alfa1
     118.3     34.3                          beta1 beta2
      39.1    -17.9                          alfas betas
 geometrische Daten
   dM0     dM1     dM1R     dM2 mittlere Durchmesser
      0.005     0.005     0.005     0.004
   da0     da1     da1R     da2 aüs"ere Durchmesser
      0.006     0.006     0.006     0.006
   di0     di1     di1R     di2 innere Durchmesser
      0.005     0.004     0.004     0.003
   l0(IS)   l1(IS)   l1R(IS)   l2(IS) Schaufella"ngen
     0.001    0.001    0.001    0.001
 Spaltweiten am Leit- und Laufrad
  0.000270 0.000286  kGLe  kGLa
 Nabenverha"ltnisse
  nuI0     nuI1     nuI1R    nuI2
     0.82     0.74     0.74     0.52
 Machzahlen
    0. = c0  (m/s) 341. = a0  (m/s) 0.000 = Ma0
  162. = cVE (m/s) 333. = aVE (m/s) 0.486 = MaVE
  133. = cVA (m/s) 455. = aVA (m/s) 0.293 = MaVA
  251. = cTE (m/s) 759. = aTE (m/s) 0.331 = MaTE
  320. = cTA (m/s) 688. = aTA (m/s) 0.465 = MaTA
  120. = cPA (m/s) 697. = aPA (m/s) 0.172 = MaPA

 Flugmaschine
    0.182 = FTL=mpPA*cPA (N) TL-Schub
    121.3 = FS=F/mpPU (kN/(g/s)) Spezifischer Schub
    313.7 = bs=mpB/F (g/(skN))  Spezifischer Brennstoffverbrauch

     5.66 = etaiGT=-PiGT/(etaC*EpB) (%) Innerer Wirkungsgrad GT
     5.46 = ETAGT=-PIGT/EPB (%) Gesamtwirkungsgrad GT
```

```
     4.05 = piVAU=ptVA/pU    Druckverha"ltnis der Verdichtung, bezogen auf PU
     4.29 = piTVAU=ptVA/pU   Totaldruckverha"ltnis der Verdichtung, bezogen auf PU
     4.84 = piV=PVA/PVE  Druckverha"ltnis des Verdichters
     4.37 = piTV=PTVA/PTVE  Totaldruckverha"ltnis des Verdichters
  243.288 = wtV (kJ/kg)  Spezifische Verdichter Arbeit
  364.932 = PV (W)  Verdichter Leistung
    0.326 = FIVE=CVE/UVE  Durchfluss Kenngro"s"e E
    0.268 = FIVA=CVA/UVA  Durchfluss Kenngro"s"e A
    69.14 = etatV (%)  Totaler Verdichter Wirkungsgrad
+++++++++++++++++++++++
     0.80 = pitBK=ptTE/ptVA  Totaldruckverha"ltnis der Brennkammer
+++++++++++++++++++++++
     3.52 = pitM1=pTE/pPA  Druckverha"ltnis der Turbine
     3.29 = pitTM1=ptTE/ptPA  Totaldruckverha"ltnis der Turbine
 -339.887 = wtT (kJ/kg)  Spezifische Turbinen Arbeit
 -515.219 = PET (W)  Turbinen Leistung
   0.6937 = RNUTT  Totales Turbinen Polytropenverha"ltnis
+++++++++++++++++++++++
   69.278 = wtGT (kJ/kg)     Spezifische Arbeit
  103.917 = PiGT (W)        Innere Leistung
      5.1 = TAUTP=TTTE/TTVE  Totales Prozess-Temperaturverha"ltnis
+++++++++++++++++++++++
   93.525 = PelGT (W)      Elektrische Leistung der GT
 1901.882 = EPB (W)         Brennstoff Energiestrom
+++++++++++++++++++++++
     4.92 = ETAGES=PEL/EPB (%) Gesamtwirkungsgrad der GT-Anlage
=====================================================
         Zustandspunkte der offenen Gasturbinen Anlage
  i  T(i)     tC     p(i)      h(i)  s(i) Tt(i)  pt(i)    ht(i)  c(i)  mp(i)  v(i) Ma(i)
     (K)     (°C)    (Pa)    (J/kg)(J/kgK) (K)    (Pa)    (J/kg)(m/s)(kg/s)(m3/kg)
  U  288.1   15.0  101325  -10094 7354  288.15  101325  -10094   0     0.0 0.819 0.000
 VE  275.1    2.0   84661  -23216 7359  288.15   99520  -10094 162     0.0 0.937 0.486
 VE  275.1    2.0   84661  -23216 7359  288.15   99520  -10094 162     0.0 0.937 0.486
 VA  517.9  244.8  409999  224313 7548  526.46  434786  233193 133     0.0 0.364 0.293
BKE  510.3  237.2  389215  216449 7548  526.46  435386  233193 183     0.0 0.378 0.405
 BE  288.1   15.0  489215 -141950 -484  288.15  490213 -130700 150     0.011.274
BKA 1460.1 1186.9  332967 1422465 9417 1473.15  346308 1440137 188     0.0 1.345 0.247
 TE 1449.8 1176.6  322605 1408636 9417 1473.15  346089 1440137 251     0.0 1.378 0.331
  3 1279.7 1006.6  153687 1181849 9478 1473.15  283538 1440061 718     0.0 2.554 1.005
 TA 1178.2  905.0   91571 1048996 9528 1217.45  105259 1100173 319     0.0 3.946 0.465
 DA 1207.6  934.5  100320 1087373 9533 1217.45  103833 1100173 160     0.0 3.692 0.230
 PA 1211.9  938.8  101325 1092973 9534 1217.45  103302 1100173 120     0.0 3.669 0.172
=====================================================
 ISO-Werte der Turbine
ISO 1449.8 1176.6  322605 1408560 9417 1473.15  346089 1440061 251     0.0 1.378
    71.05 = ETTISO (%)  Polytroper ISO-Wirkungsgrad
   1200.0 = TTEISO (°C)  Totale ISO-Turbinen Eintrittstemperatur
    Vergleichswerte fu"r die Brennkammer:
    0.002 = EMPAEV (kg/s) A"quivalenter Verdichter Massenstrom
  -20.400 = PDPTBK (%)    Relativer Totaldruckverlust in der Brennkammer
```

```
    4.291 = PITVS         Totaldruckverha"ltnis des Verdichters
    3.350 = PITTSM1       Totaldruckverha"ltnis der Turbine
=====================================================
         Energie Werte der Turbinen Stufen

iSt  PTSt(iSt) wTSt(iSt) wTEul(iSt) Qp(iSt)    QpLe(iSt)    QpLa(iSt)
       (MW)       (kJ/kg)    (kJ/kg)    (MW)         (MW)         (MW)
 1   -0.000515 -339.887 -339.887   0.000000    0.000000    0.000000

iSt lambda(iSt) beta0G(i.) lambL1(i.) beta1G(i.) nSt(i.)(1/min)
 1      2.741      0.011      2.741      0.011 1800000
 2      2.741      0.011

iSt psiSt rhohSt  etaSt psiEul rhohEul   EXP1G       FPIST
 1  -3.97  0.369  0.712  -3.97  0.369  0.5887961

iSt   alfa0    alfa1    alfaS    beta1    beta2    betaS
  1     90.0     24.9     39.1    118.3     34.3    -17.9

iSt  cm1       cu1       u1        wu1       cm1SL     cu1SL     cm1SG     cu1SG
 1  302.000  652.088  489.490  162.598    0.000     0.000   302.000  652.088

iSt  cm2       cu2       u2        wu2       cm2SL     wu2SL     cm2SG     wu2SG
 1  316.000  -49.992  414.000 -463.992    0.000     0.000   316.000 -463.992
*****************************************************

          Kosten der Gasturbinenanlage (Euro)

(   CGT =   96.604 Gasturbine                           27.0 % of GTA)
( CVERD =   95.795 Verdichter                           26.8 % der GTA)
(   CCC =   61.431 Brennkammer                          17.2 % der GTA)
   CCGT =  253.829 Gasturbine (Turb,Ku"hl.,Verd.,Verbr.)  71.0 % der GTA
   CGGT =   11.924 Generator                             3.3 % der GTA
   CGTB =   49.500 A"us"ere Komponenten der Gasturbine   13.9 % der GTA
 CCTRGT =   42.086 Regelung und elektrische Ausru"stung  11.8 % der GTA

   CCGT =  357.340 Gesamte Gasturbinen Einheit         100.0 % der GTA
****************************************************
 3820.78 SCGT = CCGT/PELGT (Euro/kW) spezifische Kosten
****************************************************
```

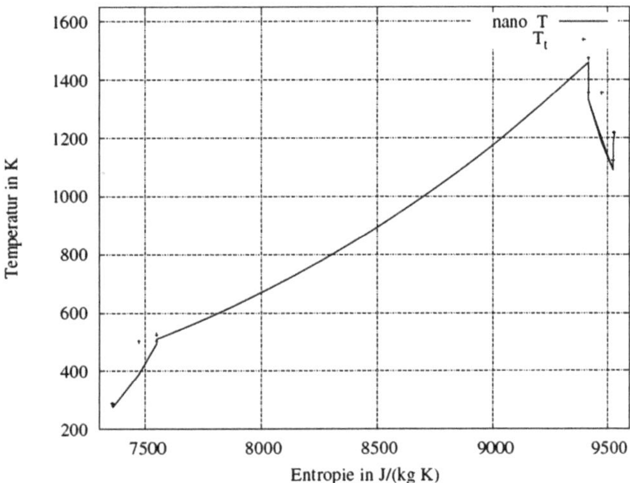

Abb. K.1 T, s-Diagramm einer Nano-Gasturbine

Einwellen-TL-Triebwerk J79

L

Im Folgenden Daten des Einwellen-TL-Triebwerks J79.

```
***************************************************
' 18.6.2015: J79H.INP for TLORGTDP.FOR (General Electric J79)        '
'Single-spool no fan jet engine, thrust-power 46550 N TEST    '
'  70,500 kg/s ','= EMPBKE  Air mass flow rate at comb. chamber inlet  '
'  7460 min-1  ','= RN  Number of revolutions                          '
' 1,0812056 MPa','= PVA  Compressor outlet pressure                    '
'  950,00°C    ','= TTBKA  Combustion chamber outlet total temperature '
' 98,0 %       ','= ETAMGT  Mechanical efficiency of gas turbine       '
  1      ,'= IDISS  Dissociation parameter: (0) (1) (10) (11) (20) (21)'
'  Air intake'
'  1 atm       ','= PU  Air pressure                                   '
'   15°C       ','= TU  Air temperature                                '
'   60 %       ','= FI  Relative humidity of air                       '
'   0,1        ','= ZETAE  Inlet loss coefficient                      '
'  Compressor'  2.00d0=FACLOS
150.00   ,'=CVE (m/s)  Velocity at compressor inlet'
140.00   ,'=CVA (m/s)  Velocity at compressor outlet'
-17      ,'=IZ  Number of compressor stages (-: PSIST(I)-calculation)'
' 87,5000 %    ','= ETATV  Total compressor efficiency'
' U1(I) PSIST(I) CU3(I) QLE  25 calc. values for the  compressor stages'
 236.0  ,  0.581758  ,   5.0  ,   0.  ,   1
 240.0  ,  0.582704  ,   7.0  ,   0.  ,   2
 244.0  ,  0.583650  ,   7.0  ,   0.  ,   3
 248.0  ,  0.584596  ,  16.0  ,   0.  ,   4
 252.0  ,  0.585543  ,  30.0  ,   0.  ,   5
 256.0  ,  0.586490  ,  44.0  ,   0.  ,   6
 260.0  ,  0.587433  ,  55.0  ,   0.  ,   7
 264.0  ,  0.588380  ,  60.0  ,   0.  ,   8
 268.0  ,  0.589327  ,  60.0  ,   0.  ,   9
 270.0  ,  0.590273  ,  55.0  ,   0.  ,  10
 272.0  ,  0.591218  ,  30.0  ,   0.  ,  11
 273.0  ,  0.592164  ,  20.0  ,   0.  ,  12
 274.0  ,  0.593110  ,  18.0  ,   0.  ,  13
```


W. Bitterlich, U. Lohmann, *Gasturbinenanlagen*,
https://doi.org/10.1007/978-3-658-15067-9_24

```
 273.5   ,  0.594056  ,  15.0  ,   0.  ,  14
 273.0   ,  0.595002  ,  10.0  ,   0.  ,  15
 272.0   ,  0.595948  ,   0.0  ,   0.  ,  16
 270.0   ,  0.596894  ,   0.0  ,   0.  ,  17
   9.   ,'=CU1(1) (m/s) Circumf. velocity after inlet guide vane'
'  Combustion chamber'
' 288,15 K      ','= TBE  Fuel inlet temperature                       '
' 0,87000       ','= CMA  Mass fraction carbon of aviation kerosene JP-4'
' 0,13000       ','= HMA  Mass fraction hydrogen                       '
' 0,00200       ','= SMA  Mass fraction sulphur                        '
' 42,496E6      ','= HUB  Heating value of fuel                        '
' 2135 J/(kgK) ','= CPB  Specific heat capacity of fuel               '
'800,00 kg/m3  ','= RHOB Density of fuel                              '
 80.00     ,'=CBKE (m/s)  Velocity at combustion chamber inlet'
 50.00     ,'=CBE (m/s)  Velocity of fuel after jet'
 90.00     ,'=CBKA (m/s)  Velocity at combustion chamber outlet'
' 99,96700 %    ','= ETABKE  Flow efficiency at comb. chamber inlet'
' 99,96700 %    ','= ETABK  Flow efficiency of combustion chamber      '
' 97,00000 %    ','= ETAC  Chemical efficiency of combustion chamber   '
' 99,96700 %    ','= ETABKA  Flow efficiency at comb. chamber outlet'
'  Turbine'
' 84,84515 %    ','= ETATT  Total turbine efficiency                   '
3          ,'=IANZST    Number of stages of gas turbine'
150.00     ,'=CTE (m/s)  Velocity at turbine inlet'
174.       ,'=CM(3) (m/s)  Velocity CM1SG 1st stage'
198. ,     0. ,'=CM(5),CU2(1) (m/s)  Velocities after 1st stage'
222.       ,'=CM(8) (m/s)  Velocity CM1SG 2nd stage'
245. ,     0. ,'=CM(10),CU2(2) (m/s)  Velocities after 2nd stage'
269.       ,'=CM(13) (m/s)  Velocity CM1SG 3rd stage'
293. ,     0. ,'=CM(15),CU2(3) (m/s)  Velocities after 3rd stage'
 280.000 ,'=U1(1) (m/s)  Circumferencial velocity rotor inlet 1st stage'
 275.000 ,'=U2(1) (m/s)  Circumferencial velocity rotor outlet 1st sta.'
 270.000 ,'=U1(2) (m/s)  Circumferencial velocity rotor inlet 2nd stage'
 265.000 ,'=U2(2) (m/s)  Circumferencial velocity rotor outlet 2nd sta.'
 260.000 ,'=U1(3) (m/s)  Circumferencial velocity rotor inlet 3rd stage'
 250.000 ,'=U2(3) (m/s)  Circumferencial velocity rotor outlet 3rd sta.'
0.0440     ,'=FACCA0(1)=EMP0L(1)/EMPBKE  C.air frac.1st st. (If<0:st.c.)'
0.0020     ,'=FACCA1(1)=EMP1L(1)/EMPBKE  Cooling air fraction 1st stage'
0.0100     ,'=FACCA0(2)=EMP0L(2)/EMPBKE  Cooling air fraction 2nd stage'
0.5        ,'=ZETKLE(1) Loss coefficient of duct to stator of 1st stage'
0.4        ,'=RFKLR(1) EMP1F/EMP1L Film cooling ratio of rotor 1st stage'
1.0        ,'=ZETKLA(1) Loss coefficient of duct to rotor of 1st stage'
0.6        ,'=ZETKLE(2) Loss coefficient of duct to stator of 2nd stage'
1.2        ,'=ZETKLA(2) Loss coefficient of duct to rotor of 2nd stage'
0.7        ,'=ZETKLE(3) Loss coefficient of duct to stator of 3rd stage'
1.4        ,'=ZETKLA(3) Loss coefficient of duct to rotor of 3rd stage'
120.       ,'=CKLE(1) (m/s) Velocity of cooling-gas stator beg. of chan.'
120.       ,'=CKLA(1) (m/s) Velocity of cooling-gas stator end of channel'
120.       ,'=CKLE(2) (m/s) Velocity of cooling-gas stator beg. of chan.'
120.       ,'=CKLA(2) (m/s) Velocity of cooling-gas stator end of channel'
 80.       ,'=CKLE(3) (m/s) Velocity of cooling-gas stator beg. of chan.'
```

```
 80.      ,'=CKLA(3) (m/s) Velocity of cooling-gas stator end of chan.'
'  Diffusor and plant outlet'
118.00    ,'=CDA (m/s)  Velocity at diffusor outlet'
' 92,0 %        ','= ETADIF  Diffusor efficiency                        '
' 98,0 %        ','= ETAA  Nozzle efficiency                            '
RLAMD = 0,985 RLAMD Nozzle divergence factor  (AP: 0,98)
'  Economic data (wie eine Gasturbine gerechnet!)'
    22.00,'=SGT    =-CGT/PET (EURO/kW)      Spec. cost gas turbine'
    61.00,'=SQPT   =-CQPT/QPT (EURO/kW)     Spec. cost turbine cooling'
    31.00,'=SVERD =CVERD/PV (EURO/kW)       Compressor'
    15.00,'=SGGT   =CGGT/PELGT (EURO/kW)    GT generator'
  3800.00,'=SGTB   =CGTB/EMPVE (EUROs/kg)   GT building, air int., gas out.'
     2.20,'=SCC    =CCC/EPB (EURO/kW)       Combustion chamber'
    60.00,'=SCTRGT=CCTRGT/PELGT (EURO/kW) GT control+electric equipm.'
  0.03    ,'=CZ (1/a)           Interest rate'
  0.04    ,'=CI (1/a)           Inflation rate'
  0.01    ,'=CV (1/a)           Insurance rate'
  0.02    ,'=CS (1/a)           Taxes rate'
  0.0054 ,'=CF (Euro/kWh)       General factor'
 100000. ,'=CN (h)              Duration of plant'
 End of data from J79h.INP
 Calculation in AIRINTA
PU,TU,FI
 Luft Zusammensetzung
   77.304 % PSIN2
   20.734 % PSIO2
    0.033 % PSICO2
    0.919 % PSIAR
    1.010 % PSIH2O
   28.854 = ML (kg/kmol) molare Masse
  288.162 = RL (J/(kg K)) spezifische Gaskonstante
   74.448 = mpVE (kg/s) Massenstrom am Eintritt
  i  T(i)     tC     p(i)    h(i)  s(i)  Tt(i)    pt(i)     ht(i)  c(i) mp(i)  v(i) Ma(i)
  U  288.1   15.0  101325  -10094 7354  288.15  101325   -10094   0    74.4 0.819 0.000
    0.  = c0 (m/s) 341.  = a0 (m/s) 0.000 = Ma0
  150. = cVE (m/s) 334. = aVE (m/s) 0.449 = MaVE
 VE  277.0    3.9   87640  -21344 7356  288.15  100627   -10094 150    74.4 0.911 0.449
Calculation in COMPRESS
 VA  615.1  341.9 1081205  326187 7449  624.32 1142201  335987 140    70.5 0.164 0.284

 I EMP1/0L   P1/0L T1/0L W1L/C0L HT1RL/HT0L IP1L/0L
 5  0.000   139258 510.0 150.0         0
 5  0.000   298495 510.0 150.0         0
 4  0.000   200000 510.0 150.0         0
 4  0.000   182943 510.0 150.0         0
 3  0.000   350401 510.0 150.0         0
 3  0.000   380514 510.0 150.0         0
 2  0.000   555011 510.0 150.0         0
 2  0.705   866143 573.1 144.4    292347       15
 1  0.141   953834 590.2 230.0    289627       16
 1  3.102  1081205 615.1 140.0    335987       18
```

```
 Verdichter Daten
St pl      p     T       c/w    ca    cu/wu   u        h    ht/htrel   mp     s      Tt        pt
     74.4479999999999900 EMP1(1)=EMPVE
 0 0    87640 277.0 150.0 150.0    0.0          -21344 -10094   74.4 7356   288.1   100627
 1 1    87164 277.0 150.3 150.0    9.0          -21385 -10094   74.4 7357   288.1   100131
 1 1    87164 277.0 272.1 150.0-227.0 236.0 -21385 -12218   74.4 7357   286.0    97593
 1 2   101318 290.2 219.5 150.5-159.8 238.0  -7991 -12218   74.4 7361   286.0    96289
 1 2   101318 290.2 169.6 150.5   78.2        -7991   6381   74.4 7361   304.5   119829
 1 3   104115 293.2 151.0 150.9    5.0        -5020   6381   74.4 7363   304.5   118860
 2 1   104115 293.2 279.3 150.9-235.0 240.0  -5020   5181   74.4 7363   303.3   117242
 2 2   120961 307.2 225.0 151.4-166.5 242.0   9140   5181   74.4 7367   303.3   115638
 2 2   120961 307.2 169.1 151.4   75.5         9140  23444   74.4 7367   321.4   141661
 2 3   123773 309.9 152.0 151.8    7.0        11897  23444   74.4 7370   321.4   140530
--------------------
16 1  866143 573.1 299.0 144.1-262.0 272.0 281917 289627   73.7 7438   580.4   907268
16 2  953834 590.2 230.0 142.9-180.2 271.0 299895 289627   73.7 7442   580.4   897497
16 2  953834 590.2 169.3 142.9   90.8       299895 314230   73.6 7442   603.8  1036765
16 3  970648 594.3 141.8 141.8    0.0       304180 314230   73.6 7444   603.8  1028877
17 1  970648 594.3 305.0 141.8-270.0 270.0 304180 314230   73.6 7444   603.8  1028877
17 2 1068571 611.9 236.1 140.9-189.4 270.0 322816 314230   73.6 7447   603.8  1017455
17 2 1068571 611.9 162.3 140.9   80.6       322816 335987   73.6 7447   624.3  1150586
17 3 1081206 615.1 140.0 140.0    0.0       326187 335987   73.6 7449   624.3  1142201
17 3 1081205 615.1 140.0 140.0    0.0       326187 335987   70.5 7449   624.3  1142201

St pl di     d      da     di/da    l    alfa/beta PSt/n  zeta(La/Le) wt
 0 0 0.364 0.602 0.841  0.432  0.239   90.0              0.035
 1 1 0.365 0.604 0.844  0.432  0.239   86.6
 1 1 0.365 0.604 0.844  0.432  0.239   33.5              0.036
 1 2 0.396 0.609 0.823  0.481  0.213   43.3      1226646 0.047   16477.
 1 2 0.396 0.609 0.823  0.481  0.213   62.6              0.053
 1 3 0.407 0.604 0.822  0.495  0.239   86.6       7460
 2 1 0.407 0.614 0.822  0.495  0.207   32.7              0.037
 2 2 0.435 0.620 0.804  0.540  0.185   42.3      1270287 0.047   17063.
 2 2 0.435 0.620 0.804  0.540  0.185   63.5              0.055
 2 3 0.444 0.614 0.805  0.552  0.207   88.1       7460
--------------------
16 1 0.652 0.696 0.741  0.880  0.045   28.8              0.051
16 2 0.652 0.694 0.736  0.885  0.042   38.4      1613756 0.057   21884.
16 2 0.652 0.694 0.736  0.886  0.042   57.6              0.107
16 3 0.649 0.696 0.733  0.885  0.045   86.0       7460
17 1 0.649 0.691 0.733  0.885  0.042   27.7              0.052
17 2 0.652 0.691 0.731  0.891  0.040   36.6      1601343 0.056   21757.
17 2 0.652 0.691 0.731  0.891  0.040   60.2              0.113
17 3 0.652 0.691 0.731  0.891  0.042   90.0       7460

i  Maw1 XILa BZLa DLA RVLa1 phi1 psiSt rhoh piSt  w     a1   eta12  nu12
 1 0.81 0.81 0.55 0.32 0.43 0.63 0.582 0.82 1.19 244.9 334.2 0.918 1.089
 2 0.81 0.81 0.54 0.32 0.50 0.62 0.583 0.84 1.19 251.3 343.9 0.916 1.092
 3 0.80 0.80 0.55 0.32 0.55 0.62 0.584 0.83 1.18 252.9 353.5 0.915 1.093
 4 0.79 0.80 0.55 0.32 0.60 0.61 0.585 0.83 1.18 256.1 363.2 0.914 1.095
 5 0.75 0.80 0.57 0.33 0.65 0.60 0.586 0.81 1.17 252.1 372.8 0.914 1.094
```

```
 6 0.72 0.79 0.60 0.34 0.69 0.60 0.586 0.76 1.17 244.2 382.4 0.915 1.092
 7 0.68 0.79 0.63 0.35 0.72 0.59 0.587 0.71 1.17 236.5 391.9 0.916 1.092
 8 0.65 0.79 0.66 0.36 0.76 0.58 0.588 0.66 1.17 231.1 401.5 0.916 1.092
 9 0.63 0.78 0.68 0.37 0.78 0.58 0.589 0.63 1.17 229.5 411.2 0.915 1.093
10 0.62 0.78 0.68 0.37 0.81 0.57 0.590 0.62 1.17 230.2 421.1 0.914 1.094
11 0.62 0.77 0.68 0.38 0.82 0.56 0.591 0.62 1.16 234.3 430.9 0.913 1.095
12 0.65 0.78 0.63 0.37 0.84 0.56 0.592 0.73 1.15 253.5 440.9 0.908 1.101
13 0.66 0.77 0.62 0.36 0.85 0.55 0.593 0.77 1.14 261.0 450.4 0.905 1.105
14 0.64 0.77 0.62 0.37 0.86 0.54 0.594 0.78 1.14 261.0 459.6 0.904 1.107
15 0.63 0.77 0.62 0.37 0.87 0.54 0.595 0.79 1.13 261.7 468.5 0.902 1.109
16 0.63 0.77 0.62 0.37 0.88 0.53 0.596 0.81 1.12 263.6 477.1 0.899 1.112
17 0.63 0.77 0.60 0.36 0.88 0.53 0.597 0.85 1.11 269.7 485.4 0.896 1.116

i  Mac2 xiLe BZLe DLe RVLe2 phi2   wt     PSt       c     a2   eta23  nu23
 1 0.50 0.89 0.94 0.33 0.48 0.63 16476 1226646 156.3 342.1 0.770 1.298
 2 0.48 0.90 0.87 0.30 0.54 0.63 17062 1270287 157.1 351.9 0.741 1.349
 3 0.47 0.89 0.91 0.32 0.59 0.62 17660 1314758 158.3 361.5 0.746 1.341
 4 0.47 0.89 0.80 0.29 0.64 0.61 18268 1360063 160.6 371.2 0.748 1.337
 5 0.47 0.88 0.73 0.29 0.68 0.61 18888 1406207 165.3 380.6 0.788 1.269
 6 0.48 0.86 0.72 0.30 0.71 0.60 19519 1453192 171.7 389.7 0.829 1.207
 7 0.49 0.84 0.74 0.33 0.75 0.59 20161 1501011 178.4 398.7 0.855 1.169
 8 0.50 0.81 0.80 0.36 0.77 0.58 20815 1549688 182.9 407.9 0.873 1.145
 9 0.50 0.80 0.86 0.39 0.80 0.58 21322 1587391 184.1 417.5 0.880 1.136
10 0.49 0.78 0.93 0.42 0.82 0.57 21675 1613669 182.3 427.3 0.881 1.135
11 0.47 0.76 1.21 0.50 0.84 0.56 21950 1634194 173.9 437.2 0.872 1.147
12 0.42 0.81 1.10 0.43 0.85 0.55 22147 1648845 164.9 447.9 0.817 1.225
13 0.40 0.83 1.03 0.40 0.86 0.55 22223 1654499 160.8 457.5 0.783 1.276
14 0.38 0.83 1.07 0.41 0.87 0.54 22177 1651090 157.9 466.5 0.772 1.295
15 0.37 0.83 1.12 0.42 0.88 0.53 22091 1644654 154.1 475.3 0.753 1.328
16 0.35 0.84 1.22 0.43 0.89 0.53 21883 1613756 149.4 483.8 0.696 1.437
17 0.33 0.86 1.10 0.39 0.89 0.52 21756 1601343 146.1 492.2 0.616 1.622

 I EMP1/0L P1/0L   T1/0L W1L/C0L HT1R/0L V1/0L IP1/0L
 2   0.705   866143 573.1 144.4     292347 0.191    15
 1   0.141   953834 590.2 230.0     289627 0.178    16
 1   3.102  1081205 615.1 140.0     335987 0.164    18

 Verlustwerte
  i   jLa       zetaLa(I)    zeta0La     zeRestLa     zeSPALLA              DeltaLa
            jLe         zetaDPLe    zetaSTLe     zeWARELe        CHIRLe CHIMLe         etaSt
  1 1331. 1449. 0.036 0.015 0.021 0.00 0.006 0.004 0.0013 0.6683 1.031 0.0008
  1  761.  611. 0.053 0.014 0.018 0.00 0.016 0.012 0.0039 0.7395 1.015 0.0005 0.873
  2 1445. 1521. 0.037 0.015 0.022 0.00 0.006 0.004 0.0015 0.6718 1.031 0.0007
  2  789.  611. 0.055 0.013 0.018 0.00 0.018 0.014 0.0042 0.7533 1.015 0.0005 0.869
  3 1501. 1572. 0.038 0.015 0.022 0.00 0.006 0.005 0.0016 0.6765 1.030 0.0007
  3  853.  636. 0.058 0.014 0.018 0.00 0.019 0.014 0.0048 0.7628 1.014 0.0005 0.867
---------------------
 16 2280. 2037. 0.051 0.018 0.025 0.00 0.011 0.006 0.0052 0.7056 1.021 0.0007
 16 1532.  698. 0.107 0.019 0.022 0.00 0.042 0.022 0.0204 0.8468 1.008 0.0006 0.826
 17 2425. 2078. 0.052 0.019 0.026 0.00 0.011 0.006 0.0053 0.7048 1.021 0.0007
 17 1483.  642. 0.113 0.018 0.020 0.00 0.046 0.025 0.0209 0.8688 1.007 0.0006 0.820
```

```
Calculation in COMBUCHA
 0.284  493. MaVA aVA (m/s) Eintritt Brennkammer
BKE  621.3  348.2 1122001  332787 7449  624.32 1142186  335987  80    70.5 0.160 0.161
   80. = cBKE(m/s) 496. = aBKE(m/s) 0.161 = MaBKE
  i  T(i)    TC    p(i)      h(i)  s(i) Tt(i)  pt(i)    ht(i)  c(i)  mp  v
 BE  288.1   15.0 2122001  -18824  -72  288.15 3122001  -17574  50    1.2 0.001
  -0.0016  0.0013 muBK=1-1/etaBK-DCQDDH und DCQDDH
BETAST,ELMIN,BETAG,RLAM,RELOX
  0.069  14.55 betast und lmin
  0.017  3.95  3.67 betaG lambda lOX
Zusammensetzung des Verbrennungsgases Brennkammer Austritt
   76.070662 % PSGN2
   15.230993 % PSGO2
    3.607463 % PSGCO2
    0.904006 % PSGAR
    4.177050 % PSGH2O
   0.308E-02 % PSGSO2
   0.766E-07 % PSGCO
   0.611E-07 % PSGH2
   0.211E-09 % PSGH
    0.000133 % PSGOH
   0.442E-06 % PSGO
    0.006339 % PSGNO
   0.275E-03 % PSGNO2
    0.000133 % PSGOH
   0.288E-11 % PSGSO
   0.238E-15 % PSGN
   0.103E-34 % PSGCH4
   0.889E-16 % PSGH2S
   28.889 = MG (kg/kmol) molare Masse
  287.809 = RG (J/(kg K)) spezifische Gaskonstante
BKA 1219.8  946.7 1117225 1031608 8285 1223.15 1130171 1035658  90    71.7 0.314 0.133
   90. = cBKA(m/s) 678. = aBKA(m/s) 0.133 = MaBKA
 TE 1213.9  940.8 1094484 1024408 8285 1223.15 1130163 1035658 150    71.7 0.319 0.222
 0.222  676. MaTE aTE (m/s) Austritt Brennkammer

Calculation in GASTURAQ
          1st stage
  1. Stufe 124.3 = nSt (1/s) bzw.   7460. = nSt (1/min)
      90.0       0.0 alfa0 alfa0s Zustro"mwinkel zum Leitrad
 Stro"mungswinkel
      90.0     22.8                          alfa0 alfa1
     127.7     35.8                          beta1 beta2
      40.3    -12.9                          alfas betas
 Enthalpiedifferenzen
   -98139.0  -35748.5   deltahGLe   deltahGLa
  -118741.3  -35796.3   deltahLeG   deltahLaG
 Enthalpiedifferenz- und Dissipationsarbeits-Summen und Stufenwirkungsgrad
   -9337993.3   1244126.4  0.882 summedh summej etaSt(IS)
 Stufenleistung und spezifische Arbeiten
```

```
    -8.682 -116096.3 -115804.8  PTSt (MW) wtStEul wtSt
Wa"rmeleistungen
    -0.534    -0.460    -0.075       Qp QplE QpLa (MW)
Wa"rmestro"me
QPKL     QPF     QPKLR     QPFR
   459510.         0.    41094.    33704.
       41.        30.   QPWLE     QPWLA
spezifische Wa"rmestro"me
   148133.         0.   485748.   597583. qKL  qF    qKLR  q
Reaktionsgrad, Schaufelarbeitskenngro"s"en, Durchflusskenngro"s"e
  0.267 -3.070 -3.063  0.720 rhoh psiEul psiSt phiSt
Machzahlen
  0.222  0.693  0.659   Mac0G Mac1sG Mac1sL
  0.338  0.528  0.000   Maw1G Maw2sG Maw2sL
  0.691  0.528  0.308   Mac1G Maw2G Mac2G
 wmin   aminLa  Mawmin
  597.5  612.7  0.975
Wa"rmeu"bergangskoeffizienten
alphaGE   alphaKLE    alphaFGE   alphaFWE
    3086.8    2322.8        0.0        0.0
alphaGA   alphaKLA    alphaFGA   alphaFWA
    3323.7    1996.6        0.0        0.0
alphaGER  alphaKLER   alphaFGER  alphaFWER
    3475.6    2109.1    6951.2    6951.2
alphaRAE   alphaRASP    alphaRAA   alphaGSPLe
      23.3       0.0       18.5        0.0
alphaGAR  alphaKLAR   alphaFGAR  alphaFWAR
    2429.6    1333.6    4859.3    4859.3
alphaRAER  alphaRASPR   alphaRAAR  alphaGSPLa
       0.0      19.8      17.9    2123.3
Wa"rmedurchgangswerte
   876.451   824.642   928.261    kM    kLAE    kLAA
   174.247   181.739   166.755 kMR    kLAER   kLAA
Ku"hlkana"hle
cKLE       TKLE     pKLE(bar)  dhKE Leitrad
 120.0  617.53 10.67293  0.008690
   0.0    0.00  0.00000  0.000000
cKLA       TKLA     pKLA(bar)  dhKA Leitrad
 100.0  755.11 10.38433  0.009518
   0.0    0.00  0.00000  0.000000
wKLE     TKLER    pKLER(bar)  dhKER Laufrad
 100.0  612.85  9.40338  0.001639
   0.0    0.00  0.00000  0.000000
wKLA       TKLAR    pKLAR(bar)  dhKAR Laufrad
 100.0 1049.28  7.79045  0.002302
   0.0    0.00  0.00000  0.000000
geometrische Daten
  dM0    dM1     dM1R    dM2 mittlere Durchmesser
     0.717     0.717     0.717     0.704
  da0    da1     da1R    da2 a"us"ere Durchmesser
     0.785     0.793     0.793     0.779
```

```
   di0    di1    di1R    di2 innere Durchmesser
     0.649     0.640     0.640     0.629
   l0(IS)   l1(IS)   l1R(IS)   l2(IS) Schaufella"ngen
    0.068    0.077    0.077    0.075
 Spaltweiten am Leit- und Laufrad
  0.001543 0.001658  kGLe  kGLa
 Nabenverha"ltnisse
  nuI0     nuI1     nuI1R     nuI2
    0.83     0.81     0.81     0.81
 dhKE(IS) dhKA(IS) dhKER(IS) dhKAR(IS) hydraulische Durchmesser
     0.009     0.010     0.002     0.002
 zetaLe zetaLa  jLe  jLa Verlustbeiwerte und Dissipationsarbeiten
     0.242     0.068  13808.0   2769.0
 zLe tLe(IS) sLe(IS) bsLe(IS)
   55  0.041  0.054  0.041
 zLa tLa(IS) sLa(IS) bsLa(IS)
   57  0.040  0.053  0.052
 OGE(IS) OGA(IS) OKLe(IS) OKLa(IS) Schaufeloberfla"chen Le
   0.448766  0.507398  0.403397  0.523346
 OGER(IS) OGAR(IS) OKLeR(IS) OKLaR(IS) Schaufeloberfla"chen La
   0.567956  0.557756  0.089150  0.128819
 AKLE(IS) AKLA(IS) AKLER(IS) AKLAR(IS) Wa"rmeu"bergangsfla"chen
   0.004310  0.005417  0.000159  0.000328
 ASCHA(IS) ASCHAR(IS) AWLe(IS) AWLa(IS) Wa"rmedurchgangsfla"chen
   0.515372  0.343288  0.012921  0.011440
  Stro"mungsquerschnitte
AF1SG(IS),AF1G(IS),AFC1G(IS),AWLA(IS)
   0.166226  0.172586  0.066821  0.011440
AF2SG(IS),AF2G(IS),AFC2G(IS),AWLA(IS)
   0.165988  0.166461  0.166459  0.011440
AF0L(IS),AKLE(IS),AKLA(IS),AF1SL(IS)
   0.003632  0.004310  0.005417  0.002271
AF1L(IS),AKLER(IS),AKLAR(IS),AF2SL(IS)
   0.000108  0.000159  0.000328  0.000140
AFFE(IS),AFFER(IS),AFC2G(IS),AFW2G(IS)
   0.000000  0.000099  0.166459  0.097263

0G 0L KLE FE KLA 1SL FA 1SG 1G 1GW 1L KLER FER KLAR 2SL FAR 2SG 2GW 2G 2GR
 0  1   2  3   4   5  6   7  8   9 10   11  12   13  14  15  16  17 18 19 20
 i   T       TC     p        h       s     Tt      pt       ht     c/w   mp    v
 0 1213.9   940.8 1094484 1024401 8285 1223.15 1130163 1035651 150   71.7 0.319
 1  615.1   341.9 1081205  326187 7449  624.32 1142201  335987 140    3.1 0.164
 5  706.3   433.1  800660  423826 7684  761.69 1064875  484121 347    3.1 0.254
 7 1132.8   859.7  800660  926262 8291 1217.89 1085674 1029245 453   71.7 0.407
 8 1116.4   843.2  800660  905660 8271 1200.09 1084044 1006647 449   74.8 0.401
 9 1116.4   843.2  800660  905660 8271 1136.49  862619  929825 219   74.8 0.401
20 1116.4   843.2  800660  905660 8271 1103.80  763856  890625 219   74.8 0.401
10  592.5   319.4  967813  302375 7442  580.44  897497  289627 230    0.1 0.176
14 1026.4   753.3  711302  781798 8135 1037.93  743792  795083 250    0.1 0.416
16 1086.5   813.3  711302  869911 8272 1196.45 1130163 1003184 339   74.8 0.440
17 1086.5   813.3  711302  869863 8272 1134.40  851285  927279 338   75.0 0.440
```

```
18 1086.5  813.3  711302  869863 8272 1102.86  756950  889465 198  75.0 0.440
19 1086.5  813.3  711302  869863 8272 1102.86  756952  889466 338  75.0 0.440

   T       0        1sG       1WR       2sG
          °C        °C        °C        °C
   G     950.0     944.7     863.3     861.2
  CG     727.8     783.0     795.8     840.4
  WG     727.8     783.0     795.8     840.4
 WKL     682.7     750.1     780.9     838.4
  IN     682.7     750.1     780.9     838.4

Ku"hlwirkungsgrade
  0.28 0.04 epsLe epsLa

  -------------

          3rd stage
  3. Stufe 124.3 = nSt (1/s) bzw.   7460. = nSt (1/min)
      90.0       0.0 alfa0 alfa0s Zustro"mwinkel zum Leitrad
 Stro"mungswinkel
      90.0      31.1                          alfa0 alfa1
     124.7      49.5                          beta1 beta2
      33.9      -6.6                          alfas betas
 Reaktionsgrad, Schaufelarbeitskenngro"s"en, Durchflusskenngro"s"e
   0.179 -3.715 -3.715  1.172 rhoh psiEul psiSt phiSt
 Machzahlen
   0.402  0.895  0.000   Mac0G Mac1sG Mac1sL
   0.562  0.669  0.000   Maw1G Maw2sG Maw2sL
   0.895  0.669  0.509   Mac1G Maw2G Mac2G
  wmin    aminLa  Mawmin
   531.6  557.3  0.954
 geometrische Daten
   dM0     dM1     dM1R    dM2 mittlere Durchmesser
      0.678      0.666      0.666      0.640
   da0     da1     da1R    da2 a"us"ere Durchmesser
      0.770      0.785      0.785      0.764
   di0     di1     di1R    di2 innere Durchmesser
      0.587      0.546      0.546      0.516
   l0(IS)   l1(IS)   l1R(IS)   l2(IS) Schaufella"ngen
     0.092     0.120     0.120     0.124
 Spaltweiten am Leit- und Laufrad
  0.002121 0.002103  kGLe  kGLa
 Nabenverha"ltnisse
  nuI0      nuI1      nuI1R     nuI2
     0.76      0.70      0.70      0.67
 dhKE(IS) dhKA(IS) dhKER(IS) dhKAR(IS) hydraulische Durchmesser
      0.000      0.000      0.000      0.000
 zetaLe zetaLa  jLe  jLa Verlustbeiwerte und Dissipationsarbeiten
      0.130      0.059  10757.8   3797.5
 zLe tLe(IS) sLe(IS) bsLe(IS)
    81  0.026  0.037  0.031
```

```
 zLa tLa(IS) sLa(IS) bsLa(IS)
    60  0.035  0.044  0.044
 OGE(IS) OGA(IS) OKLe(IS) OKLa(IS) Schaufeloberfla"chen Le
   0.657077  0.855297  0.000000  0.000000
 OGER(IS) OGAR(IS) OKLeR(IS) OKLaR(IS) Schaufeloberfla"chen La
   0.712685  0.740162  0.000000  0.000000

0G 0L KLE FE KLA 1SL FA 1SG 1G 1GW 1L KLER FER KLAR 2SL FAR 2SG 2GW 2G 2GR
 0  1   2  3   4   5  6   7  8   9 10   11  12   13  14  15  16  17 18 19 20
 i   T      TC     p        h       s     Tt      pt       ht      c/w    mp    v
 0  974.9  701.7  442358  737792 8280 1000.43  491610  767804 245  75.7 0.634
 8  883.6  610.5  285945  631919 8292 1000.43  472218  767804 521  75.7 0.889
 9  883.6  610.5  285945  631919 8292  929.99  351114  685501 327  75.7 0.889
20  883.6  610.5  285945  631919 8292  900.78  308838  651701 327  75.7 0.889
16  863.4  590.3  256888  608775    0  900.78  304207  651707 385  75.7 0.967
17  863.4  590.3  256888  608775 8296  927.79  342568  682951 385  75.7 0.967
18  863.4  590.3  256888  608775 8296  900.78  304207  651699 293  75.7 0.967
19  863.4  590.3  256888  608775 8296  900.78  304208  651701 385  75.7 0.967

Zusammensetzung des Verbrennungsgases Turbinen-Austritt
   76.135191 % PSGN2
   15.518544 % PSGO2
    3.420750 % PSGCO2
    0.904770 % PSGAR
    4.011641 % PSGH2O
   0.292E-02 % PSGSO2
   0.641E-07 % PSGCO
   0.519E-07 % PSGH2
   0.172E-09 % PSGH
    0.000117 % PSGOH
   0.375E-06 % PSGO
    0.005812 % PSGNO
   0.257E-03 % PSGNO2
    0.000117 % PSGOH
   0.239E-11 % PSGSO
   0.181E-15 % PSGN
   0.000E+00 % PSGCH4
   0.368E-16 % PSGH2S
   28.887 = MG (kg/kmol) molare Masse
  287.827 = RG (J/(kg K)) spezifische Gaskonstante

 TA  863.4  590.3  256888  608775 8296  900.78  304207  651699 293    75.7 0.967 0.509
 DA  894.7  621.6  292776  644737 8300  900.78  300767  651699 118    75.7 0.880 0.201
 PA  757.5  484.4  149789  488854 8304  900.78  296762  651699 562    75.7 1.456 1.038
 1.038  542.       RMAPA,APA Austritt Anlage

 Machzahlen
    0. = c0  (m/s) 341. = a0  (m/s) 0.000 = Ma0
  150. = cVE (m/s) 334. = aVE (m/s) 0.449 = MaVE
  140. = cVA (m/s) 493. = aVA (m/s) 0.284 = MaVA
  150. = cTE (m/s) 677. = aTE (m/s) 0.222 = MaTE
```

```
  198. = cT(iSt)    642. = aT(iSt)    0.308 = MaTi
  245. = cT(iSt)    610. = aT(iSt)    0.402 = MaTi
  293. = cTA (m/s) 576. = aTA (m/s) 0.509 = MaTA
  562. = cPA (m/s) 542. = aPA (m/s) 1.038 = MaPA

 Flugmaschine

   42.540 = F=FTL+FFAN (kN)  Gesamt-Schub
   42.540 = FTL=mpPA*cPA (kN) TL-Schub
    571.4 = FS=F/mpPU (kN/(g/s)) Spezifischer Schub
    103.9 = bs=mpB/F (g/(skN))  Spezifischer Brennstoffverbrauch

    23.62 = etaiGT=-PiGT/(etaC*EpB) (%) Innerer Wirkungsgrad GT
    22.91 = ETAGT=-PIGT/EPB (%) Gesamtwirkungsgrad GT

    10.67 = piVAU=ptVA/pU    Druckverha"ltnis der Verdichtung, bezogen auf PU
    11.27 = piTVAU=ptVA/pU   Totaldruckverha"ltnis der Verdichtung, bezogen auf PU
    12.34 = piV=PVA/PVE  Druckverha"ltnis des Verdichters
    11.35 = piTV=PTVA/PTVE  Totaldruckverha"ltnis des Verdichters
  345.628 = wtV (kJ/kg)  Spezifische Verdichter Arbeit
   25.731 = PV (MW)  Verdichter Leistung
    0.630 = FIVE=CVE/UVE  Durchfluss Kenngro"s"e E
    0.519 = FIVA=CVA/UVA  Durchfluss Kenngro"s"e A
    88.21 = etatV (%)  Totaler Verdichter Wirkungsgrad
++++++++++++++++++++++++
     0.99 = pitBK=ptTE/ptVA  Totaldruckverha"ltnis der Brennkammer
++++++++++++++++++++++++
     4.27 = pitM1=pTE/pPA  Druckverha"ltnis der Turbine
     3.72 = pitTM1=ptTE/ptPA  Totaldruckverha"ltnis der Turbine
 -346.929 = wtT (kJ/kg)  Spezifische Turbinen Arbeit
  -26.254 = PET (MW)  Turbinen Leistung
   -9.670 = qT (kJ/kg)  Spezifische Turbinen Ku"hlung
   -0.732 = QPT (MW)  Turbinen Ku"hlleistung
   0.9601 = RNUTT  Totales Turbinen Polytropenverha"ltnis
++++++++++++++++++++++++
  160.603 = wtGT (kJ/kg)     Spezifische Arbeit
   11.957 = PiGT (MW)        Innere Leistung
      4.2 = TAUTP=TTTE/TTVE  Totales Prozess-Temperaturverha"ltnis
++++++++++++++++++++++++
    0.000 = PF (MW)          Flugleistung
   52.186 = EPB (MW)         Brennstoff Energiestrom
++++++++++++++++++++++++
     0.00 = ETAA=PF/EPB (%)  A"us"erer Wirkungsgrad
=====================================================

         Zustandspunkte der offenen Gasturbinen Anlage

  i  T(i)     tC     p(i)      h(i)  s(i)  Tt(i)   pt(i)    ht(i)  c(i)  mp(i)  v(i) Ma(i)
     (K)     (°C)    (Pa)     (J/kg)(J/kgK)  (K)     (Pa)    (J/kg)(m/s)(kg/s)(m3/kg)

  U  288.1   15.0  101325   -10094 7354  288.15  101325  -10094    0    74.4 0.819 0.000
```

```
 VE  277.0     3.9   87640  -21344 7356  288.15  100627  -10094 150   74.4 0.911 0.449
 VE  277.0     3.9   87640  -21344 7356  288.15  100627  -10094 150   74.4 0.911 0.449
 VA  615.1   341.9 1081205  326187 7449  624.32 1142201  335987 140   70.5 0.164 0.284
BKE  621.3   348.2 1122001  332787 7449  624.32 1142186  335987  80   70.5 0.160 0.161
 BE  288.1    15.0 2122001  -18824  -72  288.15 3122001  -17574  50    1.2 0.001
BKA 1219.8   946.7 1117225 1031608 8285 1223.15 1130171 1035658  90   71.7 0.314 0.133
      Ku"hlluftentnahmen, die Zahlen zeigen die Turbinenstufen an !
  2  573.1   300.0  790335  281917 7438  583.03  922109  292347 144    0.7 0.191
  1  592.5   319.4  889622  302375 7442  580.44  897497  289627 230    0.1 0.176
  1  615.1   341.9 1081205  326187 7449  624.32 1142201  335987 140    3.1 0.164

 TE 1213.9   940.8 1094484 1024408 8285 1223.15 1130163 1035658 150   71.7 0.319 0.222
  2  706.3   433.1  800660  423826 7684  761.69 1064875  484121 347    3.1 0.254 0.662
  3 1116.4   843.2  800660  905660 8271 1200.09 1084044 1006647 449   74.8 0.401 0.691
  4 1026.4   753.3  711302  781798 8135 1037.93  743792  795083 162    0.1 0.416 0.261
  5 1086.5   813.3  711302  869863 8272 1102.86  756950  889465 198   75.0 0.440 0.308
  7  759.7   486.5  494373  481931 7902  841.64  731946  572406 425    0.7 0.443 0.784
  8  999.6   726.4  494373  766813 8278 1098.36  728734  883903 483   75.7 0.582 0.784
 10  974.9   701.7  442358  737792 8280 1000.43  491610  767804 245   75.7 0.634 0.402
 13  883.6   610.5  285945  631919 8292 1000.43  472218  767804 521   75.7 0.889 0.895
 TA  863.4   590.3  256522  608775 8296  900.78  304207  651699 293   75.7 0.967 0.509
 DA  894.7   621.6  292776  644737 8300  900.78  300767  651699 118   75.7 0.880 0.201
 PA  757.5   484.4  149789  488854 8304  900.78  296762  651699 562   75.7 1.456 1.038
=====================================================
 ISO-Werte der Turbine
ISO 1184.4   911.2 1093616  987379 8252 1193.69 1130163  998629 150   75.7 0.312
   89.20 = ETTISO (%)  Polytroper ISO-Wirkungsgrad
   920.5 = TTEISO (°C)  Totale ISO-Turbinen Eintrittstemperatur

    Vergleichswerte fu"r die Brennkammer:
   74.350 = EMPAEV (kg/s) A"quivalenter Verdichter Massenstrom
   -1.054 = PDPTBK (%)    Relativer Totaldruckverlust in der Brennkammer
   11.273 = PITVS         Totaldruckverha"ltnis des Verdichters
    3.808 = PITTSM1       Totaldruckverha"ltnis der Turbine
=====================================================

         Energie Werte der Turbinen Stufen

iSt  PTSt(iSt) wTSt(iSt) wTEul(iSt) Qp(iSt)    QpLe(iSt)     QpLa(iSt)
       (MW)      (kJ/kg)   (kJ/kg)    (MW)        (MW)          (MW)
 1   -8.682003 -115.805 -116.096   -0.534308   -0.459510   -0.074798
 2   -8.785867 -116.098 -116.098   -0.197442   -0.197442    0.000000
 3   -8.786361 -116.105 -116.105    0.000000    0.000000    0.000000

iSt lambda(iSt) beta0G(i.) lambL1(i.) beta1G(i.) nSt(i.)(1/min)
 1     3.947     0.017     4.120     0.017     7460
 2     4.128     0.017     4.168     0.016     7460
 3     4.168     0.016     4.168     0.016     7460
 4     4.168     0.016
```

```
iSt psiSt rhohSt  etaSt psiEul rhohEul    EXP1G       FPIST
 1  -3.06  0.232  0.882  -3.07  0.267  0.7253939  1.0540742
 2  -3.31  0.220  0.899  -3.31  0.224  0.7659459  1.0086584
 3  -3.72  0.179  0.899  -3.72  0.179  0.8028247

iSt    alfa0    alfa1    alfaS    beta1    beta2    betaS
  1     90.0     22.8     40.3    127.7     35.8    -12.9
  2     90.0     27.3     36.0    125.8     42.8     -9.9
  3     90.0     31.1     33.9    124.7     49.5     -6.6

iSt  cm1       cu1       u1        wu1       cm1SL     cu1SL     cm1SG     cu1SG
 1  174.000  414.366  280.000  134.366  134.448  320.176  175.711  418.439
 2  222.000  429.995  270.000  159.995  195.145  377.980  222.253  430.484
 3  269.000  446.552  260.000  186.552    0.000    0.000  269.000  446.552

iSt  cm2       cu2       u2        wu2       cm2SL     wu2SL     cm2SG     wu2SG
 1  198.000   -0.002  275.000 -275.002  146.401   71.664  198.192 -275.269
 2  245.000    0.001  265.000 -264.999    0.000    0.000  245.000 -264.999
 3  293.000   -0.005  250.000 -250.005    0.000    0.000  293.000 -250.005
=====================================================

 I  TWGE(I)     TWGA        TTKLA       TT1/2SG     TCGE        TCGA
    (K)  (°C)   (K)  (°C)   (K)  (°C)   (K)  (°C)   (K)  (°C)   (K)  (°C)
 1 1000   727 1056   783   761   488 1217   944 1000   727 1056   783
 1 1068   795 1113   840 1053   780 1196   923 1068   795 1113   840
 2  981   708 1034   760   841   568 1100   827  981   708 1034   760
 2 1031   758 1029   756     0     0 1000   727
 3 1000   727 1000   727     0     0 1000   727
 3  929   656  927   654     0     0  900   627
```

Obwohl die J79 inzwischen historisch und beim Militär andere wirtschaftliche Maßstäbe gelten, wird hier versucht, die Kosten (unwichtig!) und die mögliche Kostenaufteilung mit den Beziehungen der stationären Gasturbinen zu berechnen.

```
*****************************************************
              Kosten des Triebwerks (mln Euro)

(    CGT =    0.972 Gasturbine                          17.8 % des TrW)
(CCONCO =     1.191 Konvektionsku"hlung                 21.9 % des TrW)
(CFILCO =     0.064 Filmku"lung                          1.2 % des TrW)
(  CQPT =     1.255 gesamte Turbinenku"lung             23.0 % des TrW)
( CVERD =     1.338 Verdichter                          24.6 % des TrW)
(    CCC =    0.334 Brennkammer                          6.1 % des TrW)
   CCGT =     3.899 Gasturbine (Turb,Ku"hl.,Verd.,Verbr.) 71.6 % des TrW
 CCTRGT =     1.064 Regelung und elektrische Ausru"stung  19.5 % des TrW
   CGTB =     0.485 Au"s"ere Komponenten der Gasturbine    8.9 % des TrW

   CCGT =     5.448 Gesamte Gasturbinen Einheit        100.0 % des TrW

 455.61 SCGTG = CCGTG/PI (Euro/kW)  gesamtspez. Kosten des TrW
*****************************************************
```

```
  piV    TtTE  QT/EB  etaGT  etag    ki       epsi    TtTA   TtAUS
  12.3    949  -0.01   23.6  22.9   455.6    0.098    627    627
=====================================================
   U = Umgebung
  VE = Verdichter Eintritt
  VA = Verdichter Austritt
 BKE = Brennkammer Eintritt
  BE = Brennstoff Eintritt in Brennkammer
 BKA = Brennkammer Austritt
   1 = Turbinen Eintritt (TE)
   2 = Konvektionsku"lung Luft Stator Austritt 1. Stufe
   3 = Zustand 1  1. Stufe
   4 = Konvektionsku"lung Luft Rotor Austritt 1. Stufe
   5 = Austritt 1. Stufe
   6 = Eintritt 2. Stufe
   7 = Konvektionsku"lung Luft Stator Austritt 2. Stufe
   8 = Zustand 1  2. Stufe
   9 = Konvektionsku"lung Luft Rotor Austritt 2. Stufe
  10 = Austritt 2. Stufe
  11 = Eintritt 3. Stufe
  12 = Konvektionsku"lung Luft Stator Austritt 3. Stufe
  13 = Zustand 1  3. Stufe
  14 = Konvektionsku"lung Luft Rotor Austritt 3. Stufe
  15 = Turbinen Austritt (TA)
  DA = Diffusor Austritt
  PA = Anlagen/Du"sen Austritt
***************************************************
```

Zweiwellen-ZTL-Triebwerk Cfm56-5C

M

Im Folgenden die Daten des Zweiwellen-ZTL-Triebwerks Cfm56-5C.

Um das Zweistrom-Triebwerk mit dem Rechenprogramm der stationären Gasturbinen berechnen zu können, wurde der Fan (Bläser)-Teil sehr vereinfacht berechnet.

Die zusätzlichen Druckluftentnahmen aus dem Verdichter haben relativ wenig Wirkung auf das Ergebnis der Berechnungen.

```
***************************************************
'  1.3.2015: CFM56-5C.INP fuer TLORGTDP.FOR(CFM International CFM56-5C)'
'zweiwelliges Zweistrom-Strahltriebwerk mit Trockenleistung 111200 N    '
'  55,581 kg/s ','= EMPBKE  Air mass flow rate at comb. chamber inlet  '
'  4800 min-1  ','= RN  Number of revolutions (gemittelt)              '
' 3,7895550 MPa','= PVA  Compressor outlet pressure                   '
' 1550,00°C     ','= TTBKA  Combustion chamber outlet total temperature '
' 98,5 %        ','= ETAMGT  Mechanical efficiency of gas turbine      '
  1      ,'= IDISS  Dissociation parameter: (0) (1) (10) (11) (20) (21)'
RLAMD = 0,995 RLAMD Nozzle divergence factor  (AP: 0,98)
FACRN2 = 3.163125D0  FACRN2  Factor revolutions 2nd shaft (RN2/RN)
FACRN3 = 1.000000D0  FACRN3  Factor revolutions 3rd shaft (RN3/RN)
ISHAFT =  2  ISHAFT  Number of shafts
IST2SP =  5  IST2SP  1st compressor stage 2nd shaft
ZTL = 6.50D0  ZTL  Mass flow ratio fan
PIVZTL = 1.580D0  PIVZTL  Pressure ratio fan
ETAVZTL = 0.97D0  ETAVZTL  Fan efficiency
ETADZTL = 0.992D0  ETADZTL  Fan nozzle efficiency
RLAMDZTL = 0.990D0  RLAMDZTL  Divergance factor fan nozzle
'  1 atm       ','= PU  Air pressure                                  '
'   15°C       ','= TU  Air temperature                               '
'   60 %       ','= FI  Relative humidity of air                      '
'  0,10        ','= ZETAE  Inlet loss coefficient                     '
'  Compressor'  1.55d0=FACLOS
147.00   ,'=CVE (m/s)  Velocity at compressor inlet'
105.00   ,'=CVA (m/s)  Velocity at compressor outlet'
' 97,078 %  ','= ETATV  Total compressor efficiency (starting value)  '
' u1(I) psiSt(I) cu3(I) QLe  12 berechnete Werte fu"r die Verdichter Stufen'
```


W. Bitterlich, U. Lohmann, *Gasturbinenanlagen*,
https://doi.org/10.1007/978-3-658-15067-9_25

```
258.0  , 1.217715 , 20.0 , 0. ,  1
264.0  , 1.217715 , 30.0 , 0. ,  2
268.0  , 1.212542 , 40.0 , 0. ,  3
274.0  , 1.212542 , 50.0 , 0. ,  4
269.0  , 1.212542 , 50.0 , 0. ,  5
275.0  , 1.212542 , 50.0 , 0. ,  6
279.0  , 1.212542 , 50.0 , 0. ,  7
280.0  , 1.212542 , 50.0 , 0. ,  8
280.5  , 1.212542 , 50.0 , 0. ,  9
282.0  , 1.212542 , 50.0 , 0. , 10
283.5  , 1.212542 , 40.0 , 0. , 11
284.5  , 1.212542 , 30.0 , 0. , 12
 10.   ,'=CU1(1) (m/s) Circumf. velocity after inlet guide vane'
***************************************************

Machzahlen
   0. = c0  (m/s) 341. = a0  (m/s) 0.000 = Ma0
 147. = cVE (m/s) 335. = aVE (m/s) 0.439 = MaVE
 108. = cVA (m/s) 562. = aVA (m/s) 0.193 = MaVA
 200. = cTE (m/s) 816. = aTE (m/s) 0.245 = MaTE
 263. = cT(iSt)   708. = aT(iSt)   0.372 = MaTi
 240. = cT(iSt)   670. = aT(iSt)   0.359 = MaTi
 256. = cT(iSt)   632. = aT(iSt)   0.406 = MaTi
 272. = cT(iSt)   599. = aT(iSt)   0.454 = MaTi
 290. = cTA (m/s) 569. = aTA (m/s) 0.510 = MaTA
 267. = cPA (m/s) 541. = aPA (m/s) 0.494 = MaPA

 Flugmaschine

  13.017 = FTL=mpPA*cPA (kN) TL-Schub
 101.680 = FFAN=mpFAN*cFAN (kN) FAN-Schub
 114.697 = F=FTL+FFAN (kN)  Gesamt-Schub
  1828.1 = FS=F/mpPU (kN/(g/s)) Spezifischer Schub
    41.3 = bs=mpB/F (g/(skN))  Spezifischer Brennstoffverbrauch

   27.15 = etaiGT=-PiGT/(etaC*EpB) (%) Innerer Wirkungsgrad
   26.34 = ETAGT=-PIGT/EPB (%) Gesamtwirkungsgrad

   37.40 = piVAU=ptVA/pU    Druckverha"ltnis der Verdichtung, bezogen auf PU
   38.35 = piTVAU=ptVA/pU   Totaldruckverha"ltnis der Verdichtung, bezogen auf PU
   42.93 = piV=PVA/PVE  Druckverha"ltnis des Verdichters
   38.55 = piTV=PTVA/PTVE  Totaldruckverha"ltnis des Verdichters
    1.38 = PIFANU=PFAN/PU Pressure ratio of fan, related to pU
 510.369 = wtV (kJ/kg)  Spezifische Verdichter Arbeit
  32.020 = PV (MW)  Verdichter Leistung
  14.299 = PVFAN (MW)  Fan/Gebla"se Leistung
   0.563 = FIVE=CVE/UVE  Durchfluss Kenngro"s"e E
   0.382 = FIVA=CVA/UVA  Durchfluss Kenngro"s"e A
   97.07 = etatV (%)  Totaler Verdichter Wirkungsgrad
+++++++++++++++++++++++
    0.99 = pitBK=ptTE/ptVA  Totaldruckverha"ltnis der Brennkammer
```

```
+++++++++++++++++++++++
    37.53 = pitM1=pTE/pPA  Druckverha"ltnis der Turbine
    32.93 = pitTM1=ptTE/ptPA  Totaldruckverha"ltnis der Turbine
 -965.936 = wtT (kJ/kg)  Spezifische Turbinen Arbeit
  -47.025 = PET (MW)  Turbinen Leistung
  -65.803 = qT (kJ/kg)  Spezifische Turbinen Ku"hlung
   -3.203 = QPT (MW)  Turbinen Ku"hlleistung
   0.8976 = RNUTT  Totales Turbinen Polytropenverha"ltnis
+++++++++++++++++++++++
   31.912 = wtGT (kJ/kg)     Spezifische Arbeit
   14.716 = PiGT (MW)        Innere Leistung
      6.3 = TAUTP=TTTE/TTVE  Totales Prozess-Temperaturverha"ltnis
+++++++++++++++++++++++
    0.000 = PF (MW)          Flugleistung
   55.873 = EPB (MW)         Brennstoff Energiestrom
+++++++++++++++++++++++
     0.00 = ETAA=PF/EPB (%)  A"us"erer Wirkungsgrad
====================================================


         Zustandspunkte des Cfm56-5C

  i  T(i)    tC    p(i)     h(i)  s(i) Tt(i)   pt(i)     ht(i)  c(i)  mp(i)  v(i) Ma(i)
     (K)   (°C)    (Pa)    (J/kg)(J/kgK) (K)     (Pa)    (J/kg)(m/s)(kg/s)(m3/kg)

  U  288.1   15.0  101325  -10094 7354  288.15  101325   -10094   0    62.7 0.819 0.000
 VE  277.4    4.3   88272  -20899 7355  288.15  100788   -10094 147    62.7 0.906 0.439
 VE  277.4    4.3   88272  -20899 7355  288.15  100788   -10094 147    62.7 0.906 0.439
 VA  811.0  537.8 3789555  538368 7387  816.29 3885880  544253 108    40.2 0.062 0.193
BKE  813.4  540.2 3833269  541053 7387  816.29 3885868  544253  80    40.2 0.061 0.142
 BE  288.1   15.0 4833269  -15435  -72  288.15 5833269  -14185  50     1.3 0.001
BKA 1814.6 1541.5 3747077 1820508 8493 1823.15 3828555 1831758 150    41.5 0.139 0.183
    Zusa"tzliche Strahltriebwerks Entnahmen
ZVA  317.4   44.3  139470   19456 7359  322.86  148058   24968 105     9.4 0.656
1st  674.7  401.5 1918761  389747 7382  682.33 2001330  397984 128     8.8 0.101
2nd  811.0  537.8 3789555  538368 7387  816.29 3885880  544253 108     6.6 0.062
    Ku"hlluftentnahmen, die Zahlen zeigen die Turbinenstufen an!
  4  405.1  132.0  295459  108417 7370  415.50  346961  118986 145     0.3 0.368
  3  437.4  164.2  351568  141330 7372  404.75  314246  108026 152     0.6 0.305
  3  492.8  219.7  486283  198345 7376  502.69  670285  208530 142     0.9 0.227
  2  522.7  249.6  561356  229298 7377  489.38  606911  194780 144     0.7 0.196
  2  538.1  264.9  800350  245300 7378  547.44  905821  255049 139     1.0 0.182
  1  690.1  417.0 1329391  406391 7380  579.29 1103102  288411 138     1.5 0.094
  1  811.0  537.8 3789555  538368 7387  816.29 3885880  544253 108     2.1 0.062

 TE 1808.0 1534.9 3684629 1811758 8493 1823.15 3828535 1831758 200    41.5 0.141 0.245
  2  742.1  469.0 1196452  462768 7622  974.76 3438180  722574 720     1.2 0.179 1.347
  3 1503.7 1230.5 1196452 1411504 8571 1780.17 2565535 1770933 847    43.6 0.361 1.135
  4  707.8  434.7  720315  425500 7716  738.85  846607  459169 259     0.9 0.283 0.496
  5 1346.4 1073.3  720315 1209290 8574 1373.89  787159 1244004 263    45.1 0.538 0.372
  7  862.9  589.8  505221  596178 8036  940.81  708242  683923 418     0.8 0.492 0.730
```

```
  8 1243.5  970.4  505221 1077086 8573 1357.09  739416 1219441 533   46.1 0.708 0.782
  9  803.1  530.0  437654  529675 7998  841.09  522843  571802 290    0.6 0.529 0.523
 10 1197.2  924.0  437654 1019028 8566 1220.49  475533 1047888 240   46.8 0.787 0.359
 12  700.7  427.5  316411  417774 7942  783.16  481987  507678 424    0.9 0.638 0.814
 13 1105.9  832.7  316411  906019 8560 1207.70  460789 1031016 499   47.8 1.005 0.775
 14  700.9  427.7  265913  417978 7993  732.34  313680  452088 261    0.6 0.760 0.502
 15 1057.4  784.3  265913  846879 8555 1084.57  295861  879750 256   48.4 1.144 0.406
 17  781.9  508.7  193606  506255 8203  873.03  296092  607475 449    0.3 1.164 0.821
 18  983.5  710.3  193606  757861 8558 1080.79  287171  874832 483   48.7 1.461 0.792
 20  945.2  672.0  161565  712391 8563  976.41  184756  749455 272   48.7 1.682 0.454
 23  885.0  611.8  119946  641566 8572  976.41  179491  749398 464   48.7 2.122 0.799
 TA  846.2  573.0   98165  596429 8577  882.32  116260  638479 290   48.7 2.479 0.510
 DA  876.4  603.2  111849  631567 8580  882.32  114948  638479 117   48.7 2.254 0.203
 PA  760.9  487.7   62311  498549 8586  882.32  112750  638479 267   48.7 3.512 0.494
=====================================================
 ISO-Werte der Turbine
ISO 1645.2 1372.1 3670827 1584415 8353 1660.68 3828535 1604415 200   48.7 0.129
   78.45 = ETTISO (%)  Polytroper ISO-Wirkungsgrad
  1387.5 = TTEISO (°C)  Totale ISO-Turbinen Eintrittstemperatur

    Vergleichswerte fu"r die Brennkammer:
   57.762 = EMPAEV (kg/s) A"quivalenter Verdichter Massenstrom
   -1.476 = PDPTBK (%)    Relativer Totaldruckverlust in der Brennkammer
   38.351 = PITVS         Totaldruckverha"ltnis des Verdichters
   33.956 = PITTSM1       Totaldruckverha"ltnis der Turbine
=====================================================

         Energie Werte der Turbinen Stufen

iSt  PTSt(iSt) wTSt(iSt) wTEul(iSt) Qp(iSt)    QpLe(iSt)    QpLa(iSt)
       (MW)       (kJ/kg)   (kJ/kg)     (MW)        (MW)         (MW)
 1  -21.453542 -475.881 -492.535   -1.705143   -0.925440   -0.779702
 2   -7.314196 -156.215 -158.421   -0.848615   -0.517047   -0.331568
 3   -6.753627 -139.602 -141.234   -0.500413   -0.282658   -0.217755
 4   -6.103754 -125.377 -125.377   -0.149329   -0.149329    0.000000
 5   -5.399893 -110.919 -110.919    0.000000    0.000000    0.000000

iSt lambda(iSt) beta0G(i.) lambL1(i.) beta1G(i.) nSt(i.)(1/min)
 1      2.477      0.028      2.210      0.031    15183
 2      2.288      0.030      2.343      0.029     4800
 3      2.379      0.029      2.429      0.028     4800
 4      2.461      0.028      2.477      0.028     4800
 5      2.477      0.028      2.477      0.028     4800
 6      2.477      0.028

iSt psiSt rhohSt  etaSt psiEul rhohEul    EXP1G       FPIST
 1  -3.73  0.336  0.696  -3.86  0.334  0.6891216  0.8756911
 2  -3.47  0.309  0.842  -3.52  0.301  0.7118651  1.0738085
 3  -3.10  0.344  0.901  -3.14  0.343  0.6510414  1.0595798
 4  -2.79  0.338  0.905  -2.79  0.342  0.6369030  1.0257503
 5  -2.46  0.389  0.904  -2.46  0.389  0.5978205
```

iSt	alfa0	alfa1	alfaS	beta1	beta2	betaS
1	90.0	14.3	45.4	146.6	18.5	-13.9
2	124.2	25.2	22.7	128.9	34.4	-13.1
3	100.8	29.3	30.3	119.0	37.2	-16.0
4	97.8	32.9	29.5	111.9	41.1	-17.0
5	92.5	37.2	29.3	103.9	44.0	-19.0

iSt	cm1	cu1	u1	wu1	cm1SL	cu1SL	cm1SG	cu1SG
1	209.000	821.692	505.000	316.692	177.691	698.598	212.237	834.420
2	227.000	482.887	300.000	182.887	178.219	379.117	228.708	486.521
3	245.000	435.855	300.000	135.855	207.781	369.642	245.751	437.191
4	263.000	405.921	300.000	105.921	244.653	377.604	263.116	406.100
5	281.000	369.732	300.000	69.732	0.000	0.000	281.000	369.732

iSt	cm2	cu2	u2	wu2	cm2SL	wu2SL	cm2SG	wu2SG
1	218.000	-147.999	505.000	-652.999	216.400	-143.207	219.878	-658.625
2	236.000	-44.994	300.000	-344.994	272.888	-98.919	236.129	-345.183
3	254.000	-34.994	300.000	-334.994	258.054	-40.340	253.948	-334.926
4	272.000	-12.001	300.000	-312.001	0.000	0.000	272.000	-312.001
5	290.000	0.004	300.000	-299.996	0.000	0.000	290.000	-299.996

===

I	TWGE(I)		TWGA		TTKLA		TT1/2SG		TCGE		TCGA	
	(K)	(°C)	(K)	(°C)	(K)	(°C)	(K)	(°C)	(K)	(°C)	(K)	(°C)
1	1059	785	1143	870	974	701	1806	1533	1636	1363	1508	1235
1	1066	793	1143	870	918	645	1455	1181	1418	1145	1356	1083
2	973	700	1113	840	940	667	1364	1091	1184	911	1195	922
2	975	701	1090	817	907	634	1306	1033	1080	807	1133	860
3	928	655	1021	748	783	510	1215	942	1075	802	1102	829
3	937	664	1028	755	784	511	1167	893	998	725	1058	785
4	956	683	1031	758	873	599	1082	808	981	708	1038	765
4	1017	743	1016	743	0	0	976	703				
5	976	703	976	703	0	0	976	703				
5	920	647	920	647	0	0	882	609				

===

```
  U = Umgebung
 VE = Verdichter Eintritt
 VA = Verdichter Austritt
BKE = Brennkammer Eintritt
 BE = Brennstoff Eintritt in Brennkammer
BKA = Brennkammer Austritt
  1 = Turbinen Eintritt (TE)
  2 = Konvektionsku"lung Luft Stator Austritt 1. Stufe
  3 = Zustand 1  1. Stufe
  4 = Konvektionsku"lung Luft Rotor Austritt 1. Stufe
  5 = Austritt 1. Stufe
  6 = Eintritt 2. Stufe
  7 = Konvektionsku"lung Luft Stator Austritt 2. Stufe
  8 = Zustand 1  2. Stufe
```

```
 9 = Konvektionsku"lung Luft Rotor Austritt 2. Stufe
10 = Austritt 2. Stufe
11 = Eintritt 3. Stufe
12 = Konvektionsku"lung Luft Stator Austritt 3. Stufe
13 = Zustand 1  3. Stufe
14 = Konvektionsku"lung Luft Rotor Austritt 3. Stufe
15 = Austritt 3. Stufe
16 = Eintritt 4. Stufe
17 = Konvektionsku"lung Luft Stator Austritt 4. Stufe
18 = Zustand 1  4. Stufe
19 = Konvektionsku"lung Luft Rotor Austritt 4. Stufe
20 = Austritt 4. Stufe
21 = Einritt 5. Stufe
22 = Ku"hlluft Stator Austritt 5. Stufe
23 = Zustand 1  5. Stufe
24 = Ku"hlluft Rotor Austritt 5. Stufe
25 = Turbinen Austritt (TA)
DA = Diffusor Austritt
PA = Anlagen/Du"sen Austritt
```

Dreiwellen-ZTL-Triebwerk Trent

N

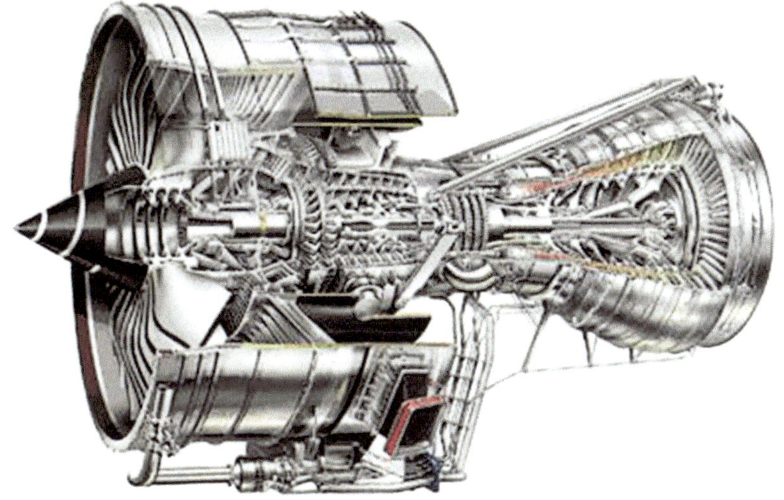

Abb. N.1 Dreiwellen-ZTL-Triebwerk Trent900

W. Bitterlich, U. Lohmann, *Gasturbinenanlagen*,
https://doi.org/10.1007/978-3-658-15067-9_26

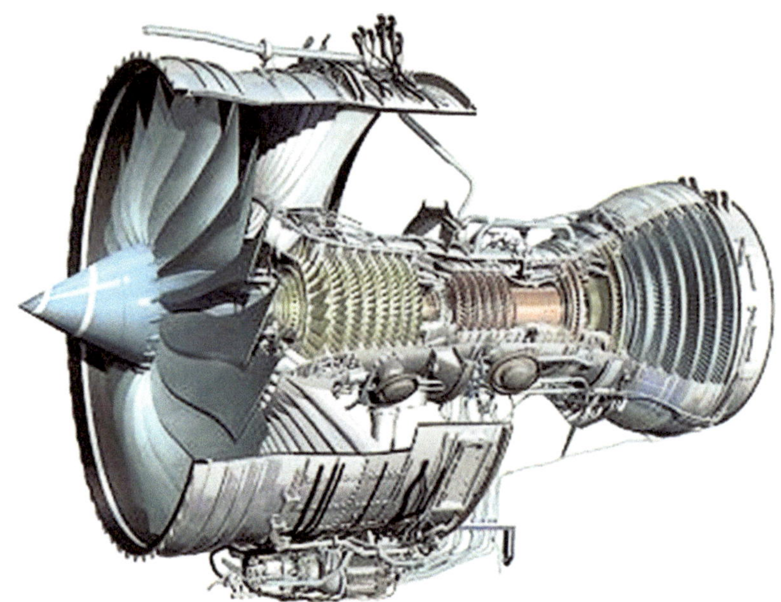

Abb. N.2 Dreiwellen-ZTL-Triebwerk Trent1000

Im Folgenden die Daten des Dreiwellen-ZTL-Triebwerks Trent877.

Um das Triebwerk mit dem Rechenprogramm der stationären Gasturbinen berechnen zu können, wurde der Fan (Bläser)-Teil sehr vereinfacht berechnet und die 6-stufige Turbine durch eine 5-stufige angenähert.

```
***************************************************
'  9.3.2015: Trent877.INP fuer TLORGTDP.FOR '
'dreiwelliges Zweistrom-Strahltriebwerk mit F = 351 kN   '
' 141,688 kg/s ','= EMPBKE  Air mass flow rate at comb. chamber inlet  '
'  3317 min-1  ','= RN  Number of revolutions                '
' 4,13406 MPa  ','= PVA  Compressor outlet pressure                     '
' 1575,00°C    ','= TTBKA  Combustion chamber outlet total temperature '
' 98,5 %       ','= ETAMGT  Mechanical efficiency of gas turbine       '
1        ,'= IDISS  Dissociation parameter: (0) (1) (10) (11) (20) (21)'
RLAMD = 0,995 RLAMD Nozzle divergence factor  (AP: 0,98)
FACRN2 = 2.215858D0  FACRN2  Factor revolutions 2nd shaft (RN2/RN)
FACRN3 = 3.214953D0  FACRN3  Factor revolutions 3rd shaft (RN3/RN)
ISHAFT =  3  ISHAFT  Number of shafts
IST2SP =  2  IST2SP  1st compressor stage 2nd shaft
IST3SP = 10  IST3SP  1st compressor stage 3rd shaft
ZTL = 6.50D0  ZTL  Mass flow ratio fan
PIVZTL = 1.710D0  PIVZTL  Pressure ratio fan
ETAVZTL = 0.97D0  ETAVZTL  Fan efficiency
ETADZTL = 0.992D0  ETADZTL  Fan nozzle efficiency
RLAMDZTL = 0.990D0  RLAMDZTL  Divergance factor fan nozzle
```

```
'  Air intake'
'  1 atm       ','= PU  Air pressure                                  '
'   15°C       ','= TU  Air temperature                               '
'   60 %       ','= FI  Relative humidity of air                      '
'  0,08        ','= ZETAE  Inlet loss coefficient                     '
'  Compressor'  1.55d0=FACLOS
147.00    ,'=CVE (m/s)  Velocity at compressor inlet'
105.00    ,'=CVA (m/s)  Velocity at compressor outlet'
-14       ,'=IZ  Number of compressor stages   '
' 94 %  ','= ETATV  Total compressor efficiency (starting value)      '
' u1(I) psiSt(I) cu3(I) QLe  25 berechnete Werte fu"r die Verdichter Stufen'
 256.0  ,  1.271309  ,  25.0  ,   0.  ,   1
 260.0  ,  1.024559  ,  35.0  ,   0.  ,   2
 264.0  ,  0.976280  ,  40.0  ,   0.  ,   3
 269.0  ,  0.976280  ,  50.0  ,   0.  ,   4
 274.0  ,  0.976280  ,  50.0  ,   0.  ,   5
 278.0  ,  0.976280  ,  50.0  ,   0.  ,   6
 279.0  ,  0.976280  ,  50.0  ,   0.  ,   7
 280.0  ,  0.976280  ,  50.0  ,   0.  ,   8
 281.0  ,  0.976280  ,  50.0  ,   0.  ,   9
 284.5  ,  1.153299  ,  50.0  ,   0.  ,  10
 286.0  ,  1.153299  ,  40.0  ,   0.  ,  11
 287.0  ,  1.153299  ,  30.0  ,   0.  ,  12
 286.0  ,  1.153299  ,  20.0  ,   0.  ,  13
 283.0  ,  1.153299  ,  10.0  ,   0.  ,  14
  10.  ,'=CU1(1)  (m/s) Circumf. velocity after inlet guide vane'
***************************************************

 Machzahlen
    0. = c0   (m/s) 341. = a0   (m/s) 0.000 = Ma0
  147. = cVE  (m/s) 335. = aVE  (m/s) 0.439 = MaVE
  104. = cVA  (m/s) 568. = aVA  (m/s) 0.184 = MaVA
  200. = cTE  (m/s) 822. = aTE  (m/s) 0.243 = MaTE
  234. = cT(iSt)    753. = aT(iSt)    0.311 = MaTi
  271. = cT(iSt)    668. = aT(iSt)    0.406 = MaTi
  255. = cT(iSt)    629. = aT(iSt)    0.406 = MaTi
  272. = cT(iSt)    596. = aT(iSt)    0.457 = MaTi
  290. = cTA  (m/s) 566. = aTA  (m/s) 0.513 = MaTA
  285. = cPA  (m/s) 538. = aPA  (m/s) 0.530 = MaPA

 Flugmaschine

   41.203 = FTL=mpPA*cPA (kN) TL-Schub
  305.620 = FFAN (kN)  Fan-Schub
  346.823 = F=FTL+FFAN (kN)  Gesamt-Schub
   2059.6 = FS=F/mpPU (kN/(g/s)) Spezifischer Schub
     39.2 = bs=mpB/F (g/(skN))  Spezifischer Brennstoffverbrauch

    31.46 = etaiGT=-PiGT/(etaC*EpB) (%) Innerer Wirkungsgrad GT
    30.51 = ETAGT=-PIGT/EPB (%) Gesamtwirkungsgrad GT
```

```
    40.80 = piVAU=ptVA/pU    Druckverha"ltnis der Verdichtung, bezogen auf PU
    41.74 = piTVAU=ptVA/pU   Totaldruckverha"ltnis der Verdichtung, bezogen auf PU
    46.83 = piV=PVA/PVE  Druckverha"ltnis des Verdichters
    41.96 = piTV=PTVA/PTVE  Totaldruckverha"ltnis des Verdichters
     1.49 = PIFANU=PFAN/PU Pressure ratio of fan, related to pU
  534.232 = wtV (kJ/kg)  Spezifische Verdichter Arbeit
   89.963 = PV (MW)  Verdichter Leistung
   46.636 = PVFAN (MW)  Fan/Gebla"se Leistung
    0.570 = FIVE=CVE/UVE  Durchfluss Kenngro"s"e E
    0.371 = FIVA=CVA/UVA  Durchfluss Kenngro"s"e A
    97.32 = etatV (%)  Totaler Verdichter Wirkungsgrad
+++++++++++++++++++++++
     0.99 = pitBK=ptTE/ptVA  Totaldruckverha"ltnis der Brennkammer
+++++++++++++++++++++++
    39.77 = pitM1=pTE/pPA  Druckverha"ltnis der Turbine
    34.79 = pitTM1=ptTE/ptPA  Totaldruckverha"ltnis der Turbine
 -960.479 = wtT (kJ/kg)  Spezifische Turbinen Arbeit
 -138.679 = PET (MW)  Turbinen Leistung
  -69.445 = qT (kJ/kg)  Spezifische Turbinen Ku"hlung
  -10.027 = QPT (MW)  Turbinen Ku"hlleistung
   0.9143 = RNUTT  Totales Turbinen Polytropenverha"ltnis
+++++++++++++++++++++++
   39.065 = wtGT (kJ/kg)     Spezifische Arbeit
   48.943 = PiGT (MW)        Innere Leistung
      6.4 = TAUTP=TTTE/TTVE  Totales Prozess-Temperaturverha"ltnis
+++++++++++++++++++++++
    0.000 = PF (MW)          Flugleistung
  160.392 = EPB (MW)         Brennstoff Energiestrom
+++++++++++++++++++++++
     0.00 = ETAA=PF/EPB (%)  A"us"erer Wirkungsgrad
====================================================
```

Zustandspunkte des Trent877

i	T(i) (K)	tC (°C)	p(i) (Pa)	h(i) (J/kg)	s(i) (J/kgK)	Tt(i) (K)	pt(i) (Pa)	ht(i) (J/kg)	c(i) (m/s)	mp(i) (kg/s)	v(i) (m3/kg)	Ma(i)
U	288.1	15.0	101325	-10094	7354	288.15	101325	-10094	0	168.4	0.819	0.000
VE	277.4	4.3	88272	-20899	7355	288.15	100788	-10094	147	168.4	0.906	0.439
VE	277.4	4.3	88272	-20899	7355	288.15	100788	-10094	147	168.4	0.906	0.439
VA	827.9	554.8	4134060	557154	7385	832.82	4229223	562599	104	113.9	0.058	0.184
BKE	829.9	556.8	4173096	559399	7385	832.82	4229211	562599	80	113.9	0.057	0.141
BE	288.1	15.0	5173096	-15010	-72	288.15	6173096	-13760	50	3.8	0.001	
BKA	1839.7	1566.5	4080814	1854962	8488	1848.15	4168335	1866212	150	117.7	0.130	0.182
Zusa"tzliche Strahltriebwerks Entnahmen												
ZVA	324.9	51.7	150945	26999	7360	330.33	160026	32511	105	10.1	0.620	
1st	608.7	335.5	1330374	319400	7378	617.40	1401845	328644	135	8.4	0.101	
2nd	827.9	554.8	4134060	557154	7385	832.82	4229223	562599	104	19.4	0.058	
Ku"hlluftentnahmen, die Zahlen zeigen die Turbinenstufen an!												
4	394.0	120.8	231036	97077	7365	355.64	204045	58142	176	0.6	0.388	
4	423.1	149.9	301847	126737	7368	434.14	407573	138032	150	1.0	0.328	

```
  3  460.2  187.0  372498  164724 7370  420.73  363151  124332 167    2.3 0.266
  3  459.8  186.6  494845  164291 7371  470.40  538056  175217 147    3.0 0.267
  2  555.8  282.7  620120  263830 7374  493.59  632146  199128 163    2.6 0.165
  2  698.1  425.0 2109507  415024 7381  705.43 2278551  422897 125    5.0 0.092
  1  804.6  531.5 2697124  531354 7383  741.12 2726161  461650 143    6.0 0.062
  1  827.9  554.8 4134060  557154 7385  832.82 4229223  562599 104    6.2 0.058

 TE 1833.0 1559.9 4013723 1846212 8488 1848.15 4168314 1866212 200  117.7 0.131 0.243
  2  819.1  545.9 2427411  547368 7526  929.89 3975312  671542 498    3.7 0.097 0.889
  3 1642.0 1368.9 2427411 1591247 8483 1801.93 3705314 1800548 646  123.9 0.195 0.830
  4  780.0  506.9 1898557  504222 7543  809.69 2190211  536953 255    3.6 0.118 0.467
  5 1529.2 1256.0 1898557 1442066 8457 1550.44 2019616 1469441 233  129.9 0.232 0.311
  7  664.2  391.1  558108  378569 7721  918.95 1926688  659159 749    4.0 0.343 1.475
  8 1255.5  982.4  558108 1091726 8555 1521.90 1300040 1428578 820  135.0 0.647 1.197
  9  700.1  426.9  445361  417113 7843  731.69  525844  451378 261    2.1 0.453 0.503
 10 1189.8  916.6  445361 1009469 8551 1219.58  495302 1046295 271  137.6 0.768 0.406
 12  695.7  422.5  335248  412382 7918  771.05  494309  494379 404    3.0 0.598 0.780
 13 1106.3  833.2  335248  905768 8542 1205.33  483087 1027158 492  140.6 0.949 0.763
 14  643.8  370.6  271662  356690 7896  684.10  340511  399892 293    2.3 0.683 0.587
 15 1046.7  773.6  271662  833173 8534 1073.71  302282  865744 255  142.8 1.108 0.406
 17  753.9  480.7  207933  475563 8143  834.02  306046  563932 420    1.0 1.045 0.780
 18  983.2  710.1  207933  756877 8536 1069.72  295490  860589 455  143.8 1.360 0.746
 19  709.6  436.4  165464  427377 8143  756.31  210522  478231 318    0.6 1.236 0.609
 20  932.4  659.2  165464  696565 8538  963.70  189512  733570 272  144.4 1.621 0.457
 23  884.1  610.9  130291  639838 8545  963.70  185388  733517 432  144.4 1.952 0.745
 TA  834.9  561.8  100930  582817 8552  871.21  119799  624867 290  144.4 2.379 0.513
 DA  865.3  592.1  115196  617955 8555  871.21  118429  624867 117  144.4 2.160 0.204
 PA  750.7  477.6   64134  486517 8561  871.21  116162  624867 285  144.4 3.367 0.530
=====================================================
 ISO-Werte der Turbine
ISO 1632.0 1358.9 3995246 1565347 8315 1647.50 4168314 1585347 200  144.4 0.117
   77.60 = ETTISO (%)  Polytroper ISO-Wirkungsgrad
  1374.3 = TTEISO (°C)  Totale ISO-Turbinen Eintrittstemperatur

    Vergleichswerte fu"r die Brennkammer:
  157.087 = EMPAEV (kg/s) A"quivalenter Verdichter Massenstrom
   -1.440 = PDPTBK (%)    Relativer Totaldruckverlust in der Brennkammer
   41.739 = PITVS         Totaldruckverha"ltnis des Verdichters
   35.883 = PITTSM1       Totaldruckverha"ltnis der Turbine
=====================================================

         Energie Werte der Turbinen Stufen

iSt  PTSt(iSt) wTSt(iSt) wTEul(iSt) Qp(iSt)    QpLe(iSt)     QpLa(iSt)
       (MW)     (kJ/kg)   (kJ/kg)     (MW)        (MW)          (MW)
 1  -34.766552 -267.573 -280.756   -4.989292   -2.484327    -2.504965
 2  -49.332484 -358.562 -365.198   -2.740295   -1.682535    -1.057759
 3  -21.007510 -147.084 -149.088   -1.626161   -0.949651    -0.676510
 4  -17.884960 -123.870 -124.284   -0.671078   -0.422415    -0.248663
 5  -15.687377 -108.650 -108.650    0.000000    0.000000     0.000000
```

iSt	lambda(iSt)	beta0G(i.)	lambL1(i.)	beta1G(i.)	nSt(i.)(1/min)
1	2.561	0.027	2.188	0.031	10663
2	2.298	0.030	2.390	0.029	7350
3	2.437	0.028	2.491	0.028	3317
4	2.533	0.027	2.551	0.027	3317
5	2.561	0.027	2.561	0.027	3317
6	2.561	0.027			

iSt	psiSt	rhohSt	etaSt	psiEul	rhohEul	EXP1G	FPIST
1	-3.34	0.369	0.808	-3.51	0.354	0.6717564	1.0801826
2	-4.60	0.191	0.669	-4.68	0.183	0.8443630	1.0752054
3	-2.70	0.413	0.913	-2.74	0.413	0.5745510	1.0299962
4	-2.27	0.442	0.913	-2.28	0.444	0.5392116	0.9559275
5	-2.00	0.502	0.906	-2.00	0.502	0.4834536	

iSt	alfa0	alfa1	alfaS	beta1	beta2	betaS
1	90.0	18.8	42.7	135.4	24.2	-15.7
2	111.3	16.1	33.5	150.0	24.0	-9.3
3	119.6	29.8	22.0	111.7	35.6	-20.2
4	95.6	35.3	29.1	99.0	39.1	-23.9
5	91.1	40.5	28.0	89.8	41.3	-26.9

iSt	cm1	cu1	u1	wu1	cm1SL	cu1SL	cm1SG	cu1SG
1	209.000	612.309	400.000	212.309	160.981	471.628	212.994	624.011
2	227.000	788.780	395.000	393.780	207.178	719.901	228.836	795.159
3	245.000	427.498	330.000	97.498	201.360	351.352	245.944	429.145
4	263.000	371.827	330.000	41.827	242.769	343.224	263.140	372.025
5	281.000	329.238	330.000	-0.762	0.000	0.000	281.000	329.238

iSt	cm2	cu2	u2	wu2	cm2SL	wu2SL	cm2SG	wu2SG
1	218.000	-85.002	400.000	-485.002	230.089	-111.897	220.059	-489.582
2	236.000	-134.000	395.000	-529.000	231.088	-122.991	236.790	-530.771
3	254.000	-24.997	330.000	-354.997	285.670	-69.259	253.489	-354.283
4	272.000	-4.996	330.000	-334.996	313.860	-56.551	271.835	-334.793
5	290.000	-0.003	330.000	-330.003	0.000	0.000	290.000	-330.003

===

I	TWGE(I)		TWGA		TTKLA		TT1/2SG		TCGE		TCGA	
	(K)	(°C)	(K)	(°C)	(K)	(°C)	(K)	(°C)	(K)	(°C)	(K)	(°C)
1	1098	825	1124	851	929	656	1832	1559	1648	1375	1510	1237
1	1110	837	1134	861	921	648	1639	1366	1525	1252	1440	1167
2	1010	737	1111	838	918	645	1540	1267	1325	1051	1287	1014
2	1018	745	1089	816	846	573	1299	1026	1167	894	1171	898
3	950	677	1033	760	771	497	1214	940	1057	784	1088	815
3	930	657	1004	731	755	482	1156	883	970	697	1026	753
4	961	688	1016	743	834	560	1071	798	961	688	1016	743
4	929	656	1000	727	822	549	1042	769	929	656	1000	727
5	963	690	963	690	0	0	963	690				
5	917	644	917	644	0	0	871	598				

===

```
    U = Umgebung
   VE = Verdichter Eintritt
   VA = Verdichter Austritt
  BKE = Brennkammer Eintritt
   BE = Brennstoff Eintritt in Brennkammer
  BKA = Brennkammer Austritt
    1 = Turbinen Eintritt (TE)
    2 = Konvektionsku"lung Luft Stator Austritt 1. Stufe
    3 = Zustand 1  1. Stufe
    4 = Konvektionsku"lung Luft Rotor Austritt 1. Stufe
    5 = Austritt 1. Stufe
    6 = Eintritt 2. Stufe
    7 = Konvektionsku"lung Luft Stator Austritt 2. Stufe
    8 = Zustand 1  2. Stufe
    9 = Konvektionsku"lung Luft Rotor Austritt 2. Stufe
   10 = Austritt 2. Stufe
   11 = Eintritt 3. Stufe
   12 = Konvektionsku"lung Luft Stator Austritt 3. Stufe
   13 = Zustand 1  3. Stufe
   14 = Konvektionsku"lung Luft Rotor Austritt 3. Stufe
   15 = Austritt 3. Stufe
   16 = Eintritt 4. Stufe
   17 = Konvektionsku"lung Luft Stator Austritt 4. Stufe
   18 = Zustand 1  4. Stufe
   19 = Konvektionsku"lung Luft Rotor Austritt 4. Stufe
   20 = Austritt 4. Stufe
   21 = Einritt 5. Stufe
   22 = Ku"hlluft Stator Austritt 5. Stufe
   23 = Zustand 1  5. Stufe
   24 = Ku"hlluft Rotor Austritt 5. Stufe
   25 = Turbinen Austritt (TA)
   DA = Diffusor Austritt
   PA = Anlagen/Du"sen Austritt
***************************************************
```

Ramjet

O

```
***************************************************
'  9.3.2015: Ramjet.INP for TLORGTDP.FOR (Ramjet)                           '
'Ramjet, without shaft, subsonic combustion    '
'  70,500 kg/s ','= EMPBKE  Air mass flow rate at comb. chamber inlet  '
'  7460 min-1  ','= RN  Number of revolutions                          '
' 20,4 bar     ','= PVA  Compressor outlet pressure                    '
' 2000,00 K    ','= TTBKA  Combustion chamber outlet total temperature '
' 98,0 %       ','= ETAMGT  Mechanical efficiency of gas turbine       '
  1      ,'= IDISS  Dissociation parameter: (0) (1) (10) (11) (20) (21)'
' 2000øC       ','= TFROZ  Frozen temperature for chemical equilibrium '
RLAMD = 0,98 RLAMD Nozzle divergence factor  (AP: 0,98)
***************************************************
'  Air intake'
' 0,22632 bar  ','= PU  Air pressure                                   '
' 216,65 K     ','= TU  Air temperature                                '
'   60 %       ','= FI  Relative humidity of air                       '
'   0,1        ','= ZETAE  Inlet loss coefficient                      '
'  Combustion chamber'
' 288,15 K     ','= TBE  Fuel inlet temperature                        '
' 0,87000      ','= CMA  Mass fraction carbon of aviation kerosene JP-4'
' 0,13000      ','= HMA  Mass fraction hydrogen                        '
' 0,00200      ','= SMA  Mass fraction sulphur                         '
' 42,496E6     ','= HUB  Heating value of fuel                         '
' 2135 J/(kgK) ','= CPB  Specific heat capacity of fuel                '
'800,00 kg/m3  ','= RHOB Density of fuel                               '
 90.00    ,'=CBKE (m/s)  Velocity at combustion chamber inlet'
 50.00    ,'=CBE (m/s)  Velocity of fuel after jet'
 90.00    ,'=CBKA (m/s)  Velocity at combustion chamber outlet'
' 99,96700 %   ','= ETABKE  Flow efficiency at comb. chamber inlet'
' 99,96700 %   ','= ETABK  Flow efficiency of combustion chamber       '
' 97,00000 %   ','= ETAC  Chemical efficiency of combustion chamber    '
' 99,96700 %   ','= ETABKA  Flow efficiency at comb. chamber outlet'
'  Diffusor and plant outlet'
118.00    ,'=CDA (m/s)  Velocity at diffusor outlet'
```


W. Bitterlich, U. Lohmann, *Gasturbinenanlagen*,
https://doi.org/10.1007/978-3-658-15067-9_27

```
' 72,0 %        ','= ETADIF  Diffusor efficiency                 '
' 85,0 %        ','= ETAA  Nozzle efficiency                     '
***************************************************
 Luft Zusammensetzung
   77.896 % PSIN2
   20.893 % PSIO2
    0.033 % PSICO2
    0.926 % PSIAR
    0.253 % PSIH2O
   28.937 = ML (kg/kmol) molare Masse
  287.336 = RL (J/(kg K)) spezifische Gaskonstante
  i  T(i)     tC      p(i)     h(i)  s(i)  Tt(i)     pt(i)     ht(i)  c(i) mp(i)  v(i) Ma(i)
  U  216.7  -56.5   22632   -81851 7469  613.50   899689   323148 900    70.5 2.751 3.047
 VE  608.8  335.6  452389   318148 7658  613.50   465456   323148 100    70.5 0.387 0.204
  100. = cVE (m/s) 490. = aVE (m/s) 0.204 = MaVE
 VA  608.8  335.6  452389   318148 7658  613.50   465456   323148 100    70.5 0.387 0.204
 0.204  490. MaVA aVA (m/s) Eintritt Brennkammer
BKE  609.7  336.5  454851   319098 7658  613.50   465455   323148  90    70.5 0.385 0.183
   90. = cBKE(m/s) 491. = aBKE(m/s) 0.183 = MaBKE
       3.2169151376296050 EMPBE Brennstoffmassenstrom
  i  T(i)     TC     p(i)       h(i)  s(i) Tt(i)  pt(i)    ht(i)  c(i)  mp  v
 BE  288.1   15.0 1454851   -19658  -72  288.15 2454851  -18408  50     3.2 0.001
  -0.0004  0.0001 muBK=1-1/etaBK-DCQDDH und DCQDDH
  0.069  14.48 betast und lmin
  0.046  1.51  1.51 betaG lambda lOX
Zusammensetzung des Verbrennungsgases Brennkammer Austritt
   74.584541 % PSGN2
    6.678567 % PSGO2
    9.161999 % PSGCO2
    0.887559 % PSGAR
    8.337273 % PSGH2O
   0.788E-02 % PSGSO2
    0.021497 % PSGCO
   0.429E-02 % PSGH2
   0.491E-03 % PSGH
    0.097353 % PSGOH
   0.793E-02 % PSGO
    0.210191 % PSGNO
   0.432E-03 % PSGNO2
    0.097353 % PSGOH
   0.196E-05 % PSGSO
   0.351E-07 % PSGN
   0.375E-18 % PSGCH4
   0.722E-11 % PSGH2S
   29.012 = MG (kg/kmol) molare Masse
  286.591 = RG (J/(kg K)) spezifische Gaskonstante
      73.7169151376296000 EMPBKA
BKA 1997.0 1723.9  453922 2103031 9243 2000.00  457144 2107081  90    73.7 1.261 0.106
   90. = cBKA(m/s) 852. = aBKA(m/s) 0.106 = MaBKA
 TE 1991.7 1718.6  448238 2095831 9243 2000.00  457142 2107081 150    73.7 1.273 0.176
 0.176  851. MaTE aTE (m/s) Austritt Brennkammer
```

```
 Calculation in DIFUSOUT
 TA 1991.7 1718.6  448238 2095831 9243 2000.00  457142 2107081 150    73.7 1.273 0.176
DAM 1995.1 1721.9  450667 2100119 9244 2000.00  456180 2107081 118    73.7 1.269 0.139
 PA 1679.0 1405.9  174122 1675462 9284 2000.00  395536 21070811333    73.7 2.764 1.702

 Machzahlen
  900. = c0   (m/s) 295. = a0   (m/s) 3.047 = Ma0
  100. = cVA  (m/s) 490. = aVA  (m/s) 0.204 = MaVA
   90. = cBKE(m/s) 491. = aBKE(m/s) 0.183 = MaBKE
   90. = cBKA(m/s) 852. = aBKA(m/s) 0.106 = MaBKA
  150. = cTA  (m/s) 851. = aTA  (m/s) 0.176 = MaTA
 1333. = cPA  (m/s) 783. = aPA  (m/s) 1.702 = MaPA

 Flugmaschine

   11.000 = h0 (km) Flugho"he ( 0.22632 bar Druck,  -56.50øC Temperatur)
  900.000 = c0 (m/s)  Fluggeschwindigkeit
    3.047 = Ma0=c0/a0  Flugmachzahl

   34.833 = F=FTL+FFAN (kN)  Gesamt-Schub
   34.833 = FTL=mpPA*cPA (kN) TL-Schub
    494.1 = FS=F/mpPU (kN/(g/s)) Spezifischer Schub
    332.5 = bs=mpB/F (g/(skN))  Spezifischer Brennstoffverbrauch

    27.88 = etaiGT=-PiGT/(etaC*EpB) (%) Innerer Wirkungsgrad GT
    27.04 = ETAGT=-PIGT/EPB (%) Gesamtwirkungsgrad GT

    19.99 = piVAU=ptVA/pU    Druckverha"ltnis der Verdichtung, bezogen auf PU
    20.57 = piTVAU=ptVA/pU   Totaldruckverha"ltnis der Verdichtung, bezogen auf PU
++++++++++++++++++++++++
     0.98 = pitBK=ptTE/ptVA  Totaldruckverha"ltnis der Brennkammer
++++++++++++++++++++++++
  524.325 = wtGT (kJ/kg)     Spezifische Arbeit
   36.965 = PiGT (MW)        Innere Leistung
      3.3 = TAUTP=TTTE/TTVE  Totales Prozess-Temperaturverha"ltnis
++++++++++++++++++++++++
   31.349 = PF (MW)          Flugleistung
  136.706 = EPB (MW)         Brennstoff Energiestrom
++++++++++++++++++++++++
    22.93 = ETAA=PF/EPB (%)  Au"s"erer Wirkungsgrad
=====================================================

        Zustandspunkte des Ramjets

  i  T(i)    tC     p(i)      h(i)  s(i) Tt(i)   pt(i)     ht(i)  c(i)   mp(i)   v(i) Ma(i)
      (K)   (øC)   (Pa)     (J/kg)(J/kgK) (K)     (Pa)     (J/kg)(m/s)  (kg/s)   (m3/kg)

  U  216.7  -56.5   22632  -81851 7469  613.50  899689   323148 900    70.5 2.751 3.047
 VE  608.8  335.6  452389  318148 7658  613.50  465456   323148 100    70.5 0.387 0.204
BKE  609.7  336.5  454851  319098 7658  613.50  465455   323148  90    70.5 0.385 0.183
BKA 1997.0 1723.9  453922 2103031 9243 2000.00  457144 2107081  90    73.7 1.261 0.106
```

```
TE 1991.7 1718.6  448238 2095831 9243 2000.00  457142 2107081 150   73.7 1.273 0.176
DA 1995.1 1721.9  450667 2100119 9244 2000.00  456180 2107081 118   73.7 1.269 0.139
PA 1679.0 1405.9  174122 1675462 9284 2000.00  395536 21070811333   73.7 2.764 1.702
```

Scramjet

P

```
**************************************************
'  9.3.2015: Scramjet.INP for TLORGTDP.FOR (SCRamjet)                      '
'  70,500 kg/s ','= EMPBKE  Air mass flow rate at comb. chamber inlet  '
'  7460 min-1  ','= RN  Number of revolutions                           '
' 20,4 bar     ','= PVA  Compressor outlet pressure                     '
' 2000,00 K    ','= TTBKA  Combustion chamber outlet total temperature '
' 98,0 %       ','= ETAMGT  Mechanical efficiency of gas turbine        '
  1      ,'= IDISS  Dissociation parameter: (0) (1) (10) (11) (20) (21)'
' 2100°C       ','= TFROZ  Frozen temperature for chemical equilibrium '
**************************************************
RLAMD = 0,98 RLAMD Nozzle divergence factor  (AP: 0,98)
**************************************************
'  Air intake'
' 0,22632 bar  ','= PU  Air pressure                                    '
' 216,65 K     ','= TU  Air temperature                                 '
'   60 %       ','= FI  Relative humidity of air                        '
'   0,05       ','= ZETAE  Inlet loss coefficient    (0,1)              '
'  Combustion chamber'
' 288,15 K     ','= TBE  Fuel inlet temperature                         '
' 0,87000      ','= CMA  Mass fraction carbon of aviation kerosene JP-4'
' 0,13000      ','= HMA  Mass fraction hydrogen                         '
' 0,00200      ','= SMA  Mass fraction sulphur                          '
' 42,496E6     ','= HUB  Heating value of fuel                          '
' 2135 J/(kgK) ','= CPB  Specific heat capacity of fuel                 '
'800,00 kg/m3  ','= RHOB Density of fuel                                '
455.00    ,'=CBKE (m/s)  Velocity at combustion chamber inlet'
350.00    ,'=CBE (m/s)  Velocity of fuel after jet'
810.00    ,'=CBKA (m/s)  Velocity at combustion chamber outlet'
' 99,96700 %   ','= ETABKE  Flow efficiency at comb. chamber inlet'
' 99,96700 %   ','= ETABK  Flow efficiency of combustion chamber       '
' 97,00000 %   ','= ETAC  Chemical efficiency of combustion chamber    '
' 99,96700 %   ','= ETABKA  Flow efficiency at comb. chamber outlet'
'  Turbine'
```


W. Bitterlich, U. Lohmann, *Gasturbinenanlagen*,
https://doi.org/10.1007/978-3-658-15067-9_28

```
' Diffusor and plant outlet'
900.00   ,'=CDA (m/s) Velocity at diffusor outlet'
' 92,0 %       ','= ETADIF  Diffusor efficiency                    '
' 85,0 %       ','= ETAA  Nozzle efficiency                        '
***************************************************
 Luft Zusammensetzung
   77.896 % PSIN2
   20.893 % PSIO2
    0.033 % PSICO2
    0.926 % PSIAR
    0.253 % PSIH2O
   28.937 = ML (kg/kmol) molare Masse
  287.336 = RL (J/(kg K)) spezifische Gaskonstante
  i  T(i)    tC      p(i)    h(i)  s(i)   Tt(i)    pt(i)    ht(i)  c(i) mp(i)  v(i) Ma(i)
  U  216.7  -56.5   22632  -81851 7469  613.50  899689  323148 900    70.5 2.751 3.047
  900.  = c0 (m/s) 295.  = a0 (m/s) 3.047 = Ma0
 VA  514.3  241.1  321437  219635 7581  613.50  609856  323148 455    70.5 0.460 1.006
 1.006  452. MaVA aVA (m/s) Eintritt Brennkammer
BKE  514.3  241.1  321437  219635 7581  613.50  609856  323148 455    70.5 0.460 1.006
  455. = cBKE(m/s) 452. = aBKE(m/s) 1.006 = MaBKE
       3.1967180919940690 EMPBE Brennstoffmassenstrom
  i  T(i)    TC     p(i)      h(i)  s(i) Tt(i)  pt(i)    ht(i)  c(i)  mp  v
 BE  288.1    15.0 1321437  -19824  -72  288.1550321437   41425 350    3.2 0.001
  -0.1453  0.1450 muBK=1-1/etaBK-DCQDDH und DCQDDH
  0.069  14.48 betast und lmin
  0.045  1.52  1.52 betaG lambda lOX
Zusammensetzung des Verbrennungsgases Brennkammer Austritt
   74.644146 % PSGN2
    6.792022 % PSGO2
    9.127406 % PSGCO2
    0.888052 % PSGAR
    8.326168 % PSGH2O
   0.784E-02 % PSGSO2
   0.370E-02 % PSGCO
   0.924E-03 % PSGH2
   0.610E-04 % PSGH
    0.033661 % PSGOH
   0.169E-02 % PSGO
    0.174007 % PSGNO
   0.332E-03 % PSGNO2
    0.033661 % PSGOH
   0.276E-06 % PSGSO
   0.116E-08 % PSGN
   0.116E-21 % PSGCH4
   0.164E-12 % PSGH2S
   29.020 = MG (kg/kmol) molare Masse
  286.511 = RG (J/(kg K)) spezifische Gaskonstante

      73.6967180919940700 EMPBKA
BKA 1756.4 1483.3  151439 1770912 9380 2000.00  278811 2098962 810    73.7 3.323 1.012
  810. = cBKA(m/s) 800. = aBKA(m/s) 1.012 = MaBKA
```

```
TE 1698.7 1425.6  129627 1693962 9380 2000.00  278797 2098962 900   73.7 3.755 1.143

Machzahlen
 900. = c0  (m/s) 295. = a0  (m/s) 3.047 = Ma0
 455. = cBKE(m/s) 452. = aBKE(m/s) 1.006 = MaBKE
 810. = cBKA(m/s) 800. = aBKA(m/s) 1.012 = MaBKA
 900. = cTA  (m/s) 788. = aTA  (m/s) 1.143 = MaTA
1430. = cPA  (m/s) 673. = aPA  (m/s) 2.124 = MaPA

Flugmaschine

  11.000 = h0 (km) Flugho"he ( 0.22632 bar Druck,  -56.50°C Temperatur)
 900.000 = c0 (m/s)  Fluggeschwindigkeit
   3.047 = Ma0=c0/a0  Flugmachzahl

  41.970 = FTL=mpPA*cPA (kN) TL-Schub
   595.3 = FS=F/mpPU (kN/(g/s)) Spezifischer Schub
   274.2 = bs=mpB/F (g/(skN))  Spezifischer Brennstoffverbrauch

   35.55 = etaiGT=-PiGT/(etaC*EpB) (%) Innerer Wirkungsgrad GT
   34.48 = ETAGT=-PIGT/EPB (%) Gesamtwirkungsgrad GT

   14.20 = piVAU=ptVA/pU    Druckverha"ltnis der Verdichtung, bezogen auf PU
   26.95 = piTVAU=ptVA/pU   Totaldruckverha"ltnis der Verdichtung, bezogen auf PU
++++++++++++++++++++++++
    0.46 = pitBK=ptTE/ptVA  Totaldruckverha"ltnis der Brennkammer
++++++++++++++++++++++++
 664.485 = wtGT (kJ/kg)     Spezifische Arbeit
  46.846 = PiGT (MW)        Innere Leistung
     3.3 = TAUTP=TTTE/TTVE  Totales Prozess-Temperaturverha"ltnis
++++++++++++++++++++++++
  37.773 = PF (MW)          Flugleistung
 135.848 = EPB (MW)         Brennstoff Energiestrom
++++++++++++++++++++++++
   27.81 = ETAA=PF/EPB (%)  A"us"erer Wirkungsgrad
=====================================================

        Zustandspunkte des Scramjets

  i  T(i)    tC     p(i)      h(i)  s(i) Tt(i)   pt(i)    ht(i)  c(i)  mp(i)  v(i) Ma(i)
     (K)    (°C)   (Pa)    (J/kg)(J/kgK) (K)     (Pa)    (J/kg)(m/s) (kg/s)  (m3/kg)

  U  216.7  -56.5   22632  -81851 7469  613.50  899689  323148 900   70.5 2.751 3.047
BKE  514.3  241.1  321437  219635 7581  613.50  609856  323148 455   70.5 0.460 1.006
BKA 1756.4 1483.3  151439 1770912 9380 2000.00  278811 2098962 810   73.7 3.323 1.012
 PA 1224.7  951.5   22632 1075868 9454 2000.00  215134 20989621430   73.715.503 2.124
```

Literatur

1. D. G. Ainley, B. Sc.: Performance of axial-flow turbines. Proc. Inst. Mech. Eng. 159 (1948)
2. O. Redlich, J.S.N. Kwong: On the thermodynamics of solution. V. Chemical Review 44, 1949
3. W. Cordes: Strömungstechnik der gasbeaufschlagten Axialturbine. Springer-Verlag Berlin 1963
4. Rolls-Royce collaborators: The Jet Engine, 2nd edition. REF. T.S.D. 1302, Derby, July 1966
5. N. Scholz: Technische Unterlagen. M.A.N. TURBO GMBH, 1967
6. H.D. Baehr et al.: Thermodynamische Funktionen idealer Gase für Temperaturen bis 6000 K. Springer Verlag Berlin, Heidelberg, New York 1968
7. E. Schmidt: Properties of Water and Steam in SI-Units. Springer-Verlag Berlin, Heidelberg und R. Oldenbourg, München 1969
8. E. Schmidt: Properties of water and steam. 4th enlarged printing, edited by U. Grigull, Springer Verlag, Oldenbourg, Berlin, München 1982
9. T. J. Bohn, W. Bitterlich: Grundlagen der Energie- und Kraftwerkstechnik. Technischer Verlag Resch, Verlag TÜV Rheinland, Köln 1982
10. W. Bitterlich et al.: Strömungsverluste, Wirkungsgrade und Zustandsänderungen in Strömungsmaschinen und Wärmeaustauschern. Forsch.Ing.-Wres. Bd. 49 (1983) Nr. 3, S. 69-100
11. R.C. Prausnitz et al.: The properties of gases and liquids, 4th Edition. Mc Graw-Hill, New York 1987
12. H.D. Baehr, C. Diederichsen: Berechnungsgleichungen für Enthalpie und Entropie der Komponenten von Luft und Verbrennungsgasen. Brennst.-Wärme-Kraft 40, 1988
13. VDI-Wärmeatlas Berechnungsblätter für den Wärmeübergang. VDI-Verlag GmbH 1989 bzw. Springer 2006
14. W. Traupel: Thermische Turbomaschinen, Zweiter Band. Springer Verlag 1988
15. W. Traupel: Thermische Turbomaschinen, Erster Band. Springer Verlag 1990
16. W. Bitterlich et al.: Zusammensetzung, Zustandsgrößen und Transportgrößen der Verbrennungsgase von festen, flüssigen und gasförmigen Brennstoffen. Fortschrittberichte VDI, Reihe 6: Energieerzeugung, Nr.243, 1990
17. H.D. Baehr: Thermodynamik, 8. Auflage. Springer Verlag, Berlin 1992
18. W. Wagner: Wärmeübertragung, 4. überarbeitete Auflage. Vogel, Würzburg 1993
19. M. Al-Haj Mustafa: Verbrennungsgase als reale Gemische. Diplomarbeit am Lehrstuhl für Energie- und Kraftwerkstechnik der Universität GH Essen 1995
20. W. Wagner et al.: IAPWS Industrial Formulation 1997 for the Thermodynamic Properties of Water and Steam. 1997 Internatioanal Association for the Properties of Water and Steam
21. R. Müller: Luftstrahltriebwerke. Vieweg-Verlag Braunschweig/Wiesbaden 1997,ISBN 3-528-06648-2
22. C. Engel: Vergleich der Berechnung fluiden Wassers nach der „IAPWS Industrial Formulation 1997 for the Thermodynamic Properties of Water and Steam“ mit der „The 1967 IFC For-

W. Bitterlich, U. Lohmann, *Gasturbinenanlagen*, https://doi.org/10.1007/978-3-658-15067-9

mulation for Industrial Use“. Studienarbeit am Lehrstuhl für Energie- und Kraftwerkstechnik, Fachberich Maschinenwesen, Universität Gesamthochschule Essen, 1999

23. VDI: Energietechnische Arbeitsmappe. Springer Verlag Berlin, Heidelberg, New York 2000
24. W. Bitterlich: Numerische Methoden für technische Berechnungen. SHAKER-Verlag Aachen 2004, ISBN 3-8322-2420-3
25. S. Ausmeier, W. Bitterlich: Berechnung des stationären Betriebsverhaltens von Gasturbinenanlagen. Unveröffentlicher Bericht, Rurberg 2004
26. W. Bitterlich: Theoretische Verbrennungslehre. Unveröffentlicher Bericht, Rurberg Juni 2008
27. FASZINATION STAHL – HEFT 16 2008?
28. W. Bitterlich et. al.: Kosten- und Energierechnung für Ingenieure. Unveröffentlicher Bericht des Lehrstuhls EKT, Universität DU-E 2009
29. *GE Power Systems.* GEA13640-1 (11/03)
30. M. Mehringer, A. Wagner: Flugzeugturbinen. Seminar „Strömungsmaschinen“ am Lehrstuhl für Systemverfahrenstechnik, TUM Weihenstephan/Freising, am 12.10.2011 (urspr. Quelle Rolls Royce Trent 1000, September 2011)
31. M. Mehringer: Luftfahrtantriebe – Strahltriebwerke im Wandel der Zeit. Bachelorarbeit an der School of Education, TUM München 2013
32. A, Ohner: Kawasaki 2-Wellen Gasturbine. Seminarvortrag an der School of Education, TUM München 2013 (ursprl. Quelle: Kawasaki Heavy Industries, Ltd., Kawasaki L30A June 2012)
33. Chr. Schunke: Die technische Entwicklung des Hyperschallantriebs. Bachelorarbeit an der School of Education, TUM München 2013
34. W. Bitterlich: Grundlagen der Strömungsmaschinen und Verdrängungsmaschinen. Vorlesungs-Umdruck (Buch) an der TUM Weihenstephan/Freising und der School of Education, TUM München 2015/16/17
35. F. Neder: Auslegung der Dampfturbine eines GUD-Kraftwerks. Bachelorarbeit an der School of Education, TUM München 2014
36. B. Wunram: Der Rekuperator – Grundlagen und Dimensionierung eines Wärmeaustauschers für eine Gasturbine. Bachelorarbeit an der School of Education, TUM München 2015
37. M. Wensing: Abgaswerte von industriellen Gasturbinen. Seminararbeit am LSTM, FAU Erlangen Mai 2016
38. Siemens Gasturbinen: Gasturbine SGT5-400F, Juni 2014.
39. GTBerErg.pdf, Formelbeziehungen und Ergebniszahlen zu GT, 2016/2017.

Sachverzeichnis